液化天然气(LNG)工艺与工程

郭揆常　编著

中国石化出版社

内 容 提 要

本书是液化天然气领域的专业技术书籍,在介绍天然气和液化天然气基本性质的基础上,对天然气处理、天然气液化、液化天然气接收、天然气输配、液化天然气利用以及液化天然气安全技术进行了详细阐述。

本书专注于液化天然气工艺与工程技术,可以作为从事液化天然气产业、石油天然气工程、油气储运、城市燃气等专业的科研、设计、建设和生产运行人员阅读参考,也可作为石油院校相关专业的辅助教材。

图书在版编目(CIP)数据

液化天然气(LNG)工艺与工程/ 郭揆常编著 . —北京:
中国石化出版社,2014.5(2023.7 重印)
ISBN 978 - 7 - 5114 - 2718 - 2

Ⅰ.①液⋯ Ⅱ.①郭⋯ Ⅲ.①液化天然气 - 生产工艺
Ⅳ.①TE646

中国版本图书馆 CIP 数据核字(2014)第 055195 号

中国石化出版社出版发行

地址:北京市东城区安定门外大街 58 号
邮编:100011   电话:(010)57512500
发行部电话:(010)57512575
http://www.sinopec-press.com
E-mail:press@ sinopec.com
北京科信印刷有限公司印刷
全国各地新华书店经销
*
787×1092 毫米 16 开本 24 印张 602 千字
2014 年 5 月第 1 版   2023 年 7 月第 4 次印刷
定价:80.00 元

前　　言

液化天然气(LNG)技术使天然气得以液态形式存在，不仅方便了天然气的运输和储存，而且有力地促进了天然气贸易，推动了天然气应用的发展。近几十年来，液化天然气工业已经成为一门新兴工业，得到了迅猛发展。LNG 应用技术除了用来解决天然气储存运输问题外，还广泛应用于供气调峰、交通运输和冷能利用等方面。

随着我国经济的迅速发展，对清洁能源的需求日增，液化天然气的利用也提到日程。十多年来，我国液化天然气工业从起步到发展，在 LNG 产业链的液化、储存、运输等各个环节上都有了显著进步。自 2000 年上海 LNG 调峰站建成投产以来，已相继建设了数十座中小型天然气液化工厂。为了利用国外天然气资源，20 世纪 90 年代，我国开始从海上引进 LNG，广东大鹏 LNG 接收站于 2006 年 6 月率先投产，接着福建莆田、上海、江苏如东、辽宁大连的 LNG 接收站相继投产，其他接收终端正在建设和规划中。多艘大型 LNG 运输船已交付使用、多支 LNG 运输船队已服务于我国近海 LNG 运输。

LNG 工业是一门新兴产业，不仅市场发展迅速，而且技术进步显著。为了适应 LNG 工业发展的形势，需要有更多熟悉了解液化天然气技术的工程技术和经营管理人员。本书编著的目的就是为广大 LNG 从业人员提供比较系统的液化天然气专业书籍。本书编写时注重理论与实践的结合，在吸收世界 LNG 工业前沿技术的同时，努力总结我国各地已经投产和正在建设的 LNG 工程提供的有用经验。本书除了重点阐述天然气预处理及液化工艺、天然气液化工厂和液化天然气接收站工程外，还介绍了天然气性质、LNG 冷能利用及安全技术等方面的相关内容。鉴于 LNG 的利用最终还需经过再汽化后管输供给用户，为了完整叙述 LNG 产业链，本书在 LNG 接收站工程后，简要介绍了天然气管道输送的有关内容。

本书第三章由上海交通大学教授顾安忠审阅，第五章由中石化上海工程有限公司教授级高级工程师金国强审阅，第六章由上海液化天然气有限责任公司总工程师严艺敏审阅。编写过程中得到众多从事液化天然气工作的工程技术和管理人员的关心和帮助，提供了包括研究、设计、工程建设和生产运行的经验和案例，充实了相关内容的叙述。本书作者郭揆常愿借本书出版的机会，表示衷心感谢；并向众多被本书参考与引用的文献和资料的原作者表示由衷的感谢。

随着天然气应用的拓展，液化天然气工艺与工程技术也在不断发展和进步，相信今后会有更多的新内容提高和丰富本书。对于本书中的不当之处，恳请各位读者指正。

目　　录

第一章　天然气性质 ………………………………………………………（ 1 ）

　第一节　天然气分类 ………………………………………………………（ 1 ）

　　一、按矿藏特点分类 ……………………………………………………（ 1 ）

　　二、按相特性分类 ………………………………………………………（ 2 ）

　　三、按酸气含量分类 ……………………………………………………（ 2 ）

　　四、按液烃含量分类 ……………………………………………………（ 2 ）

　第二节　天然气组成 ………………………………………………………（ 2 ）

　　一、组成 …………………………………………………………………（ 2 ）

　　二、商品天然气品质要求 ………………………………………………（ 3 ）

　　三、天然气生产的产品 …………………………………………………（ 5 ）

　　四、硫化氢 ………………………………………………………………（ 6 ）

　第三节　天然气物性 ………………………………………………………（ 6 ）

　　一、基本性质 ……………………………………………………………（ 6 ）

　　二、压缩因子 ……………………………………………………………（ 8 ）

　　三、黏度 …………………………………………………………………（ 10 ）

　　四、定压摩尔热容 ………………………………………………………（ 12 ）

　　五、焦耳－汤姆逊（J－T）效应系数 …………………………………（ 12 ）

　　六、热值 …………………………………………………………………（ 13 ）

　　七、燃烧极限 ……………………………………………………………（ 13 ）

　　八、偏心因子 ……………………………………………………………（ 14 ）

　第四节　LNG 的性质 ……………………………………………………（ 14 ）

　第五节　天然气的相特性 …………………………………………………（ 16 ）

　　一、一元物系的相特性 …………………………………………………（ 16 ）

　　二、二元及多元物系相特性 ……………………………………………（ 17 ）

　　三、天然气的相特性 ……………………………………………………（ 19 ）

　第六节　烃类物系的气液平衡 ……………………………………………（ 19 ）

　　一、气液平衡相组成 ……………………………………………………（ 19 ）

　　二、烃系的气液平衡 ……………………………………………………（ 21 ）

　　三、相平衡计算 …………………………………………………………（ 28 ）

第二章　天然气预处理 …………………………………………………… （31）

　第一节　天然气脱硫脱碳 ………………………………………………… （31）

　　一、脱硫脱碳工艺方法 ………………………………………………… （32）

　　二、脱硫脱碳工艺选择 ………………………………………………… （33）

　　三、醇胺法脱硫脱碳 …………………………………………………… （36）

　　四、其他脱硫脱碳方法 ………………………………………………… （51）

　第二节　天然气脱水 ……………………………………………………… （60）

　　一、脱水工艺方法 ……………………………………………………… （61）

　　二、脱水方法选择 ……………………………………………………… （62）

　　三、甘醇脱水工艺 ……………………………………………………… （63）

　　四、吸附法脱水工艺 …………………………………………………… （70）

　第三节　天然气脱汞 ……………………………………………………… （78）

　　一、汞对铝的腐蚀机理 ………………………………………………… （78）

　　二、脱汞工艺技术 ……………………………………………………… （79）

　　三、天然气脱汞的实际应用 …………………………………………… （80）

　第四节　天然气脱氮 ……………………………………………………… （81）

　　一、吸附 – 液化脱氮 …………………………………………………… （81）

　　二、液化 – 精馏脱氮 …………………………………………………… （82）

第三章　天然气液化工艺 ………………………………………………… （83）

　第一节　阶式制冷液化工艺 ……………………………………………… （83）

　第二节　混合冷剂制冷液化工艺 ………………………………………… （85）

　　一、单循环混合冷剂液化工艺 ………………………………………… （86）

　　二、丙烷预冷混合冷剂液化工艺 ……………………………………… （88）

　　三、双循环混合冷剂液化工艺 ………………………………………… （90）

　　四、工艺参数分析 ……………………………………………………… （91）

　第三节　膨胀制冷液化工艺 ……………………………………………… （95）

　　一、氮气膨胀液化流程 ………………………………………………… （95）

　　二、氮 – 甲烷膨胀液化流程 …………………………………………… （96）

　　三、天然气直接膨胀液化流程 ………………………………………… （98）

　　四、双膨胀机技术 ……………………………………………………… （99）

　第四节　液化工艺比较 …………………………………………………… （100）

　　一、液化工艺比较 ……………………………………………………… （100）

　　二、液化工艺的发展 …………………………………………………… （101）

　　三、工艺模拟计算 ……………………………………………………… （104）

第四章 液化天然气工厂 ·· (109)

  第一节 工厂建设条件 ·· (111)

    一、气源和市场 ·· (111)

    二、厂址 ·· (111)

  第二节 基本负荷型天然气液化工厂 ·· (113)

    一、预处理装置 ·· (113)

    二、液化装置 ·· (127)

    三、储运系统 ·· (133)

    四、辅助生产系统 ·· (148)

    五、工厂总平面布置 ·· (154)

    六、公用系统 ·· (155)

  第三节 调峰型液化工厂 ·· (165)

    一、天然气直接膨胀调峰型液化装置 ·· (165)

    二、氮膨胀液化调峰型液化装置 ·· (166)

    三、混合冷剂制冷调峰型液化装置 ·· (167)

  第四节 浮式天然气液化装置 ·· (167)

    一、预处理装置 ·· (168)

    二、液化装置 ·· (169)

    三、LNG 储存 ·· (170)

    四、LNG 卸载输送 ·· (172)

    五、装卸臂 ·· (173)

    六、低温软管 ·· (174)

    七、FPSO 动力 ·· (174)

    八、安全与平面布置 ·· (175)

  第五节 主要工艺设备 ·· (176)

    一、压缩机 ·· (176)

    二、透平膨胀机 ·· (181)

    三、换热器 ·· (186)

第五章 液化天然气接收站 ·· (191)

  第一节 接收站功能 ·· (191)

  第二节 接收站工艺系统 ·· (194)

    一、卸料系统 ·· (194)

    二、储存系统 ·· (195)

三、蒸发气处理系统 ·· (198)

四、汽化系统 ·· (201)

五、外输及计量系统 ·· (202)

六、火炬系统 ·· (202)

七、自动控制系统 ·· (202)

八、接收站的操作 ·· (210)

第三节　主要设备 ··· (210)

一、储罐 ·· (210)

二、卸料设施 ·· (225)

三、LNG 输送泵 ··· (226)

四、汽化器 ·· (232)

五、再冷凝器 ·· (238)

六、BOG 压缩机 ··· (240)

第四节　液化天然气的船运 ·· (241)

一、液化天然气海上运输的特点 ···································· (241)

二、LNG 运输船结构特点 ··· (242)

三、液化天然气运输船船型 ·· (243)

第五节　陆岸液化天然气接收站 ······································ (246)

一、气源与市场 ·· (246)

二、站址 ·· (248)

三、码头 ·· (249)

四、总平面布置 ·· (254)

五、公用系统 ·· (256)

第六节　浮式液化天然气接收终端 ···································· (264)

一、浮式 LNG 接收终端的发展 ····································· (265)

二、浮式 LNG 接收终端的特点 ····································· (268)

三、LNG – FSRU 的系统配置 ······································ (268)

第六章　天然气管道输配 ··· (270)

第一节　天然气管道输送系统 ·· (270)

第二节　天然气管道输送技术 ·· (271)

一、输气工艺 ·· (271)

二、管材 ·· (277)

三、输气管道的腐蚀与防护 ·· (281)

四、管道运行与监控 ·· (289)

　　五、天然气管道输送技术的发展 ································· (293)

　第三节　城镇燃气输配系统 ······································· (297)

　　一、城镇燃气站场 ··· (298)

　　二、城镇燃气管网 ··· (300)

第七章　液化天然气利用 ·· (310)

　第一节　LNG 冷量分析 ·· (311)

　第二节　LNG 发电 ·· (312)

　　一、　直接膨胀发电 ··· (313)

　　二、二次媒体法 ··· (314)

　　三、联合循环法 ··· (315)

　第三节　空气分离 ··· (315)

　　一、空气分离装置利用 LNG 冷能的特点 ························· (316)

　　二、利用 LNG 冷能的空气分离技术 ····························· (317)

　　三、应用现状 ··· (319)

　第四节　其他利用 ··· (322)

　　一、LNG 汽车 ··· (322)

　　二、生产液态二氧化碳 ··· (324)

　　三、冷冻仓库 ··· (324)

　　四、间接利用 ··· (326)

第八章　液化天然气安全技术 ···································· (333)

　第一节　安全特性 ··· (333)

　　一、燃烧特性 ··· (333)

　　二、低温特性 ··· (335)

　　三、生理影响 ··· (336)

　第二节　安全分析 ··· (337)

　　一、安全标准 ··· (337)

　　二、储存安全 ··· (338)

　　三、运输安全 ··· (346)

　　四、泄漏及防止 ··· (348)

　　五、火灾爆炸危险性 ··· (351)

　　六、低温及其他危害 ··· (354)

　　七、事故后果模拟分析 ··· (355)

　第三节　安全检测 ··· (356)

　　一、可燃气体检测器 ·· （357）

　　二、火焰检测器 ··· （358）

　　三、低温检测器 ··· （358）

　　四、烟火检测器 ··· （358）

　　五、缺氧检测设备 ·· （358）

　第四节　安全防火 ··· （359）

　　一、总图布置 ··· （359）

　　二、加强危险物料的安全控制 ······································· （361）

　　三、电气防爆 ··· （362）

　　四、供电安全 ··· （363）

　　五、防雷、防静电 ·· （363）

　　六、建、构筑物防火 ·· （365）

　　七、消防设施 ··· （365）

参考文献 ··· （374）

第一章　天然气性质

天然气是指在地层中自然存在的烃类和非烃类气体混合物。自然界中气体的形成成因十分广泛，可以是有机质的降解和裂解，也可能是由于岩石变质、岩浆作用、放射性作用以及热核反应等产生的。在自然界里，很少有成因单一的气体单独聚集，而往往是不同成因的气体的混合。作为资源的天然气是指以烃类为主的可燃气体。当前已大规模开发并为人们广泛利用的天然气是与原油成因相同、与原油共生或单独存在的可燃气体，这部分常划分为常规天然气。随着科学技术的发展和经济条件的变化，原先受技术经济条件的限制尚未投入开采的煤层气、页岩气、致密性气藏气等都已开始投入工业开采，这部分天然气也常称为非常规天然气。

天然气性质的显著特点是：

（1）密度低。相对密度一般为 0.6～0.7，比空气轻。与其他气体一样，天然气具有可压缩性。天然气的体积随温度、压力而变化。

（2）热值高。能源物质的热值是各元素燃烧热之和，天然生物和化石燃料中的主要元素是氢和碳。氢总热值为 34000kcal/kg（1cal = 4.18J），碳为 7800kcal/kg，因此燃料化学结构中，氢含量越高，热值也越高。甲烷是烃类中 H/C 比最高的，而天然气是以甲烷为主的气体燃料，因而天然气的热值是化石燃料中最高的，大约是煤的 1.5～2 倍。

（3）效率高。采用天然气使能源利用效率提高近一倍，如燃煤锅炉效率为 50%～60%，而燃气锅炉效率可达 80%～90%。家用燃煤炉灶效率仅 20%～25%，而燃气炉灶效率为 55%～65%。燃煤蒸汽发电效率一般为 33%～42%，燃气联合循环发电效率可达 50%～58%。

（4）污染小。天然气的主要成分是甲烷，而甲烷是烃类中 C/H 比最小的，其燃烧产物中碳排放量最少。而且按照商品天然气的质量标准，由管道输送到用户的天然气中硫和氮的含量都很少，通过改进燃烧技术和尾气处理可进一步减少 NO_2 的排放。天然气燃烧不会产生烟尘，燃烧产物中没有固体排放物。相同的燃烧效率（70%）时，生产每千瓦时有用能源：用天然气作燃料时排放的氮氧化物为 0.1g，排放的 CO_2 是 50g；用煤作燃料时排放的氮氧化物是 1.1g，排放的 CO_2 是 475g。可见天然气对环境的影响比其他化石能源要小得多，确实是一种清洁能源。

（5）为优质原料。天然气可以通过直接转化或间接转化生产高附加值化工产品。由于天然气是以甲烷为主的混合物，它是生产碳一化工产品的重要原料。生产甲醇、合成氨等产品时比用石油或煤炭作原料加工工艺简单，操作方便，产品质量高。

第一节　天然气分类

天然气可按矿藏特点、相特性、酸气含量及可回收液烃含量等进行分类。

一、按矿藏特点分类

（一）气藏气

储集层流体在开采的任何阶段均呈气态，但是随组成不同，在地面压力温度条件下有可能出现少量液体。

（二）凝析气

储集层流体在原始状态下呈气态，但在开采到一定阶段，随着储集层压力下降，流体进入反凝析区，气藏内出现液态烃。

（三）伴生气

伴生气来自油藏的气顶气和溶解气，在储集层中与原油共存，开采过程中随原油采出。

二、按相特性分类

按压力 – 温度相特性，天然气可分为：

（一）干气

在气藏和地面压力温度条件下不产生液烃的天然气。按 C_5 界定法是指 $1m^3$（20℃，101.325kPa）气中液烃含量（C_5^+）按液态计小于 $13.5cm^3$ 的天然气。

（二）湿气

在气藏条件下没有液相，但采出后在地面条件下气体内出现液烃。按 C_5 界定法是指 $1m^3$（20℃，101.325kPa）气中液烃含量（C_5^+）按液态计大于 $13.5cm^3$ 的天然气。

三、按酸气含量分类

世界上开采的天然气中约有30%含有 H_2S 和 CO_2，它们溶于水中成为酸性溶液，故称 H_2S 和 CO_2 为酸气。

（一）酸气

$H_2S > 1\%$ 和/或 $CO_2 > 2\%$ 的天然气称为酸性天然气。

（二）甜气

$H_2S < 1\%$ 和/或 $CO_2 < 2\%$ 的天然气称为"甜"性天然气。工业上对 H_2S 给予更多的重视，常把含 H_2S 的天然气称酸性天然气。

四、按液烃含量分类

把天然气内除 C_1 或 $C_1 + C_2$ 外的其他较重组分看做潜在可回收的液体。按 1atm、15℃状态下 $1m^3$ 天然气内可回收液体体积多少，把天然气分为贫气、富气和极富气三种。若将乙烷及重于乙烷的组分（C_2^+）看做可回收液体[西方用 GPM 表示，表示每 $1000ft^3$（$1ft = 0.3048m$）气体含 C_2^+ 或 C_3^+ 的 gal 数（$1gal = 4.546dm^3$）]，则：贫气 $< 0.3344L/m^3$；富气为 $0.3344 \sim 0.6688L/m^3$；极富气 $> 0.6688L/m^3$。也可将 C_3^+ 作为潜在可回收液体。

第二节　天然气组成

一、组成

天然气是以烃类为主的可燃气体，其中的烃类基本上是烷烃。表 1 – 1 列出了几种天然气的典型组成。由表看出，天然气的主要成分为较轻的烷烃，C_6 和 C_6^+ 的组分极少。天然气中常含有饱和量的水蒸气,可能含有一些其他气体如 N_2、He、H_2、O_2、A(氩)和酸性气体 H_2S、CO_2 等,还可能含有硫醇等硫化物。此外,在开采过程中还可能夹带氧化皮、硫化铁、游离水、添加的化学剂和固体尘粒等。天然气的组成不仅随油气藏的地区、层位不同而不同,而且对于同一油气藏在不同的生产阶段其组成也有所变化。

表 1-1 天然气组成   %(mol)

组　成	天然气 1	天然气 2	凝析气	伴生气
N_2	0.51	4.85	—	—
CO_2	0.67	0.24	0.47	—
C_1	91.94	83.74	82.13	59.04
C_2	3.11	5.68	6.37	10.42
C_3	1.26	3.47	4.09	15.12
iC_4	0.37	0.30	0.50	2.39
nC_4	0.34	1.01	1.85	7.33
iC_5	0.18	0.18	0.55	2.00
nC_5	0.11	0.19	0.67	1.72
C_6	0.16	0.09	1.03	1.18
C_7^+	1.35	0.25	2.34	0.80
合计	100.00	100.00	100.00	100.00
C_7^+ 相对分子质量	172	115	114	—
C_7^+ 相对密度	0.803	0.744	0.765	—
C_2^+ GPM/(L/m^3)	0.3344	0.4278	0.7354	1.6445 *

* 由 C_8 性质计算的 C_2^+ GPM。GPM 表示每 1000ft^3 气体含 C_2^+ 或 C_3^+ 的 gal 数。

由表 1-1 可见,这几种天然气组成上的差异:

(一)天然气中含有的 C_2^+ 比较少,一般不超过 5%。

(二)凝析气中 C_2^+ 的含量一般为 5% ~10%。

(三)伴生气中 C_2^+ 的含量比较高,一般在 10% 以上。我国的油田伴生气 C_2^+ 含量大多超过 20%。

(四)天然气中常有 N_2 和 CO_2,N_2 的平均含量范围约为 0.5% ~5%,最高可达 25%。CO_2 平均含量范围 0.5% ~10%,最高达 70%。

二、商品天然气品质要求

商品天然气的质量指标主要包括热值、H_2S 含量、总硫含量、水露点和 CO_2 含量等五项指标。我国商品天然气质量指标(GB 17820—2011)是按三类划分的(表 1-2)。各级别天然气的质量要求不同,可适应天然气的不同用途(如用作民用燃料或化工厂原料),对热值、H_2S、总硫含量、水和 CO_2 含量有不同的要求,其中,一类商品天然气的质量指标大体与国外标准相近。

表 1−2　我国商品天然气质量指标（GB 17820—2011）

项　　目	一　类	二　类	三　类
高热值/（MJ/m³）	≥36.0	≥31.4	≥31.4
总硫（以硫计）/（mg/m³）	≤60	≤200	≤350
水露点/℃	交接点压力、温度下，比最低环境温度低5℃		
硫化氢/（mg/m³）	≤6	≤20	≤350
二氧化碳/%	≤2.0	≤3.0	—

国外对商品天然气的品质由买卖双方根据气体买方要求和用途协商确定，要求的项目和指标会有出入。美国较典型的要求项目和指标见表1−3。

表 1−3　美国商品天然气品质要求（1atm、15℃）

项　　目	标　准
水含量	64～112mg/m³
H_2S 含量	<5.72mg/m³
总热值	>35.4MJ/m³
烃露点	<9.4℃（压力5.5MPa）
硫醇含量	4.58mg/m³
总硫含量	22.9～114.5mg/m³
CO_2含量	1%～3%（mol）
O_2含量	0～0.4%（mol）
砂、尘粒、液体	无
干管输送温度	<50℃
干管输送压力	>4.8MPa（a）

表1−4列出了一些国家管输天然气的主要质量指标。气体用作燃料时，热值是燃料的重要质量指标之一。单位体积天然气完全燃烧时所放出的热量称为天然气的热值，也称之为发热量（单位 MJ/m³或 MJ/kg）。热值有高热值与低热值之分。由于高热值可直接反映天然气的使用价值，因而目前国内外天然气质量标准多采用高热值。

表 1−4　国外部分国家管输天然气主要质量指标

国　　家	H_2S/（mg/m³）	总硫/（mg/m³）	CO_2/%	水露点/（℃/MPa）	高热值/（MJ/m³）
英国	5	50	2.0	夏 4.4/6.9　冬 −9.4/6.9	38.84～42.85
俄罗斯	7	16		夏 −3（−10）　冬 −5（−20）①	32.5～36.1
法国	7	150		−5/操作压力	37.67～46.04
加拿大	23	115	2.0	−10/操作压力	36
德国	5	120		地温/操作压力	30.2～47.2
荷兰	5	120	1.5～2.0	−8/7.0	35.17
意大利	2	100	1.5	−10/6.0	
比利时	5	150	2.0	−8/6.9	40.19～44.38
奥地利	6	100	1.5	−7/4.0	
波兰	20	40		夏 5/3.37　冬 −10/3.37	19.7～35.2

① 括弧外为温带地区，括弧内为寒冷地区。

对水含量和烃露点的要求，是为了避免在管输过程中出现液体，形成气液两相流动。液态水的存在会加速天然气中酸性组分对钢材的腐蚀，还会形成固态天然气水合物，堵塞管道和设备。水露点一般根据各国具体情况而定，有的国家规定商品天然气中的水含量，我国要求商品天然气在交接点的压力和温度条件下水露点低于最低环境温度5℃。

对总硫含量要求是控制气体燃烧时产生 SO_2 的数量，减少对环境与人体的危害，我国要求小于 $350mg/m^3$ 或更低。若用作化工原料对总硫含量无严格要求。

对 H_2S 含量的要求，是为了控制气体输配系统的腐蚀以及对人体危害。湿天然气中，硫化氢含量小于 $5.7mg/m^3$ 时，对金属材料无腐蚀作用；硫化氢含量小于 $20mg/m^3$ 时，对钢材无明显腐蚀。

气体内有游离水存在时，CO_2 可产生酸性溶液，加速金属腐蚀。当硫化氢、二氧化碳和水同时存在时，对钢材的腐蚀更加严重。不少国家规定天然气中 CO_2 含量不高于 $2\% \sim 3\%$。此外因为二氧化碳是不可燃组分，其含量高低会影响天然气热值。

三、天然气生产的产品

已如前述，天然气是以饱和烃组成的气体燃料。天然气的产品按烃类组成可以分为：

（一）甲烷产品

天然气的主要成分是甲烷，用作气体燃料或化工原料。按产品形态又可分为气态的管输天然气和液态的液化天然气。

1. 管输天然气

管道输送的天然气主要成分是甲烷（见表 1-4）。这是天然气产品中产量最大的一种产品，无论是用作燃料还是用作原料，用户常以管道气接收。

2. 液化天然气

液化天然气（LNG）是在常压下将天然气冷却到 -162℃ 使其液化制取。液化天然气是以甲烷为主的液烃混合物，其组成一般为：甲烷80%~90%，乙烷3%~10%，丙烷0~5%，丁烷0~3%。

天然气液化使天然气以液态形式存在，其体积缩小为约气态时的1/600，适合用车船运输，由此出现了除管道输送外的另一种运输方式，以致天然气的远洋运输和贸易成为可能。液化天然气不仅为天然气输送提供了另一种运输方式，而且也可解决天然气的储存问题。液化天然气广泛应用于天然气输配的调峰储存，提高了城市燃气和电厂供气的稳定性，大大促进了天然气市场的发展。

（二）乙烷产品

采用冷凝法从天然气内得到的液态烃称为天然气凝析油（NGL），用分馏法可由天然气凝析油得到乙烷、丙烷、丁烷和天然汽油等。

乙烷单体烃可作为石油化工厂乙烯原料。

（三）丙烷产品

丙烷除用作工业、民用燃料外，也可用作石油化工厂原料。

（四）丁烷产品

nC_4 曾用作控制汽油蒸气压的添加剂，或用作工厂原料；iC_4 可作为炼厂烷基化工艺原料。

C_3、C_4的液态混合物称作液化石油气（LPG），其发热量高（约 83.7 ~ 125.6MJ/m^3），运输和存储方便是优质的民用燃料，也可作为汽车的清洁替代燃料。

（五）C_5^+ 产品

C_5^+ 称为天然汽油或稳定轻烃，可用做炼厂重整工艺原料。

四、硫化氢

有些天然气的硫化氢 H_2S 含量高达 10% 以上。H_2S 是透明、剧毒气体。各种不同浓度下，H_2S 对人类的危害情况见表 1–5。

表 1–5　H_2S 浓度与人的反应

空气中 H_2S 浓度/（mg/m^3）	生物影响及危害	空气中 H_2S 浓度/（mg/m^3）	生物影响及危害
0.04	感到臭味	300	暴露时间长则有中毒症状
0.5	感到明显臭味	300 ~ 450	暴露 1h 引起亚急性中毒
5.0	有强烈臭味	375 ~ 525	4 ~ 8h 内有生命危险
7.5	有不快感	525 ~ 600	1 ~ 4h 内有生命危险
15	刺激眼睛	900	暴露 30min 会引起致命性中毒
35 ~ 45	强烈刺激黏膜	1500	引起呼吸道麻痹，有生命危险
75 ~ 150	刺激呼吸道		
150 ~ 300	嗅觉 15min 内麻痹	1500 ~ 2250	在数分钟内死亡

在较低浓度下，H_2S 会刺激眼睛。反复短时间与 H_2S 接触，可导致眼睛、鼻子、喉咙的慢性疼痛，但只要在新鲜空气下，这种疼痛很快消失。H_2S 也是一种可燃气体，能在空气中燃烧，其可燃体积浓度范围为 4.3% ~ 46%。由于 H_2S 具有剧毒，在油气田进行的气体加工中必须将其控制在 5.72mg/m^3 以下。

第三节　天然气物性

一、基本性质

天然气中烃和常见非烃气体的基本性质见表 1–6。

表 1–6　烃和常见非烃气体性质

组分	相对分子质量	沸点/℃ 1atm^d（绝）	临界性质			液体密度（1atm^d，15℃）		
			压力/MPa（绝）	温度/K	比体积/（m^3/kg）	相对密度（15℃/15℃）	kg/m^3	m^3/kmol
CH_4	16.042	−161.5	4.599	190.56	0.00615	(0.3)[a]	(300)[a]	(0.05)[a]
C_2H_6	30.069	−88.6	4.872	305.33	0.00484	0.3583[b]	358.00[b]	0.08405[b]
C_3H_8	44.096	−42.07	4.244	368.77	0.00455	0.5081[b]	507.67[b]	0.08686[b]

6

组分	相对分子质量	沸点/℃ 1atm^d(绝)	临界性质			液体密度(1atm^d, 15℃)		
			压力/ MPa(绝)	温度/ K	比体积/ (m³/kg)	相对密度 (15℃/15℃)	kg/m³	m³/kmol
iC_4H_{10}	58.122	−11.62	3.640	407.82	0.00446	0.5636^b	563.07^b	0.10322^b
nC_4H_{10}	58.122	−0.51	3.798	425.12	0.00439	0.5847^b	584.14^b	0.09950^b
iC_5H_{12}	72.149	27.84	3.381	460.4	0.00427	0.6251	624.54	0.11552
nC_5H_{12}	72.149	36.10	3.37	469.7	0.00422	0.6316	631.05	0.11433
C_6H_{14}	86.175	68.7	3.01	507.5	0.00429	0.6645	663.89	0.12980
C_7H_{16}	100.202	98.4	2.74	540.3	0.00425	0.6886	687.98	0.14565
C_8H_{18}	114.229	125.7	2.49	568.8	0.00420	0.7074	706.73	0.16163
C_9H_{20}	128.255	150.78	2.28	594.7	0.00433	0.7222	721.59	0.17774
$C_{10}H_{22}$	142.282	174.1	2.10	617.7	0.00439	0.7344	733.76	0.19391
N_2	28.0135	−195.8	3.40	106.2	0.00319	0.8068^c	806.09^c	0.03475^c
O_2	31.999	−182.9	5.04	154.58	0.00229	1.1422^c	1141.2^c	0.02804^c
CO_2	44.010	−78.4^b	7.28	204.13	0.00214	0.8171	816.33	0.05391
H_2S	34.082	−60.3	9.008	373.6	0.00288	0.8001	799.42	0.04263
H_2O	18.0153	99.97	22.06	547.1	0.00311	1.0000	999.10	0.01803
空气	28.9586	−194.25	3.805	132.61	0.00286	0.8759	875.16	0.03309

组分	体积比/ (m³/m³)	冰点 (1atm^d)/℃	汽化热 (1atm^d, 沸点)/(kJ/kg)	40℃蒸气压 /kPa(绝)	偏心因子 ω	燃烧极限^e/% (体积)		热值(1atm^d, 15℃)/ (MJ/m³)	
						下限	上限	低值	高值
CH_4	442.4^a	−182.5^b	511.3	35000^a	0.0115	5.0	15.0	33.9	37.7
C_2H_6	281.51^b	−182.8^b	489.2	6000^a	0.0994	2.9	13.0	60.1	66.0
C_3H_8	272.22^b	−187.6^b	425.5	1369.9	0.1529	2.0	9.5	86.4	93.9
iC_4H_{10}	229.06^b	−159.6	365.6	530.1	0.1865	1.8	8.5	112.6	121.4
nC_4H_{10}	237.63^b	−138.4	386.0	379.4	0.2003	1.5	9.0	112.4	121.6
iC_5H_{12}	204.68	−159.9	343.7	151.4	0.2284	1.3	8.0	138.1	149.4
nC_5H_{12}	206.81	−129.7	359.2	115.6	0.2515	1.4	8.3	138.1	149.7
C_6H_{14}	182.16	−95.3	335.1	37.3	0.2993	1.1	7.7	164.4	177.6
C_7H_{16}	162.34	−90.6	318.1	12.34	0.3483	1.0	7.0	190.4	205.4
C_8H_{18}	146.29	−56.8	302.4	4.14	0.3977	0.8	6.5	216.4	233.3
C_9H_{20}	133.03	−53.49	290.1	1.349	0.4421	0.7	5.4	242.4	261.2
$C_{10}H_{22}$	122.94	−29.6	278.2	0.488	0.4875	0.7	5.4	268.4	289.1
N_2	680.38^c	−210.0^b	199.2	—	0.0372	—	—	0.0	0.0
O_2	843.25^c	−218.8^b	213.1	—	0.0222	—	—	0.0	0.0
CO_2	438.59^b	−56.6^b	573.3	—	0.2240	—	—	0.0	0.0
H_2S	554.61^b	−85.5^b	545.3	2867	0.1010	4.3	45.5	21.9	23.8
H_2O	1311.3	0	2256.5	7.3849	0.3443	—	—	—	—
空气	714.57	—	445.5	—	—	—	—	0.0	0.0

注：a. 温度高于临界温度，是估算值；b. 饱和压力下；c. 常压沸点下；d. 1atm = 101.325kPa；e. 在空气混合物中的浓度。

二、压缩因子

天然气是真实气体，其摩尔体积与理想气体摩尔体积之比称压缩因子 Z，表示真实气体 PVT 关系与理想气体的差别。现介绍几种手算及编程的计算方法。

（一）手算法

常用 Standing – Katz 按对比态原理做出的压缩因子 Z 和对比压力、对比温度关系图（图 1 – 1）计算 Z 值。对比压力和对比温度由下式求得

$$p_r = \frac{p}{p_c}; T_r = \frac{T}{T_c} \tag{1 - 1}$$

式中　p_c、p——气体的临界压力和绝对压力；

T_c、T——气体的临界温度和绝对温度。

纯烃的临界参数可由表 1 – 5 查得。天然气是烃类和非烃类的气体混合物，临界压力和临界温度可根据气体组成加权平均求得，即

$$p_c = \sum_{i=1}^n y_i p_{ci}; T_c = \sum_{i=1}^n y_i T_{ci} \tag{1 - 2}$$

式中　n——天然气组分数；

y_i——i 组分摩尔分数；

p_{ci}、T_{ci}——纯 i 组分的临界压力和临界温度。

图 1 – 1 用于非烃组分含量（N_2、H_2S、CO_2）小于 5% 时，误差小于 5%。气体分子量大于 20、Z 值小于 0.6 时，误差可能达到 10%。

酸气（H_2S、CO_2）含量超过 2% 时，Wichert – Aziz 引入的修正系数 ε

$$\varepsilon = 66.67(y_A^{0.9} - y_A^{1.6}) + 8.33(y_{H_2S}^{0.5} - y_{H_2S}^{4.0}) \tag{1 - 3}$$

式中　y_{H_2S}——H_2S 摩尔分数；

y_A——H_2S、CO_2 摩尔分数之和。

修正后天然气的视临界参数为

$$T'_c = T_c - \varepsilon; \quad p'_c = \frac{p_c T'_c}{T_c + \varepsilon y_{H_2S}(1 - y_{H_2S})} \tag{1 - 4}$$

使用修正的视临界参数在图 1 – 1 查得酸性天然气的压缩因子 Z，该法适用的酸气总浓度可达 85%（mol）。

当缺乏天然气组成资料，N_2、H_2S 和 CO_2 的含量又不高时，可用天然气相对密度 Δ_g 按 Thomas 等人提出的相关式求气体的视临界参数。

$$p_c = 4.892 - 0.405\Delta_g \quad MPa$$
$$T_c = 94.72 + 170.75\Delta_g \quad K \tag{1 - 5}$$
$$\Delta_g = \frac{M_g}{28.96}$$

式中　M_g——天然气平均相对分子质量。

求得视临界参数及对比参数后，由图 1 – 1 查得压缩因子 Z。

（二）编程计算法

以下介绍的方法来源于各种真实气体状态方程式，并有很好的计算精度。

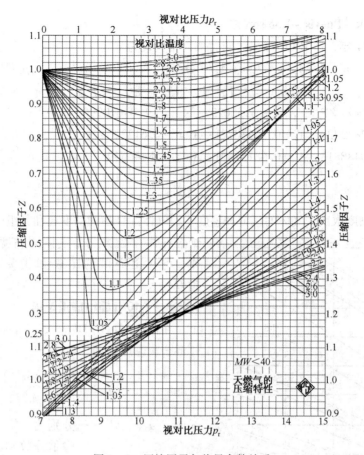

图 1 – 1　压缩因子与临界参数关系

1. Redlich – Kwong 法

由适合天然气储运工艺计算的 Redlich – Kwong 状态方程演变而来，方程式为

$$Z^3 - Z^2 + Z(a^2 - b^2 p - b)p - a^2 b p^2 = 0 \tag{1 – 6}$$

$$a^2 = 0.4278 T_c^{2.5} / (p_c T^{2.5})$$

$$b = 0.0867 T_c / (p_c T)$$

上式如只有一个实根，则该根即为所求的压缩因子；若有三个实根，当混合物为蒸气时选最大根，为液体时选最小根，中间根无物理意义。在 $0.01 \leqslant p_r \leqslant 12$ 和 $1.05 \leqslant T_r \leqslant 1.6$ 范围内，上式计算的 Z 值与实测值的误差不超过 2%。

2. Hall – Yarhorough 法

发表于 1973 年，由 Starling – Carnahan 真实气体状态方程演变而来，表达式为

$$Z = \frac{0.06125 p_r T_r^{-1} \exp[-1.2(1 - T_r^{-1})^2]}{y} \tag{1 – 7}$$

式中的 y 由下式用牛顿 – 拉夫逊迭代法求得

$$-0.06125 p_r T_r^{-1} \exp[-1.2(1 - T_r^{-1})^2] + \frac{y + y^2 + y^3 - y^4}{(1 - y)^3}$$

$$-(14.67 T_r^{-1} - 9.76 T_r^{-2} + 4.58 T_r^{-3}) y^2$$

$$+(90.7 T_r^{-1} - 242.27 T_r^2 + 42.4 T_r^{-3}) y \times \exp(2.18 - 2.82 T/T_r) = 0$$

3. Dranchuk – Puevis – Robison 法

发表于 1974 年，由 BWR 方程演变而来，相关式为

$$Z = 1 + (A_1 + A_2 T_r^{-1} + A_3 T_r^{-3})\rho_r + (A_4 + A_5 T_r^{-1})\rho_r^2 + A_5 A_6 \rho_r^5 T_r^{-1}$$
$$+ (A_7 \rho_r^2 / T_r^3)(1 + A_8 \rho_r^2)\exp(-A_8 \rho_r^2) \qquad (1-8)$$

式中，$\rho_r = 0.27 p_r / (Z T_r)$；$A_1 = 0.31506237$；$A_2 = -1.04670990$；

$A_3 = -0.57832729$；$A_4 = 0.53530771$；$A_5 = -0.61232032$；

$A_6 = -0.10488813$；$A_7 = 0.68157001$；$A_8 = 0.68446549$。

三、黏度

纯气体的黏度取决于气体的压力和温度，而气体混合物的黏度还和其组成有关。对各种纯烃气体和烃类混合气体的黏度进行过大量工作，可利用提供的图表和相关式计算天然气黏度。

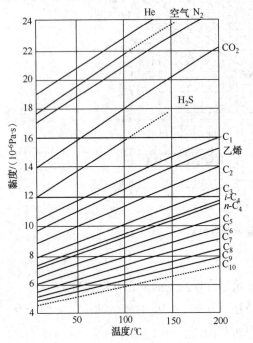

图 1-2   天然气各组分气体黏度与温度关系

（一）按气体组成求黏度

在低压下可用 Herning – Zipperer 方程估算气体混合物黏度，即

$$\mu = \frac{\sum(\mu_i y_i M_i^{0.5})}{\sum(y_i M_i^{0.5})} \qquad (1-9)$$

式中 μ_i、y_i、M_i——分别为 i 组分气体的黏度、摩尔分数和相对分子质量，μ 与 μ_i 的单位相同。

大气压下，天然气各组分气体黏度 μ_i 与温度 t 的关系见图 1-2。

（二）由相对密度求黏度

已知天然气相对密度或平均相对分子质量和温度，可按 Carr 图求常压下天然气黏度。天然气内含有 N_2、CO_2、H_2S 等非烃气体都会增加气体黏度，可用图 1-3 内插图进行修正。Carr 图的回归方程为

$$\mu = \mu_1 + N_2 \text{修正} + CO_2 \text{修正} + H_2S \text{修正} \qquad (1-10)$$

$$\mu_1 = (1.709 \times 10^{-5} - 2.062 \times 10^{-6}\Delta_g)(1.8t + 32) + 8.188 \times 10^{-3} - 6.15 \times 10^{-3}\lg\Delta_g$$

$$N_2 \text{修正} = y_{N_2}(8.48 \times 10^{-3}\lg\Delta_g + 9.59 \times 10^{-3})$$

$$CO_2 \text{修正} = y_{CO_2}(9.08 \times 10^{-3}\lg\Delta_g + 6.24 \times 10^{-3})$$

$$H_2S \text{修正} = y_{H_2S}(8.49 \times 10^{-3}\lg\Delta_g + 3.73 \times 10^{-3})$$

式中 μ_1——未考虑非烃气体时的气体黏度，$mPa \cdot s$；

y——非烃气体的摩尔分数；

t——温度，℃。

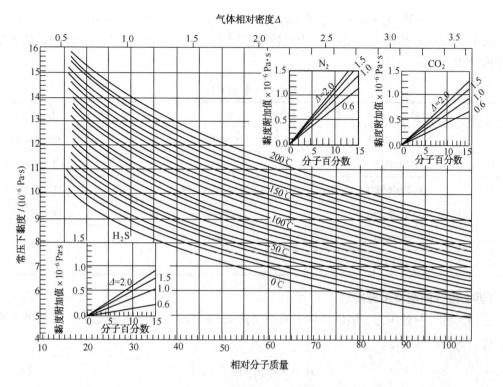

图 1-3　常压下天然气黏度

（三）按对比性质求黏度

以上两种求天然气黏度的方法只适合常压或低压。当求较高压力下气体黏度时，可先求常压(或低压)下黏度，再根据气体对比性质按图1-4求高压与常压气体的黏度比 μ'/μ，对常压黏度 μ 进行修正。

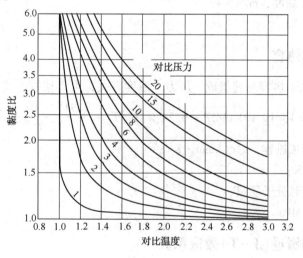

图 1-4　黏度比与对比性质关系

图示黏度比也可按下列多项式求得

$$\ln\left(\frac{\mu'}{\mu}T_r\right) = a_0 + a_1 p_r + a_2 p_r^2 + a_3 p_r^3 + T_r(a_4 + a_5 p_r + a_6 p_r^2 + a_7 p_r^3)$$

11

$$+ T_r^2(a_8 + a_9 p_r + a_{10} p_r^2 + a_{11} p_r^3) + T_r^3(a_{12} + a_{13} p_r + a_{14} p_r^2 + a_{15} p_r^3) \qquad (1-11)$$

式中，系数 a_i 由表 1-7 求得。上式使用范围为：$1 \leqslant p_r \leqslant 20$；$1.2 \leqslant T_r \leqslant 3.0$；$16 \leqslant$ 相对分子质量 $M_g \leqslant 110$。

表 1-7　系数 a 值

系　数	数　值	系　数	数　值	系　数	数　值
a_0	-2.46211820	a_6	0.360373020	a_{12}	$0.839387178 \times 10^{-1}$
a_1	2.97054714	a_7	-0.0104442413	a_{13}	-0.186408848
a_2	-0.286264054	a_8	-0.793385684	a_{14}	$-0.203367881 \times 10^{-1}$
a_3	$0.805420522 \times 10^{-2}$	a_9	1.39643306	a_{15}	$-0.609579263 \times 10^{-3}$
a_4	2.80860949	a_{10}	-0.149144925		
a_5	-3.49803305	a_{11}	$0.441015512 \times 10^{-2}$		

（四）按气体密度求黏度

已知天然气所处压力、温度条件下的密度 ρ（kg/m³）和气体相对密度 Δ_g，可按下式求所处条件下的天然气黏度。

$$\mu = C \exp\left[x \left(\frac{\rho}{1000}\right)^y \right] \qquad (1-12)$$

$$x = 2.57 + 0.2781\Delta_g + \frac{1063.6}{T}$$

$$y = 1.11 + 0.04x$$

$$C = \frac{2.415(7.77 + 0.1844\Delta)T^{1.5}}{122.4 + 377.58\Delta_g + 1.8T} 10^{-4}$$

式中　μ——天然气黏度，mPa·s；

　　　T——温度，K。

四、定压摩尔热容

天然气的定压摩尔热容与其组成、压力、温度有关，可近似按下式计算

$$c_p = 13.19 + 0.092T - 6.24 \times 10^{-5}T^2 + \frac{1.915 \times 10^{11} M_g p^{1.124}}{T^{5.08}} \qquad (1-13)$$

式中　c_p——定压摩尔热容，kJ/(kmol·K)；

　　　T——温度，K；

　　　M_g——平均相对分子质量；

　　　p——压力，MPa。

五、焦耳-汤姆逊(J-T)效应系数

J-T 效应系数与天然气压力、温度、临界参数和热容等有关，可按下式计算

$$D_i = \frac{4.1868 f(p_r, T_r) T_c}{p_c c_p} \qquad (1-14)$$

$$f(p_r, T_r) = 2.343 T_r^{-2.04} - 0.071 p_r + 0.0568$$

式中　D_i——焦耳-汤姆逊效应系数，K/MPa；

　　c_p——定压摩尔热容，kJ/(kmol·K)；

　　p_c——视临界压力，MPa；

　　T_c——视临界温度，K。

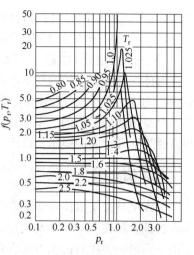

图 1-5　$f(p_r, T_r)$ 与视对比参数关系

函数 $f(p_r, T_r)$ 由图 1-5 查得，或由上式计算。计算式在 $1.6 \leqslant T_r \leqslant 2.1$ 且 $0.8 \leqslant p_r \leqslant 3.5$ 范围内使用时，偏差小于 7%。

六、热值

标准状态下单位体积燃料完全燃烧、燃烧产物又冷却至标准状态所释放的热量称热值。对于天然气来说，单位体积天然气完全燃烧后，烟气被冷却到原来的天然气温度，燃烧生成的水蒸气完全冷凝出来所释放的热量，称作高热值或总热值；单位体积天然气完全燃烧后，烟气被冷却到原来的天然气温度，但燃烧生成的水蒸气不冷凝出来所释放的热量，称作低热值或净热值。同一天然气高、低热值之差即为其燃烧生成水的汽化潜热。天然气的热值常以 MJ/m³ 为单位。

天然气热值可用连续计量的热值仪测量。热值仪利用天然气燃烧产生的热量，加热空气气流，测量空气的温升，即可求得天然气热值。测量热值的另一种方法是利用气体色谱仪测量气体组成，按各组分气体的摩尔（或体积）分数及纯组分气体热值加权求得，即

$$HV = \sum y_i HV_i \qquad (1-15)$$

式中　HV——热值；

　　y_i——组分 i 的摩尔分数；

　　HV_i——组分 i 热值，由表 1-6 查得。

对于 C_6^+ 或 C_7^+ 这类组分的热值可取相对分子质量接近的烷烃的热值。由于色谱仪测量气体组分简便、并具有较高准确性，因而分析气体组成、计算气体热值的方法得到较广泛的使用。

若不加特殊说明，热值一般指干气的热值。若为湿气应根据干气分压和热值、水的分压和热值加权平均求得，对总热值还应计入水蒸气冷凝成液态释放的汽化潜热。热值还分理想气体热值和真实气体热值，两者关系为：理想气体热值 = 真实气体热值/标准状态下气体压缩因子。

由表 1-6 可知，碳原子数愈多的烷烃其热值愈高。若天然气热值比合同规定高许多，应控制天然气热值适应燃具的设计值，或从高热值天然气中回收 C_2^+ 组分或与低热值气体掺混后供应用户。

七、燃烧极限

天然气和油品蒸气在空气中易燃、易爆的浓度上下限。这种空气和气体混合物，遇明火发生燃烧，若在容器内由于燃烧后压力升高将发生爆炸。各种纯烃的燃烧极限见表 1-6。若为已知组成的气体混合物，其燃烧下限可用下式计算

$$y \sum \frac{n_i}{N_i} = 100\% \qquad (1-16)$$

式中　y——空气中气体混合物燃烧下限的摩尔分数；

　　　n_i——组分 i 在气体混合物内的摩尔分数；

　　　N_i——纯组分 i 的燃烧下限。

气体的燃烧速度随温度的增高而加快，温度每增加15℃燃烧速度约增快1倍。若气体混合物的压力低于大气压愈多，燃烧的可能性愈小。混合物内存在的惰性气体（N_2、CO_2）愈多，会提高燃烧极限的上下限。为安全使用和生产，应在天然气内注入添味剂，当浓度达20%燃烧下限时应为操作人员所察觉。

八、偏心因子

用来度量真实流体与简单流体（假定分子为球形、无极性）性质偏差的校正因子。Pitzer等人在拟合压缩因子 Z 和对比压力、对比温度关系时，引入了无因次参数偏心因子 ω，提高了拟合精度。使用对比压力 p_r、对比温度 T_r 和偏心因子 ω 拟合其他如逸度等热力学参数时也有极好效果。偏心因子定义为

$$\omega = -\lg(p_s/p_c)_{T_r=0.7} - 1 \tag{1-17}$$

式中　p_s——对比温度为0.7时流体的饱和蒸气压。偏心因子和对比蒸气压曲线斜率有关，

　　　简单分子（如氩、氪、氙）偏心因子为0，非球形分子为极小的正值，纯烃化合物的偏心因子见表1-6。

气体混合物的偏心因子为各组分偏心因子的摩尔分数的加和。

第四节　LNG 的 性 质

天然气的主要成分是甲烷，其临界温度为190.58K，在常温下，不能靠加压将其液化。而是经过预处理，脱除重质烃、硫化物、二氧化碳和水等杂质后，在常压下深冷到 -162℃，实现液化。表1-8列出了LNG的主要物理性质。

表1-8　LNG 的主要物理性质

气体相对密度	沸点/℃（常压下）	液体密度/(g/L)（沸点下）	高热值/(MJ/m³)①	颜色
0.60~0.70	约 -162	430~460	41.5~45.3	无色透明

①101.325kPa、15.6℃状态下的气体体积。

按照欧洲标准（EN 1160-96）的要求，氮气含量（摩尔分数）应小于5%，法国对氮气含量的要求小于1.4%，一般天然气中氮气含量均不高。如遇含氮量高的天然气，在液化过程中要将氮气脱除。LNG产品中允许含有一定数量的 C_2 ~ C_5 烃。可以看出，这些杂质含量低于商品天然气的质量指标，所以LNG是一种更为纯净的天然气。典型的LNG组成见表1-9。

表1-9　典型的 LNG 组成

常压泡点下的性质	组　成　1	组　成　2	组　成　3
组成/%（摩尔）			
N_2	0.5	1.79	0.36
CH_4	97.5	93.9	87.20
C_2H_6	1.8	3.26	8.61

常压泡点下的性质	组 成 1	组 成 2	组 成 3
C_3H_8	0.2	0.69	2.74
iC_4H_{10}		0.12	0.42
nC_4H_{10}		0.15	0.65
C_5H_{12}		0.09	0.02
摩尔质量/(kg/mol)	16.41	17.07	18.52
泡点温度/℃	−162.6	−165.3	−161.3
密度/(kg/m³)	431.6	448.8	468.7

表1-10是某些国家生产的LNG组成。

表1-10   LNG组成和部分物性

液化厂	组成/%(mol)							温度/℃	密度/(kg/m³)		气体膨胀系数	高热值/(MJ/m³)
	N_2	C_1	C_2	C_3	nC_4	iC_4	C_5^+		液	气		
阿拉斯加	0.1	99.8	0.10					−160	421	0.72	588	39.6
阿尔及利亚- SKIKDA	0.85	91.5	5.64	1.50	0.25	0.25	0.01	−160	451	0.78	575	44.6
阿尔及利亚- ARZEW GL2Z	0.35	87.4	8.60	2.40	00.50	0.73	0.02	−160	466	0.83	566	44.6
印尼-BADAK	0.05	90.0	5.40	3.15	1.35		0.05	−160	462	0.81	567	44.3
马来西亚	0.45	91.1	6.65	1.25	0.54		0.01	−160	451	0.79	574	42.8
文莱	0.05	89.4	6.30	2.90	1.30		0.05	−160	463	0.82	566	44.6
阿布扎伊	0.20	86.0	11.80	1.80	0.20			−160	464	0.82	569	44.3
利比亚	0.80	83.0	11.55	3.90	0.40	0.30	0.05	−160	479	0.86	558	46.1

注：气体膨胀系数指LNG变为气体(标态)时体积增长的倍数。

液化天然气的特点是：

1. 温度低

在大气压力下，LNG沸点都在−162℃左右。在此低温下LNG蒸气密度大于环境空气。通常LNG是作为一种沸腾液体储存在绝热储罐中的，任何传入储罐的热量都将导致一定量液体蒸发成为气体。一般蒸发气中含有20% N_2 和80% CH_4 及痕量 C_2H_6。蒸发温度低于−113℃时，其组分几乎是纯 CH_4。温度升到−85℃时或 CH_4 中约含 $N_2$20%。这两种情况下，蒸发气密度均大于空气。而标准状况下蒸发气密度仅为空气的60%。

2. 液/气密度比大

1体积液化天然气的密度大约是1体积气态天然气的600倍，也即1体积LNG大致能转化为600体积的气体。

3. 具有可燃性

一般环境条件下，天然气和空气混合的云团中，天然气含量在5%~15%(体积)范围内可以引起着火，其最低可燃下限(LEL)为4%。游离云团中的天然气处于低速燃烧状态，云团内形成的压力低于5kPa，一般不会造成很大的爆炸危害。但若周围空间有限，云团内部有可能形成较高的压力波。

第五节　天然气的相特性

天然气是低分子烷烃组成的多组分体系，在处理过程中，随着压力、温度的变化，其相态也不同。因此，了解某一组成的天然气在一定压力、温度下的相特性，确定其平衡状态下共存各相的量和组成以及其热力学性质是合理确定天然气处理工艺的基础。

一、一元物系的相特性

只有一种纯化合物的物系称一元物系。一元物系的相特性可用 $p-T$ 图、$p-V$ 图表示，如图1-6所示。$p-T$ 图上有升华曲线1-2，蒸气压曲线2-C和熔解曲线2-3，将图面分成5个区域，即：固相区、液相区、蒸气区、气体区和密相流体区。三相点2至临界点 C 之间为纯烃的蒸气压曲线，在曲线左上方的 $p-T$ 条件下物系内为液相，右下方为蒸气相，只有压力和温度条件处于蒸气压曲线上的任一点时，物系内才存在气液两相。

气液两相共存并达到平衡状态时，宏观上两相之间没有物质的传递，物系内液相的挥发量与蒸气的凝结量相同，蒸气压力不再变化。这时的气体称为饱和蒸气，液体称为饱和液体，相应压力称为饱和蒸气压。因而，饱和蒸气压既表示液体的挥发能力，又表示蒸气的凝结能力。

在同一温度下，挥发性强的纯烃（如 C_3）的蒸气压大于挥发性弱的纯烃（如 $n-C_4$）的蒸气压。对于特定的纯烃，在某一温度下有对应的饱和蒸气压。温度愈高，分子的平均动能愈大，液相中就有更多的高动能分子克服液体分子间的吸引，逸出液面进入气相，即纯烃的饱和蒸气压随温度的提高而增大，如图1-6所示。

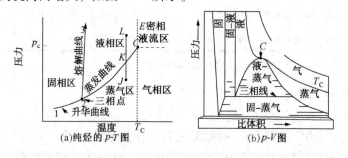

图1-6　一元物系相特性

1-2—升华曲线；2-C—蒸气压曲线；2-3—熔解曲线

在恒温下沿 $p-T$ 图的 $J-K-L$ 线提高物系的压力。开始物系内的纯烃处于过热蒸气区 J，压力增至 K 点时蒸气开始凝析，物系内有微量的液体出现。此后，物系压力不变，液体量逐渐增多，直至物系内气体全部凝析。进一步提高压力至图中 L 点时，物系内只有过冷液体。

在图1-6的 $p-V$ 图上表示纯烃的液化过程。若物系内的纯烃开始处于蒸气态，在恒温 T_1 下压缩其体积，随压力上升，气体比容逐渐减小。当压力增至图中 A 点的压力 p_1 时，物系内开始有液体凝析出来，继续压缩其体积，饱和气体中不断有液体析出，物系压力不变，

16

比容减小，在 $p-V$ 图的恒温线上出现了恒压水平线段，直至全部纯烃变为液体，如图中 B 点所示。进一步压缩纯烃的体积，由于液体的压缩性很小，压力急剧增加。水平线起点 A 对应的比容表示气体达到饱和状态开始出现液体时的比容，称为饱和蒸气比容；终点 B 所对应的比容表示纯烃恰好全部液化为液体时的比容，称为饱和液体的比容。水平线长度表示饱和蒸气比容与饱和液体比容之差，或纯烃气液两相共存的比容范围。

若在较高温度 T_2（图中未标出）下重复上述压缩过程，由于温度增高，纯烃的饱和蒸气压增大，使饱和蒸气的比容减小；而饱和液体则由于温度升高、体积膨胀而使其比容略有增大。这样，饱和蒸气与饱和液体的比容随着温度升高而互相接近，水平线变短。温度提高至临界温度 T_c 做上述压缩试验时，两相共存区的水平线段消失，在 $p-V$ 图上出现拐点 C，饱和蒸气和饱和液体的比容相等。高于 T_c 下压缩纯烃气体时，仅是气体压力升高、比容减小。温度愈高，纯烃气体愈接近理想气体，在 $p-V$ 图上的等温线愈趋近于双曲线。

由上可知，纯烃气体只有在温度低于 T_c 以下才能进行液化。使气体液化的最高温度称临界温度，点 C 称临界点，与该点相对应的压力和比容称临界压力和临界比容。根据实验研究，在临界状态时，不但气液比容相同，其他强度性质（与物质量无关的性质，如温度、密度、比焓等均属强度性质）亦相同，气液两相变为均匀的一相。在临界点，物质的光学性质亦发生明显变化、光束通过物质时有散射现象，物质呈乳白色并能观察到物质发出的荧光等，据此可确定纯烃的临界点。

二、二元及多元物系相特性

由两种纯化合物，或称组分，构成的物系称为二元物系。图 1-7 为质量浓度不同的 C_2 和 C_7 构成的二元物系的 $p-T$ 相特性图。最左边和最右边的曲线为纯 C_2 和纯 C_7 的蒸气压曲线。

以图中 C_2 质量浓度 90.22% 的 C_2-C_7 的 $p-T$ 关系为例说明二元物系的相特性。温度为 40℃、压力小于 0.5MPa 时，物系内只有气相。若保持温度不变，压缩其体积，当压力升至 0.5MPa 时，气体达到饱和状态并开始有液体凝析。此时，物系内除微量的平衡液体外，全都是饱和蒸气，该点称露点，相应的温度和压力称为露点温度和露点压力。继续压缩体积，在凝析液量增加的同时，物系的压力亦不断升高。当压力达到 5.2MPa 时，除极微量的平衡气泡外，蒸气全部变为饱和液体，该点称泡点，相应的温度和压力称为泡点温度和泡点压力。进一步压缩其体积，液体成为过冷液体。

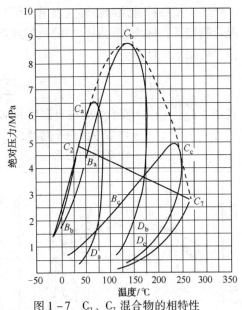

图 1-7 C_2、C_7 混合物的相特性

B—泡点线；C—临界点；D—露点线

下标：2—C_2；7—C_7；a—C_2，90.22%；

b—C_2，50.22%；c—C_2，9.78%

在其他温度下，重复上述压缩过程，可得到一系列泡点和露点压力，连接各泡点得泡点线 B_a，同样可得露点线 D_a。泡点线和露点线构成包线 $B_a C_a D_a$，包线内为气液两相能平衡共存的温度和压力范围。在该范围内，物系的温度压力条件愈接近泡点线，物系内的饱和液体量愈多；愈接近露点线，饱和气体量愈多。泡点线与露点线的交点为该特定比例 C_2-C_7 混合物的临界点。在临界点气液两相的强度性质相同，变成均匀的一相。

由上可知，二元物系的相特性不同于一元物系。一元物系气液两相平衡时，温度和压力有对应的关系，确定任一参数，另一参数就是定值，可由蒸气压曲线求得。二元物系处于气液平衡时，固定任一参数，另一参数可在一定范围内变化。在此范围内的任一点，气液两相保持平衡，只不过气液两相的比例或汽化率不同。因而，二元物系的蒸气压不仅和物系温度有关，还与汽化率有关。如 C_2 质量分数 90.22% 的 $C_2 - C_7$ 混合物，温度为 40℃ 时气液两相平衡的蒸气压随汽化率而变，范围为 0.5 ~ 5.2MPa。习惯上把泡点压力称为该混合物的真实蒸气压。

对于一元物系，温度超过临界温度时，气体不能被液化；压力高于临界压力时，物系内不可能有平衡的气液两相。但对二元物系，当物系温度高于临界温度或压力高于临界压力时，只要物系的状态处于包线范围内，物系内就存在平衡的气液两相。由图 1 - 7 还可看出：C_2 中掺入 C_7 构成二元物系后，在高于 C_2 临界温度的条件下，$C_2 - C_7$ 混合物中的 C_2 能全部或部分液化。这就解释了在远高于 C_1 临界温度的油藏温度下，甲烷能全部或部分液化的现象。

改变物系中 C_2 的质量浓度，物系的相特性 $p - T$ 曲线和临界点亦随之而变化，如图中 $B_b C_b D_b$ 和 $B_c C_c D_c$ 所示。不同组成的 $C_2 - C_7$ 物系的临界点轨迹称为临界曲线，如图中虚线所示。由图看出，C_2 中掺入 C_7 后，混合物的临界温度增高，在多数情况下临界压力亦高于组成该物系的各纯组分的临界压力。

通常用一种纯烃的临界点表示二元（或多元）混合物的临界点，该纯烃的挥发性与二元混合物接近，称为二元混合物的视临界点。视临界点是混合物中各组分临界参数的分子平均值，可用下式计算

$$T_c = \sum_{i=1}^{n} z_i T_{ci}, \quad p_c = \sum_{i=1}^{n} z_i p_{ci} \qquad (1 - 18)$$

式中　T_{ci}、p_{ci}——组分 i 的临界温度和临界压力；

　　　　z_i——物系中组分 i 的摩尔分数；

　　　　n——物系内组分数。

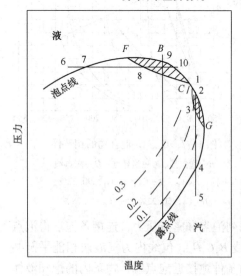

图 1 - 8　二元、多元物系的
反常蒸发和反常凝析

上式求出的视临界温度与视临界压力同混合物的真实临界温度、临界压力有一定的偏差，但大多数计算混合物热力学参数的相关式与视临界参数关联，故视临界温度和视临界压力在工程计算中仍有广泛的用途。

两种以上纯化合物构成的物系称为多元物系。多元物系的相特性与二元物系极为相似，它具有二元物系的全部相特性，但多组分混合物的临界压力更高、包络线所围面积更大。

对二元和多元物系 $p - T$ 曲线临界点附近区域进行分析，见图 1 - 8。C 为临界点，两相区包络线的最高温度和最高压力分别称为临界冷凝温度和临界冷凝压力，以 T_G 和 p_F 表示。虚线 0.1、0.2、0.3 等表示平衡状态时液相在物系中所占的比例。在临界点 C 的左边，当压力沿恒温线 BD 降低时，物系

内将发生由泡点至露点的汽化过程。如起始条件在临界点右侧，如点1，恒温降低至露点线后，继续降压，物系内部分混合物液化，并在点3处物系内液量达到最大。此后，随着压力降低，已液化的混合物又发生汽化，直至到达下露点4为止。在等温条件下，由于压力降低，反常地发生液化的现象称为等温反常冷凝。如上述过程反向进行，由点4等温升压，物系内的混合物气体开始出现正常的冷凝，到点3物系内的液量达到最大，此后进一步升高压力，液相反而减少，直至上露点2又全部变成饱和蒸气，这称为等温反常汽化。

与此相似，当压力在临界压力和临界冷凝压力之间并保持不变，物系温度变化时，可出现等压反常冷凝和汽化现象。反常汽化和反常冷凝是二元和多元物系相特性不同于一元物系的另一特点。这种反常现象只在临界点的右侧(等温反常冷凝和汽化)或上方(等压反常冷凝和汽化)才可能发生。

人们对反常汽化和反常凝析现象的研究还很不充分。克拉克(Clark)认为，在二元和多元物系的蒸气中，不同组分的分子相互掺混，在反常区恒温下降低压力时，轻组分的分子间距率先增大，使重组分分子间的轻组分分子浓度减小，重组分分子相互吸引并夹带少量轻组分分子变成凝析液，这就产生了等温反常凝析。

三、天然气的相特性

天然气属于多组分体系，其相特性与两组分体系基本相同。但是，由于天然气中各组分的沸点差别很大，因而其相包络区就比两组分体系更宽一些。贫天然气中组分较少，它的相包络区较窄，临界点在相包络区的左侧。当体系中含有较多丙烷、丁烷、戊烷和更重组分或为凝析气时，临界点将向相包络线顶部移动。

第六节　烃类物系的气液平衡

气-液相平衡研究的目的就是要确定如图1-8中相包络线上以及相包络区内各点的相态及相组成等。通过计算沿泡点线的相平衡(泡点计算)，沿露点线的相平衡(露点计算)和在相包络区内气-液两相状态下的相平衡计算，可以确定各点的相态及相组成。

原油和天然气均为多元物系。烃类混合物的分离、特别是对气体的处理和加工常在较高压力、较低温度下进行，气体凝液内各组分的碳数又相差不多，在这种情况下其气液平衡的特点是：气相的非理想性较大，而液相较接近理想溶液。

一、气液平衡相组成

理想物系在某一恒定温度与压力下达到平衡时，组分i的平衡常数K_i定义为

$$K_i = y_i/x_i \qquad (1-19)$$

此即为平衡常数关联的气液相平衡组成。y_i、x_i分别为组分i在气、液相中的分数。

对理想溶液$K_i = p_i^0/p$，非理想溶液的平衡常数K_i，近代常根据状态方程求解，简化计算时也可用经验图表查得。

纯液体的挥发度可用它的饱和蒸气压p^0表示。溶液中组分的蒸气压，因受其余组分存在的影响，比纯态时低。故各组分的挥发度v_i就用它在平衡气相中的蒸气分压p_i和平衡液相中的摩尔分数x_i之比表示，即：

$$v_i = \frac{p_i}{x_i} \qquad\qquad (1-20)$$

式中 v_i ——组分 i 的挥发度。

溶液中两种组分挥发度之比,称为相对挥发度,以 α_{ij} 表示。

$$\alpha_{ij} = \frac{v_i}{v_j} = \frac{p_i x_j}{p_j x_i} \qquad\qquad (1-21)$$

当气相遵循道尔顿分压定律时,式(1-21)变为

$$\alpha_{ij} = \frac{y_i x_j}{y_j x_i} = \frac{K_i}{K_j} \qquad\qquad (1-22)$$

在多组分物系中可任选一组分作为基准组分,其他各组分的相对挥发度均与它进行比较。设由 A、B、C、D 四个组分组成的混合物,若取组分 B 为基准组分。则有

$$y_A + y_B + y_C + y_D = 1$$

$$\frac{y_A}{y_B} + \frac{y_B}{y_B} + \frac{y_C}{y_B} + \frac{y_D}{y_B} = \frac{1}{y_B}$$

将式(1-22)代入,得

$$\alpha_{AB}\frac{x_A}{x_B} + \alpha_{BB}\frac{x_B}{x_B} + \alpha_{CB}\frac{x_C}{x_B} + \alpha_{DB}\frac{x_D}{x_B} = \frac{1}{y_B}$$

或

$$y_B = \frac{x_B}{\sum(\alpha_{iB}x_i)}, \quad i = A、B、C、D,\ \alpha_{BB} = 1 \qquad\qquad (1-23)$$

因

$$\alpha_{AB} = \frac{y_A x_B}{x_A y_B}, \quad \frac{y_B}{x_B} = \frac{y_A}{\alpha_{AB}x_A}$$

代入式(1-23)得

$$y_A = \frac{\alpha_{AB}x_A}{\sum(\alpha_{iB}x_i)}$$

当物系组分数为 n 时,组分 i 的气相摩尔分率为

$$y_i = \frac{\alpha_{iB}x_i}{\sum(\alpha_{iB}x_i)} \qquad\qquad (1-24)$$

同样,由 $x_A + x_B + x_C + x_D = 1$,按类似方法可导出

$$x_i = \frac{y_i/\alpha_{iB}}{\sum(y_i/\alpha_{iB})} \qquad\qquad (1-25)$$

式(1-24)和式(1-25)是以相对挥发度关联的气液平衡计算式,可求出气液平衡时组分 i 在气液相中的浓度。易挥发组分的相对挥发度愈大,组分的分离愈容易,$x-y$ 曲线愈突离其对角线。在对角线上,相对挥发度为1,即为基准组分的 $x-y$ 关系,见图1-9。

研究和实践说明,在加工原油和天然气的蒸馏塔内,尽管沿塔身的温度和液相组成不同,导致组分的蒸气压和挥发度有较大变化,但相对挥发度的变化不大,可近似认为定值。操作压力对相对挥发度有较大影响,压力愈高,平衡气液相间的差别愈小,相对挥发度愈小,使组分的分

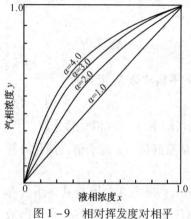

图1-9 相对挥发度对相平衡曲线的影响

离变得困难。

由上述可知，在求平衡气液相组分的 x_i、y_i 时，可用在本质上相同的平衡常数 K 和相对挥发度 α 两种计算方法。在实际应用时，视对计算的简便与否进行选择。若相对挥发度变化不大，一般用相对挥发度计算较为简便。若相对挥发度变化较大，为使计算结果更为精确，即使计算程序较繁，仍用平衡常数为宜。对计算混合物系的泡点或露点，一般均采用平衡常数法。

二、烃系的气液平衡

多元物系的气液平衡是热力学的一门分支学科，本书仅对烃类物系的气液平衡作一简要介绍，以满足天然气处理工艺计算的需要。

（一）相平衡准则

热力学第二定律讲述过程进行的方向及判据，同样适用于烃类物系的气液平衡。根据热力学第二定律，吉布斯（Gibbs）建立了多元物系气液两相的平衡准则，气液达到相平衡时有

$$T^{\mathrm{L}} = T^{\mathrm{V}}, p^{\mathrm{L}} = p^{\mathrm{V}}, \mu_i^{\mathrm{L}} = \mu_i^{\mathrm{V}} (i = 1, 2, 3, \cdots, n) \qquad (1-26)$$

式中　　μ_i——组分 i 的化学势；

n——物系内的组分数；

上标 V、L——分别为气相和液相。

上式说明，气液两相达到平衡状态时，气液相的压力温度相等，物系内各组分 i 在气液相内的化学势都相等。上式还说明，尽管物系内有些组分的含量极少，但各种组分在气液平衡的两相内都存在。

Gibbs 定义了吉布斯函数，表达式为

$$G = U + p^{\mathrm{V}} - T^S$$

式中　　G——吉布斯自由能，J/mol；

U——内能，J/mol；

S——熵，J/(mol·K)。

吉布斯（Gibbs）自由能是压力、温度和组成的函数，可表示为

$$G = G(p, T, n_1, n_2, \cdots, n_n)$$

化学势的定义之一为 $\mu_i = (\partial G/\partial n_i)_{T,p,n_j(j \neq i)}$。其物理意义为：多元物系的压力温度恒定，保持其他组分的量不变，加入 1 摩尔组分 i 时物系吉布斯自由能的变化。化学势的概念较抽象，也不便计算。为此，Lewis 又引入便于理解和计算的逸度 f。对纯理想气体，逸度等于压力；对理想气体混合物中的组分 i，其逸度 f_i 等于其分压 $y_i p$。故逸度定义为

$$p \to 0 \text{ 时}, \ f_i/(y_i p) \to 1$$

式中 y_i 表示组分 i 在气相内的摩尔分数。

当 $p \to 0$ 时，任何真实气体都趋于理想气体，其逸度 f_i 趋近于组分 i 在气体内的分压 $y_i p$。因而，逸度的概念较化学势具体，容易理解，可认为是经校正后的压力。根据化工热力学，逸度和化学势之间存在以下关系

$$\mathrm{d}\mu_i = RT\mathrm{d}\ln(f_i)$$

式中　　R——通用气体常数。

于是，可将表示相平衡条件的式（1-26）改写为

$$T^{\mathrm{L}} = T^{\mathrm{V}}, p^{\mathrm{L}} = p^{\mathrm{V}}, f_i^{\mathrm{L}} = f_i^{\mathrm{V}} (i = 1, 2, 3 \cdots n) \qquad (1-27)$$

Lewis 还定义比值 $\alpha_i = f_i / f_i^0$，称此为 i 组分的活度，表示与标准态逸度 f_i^0 相比组分 i 的"活泼"程度。把无因次比值 $\phi_i = f_i / (y_i p)$ 称为逸度系数，无因次比值 $\gamma_i = f_i / (x_i f_i^0)$ 为活度系数。于是，逸度可表示为

$$f_i = \phi_i y_i p = \gamma_i x_i f_i^0 \qquad (1-28)$$

经严格数学推导，可求得流体可测量参数 p，V，T 与逸度的关系式，以 V、T 为独立变量时，有

$$\ln\phi_i = \ln[f_i / (py_i)] = \int_{\infty}^{V}\left[\frac{1}{V} - \frac{(\partial p/\partial n_i)_{T,V,n_j}}{RT}\right]dV - \ln Z \qquad (1-29)$$

式中　y_i——混合物气相内，组分 i 的摩尔分数；

　　　Z——压缩因子。

用式(1-29)计算处于平衡状态的气液两相，并考虑气液相平衡时应满足式(1-27)表示的条件，等式左边的比值为

$$(\phi_i^L / \phi_i^V) = [f_i^L / (px_i)] / [f_i^V / (py_i)] = y_i / x_i = K_i \qquad (1-30)$$

由上式即可求出处于气液相平衡时，组分 i 的平衡常数。

为求解式(1-29)和式(1-30)，需要流体 $p-V-T$ 的关系，这种关系常由状态方程求得。

（二）状态方程

最早、最古老的状态方程(EOS)即为理想气体状态方 $pV = RT$。它仅适用于低压、高温条件下的气态物质。之后，范德华等人提出许多描述真实流体 $p-V-T$ 间关系的状态方程。

1. van der Waals(vdW) 方程

范德华于 1873 年首次提出用于真实气体状态方程，其型式为

$$p = \frac{RT}{(V-b)} - \frac{a}{V^2} \qquad (1-31)$$

或 $\qquad pV^3 - (bp + RT)V^2 + aV - ab = 0$

式中，常数 b 考虑了真实气体分子本身具有的体积，真实气体分子间的引力用常数 a 进行修正。因为方程可写为比体积 V 的立方形式，以后开发的这类状态方程都称为立方型状态方程，或 vdW 型状态方程。

由于压缩因子 Z 为无因次，并常处于 $0 \sim 1$ 之间，使用较为简便，故范德华方程也常表示为

$$Z^3 - (B+1)Z^2 + AZ - AB = 0$$

式中，$A = ap/(RT)^2$，$B = bp/(RT)$。

Z 可能有一个实根，两个共轭复根，此时实根为 Z 值。若有三个实根，混合物为液体时，则选最小的 Z 值；混合物为蒸气时选最大的 Z 值；中间的 Z 值无物理意义。

尽管范德华方程没能精确地描述流体的性质，不适用于工程应用，但为现代真实气体状态方程的研究指明了方向。在在此基础上，发展了众多立方型状态方程。

2. Redlich - Kwong(RK) 方程

1949 年 Redlich 和 Kwong 在范德华方程基础上提出了 R-K 方程，其公式为

$$p = \frac{RT}{V-b} - \frac{a}{T^{0.5}V(V+b)} \qquad (1-32)$$

式中，a、b 为两个特性参数，a 反映分子间吸引力大小，b 反映分子大小对状态参数关系的

影响。与范德华方程类似，通过临界点的约束条件

$$\left(\frac{\partial p}{\partial v}\right)_{T=T_c} = \left(\frac{\partial^2 p}{\partial v^2}\right)_{T=T_c} = 0 \tag{1-33}$$

可解出两个特性参数 a、b 为

$$a = 0.42748R^2T_c^{2.5}/p_c, \quad b = 0.08664RT_c/p_c \tag{1-34}$$

RK 方程用于混合物时，混合物的状态方程参数 a_m 和 b_m 由纯组分参数 a_i 和 b_i 按某种混合规则确定。RK 建议的混合规则为

$$a_m = \left(\sum_i y_i a_i^{0.5}\right)^2, \quad b_m = \sum_i y_i b_i \tag{1-35}$$

方程式(1-31)还可用压缩因子表示为如下形式

$$Z^3 - Z^2 + Z(A - B - B^2) - AB = 0 \tag{1-36}$$

式中，无因次量 A、B 分别为

$$A = ap/(R^2T^2), B = bp/(RT)$$

用于混合物时，根据式(1-35)的混合规则，参数 A_m 和 B_m 相应为

$$A_m = \left(\sum_i y_i A_i^{0.5}\right)^2, B_m = \sum_i y_i B_i \tag{1-37}$$

此后，又有人提出各种新的混合规则，以改善方程的计算精度。与范德华方程相比，RK 方程将等式右边第二项分子的常数 a 改为温度函数，分母改为 $v(v+b)$。这一改变，使计算气体(临界温度以上)的精度得到很大提高，同时使用适当的组分混合规则可将方程的使用范围扩大至计算混合物内各种组分的逸度。

3. Soave – Redlich – Kwong(SRK)方程

Soave 于 1972 年提出的 RK 方程改进式，称 SRK 方程。

Soave 认为，RK 方程应用于计算纯组分及混合物的容积和热力性质时可获得相当准确的结果，但用于多组分气液相平衡计算时其准确性很差，用于计算纯组分饱和蒸气压时准确性也不高，这是因为 RK 方程未能如实地反映温度的影响。

提高计算纯组分饱和蒸气压(即纯组分的气液平衡)的准确性，必将改进计算混合物气液平衡的准确性。据此，Soave 将 R-K 方程中 $a/T^{0.5}$ 项改用较具普遍意义的温度函数 $a(T)$ 代替。SRK 方程既保持了 RK 方程形式简单的特点，又较大幅度地提高了气液相逸度的计算精度。SRK 方程的表达式如下

$$p = \frac{RT}{V-b} - \frac{a(T)}{V(V+b)} \tag{1-38}$$

式中，$a(T) = a_c\alpha(T)$，$\alpha(T)$ 是和温度有关的无因次量，$T = T_c$ 时，$\alpha_i(T) = 1$。与范德华方程和 RK 方程类似，通过临界点约束条件式(1-33)，可求得 $a_c = 0.42748$，$b_c = b = 0.08664$。

SRK 方程用压缩因子表达时，有

$$Z^3 - Z^2 + Z(A - B - B^2) - AB = 0 \tag{1-39}$$

式中，$A = ap/(R^2T^2)$，$B = bp/(RT)$。

由 SRK 方程导出的纯组分逸度系数 $\phi_{\text{pure},i}$ 和焓差 $(h-h^0)$ 的计算式为

$$\ln\phi_{\text{pure},i} = (Z-1) - \ln(Z-B) - \frac{A}{B}\ln\left(1 + \frac{B}{Z}\right) \tag{1-40}$$

$$\frac{h-h^0}{RT} = (Z-1) - \ln\left(1 + \frac{B}{Z}\right)\left(\frac{A}{B} + \frac{\sqrt{a}}{bRT}\sum_i x_i k_i \sqrt{a_{ci}T_{ri}}\right) \tag{1-41}$$

式中，$k_i = 0.48 + 1.574\omega_i - 0.1715\omega_i^2$。

对混合物，组分 i 的逸度系数表达式和所采用的混合规则有关，如采用式(1-37)的混合规则时，可导出组分 i 逸度系数的表达式为

$$\ln\phi_i = \frac{b_i}{b_m}(Z-1) - \ln(Z - B_m) - \frac{A_m}{B_m}\left(\frac{2\sum_j x_i a_{ij}}{a_m} - \frac{b_i}{b_m}\right)\ln\left(1 + \frac{B_m}{Z}\right) \quad (1-42)$$

4. Peng – Robinson(PR)方程

SRK 方程在预测液体密度时误差较大，除甲烷外，其他烃类液相的计算密度普遍较实验数据小。Peng 和 Robinson 在 Soave 模型基础上又做了改进，提出 PR 状态方程

$$p = \frac{RT}{V-b} - \frac{a(T)}{V(V+b) + b(V-b)} \quad (1-43)$$

上式中的方程参数为 $a(T) = a_c\alpha(T)$，$a_c = 0.45724\dfrac{R^2 T_c^2}{p_c}$，

$b = b_c = 0.07780\dfrac{RT_c}{p_c}$，$\alpha(T) = \left[1 + k(1 - T_r^{0.5})\right]^2$，$k = 0.37464 + 1.54226\omega - 0.26992\omega^2$。

由压缩因子 Z 表示的 PR 方程为

$$Z^3 - (1-B)Z^2 + (A - 2B - 3B^2)Z - (AB - B^2 - B^3) = 0 \quad (1-44)$$

式中 $A = ap/(R^2 T^2)$，$B = bp/(RT)$。

由 PR 方程导出的纯组分逸度系数 $\phi_{\text{pure},i}$ 和焓差 $(h - h^0)$ 的表达式分别为

$$\ln\phi_{\text{pure},i} = \ln\left(\frac{f_{\text{pure},i}}{P}\right) = (Z-1) - \ln(Z - B) - \frac{A}{2\sqrt{2}B}\ln\left[\frac{Z + (1+\sqrt{2})B}{Z + (1-\sqrt{2})B}\right] \quad (1-45)$$

$$\frac{h - h^0}{RT} = (Z-1) + \frac{T\dfrac{da}{dT} - a}{2\sqrt{2}bRT}\ln\left[\frac{Z + (1+\sqrt{2})B}{Z + (1-\sqrt{2})B}\right] \quad (1-46)$$

当采用式(1-35)混合规则时，可导出混合物内组分 i 的逸度系数表达式

$$\ln\phi_i = \frac{b_i}{b_m}(Z-1) - \ln(Z - B) - \frac{A}{2\sqrt{2}B}\left[\frac{2\sum_j x_j a_{ij}}{a_m} - \frac{b_i}{b_m}\right]\ln\left[\frac{Z + (1+\sqrt{2})B}{Z + (1-\sqrt{2})B}\right]$$

$$(1-47)$$

5. 维里(Virial)状态方程

其一种表达式形式如下

$$Z = \frac{pV}{RT} = 1 + \frac{B}{V} + \frac{C}{V^2} + \frac{D}{V^3} + \cdots$$

式中，B、C、D 分别表示第二、第三、第四、……维里系数。

维里方程具有可靠的理论基础，式中第二维里系数表示两个分子间相互作用产生的与理想气体行为的偏差，第三维里系数表示三个分子间的相互作用产生的影响，更高的维里系数有类同的物理意义。由于第三、第四及更高的维里系数难以确定(特别对混合物)，在实际应用中只能采用简化的维里方程，因此流体密度的适用范围很小，在实际应用中受到制约。在烃类物系气液平衡计算中主要使用立方型 SRK 和 PR 方程以及基于经验的多参数 BWRS 三种状态方程。

6. BWRS 方程

Bennedict – Webb – Rubin 于 1940 年提出了有 8 个参数的 BWR 经验状态方程，计算轻烃

及其混合物的热力学和容积性质有相当高的准确度。但对含非烃气体量较多、含 C_6^+ 较多及较低温度下的计算结果较差。因而，近20多年来，许多学者对 BWR 方程提出了改进意见，其中 Starling 和 Han(1972) 在关联大量试验数据基础上提出的方程获得较好评价和认可，简称为 BWRS 方程，以该状态方程为基础的气液平衡模型被认为是当前烃类分离计算中最佳的模型之一。BWRS 方程表示为

$$p = \rho RT + \left(B_0 RT - A_0 - \frac{C_0}{T^2} + \frac{D_0}{T^3} - \frac{E_0}{T^4} \right) \rho^2 + \left(bRT - a - \frac{d}{T} \right) \rho^3$$

$$+ \alpha \left(a + \frac{d}{T} \right) \rho^6 + \frac{c\rho^3}{T^2} (1 + \gamma \rho^2) \exp(-\gamma \rho^2) \qquad (1-48)$$

式中
        p ——系统压力，atm;

        T ——系统温度，K;

        ρ ——气相或液相的分子密度，$kmol/m^3$;

        R ——气体常数，$R = 0.08206 (atm \cdot m^3)/(kmol \cdot K)$;

B_0、A_0、C_0、D_0、E_0、γ、b、a、α、c、d ——方程的 11 个参数。

以上 11 个参数均已普遍化，与临界参数 T_{ci}、ρ_{ci} 及偏心因子 ω_i 相关联。其形式为

$$\rho_{ci} B_{oi} = A_1 + B_1 \omega_i, \frac{\rho_{ci} A_{oi}}{RT_{ci}} = A_2 + B_2 \omega_i, \frac{\rho_{ci} C_{oi}}{RT_{ci}^3} = A_3 + B_3 \omega_i,$$

$$\rho_{ci}^2 \gamma_i = A_4 + B_4 \omega_i, \rho_{ci}^2 b_i = A_5 + B_5 \omega_i, \frac{\rho_{ci}^2 a_i}{RT_{ci}} = A_6 + B_6 \omega_i,$$

$$\rho_{ci}^3 \alpha_i = A_7 + B_7 \omega_i, \frac{\rho_{ci}^2 c_i}{RT_{ci}^3} = A_8 + B_8 \omega_i, \frac{\rho_{ci}^2 D_{oi}}{RT_{ci}^4} = A_9 + B_9 \omega_i,$$

$$\frac{\rho_{ci}^2 d_i}{RT_{ci}^2} = A_{10} + B_{10} \omega_i, \frac{\rho_{ci} E_{oi}}{RT_{ci}^5} = A_{11} + B_{11} \omega_i \exp(-3.8 \omega_i)$$

式中 A_j、B_j ——通用常数 $(j = 1, 2, \cdots, 11)$，见表 1 – 11。

表 1 – 11 通用常数 A_j 和 B_j 值

j	A_j	B_j	j	A_j	B_j	j	A_j	B_j
1	0.443690	0.115449	5	0.528629	0.349261	9	0.0307452	0.179433
2	1.284380	-0.920731	6	0.484011	0.754130	10	0.0732828	0.463492
3	0.356306	1.70871	7	0.0705233	-0.044448	11	0.006450	-0.022143
4	0.544979	-0.270896	8	0.504087	1.32245			

关联表 1 – 11 数据时，正构烷烃($C_1 \sim C_8$)所用的组分临界温度 T_{ci}，临界压力 p_{ci}、临界密度 ρ_{ci}，偏心因子 ω_i 等值见表 1 – 12。为使基础数据和方程参数的一致性，在计算热力学性质时，推荐采用表 1 – 12 的数据，不宜采用其他来源的数据。

表 1 – 12 推荐使用的临界性质数据

组分	$T_{ci}/℃$	p_{ci}/atm	$\rho_{ci}/(kmol/m^3)$	ω_i	M_i
C_1	-82.461	45.44	10.05	0.013	16.042
C_2	32.23	48.16	6.756	0.1018	30.068
C_3	96.739	41.94	4.999	0.157	44.094

组分	$T_{ci}/℃$	p_{ci}/atm	$\rho_{ci}/(kmol/m^3)$	ω_i	M_i
nC_4	152.03	37.47	3.921	0.197	58.12
nC_5	196.34	33.25	3.215	0.252	72.146
C_6	234.13	29.73	2.717	0.302	86.172
C_7	267.13	27.00	2.347	0.353	100.198
C_8	295.43	24.54	2.057	0.412	114.224

对量子气体氢，方程采用的视临界参数为：$\rho_{ci} = 20kmol/m^3$；$T > -17.8℃$，$T_{ci} = -226.1℃$；$T < -73.3℃$，$T_{ci} = -245.6℃$；$-17.8℃ \geqslant T \geqslant -73.3℃$，$T_{ci} = -237.2℃$。氢的偏心因子 ω 为零。

BWRS 方程应用于混合物时采用以下混合规则：

$$B_0 = \sum_{i=1}^{n} x_i B_{0i}, A_0 = \sum_{i=1}^{n}\sum_{j=1}^{n} x_i x_j A_{0i}^{0.5} A_{0j}^{0.5}(1 - k_{ij}), C_0 = \sum_{i=1}^{n}\sum_{j=1}^{n} x_i x_j C_{0i}^{0.5} C_{0j}^{0.5}(1 - k_{ij})^3,$$

$$\gamma = \left[\sum_{i=1}^{n} x_i \gamma_i^{0.5}\right]^2, b = \left[\sum_{i=1}^{n} x_i b_i^{\frac{1}{3}}\right]^3, a = \left[\sum_{i=1}^{n} x_i a_i^{\frac{1}{3}}\right]^3, c = \left[\sum_{i=1}^{n} x_i c_i^{\frac{1}{3}}\right]^3,$$

$$D_0 = \sum_{i=1}^{n}\sum_{j=1}^{n} x_i x_j D_{0i}^{0.5} D_{0j}^{0.5}(1 - k_{ij})^4, d = \left(\sum_{i=1}^{n} x_i d_i^{\frac{1}{3}}\right)^3, E_0 = \sum_{i=1}^{n}\sum_{j=1}^{n} x_i x_j E_{0i}^{0.5}(1 - k_{ij})^5$$

以上各式中，x_i 为气相或液相混合物内组分 i 的摩尔分数，$k_{ij} = k_{ji}$ 为组分间的交互作用参数($k_{ii} = 0$)，见表 1-13。

由 BWRS 方程导出的纯组分逸度 f 和等温焓差 $(h - h^0)$ 的计算式分别为

$$RT\ln f = RT\ln(\rho RT) + 2\left(B_0 RT - A_0 - \frac{C_0}{T^2} + \frac{D_0}{T^3} - \frac{E_0}{T^4}\right)\rho + \frac{3}{2}\left(bRT - a - \frac{d}{T}\right)\rho^2 +$$

$$\frac{6a}{5}\left(a + \frac{d}{T}\right)\rho^5 + \frac{c}{\gamma T^2}\left[1 - \left(1 - \frac{1}{2}\gamma\rho^2 - \gamma^2\rho^4\right)\exp(-\gamma\rho^2)\right] \quad (1-49)$$

$$h - h^0 = \left(B_0 RT - 2A_0 - \frac{4C_0}{T^2} + \frac{5D_0}{T^3} - \frac{6E_0}{T^4}\right)\rho + \frac{1}{2}\left(2bRT - 3a - \frac{4d}{T}\right)\rho^2 +$$

$$\frac{1}{5}\alpha\left(6a + \frac{7d}{T}\right)\rho^5 + \frac{c}{\gamma T^2}\left[3 - \left(3 + \frac{1}{2}\gamma\rho^2 - \gamma^2\rho^4\right)\exp(-\gamma\rho^2)\right] \quad (1-50)$$

按 BWRS 方程使用的混合规则，可导出混合物组分 i 的逸度计算式

$$RT\ln f_i = RT\ln(\rho RT x_i) + \rho(B_0 + B_{0i})RT + 2\rho\sum_{i=j}^{n} x_i\left[-(A_0^{0.5}A_{0i}^{0.5})(1 - k_{ij}) - \frac{C_0^{0.5}C_{0i}^{0.5}}{T^2}(1 - k_{ij})^3\right.$$

$$+ \frac{(D_{0i}^{0.5}D_{0j}^{0.5})}{T^3}(1 - k_{ij})^4 - \frac{(E_{0i}^{0.5}E_{0j}^{0.5})}{T^4}(1 - k_{ij})^5\right] + \frac{\rho^2}{2}\left[3(b^2 b_i)^{\frac{1}{3}}RT - 3(a^2 a_i)^{\frac{1}{3}} - \frac{3(d^2 d_i)^{\frac{1}{3}}}{T}\right]$$

$$+ \frac{\alpha\rho^5}{5}\left[3(a^2 a_i)^{\frac{1}{3}} + \frac{3(d^2 d_i)^{\frac{1}{3}}}{T}\right] + \frac{3\rho^5}{5}\left(\alpha + \frac{d}{T}\right)(\alpha^2 \alpha_i)^{\frac{1}{3}} + \frac{3(c^2 c_i)^{\frac{1}{3}}\rho^2}{T^2}$$

$$\left[\frac{1 - \exp(-\gamma\rho^2)}{\gamma\rho^2} - \frac{\exp(-\gamma\rho^2)}{2}\right] - \frac{2c}{\gamma T^2}\left(\frac{\gamma_i}{\gamma}\right)^{0.5}\left[1 - \left(1 + \gamma\rho^2 + \frac{1}{2}\gamma^2\rho^4\right)\exp(-\gamma\rho^2)\right]$$

$$(1-51)$$

表 1-13 BWRS 方程中使用的二元交互作用参数 k_{ij} 值（$k_{ij}=k_{ji}$）

物质	甲烷	乙烯	乙烷	丙烯	丙烷	异丁烷	正丁烷	异戊烷	正戊烷	己烷	庚烷	辛烷	壬烷	癸烷	十一烷	氮	二氧化碳	硫化氢
甲烷	0.0	0.01	0.01	0.021	0.023	0.0275	0.031	0.036	0.041	0.05	0.06	0.07	0.081	0.092	0.101	0.025	0.05	0.05
乙烯		0.0	0.0	0.003	0.0031	0.004	0.0045	0.005	0.006	0.007	0.0085	0.01	0.012	0.013	0.015	0.07	0.048	0.045
乙烷			0.0	0.003	0.0031	0.004	0.0045	0.005	0.006	0.007	0.0085	0.01	0.012	0.013	0.015	0.07	0.048	0.045
丙烷				0.0	0.0	0.003	0.0035	0.004	0.0045	0.005	0.0065	0.008	0.01	0.011	0.013	0.10	0.045	0.04
丙烯					0.0	0.003	0.0035	0.004	0.0045	0.005	0.0065	0.008	0.04	0.011	0.013	0.10	0.045	0.04
异丁烷						0.0	0.0	0.008	0.001	0.0015	0.0018	0.002	0.0025	0.003	0.003	0.11	0.05	0.036
正丁烷							0.0	0.008	0.001	0.0015	0.0018	0.002	0.0025	0.003	0.003	0.12	0.05	0.034
异戊烷								0.0	0.0	0.0	0.0	0.0	0.0	0.0	0.0	0.134	0.05	0.028
正戊烷									0.0	0.0	0.0	0.0	0.0	0.0	0.0	0.148	0.05	0.02
己烷										0.0	0.0	0.0	0.0	0.0	0.0	0.172	0.05	0.0
庚烷											0.0	0.0	0.0	0.0	0.0	0.200	0.05	0.0
辛烷												0.0	0.0	0.0	0.0	0.228	0.05	0.0
壬烷													0.0	0.0	0.0	0.264	0.05	0.0
癸烷														0.0	0.0	0.294	0.05	0.0
十一烷															0.0	0.322	0.05	0.0
氮																0.0	0.0	0.0
二氧化碳																	0.0	0.035
硫化氢																		0.0

尽管上式很复杂，若按式(1-48)用试差法求得混合物密度 ρ 后，可直接求得组分 i 的逸度 f_i，无需迭代。

各种状态方程仍在不断地改进与完善(据统计，状态方程的总数已达 100 种以上)，以扩大状态方程的适用范围并提高计算精度。在以上介绍的状态方程中，都可用于计算烃类溶液(属正规溶液，与理想溶液的偏差较小)气液相的逸度和平衡常数，但对极性溶液和电解质溶液由于非理想性较强并不适用。对这类溶液常通过活度系数模型计算各组分的逸度。

工程上使用状态方程主要有两类：维里型状态方程和立方型状态方程。维里型状态方程可以可靠地描述气相和液相性质，它在许多时候优于立方型状态方程，但它不适于极性混合物。而且此方程由于缺乏精确的体积数据来确定高次项维里系数，而是用三项维里多项式，一般又很难应用到更高压力范围，并且维里方程和单独一套维里系数又不能同时描述气、液两相。立方型状态方程主要有 Redlich - Kwong(RK)、Redlich - Kwong - Soave(SRK)、Peng - Roblinson(PR)和它们的一些修正式。立方型状态方程是展开成体积三次幂多项式的真实流体状态方程，由于它能够解析求根，因而在工程上得到广泛应用。它们形式简单、计算省时、计算结果一般比较可靠，被认为是最实用的状态方程。BWRS 多参数状态方程的优点是可对纯组分的相平衡和体积性质作准确计算。

三、相平衡计算

相平衡计算的目的通常为：已知石油组成，确定石油的泡、露点，若在给定工况下物系内存在气液两相，则求气液相比例(汽化率)和气液相组成。

(一)泡露点计算

在泡点时，物系内仅有微量气泡与溶液平衡，组分 i 在溶液和物系内的摩尔分数近似相等，即 $z_i = x_i$。根据物料平衡，泡点方程为

$$\sum y_i = \sum K_i x_i = \sum K_i z_i = 1.0 \qquad (1-52)$$

计算分两种情况：(1)已知物系组成 z_i 和压力 p，求泡点温度 T_b 和气相组成 y_i；(2)已知物系组成 z_i 和温度 T，求泡点压力 p_b 和气相组成 y_i。

露点时，物系内液相量无限小，因而 $z_i = y_i$。露点方程为

$$\sum x_i = \sum \frac{y_i}{K_i} = \sum \frac{z_i}{K_i} = 1.0 \qquad (1-53)$$

露点计算也分两种情况：(1)已知物系组成 z_i 和压力 p，求露点温度 T_d 和液相组成 x_i；(2)已知物系组成 z_i 和温度 T，求露点压力 p_d 和液相组成 x_i。

以求泡点温度 T_b 和气相组成 y_i 为例，其计算步骤见图 1-10。图中 K_i 值可由状态方程或查诺谟图得到。若 $\sum y_i > 1.0$，降低温度 T。举一反三，读者不难理解求泡露点其他几种情况的步骤。

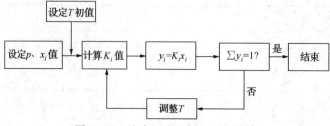

图 1-10　泡点温度和气相组成计算

直接按式(1-52)、式(1-53)求解泡露点时，计算程序的收敛性较差，建议将泡露点方程改写成如下形式。

$$(a) \ln\left(\sum K_i x_i \right) = 0;$$

$$(b) \sum K_i x_i - 1 = 0;$$

$$(c) \sum \frac{y_i}{K_i} - 1 = 0;$$

$$(d) \ln\left(\sum \frac{y_i}{K_i} \right) = 0 \qquad (1-54)$$

式(1-54)(a)适用于求泡点温度；式(1-54)(b)适用于求泡点压力；式(1-54)(c)适用于求露点温度；式(1-54)(d)适用于求露点压力。

(二)部分汽化和部分冷凝计算

如图1-11所示，流量为F(kmol/h)、组成z_i的原料，在压力为p、温度为T的分离罐内分离为气液两相。气相流量为V(kmol/h)、组成为y_i，液相流量为L(kmol/h)、组成为x_i，汽化率为$e = V/F$。物系内存在气液两相并达到平衡状态时，气液相均处于饱和状态，气相处于露点，液相处于泡点。已知F、z_i、p、T，确定V、L、e、x_i、y_i，这就是部分汽化或部分冷凝的计算任务。使用相平衡方程和物料平衡方程可解决气液平衡分离的计算问题。

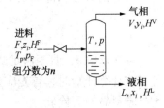

图1-11 平衡分离

由平衡方程

$$y_i = K_i x_i$$

由组分i的物料衡算

$$Fz_i = Vy_i + Lx_i$$

将平衡方程代入上式，消去y_i，并考虑汽化率$e = V/F$、液相率为$L/F = (1-e)$可得

$$x_i = \frac{z_i}{(K_i - 1)e + 1}$$

按$\sum x_i = 1$可写出

$$\sum_{i=1}^{n} \frac{z_i}{(K_i - 1)e + 1} = 1 \qquad (1-55)$$

当已知T、p和z_i时，用上式求解汽化率时，需用试差法。为避免试差计算的盲目性，可用 Newton-Raphson 法求解汽化率e，按该数值计算方法可写出

$$e_{k+1} = e_k - \frac{F(e_k)}{F'(e_k)} \qquad (1-56)$$

式中 k——迭代序号。

将式(1-55)改写为

$$F(e) = \sum_{i=1}^{n} \frac{z_i}{(K_i - 1)e + 1} - 1 \qquad (1-57)$$

需求解$F(e) = 0$时的汽化率e值。对上式求导可得

$$F'(e) = - \sum_{i=1}^{n} \frac{z_i(K_i + 1)}{[(K_i - 1)e + 1]^2} \qquad (1-58)$$

于是式(1-56)可表示为

$$e_{k+1} = e_k + \frac{\sum_{i=1}^{n} \frac{z_i}{(K_i - 1)e_k + 1} - 1}{\sum_{i=1}^{n} z_i(K_i - 1)/[(K_i - 1)e_k + 1]^2} \qquad (1-59)$$

当编程进行严格的汽化、冷凝计算时,同样用 Newton - Raphson 迭代法求解 e(此时将 K_i 看做常数),然后按所求出的气、液相组成 y_i 和 x_i 计算在指定 T,p 下的逸度 f_i^N 和 f_i^L,并判别每一组分在气液相内的逸度是否满足下述要求:

$$\left| \frac{f_i^L}{f_i^N} - 1 \right| < 10^{-4} \qquad (1-60)$$

若有的组分未能满足上式要求,将该组分的 K_i 调整为

$$K_i = \frac{f_i^L/x_i}{f_i^N/y_i}$$

再次求解 e,直至满足式(1-60)要求为止。

在计算开始时,首先应判断在给定的 T,p 下物系内的混合物是否处于气液两相区,为此对原料做如下检验。

$$\sum_{i=1}^{n} K_i z_i \begin{cases} = 1, T = T_B,\text{进料处于泡点},e = 0 \\ > 1, T > T_B,e > 0 \\ < 1, T < T_B,\text{进料为过冷液体} \end{cases}$$

$$\sum_{i=1}^{n} \frac{z_i}{K_i} \begin{cases} = 1, T = T_D,\text{进料处于露点},e = 1 \\ > 1, T < T_D,e < 1 \\ < 1, T > T_D,\text{进料为过热蒸气} \end{cases}$$

只有 $\sum K_i z_i$ 和 $\sum \frac{z_i}{K_i}$ 均大于1时,混合物才处于气液两相区($0 < e < 1$),才能进行气液平衡及汽化率的迭代计算。

第二章 天然气预处理

液化天然气工厂的原料气来自油气田生产的天然气、凝析气或油田伴生气,其中不同程度地含有硫化氢、二氧化碳、重烃、水和汞等杂质。在液化之前,必须进行预处理,以避免液化过程中,由于过量水分、CO_2、重烃等的存在而产生冻结和堵塞设备及管道。表2-1列出了LNG生产要求原料气中最大允许杂质的含量。

表2-1 LNG原料气质量要求

杂质组分	允许含量	杂质组分	允许含量
H_2O	$< 0.1 \times 10^{-6}$	总硫	$10 \sim 50 mg/m^3$
CO_2	$(50 \sim 100) \times 10^{-6}$	汞	$< 0.01 mg/m^3$
H_2S	$3.5 mg/m^3$	芳烃类	$(1 \sim 10) \times 10^{-6}$
COS	$< 0.1 \times 10^{-6}$	C_5^+	$< 70 mg/m^3$

注:H_2O、CO_2、COS、芳烃类为体积分数。

油气田生产的天然气需要经过如图2-1所示的净化和加工单元,才能作为油气田产品销售。

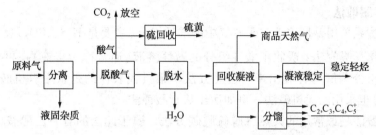

图2-1 天然气处理总流程框图

原料气(包括天然气、凝析气、伴生气)进入脱酸气单元,分出气体中的酸性组分 H_2S,并送制硫厂回收硫黄;分出的 CO_2 或注入地层,或销售,或放空。脱除酸气的气体,经脱水单元降低气体内的水含量。干燥后的气体进入凝液回收单元,分出气体内所含的中间和较重组分后作为商品天然气外输。分出的液态组分既可直接进分馏装置生产各种产品,也可经稳定后送往中心处理厂进一步加工成 C_2、C_3、C_4、C_5^+ 等产品外销。在以上各单元中,脱硫脱碳和脱水脱凝液称为天然气处理,有时也称为气体净化,之后的单元称气体加工。根据原料气组成不同,对以上单元常有取舍,如气藏气不含酸气、又较贫,常不需要脱酸气和回收凝液单元。油田伴生气含较多的中间和重组分,一般需回收凝液后才能达到商品天然气的品质要求。

第一节 天然气脱硫脱碳

天然气中最常见的酸性组分是硫化氢(H_2S)、二氧化碳(CO_2)、硫化羰(COS)、硫醇(RSH)和二硫化物($RSSR'$)等。H_2S是天然气中含有的对人体危害最大的一种酸气组分,微

量 H_2S 就会对人体的眼、鼻、喉部有刺激性。若在含 H_2S 体积分数为 0.6% 的空气中停留 2min，可能危及生命。酸性气体不仅对人体有害，对设备管道有腐蚀作用，而且由于其临界温度较高（CO_2 常压下临界温度为 304.25K），在天然气液化降温过程中易成固体析出，堵塞设备管道，必须脱除。另外，从经济方面考虑，二氧化碳不能燃烧，无热值，若参与气体处理和运输也是不经济的，应该脱除。从天然气中脱除酸性组分的工艺过程统称为脱硫脱碳或脱酸气。如果此过程主要是脱除 H_2S 和有机硫化物则称之为脱硫；如果主要是脱除 CO_2 则称之为脱碳。原料气经湿法脱硫脱碳后，还需脱水（有时还需脱油）和脱除其他有害杂质（例如脱汞）。脱硫脱碳、脱水脱油后符合一定质量指标或要求的天然气称为净化气，脱除的酸气一般还应回收其中的硫元素（硫黄回收）。当回收硫黄后的尾气不符合向大气排放标准时，还应对尾气进行处理。

此外，采用深冷分离方法从天然气中回收天然气凝液（NGL）或生产液化天然气（LNG）时，为防止 CO_2 在低温下形成固体，故要求气体中的 CO_2 含量很低，这时就应首先采用深度脱碳的方法进一步降低原料气中的 CO_2 含量，使其符合低温工艺要求。

一、脱硫脱碳工艺方法

天然气脱除酸性气体的方法主要有化学吸收法、物理吸收法、化学 – 物理吸收法、直接转化法和膜分离法等。其中，以醇胺法为主的化学吸收法和以砜胺法为代表的化学 – 物理吸收法是采用最多的方法。

（一）化学吸收法

化学溶剂法系采用碱性溶液与天然气中的酸性组分（主要是 H_2S、CO_2）反应生成某种化合物，故也称化学吸收法。吸收了酸性组分的碱性溶液（通常称为富液）在再生时又可将该化合物的酸性组分分解与释放出来。这类方法中最具代表性的是采用有机胺的醇胺（烷醇胺）法以及有时也采用的无机碱法，例如活化热碳酸钾法。

目前，醇胺法是最常用的天然气脱硫脱碳方法。属于此法的有一乙醇胺（MEA）法、二乙醇胺（DEA）法、二甘醇胺（DGA）法、二异丙醇胺（DIPA）法、甲基二乙醇胺（MDEA）法、混合醇胺法、配方醇胺溶液（配方溶液）法以及空间位阻胺法等。

醇胺溶液主要由烷醇胺与水组成。

（二）物理吸收法

此法系利用某些溶剂对气体中 H_2S、CO_2 等与烃类的溶解度差别很大而将酸性组分脱除，故也称物理吸收法。物理溶剂法一般在高压和较低温度下进行，适用于酸性组分分压高（大于 345kPa）的天然气脱硫脱碳。此外，此法还具有可大量脱除酸性组分，溶剂不易变质，比热容小，腐蚀性小以及可脱除有机硫（COS、CS_2 和 RSH）等优点。由于物理溶剂对天然气中的重烃有较大的溶解度，故不宜用于重烃含量高的天然气，且多数方法因受再生程度的限制，净化度（即原料气中酸性组分的脱除程度）不如化学溶剂法。当净化度要求很高时，需采用汽提法等再生方法。

目前，常用的物理溶剂法有多乙二醇二甲醚法（Selexol 法）、碳酸丙烯酯法（Fluor 法）、冷甲醇法（Rectisol 法）等。

物理吸收法的溶剂通常采用多级闪蒸、蒸汽加热或汽提法等进行再生，只需很少或不需能量，还可同时使气体脱水。

（三）化学 - 物理吸收法

这类方法采用的溶液是醇胺、物理溶剂和水的混合物，兼有化学溶剂法和物理溶剂法的特点，故又称混合溶液法或联合吸收法。目前，典型的化学 - 物理吸收法为砜胺法（Sulfinol）法，包括 DIPA - 环丁砜法（Sulfinol - D 法，砜胺 II 法）、MDEA - 环丁砜法（Sulfinol - M 法，砜胺 III 法）。此外，还有 Amisol、Selefining、Optisol 和 Flexsorb 混合 SE 法等。

（四）直接转化法

这类方法以氧化—还原反应为基础，故又称氧化—还原法或湿式氧化法。它借助于溶液中的氧载体将碱性溶液吸收的 H_2S 氧化为元素硫，然后采用空气使溶液再生，从而使脱硫和硫黄回收合为一体。此法目前虽在天然气工业中应用不多，但在焦炉气、水煤气、合成气等气体脱硫及尾气处理方面却广为应用。由于溶剂的硫容量（即单位质量或体积溶剂能够吸收的硫的质量）较低，故适用于原料气压力较低及处理量不大的场合。属于此法的主要有钒法（ADA - $NaVO_3$ 法、栲胶 - $NaVO_3$ 法等）、铁法（Lo - Cat 法、Sulferox 法、EDTA 络合铁法、FD 及铁碱法等），以及 PDS 等方法。

上述诸法因都采用液体脱硫脱碳，故又统称为湿法。其主要方法是胺法和砜胺法。

（五）其他类型方法

除上述方法外，目前还可采用分子筛法、膜分离法、低温分离法及生物化学法等脱除 H_2S 和有机硫。此外，非再生的固体（例如海绵铁）、液体以及浆液脱硫剂则适用于 H_2S 含量低的天然气脱硫。其中，可以再生的分子筛法等因其要切换操作故又称为间歇法。

膜分离法借助于膜在分离过程中的选择性渗透作用脱除天然气的酸性组分，目前有 AVIR、Cynara、杜邦（DuPont）、Grace 等法，大多用于从 CO_2 含量很高的天然气中分离 CO_2。

上述主要脱硫脱碳方法的工艺性能见表 2 - 2。

表 2 - 2　气体脱硫脱碳方法性能比较

方　　法	脱除 H_2S 至 4×10^{-6}（体积分数）($5.7mg/m^3$)	脱除 RSH、COS	选择性脱除 H_2S	溶剂降解（原因）
伯醇胺法	是	部分	否	是（COS、CO_2、CS_2）
仲醇胺法	是	部分	否	一些（COS、CO_2、CS_2）
叔醇胺法	是	部分	是[2]	否
化学 - 物理法	是	是	是[2]	一些（CO_2、CS_2）
物理溶剂法	可能[1]	略微	是[2]	否
固体床法	是	是	是[2]	否
液相氧化还原法	是	否	是	高浓度 CO_2
电化学法	是	部分	是	否

[1] 某些条件下可以达到。
[2] 部分选择性。

二、脱硫脱碳工艺选择

脱硫脱碳是天然气处理的第一步，其工艺方法的选择应结合后续处理统筹考虑。图 2 -

2 可作为选择脱硫脱碳方法时的一般性指导。

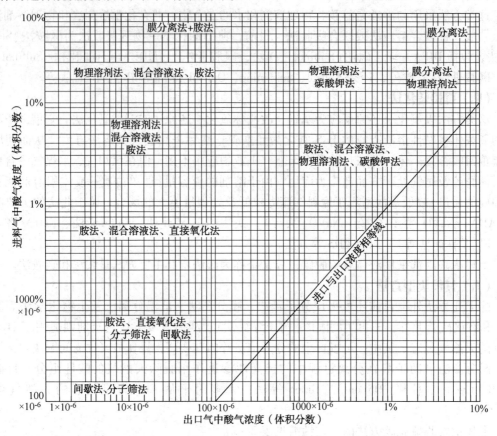

图 2-2 天然气脱硫脱碳方法选择

根据国内外工业实践，在选择脱硫脱碳方法时应主要考虑的因素有：

（1）原料气处理量；

（2）原料气中酸气组分的类型和含量；

（3）净化气的质量要求；

（4）酸气温度、压力和净化气的输送温度、压力；

（5）脱除酸气所要求的选择性；

（6）液体产品(例如 NGL)质量要求；

（7）投资、操作费用；

（8）有害副产物的处理。

（一）一般情况

对于处理量比较大的脱硫脱碳装置首先应考虑采用醇胺法的可能性，即

（1）原料气中碳硫比较高(CO_2/H_2S 物质的量比 >6)时，为获得适用于常规克劳斯硫黄回收装置的酸气(酸气中 H_2S 浓度低于 15% 时无法进入该装置)而需要选择性脱 H_2S，以及其它可以选择性脱 H_2S 的场合，应选用选择性 MDEA 法。

（2）原料气中碳硫比较高，在脱除原料气中 H_2S 的同时还需脱除相当量的 CO_2 时，可选用 MDEA 和其它醇胺(例如 DEA)组成的混合醇胺法或合适的配方溶液法等。

（3）原料气中 H_2S 含量低、CO_2 含量高且需深度脱除 CO_2 时，可选用合适的 MDEA 配

方溶液法(包括活化 MDEA 法)。

(4)原料气压力低,净化气的 H_2S 质量指标严格且需同时脱除 CO_2 时,可选用 MEA 法、DEA 法、DGA 法或混合醇胺法。如果净化气的 H_2S 和 CO_2 质量指标都很严格,则可采用 MEA 法、DEA 法或 DGA 法。

(5)在高寒或沙漠缺水地区,可选用 DGA 法。

(二)含有有机硫化物的原料气

当需要脱除原料气中的有机硫化物时一般应采用砜胺法,即:

(1)原料气中含有 H_2S 和一定量的有机硫需要脱除,且需同时脱除 CO_2 时,应选用 Sulfinol – D 法(砜胺Ⅱ法)。

(2)原料气中含有 H_2S、有机硫和 CO_2,需要选择性地脱除 H_2S 和有机硫且可保留一定含量的 CO_2 时应选用 Sulfinol – M 法(砜胺Ⅲ法)。

(3)H_2S 分压高的原料气采用砜胺法处理时,其能耗远低于醇胺法。

(4)原料气如经砜胺法处理后其有机硫含量仍不能达到质量指标时,可继之以分子筛法脱有机硫。

(三)H_2S 含量低的原料气

当原料气中 H_2S 含量低、当按原料气处理量计的潜硫量(t/d)不大、碳硫比高且不需脱除 CO_2 时,可考虑采用以下方法,即

(1)潜硫量在 $0.5 \sim 5t/d$ 之间,可考虑选用直接转化法,例如 ADA – $NaVO_3$ 法、络合铁法和 PDS 法等。

(2)潜硫量在小于 $0.4t/d$(最多不超过 $0.5t/d$)时,可选用非再生类方法,例如固体氧化铁法、氧化铁浆液法等。

(四)高压、高酸气含量的原料气

高压、高酸气含量的原料气可能需要在醇胺法和砜胺法之外选用其他方法或者采用几种方法的组合。

(1)主要脱除 CO_2 时,可考虑选用膜分离法、物理溶剂法或活化 MDEA 法。

(2)需要同时大量脱除 H_2S 和 CO_2 时,可先选用选择性醇胺法获得富含 H_2S 的酸气去克劳斯装置,再选用混合醇胺法或常规醇胺法以达到净化气质量指标或要求。例如采用 MDEA 溶液串接或 MDEA 溶液和其他醇胺(例如 DEA)溶液串接吸收法。

(3)需要大量脱除原料气中的 CO_2 且同时有少量 H_2S 也需脱除时,可先选膜分离法,再选用醇胺法以达到处理要求。

以上是选择天然气脱硫脱碳方法的一般原则,在实践中还应根据具体情况对几种方案进行技术经济比较后确定。

化学溶剂法中醇胺法是目前最常用的天然气脱硫脱碳方法。据统计,20 世纪 90 年代美国采用化学溶剂法的脱硫脱碳装置处理量约占总处理量的 72%,其中又绝大多数是采用醇胺法。

天然气液化工厂处理的原料气多为符合商品气质量标准的天然气。一般来说,酸性组分含量不高,但要求净化气中硫、碳含量比较严格,而醇胺法适用于天然气中酸性组分分压低和要求净化气中酸性组分含量低的场合。因此,天然气液化前的脱硫脱碳预处理多采用醇胺法,本节也主要介绍醇胺法脱硫脱碳工艺。

三、醇胺法脱硫脱碳

（一）醇胺与 H_2S、CO_2 的主要化学反应

醇胺化合物分子结构特点是其中至少有一个羟基和一个胺基。羟基可降低化合物的蒸气压，并能增大化合物在水中的溶解度，因而可配制成水溶液；而胺基则使化合物水溶液呈碱性，以促进其对酸性组分的吸收。化学吸收法中常用的醇胺化合物有伯醇胺（例如 MEA、DGA，含有伯胺基 $-NH_2$）、仲醇胺（例如 DEA、DIPA，含有仲胺基 $=NH$）和叔醇胺（例如 MDEA，含有叔胺基 $\equiv N$）三类，可分别以 RNH_2、R_2NH 及 $R_2R'N$（或 R_3N）表示。

作为有机碱，上述三类醇胺均可与 H_2S 发生以下反应：

$$2RNH_2（或 R_2NH，R_3N）+ H_2S \Longleftrightarrow (RNH_3)S[或(R_2NH_2)_2S,(R_3NH)_2S] \qquad (2-1)$$

然而，这三类醇胺与 CO_2 的反应则有所不同。伯醇胺和仲醇胺可与 CO_2 发生以下两种反应：

$$2RNH_2 \quad（或 R_2NH）+ CO_2 \Longleftrightarrow RNHCOONH_3R \quad（或 R_2NCOONH_2R） \qquad (2-2)$$

$$2RNH_2（或 R_2NH）+ CO_2 + H_2O \Longleftrightarrow (RNH_3)_2CO_3[或(R_2NH_2)_2CO_3] \qquad (2-3)$$

反应式（2-2）是主要反应，反应生成氨基甲酸盐；反应式（2-3）是次要反应，反应生成碳酸盐。

由于叔胺的 $\equiv N$ 上没有活泼氢原子，故仅能生成碳酸盐，而不能生成氨基甲酸盐：

$$2R_2R'N + CO_2 + H_2O \Longleftrightarrow (R_2R'NH)_2CO_3 \qquad (2-4)$$

以上这些反应均是可逆反应，在高压和低温下反应将向右进行，而在低压和高温下反应则向左进行。这正是醇胺作为主要脱硫脱碳溶剂的化学基础。

上述各反应式表示的只是反应的最终结果。实际上，整个化学吸收过程包括了 H_2S 和 CO_2 由气流向溶液中的扩散（溶解）、反应（中间反应及最终反应）等过程。例如，式（2-1）反应的实质是醇胺与 H_2S 离解产生的质子发生的反应，式（2-2）反应的实质是 CO_2 与醇胺中活泼氢原子发生的反应，式（2-4）反应的实质是酸碱反应，它们都经历了中间反应的历程。

此外，无论伯醇胺、仲醇胺或叔醇胺，它们与 H_2S 的反应都可认为是瞬时反应，而醇胺与 CO_2 的反应则因情况不同而有区别。其中，伯醇胺、仲醇胺与 CO_2 按反应式（2-2）发生的反应很快，而叔醇胺与 CO_2 按反应式（2-4）发生的酸碱反应，由于 CO_2 在溶液中的水解和生成中间产物碳酸氢胺的时间较长而很缓慢，这也许是叔醇胺在 H_2S 和 CO_2 同时存在下对 H_2S 具有很强选择性的原因。

由于叔胺与 CO_2 的反应是酸碱反应，再生时从富液中解吸大量 CO_2 所需热量较少，故适用于从高含 CO_2 的气体中经济地脱除大量的 CO_2。

醇胺除与气体中的 H_2S 和 CO_2 反应外，还会与气体中存在的其他硫化物（如 COS、CS_2、RSH）以及一些杂质发生反应。其中，醇胺与 CO_2、漏入系统中空气的 O_2 等还会发生降解反应（严格地说是变质反应，因为降解系指复杂有机化合物分解为简单化合物的反应，而此处醇胺发生的不少反应却是生成更大分子的变质反应）。醇胺的降解不仅造成溶液损失，使醇胺溶液的有效浓度降低，增加了溶剂消耗，而且许多降解产物使溶液腐蚀性增大，容易起泡，以及增加了溶液的黏度。

醇胺法主要溶剂性质见表2-3。

表 2 - 3　醇胺法和砜胺法主要溶剂性质

溶　　剂	MEA	DEA	DIPA	MDEA	环 丁 砜
分子式	$HOC_2H_4NH_2$	$(HOC_2H_4)_2NH$	$(HOC_3H_6)_2NH$	$(HOC_2H_4)_2NCH_3$	$\begin{matrix} CH_2\!-\!CH_2 \\ \quad\quad\quad SO_2 \\ CH_2\!-\!CH_2 \end{matrix}$
相对分子质量	61.08	105.14	133.19	119.17	120.14
相对密度	$d_{20}^{30}=1.0179$	$d_{20}^{30}=1.0919$	$d_{20}^{45}=0.989$	$d_{20}^{20}=1.0418$	$d_{20}^{30}=1.2614$
凝点/℃	10.2	28.0	42.0	-14.6	28.8
沸点/℃	170.4	268.4(分解)	248.7	230.6	285
闪点(开杯)/℃	93.3	137.8	123.9	126.7	176.7
折射率(n_D^{20})	1.4539	1.4776	1.4542(45℃)	1.469	1.4820(30℃)
蒸气压(20℃)/Pa	28	<1.33	<1.33	<1.33	0.6
黏度/mPa·s	24.1(20℃)	380.0(30℃)	198.0(45℃)	101.0(20℃)	10.286(30℃)
比热容/[kJ/(kg·K)]	2.54(20℃)	2.51(15.5℃)	2.89(30℃)	2.24(15.6℃)	1.34(25℃)
热导率/[W/(m·K)]	0.256	0.220		0.275(20℃)	
汽化热/(kJ/kg)	1.92(101.3kPa)	1.56(9.73kPa)	1.00	1.21(101.3kPa)	
水中溶解度(20℃)	完全互溶	96.4%	87.0%	完全互溶	完全互溶

(二) 常用醇胺溶剂性能比较

醇胺法特别适用于酸气分压低和要求净化气中酸气含量低的场合。由于采用的是水溶液可以减少重烃的吸收量,故此法更适合富含重烃的气体脱硫脱碳。

通常, MEA 法、DEA 法、DGA 法又称为常规醇胺法,基本上可同时脱除气体中的 H_2S、CO_2;MDEA 法和 DIPA 法又称为选择性醇胺法,其中 MDEA 法是典型的选择性脱 H_2S 法, DIPA 法在常压下也可选择性地脱除 H_2S。此外,配方溶液目前种类繁多,性能各不相同,分别用于选择性脱 H_2S,在深度或不深度脱除 H_2S 的情况下脱除一部分或大部分 CO_2,深度脱除 CO_2,以及脱除 COS 等。

1. 一乙醇胺(MEA)

MEA 可用于低吸收压力和净化气质量指标严格的场合。

MEA 可从气体中同时脱除 H_2S 和 CO_2,因而没有选择性。净化气中 H_2S 浓度可低达 $5.7mg/m^3$。在中低压情况下 CO_2 浓度可低达 100×10^{-6}(体积分数)。MEA 也可脱除 COS、CS_2,但是需要采用复活釜,否则反应是不可逆的。即就是有复活釜,反应也不能完全可逆,故会导致溶液损失和在溶液中出现降解产物的积累。

MEA 的酸气负荷上限通常为 0.3 ~ 0.5mol 酸气/mol MEA,溶液质量浓度一般限定在 15% ~ 20%。如果采用缓蚀剂,则可使溶液浓度和酸气负荷显著提高。由于 MEA 蒸气压在醇胺类中最高,故在吸收塔、再生塔中蒸发损失量大,但可采用水洗的方法降低损失。

2. 二乙醇胺(DEA)

DEA 不能像 MEA 那样在低压下使气体处理后达到质量指标或管输要求,而且也没有选择性。

如果酸气含量高而且总压高,则可采用具有专利权的 SNPA - DEA 法。此法可用于高压且有较高 $\omega(H_2S)/\omega(CO_2)$ 的高酸气含量气体。专利上所表示的酸气负荷为 0.9 ~ 1.3mol 酸气/mol DEA。

尽管所报道的 DEA 酸气负荷高达 0.8 ~ 0.9mol 酸气/mol DEA，但大多数常规 DEA 脱硫脱碳装置因为腐蚀问题而在很低的酸气负荷运行。

与 MEA 相比，DEA 的特点为：①DEA 的碱性和腐蚀性较 MEA 弱，故其溶液浓度和酸气负荷较高，溶液循环量、投资和操作费用都较低。典型的 DEA 酸气负荷(0.35 ~ 0.8mol 酸气/mol DEA)远高于常用的 MEA 的酸气负荷(0.3 ~ 0.4mol 酸气/mol MEA)；②由于 DEA 生成不可再生的降解产物数量较少，故不需要复活釜；③DEA 与 H_2S 和 CO_2 的反应热较小，故溶液再生所需的热量较少；④DEA 与 COS、CS_2 反应生成可再生的化合物，故可在溶液损失很小的情况下部分脱除 COS、CS_2；⑤蒸发损失较少。

3. 二甘醇胺(DGA)

DGA 是伯醇胺，不仅可脱除气体和液体中的 H_2S 和 CO_2，而且可脱除 COS 和 RSH，故广泛用于天然气和炼厂气脱硫脱碳。DGA 可在压力低于 0.86MPa 下将气体中的 H_2S 脱除至 5.7mg/m^3。此外，与 MEA、DEA 相比，DGA 对烯烃、重烃和芳香烃的吸收能力更强。因此，在 DGA 脱硫脱碳装置的设计中应采用合适的活性炭过滤器。

与 MEA 相比，DGA 的特点为：①溶液质量浓度可高达 50% ~ 70%，而 MEA 溶液浓度仅 15% ~ 20%；②由于溶液浓度高，所以溶液循环量小；③重沸器蒸汽耗量低。

DGA 溶液浓度在 50%(质量分数)时的凝点为 -34℃，故可适用于高寒地区。由于降解反应速率大，所以 DGA 系统需要采用复活釜。此外，DGA 与 CO_2、COS 的反应是不可逆的，生成 $N,N-$ 二甘醇脲，通常称为 BHEEU。

4. 甲基二乙醇胺(MDEA)

MDEA 是叔醇胺，可在中、高压下选择性脱除 H_2S 以符合净化气的质量指标或管输要求。但是，如果净化气中的 CO_2 含量超过允许值，则需进一步处理。

选择性脱除 H_2S 的优点是：①由于脱除的酸气量减少而使溶液循环量降低；②再生系统的热负荷低；③酸气中的 $\omega(H_2S)/\omega(CO_2)$ 可高达含硫原料气的 10 ~ 15 倍。由于酸气中 H_2S 浓度较高，有利于硫黄回收。

如前所述，由于叔醇胺与 CO_2 的反应是反应热较小的酸碱反应，故再生时需要的热量较少，因而用于大量脱除 CO_2 是很理想的。这也是一些适用于大量脱除 CO_2 的配方溶液(包括活化 MDEA 溶液)的主剂是 MDEA 的原因所在。

采用 MDEA 溶液选择性脱硫不仅由于循环量低而可降低能耗，而且单位体积溶液再生所需蒸汽量也显著低于常规醇胺法。此外，选择性醇胺法因操作的气液比较高而吸收塔的液流强度较低，因而装置的处理量也可提高。

5. 二异丙醇胺(DIPA)

DIPA 是仲胺，对 H_2S 具有一定的选择性，但不如叔胺强，其选择性归因于化学空间位阻效应。DIPA 可用于从液化石油气中脱除 H_2S 和 COS。

6. 配方溶液

配方溶液是一种新的醇胺溶液系列。与大多数醇胺溶液相比，由于采用配方溶液可减少设备尺寸和降低能耗而广为应用，目前常见的配方溶液产品有 Dow 化学公司的 GAS/SPEC™，原联碳(Union Carbide)公司的 UCARSOL™，猎人(Huntsman)公司的 TEXTREAT™ 以及广义地说还有 BASF 公司的活化 MDEA(aMDEA)溶液等。配方溶液通常具有比 MDEA 溶液更好的优越性。有的配方溶液可以选择性地脱除 H_2S 低至 4×10^{-6}（体积分数），而只脱除一小部分 CO_2；有的配方溶液则可从气体中深度脱除 CO_2 以符合深冷分离工艺的需要；有的配方溶液还可在选择性脱除 H_2S 低至 4×10^{-6}（体积分数）的同时，将高 CO_2 含量气体中的 CO_2 脱除至 2%（体积分数）。

7. 空间位阻胺

埃克森（Exxon）公司在 20 世纪 80 年代开发的 Flexsorb 溶剂是一种空间位阻胺。它通过空间位阻效应和碱性来控制醇胺与 CO_2 的反应。目前已有很多型号的空间位阻胺，分别用于不同情况下的天然气脱硫脱碳。

表 2-4 列出了醇胺法脱硫脱碳溶液主要工艺参数可供参考。表中富液酸气负荷指离开吸收塔底富液中酸性组分含量；贫液残余酸气负荷指离开再生塔底贫液中残余酸性组分含量；酸气负荷则为溶液在吸收塔内所吸收的酸性组分含量，即富液酸气负荷与贫液酸气负荷之差。它们的单位均为 $mol(H_2S+CO_2)/mol$ 胺。酸气负荷是醇胺法脱硫脱碳工艺中一个十分重要的参数，溶液的酸气负荷应根据原料气组成、酸性组分脱除要求、醇胺类型、吸收塔操作条件以及设备和管线材质、腐蚀情况等确定。必须说明的是，上述酸气（主要是 H_2S、CO_2）负荷的表示方法仅对同时脱硫脱碳的常规醇胺法才是确切的，而对选择性脱除 H_2S 的醇胺法来讲，由于要求 CO_2 远离其平衡负荷，故应采用 H_2S 负荷才有意义。鉴于目前仍普遍沿用原来的表示方法，故本书在介绍选择性脱除 H_2S 时还引用酸气负荷一词。

表 2-4 醇胺法溶液主要工艺参数

项目	MEA	DEA	SNPA-DEA	DGA	Sulfinol	MDEA
酸气负荷/[m^3（GPA）/L，38℃]，正常范围①	0.0230 ~ 0.0320	0.0285 ~ 0.0375	0.0500 ~ 0.0585	0.0350 ~ 0.0495	0.030 ~ 0.1275	0.022 ~ 0.056
酸气负荷/(mol/mol 胺)，正常范围②	0.33 ~ 0.40	0.35 ~ 0.65	0.72 ~ 1.02	0.25 ~ 0.3	—	0.2 ~ 0.55
贫液残余酸气负荷/(mol/mol 胺)，正常范围③	0.12 ±	0.08 ±	0.08 ±	0.10 ±		0.005 ~ 0.01
富液酸气负荷/(mol/mol 胺)，正常范围②	0.45 ~ 0.52	0.43 ~ 0.73	0.8 ~ 1.1	0.35 ~ 0.40	—	0.4 ~ 0.55
溶液质量浓度/%，正常范围	15 ~ 25	25 ~ 35	25 ~ 30	50 ~ 70	3 种组分，组成可变化	40 ~ 50
火管加热重沸器表面平均热流率/(kW/m^2)	25.0 ~ 31.9	25.0 ~ 31.9	25.0 ~ 31.9	25.0 ~ 31.9	25.0 ~ 31.9	25.0 ~ 31.9
重沸器温度④/℃，正常范围	107 ~ 127	110 ~ 121	110 ~ 121	121 ~ 127	110 ~ 138	110 ~ 127
反应热⑤（估计）/(kJ/kgH₂S)	1280 ~ 1560	1160 ~ 1400	1190	1570	变化/负荷	1040 ~ 1210
反应热⑤（估计）/(kJ/kgCO₂)	1445 ~ 1630	1350 ~ 1515	1520	2000	变化/负荷	1325 ~ 1390

① 取决于酸气分压和溶液浓度。
② 取决于酸气分压和溶液腐蚀性，对于腐蚀性系统仅为 60% 或更低值。
③ 随再生塔顶部回流比而变，低的贫液残余酸气负荷要求再生塔塔板或回流比更多，并使重沸器热负荷更大。
④ 重沸器温度取决于溶液浓度、酸气背压和所要求的残余 CO_2 含量，应尽可能采用较低温度。
⑤ 反应热随酸气负荷、溶液浓度而变化。

(三) 醇胺法工艺技术

1. 工艺流程

醇胺法脱硫脱碳的典型工艺流程见图2－3。由图可知,该流程由吸收、闪蒸、换热和再生(汽提)四部分组成。其中,吸收部分是将原料气中的酸性组分脱除至规定指标或要求;闪蒸部分是将富液(即吸收酸性组分后的溶液)在吸收酸性组分时所吸收的一部分烃类通过闪蒸除去;换热是回收离开再生塔的贫液热量;再生是将富液中吸收的酸性组分解吸出来成为贫液循环使用。

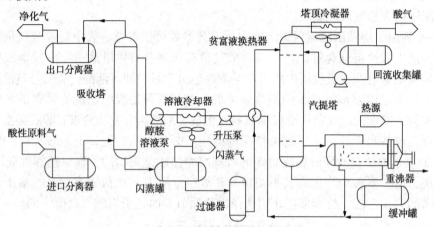

图2－3　醇胺法脱硫脱碳的典型工艺流程图

图2－3中,原料气经进口分离器除去游离液体和携带的固体杂质后进入吸收塔底部,与由塔顶自上而下流动的醇胺溶液逆流接触,吸收其中的酸性组分。离开吸收塔顶部的是含饱和水的湿净化气,经出口分离器除去携带的溶液液滴后出装置。通常,都要将此湿净化气脱水后再作为商品气或管输气,或去下游的 NGL 回收装置、LNG 生产装置。

由吸收塔底部流出的富液降压后(当处理量较大时,可设置液力透平回收高压富液能量,用以使贫液增压)进入闪蒸罐,以脱除被醇胺溶液吸收的烃类。然后,富液再经过滤器进贫富液换热器,利用热贫液将其加热后进入在低压下操作的再生塔上部,使一部分酸性组分在再生塔顶部塔板上从富液中闪蒸出来。随着溶液自上而下流至底部,溶液中剩余的酸性组分就会被在重沸器中加热汽化的气体(主要是水蒸气)进一步汽提出来。因此,离开再生塔的是贫液,只含少量未汽提出来的残余酸性气体。此热贫液经贫富液换热器、溶液冷却器冷却(温度降至比塔内气体烃露点约高5～6℃)和贫液泵(以及液力透平)增压,然后进入吸收塔循环使用。有时,贫液在换热与增压后也经过一个过滤器。

从富液中汽提出来的酸性组分和水蒸气离开再生塔顶,经冷凝器冷却与冷凝后,冷凝水作为回流返回再生塔顶部。由回流罐分出的酸气根据其组成和流量,或去硫黄回收装置,或压缩后回注地层以提高原油采收率,或经处理后去火炬等。

在图2－3所示的典型流程基础上,还可根据需要衍生出一些其他流程,例如分流流程(见图2－4)。在图2－4中,由再生塔中部引出一部分半贫液(已在塔内汽提出绝大部分酸性组分但尚未在重沸器内进一步汽提的溶液)送至吸收塔的中部,而经过重沸器汽提后的贫液仍送至吸收塔的顶部。此流程虽然增加了一些设备与投资,但对酸性组分含量高的天然气脱硫脱碳装置却可显著降低能耗。

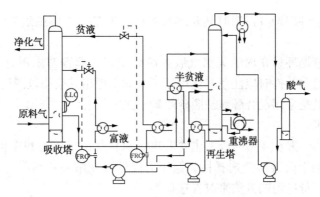

图 2-4 分流法脱硫脱碳工艺流程图

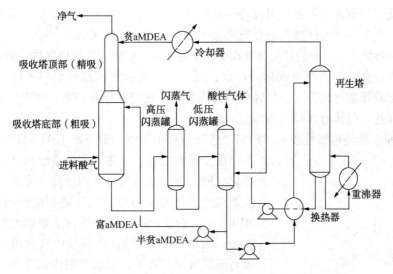

图 2-5 BASF 公司活化 MDEA 溶液分流法脱碳工艺流程图

图 2-5 是 BASF 公司采用活化 MDEA(aMDEA)溶液的分流法脱碳工艺流程。该流程中活化 MDEA 溶液分为两股在不同位置进入吸收塔,即半贫液进入塔的中部,而贫液则进入塔的顶部。从低压闪蒸罐底部流出的是未完全再生好的半贫液,将其送到酸性组分浓度较高的吸收塔中部;而从再生塔底部流出的贫液则进入吸收塔的顶部,与酸性组分浓度很低的气流接触,使湿净化气中的酸性组分含量降低至所要求之值。离开吸收塔的富液先适当降压闪蒸,再在更低压力下进一步闪蒸,然后去再生塔内进行汽提,离开低压闪蒸罐顶部的气体即为所脱除的酸气。此流程的特点是装置处理量可提高,再生能耗较少,主要用于天然气及合成气脱碳。

2. 工艺参数

(1)溶液循环量

醇胺溶液循环量是醇胺法脱硫脱碳中一个十分重要的参数,它决定了脱硫脱碳装置诸多设备尺寸、投资和装置能耗。

在确定醇胺法溶液循环量时,除了凭借经验估计外,还必须有 H_2S、CO_2 在醇胺溶液中的热力学平衡溶解度数据。

酸性天然气中一般会同时含有 H_2S 和 CO_2,而 H_2S 和 CO_2 与醇胺的反应又会相互影响,即其中一种酸性组分即使有微量存在,也会使另一种酸性组分的平衡分压产生很大差别。只有一种酸性组分(H_2S 或 CO_2)存在时其在醇胺溶液中的平衡溶解度远大于 H_2S 和 CO_2 同时存在时的数值。

目前，包括溶液循环量在内的天然气脱硫脱碳工艺计算普遍采用有关软件由计算机完成。但是，在使用这些软件时应注意其应用范围，如果超出其应用范围进行计算，就无法得出正确的结果，尤其是采用混合醇胺法脱硫脱碳时更需注意。

（2）压力和温度

吸收塔操作压力一般在 4~6MPa，主要取决于原料气进塔压力和净化气外输压力要求。降低吸收压力虽有助于改善溶液选择性，但压力降低也使溶液负荷降低，装置处理能力下降，因而不应采用降低压力的方法来改善选择性。

再生塔一般均在略高于常压下操作，其值视塔顶酸气去向和所要求的背压而定。为避免发生热降解反应，重沸器中溶液温度应尽可能较低，其值取决于溶液浓度、压力和所要求的贫液残余酸气负荷。不同醇胺溶液在重沸器中的正常温度范围见表 2 – 4。

通常，为避免天然气中的烃类在吸收塔中冷凝，贫液温度应较塔内气体烃露点高 5~6℃，因为烃类的冷凝会使溶液严重起泡。所以，应该核算吸收塔入口和出口条件下的气体烃露点。这是由于脱除酸性组分后，气体的烃露点升高。还应该核算一下，在吸收塔内由于温度升高、压力降低，气体有无反凝析现象。

采用 MDEA 溶液选择性脱 H_2S 时贫液进吸收塔的温度一般不高于 45~50℃。

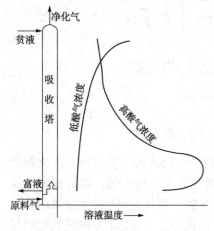

图 2 – 6 吸收塔内溶液温度曲线

由于吸收过程是放热的，故富液离开吸收塔底和湿净化气离开吸收塔顶的温度均会高于原料气温度。塔内溶液温度变化曲线与原料气温度和酸性组分含量有关。MDEA 溶液脱硫脱碳时吸收塔内溶液温度变化曲线见图 2 – 6。由图 2 – 6 可知，原料气中酸性组分含量低时主要与原料气温度有关，溶液在塔内温度变化不大；原料气中酸性组分含量高时，还与塔内吸收过程的热效应有关。此时，吸收塔内某处将会出现温度最高值。

对于 MDEA 法来说，塔内溶液温度高低对其吸收 H_2S、CO_2 的影响有两个方面：①溶液黏度随温度变化。温度过低会使溶液黏度增大，易在塔内起泡，从而影响吸收过程中的传质速率；②MDEA 与 H_2S 的反应是瞬间反应，其反应速率很快，故温度主要是影响 H_2S 在溶液中的平衡溶解度，而不是其反应速率。但是，MDEA 与 CO_2 的反应较慢，故温度对其反应速率影响很大。温度升高，MDEA 与 CO_2 的反应速率显著增大。因此，MDEA 溶液用于选择性脱 H_2S 时，宜使用较低的吸收温度；如果用于脱硫脱碳，则应适当提高原料气进吸收塔的温度。这是因为，较低的原料气温度有利于选择性脱除 H_2S，但较高的原料气温度则有利于加速 CO_2 的反应速率。通常，可采用原料气与湿净化气或贫液换热的方法来提高原料气的温度。此外，贫液进塔温度较高有利于 CO_2 的吸收，但其温度过高时由于 CO_2 在溶液中的溶解度明显下降反而影响 CO_2 的吸收。

（3）气液比

气液比是指单位体积溶液所处理的气体体积量（m^3/m^3），它是影响脱硫脱碳净化度和经济性的重要因素，也是操作中最易调节的工艺参数。

对于采用 MDEA 溶液选择性脱除 H_2S 来讲，提高气液比可以改善其选择性，因而降低了能耗。但是，随着气液比提高，净化气中的 H_2S 含量也会增加，故应以保证 H_2S 的净化度为原则。

（4）溶液浓度

溶液浓度也是操作中可以调节的一个参数。对于采用 MDEA 溶液选择性脱除 H_2S 来讲，在相同气液比时提高溶液浓度可以改善选择性，而当溶液浓度提高并相应提高气液比时，选择性改善更为显著。

但是，溶液浓度过高将会增加溶液的腐蚀性。此外，过高的 MDEA 溶液浓度会使吸收塔底富液温度较高而影响其 H_2S 负荷。通常，采用的 MDEA 溶液浓度一般不大于 50%（质量分数）。

3. 工艺设备

（1）高压吸收系统

高压吸收系统由原料气进口分离器、吸收塔和湿净化气出口分离器等组成。

吸收塔可为填料塔或板式塔，后者常用浮阀塔板。

浮阀塔的塔板数应根据原料气中 H_2S、CO_2 含量、净化气质量指标和对 CO_2 的吸收率经计算确定。通常，其实际塔板数在 14～20 块。对于选择性醇胺法（例如 MDEA 溶液）来讲，适当控制溶液在塔内停留时间（包括调整塔板数、塔板溢流堰高度和溶液循环量）可使其选择性更好。这是由于在达到所需的 H_2S 净化度后，增加吸收塔塔板数实际上几乎只是使溶液多吸收 CO_2，故在选择性脱 H_2S 时塔板应适当少些，而在脱碳时则可适当多些塔板。采用 MDEA 溶液选择性脱 H_2S 时净化气中 H_2S 含量与理论塔板数的关系见图 2-7。

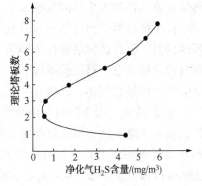

图 2-7 净化气 H_2S 含量与
理论塔板数的关系

塔板间距一般为 0.6m，塔顶设有捕雾器，顶部塔板与捕雾器的距离为 0.9～1.2m。吸收塔的最大空塔气速可由 Souders-Brown 公式确定，见式（2-5）。降液管流速一般取 0.08～0.1m/s。

$$v_g = 0.0762[(\rho_1 - \rho_g)/\rho_g]^{0.5} \qquad (2-5)$$

式中　v_g——最大空塔气速，m/s；

ρ_1——醇胺溶液在操作条件下的密度，kg/m^3；

ρ_g——气体在操作条件下的密度，kg/m^3。

为防止液泛和溶液在塔板上大量起泡，由式（2-5）求出的气速应分别降低 25%～35% 和 15%，然后再由降低后的气速计算塔径。

由于 MEA 蒸气压高，所以其吸收塔和再生塔的胺液蒸发损失量大，故在贫液进料口上常设有 2～5 块水洗塔板，用来降低气流中的胺液损失，同时也可用来补充水。但是，采用 MDEA 溶液的脱硫脱碳装置通常则采用向再生塔底部通入水蒸气的方法来补充水。

（2）低压再生系统

低压再生系统由再生塔、重沸器、塔顶冷凝器等组成。此外，对伯醇胺等溶液还有复活釜。

① 再生塔　与吸收塔类似，可为填料塔或板式塔，塔径计算方法相似，但应以塔顶和塔底气体流量较大者计算和确定塔径。塔底气体流量为重沸器产生的汽提水蒸气流量（如有补充水蒸气，还应包括其流量），塔顶气体量为塔顶水蒸气和酸气流量之和。

再生塔的塔板数也应经计算确定。通常，在富液进料口下面约有 20~24 块塔板，板间距一般为 0.6m。有时，在进料口上面还有几块塔板，用于降低气体的雾沫夹带。

再生塔的作用是利用重沸器提供的水蒸气和热量使醇胺和酸性组分生成的化合物逆向分解，从而将酸性组分解吸出来。水蒸气对溶液还有汽提作用，即降低气相中酸性组分的分压，使更多的酸性组分从溶液中解吸，故再生塔也称汽提塔。

汽提蒸汽量取决于所要求的贫液质量（贫液中残余酸气负荷）、醇胺类型和塔板数。蒸汽耗量大致为 0.12~0.18t/t 溶液。小型再生塔的重沸器可采用直接燃烧的加热炉（火管炉），火管表面热流率为 20.5~26.8kW/m²，以保持管壁温度低于 150℃。大型再生塔的重沸器可采用蒸汽或热媒作热源。对于 MDEA 溶液，重沸器中溶液温度不宜超过 127℃。当采用火管炉时，火管表面平均热流率应小于 35kW/m²。

重沸器的热负荷包括：将醇胺溶液加热至所需温度的热量；将醇胺与酸性组分反应生成的化合物逆向分解的热量；将回流液（冷凝水）汽化的热量；加热补充水（如果采用的话）的热量；重沸器和再生塔的散热损失。通常，还要考虑 15%~20% 的安全裕量。

再生塔塔顶排出气体中水蒸气摩尔数与酸气摩尔数之比称为该塔的回流比。水蒸气经塔顶冷凝器冷凝后送回塔顶作为回流。含饱和水蒸气的酸气去硫磺回收装置，或去回注或经处理与焚烧后放空。对于伯醇胺和低 CO_2/H_2S 的酸性气体，回流比一般为 3；对于叔醇胺和高 CO_2/H_2S 的酸性气体，回流比一般不大于 2。

② 复活釜　由于醇胺会因化学反应、热分解和缩聚而降解，故而采用复活釜使降解的醇胺尽可能地复活，即从热稳定性的盐类中释放出游离醇胺，并除去不能复活的降解产物。MEA 等伯胺由于沸点低，可采用半连续蒸馏的方法，将强碱（例如质量浓度为 10% 的氢氧化钠或碳酸氢钠溶液）和再生塔重沸器出口的一部分贫液（一般为总溶液循环量的 1%~3%）混合（使 pH 值保持在 8~9）送至复活釜内加热，加热后使醇胺和水由复活釜中蒸出。为防止热降解产生，复活釜升温至 149℃ 加热停止。降温后，再将复活釜中剩余的残渣（固体颗粒、溶解的盐类和降解产物）除去。采用 MDEA 溶液和 Sulfinol-M（砜胺Ⅲ）溶液时可不设复活釜。

(3) 闪蒸和换热系统

闪蒸和换热系统由富液闪蒸罐、贫富液换热器、溶液冷却器及贫液增压泵等组成。

① 贫富液换热器和贫液冷却器　贫富液换热器一般选用管壳式和板式换热器。富液走管程。为了减轻设备腐蚀和减少富液中酸性组分的解吸，富液出换热器的温度不应太高。此外，由于高液体流速能冲刷硫化铁保护层而加快腐蚀速率，故对富液在碳钢管线中的流速也应加以限制。对于 MDEA 溶液，所有溶液管线内流速应低于 1m/s，吸收塔至贫富液换热器管程的流速宜为 0.6~0.8m/s；对于砜胺溶液，富液管线内流速宜为 0.8~1.0m/s，最大不超过 1.5m/s。不锈钢管线由于不易腐蚀，富液流速可取 1.5~2.4m/s。

贫液冷却器的作用是将换热后贫液温度进一步降低。一般采用管壳式换热器或空气冷却器。采用管壳式换热器时贫液走壳程，冷却水走管程。

② 富液闪蒸罐　富液中溶解有烃类时容易起泡，酸气中含有过多烃类时还会影响克劳斯硫黄回收装置的硫黄质量。为使富液进再生塔前尽可能地解吸出溶解的烃类，可设置一个

或几个闪蒸罐。通常采用卧式罐。闪蒸出来的烃类作为燃料使用。当闪蒸气中含有 H_2S 时，可用贫液来吸收。

闪蒸压力越低，温度越高，则闪蒸效果越好。目前吸收塔操作压力在 $4 \sim 6MPa$，闪蒸罐压力一般在 $0.5MPa$。富液在闪蒸罐内的停留时间一般在 $5 \sim 30min$。对于两相分离（原料气为贫气，富液中只有甲烷、乙烷等），溶液在罐内停留时间短一些；对于三相分离（原料气为富气，富液中还有较重烃类液体），溶液在罐内停留时间长一些。

为保证下游克劳斯硫黄回收装置硫黄产品质量，国内石油行业要求采用 MDEA 溶液时设置的富液闪蒸罐应保证再生塔塔顶排出的酸气中烃类含量不应超过2%（体积分数）；采用砜胺法时，设置的富液闪蒸罐应保证再生塔塔顶排出的酸气中烃类含量不应超过4%（体积分数）。

（四）MDEA 工艺

如前所述，MDEA 是一种在 H_2S、CO_2 同时存在于天然气中时可以选择性脱除 H_2S（即在几乎完全脱除 H_2S 的同时仅脱除部分 CO_2）的醇胺。自20世纪80年代工业化以来，经过20多年的发展，目前已形成了以 MDEA 为主剂的不同溶液体系：

① MDEA 水溶液，即传统的 MDEA 溶液；

② MDEA – 环丁砜溶液，即 Sulfinol – M 法或砜胺Ⅲ法溶液，在选择性脱除 H_2S 的同时具有很好的脱除有机硫的能力；

③ MDEA 配方溶液，即在 MDEA 溶液中加有改善其某些性能的添加剂；

④ 混合醇胺溶液，如 MDEA + MEA 溶液和 MDEA + DEA 溶液，具有 MDEA 法能耗低和 MEA、DEA 法净化度高的能力；

⑤ 活化 MDEA 溶液，加有提高溶液吸收 CO_2 速率的活化剂（例如哌嗪、咪唑或甲基咪唑等），可用于脱除大量 CO_2，也可同时脱除少量的 H_2S。

它们既保留了 MDEA 溶液选择性强、酸气负荷高、溶液浓度高、化学及热稳定性好、腐蚀低、降解少和反应热小等优点，又克服了单纯 MDEA 溶液在脱除 CO_2 或有机硫等方面的不足，可根据不同天然气组成特点、净化度要求及其他条件有针对性地选用，因而使每一脱硫脱碳过程均具有能耗、投资和溶剂损失低、酸气中 H_2S 浓度高，以及对环境污染少和工艺灵活、适应性强等优点。

目前，这些溶液体系已广泛用于：

① 天然气及炼厂气选择性脱除 H_2S；

② 天然气选择性脱除 H_2S 及有机硫；

③ 天然气及合成气脱除 CO_2；

④ 天然气及炼厂气同时脱除 H_2S、CO_2；

⑤ 硫黄回收尾气选择性脱除 H_2S；

⑥ 酸气中的 H_2S 提浓。

由此可见，以 MDEA 为主剂的溶液体系几乎可以满足不同组成天然气的净化要求，再加上 MDEA 法能耗低、腐蚀性小等优点，使之成为目前广泛应用的脱硫脱碳溶液。在天然气液化工厂预处理工艺中也广泛采用 MDEA 工艺。

此外，为了提高酸气中 H_2S 浓度，有时可以采用选择性醇胺和常规醇胺（例如 MDEA 和 DEA）两种溶液串接吸收的脱硫脱碳工艺，即二者不相混合，而按一定组合方式分别吸收。这时，就需对 MDEA 和 DEA 溶液各种组合方式的效果进行比较后才能作出正确选择。

关于采用常规醇胺法脱硫脱碳、选择性醇胺和常规醇胺（MDEA 和 DEA）两种溶液串接吸收法脱硫脱碳的工业应用见有关文献，以下仅以 MDEA 为主剂的溶液体系为例介绍其在国内的工业应用情况。

1. 选择性 MDEA 法

目前，国内已普遍采用选择性 MDEA 溶液法脱除天然气中的 H_2S。

自 1986 年重庆天然气净化总厂垫江分厂采用 MDEA 溶液进行压力选择性脱硫工业试验取得成功以来，我国陆续有川渝气田的渠县、磨溪、长寿分厂和长庆气区的第一、第二天然气净化厂采用选择性 MDEA 法脱硫的工业装置投产，其运行数据见表 2-5。由这些脱硫装置得到的湿净化气再经三甘醇脱水后作为商品气外输。

由表 2-5 可知，就原料气组成而言，渠县和长寿天然气净化分厂理应选用选择性脱硫的 MDEA 溶液，而磨溪天然气净化厂虽未必需要选用，但仍可取得节能效果。至于长庆气区第一和第二天然气净化厂，由于其原料气中的 H_2S 含量低（但亦需脱除）而 CO_2 含量则较高，故主要目的应该是脱除大量 CO_2 而不是选择性脱除 H_2S，如选用选择性脱硫的 MDEA 溶液就会造成溶液循环量和能耗过高。因此，长庆气区第一天然气净化厂后来新建的 $400 \times 10^4 m^3/d$ 天然气脱硫脱碳装置采用的是 MDEA + DEA 混合醇胺溶液，第三天然气净化厂引进的脱硫脱碳装置采用的是 MDEA 配方溶液，第二天然气净化厂 2 套脱硫脱碳装置在投产后不久也改用 MDEA + DEA 混合醇胺溶液。这些事实充分说明，目前我国天然气脱硫脱碳工艺已经发展到以选择性 MDEA 法脱硫为主，其他 MDEA 法方法兼而有之的新阶段。

表 2-5　国内 MDEA 溶液选择性脱硫装置运行数据

装置位置	重庆天然气净化总厂		川中油气田磨溪天然气净化厂		长庆气区靖边、乌审旗气田	
	渠县	长寿[①]	引进	基地	一厂	二厂
处理量/($10^4 m^3/d$)	405	404.04	44.26	80.35	204.4	373.6
$[H_2S]_{原料气}$/%	0.484	0.218	1.95	1.95	0.03	0.0643
$[CO_2]_{原料气}$/%	1.63	1.880	0.14	0.14	5.19	5.612
溶液质量浓度/%	47.3	39.4	45	40	45	40[③]
气液比/(m^3/m^3)	4440	4489	1844	1860	5678	2812
吸收压力/MPa	4.2	4.3	4.0	4.0	4.64	5.01
吸收塔板数	14 及 9	8	20	20	13[②]	14[②]
原料气温度/℃	19	15	10	10	6	12
贫液温度/℃	32	32	42	40	28.6	44
$[H_2S]_{净化气}$/(mg/m^3)	6.24	6.9	10.74	1.54	4.61	0.38
$[H_2S]_{酸气}$/%	43.85	36.3	94	94	4.78	2.33

① 使用 CT8-5 配方溶液。

② 主进料板板数。

③ MDEA 溶液质量浓度一般在 40% ~45%，此处按 40% 计算有关数据。

此外，我国蜀南气矿荣县天然气净化厂现有两套处理能力为 $25 \times 10^4 m^3/d$ 的脱硫脱碳装置，分别于 1998 年及 2000 年建成投产。原料气中 H_2S 含量为 1.45% ~1.60%（体积分数），CO_2 含量为 5.4% ~5.9%，采用浓度为 45%（质量分数）的 MDEA 溶液脱硫脱碳。为了进一步提高净化气质量及酸气中 H_2S 含量，后改用由 37% MDEA、8% TBEE（一种为叔丁胺基乙氧基乙醇化合物的空间位阻胺)和55%水复配成的混合胺溶液。在压力为1.03~1.2MPa、温度为36~45℃下采用混合胺溶液脱硫脱碳，溶液循环量为6~9m³/h，气液比为1050~1150，经处理后的净化气中H_2S含量≤10mg/m³，脱除率达99.99%，CO_2共吸率≤20%(体积分数)，比原来采用MDEA溶液时降低40%~45%，酸气中H_2S含量由40%提高到45%。

2. MDEA配方溶液法的应用

MDEA配方溶液是近年来广泛采用的一类气体脱硫脱碳溶液。它以MDEA为主剂，复配有各种不同的添加剂来增加或抑制MDEA吸收CO_2的动力学性能。因此，有的配方溶液可比MDEA具有更好的脱硫选择性，有的配方溶液也可比其他醇胺溶液具有更好的脱除CO_2效果。在溶液中复配的这些化学剂同时也影响着MDEA的反应热和汽提率。

与MDEA和其他醇胺溶液相比，由于采用合适的MDEA配方溶液脱硫脱碳可明显降低溶液循环量和能耗，而且其降解率和腐蚀性也较低，故目前已在国外获得广泛应用。在国内，由于受配方溶液品种、价格等因素影响，在天然气工业中目前仅有重庆天然气净化总厂长寿分厂、忠县天然气净化厂等选用过脱硫选择性更好的MDEA配方溶液(CT8-5)。其中，长寿分厂采用MDEA配方溶液后可使酸气中H_2S含量由采用MDEA溶液时的30.48%(计算值)提高至39.04%。此外，由于长庆气区含硫天然气中酸性组分所具有的特点，要求采用既可大量脱除CO_2，又可深度脱除H_2S的脱硫脱碳溶液，故在第三天然气净化厂由加拿大Propak公司引进的脱硫脱碳装置上采用了配方溶液。

该装置已于2003年底建成投产，设计处理量为300×10^4m³/d，原料气进装置压力为5.5~5.8MPa，温度为3~18℃，其组成见表2-6。

表2-6　长庆第三天然气净化厂脱硫脱碳装置原料气与净化气组成(干基)　　　　%(体积)

组分	C_1	C_2	C_3	C_4	C_5	C_6^+	He	N_2	H_2S	CO_2
原料气①	93.598	0.489	0.057	0.008	0.003	0.002	0.028	0.502	0.028	5.286
原料气②	93.563	0.597	0.047	0.006	0.001	0.000	0.020	0.252	0.025	5.489
净化气	96.573	0.621	0.048	0.006	0.001	0.000	0.021	0.311	0.38③	2.418

① 设计值；

② 投产后实测值；

③ 单位为mg/m³。

由表2-6可知，第三天然气净化厂原料气中CO_2与H_2S含量分别为5.286%和0.028%，CO_2/H_2S(物质的量比)高达188.8(均为设计值)。其中，CO_2与H_2S含量与已建的第二天然气净化厂原料气相似，见表2-7所示。

表2-7　长庆气区酸性天然气中CO_2、H_2S含量

组分/%(体积)	CO_2	H_2S	CO_2/H_2S(物质的量比)
二厂	5.321	0.065	81.9
三厂	5.286	0.028	188.8

注：均为设计采用值。

由此可知，第三天然气净化厂与第二天然气净化厂原料气中的CO_2含量差别不大；H_2S含量虽略低于二厂，但含量都很低且均处于同一数量级内。因此，可以认为二者原料气中CO_2、H_2S含量基本相同。但是，由于已建的二厂脱硫脱碳装置在投产初期采用选择性脱硫

的 MDEA 溶液，因而溶液循环量较大，能耗较高。

为了解三厂脱硫脱碳装置在设计能力下的运行情况，2004 年年初对其进行了满负荷性能测试，测试结果的主要数据见表 2-8。为作比较，表 2-8 同时列出有关主要设计数据。

由表 2-8 可知，第三天然气净化厂脱硫脱碳装置在满负荷下测试的溶液循环量与设计值基本相同，但测试得到的吸收塔湿净化气出口温度($55℃$)却远比设计值高，分析其原因主要是原料气中的 CO_2 实际含量(一般在 5.49% 左右)大于设计值的缘故。这与闪蒸塔的闪蒸气量($125m^3/h$)和再生塔的酸气量($3750m^3/h$)均大于设计值的结果是一致的。

表 2-8　长庆第三天然气净化厂脱硫脱碳装置主要设计与满负荷性能测试数

部位	原料气			脱硫脱碳塔			闪蒸塔		再生塔		
参数	处理量/ $(10^4m^3/d)$	压力/ MPa	温度/ ℃	溶液循环量/ (m^3/h)	净化气温度/℃	贫液进塔温度/℃	闪蒸气量/ (m^3/h)	压力/ MPa	塔顶温度/ ℃	塔底温度/ ℃	酸气量/ (m^3/h)
设计	300	5.5	26.6	63.3	43.3	43.3	85.8	0.55	95.8	119.6	3334
测试	300	5.4	27	63.2	55	40	125	0.55	86	122	3750

此外，测试到的净化气中 CO_2 实际含量均小于 2.9%，符合商品气的质量指标。这一结果也表明，在原料气中 CO_2 实际含量大于设计值的情况下，采用与设计值相同的溶液循环量仍可将 CO_2 脱除到 3% 以下。

第三天然气净化厂脱硫脱碳装置采用的工艺流程示意图见图 2-8。由图可知，针对天然气脱硫脱碳的特点在工艺流程上也做了一些修改。

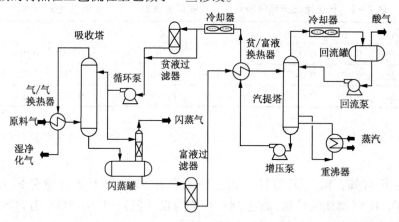

图 2-8　长庆第三天然气净化厂脱硫脱碳装置工艺流程示意图

但是，该装置自投产后也发现有胺液再生系统腐蚀严重、吸收塔内起泡严重导致拦液频繁等问题。溶液腐蚀性严重的主要原因是酸气负荷偏高(设计值为 0.496mol/mol，实际值高达 0.70mol/mol)，这是因为：①吸收塔塔板溢流堰过高，溶液在塔内停留时间较长；②采用的 MDEA 配方溶液对酸气的吸收能力强；③原料气中 CO_2 实际含量(2004 年以来在 5.70% ~ 6.07%)大于设计值。为此，在 2007 年时调整了该装置吸收塔塔板的溢流堰高度(由 75mm 降为 66mm)，并将溶液全部更换为质量浓度为 50% 的国产 MDEA 溶液，从而使得溶液酸气负荷基本控制在 0.52 ~ 0.60mol/mol。虽然此酸气负荷仍偏高，但经整改之后吸收塔运行平稳，再生系统腐蚀现象基本消除，装置存在问题基本得以解决。

3. 混合醇胺溶液(MDEA + DEA)法的应用

采用 MDEA + DEA 混合醇胺溶液的目的是在基本保持溶液低能耗的同时提高其脱除 CO_2 的能力或解决在低压下运行时的净化度问题。由于可以使用不同的醇胺配比,故混合醇胺法具有较大弹性。

在 MDEA 溶液中加入一定量的 DEA 后,不仅 DEA 自身与 CO_2 反应生成氨基甲酸盐(其反应速率远高于 MDEA 与 CO_2 反应生成碳酸盐的反应速率),而且据文献报道,在混合醇胺溶液体系中按"穿梭"机理进行反应。即 DEA 在相界面吸收 CO_2 生成氨基甲酸盐,进入液相后将 CO_2 传递给 MDEA,"再生"了的 DEA 又至界面,如此在界面和液相本体间穿梭传递 CO_2。此外,对于含 DEA 的混合溶液,由于具有较低的平衡气相 H_2S 和 CO_2 分压,因而可在吸收塔顶达到更好的净化度。

如前所述,由于长庆气区第一和第二天然气净化厂原料气中的 H_2S 含量低而 CO_2 含量则较高,脱硫脱碳装置主要目的是脱除大量 CO_2 而不是选择性脱除 H_2S。因此,第一天然气净化厂在原有 5 套 $200 \times 10^4 m^3/d$ 脱硫脱碳装置投产之后,2003 年新建的 $400 \times 10^4 m^3/d$ 脱硫脱碳装置则采用混合醇胺溶液(设计浓度 45% MDEA + 5% DEA,投产后溶液中 DEA 浓度根据具体情况调整),第二天然气净化厂两套脱硫脱碳装置在投产后不久经过室内和现场试验也改用 MDEA + DEA 的混合醇胺溶液(设计溶液浓度为 45%,实际运行时溶液中 DEA 浓度也根据具体情况调整)。2004 年该厂两套脱硫脱碳装置又分别采用 45% 的 MDEA 溶液和总浓度为 45% 的 MDEA + DEA 的混合醇胺溶液(DEA 浓度为 4.38%)进行满负荷试验,其技术经济数据对比见表 2 – 9 和表 2 – 10。原料气进装置压力为 4.9MPa。

表 2 – 9　长庆第二天然气净化厂采用混合醇胺溶液与 MDEA 溶液脱硫脱碳技术经济数据对比

溶液	处理量[①]/$(10^4 m^3/d)$	溶液循环量/(m^3/h)	原料气		净化气		循环泵耗电量/(kW/d)	再生用蒸汽量/(t/d)
			H_2S/(mg/m^3)	CO_2/%	H_2S/(mg/m^3)	CO_2/%		
混合醇胺	391.01	82.74	756.05	5.53	8.05	2.76	6509.43	343.02
MDEA	391.89	128.23	793.85	5.59	2.34	2.76	9901.86	403.15

① 单套装置名义处理量为 $400 \times 10^4 m^3/d$,设计处理量为 $375 \times 10^4 m^3/d$,实际运行值据外输需要进行调整。

由表 2 – 9 可知,在原料气气质基本相同并保证净化气气质合格的前提下,装置满负荷运行时混合醇胺溶液所需循环量约为 MDEA 溶液循环量的 64.5%,溶液循环泵和再生用汽提蒸汽量也相应降低,装置单位能耗(MJ/$10^4 m^3$ 天然气)约为 MDEA 溶液的 83.31%。

表 2 – 10　长庆第二天然气净化厂脱硫脱碳装置工业试验前后技术经济对比数据表

项目		处理量/$(10^4 m^3/d)$	DEA浓度/%	循环量/(m^3/h)	净化气 CO_2 含量/%	溶液损耗/$(kg/10^4 m^3)$	循环泵耗电量/(kW/d)	再生用蒸汽量/(t/d)	备注
试验前		300	4.0 ~ 5.0	80	2.4 ~ 2.6	> 0.30	6432	368	经常拦液
试验后	1 套	300	2.5 ~ 3.5	80	2.9 ~ 3.0	≤ 0.27	6432	368	运行平稳
	2 套	300	2.5 ~ 3.5	70	2.8 ~ 2.9	≤ 0.27	5630	322	运行平稳

(五)操作注意事项

醇胺法脱硫脱碳装置运行一般比较平稳,经常遇到的问题有溶剂降解、设备腐蚀和溶液起泡等。因此，应在设计与操作中采取措施防止和减缓这些问题的发生。

1. 溶剂降解

醇胺降解大致有化学降解、热降解和氧化降解三种，是造成溶剂损失的主要原因。

化学降解在溶剂降解中占有最主要地位，即醇胺与原料气中的 CO_2 和有机硫化物发生副反应，生成难以完全再生的化合物。MEA 与 CO_2 发生副反应生成的碳酸盐可转变为噁唑烷酮，再经一系列反应生成乙二胺衍生物。由于乙二胺衍生物比 MEA 碱性强，故难以再生复原，从而导致溶剂损失，而且还会加速设备腐蚀。DEA 与 CO_2 发生类似副反应后，溶剂只是部分丧失反应能力。MDEA 是叔胺，不与 CO_2 反应生成噁唑烷酮一类降解产物，也不与 COS、CS_2 等有机硫化物反应，因而基本不存在化学降解问题。

MEA 对热降解是稳定的，但易发生氧化降解。受热情况下，氧可能与气流中的 H_2S 反应生成元素硫，后者进一步和 MEA 反应生成二硫代氨基甲酸盐等热稳定的降解产物。DEA 不会形成很多不可再生的化学降解产物，故不需复活釜。此外，DEA 对热降解不稳定，但对氧化降解的稳定性与 MEA 类似。

避免空气进入系统(例如溶剂罐充氮保护、溶液泵入口保持正压等)及对溶剂进行复活等，都可减少溶剂的降解损失。在 MEA 复活釜中回收的溶剂就是游离的及热稳定性盐中的 MEA。

2. 设备腐蚀

几乎在所有脱硫脱碳装置的腐蚀都是令人关注的问题。醇胺溶液本身对碳钢并无腐蚀性，只是酸气进入溶液后才产生的。

实际上，H_2S、CO_2 与水反应形成了装置局部腐蚀的必要条件。一般来说，高 H_2S/CO_2 比气流的腐蚀性低于低 H_2S/CO_2 比的气流。H_2S 浓度范围在 10^{-6} 级(体积分数)，而 CO_2 含量在 2% 或更高时腐蚀尤为严重。这类腐蚀属于化学反应过程，是温度和液体流速的函数。脱硫溶液的类型和浓度对腐蚀速率有很大影响。较浓的溶液和较高的酸气负荷将增加装置的腐蚀。

醇胺法脱硫脱碳装置存在有均匀腐蚀(全面腐蚀)、电化学腐蚀、缝隙腐蚀、坑点腐蚀(坑蚀，点蚀)、晶间腐蚀(常见于不锈钢)、选择性腐蚀(从金属合金中选择性浸析出某种元素)、磨损腐蚀(包括冲蚀和气蚀)、应力腐蚀开裂(SCC)及氢腐蚀(氢蚀、氢脆)等。此外，还有应力集中氢致开裂(SOHIC)。

其中可能造成事故甚至是恶性事故的是局部腐蚀，特别是应力腐蚀开裂、氢腐蚀、磨损腐蚀和坑点腐蚀。醇胺法装置容易发生腐蚀的部位有再生塔顶部及其内部构件、贫富液换热器中的富液侧、换热后的富液管线、有游离酸气和较高温度的重沸器及其附属管线等处。

酸性组分是最主要的腐蚀剂，其次是溶剂的降解产物。溶液中悬浮的固体颗粒(主要是腐蚀产物如硫化铁)对设备、管线的磨损，以及溶液在换热器和管线中流速过快，都会加速硫化铁膜脱落而使腐蚀加快。设备应力腐蚀是由 H_2S、CO_2 和设备焊接后的残余应力共同作用下发生的，在温度高于 90℃ 的部位更易发生。

为防止或减缓腐蚀，在设计与操作中应考虑以下因素：

① 合理选用材质，即一般部位采用碳钢，但贫富液换热器的富液侧(管程)、富液管线、重沸器、再生塔的内部构件(例如顶部塔板)和酸气回流冷凝器等采用不锈钢。

② 尽量保持最低的重沸器温度。可能的话，最好使用低温热媒，而不使用高温热媒或明火加热。若使用高温热媒或明火加热，应注意加入的热量仅满足再生溶液即可。

③ 将溶液浓度控制在满足净化要求的最低水平。

④ 设置机械过滤器（固体过滤器）和活性炭过滤器，以除去溶液中的固体颗粒、烃类和降解产物。过滤器应除去所有大于 $5\mu m$ 的颗粒。活性炭过滤器的前后均应设置机械过滤器，推荐富液采用全量过滤器，至少不小于溶液循环量的 25%。有些装置对富液、贫液都进行全量过滤，包括在吸收塔和富液闪蒸罐之间也设置过滤器。

⑤ 对与酸性组分接触的碳钢设备和管线焊接后应进行热处理以消除应力，避免应力腐蚀开裂。

其他，如采用原料气分离器，防止地层水进入醇胺溶液中。因为地层水中的氯离子可加速坑点腐蚀、应力腐蚀开裂和缝间腐蚀；溶液缓冲罐和储罐用惰性气体或净化气保护；再生保持较低压力，尽量避免溶剂热降解；采用去离子水、锅炉冷凝水和水蒸气作补充水等。

3. 溶液起泡

醇胺降解产物、溶液中悬浮的固体颗粒、原料气中携带的游离液（烃或水）、化学剂和润滑油等，都是引起溶液起泡的原因。溶液起泡会使脱硫脱碳效果变坏，甚至使处理量剧降直至停工。因此，在开工和运行中都要保持溶液清洁，除去溶液中的硫化铁、烃类和降解产物等，并且定期进行清洗。新装置通常用碱液和去离子水冲洗，老装置则需用酸液清除铁锈。有时，也可适当加入消泡剂，但这只能作为一种应急措施。根本措施是查明起泡原因并及时排除。

4. 补充水分

由于离开吸收塔的湿净化气和离开再生塔回流冷凝器的湿酸气都含有饱和水蒸气，而且湿净化气离塔温度远高于原料气进塔温度，故需不断向系统中补充水分。小型装置可定期补充即可，而大型装置（尤其是酸气量很大时）则应连续补充水分。补充水可随回流一起打入再生塔，也可打入吸收塔顶的水洗塔板，或者以蒸汽方式通入再生塔底部。

5. 溶剂损耗

醇胺损耗是醇胺法脱硫脱碳装置重要经济指标之一。溶剂损耗主要为蒸发（处理 NGL、LPG 时为溶解）、携带、降解和机械损失等。根据国内外醇胺法天然气脱硫脱碳装置的运行经验，醇胺损耗通常不超过 $50kg/10^6m^3$。

四、其他脱硫脱碳方法

（一）物理溶剂吸收法

利用有机溶剂对原料气中酸性组分具有较大溶解度的特点，从天然气内脱除酸气。酸气在物理溶剂内的溶解度主要取决于酸气分压，其次为温度。分压愈高，温度较低时，溶解度愈大。物理溶剂再生时可采用三种方法，即：降压或加热闪蒸，或用惰性气体、溶剂蒸气汽提，使溶剂恢复对酸气的溶解能力。再生所需的热量和能耗较化学吸收法少。一般，物理溶剂适合酸气分压高（大于345kPa）的天然气。

物理溶剂在吸收酸气的同时也吸收重烃，溶剂再生时释放酸气和重烃。由于技术难度和经济性的制约，一般不回收重烃，造成烃的损失。因而，物理吸收法不适合处理较富（含较多 C_3^+ 组分）的天然气。

由于物理溶剂与所吸收的酸气不发生化学反应、不生成新的物质，因而影响溶剂进一步吸收酸气，使其脱酸气的深度低于化学吸收法。经物理吸收法处理的天然气可能达不到管输或后续工艺的要求，有时在下游用化学吸收法进一步脱酸。有些溶剂对 H_2S 有很强的选择性，适用于需选择性地脱除 H_2S 的场合。几乎所有物理溶剂吸收酸气的实验数据和工艺都有专利，这里仅简要介绍几种常用的物理溶剂。

物理溶剂法一般有两种基本流程，其差别主要在于再生部分。当用于脱除大量 CO_2 时，由于对 CO_2 的净化度要求不高，故可仅靠溶液闪蒸完成再生。如果需要达到较严格的 H_2S 净化度，则在溶液闪蒸后需再汽提或真空闪蒸，汽提气可以是蒸气、净化气或空气，各有利弊。

1. 弗卢尔(Fluor)法

Fluor 法使用碳酸丙烯为物理吸收剂，吸收 H_2S 和 CO_2。这种溶剂的特点是：①对 CO_2 和其他组分气体的溶解度高，溶解热较低；对天然气主要轻组分 C_1、C_2 的溶解度低；②蒸气压低，黏度小；③与气体所有组分不发生化学反应；④无腐蚀性。

物理溶剂法的流程较为简单，如图 2-9 所示。原料气进吸收塔，脱除酸气后由塔顶流出。吸收酸气后的富溶剂由塔底流出，经多级分离分出酸气后由泵循环进入吸收塔。物理溶剂的吸收温度常低于环境温度，以增加溶剂对酸气的溶解度，减少溶剂的循环量。物理溶剂的损失一般小于 $16mg/m^3$。

H_2S、CO_2、COS、SO_2、CS_2、C_2^+ 和 H_2O 都能在物理溶剂碳酸丙烯内溶解，理论上仅用碳酸丙烯就能将天然气处理成符合管输要求(酸气和水含量)的天然气。但吸收塔庞大、溶剂循环量过高，经济性很差，并不实用。故天然气 CO_2 含量小于 3% 时不使用 Fluor 法，仅用于天然气内 CO_2 含量很高的场合。

2. 赛列克索(Selexol)法

由 Allied 化学公司开发的一种以聚乙二醇二甲醚，分子式为 $CH_3(OCH_2CH_2)_nCH_3$(分子结构见图 2-10，n 多数为 3~6)作为物理溶剂的气体净化方法。国内系南京化工研究院开发的 NHD 法，溶剂分子式中的 n 为 2~8。

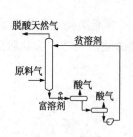

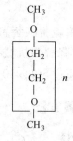

图 2-9　Fluor 法流程　　　　图 2-10　聚乙二醇二甲醚分子结构

这是利用天然气中 H_2S 和 CO_2 等酸性组分与 CH_4 等烃类在溶剂中的溶解度显著不同而实现脱硫脱碳的。与醇胺法相比，其特点是：①传质速率慢，酸气负荷决定于酸气分压；②可以同时脱硫脱碳，也可以选择性脱除 H_2S，对有机硫也有良好的脱除能力；③在脱硫脱碳同时可以脱水；④由于酸气在物理溶剂中的溶解热低于其与化学溶剂的反应热，故溶剂再生的能耗低；⑤对烃类尤其是重烃的溶解能力强，故不宜用于 C_2H_6 以上烃类尤其是重烃含量高的气体；⑥基本上不存在溶剂变质问题。溶剂能选择性地吸收硫化物，还能吸收气体中的水蒸气，使水含量降至 $110mg/m^3$ 以下，但对 CO_2 吸收能力较弱，只能减少 85% 左右。适合处理酸气分压高、而重烃含量低的气体，但处理后通常达不到管输气质的要求。吸收溶质的富液靠逐级降压闪蒸再生，再生要求高时需采用真空闪蒸或汽提。

由此可知，物理溶剂法应用范围虽不可能像醇胺法那样广泛，但在某些条件下也具有一定技术经济优势。

Selexol 法的特点是：①建设投资和操作费用较低；②能选择性地吸收 H_2S 及有机硫；③在高酸气分压下，溶液的酸气负荷较高；④无毒性，蒸气压低，溶剂损失小，腐蚀和发泡倾向较小。

聚乙二醇二甲醚还可掺入二异丙醇胺（DIPA）构成混合溶液，增强对 CO_2 的吸收能力。混合溶液的再生能耗略有增加。

表 2 – 11 为 Fluor 和 Selexol 法所用物理溶剂对组分气体的溶解度。表列数据为 1 大气压、24℃下数据。

表 2 – 11　溶　解　度　　　　　　　　　　m^3（气）/m^3（溶剂）

气体	H_2	CO	C_1	C_2	CO_2	C_3	nC_4	COS	H_2S	nC_6	CH_3SH	C_6H_6	H_2O
Fluor	0.026	0.07	0.13	0.56	3.3	2.1	5.8	6.0	13.3	44.6	89.8	660	990
Selexol	0.047	0.10	0.45	1.51	3.6	4.6	8.4	9.8	25.5	39.6	81.7	911	2639

由表看出，两种溶剂对重烃、芳香烃、水都有很大亲和力，故适用于贫气。溶剂也是很好的气体干燥剂，使处理后的气体水含量很低。

3. 冷甲醇（Rectisol）法

德国鲁奇（Lurgi）公司开发的以甲醇为物理溶剂、脱除气体中酸性组分的一种方法。溶剂再生采用降压闪蒸、惰性气汽提、加热或其组合。由于甲醇的蒸气压较高，该法常在低温（–34 ～ –73℃）下处理气体，已用于液化天然气（LNG）厂的气体净化。此外还常用于煤气及合成气脱硫。该法的特点为：①溶剂吸收能力大，循环量小，动力消耗小；②对 CO_2 和 H_2S 可选择性地吸收；③溶剂无腐蚀性；④在低温下溶剂损失小，价格便宜。

（二）混合溶剂吸收和 sulfinol 法

将物理溶剂和化学溶剂混合成一种新溶剂，它兼有物理和化学溶剂的各自优点，其中最广泛应用的为砜胺法，或称萨菲诺（sulfinol）法，由 Shell 石油公司获得专利。

砜胺法使用环丁砜为物理溶剂，二异丙醇胺（DIPA）为化学溶剂，配制成水溶液。环丁砜（sulfolane）学名二氧化四氢噻吩，分子式 $C_4H_8SO_2$，一种高沸点（285℃）液体，相对密度 1.2606（20/4℃）。环丁砜是硫化物（如 H_2S、COS、CS_2）极好的吸收溶剂，对 CO_2、重烃、芳香烃的吸收能力较低，可用于高酸气负荷、但对 CO_2 脱除深度要求不高的天然气的脱酸。环丁砜、砜胺溶剂和 MEA 溶液对 H_2S 的吸收能力对比见图 2 – 11，可见环丁砜和砜胺法溶剂的 H_2S 平衡溶解度和原料气内 H_2S 分压成正比，而 H_2S 在 MEA 溶液内溶解度超过 $5m^3/m^3$ 后，随原料气内 H_2S 分压的增加基本不变。

化学溶剂 DIPA 扮演二级脱酸的角色，进一步脱除 H_2S 和 CO_2，使脱酸后的甜气质量满足管输要求。砜胺法净化天然气工艺流程与醇胺法类同，需要有再生汽提塔使 DIPA 和 H_2S、CO_2 的化合物进行逆向化学反应，但所需的再生热比胺法小。

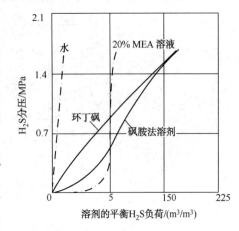

图 2 – 11　H_2S 的平衡溶解度

砜胺法的特点是：

（1）酸气负荷高，而且随原料气酸气分压的提高，溶液的酸气负荷成比例上升。为保证净化气质量，离开吸收塔的砜胺富液中，酸气含量一般不大于$40m^3/m^3$；

（2）净化度高，可同时脱除H_2S和有机硫，达到国内外常用的管输标准；

（3）能耗和操作费用低，由于砜胺溶液的酸气负荷高，相应的溶液循环量低，一般仅为MEA法的50%～70%，溶液比热也较胺液低，故水、电、蒸汽耗量都较胺法低；

（4）砜胺溶液是良好的溶剂，会溶解管、阀和设备的密封材料，因此应作妥善处理；

（5）砜胺溶液的降解物需经复活釜处理；

（6）溶剂价格较贵。

环丁砜和DIPA的配比随原料气组成和客户对甜气质量要求可以调整，常用于H_2S/CO_2大于1、对CO_2脱除率要求较低的场合。若砜胺溶液由40%环丁砜、40%DIPA和20%水组成，每mol溶液常可吸收1.5mol的酸气。

我国在20世纪70年代中期即将川渝气田的卧龙河脱硫装置溶液由MEA－环丁砜溶液（砜胺－Ⅰ法）改为DIPA－环丁砜溶液（砜胺Ⅱ法），随后又推广至川西南净化二厂和川西北净化厂。之后，又进一步将引进的脱硫装置溶液由DIPA－环丁砜溶液改为壳牌公司开发的MDEA－环丁砜溶液（Sulfinol－M法，砜胺Ⅲ法）。

荷兰Emmen天然气处理厂脱硫装置采用Sulfinol－M法，其实际运行数据见表2－12。

表2－12　Emmen天然气处理厂Sulfinol－M法脱硫装置运行数据

处理量/ $(10^4 m^3/d)$	压力/MPa	原料气中酸性组分含量/%（体积分数）		净化气中H_2S含量/(mg/m^3)	共吸率/%	酸气中H_2S含量/%（体积分数）
		H_2S	CO_2			
400	6.5	0.44	4.25	3.7	37.6	>40
400	6.5	0.15	2.87	3.1	39.2	>40

由表2－12可知，装置所处理的两种原料气的碳硫比（物质的量比）分别为9.66和19.1，虽然CO_2共吸率达到35%～40%，但如果所吸收的H_2S和CO_2在再生时全部解吸出来，所得酸气中H_2S浓度也分别只有20%和10%左右。表中酸气H_2S浓度大于40%是由于将富液在低压下闪蒸解吸出一部分CO_2后再进入再生系统，其流程见图2－12。

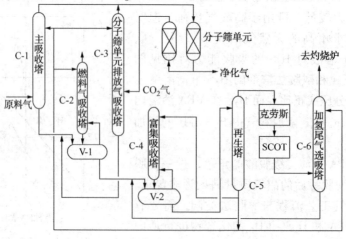

图2－12　Emmen天然气处理厂脱硫装置工艺流程示意图

自 20 世纪 60 年代 sulfinol 法工业化以来，sulfinol 法在不断改进和完善以适应不同的脱酸需求。如：sulfinol – M 法是使用环丁砜和 MDEA 组成的混合溶剂。除 sulfinol 法使用混合溶剂外，近年来还开发了 Selefining 法（由叔醇胺和有机溶剂组成的水溶液）、Optisol 法、Amisol 法和 Ucarsol LE 法等混合溶剂吸收法。

（三）直接氧化法

以上的脱酸工艺中，在汽提再生塔和闪蒸罐总要排出酸气。这些酸气或者直接排放，或者送火炬灼烧产生 SO_2。环保法则对 H_2S 和 SO_2 排放量的规定愈来愈严，如美国得克萨斯州规定：H_2S 排放量应小于 $1.8kg/h（17.5t/a）$，SO_2 小于 $2.6kg/h（25t/a）$。因而，酸气排放或灼烧既浪费资源又破坏环境。

在催化剂（有专利）或特殊溶剂参与下，使 H_2S 和 O_2 及 SO_2 和 H_2S 发生化学反应，生成元素硫和水，这就是直接氧化法。直接氧化法也有多种工艺，以下简要介绍几种著名的方法。

1. 克劳斯（Claus）法

德国法本公司（I. G. Farben industrie）在该法的开发中起重要作用。克劳斯法分两步进行，第一步使高酸气负荷的气体燃烧产生 SO_2，第二步在催化剂（合成氧化铝）参与下使 H_2S 和 SO_2 反应生成元素硫和水。其反应式为：

$$H_2S + 1.5O_2 \longrightarrow SO_2 + H_2O$$

$$SO_2 + 2H_2S \longrightarrow 3S + 2H_2O$$

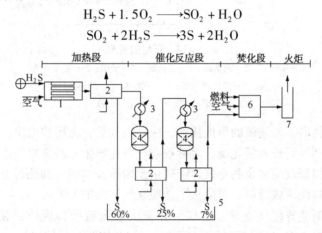

图 2 – 13　两级克劳斯工艺流程
1—反应炉；2—冷凝分离器；3—预热器；4—反应器；5—硫池；
6—焚化炉；7—火炬

图 2 – 13 为克劳斯工艺流程简图。高含硫酸性气体在反应炉内燃烧，H_2S 与氧气反应，生成 SO_2 和元素硫 S。反应炉产生的蒸气经冷凝分离器冷却后，约有 60% 的液态硫流入硫池。加热段来的 SO_2 气体进入催化反应段，经预热后进入反应器，在催化剂作用下与 H_2S 反应生成 S，硫蒸气经冷却后约有 26% 的液硫进入硫池。剩余气体进入二级反应器，在这级内约能分出 7% 的液硫。经两级接触反应，约能分出 94%～95%、三级接触约能分出 97% 的硫黄。残余气送往焚化炉燃烧，或送往尾气处理装置进一步处理。焚化炉排出气体内仍含有 1%～3% SO_2，通过火炬烧掉。

有多种方法处理克劳斯装置的尾气。Sulfreen 法或"冷固定床吸收（CBA）"法，是利用两个并联的反应塔，一个塔的温度在硫露点温度以下吸收硫，另一个加热再生回收熔解的硫黄。通过尾气处理，硫黄回收率约为进克劳斯装置原料气硫含量的 99%～99.5%，残余气仍需由焚化炉烧掉。

2. 蒽醌(Stretford)法

是由英国煤气公司开发，用碳酸钠、钒酸钠和蒽醌二磺酸的混合溶液对酸性天然气进行反应、制硫的过程。蒽醌二磺酸的英文名为 anthraquinone disulfonic acid，国内称改良 ADA 法。混合溶液与 H_2S 发生以下化学反应：

$$Na_2CO_3 + H_2S \longrightarrow NaHS + NaHCO_3$$

$$4NaVO_3 + 2NaHS + H_2O \longrightarrow Na_2V_4O_9 + 4NaOH + 2S$$

$$Na_2V_4O_9 + 2NaOH + H_2O + 2ADA(氧化态) \longrightarrow 4NaVO_3 + 2ADA(还原态)$$

$$2ADA(还原态) + O_2 \longrightarrow 2ADA(氧化态) + H_2O$$

由上反应式可知，ADA 是载氧体或催化剂，促使 $Na_2V_4O_9$ 和碱发生化学反应，还原为钒酸钠。蒽醌法的流程如图 2 - 14 所示。

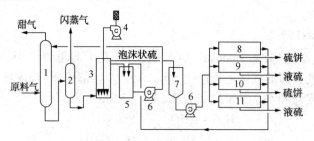

图 2 - 14　蒽醌法流程

1—接触塔；2—闪蒸罐；3—氧化罐；4—风机；5—泵缓冲罐；
6—泵；7—液硫增稠罐；8—过滤器；9—加热过滤器；
10—离心机；11—加热离心机

原料气进入接触塔，与逆流的溶液接触、脱除酸气后，由塔顶流出。吸收酸气的富液在闪蒸罐内释放出烃蒸气后进入氧化罐，溶液被空气氧化再生，经泵增压返回接触塔顶。充气的液硫浆料在增稠罐释放出多余的空气，液硫由泵增压经过滤、加热过滤、离心或加热离心四种方式之一，回收硫饼或液硫。蒽醌法不能脱除气体内的 CO_2。

蒽醌法在克劳斯装置尾气处理、水煤气和合成气脱硫中得到广泛使用。它的特点是：①脱酸程度高，甜气内 H_2S 含量可低于 $5mg/m^3$；②气体脱酸的同时生产元素硫，对环境基本无污染；③操作条件要求不高，温度为常温，压力可为常压也可为高压；④溶液的硫容量较低($0.2 \sim 0.3g/L$)，循环量大，电耗高；⑤脱硫过程中副反应较多，与克劳斯法相比硫回收率低、纯度差。

3. 洛卡特(LOCAT)法

由美国空气资源技术公司(AIR Technologies Inc.)开发。使用具有专利的螯合三价铁水溶液将 H_2S 氧化为元素硫，然后再以空气将溶液中螯合的二价铁氧化为三价铁。该法不能脱除 CO_2。洛卡特法的化学反应如下：

$$H_2S + 2Fe^{3+} \longrightarrow 2H^+ + S + 2Fe^{2+}$$

$$0.5O_2 + H_2O + 2Fe^{2+} \longrightarrow 2(OH)^- + 2Fe^{3+}$$

在过程中，发生某些副反应使少量螯合剂降解，并存在于析出的硫内。生成的硫以重力、离心或熔解的方法与溶液分离。其流程如图 2 - 15。

经涤气后的酸性天然气进入吸收/氧化罐，H_2S 与三价铁离子反应生成元素硫。降价的

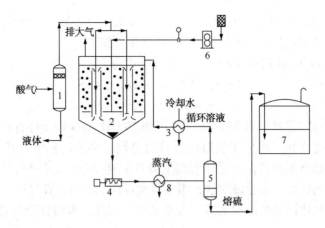

图 2 – 15 洛卡特流程

1—涤气器；2—吸收/氧化罐；3—冷却器；4—螺杆泵；5—分离器；6—风机；7—储罐；8—热交换器

铁离子与风机送来的空气不断反应，再生为三价铁离子。硫从溶液内析出，沉入罐底，由螺杆泵将黏稠硫液送入分离器。熔硫由分离器底部送入储罐后装车外运，分出的溶液循环进入氧化罐。

洛卡特法适用于化学或物理吸收法分出的酸气处理。若把吸收和氧化罐分成两个容器，即：高压吸收塔和常压氧化罐，也可用于酸性天然气的处理。

（四）间歇法

在塔器内装填一定高度的孔隙性固体颗粒，称为固定床。气体通过固定床层时，固体与酸气发生化学反应，反应物截留在床层内，使天然气脱出酸气。当床层为酸气饱和时，该塔器停止使用，再生或更新已饱和的床层，因而需有另一个塔器投入使用，使脱酸工作能连续进行。这种脱硫方法称间歇法。固体床也可为含某种化合物的浆液代替，浆液与酸气发生化学反应脱酸，浆液失去活性后更换新的浆液。工业上常用的海绵铁法、浆料（氧化锌、亚硝酸钠）法和分子筛法都属间歇法，但分子筛不与酸气发生化学反应，其脱酸原理属物理吸附。

间歇法的特点是：①能较彻底地脱除低至中等含量的 H_2S 及有机硫，脱酸能力与压力基本无关，与 CO_2 一般不发生反应；②与胺法等需再生的工艺相比，投资较低；③需两个以上接触塔，一个工作、另一个更新塔内充填物；④要求进塔原料气洁净，不含液固杂质。

1. 海绵铁法

利用氧化铁和 H_2S 发生反应，生成硫化铁和水。氧化铁与 CO_2 不发生反应，与 H_2S 的反应式为

$$2Fe_2O_3 + 6H_2S \longrightarrow 2Fe_2S_3 + 6H_2O$$

用氧化铁水溶液浸泡木屑（或刨花），用碳酸控制 pH 值，形成有很大氧化铁表面的固体颗粒，颗粒的粒径分布有一定要求。每立方米固体颗粒的氧化铁含量常在 97 ~ 300kg/m³ 范围内，由于用木屑为基料故称海绵铁。在接触塔底部有开孔支撑钢板，板上放粗颗粒填料（如：50 ~ 70mm 长的小直径管子和管子护丝等）支撑海绵铁，并减小接触塔压力波动。由塔顶人孔装入氧化铁，形成固定床。酸性天然气由塔侧壁上方进塔，与海绵铁接触脱酸后由塔侧壁下方流出装置。氧化铁与 H_2S 反应的适宜条件是：温度高于水合物生成温度、低于

43℃，存在弱碱性水，pH 在 8~10 范围。若气体含水蒸气不够，应向进塔管线注水或在塔内顶部设喷水管；若 pH 值达不到要求，需注苛性钠水溶液。

和酸气生成的 Fe_2S_3 可用空气再生，再生反应式为

$$2Fe_2S_3 + 3O_2 \longrightarrow 2Fe_2O_3 + 6S$$

$$S_2 + 2O_2 \longrightarrow 2SO_2$$

硫化铁与氧的反应是放热反应，反应热约为 198MJ/kgmol，因而应控制引入空气的速度。若空气引入速度太快，将使床层温度过高而燃烧。再生过程中，有些硫会残留在床层内，若干循环后，硫结焦覆盖在氧化铁表面上降低氧化铁活性。一般，10 次循环后需要更换新床层。气流中的液烃会覆盖海绵铁，阻止吸酸反应的进行，在气体脱酸前应经涤气器或过滤式分离器分出气体携带的液固杂质。为避免产生液烃，有时使涤气器温度低于固定床，或压力高于固定床。

由于控制再生空气流量较为困难，而且注空气设备投资费用较高，海绵铁价格又很低廉，因而常将失去活性的海绵铁从塔内取出，运至废弃场，塔内装填新的海绵铁。废弃的海绵铁与空气内的氧气发生如式(7-20)、式(7-21)所示的再生反应，放出二氧化硫。

海绵铁法适用于 H_2S 含量小于 3/10000，不要求脱 CO_2，原料气压力 0.34~3.4MPa、气体处理量较小的场合。我国曾试用过海绵铁脱除酸气，因处理量小，废弃物污染环境而停止使用。

2. 浆料(Chemsweet、Sulfa - Check)法

浆料法是替代海绵铁法而开发的酸气处理法，主要有 Chemsweet、Sulfa - Check、苛性钠溶液等。其共同特点是，海绵铁与 Chemsweet、Sulfa - Check 等对 CO_2 都不起作用，而浆料法的装塔、清塔时间大大缩短，简化操作。

Chemsweet 由美国 NATCO 公司开发，将氧化锌、乙酸锌和分散剂混合物制成白色粉末状商品，故 Chemsweet 法也称氧化锌法。使用时加 5 倍水混合，分散剂使粉末分散在水溶液内形成浆料。酸性天然气与这种浆料接触时，浆料与 H_2S 发生化学反应生成硫化锌和水，反应式为

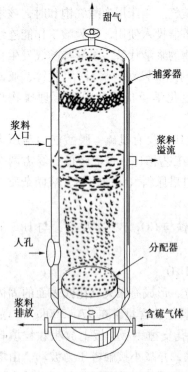

图2-16 浆料法的接触塔

$$ZnO + H_2S \longrightarrow ZnS + H_2O$$

硫化物离子在浆料内扩散至氧化锌表面才能发生上述反应，故反应速度受扩散速度控制。温度愈高、扩散速度愈大，因而操作温度常在 120℃ 左右，以加快反应速度。

图 2-16 为接触塔示意，酸气由接触塔底部进入，通过分配器呈气泡通过浆液，脱酸后的甜气由塔顶流出。浆液使用时间随气体含酸气浓度而变，从 6 个月至 10 年以上。失去活性的浆液由塔底排出，浆液内硫的质量含量可高达 10%~20%。由于废弃的浆液内含有重金属盐类，污染环境，因而该法的使用已逐步减少。

Sulfa - Check 法由埃克森(Exxon)公司开发。该法使

用亚硝酸钠水溶液(pH 约为 8)氧化 H_2S 生成元素硫,反应式为

$$NaNO_2 + 3H_2S \longrightarrow NaOH + NH_3 + 3S + H_2O$$

在接触塔内与天然气接触中,也发生某些副反应,产生氮化物和氧化物。同时,CO_2 和氢氧化钠反应生成碳酸盐和碳酸氢盐。失去活性的溶液是钠盐、铵盐和含有硫颗粒的浆液。当存在 O_2 和 CO_2 时,也产生氧化氮,氧化氮也是空气的污染物,环保部门对氧化氮的排放也有相应的规定。Sulfa – Check 法适用的气体流量范围 2830 ~ 28300 m^3/d,H_2S 含量 1/10000 ~ 1%。

几种间歇法的对比见表 2 – 13。由表列数据看出,Chemsweet 的各项性能都较差。

表 2 – 13　间歇法几种方法的比较

工　艺	海 绵 铁	Chemsweet	Sulfa – Check
塔的相对截面积	1	1.6	1.1
相对空塔速度	1	0.65	0.80
反应剂装填高度/m	3 ~ 6	6 ~ 9	6 ~ 9
相对价格	最低	高	中
吸硫能力/kg(S) · $(m^3)^{-1}$(床)	112	64	208
装卸所需时间	长	短	短

3. 分子筛法

有关分子筛结构、吸附原理、性质等详见本章第二节。与海绵铁法类似,由分子筛构成的固定床能吸附气体内的 H_2O、H_2S、CO_2、硫醇等杂质,使气体净化。分子筛仅适用于中等压力(约 3MPa)气体处理量不大的场合。分子筛的价格昂贵,仅用于气体处理量小、其他脱酸系统达不到脱酸要求时进行精脱,以及气体的脱水、降低水露点。

(五)膜分离

用无孔聚合物薄膜分离气体内的某些组分,这种分离方法称膜分离。在膜的一侧为高压原料气,另一侧为低压侧,低压侧压力约为高压侧的 10% ~ 20%。气体分子在高压侧吸附,通过薄膜扩散,并在低压侧解吸。由高压侧经薄膜进入低压侧的气体称渗透气,而仍留在高压侧的气体为渗余气。由于气体内各组分的渗透速度不同,使气体组分得到一定程度的分离。

膜由两层组成,孔性底层厚约 0.2mm 和聚合物制成的覆盖薄膜,厚约 1000Å,见图 2 – 17。渗透速度可由覆盖层或底层控制。这种平面式薄膜的渗透面积太小,工业上常做成两种结构形式以扩大渗透面积,即:螺旋卷式和中空纤维式。

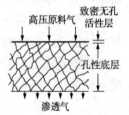

图 2 – 17　薄膜组成

螺旋卷式分离器由螺旋卷式分离元件(图 2 – 18)和圆筒形壳体组成。元件包括许多同心圆形原料气流道、分离膜、渗流流道。多层分离膜绕在中央开孔管上,组成分离元件。元件安装在外径 100 ~ 200mm、长约 1.2 ~ 1.5m 的圆筒压力容器内。原料气由圆筒的侧面引入,渗余气和渗透气分别由圆筒两端引出。圆筒压力容器常并联或串联连接,以满足气体处理量和气体组分的分离要求。

中空纤维分离器的分离材料为中空纤维丝。丝的直径很小,常为 300μm,内径为 50 ~

$100\mu m$，因而其比表面积可达 $1000m^2/m^3$，由分离控制材料（常为聚酰砜、底层为硅橡胶层）制成。$10^4 \sim 10^5$ 根纤维丝的一端密封并安装在容器钢壁上。原料气和渗余气在壳程内流动，而管程内为渗透气。容器典型外形尺寸为直径 $100 \sim 200mm$、长 $3 \sim 6m$，见图 2-19。

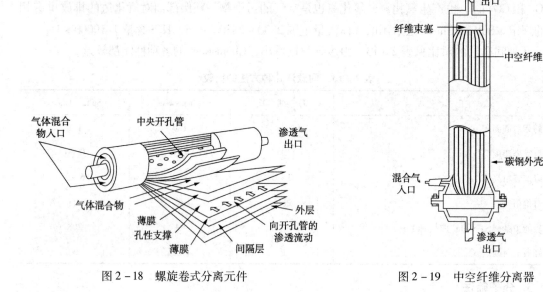

图 2-18　螺旋卷式分离元件　　　　　　图 2-19　中空纤维分离器

根据组分气体在薄膜内扩散速度的快慢，快的组分在渗透气一侧浓集，慢的组分在渗余气一侧浓集。表 2-14 表示各种气体的相对渗透速度。

表 2-14　气体相对渗透速度

气体	H_2	He	H_2O	H_2S	CO_2	O_2	Ar	CO	CH_4	N_2	C_2H_6
螺旋卷式	100.0	15.0	12.0	10.0	6.0	1.0	—	0.3	0.2	0.18	0.1
中空纤维	快	快	快	中	中	中	慢	慢	慢	慢	—

渗透速度的大小和渗透面积、薄膜两侧压差成正比，比例系数称渗透系数。组分气体的渗透系数差别愈大，愈易分离，例如从炼厂尾气内分出 H_2 较容易。分离 H_2S 和 CH_4 较难，需采用多级串联分离或将渗余气循环掺入原料气内。

膜分离是近期开发的新技术，从气体处理量小于 $28 \times 10^4 m^3/d$ 的气流中脱除 CO_2 有较好的经济性，脱出的 CO_2 注入地层驱油。目前仅用膜分离尚不能使天然气的酸性组分含量达到管输质量，在膜分离下游需设海绵铁或其他脱酸装置，进一步脱除 H_2S，才能达到管输质量标准。

第二节　天然气脱水

气体中存在过量的水汽不仅减少商品天然气管道的输送能力和气体热值，而且在油、气田集气和气体加工过程中由于气体工艺条件的变化引起水蒸气凝析，形成液态水、冰或固态气体水合物，从而增加集气管路压降，严重时将造成水合物堵塞管道，生产被迫中断。当气体中含有酸性气体时，液态水更会加速 H_2S 和 CO_2 对管道和设备的腐蚀。当用冷凝法（温度

低于 –40℃)从天然气内回收 C_2^+ 组分时,需要深度脱水,防止冷凝温度下产生冰或水合物。对于天然气液化来说,冷凝温度低至 –162℃,因而,更需要深度脱水。由于常用醇胺水溶液脱除酸气,因而天然气脱水过程常在脱酸之后进行。

按现行标准,进入液化天然气工厂的管输天然气的水露点,在交接点的压力和温度条件下,比最低环境温度低5℃,此时,天然气中的含水量不能满足深冷液化的要求。为了防止低温液化过程中产生水合物,堵塞设备和管道,因此在液化前,必须将原料气中水分含量降低到小于 0.1×10^{-6}(体积分数)。

一、脱水工艺方法

常用的天然气脱水方法有冷却法、吸附法、吸收法等。

(一)冷却法

天然气中的饱和含水量取决于天然气的温度、压力和组成。一般来说,天然气饱和含水量随压力升高、温度降低而减少。冷却脱水就是利用一定压力下,天然气含水量随温度降低而减少的原理实现天然气脱水的。

冷却脱水又可分为直接冷却、加压冷却、膨胀制冷等多种方法。对于原料气压力很高的气体,可以利用其自身的压力,节流降压到输送压力。在降压过程中,气体温度也降低,脱除部分水。

原料气压力不高时,可利用气体压力升高,含水减少的原理,将天然气加压冷却使部分水蒸气冷凝,从而脱除部分水。

根据焦耳–汤姆逊效应,对高压原料气可以利用膨胀制冷获得低温。高压原料气膨胀至一定压力,温度降低,析出部分水。

(二)吸收法

吸收法脱水是采用一种亲水液体(脱水吸收剂)与天然气逆流接触,吸收天然气中的水蒸气,从而脱除水分。脱水吸收剂应对天然气中的水蒸气有很强的亲合力,热稳定性好,脱水时不发生化学反应,对天然气和液烃的溶解度低,容易再生,黏度小,腐蚀性小,价廉易得。常用的脱水吸收剂有甘醇和 $CaCl_2$ 水溶液等。$CaCl_2$ 溶液由于吸水容量小,不能重复使用,且露点降小,操作不便,已较少采用。目前使用最多的是甘醇溶液。其中,由于三甘醇的露点降可达40℃或更大、热稳定性好、成本低、运行可靠,在甘醇类脱水吸收剂中效果最好,因而广泛采用。二甘醇同样具有溶液稳定性好,吸湿性高,容易再生等优点。但是,与三甘醇相比,二甘醇的携带损失比较大;用一般方法再生的水溶液浓度(体积分数)不超过95%(三甘醇可达98.7%);露点降小于三甘醇溶液,当贫液的质量分数为95%~96%时,露点降约为28℃(三甘醇可达40℃)。虽然如此,在国内由于二甘醇与三甘醇的价格因素等,二者均有采用。

甘醇脱水原理见图2–20。含水天然气(湿气)先流经入口分离器或涤气器(图中未画出),除去气体中携带的液体和固体杂质后,进入吸收

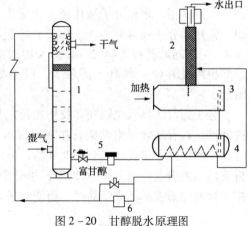

图2–20 甘醇脱水原理图
1—吸收塔;2—再生塔;3—重沸器;4—换热器;
5—过滤器;6—甘醇泵

塔(也称接触塔)。在吸收塔内原料气自下而上流经各层塔板，与自塔顶向下流动的甘醇贫液(吸水前水含量很少的甘醇溶液)逆流接触。甘醇溶液吸收天然气中的水汽，脱水后的天然气(干气)从塔顶流出。吸收了水分的甘醇富液(吸水后水含量较多的甘醇溶液)自塔底流出，经过滤并与甘醇贫液换热升温后进入再生塔(也称汽提塔或精馏柱)。进入汽提塔的甘醇富液向下流经填料层，被重沸器内产生的向上流动的热蒸汽加热，蒸出水和少量甘醇。甘醇富液沿塔身向下流动，温度逐步升高，浓度逐步提高，在重沸器内进一步受热成为甘醇贫液。甘醇贫液经储罐缓冲、与甘醇富液换热降温，并经泵增压后返回吸收塔循环使用。水蒸气、少量解吸的天然气和甘醇蒸气从再生塔顶部排入大气。

(三) 吸附法

吸附法脱水是利用吸附原理，选择某些多孔性固体吸附剂吸附天然气中的水蒸气。由于吸附脱水可以达到很低的水露点，因此适用于深冷分离工艺要求气体含水量很低的场合。

天然气吸附脱水所采用的吸附剂必须是多孔性的，具有较大的吸附表面积(一般都在 $500 \sim 800 \text{m}^2/\text{g}$)；对水具有较好的选择性吸附作用，吸附容量大；具有较高的吸附传质速度，容易达到相间平衡；容易再生，稳定性好，价廉易得等。天然气脱水中常用的固体吸附剂有活性氧化铝、硅胶和分子筛。

活性氧化铝主要成分是部分水化的、多孔的、无定型的氧化铝。它常用于气体、油品的脱水干燥，性能比较稳定。干燥后的气体露点可达 $-70℃$。但是，为恢复至原来的吸附能力，需要较高的再生温度，因此再生时能耗较高，而且吸附的重烃在再生时不易除去。由于氧化铝呈碱性，可与无机酸发生化学反应，故不宜处理酸性天然气。

硅胶是一种晶粒状无定型氧化硅，是亲水性的极性吸附剂，对极性分子和不饱和烃具有明显的选择性，可用于天然气脱水。硅胶脱水一般可使天然气露点达 $-60℃$。容易再生，再生温度为 $180 \sim 200℃$。吸水时放出大量吸附热，容易破裂。为了避免进料气夹带水滴损坏硅胶，进料气应脱除液态水并可在吸附床进口处加一层不易被液态水破坏的吸附剂作保护层。

常用的分子筛是一种人工合成的沸石型硅铝酸盐晶体。分子筛的物理性质取决于其化学组成和晶体结构。在分子筛的结构中有许多孔径均匀的微孔孔道与排列整齐的空腔。这些空腔不仅提供了很大的比表面积($800 \sim 1000 \text{m}^2/\text{g}$)，而且只允许直径比孔径小的分子进入微孔，而孔径大的分子则不能进入，从而使大小及形状不同的分子分开，起到了筛分分子的选择性吸附作用。根据分子筛孔径、化学组成、晶体结构及 SiO_2 与 Al_2O_3 的物质的量之比不同，常用的分子筛可分为 A、X 和 Y 等几种型号。因为水分子的公称直径为 $3.2 \times 10^{-10} \text{m}$，而 4A 分子筛的孔径为 $(4.2 \sim 4.7) \times 10^{-10} \text{m}$，所以天然气脱水常用 4A 分子筛。同时，4A 分子筛也可吸附 CO_2 和 H_2S 等杂质，但不吸附重烃，所以分子筛是天然气脱水的优良的吸附剂。

分子筛与活性氧化铝和硅胶相比较，其优点是：吸附选择性强，对极性分子也具有高度选择性；具有高效吸附性能，在相对湿度或分压低时，仍保持相当高的吸附容量；吸附水时，同时可进一步脱除残余酸性气体，但不吸附重烃。天然气液化或深度冷冻之前，要求先将天然气的露点降至 $-100℃$ 以下，用分子筛脱水可以达到这一目的。分子筛法的缺点是气流中含有油滴或醇类化学品时，会使分子筛变质。

二、脱水方法选择

对于液化天然气工厂，一般来说，处理气量比较大，原料气要求的露点降大。以上三类脱水方法对于液化天然气工厂的适应性可以概括如下：

冷却脱水受到温度、压力的限制，脱水深度有限，常常作为初级脱水。按处理工艺要求，再采用其他方法达到脱水要求。由于液化天然气原料气的处理要求水露点在 -100℃ 以下，冷却脱水较少采用。

甘醇法适用于大型天然气液化装置中脱除原料气所含的大部分水分。甘醇法的投资费用较低，连续操作，压降较小，再生能耗小。采用汽提再生时，干气露点可降低至约 -60℃。但气体中含有重烃时，甘醇溶液易起泡，影响操作，增加损耗。

分子筛法适用于要求干气露点低的场合，可以使气体中水的体积分数降低至 1×10^{-6} m^3/m^3 以下。该法对气温、流速、压力等的变化不敏感。腐蚀、起泡等问题不存在。对于要求脱水深度大的场合特别适合。天然气液化工厂采用吸附法脱水时多用分子筛法。

实际使用中，对于露点降要求大的装置，可以采用分段脱水，先用甘醇法除去大部分水，再用分子筛法深度脱水至所要求的低露点。

三、甘醇脱水工艺

（一）工艺流程

由于三甘醇脱水露点降大、成本低、运行可靠以及经济效益好，故广泛采用。现以三甘醇为例，对吸收法脱水工艺和设备作介绍。

三甘醇脱水的典型工艺流程见图 2-21。原料气先经原料气分离器除去游离水、液烃和固体杂质后，再进入吸收塔内的洗涤器进一步分离杂质。由吸收塔内洗涤器分出的气体进入吸收塔底部，与向下流过各层塔板或填料的甘醇溶液逆流接触，使气体中的水蒸气被甘醇溶液吸收。离开吸收塔的干气经气体/贫甘醇换热器降温后，进入管道外输。

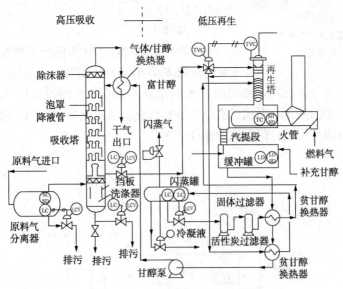

图 2-21　三甘醇脱水工艺流程图

吸收了气体中水分的富甘醇从吸收塔下侧流出，先经高压过滤器除去原料气带入富液中的固体杂质，再经再生塔顶回流冷凝器及贫/富甘醇换热器预热后进入闪蒸罐，分出被富甘醇吸收的烃类气体（闪蒸气）。不含硫的闪蒸气可用作本装置的燃料。从闪蒸罐底部流出的富甘醇经过过滤除去固、液杂质后，再经贫/富甘醇换热器预热后进入再生塔精馏柱。从精馏柱流入重沸器的甘醇溶液被加热到 177 ~ 204℃，通过再生脱除所吸收的水分后成为贫甘醇，再去吸收塔顶循环使用。

各种甘醇脱水流程的吸收部分大致与典型流程相同。甘醇贫液浓度是影响干气露点的关键因素，数十年来为提高甘醇贫液浓度开发了以下几种再生方法，使再生流程有些变化。

(1) 降压再生

甘醇再生在常压下进行，降低重沸器压力至真空状态，在相同重沸温度下能提高甘醇溶液浓度。例如，重沸器压力降为 70kPa 并加汽提气后，可得到高浓度甘醇贫液。但真空系统比较复杂，还容易造成空气与甘醇接触使甘醇降解，这就限制了该法的应用。同理，若再生塔填料污染或局部堵塞，将增高重沸器压力，使甘醇贫液浓度降低，此时应及时更换填料。

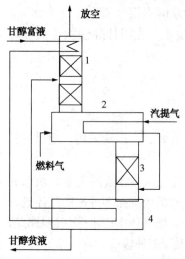

图 2 - 22 汽提再生

1—再生塔；2—重沸器；3—贫液汽提柱；4—甘醇换热器

(2) 气体汽提

湿气或干气在再生塔的高温下为不饱和气体，在与甘醇富液接触中降低了溶液表面的水蒸气分压，从甘醇内吸收大量水汽，从而提高甘醇贫液浓度。汽提气可直接注入重沸器(甘醇浓度可达 99.6%)，也可如图 2 - 22 所示经汽提柱注入，后者提浓效果更好，能将甘醇浓度提高至 99.95%。

在多数情况下，达到同样再生效果，提高重沸器温度所增加的燃料费用比使用汽提气费用低，因而达到甘醇最高许可再生温度后使用汽提气提高甘醇浓度有较好的经济性。工业上常用湿气、干气或来自闪蒸罐的闪蒸气做汽提气。汽提气压力为 0.3 ~ 0.6MPa，气量为 0.03 ~ 0.04m³(气)/L(甘醇)。

(3) 共沸再生

共沸再生是 20 世纪 70 年代初发展起来的，采用的共沸剂应具有不溶于水和三甘醇，与水能形成低沸点共沸物，无毒，蒸发损失小等性质。常用的共沸剂是异辛烷(沸点 99.2℃)。如图 2 - 23 所示，共沸剂与甘醇溶液中的残留水形成低沸点共沸物汽化，从再生塔顶流出，经冷却冷凝进入分离器分出水后，共沸剂用泵打回重沸器循环使用。

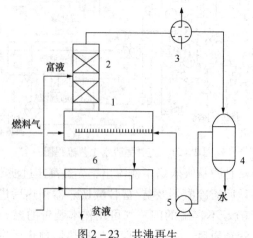

图 2 - 23 共沸再生

1—重沸器；2—再生塔；3—冷却器；4—共沸物分离器；5—循环泵；6—甘醇换热器

甘醇溶液的提浓程度与添加的共沸剂数量有关。若异辛烷与三甘醇比例为1:4时，三甘醇贫液浓度可达99.99%，干气露点可达 -73℃，但重沸器热负荷相应增大13%。共沸剂在密闭的环路内循环，损失小，无大气污染。共沸再生需增加冷却器、分离器和循环泵等设备。

（二）工艺参数

1. 吸收系统

吸收塔的脱水负荷和效果取决于原料气的流量、温度、压力和贫甘醇的浓度、温度及循环流率。

（1）原料气流量　吸收塔需要脱除的水量（kg/h）与原料气量直接有关。吸收塔的塔板通常均在低液气比的"吹液"区操作，如果原料气量过大，将会使塔板上的"吹液"现象更加恶化，这对吸收塔的操作极为不利。但是，对于填料塔来讲，由于液体以润湿膜的形式流过填料表面，因而不受"吹液"现象的影响。

（2）原料气温度、压力　由于原料气量远大于甘醇溶液量，所以吸收塔内的吸收温度近似等于原料气温度。吸收温度一般在15～48℃，最好在27～38℃。

原料气进吸收塔的温度、压力决定了其水含量和需要脱除的水量。在低温高压下天然气中的水含量较低，因而吸收塔的尺寸小。但是，低温下甘醇溶液更易起泡，黏度也增加。因此，原料气的温度不宜低于15℃。然而，如果原料气是来自胺法脱硫脱碳后的湿净化气，当温度大于48℃时，由于气体中水含量过高，增加脱水装置的负荷和甘醇的汽化损失，而且甘醇溶液的脱水能力也降低（见图2-24），故应先冷却后再进入吸收塔。

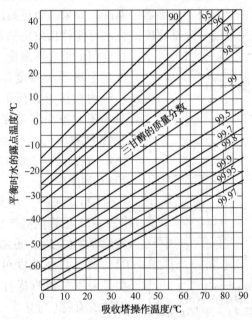

图2-24　不同三甘醇浓度下干气平衡水露点与吸收温度的关系

三甘醇吸收塔的压力一般在2.5～10MPa。如果压力过低，由于甘醇脱水负荷过高（原料气水含量高），应将低压气体增压后再去脱水。

（3）贫甘醇进吸收塔的温度和浓度　贫甘醇的脱水能力受到水在天然气和贫甘醇体系中气液平衡的限制。图2-24为离开吸收塔干气的平衡露点、吸收温度（脱水温度）和贫三甘醇质量浓度的关系图。由图 2 - 24 可知，当吸收温度（近似等于原料气温度）一定时，随着贫甘醇浓度增加，出塔干气的平衡露点显著下降。此外，随着吸收温度降低，出塔干气的平衡露点也下降。但是如前所述，温度降低将使甘醇黏度增加，更易起泡。

应该注意的是，图 2 - 24 预测的平衡露点比实际露点低，其差值与甘醇循环流率、理论塔板数有关，一般为 6 ~ 11℃。压力对平衡露点影响甚小。由于图 2 - 24 纵坐标的平衡露点是基于冷凝水相为亚稳态液体的假设，但在很低的露点下冷凝水相（水溶液相）将是水合物而不是亚稳态液体，故此时预测的平衡露点要比实际露点低 8 ~ 11℃，其差值取决于温度、压力和气体组成。

贫甘醇进吸收塔的温度应比塔内气体温度高 3 ~ 8℃。如果贫甘醇温度比气体低，就会使气体中的一部分重烃冷凝，促使溶液起泡。反之，贫甘醇进塔温度过高，甘醇汽化损失和出塔干气露点就会增加很多，故一般不高于 60℃。

（4）甘醇循环流率　原料气在吸收塔中获得的露点降随着贫甘醇浓度、甘醇循环流率和吸收塔塔板数（或填料高度）的增加而增加。因此，选择甘醇循环流率时必须考虑贫甘醇进吸收塔时的浓度、塔板数（或填料高度）和所要求的露点降。

甘醇循环流率通常用每吸收原料气中 1kg 水分所需的甘醇体积量（m^3）来表示，故实际上应该是比循环率。三甘醇循环流率一般选用 $0.02 \sim 0.03 m^3/kg$ 水，也有人推荐为 $0.015 \sim 0.04 m^3/kg$ 水。如低于 $0.012 m^3/kg$ 水，就难以使气体与甘醇保持良好的接触。当采用二甘醇时，其循环流率一般为 $0.04 \sim 0.10 m^3/kg$ 水。

2. 再生系统

甘醇溶液的再生深度主要取决于重沸器的温度，如果需要更高的贫甘醇浓度则应采用塔底汽提法等。通常采用控制精馏柱顶部温度的方法可使柱顶放空的甘醇损失减少至最低值。

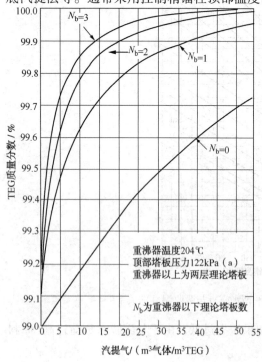

图 2 - 25　汽提气量对三甘醇浓度的影响

（1）重沸器温度　离开重沸器的贫甘醇浓度与重沸器的温度和压力有关。由于重沸器一般均在接近常压下操作，所以贫甘醇浓度只是随着重沸器温度增加而增加。三甘醇和二甘醇的理论热分解温度分布为 206.7℃ 和 164.4℃，故其重沸器内的温度分别不应超过 204℃ 和 162℃。

（2）汽提气　当采用汽提法再生时，可用图 2 - 25 估算汽提气量。如果汽提气直接通入重沸器中（此时，重沸器下面的理论板数 $N_b = 0$），贫三甘醇浓度可达 99.6%（质量分数）。如果采用贫液汽提柱，在重沸器和缓冲罐之间的溢流管（高 0.6 ~ 1.2m）充填有填料，汽提气从贫液汽提柱下面通入，与从重沸器来的贫甘醇逆向流动，充分接触，不仅可使汽提气量减少，而且还使贫甘醇浓度高达 99.9%（质量分数）。

（3）精馏柱温度　柱顶温度可通过调节柱顶回流量使其保持在 99℃ 左右。柱顶温度低于93℃时，由于水蒸气冷凝量过多，会在柱内产生液泛，甚至将液体从柱顶吹出；柱顶温度超过104℃时，甘醇蒸气会从柱顶排出。如果采用汽提法，柱顶温度可降至88℃。

图2-26为四川龙门气田天东9井站的$100 \times 10^4 \mathrm{m}^3/\mathrm{d}$三甘醇脱水装置工艺流程图。由图可知，除无贫液汽提柱以及富甘醇换热流程不同外，其他均与图2-19类似。

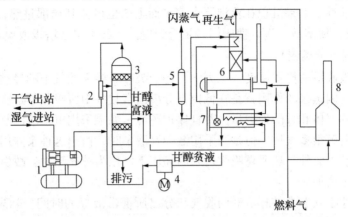

图2-26 龙门气田天东9井站三甘醇脱水装置工艺流程图

我国长庆气区第一、二、三净化厂脱硫脱碳后的湿净化气、山西沁水盆地煤层气中央处理厂增压后的湿煤层气以及西气东输管道金坛地下气库采出的高压湿天然气均采用三甘醇脱水。

（三）工艺设备

1. 吸收塔

吸收塔通常由底部的洗涤器、中部的吸收段和顶部的捕雾器组成一个整体。当原料气较脏且含游离液体较多时，最好将洗涤器与吸收塔分开设置。吸收塔吸收段一般采用泡帽塔板，也可采用浮阀塔板或规整填料。泡帽塔板适用于像甘醇吸收塔中这样的黏性液体和低液气比场合，在气体流量较低时不会发生漏液，也不会使塔板上液体排干。但是，如果采用规整填料，其直径和高度会更小一些，操作弹性也较大。近几年来，我国川渝气区川东矿区和长庆气区靖边气田引进的三甘醇脱水装置吸收塔即采用了浮阀塔板和规整填料。其中，靖边气田第三天然气净化厂三甘醇脱水装置规模为$300 \times 10^4 \mathrm{m}^3/\mathrm{d}$。

当采用板式塔时，由理论塔板数换算为实际塔板数的总塔板效率一般为25%~30%。当采用填料塔时，等板高度（HETP）随三甘醇循环流率、气体流量和密度而变，设计时一般可取1.5m。但当压力很高气体密度超过$100 \mathrm{kg/m}^3$时，按上述数据换算的结果就偏低。

由于甘醇溶液容易起泡，故板式塔的板间距不应小于0.45m。最好是0.6~0.75m。捕雾器用于除去≥5μm的甘醇液滴，使干气中携带的甘醇量小于$0.016 \mathrm{g/m}^3$。捕雾器到干气出口的间距不宜小于吸收塔内径的0.35倍，顶层塔板到捕雾器的间距则不应小于塔板间距的1.5倍。

2. 洗涤器（分离器）

进入吸收塔的原料气一般都含有固体和液体杂质。实践证明，即使吸收塔与原料气分离器位置非常近，也应该在二者之间安装洗涤器。此洗涤器可以防止游离水或盐水、液烃、化学剂或水合物抑制剂以及其他杂质等大量和偶然进入吸收塔中。即就是这些杂质数量很少，也会给吸收和再生系统带来很多问题：①溶于甘醇溶液中的液烃可降低溶液的脱水能力，并使吸收塔中甘醇溶液起泡。不溶于甘醇溶液的液烃也会堵塞塔板，并使重沸器表面结焦；②游离水增加了甘醇溶液循环流率、重沸器热负荷和燃料用量；③携带的盐水（随天然气一起采出的地层水）中所含盐类，可使设备和管线产生腐蚀，沉积在重沸器火管表面上还可使火管表面局部过热产生热斑甚至烧穿；④化学剂（例如缓蚀剂、酸化压裂液）可使甘醇溶液起泡，并具有腐蚀性。如果沉积在重沸器火管表面上，也可使其局部过热；⑤固体杂质（例如泥沙、铁锈）可促使溶液起泡，使阀门、泵受到侵蚀，并可堵塞塔板或填料。

3. 闪蒸罐（闪蒸分离器）

甘醇溶液在吸收塔的操作温度、压力下，还会吸收一些天然气中的烃类，尤其是包括芳香烃在内的重烃。闪蒸罐的作用就是在低压下分离出富甘醇中所吸收的这些烃类气体，以减少再生塔精馏柱的气体和甘醇损失量，并且保护环境。如果采用电动溶液泵，则从吸收塔来的富甘醇中不会溶解很多气体。但是当采用液动溶液泵时，由于这种泵除用吸收塔来的高压富甘醇作为主要动力源外，还要靠吸收塔来的高压干气作为补充动力，故由闪蒸罐中分离出的气体量就会显著增加。

闪蒸罐的尺寸必须考虑甘醇溶液的脱气和分出所携带液烃的时间。如果原料气为贫气，在闪蒸罐中通常没有液烃存在，故可选用两相（气体和甘醇溶液）分离器。脱气时间最少需要 3～5min。如果原料气为富气，在闪蒸罐中将有液烃存在，故应选用三相（气体、液烃和甘醇溶液）分离器。由于液烃会使溶液乳化和起泡，故需要分出液烃。此时，液体在罐中的停留时间应为 20～30min。为使闪蒸气不经压缩即可作为燃料或汽提气，并保证富甘醇有足够的压力流过过滤器和换热器等设备，闪蒸罐的压力一般在 0.27～0.62MPa，通常低于 0.42MPa。

当需要在闪蒸罐中分离液烃时，可将吸收塔来的富甘醇先经甘醇换热器等预热至一定温度使其黏度降低，以有利于液烃—富甘醇的分离。但是，预热温度过高反而使液烃在甘醇中的溶解度增加，故此温度最好在 38～66℃。

4. 再生塔

通常将再生系统的精馏柱、重沸器和装有换热盘管的缓冲罐（有时也在其中设有相当于图 2-19 中的贫甘醇换热器）统称为再生塔。由吸收系统来的富甘醇在再生塔的精馏柱和重沸器内进行再生提浓。

对于小型脱水装置，常将精馏柱安装在重沸器的上部，精馏柱内一般充填 1.2～2.4m 高的填料，大型脱水装置也可采用塔板。精馏柱顶部设有冷却盘管作为回流冷凝器，以使柱内上升的一部分水蒸气冷凝，形成柱顶回流，用以控制柱顶温度，减少甘醇损失。回流冷凝器的热负荷可取重沸器内将甘醇所吸收的水分全部汽化时热负荷的 25%～30%。只在冬季运行的小型脱水装置也可在柱顶外部安装垂直的散热翅片产生回流。这种方法比较简单，但却无法保证回流量稳定。

重质正构烷烃几乎不溶于三甘醇，但是芳香烃在三甘醇中的溶解度相当大，故在吸收塔操作条件下大量芳香烃将被三甘醇吸收。芳香烃吸收率随压力增大和温度降低而增加。较高的三甘醇循环流率也会使芳香烃吸收率增加。因此，当甘醇溶液所吸收的重烃中含有芳香烃时，这些芳香烃会随水蒸气一起从精馏柱顶排放至大气，造成环境污染和安全危害。因此，应将含芳香烃的气体引至外部的冷却器和分离器中使芳香烃冷凝和分离后再排放，排放的冷凝液应符合有关规定。

重沸器的作用是提供热量将富甘醇加热至一定温度，使富甘醇所吸收的水分汽化并从精馏柱顶排出。此外，还要提供回流热负荷以及补充散热损失。

重沸器通常为卧式容器，既可以是采用闪蒸气或干气作燃料的直接燃烧加热炉（火管炉），也可以是采用热媒（例如水蒸气、导热油、燃气透平或发动机的废气）的间接加热设备。

采用三甘醇脱水时，重沸器火管表面热流密度一般是 $18 \sim 25 kW/m^2$，最高不超过 $31 kW/m^2$。由于三甘醇在高温下会分解变质，故其在重沸器中的温度不应超过 $204℃$，管壁温度也应低于 $221℃$（如果为二甘醇溶液，则其在重沸器中的温度不应超过 $162℃$）。当采用水蒸气或热油作热源时，热流密度则由热源温度控制。热源温度推荐为 $232℃$。无论采用何种热源，重沸器内的甘醇溶液液位应比顶部传热管高 150mm。

甘醇脱水装置是通过控制重沸器温度以获得所需的贫甘醇浓度。温度越高，则再生后的贫甘醇浓度越大（见图2-27）。例如，当重沸器温度为 $204℃$ 时，贫三甘醇的浓度为 99.1%（质量分数）。此外，海拔高度也有一定影响。如果要求的贫甘醇浓度更高，就要采用汽提法、共沸法或负压法。

由图2-27可知，在相同温度下离开重沸器的贫甘醇浓度比常压（0.1MPa）下沸点曲线估计值高，这是因为甘醇溶液在重沸器中再生时还有溶解在其中的烃类解吸与汽提作用。

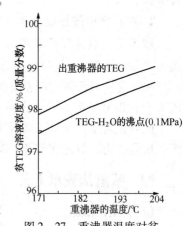

图2-27 重沸器温度对贫甘醇浓度的影响

（四）操作注意事项

在甘醇脱水装置运行中经常发生的问题是甘醇损失过大和设备腐蚀。原料气中含有 CO_2、液体、固体杂质，甘醇在运行中氧化或变质等都是其主要原因。

1. 甘醇质量和损失

在设计和操作中采取措施避免甘醇受到污染是防止或减缓甘醇损失过大和设备腐蚀的关键。在操作中除应定期对贫、富甘醇取样分析外，如果怀疑甘醇受到污染，还应随时取样分析，并将分析结果与表2-15列出的最佳值进行比较和查找原因。氧化或降解变质的甘醇在复活后重新使用之前及新补充的甘醇在使用之前都应对其进行检验。

表2-15 三甘醇质量的最佳值

参数	pH值[①]	氯化物/(mg/L)	烃类[②]/%	铁离子[②]/(mg/L)	水[③]/%	固体悬浮物[②]/(mg/L)	起泡倾向	颜色及外观
富甘醇	7.0~8.0	<600	<0.3	<15	3.5~7.5	<200	泡沫高度，10~20mm；破沫时间，5s	洁净，浅色到黄色
贫甘醇	7.0~8.0	<600	<0.3	<15	<1.5	<200		

①富甘醇中因溶有酸性气体，故其pH值较低。

② 由于过滤器效果不同，贫、富甘醇中烃类、铁离子及固体悬浮物含量会有区别。烃含量为质量分数。

③ 贫、富甘醇的水含量（质量分数）相差为 2%~6%。

甘醇长期暴露在空气中会氧化变质而具有腐蚀性。因此，储存甘醇的容器采用干气或惰性气体保护可有助于减缓甘醇氧化变质。此外，当三甘醇在重沸器中加热温度超过 $204℃$ 时也会产生降解变质。

甘醇降解或氧化变质，以及 H_2S、CO_2 溶解在甘醇中反应所生成的腐蚀性物质会使甘醇pH值降低，从而又加速甘醇变质。为此，可加入硼砂、三乙醇胺和 NACAP 等碱性化合物来中和，但是其量不能过多。

在一般脱水条件下，进入吸收塔的原料气中 40% ~ 60% 的甲醇可被三甘醇吸收。这将额外增加再生系统的热负荷和蒸气负荷，甚至会导致再生塔液泛。

甘醇损失包括吸收塔顶的雾沫夹带损失、吸收塔和再生塔的汽化损失以及设备泄漏损失等。不计设备泄漏的甘醇损失范围是：高压低温原料气约为 $7L/10^6m^3$ 天然气 ~ 低压高温原料气约为 $40L/10^6m^3$ 天然气。正常运行时，三甘醇损失量一般不大于 $15mg/m^3$ 天然气，二甘醇损失量不大于 $22mg/m^3$ 天然气。

除非原料气温度超过 48℃，否则甘醇在吸收塔内的汽化损失很小。但是，在低压时这种损失很大。

2. 原料气中酸性组分含量

湿天然气中含有 CO_2 和 H_2S 等酸性组分时，应根据其分压大小采取相应的腐蚀控制措施。例如，原料气中 CO_2 分压小于 0.021MPa 时，不需腐蚀控制；CO_2 分压在 0.021 ~ 0.21MPa 时，可采取控制富甘醇溶液 pH 值、注入缓蚀剂或采用耐腐蚀材料等措施；CO_2 分压大于 0.21MPa 时，有关设备一般可采取防腐措施。

此外，对于压力高于 6.1MPa 时的 CO_2 脱水系统，其甘醇损失明显大于天然气脱水系统。这是因为三甘醇在密相 CO_2 内的溶解度高，故有时采用对 CO_2 溶解度低的丙三醇脱水。

四、吸附法脱水工艺

（一）工艺流程

吸附法脱水的工艺流程见图 2 - 28。一般采用双塔流程。干燥器（吸附塔）采用固定床。由于床层中的干燥剂在吸附气体中的水蒸气达到一定程度后需要再生，为保证装置连续操作，至少需要两个吸附塔，一个吸附脱水，另一个再生、冷却。如将再生和冷却分开，也可以设置三塔流程，按程序切换。吸附时气体自上而下流动，以减少气流对床层的扰动。再生时，因为吸附剂再生需要吸热，所以应先加热再生气，然后自下而上进入需要再生的吸附塔，对吸附层进行脱水再生。再生气自下而上流过吸附塔，一方面使吸附床各层次解吸的水和其他物质不流过整个床层，减少床层污染。另一方面，可以确保与湿原料气脱水时最后接触的底部床层得到充分再生，而这部分床层中干燥剂的再生效果直接影响脱水周期中流出床层的干气露点，下层吸附剂是控制出塔干气露点的关键。吸附剂再生后，再用冷却气使床层冷却至一定温度，然后切换转入下一个脱水周期。一般用干气作再生气和冷却气。冷却气即是不加热的干气，再生后期同样自下而上流过吸附塔。再生气和冷却气离开吸附塔后，进入冷却器，从吸附塔脱除的水分在这里冷凝，并从分离器底部排出。

干燥器再生气可以是湿原料气，也可以是脱水后的高压干气或外来的低压干气（例如 NGL 回收装置中的脱甲烷塔塔顶气）。为使干燥剂再生更完全，保证干气有较低露点，一般应采用干气作再生用气。再生气量约为原料气量的 5% ~ 10%。

当采用高压干气作再生气时，可以是加热后直接去干燥器将床层加热，使干燥剂上吸附的水分脱附，然后将流出干燥器的气体冷却，使脱附出来的水蒸气冷凝与分离。由于此时分出的气体是湿气，故增压返回湿原料气中（见图 2 - 28）；也可以是将再生气先增压（一般增压 0.28 ~ 0.35MPa）再加热去干燥器，然后冷却、分水并返回湿原料气中；还可以根据干气外输要求（露点、压力），再生气不需增压，经加热后去干燥器，然后冷却、分水，靠控制进输气管线阀门前后的压差使这部分湿气与干气一起外输。当采用低压干气作再生气时，因脱水压力远高于再生压力，故在干燥器切换时应控制升压与降压速度，一般宜小于

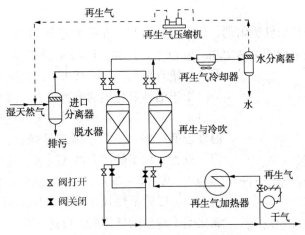

图 2 - 28　吸附法脱水工艺流程图

0.3MPa/min。

床层加热完毕后，再用冷却气使床层冷却至一定温度，然后切换转入下一个脱水周期。由于冷却气是采用不加热的干气，故一般也是下进上出。但是，有时也可将冷却干气自上而下流过床层，使冷却干气中的少量水蒸气被床层上部干燥剂吸附，从而最大限度降低脱水周期中出口干气的水含量。

（二）吸附剂性能比较

天然气脱水的干燥剂应具有下列物理性质：

① 具有足够大的比表面积(其比表面积一般都在 500 ~ 800m²/g)。比表面积愈大，其吸附容量愈大；

② 对所要脱除的水蒸气具有较高的吸附容量；

③ 具有较高的吸附传质速度，可在瞬间达到相平衡；

④ 可经济而简便地进行再生，且在使用过程中能保持较高的吸附容量，使用寿命长；

⑤ 颗粒大小均匀，堆积密度大，具有较高的强度和耐磨性；

⑥ 化学稳定性和热稳定性好，价格便宜，原料充足等。

1. 吸附剂的类型

目前，常用的天然气干燥剂有活性氧化铝、硅胶和分子筛三类。一些干燥剂的物理性质见表 2 - 16。

表 2 - 16　一些干燥剂的物理性质[①]

干燥剂	硅胶 Davison 03	活性氧化铝 Alcoa(F - 200)	H、R 型硅胶 Kali - chemie	分子筛 Zeochem
孔径/10⁻¹nm	10 ~ 90	15	20 ~ 25	3, 4, 5, 8, 10
堆积密度/(kg/m³)	720	705 ~ 770	640 ~ 785	690 ~ 750
比热容/[kJ/(kg·K)]	0.921	1.005	1.047	0.963
最低露点/℃	- 50 ~ - 96	- 50 ~ - 96	- 50 ~ - 96	- 73 ~ - 185
设计吸附容量/%	4 ~ 20	11 ~ 15	12 ~ 15	8 ~ 16
再生温度/℃	150 ~ 260	175 ~ 260	150 ~ 230	220 ~ 290
吸附热/(kJ/kg)	2980	2890	2790	4190(最大)

① 表中数据仅供参考，设计所需数据应由制造厂商提供。

(1)活性氧化铝

活性氧化铝是一种极性吸附剂，以部分水合与多孔的无定型 Al_2O_3 为主，并含有少量其他金属化合物，其比表面积可达 $250m^2/g$ 以上。例如，F-200 活性氧化铝的组成为：Al_2O_3 94%、H_2O 5.5%、Na_2O 0.3% 及 Fe_2O_3 0.02%。

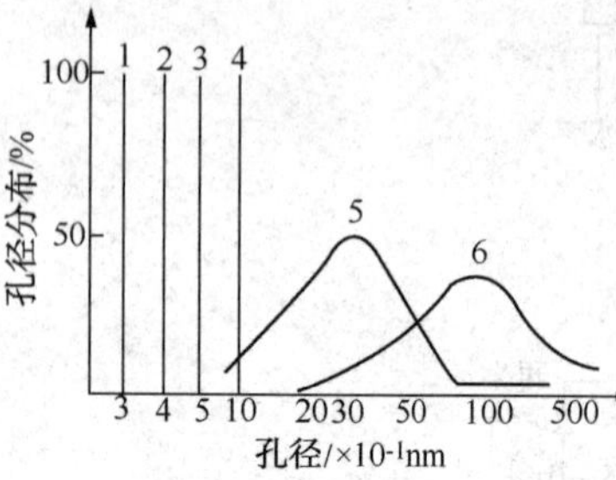

由于活性氧化铝的湿容量大，故常用于水含量高的气体脱水。活性氧化铝再生时需要的热量比分子筛少，再生温度也低一些。但是，因其呈碱性，可与无机酸发生反应，故不宜用于酸性天然气脱水。此外，因其微孔孔径极不均匀（见图2-29），没有明显的吸附选择性，所以在脱水时还能吸附重烃且在再生时不易脱除。通常，采用活性氧化铝干燥后的气体露点可达 -70℃。

图 2-29 常用吸附剂孔径分布

（2）硅胶

硅胶是一种晶粒状无定型氧化硅，分子式为 $SiO_2 \cdot nH_2O$，其比表面积可达 $300m^2/g$。Davison 03 型硅胶的化学组成见表 2-17。

表 2-17 硅胶化学组成（干基）

名称	SiO_2	Al_2O_3	TiO_2	Fe_2O_3	Na_2O	CaO	ZrO_2	其他
组成/%	99.71	0.10	0.09	0.03	0.02	0.01	0.01	0.03

硅胶为极性吸附剂，它在吸附气体中的水蒸气时，其量可达自身质量的 50%，即使在相对湿度为 60% 的空气流中，微孔硅胶的湿容量也达 24%，故常用于水含量高的气体脱水。硅胶在吸附水分时会放出大量的吸附热，易使其破裂产生粉尘。此外，它的微孔孔径也极不均匀，没有明显的吸附选择性。采用硅胶干燥后的气体露点可达 -60℃。

（3）分子筛

目前常用的分子筛系人工合成沸石，是强极性吸附剂，对极性、不饱和化合物和易极化分子特别是水有很大的亲和力，故可按照气体分子极性、不饱和度和空间结构不同对其进行分离。

分子筛的热稳定性和化学稳定性高，又具有许多孔径均匀的微孔孔道和排列整齐的空腔，故其比表面积大（$800 \sim 1000m^2/g$），且只允许直径比其孔径小的分子进入微孔，从而使大小和形状不同的分子分开，起到了筛分分子的选择性吸附作用，因而称之为分子筛。

人工合成沸石是结晶硅铝酸盐的多水化合物，其化学通式为

$$Me_{x/n}[(AlO_2)_x(SiO_2)_y] \cdot mH_2O$$

式中　Me 为正离子，主要是 Na^+、K^+ 和 Ca^{2+} 等碱金属或碱土金属离子；x/n 是价数为 n 的可交换金属正离子 Me 的数目；m 是结晶水的摩尔数。

根据分子筛孔径、化学组成、晶体结构以及 SiO_2 与 Al_2O_3 的物质的量比不同，可将常用的分子筛分为 A、X、Y 和 AW 型几种。A 型基本组成是硅铝酸钠，孔径为 0.4nm（4Å），称为 4A 分子筛。用钙离子交换 4A 分子筛中钠离子后形成 0.5nm（5Å）孔径的孔道，称为 5A 分子筛。用钾离子交换 4A 分子筛中钠离子后形成 0.3nm（3Å）孔径的孔道，称为 3A 分子筛。X 型基本组成也是硅铝酸钠，但因晶体结构与 A 型不同，形成约 1.0nm（10Å）孔径的孔道，称为 13X 分子筛。用钙离子交换 13X 分子筛中钠离子后形成约 0.8nm（8Å）孔径的孔道，称为 10X 分子筛。Y 型与 X 型具有相同的晶体结构，但其化学组成（SiO_2/Al_2O_3 之比）与 X 型

不同，通常多用做催化剂。AW 型为丝光沸石或菱沸石结构，系抗酸性分子筛，AW - 500 型孔径为 0.5nm(5Å)。

几种常用分子筛化学组成见表 2 - 18。A、X 和 Y 型分子筛晶体结构见图 2 - 30。

表 2 - 18　几种常用分子筛化学组成

型号	SiO_2/Al_2O_3（物质的量之比）	孔径/10^{-1}nm	化 学 式
3A	2	3 ~ 3.3	$K_{7.2}Na_{4.8}[(AlO_2)_{12}(SiO)_{12}] \cdot mH_2O$
4A	2	4.2 ~ 4.7	$Na_{12}[(AlO_2)_{12}(SiO)_{12}] \cdot mH_2O$
5A	2	4.9 ~ 5.6	$Ca_{4.5}Na_3[(AlO_2)_{12}(SiO)_{12}] \cdot mH_2O$
10X	2.3 ~ 3.3	8 ~ 9	$Ca_{60}Na_{26}[(AlO_2)_{86}(SiO)_{106}] \cdot mH_2O$
13X	2.3 ~ 3.3	9 ~ 10	$Na_{86}[(AlO_2)_{86}(SiO)_{106}] \cdot mH_2O$
NaY	3.3 ~ 6	9 ~ 10	$Na_{56}[(AlO_2)_{56}(SiO)_{136}] \cdot mH_2O$

由于分子筛表面有很多较强的局部电荷，因而对极性分子和不饱和分子具有很大的亲和力，是一种孔径均匀的强极性干燥剂。

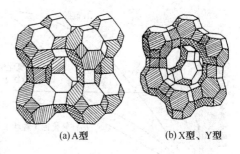

(a)A型　　(b)X型、Y型

图 2 - 30　A、X 和 Y 型分子筛晶体结构

水是强极性分子，分子直径为 0.27 ~ 0.31nm，比 A 型分子筛微孔孔径小，因而 A 型分子筛是气体或液体脱水的优良干燥剂，采用分子筛干燥后的气体露点可达 -100℃。通过专门设计和严格的操作参数，气体露点还可低于 -100℃。在天然气处理过程中常见的几种物质分子的公称直径见表 2 - 19。

表 2 - 19　常见的几种物质分子的公称直径

物质分子式	H_2	CO_2	N_2	H_2O	H_2S	CH_3OH	CH_4	C_2H_6	C_3H_8	$nC_4 \sim nC_{22}$	$iC_4 \sim iC_{22}$
公称直径/10^{-1}nm	2.4	2.8	3.0	3.1	3.6	4.4	4.0	4.4	4.9	4.9	5.6

目前，裂解气脱水多用 3A 分子筛，天然气脱水多用 4A 或 5A 分子筛。天然气脱硫醇时可选用专用分子筛（例如 RK - 33 型），pH 小于 5 的酸性天然气脱水时可选用 AW 型分子筛。

(4)复合吸附剂

复合吸附剂是指同时使用两种或两种以上的吸附剂。

如果使用复合吸附剂的目的只是脱水，通常将硅胶或活性氧化铝与分子筛在同一干燥器内串联使用，即湿原料气先通过上部的硅胶或活性氧化铝床层，再通过下部的分子筛床层。目前，天然气脱水普遍使用活性氧化铝和 4A 分子筛串联的双床层，其特点是：①湿气先通过上部活性氧化铝床层脱除大部分水分，再通过下部分子筛床层深度脱水从而获得很低露点。这样，既可以减少投资，又可保证干气露点；②当气体中携带液态水、液烃、缓蚀剂和胺类化合物时，位于上部的活性氧化铝床层除用于气体脱水外，还可作为下部分子筛床层的保护层；③活性氧化铝再生时的能耗比分子筛低；④活性氧化铝的价格较低。在复合吸附剂床层中活性氧化铝与分子筛用量的最佳比例取决于原料气流量、温度、水含量和组成、干气露点要求、再生气组成和温度以及吸附剂的形状和规格等。

Northrop 等指出，采用分子筛 - 活性氧化铝复合吸附剂脱水时，由于可降低再生温度等原因，从而可使分子筛寿命延长。

如果同时脱除天然气中的水分和少量硫醇，则可将两种不同用途的分子筛床层串联布置，即含硫醇的湿原料气先通过上部脱水的分子筛床层，再通过下部脱硫醇的分子筛床层，从而达到脱水脱硫醇的目的。

2. 吸附剂的选择

通常，应从脱水要求、使用条件和寿命、设计湿容量以及价格等方面选择吸附剂。

与活性氧化铝、硅胶相比，分子筛用做干燥剂时具有以下特点：①吸附选择性强，即可按物质分子大小和极性不同进行选择性吸附；②虽然当气体中水蒸气分压（或相对湿度）高时其湿容量较小，但当气体中水蒸气分压（或相对湿度）较低，以及在高温和高气速等苛刻条件下，则具有较高的湿容量（见图 2-31、图 2-32 及表 2-20）；③由于可以选择性地吸附水，可避免因重烃共吸附而失活，故其使用寿命长；④不易被液态水破坏；⑤再生时能耗高；⑥价格较高。

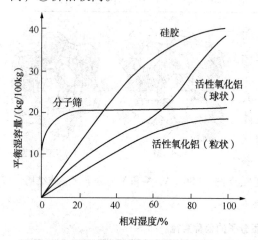

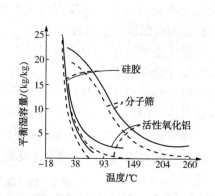

图 2-31　水在吸附剂上的吸附等温（常温下）线　　　　图 2-32　水在吸附剂上的吸附等压（1.3332kPa）线

表 2-20　气体流速对吸附剂湿容量的影响

气体流速/（m/min）		15	20	25	30	35
吸附剂湿容量/%	分子筛（绝热）	17.6	17.2	17.1	16.7	16.5
	硅胶（恒温）	15.2	13.0	11.6	10.4	9.6

由图 2-31 可知，当相对湿度小于 30% 时，分子筛的平衡湿容量比其他干燥剂都高，这表明分子筛特别适用于气体深度脱水。此外，虽然在相对湿度较大时硅胶的平衡湿容量比较高，但这是指静态吸附而言。天然气脱水是在动态条件下进行的，这时分子筛的湿容量则可超过其他干燥剂。表 2-20 就是在压力为 0.1MPa 和气体入口温度为 25℃、相对湿度为 50% 时不同气速下分子筛与硅胶湿容量（质量分数）的比较。图 2-32 则是水在几种干燥剂上的吸附等压线（即在 1.3332kPa 水蒸气分压下处于不同温度时的平衡湿容量）。图中虚线表示干燥剂在吸附开始时有 2% 残余水的影响。由图 2-32 可知，在较高温度下分子筛仍保持有相当高的吸附能力。

由此可知，对于相对湿度大或水含量高的气体，最好先用活性氧化铝、硅胶预脱水，然后再用分子筛脱除气体中的剩余水分，以达到深度脱水的目的。或者，先用三甘醇脱除大量的水分，再用分子筛深度脱水。这样，既保证了脱水要求，又避免了在气体相对湿度大或水含量高时由于分子筛湿容量较小，需要较多吸附剂或频繁再生的缺点。由于分子筛价格较高，故对于低含硫气体，当脱水要求不高时，也可只采用活性氧化铝或硅胶脱水。如果同时脱水脱硫醇，则可选用两种不同用途的分子筛。

常用分子筛的性能见表2-21和表2-22。

表2-21　常用A、X型分子筛性能及用途

分子筛型号	3A		4A		5A		10X		13X	
形状	条	球	条	球	条	球	条	球	条	球
孔径/10^{-1}nm	~3	~3	~4	~4	~5	~5	~8	~8	~10	~10
堆密度/(g/L)	≥650	≥700	≥660	≥700	≥640	≥700	≥650	≥700	≥640	≥700
压碎强度/N	20~70	20~80	20~80	20~80	20~55	20~80	30~50	20~70	45~70	30~70
磨耗率/%	0.2~0.5	0.2~0.5	0.2~0.4	0.2~0.4	0.2~0.4	0.2~0.4	≤0.3	≤0.3	0.2~0.4	0.2~0.4
平衡湿容量[②]/%	≥20.0	≥20.0	≥22.0	≥21.5	≥22.0	≥24.0	≥24.0	≥24.0	≥28.5	≥28.5
包装水含量（付运时）/%	<1.5	<1.5	<1.5	<1.5	<1.5	<1.5	<1.5	<1.5	<1.5	<1.5
吸附热（最大）/(kJ/kg)	4190	4190	4190	4190	4190	4190	4190	4190	4190	4190
吸附分子	直径<0.3nm的分子，如H_2O、NH_3、CH_3OH		直径<0.4nm的分子，如C_2H_5OH、H_2S、CO_2、SO_2、C_2H_4、C_2H_6和C_3H_6		直径<0.5nm的分子，如左侧各分子、C_3H_8、nC_4H_{10}~$C_{22}H_{46}$、nC_4H_9OH及更大醇类		直径<0.8nm的分子，如左侧各分子及异构烷烃、烯烃及苯		直径<1.0nm的分子，如左侧各分子及二正丙基胺	
排除分子	直径>0.3nm的分子，如C_2H_6		直径>0.4nm的分子，如C_3H_8		直径>0.5nm的分子，如异构化合物及四碳环状化合物		二正丁基胺及更大分子		三正丁基及更大分子	
用途	① 不饱和烃如裂解气、丙烯、丁二烯、乙炔干燥；② 极性液体如甲醇、乙醇干燥		空气、天然气、专用气体、稀有气体、溶剂、烷烃、制冷剂等气体或液体的深度干燥		① 天然气干燥、脱硫、脱CO_2；② PSA过程（N_2/O_2分离、H_2纯化）；③ 正构烷烃分离、脱硫、脱CO_2		① 芳烃分离；② 脱有机硫		① 原料气净化（同时脱除水及CO_2）；② 天然气、液化石油气、液烃的干燥脱硫（脱除H_2S和RSH）；③ 一般气体干燥	

① 表中数据取自锦中分子筛有限公司等产品技术资料，用途未全部列入表中。

② 平衡湿容量指在2.331kPa和25℃下每千克活化的吸附剂吸附水的千克数。

表 2 - 22　AW - 500、RK - 33 型分子筛性能

类型	形状	直径/mm	孔径/10^{-1}nm	堆积密度/(g/L)	吸附热/(kJ/kg)	平衡湿容量[②]/%	付运时水含量/%	压碎强度/N
AW - 500	球	1.6	5	705	3372	20	<2.5	35.6
	球	3.2	5	705	3372	19.5	<2.5	80.1
RK - 33	球	—	—	609	—	28	<1.5	31.3

① 表中数据取自上海环球(UOP)分子筛有限公司产品技术资料。

② 平衡湿容量指在 2.331kPa 和 25℃下每千克活化的吸附剂吸附水的千克数。

(三) 工艺参数

1. 原料气进干燥器温度

由图 2 - 32 可知,吸附剂的湿容量与床层吸附温度有关,即吸附温度越高,吸附剂的湿容量越小。为保证吸附剂有较高的湿容量,进入床层的原料气温度不宜超过 50℃。

2. 脱水周期

干燥器床层的脱水周期(吸附周期)应根据原料气的水含量、空塔流速、床层高径比、再生气能耗、干燥剂寿命等进行技术经济比较后确定。

对于两塔脱水流程,干燥器脱水周期一般为 8 ~ 24h,通常取 8 ~ 12h。如果原料气的相对湿度小于 100%,脱水周期可大于 12h。脱水周期长,意味着再生次数较少,干燥剂使用寿命长,但是床层较长,投资较高。对于压力不高、水含量较大的气体脱水,为避免干燥器尺寸过大,脱水周期宜小于 8h。

再生周期时间与脱水周期相同。在两塔脱水流程中再生气加热床层时间一般是再生周期的 50% ~ 65%。以 8h 再生周期为例,大致是加热时间 4.5h,冷却时间 3h,备用和切换时间 0.5h。

3. 再生周期的加热与冷却温度

再生时床层加热温度越高,再生后干燥剂的湿容量也越大,但其使用寿命也越短。床层加热温度与再生气加热后进干燥器的温度有关,而此再生气入口温度应根据原料气脱水深度、干燥剂使用寿命等因素综合确定。不同干燥剂所要求的再生气进口温度上限为:分子筛 315℃;硅胶 234 ~ 245℃;活性氧化铝为 300℃。

加热完毕后即将冷却气通过床层使其冷却,一般在冷却气出干燥器的温度降至 50℃即可停止冷却。冷却温度过高,由于床层温度较高,干燥剂湿容量将会降低;反之,冷却温度过低,将会增加冷却时间。如果是采用湿原料气再生,冷却温度过低时还会使床层上部干燥剂被冷却气中的水蒸气预饱和。

图 2 - 33 为采用两塔流程的吸附法脱水装置 8h 再生周期(包括加热和冷却)的温度变化曲线。曲线 1 表示再生气进干燥器的温度 T_H,曲线 2 表示加热和冷却过程中离开干燥器的气体温度,曲线 3 则表示湿原料气温度。

由图 2 - 33 可知,再生开始时加热后的再生气进入干燥器加热床层和容器,出床层的气体温度逐渐由 T_1 升至 T_2,大约在 116 ~ 120℃时床层中吸附的水分开始大量脱附,故此时升温比较缓慢。设计中可假定大约在 121 ~ 125℃的温度下脱除全部水分。待水分全部脱除后,继续加热床层以脱除不易脱附的重烃和污物。当再生时间在 4h 或 4h 以上,离开干燥器的气体温度达到 180 ~ 230℃时床层加热完毕。热再生气温度 T_H 至少应比再生加热过程中所要求

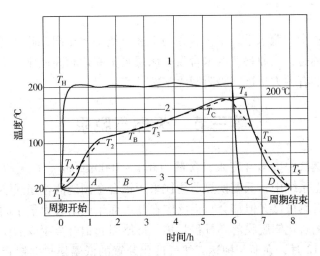

图 2-33 再生加热和冷却过程温度变化曲线

的最终离开床层的气体出口温度 T_4 高 19~55℃，一般为 38℃。然后，将冷却气通入床层进行冷却，当床层温度大约降至 50℃时停止冷却。

（四）主要设备

吸附法脱水主要设备有干燥器、再生气加热器、冷却器和水分离器以及再生气压缩机等。干燥器的结构见图 2-34。

由图可知，干燥器由床层支承梁和支承栅板、顶部和底部的气体进、出口管嘴和分配器（这是因为脱水和再生分别是两股物流从两个方向流过干燥剂床层，故顶部和底部都是气体进、出口）、装料口、排料口以及取样口、温度计插孔等组成。床层上部装填瓷球高度为 150mm，下部装填瓷球高度为 150~200mm。

干燥剂的形状、大小应根据吸附质不同而异。对于天然气脱水，通常使用的分子筛颗粒是球状和条状（圆形或三叶草形截面）。常用的球状规格是 $\phi 3~8mm$，条状（即圆柱状）规格是 $\phi 1.6~3.2mm$。

干燥器尺寸会影响床层压降。对于气体吸附来讲，其床层高径比不应小于 1.6。气体通过床层的设计压降一般应小于 35kPa，最好不大于 55kPa。

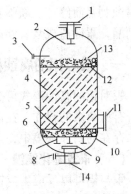

图 2-34 干燥器结构示意图
1—入口/装料口；2、9—挡板；3、8—取样口及温度计插孔；4—分子筛；5、13—瓷球；6—滤网；7—支撑梁；10—支撑栅；11—排料口；12—浮动滤网；14—出口

由于干燥剂床层在再生加热时温度较高，故干燥器需要保温。器壁外保温比较容易，但内保温可以降低大约 30% 的再生能耗。然而，一旦内保温衬里发生龟裂，气体就会走短路而不经过床层。

20 世纪 80 年代以来我国陆续引进了几套处理量较大且采用深冷分离的 NGL 回收装置，这些装置均选用分子筛作干燥剂。目前，国内也有很多采用浅冷或深冷分离的 NGL 回收装置选用分子筛作干燥剂。另外，海南福山油田目前有一套小型 NGL 回收装置在运行，由于原料气中 CO_2 含量高达 20%~30%，故选用抗酸性分子筛。我国为哈萨克斯坦扎那若尔油气处理新厂设计与承建的天然气脱水脱硫醇装置处理量为 $315 \times 10^4 m^3/d$，采用了复合分子筛床层的干燥器，上层为 RK-38 型分子筛，主要作用是脱水，下层为 RK-33 型分子筛，主要作用是脱硫醇。

天然气液化装置中的脱水系统工艺流程与上述介绍基本相同，此处就不再多述。

这里需要说明的是，当原料气的水含量、床层吸附周期和高径比、干燥剂的有效湿容量等确定后，还应按照有关方法进行吸附脱水工艺计算。

第三节　天然气脱汞

油气田所产天然气中大多含有汞，含量为 $0.1 \sim 7000 \mu g/m^3$。在天然气凝液回收、液化以及脱氮装置的低温系统中，低温换热器往往采用铝合金制造的板翅式换热器。如果天然气中含有汞，尽管其含量极微，但却会与铝反应在其表面生成附着力很小的汞齐，并在生成过程中使表面上致密的氧化铝膜脱落。日积月累，最终引起铝合金制成的设备腐蚀泄漏，故而危害极大。1973 年 12 月，在斯基柯达天然气液化装置的低温换热器铝管中，发生了严重的汞腐蚀现象，致使该液化系统停工 14 个月之久。LNG 工业第一次发现，即使天然气中含有微量的汞成分（包括单质汞、汞离子及有机汞化合物），也会造成铝合金材料设备的腐蚀。在国内，海南海然高新能源有限公司的 LNG 装置先后于 2006 年 8 月和 2007 年 1 月因主冷箱汞腐蚀刺漏而停产。新疆雅克拉集气处理站主冷箱先后于 2008 年 8 月和 2009 年 1 月发生腐蚀刺漏，累计造成装置停产 50 天。

一、汞对铝的腐蚀机理

汞对铝的腐蚀形式可分为汞齐脆化腐蚀和电化学腐蚀，它们的主要区别在于腐蚀环境中是否有游离水的存在：在没有游离水存在的腐蚀环境中，汞与铝发生汞齐脆化腐蚀；在有游离水存在的腐蚀环境中，汞与铝发生电化学腐蚀。

（一）汞齐脆化腐蚀

汞与铝可以反应生成铝汞齐，它的存在使铝表面不易形成致密的氧化铝膜，而铝汞齐是一种脆性物质，它的机械强度远低于金属铝的机械强度，从而造成铝质设备的脆性破坏。汞与铝形成铝汞齐的反应式

如下：

$$Al + Hg \longrightarrow AlHg$$

（二）电化学腐蚀

在有游离水存在的腐蚀环境中，汞和铝先反应生成铝汞齐，然后铝汞齐再与水反应，最后生成质地疏松的氢氧化铝，反应式如下：

$$2AlHg + 6H_2O \longrightarrow 2Al(OH)_3 + 3H_2 + 2Hg$$

电化学腐蚀的总反应式为：

$$2Al + 6H_2O \longrightarrow 2Al(OH)_3 + 3H_2$$

从总反应式可看出汞在反应中仅作为铝腐蚀的催化剂存在，这说明少量的汞就可以持续地使铝发生腐蚀。同时，实验证明：式中的 18℃熔差 ΔH、吉布斯差 ΔG 分别为 $-835.60 kJ/mol$、$-861.14 kJ/mol$，其值为负值且绝对值较大，表明电化学腐蚀为放热反应，反应可在较低的温度下完成。

结合汞对铝的腐蚀机理可知：在铝质设备的内表面，由于有游离水的存在，铝与汞发生电化学腐蚀；而在铝质材料的内部或外层则发生汞齐脆化腐蚀。这也解释了由汞造成的铝质

设备损坏的外表面特征一般为破裂，而不是溶解穿孔的原因。

腐蚀实验的结果表明：

（1）汞对天然气处理设备中铝质材料的腐蚀机理为：在铝材的内表面，汞与铝发生电化学腐蚀，使铝材锈蚀；在铝材的内部或外层，发生汞齐脆化腐蚀，使铝材变脆，易破裂。

（2）汞对铝的腐蚀程度随着温度的升高而加剧；液态汞对铝的腐蚀作用远远大于汞蒸气。实验看到，45℃时液态汞仅在6天的实验周期内就使强度较高的6061－T6型铝试件出现了大量麻点。

（3）天然气处理流程中，液态汞容易在有液相组分存在的装置中聚集，应对这些装置中的铝质材料加以防护。

二、脱汞工艺技术

目前常用的天然气脱汞工艺技术主要是基于脱汞基础研究并借鉴燃煤烟气的脱汞技术。

（一）吸附法

① 煤基活性炭

煤基活性炭由于原料丰富、价格低廉因而应用广泛。未经过表面处理的活性炭对汞的吸附效果并不很好，脱除效果只达到30%左右。由于汞在活性炭上的表面张力和接触角很大，不利于活性炭对汞的吸附，因此要在活性炭表面引进活性位。一般对活性炭表面处理，常用含S、Cl等元素的化合物或单质作改性剂，改性后脱汞效率可提高到90%以上。改性活性碳脱汞研究成果很多，但仍存在一些待研究的问题，如用含S、Cl等元素的化合物或单质对活性炭改性后，S、Cl与活性炭表面是以化学键结合，还是靠范德华力的作用尚未明确；有机硫和无机硫相比哪一个对脱汞更有利也有待进一步研究。

② 活性炭纤维

活性炭纤维比表面积大，微孔多且直接分布在固体表面上，汞蒸气分子容易直接扩散到微孔中。由于充分利用了微孔，活性炭纤维的吸附效率比传统活性炭颗粒高2~3个数量级，用于汞的吸附脱除效果很好。70℃时，活性炭纤维对汞的吸附效率为65%~90%。分别在50、70、120℃下进行试验，随着反应温度的升高，活性炭纤维对汞的吸附能力增强，主要原因是活性炭纤维表面含氧、含氮的官能团对汞的化学吸附作用增强；但当温度进一步升高时，由于解吸附作用增强，使总的吸附效果减弱。将活性炭纤维进行加湿处理，增加其表面的湿润度，在70℃时进行吸附反应。与干态反应相比，加湿后活性炭纤维吸附效果有所升高。活性炭表面的水对汞的吸附起促进作用，水能和活性炭表面的碳氧官能团作用，形成新的活性位，进而形成二次活化中心，改变活性炭表面的吸附条件，有利于汞的吸附去除。

③ 活性焦

活性焦粒径为9mm，将其破碎至2mm，然后进行改性处理。分别用硝酸溶液、高锰酸钾溶液、硫化钠溶液、氯化钾溶液、氯酸钾溶液进行浸渍改性处理，改性后进一步将活性焦破碎至40Å。各种改性活性焦与原焦相比，脱汞性能都有不同程度的提高，氯酸钾溶液改性活性焦和氯化钾溶液改性活性焦极大地提高了脱汞能力，其次是硝酸溶液改性活性焦。硫化钠溶液改性活性焦脱汞能力提高不大，高锰酸钾溶液改性活性焦脱汞能力没有明显提高。吸附反应条件也对脱汞效果有很大影响：各种活性焦进行热处理后，随着热处理温度的升高，脱汞效率下降；随着改性浓度的升高，脱汞效率升高；水蒸气的存在使汞的吸附效率下降；随着吸附反应温度的升高，脱汞呈现吸附先增加后降低的趋势。

④ 钙基吸附剂

以生石灰为原料，采用一定的制备方法，制得消石灰。消石灰的比表面积为 8.92 ~ 21.22m^2/g，粒径为 14.86 ~ 30.50μm，孔容积为 0.014 ~ 0.114mL/g。采用小型固定床反应器研究钙基吸附剂——消石灰对汞蒸气的脱除效果。研究结果表明，汞入口浓度增加，单价汞的饱和吸附量增加；钙基吸附剂比表面积和孔容积越大，汞的脱除效果越好；反应温度高对饱和吸附量有不利影响，但在吸附的最初阶段有利于汞的脱除。

⑤ 壳聚糖类吸附剂

壳聚糖（Chitosan，简称"CS"）又称脱乙酰几丁质、聚氨基葡萄糖、可溶性甲壳素，是一种储量极为丰富的天然碱性高分子多糖，多为虾、蟹壳的提取物，是甲壳素部分脱乙酰化衍生物。壳聚糖无毒、无味、耐热、耐碱、耐腐蚀，具有良好的生物亲和性。壳聚糖既能由生物合成，也能被生物降解，是一种绿色新型材料。壳聚糖分子中含有大量的—NH：基团和 -OH基团，是重金属良好的吸附剂，广泛应用于环保领域，其中水处理领域应用居多。高鹏等人自制了 3 种壳聚糖吸附剂：球形壳聚糖树脂、交联壳聚糖树脂球、三元复合壳聚糖吸附剂。试验结果表明，球形壳聚糖树脂吸附脱汞效果最好，其次是三元复合壳聚糖吸附剂，交联壳聚糖树脂球最差。壳聚糖吸附剂脱汞是化学反应占主导作用，它可以高效地脱除二价汞离子和汞单质，理论上最佳吸附反应温度为 80 ~ 120℃，还能同时脱除氮氧化物和硫氧化物。壳聚糖吸附剂脱除汞的反应活性基是氨基，而不是羟基。4 个游离氨基与 1 个汞离子或汞原子螯合成环，或者 2 个游离氨基与 2 个羟基螯合汞成环。

（二）吸收法

氧化型吸收剂具有脱除效率高、反应速度快、溶液浓度低、不易挥发和沉淀物少等优点，并且脱除汞以后吸收液能很好地富集汞，为后续的汞资源回收创造有利条件。

过硫酸钾（$K_2S_2O_8$）可将气态元素汞氧化成 Hg^{2+}，且具有溶解度高的优点，不易堵塞鼓泡塔的气孔。向脱汞后的吸收液中投加 K_2S，产生 HgS 沉淀。HgS 是丰富的汞资源，然后进一步进行汞的回收。试验结果表明：$K_2S_2O_8$。浓度为 1.0 ~ 10.0mmol/L 时，采用较高的浓度能显著提高脱汞效率。$AgNO_3$，对 $K_2S_2O_8$ 脱汞具有显著催化作用，$AgNO_3$ 浓度为 0.3mmol/L 时催化效果比 $AgNO_3$ 浓度为 0.1mmol/L 时好。$CuSO_4$ 对 $K_2S_2O_8$ 脱汞也具有显著的催化作用，$CuSO_4$ 浓度为 0.3mmol/L 时的催化效果比 $CuSO_4$ 浓度为 0.1mmol/L 时好，但 $CuSO_4$ 的催化效果不及 $AgNO_3$。与吸收温度为 55℃时比较，25℃时 $K_2S_2O_8$ – $AgNO_3$ 吸收液的脱汞效率更高。

三、天然气脱汞的实际应用

国外自 20 世纪 70 年代开始采用天然气脱汞技术。埃及 Khalda 石油公司 Salam 天然气处理厂原料天然气的汞含量为 75 ~ 175μg/m^3，为了防止铝合金板翅式换热器发生腐蚀以及汞在输气管道中凝结，进入处理厂的原料天然气先经入口分离器进行气液分离，天然气再经吸附脱汞、三甘醇脱水，然后经过透平膨胀机制冷、干气再压缩和膜分离系统。脱汞是通过汞与硫的催化反应将汞脱除，以往采用不可再生的含硫活性碳、含硫分子筛、金属硫化物等在固定床中将汞脱除。UOP 公司开发了一种可再生的吸附剂 HgSIV，能使汞含量从 25μg/m^3 降到 0.01μg/m^3。只要在现有干燥用的吸附剂上加一层脱汞 HgSIV 吸附剂，就可在对气体干燥的同时脱除汞。此外，美国 Colgon 公司研制了一种专门用于从气体中脱除汞的硫浸煤基活性炭 HGR；日本 JGC 公司采用的 MR – 3 吸收剂用于净化天然气脱汞，能使汞含量降低至

$0.001\mu g/m^3$ 以下，性能比 HGR 更优良。

在国内，海南海然高新能源有限公司较早实施了天然气脱汞，该公司天然气液化装置的原料气为福山油田回收装置产出的干气。2006 年 8 月 7 日，预处理系统主冷箱至气液分离器的铝合金直管段发生泄漏而停产 9 天，停产后更换了直管段。当时未发现积聚的汞，因而未意识到天然气中含汞。2007 年 1 月 7 日，主冷箱发生泄漏而再次停产，泄漏位置在主冷箱封头与铝合金管段接口处。将泄漏处割开，发现主冷箱封头与铝合金管段处均有液态汞存在，经分析，认为天然气中含有汞。对原料天然气和经分子筛脱水后的天然气进行检测，检测结果为原料天然气中汞含量为 $100\mu g/m^3$，经分子筛脱水后的天然气中汞含量为 20 ~ $40\mu g/m^3$。经过论证后采取措施，在预处理系统中增加了吸附脱汞塔，经分子筛干燥器脱水后的天然气进入脱汞塔脱汞。吸附剂采用浸渍硫的活性炭，脱汞塔高为 14m，直径为 1.3m，填装浸渍硫的活性炭 $6m^3$。2007 年 3 月，脱汞塔投入运行后效果良好，脱汞后的天然气中检测不出汞含量。

第四节　天然气脱氮

天然气的主要成分甲烷在常压下的液化温度约 110K，而氮气常压下的液化温度约 77K，比甲烷低。天然气中氮含量越多，需要的液化温度越低，液化能耗也越大。按照欧洲标准（EN 1160—96）的要求，氮气含量（摩尔分数）应小于 5%，法国对氮气含量的要求小于 1.4%，一般天然气中氮气含量均不高。如遇含氮量高的原料气（如煤层气），在液化过程中要将氮气脱除。

天然气脱烃（凝液深度回收）、液化和脱氮都需在深冷温度下进行，可综合考虑和设计，脱烃（NGL）和脱氮（NRU）相结合的方框流程如图 2 - 35 所示。在图示流程中，原料气压力应至少在 4.5MPa 以上，销售气压力至少为 2MPa，否则应设置入口和销售气压缩机，而且压缩费用占工厂运行费的主要份额。

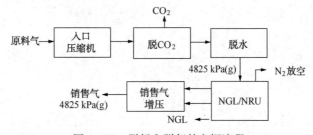

图 2 - 35　脱烃和脱氮的方框流程

原料气深冷前，用醇胺法脱 CO_2，使其含量控制在 50 ~ $200m^3/Mm^3$ 范围，以免产生干冰。在分子筛脱水装置下游常设脱汞吸附床，以免汞对铝制换热设备的腐蚀。

氮的脱除是在原料气脱除酸性气体（CO_2、H_2S）、水和重烃后进行的，一般有两种方法：一是液化前进行变压吸附；二是氮的常压沸点为 -195.8℃，低于甲烷沸点，因而脱氮是在更低的温度下用精馏法脱除，脱出的氮气排放进入环境。即液化后进行低温精馏将氮从预净化后的原料气中分离出去。

一、吸附 - 液化脱氮

对于吸附 - 液化的方式，原料气首先被引入吸附装置，甲烷被吸附床吸附，而氮气则连续释放出去。之后提浓的甲烷在脱附床中释放出来，并引入液化流程。废氮往往被直接排放到大气中。原料气往往是带压的，吸附分离出的废氮还具有一定的吸附余压，如果将其利用使其直接膨胀对原料气进行预冷，就可以节省制冷剂流量，从而降低系统能耗。

变压吸附技术是利用吸附剂吸附混合气体中的甲烷、氮或氧，从而达到分离的目的。吸附剂的选择是 PSA 能否实现分离的关键。气体组分在吸附剂中分离系数越高，分离效果越好。目前常用的吸附剂是分子筛沸石和活性炭，或者采用几种吸附剂的不同形式组合。活性炭对甲烷的吸附容量最大，T103 活性炭作为吸附剂，其分离系数可达 2.9。

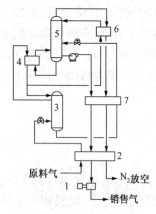

图 2 − 36　脱氮双塔流程
1—压缩机；2—进料冷却器；3—高压塔；4—冷凝器和重沸器；5—低压塔；6—冷凝器；7—过冷器

二、液化－精馏脱氮

当前比较多的是采用最终闪蒸的方法从液化天然气中选择性地脱除氮，即采用液化－精馏法脱氮，此时，需要将净化后的含氮原料气液化。由于需要将氮同时液化，系统参数设置和液化功耗都将会有别于常规天然气。原料气中含氮量对流程的最优参数和系统性能都有明显影响。固定液化率时，系统单位功耗随含氮量的增大而增大，但增长速度逐渐减小；固定甲烷回收率时，系统单位功耗随含氮量的增加而增大。

脱氮装置的设计与原料气内氮含量有关，图 2 − 36 为近代采用的双塔流程。该流程的操作弹性大，可处理含氮 50% 的原料气。经脱氮处理后，销售气含氮量常在 2%，含氮量进一步降低将增加脱氮费用。脱出的氮气携带部分烃蒸气排放进入大气，烃蒸气的携带量一般小于 2%，若超过 5% 将影响环境。

脱氮与凝液回收结合，将极大地提高凝液回收率，可使 C_2^+ 回收率达 80%，C_3^+ 回收率接近 100%。

第三章 天然气液化工艺

任何一种气体当温度低于某一温度时，可以等温压缩成液体，但当高于该温度时，无论压力增加到多大，都不能使气体液化，可以使气体压缩成液体的这个极限温度称为该气体的临界温度。当温度等于临界温度时，使气体压缩成液体所需的压力称为临界压力。气体的临界温度越高，越容易液化。

天然气的主要成分是甲烷，而甲烷的临界温度很低（190.58K），在常温下，无法通过加压将其液化，必须降低温度至 −162℃，使其液化，因此，天然气液化是一个低温加工过程，而制冷方法往往是天然气液化工艺的重要部分。

工业上，常使用机械制冷使天然气获得液化所必须的低温。典型的液化制冷工艺大致可以分为三种：阶式制冷、混合冷剂制冷和膨胀制冷。

第一节 阶式制冷液化工艺

阶式（Cascade）制冷液化工艺也称级联式液化工艺。这是利用常压沸点不同的冷剂逐级降低制冷温度实现天然气液化的，即用较低温度级的循环将热量转给相邻的较高温度级的循环。阶式制冷常用的冷剂是丙烷、乙烯和甲烷。图3−1表示了阶式制冷工艺原理。第一级丙烷制冷循环为天然气、乙烯和甲烷提供冷量；第二级乙烯制冷循环为天然气和甲烷提供冷量；第三级甲烷制冷循环为天然气提供冷量。制冷剂丙烷经压缩机增压，在冷凝器内经水冷变成饱和液体，节流后部分冷剂在蒸发器内蒸发（温度约 −40℃），把冷量传给经脱酸、脱水后的天然气，部分冷剂在乙烯冷凝器内蒸发，使增压后的乙烯过热蒸汽冷凝为液体或过冷液体，两股丙烷释放冷量后汇合进丙烷压缩机，完成丙烷的一次制冷循环。冷剂乙烯以与丙烷相同的方式工作，压缩机出口的乙烯过热蒸气由丙烷蒸发获取冷量而变为饱和或过冷液体，节流膨胀后在乙烯蒸发器内蒸发（温度约 −100℃），使天然气进一步降温。最后一级的冷剂甲烷也以相同方式工作，使天然气温度降至接近 −160℃，经节流进一步降温后进入分离器，分离出凝液和残余气。在如此低的温度下，凝液的主要成分为甲烷，成为液化天然气（LNG）。

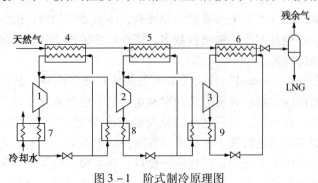

图3−1 阶式制冷原理图

1、2、3—丙烷、乙烯、甲烷压缩机；4、5、6—丙烷、乙烯、甲烷蒸发器；

7、8、9—丙烷、乙烯、甲烷冷凝器

阶式制冷是在 20 世纪 60~70 年代用于生产液化天然气的主要工艺方法。若仅用丙烷和乙烯(乙烷)为冷剂构成阶式制冷系统,天然气温度可低达近-100℃,也足以使大量乙烷及重于乙烷的组分凝析成为天然气凝液。

　　阶式制冷循环的特点是蒸发温度较高的冷剂除将冷量传给工艺气外,还使冷量传给蒸发温度较低的冷剂,使其液化并过冷。分级制冷可减小压缩功耗和冷凝器负荷,在不同的温度等级下为天然气提供冷量,因而阶式制冷的能耗低、气体液化率高(可达 90%),但所需设备多、投资多、制冷剂用量多、流程复杂。

　　图 3-2 所示的阶式制冷液化流程,为了提高冷剂与天然气的换热效率,将每种冷剂分成 2~3 个压力等级,即有 2~3 个冷剂蒸发温度,这样 3 种冷剂共有 8~9 个递降的蒸发温度,冷剂蒸发曲线的温度台阶数多,和天然气温降曲线较接近,即传热温差小,提高了冷剂与天然气的换热效率,也即提高了制冷系统的效率。见图 3-3 和图 3-4。上述的阶式制冷工艺,制冷剂和天然气各自构成独立系统,冷剂甲烷和天然气只有热量和冷量的交换,实际上是闭式甲烷制冷循环。近代已将甲烷循环系统改成开式,即原料气与甲烷冷剂混合构成循环系统,在低温、低压分离器内生成 LNG。这种以直接换热方式取代常规换热器的间壁式换热,提高了换热效率。

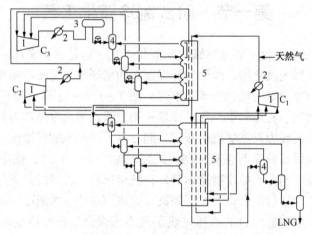

图 3-2　阶式制冷液化流程

1—压缩机;2—冷却器;3—储集罐;4—分离器;5—换热器

　　阶式制冷液化流程采用的是纯制冷剂,由于不涉及组分调节,每台压缩机只压缩一种制冷剂,生产容易控制;因为无需生产或混合制冷剂,不需要增加专门的混合设备,生产线的启动和关停时间也短。但是制冷压缩机台数多,需要的相关设备和管线也多;对原料气组分和周围环境变化的适应性差。

　　20 世纪 60 年代康菲(ConocoPhillips)公司开发的优化级联流程,其目的是设计一个在原料气性质变化大的范围内,可以容易启动和顺利运行的天然气液化系统。康菲优化级联流程是对经典级联流程的一种改进,目前已在部分大型 LNG 装置中应用。图 3-5 是康菲的优化级联简化流程图。康菲的优化级联工艺技术是在阿拉斯加 Kenai 液化厂项目应用的级联工艺基础上进行的改进,其中最主要的是甲烷制冷循环,原先采用的是甲烷闭路循环,优化工艺采用了开放式甲烷制冷循环。在乙烯蒸发器产生的冷凝产品与部分蒸发了的甲烷相遇后,进入开放式制冷循环,生成甲烷制冷剂回收气和 LNG 产品。液化厂燃料气从甲烷制冷压缩机下游提取,由此减少了一台单独燃料气压缩机的需求。在优化级联工艺中,用丙烷制冷先将

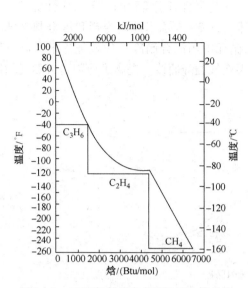

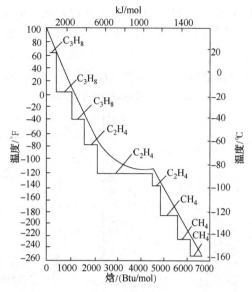

图 3 - 3　三温度水平阶式循环的冷却曲线　　　图 3 - 4　九温度水平阶式循环的冷却曲线

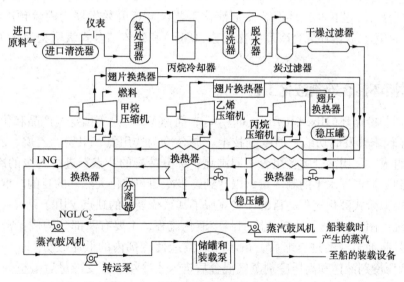

图 3 - 5　康菲的优化级联简化流程图

入口原料气冷却到水合物形成温度以上，以便去除大部分水。

　　该工艺中，每个制冷系统都配备两台压缩机并联工作，这为设备解脱和关停维护提供了灵活性，并且在一台压缩机出现故障的情况下，仍可将液化设施生产能力保持在 70% ～ 80% 的运营水平，因此提高了液化装置上线率和 LNG 产量。设计中采用了不同规格的原动机和单位体积换热面积较大的模块化板翅式换热器，压降减少，节省了压缩能耗。目前已建成的生产线年产量为 $360 \times 10^4 t$。

第二节　混合冷剂制冷液化工艺

　　使用制冷剂将天然气冷却和液化的基本原则是要将原料气的冷却和制冷剂的蒸发曲线相互匹配，这样热力循环效率才能更高，并减少生产 LNG 所需的单位能耗。如果项目的原料气差异很大，或位于季节和昼夜温差很大的地区，这些项目对于流程的工艺适应性要求就更高，应倾向于选用有调节制冷剂组分灵活性的技术。图3-6示出纯制冷剂和混合制冷剂的冷却曲线(台阶状的是纯冷剂冷却曲线)，在制冷循环中用混合制冷剂代替纯冷剂，可以看出混合制冷剂蒸发曲线比纯冷剂蒸发曲线更接近天然气温降曲线。提高了冷剂与天然气的换热效率，也即提高了制冷系统的效率。

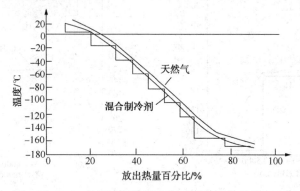

图3-6 纯制冷剂和混合制冷剂的冷却曲线

混合冷剂液化工艺由单循环混合冷剂液化工艺(SMR)开始发展为丙烷预冷混合冷剂液化工艺(C_3-MR)、双循环混合冷剂液化工艺(DMR)和整体结合式级联型液化工艺(CII)等多种形式。

一、单循环混合冷剂液化工艺

混合冷剂制冷循环(Mixed Refrigerant Cycle，简称MRC)是美国空气产品和化学品公司于20世纪60年代末开发成功的一项专利技术。混合冷剂选用氮、甲烷、乙烷、乙烯、丙烷、丁烷和戊烷组成，利用混合物各组分不同沸点，部分冷凝的特点，进行逐级的冷凝、蒸发、节流膨胀得到不同温度水平的制冷量，以达到逐步冷却和液化天然气的目的。混合冷剂液化工艺既达到类似阶式液化流程的目的，又克服了其系统复杂的缺点。由于只有一种冷剂，简化了制冷系统。图3-7所示的混合冷剂制冷液化流程，主要有两部分构成：密闭的制冷系统和主冷箱。冷剂蒸气经过压缩后，由水冷或空冷使冷剂内的低压组分(即冷剂内的重组分)凝析。低压冷剂液体和高压冷剂蒸气混合后进入主冷箱，接受冷量后凝析为混合冷剂液体，经J-T阀节流并在冷箱内蒸发，为天然气和高压冷剂冷凝提供冷量。在中度低温下，将部分冷凝的天然气引出冷箱，经分离分出 C_5^+ 凝液，气体返回冷箱进一步降温，产生LNG。C_5^+ 凝液需经稳定处理，使之符合产品质量要求。

混合制冷剂液化流程的冷箱换热可以是多级的，提供冷量的混合冷剂的液体蒸发温度随组分的不同而不同，在换热器内的热交换过程是变温过程，通过合理选择制冷剂，可使冷热流体间的换热温差保持比较低的水平。由于混合制冷剂是混合物，因此其吸热沸腾过程是个变温过程，这使换热器中冷热流之间的传热温差降至最低，从而流程热效率高。在固定的产量下，使用混合制冷剂时压缩机/驱动机的规格较单工质小，从而降低流程比功耗。当生产条件，如天然气的组成、环境温度、产量要求等发生变化时，可通过调节混合制冷剂的组分使流程适应这些条件的变化，从而使流程运行在较低的比功耗之下。

上述的混合冷剂制冷液化工艺流程所需的全部冷量是由混合冷剂制冷循环提供的，因为只有一个循环，因此也称为单循环混合冷剂制冷(SMR)。与阶式液化流程相比，其优点是：

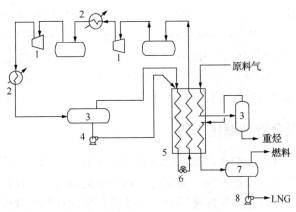

图 3 - 7   混合冷剂制冷液化流程

1—冷剂压缩机；2—冷却器或冷凝器；3—分离器；4—冷剂泵；

5—冷箱；6—J - T 阀；7—闪蒸分离器；8—LNG 泵

①机组设备少、流程简单、投资省，投资费用比经典阶式液化流程约低 15% ~ 20%；②简化了管线及设备，管理方便；③可以变换制冷剂组分以适应原料气组分和周围环境的变化，并优化制冷流程；④混合制冷剂组分可以部分或全部从天然气本身提取与补充。缺点是：①能耗较高，比阶式液化流程高 10% ~ 20% 左右；②确定混合制冷剂的合理配比较为困难；③流程计算须提供各组分可靠的平衡数据与物性参数，计算比较繁杂；④需要安装制冷剂的混合设备，启动和关停次数会增加。

混合冷剂液化流程也可分为闭式混合冷剂液化流程和开式混合冷剂液化流程两种。在闭式流程中，制冷剂循环与天然气液化过程分开，自成一个独立的制冷循环。而在开式流程中，天然气既是制冷剂又是需要液化的对象。

图 3 - 8 是美国 B&V 公司推出的 PRICO（Poly Refrigerant Integrated Cycle Operation）单循环混合制冷剂制冷技术的原理流程图。

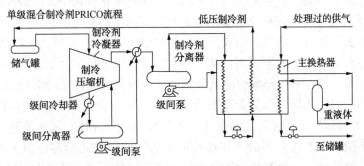

图 3 - 8   PRICO 单循环混合制冷原理流程

混合制冷剂在高压下经冷却水冷却而部分冷凝。制冷剂经气液分离并从主换热器顶部进入，与高压制冷剂和原料气逆流换热，从而原料气被冷却并液化。高压制冷剂在主换热器中与膨胀后的制冷剂逆流换热冷却成液态，液态制冷剂通过换热器底部阀门减压膨胀向上流动，吸收热量后完全汽化，并经制冷剂压缩机压缩至冷凝压力，完成制冷循环。

虽然与其他工艺一样，冷剂先进行压缩，但是该工艺的冷剂压缩只有一个压力级别，气液两相高压冷剂在冷箱入口混合，由上而下通过热交换器，基本上在和 LNG 相同的温度下流出，经过控制阀减压后返回交换器，向上流动汽化，提供冷量，然后回到压缩段完成闭路循环。

PRICO 工艺流程简单,只有一台压缩机,一个冷箱(使用铝板高温熔焊制成的板翅式换热器),控制方便,运行可靠,对冷剂成分的变化不敏感,对不同组分的原料气有较强的适应性。投资成本小,操作费用低。PRICO 工艺的关键设备采用模块化设计,可以非常方便地进行放大、缩小达到所需要的生产能力,因而 PRICO 工艺在 LNG 各种类型的装置中都得到了应用,在我国中小型天然气液化工厂中也有较多的应用。

二、丙烷预冷混合冷剂液化工艺

按制冷基本原理,有预冷的制冷基本循环效率比无预冷的高,当装置的处理量较大时,单循环混合冷剂制冷提供的冷量不够,需要的主制冷剂流量很大,往往需要并行压缩机和换热器,或采用预冷循环以减轻主制冷循环的制冷负荷,因此针对大规模的生产线,带预冷循环的混合制冷剂流程应运而生。

选用合适的预冷剂可以用来更好地平衡预冷和液化阶段之间的功率分配,同时也能提高寒冷气候条件下的生产能力。除了丙烷以外,丙烯和乙烷也可以用作预冷循环制冷剂。若利用丙烯或乙烷替代广泛使用的丙烷作为预冷制冷剂。丙烯的沸点($-48℃$)比丙烷($-42℃$)低,因而在相同压力下丙烯能将原料气预冷到更低的温度,而这也有助于均衡预冷和液化循环之间的功率分配。乙烷的沸点($-89℃$)比丙烷或丙烯还低,因而能将原料气冷却至更低的温度。但是,乙烷的临界温度和环境温度很接近,这在环境温度较高的情况下会成为问题。

丙烷预冷混合冷剂制冷液化流程(C_3-MRC:Propane – Mixed Refrigerant Cycle),结合了阶式制冷液化流程和混合冷剂制冷液化流程的优点,流程既高效又简单。所以自 20 世纪 70 年代以来,这类液化流程在基本负荷型天然气液化装置中得到了广泛的应用。目前世界上 80% 以上的基本负荷型天然气液化装置中,采用了丙烷预冷混合制冷剂液化流程。

图 3-9 是丙烷预冷混合制冷剂循环液化天然气流程图。流程由三部分组成:①混合制冷剂循环;②丙烷预冷循环;③天然气液化回路。在此液化流程中,丙烷预冷循环用于预冷混合制冷剂和天然气,而混合制冷剂循环用于天然气深冷和液化。

混合冷剂由氮、甲烷、丙烷等组成,平均相对分子质量约为 25。混合冷剂蒸气压缩后,先由空气或水冷却,再经压力等级不同的三级丙烷蒸发器预冷却(温度达 $-40℃$),部分混合冷剂冷凝为液体。液态和气态混合冷剂分别送入主冷箱内,液态冷剂通过 J-T 阀蒸发时,使天然气降温的同时,还使气态混合冷剂冷凝。冷凝的混合冷剂(冷剂内的轻组分)在换热器顶端通过 J-T 阀蒸发,使天然气温度进一步降低至过冷液体。流出冷箱的液态天然气进闪蒸罐,分出不凝气和 LNG,不凝气作燃料或销售气,LNG 进储罐。由上可知,天然气在主冷箱内进行二级冷凝,由冷剂较重组分提供温度等级较高的冷量和由较轻组分提供温度等级较低的冷量。

预冷的丙烷冷剂在分级独立制冷系统内循环。不同压力级别的丙烷在不同温度级别下蒸发汽化,为原料气和混合冷剂提供冷量。原料天然气预冷后,进入分馏塔分出气体内的重烃,进一步处理成液体产品;塔顶气进入主冷箱冷凝为 LNG。因而,预冷混合冷剂制冷过程实为阶式和混合冷剂分级制冷的结合。

在丙烷预冷循环中,从丙烷蒸发器来的高、中、低压丙烷,用一台压缩机压缩;压缩后先用水进行预冷,然后节流、降温、降压后为天然气和混合制冷剂提供冷量。

由热力学分析,带丙烷预冷的混合制冷剂液化流程,"高温"段用丙烷压缩机制冷,按

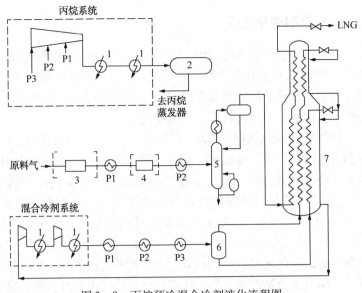

图 3 – 9 丙烷预冷混合冷剂液化流程图

P1—高压丙烷蒸发器；P2—中压丙烷蒸发器；P3—低压丙烷蒸发器

1—冷却器；2—储集罐；3—预处理单元；4—气体干燥单元；5—分馏塔；6—分离器；7—冷箱

三个温度水平预冷原料气到 –60℃；"低温"段的换热采用两种方式：高压的混合冷剂与较高温度原料气换热，低压的混合冷剂与较低温度原料气换热，最后使原料气深冷到 –162℃ 而液化，充分体现了热力学特性，从而使热效率得到最大限度的提高。此工艺具有流程简单，效率高，运行费用低，适应性强等优点，是目前采用最广泛的天然气液化工艺。这种液化流程的操作弹性很大。当生产能力降低时，通过改变制冷剂组成及降低吸入压力来保持混合制冷剂循环的效率。当需液化的原料气发生变化时，可通过调整混合制冷剂组成及混合制冷剂压缩机吸入和排出压力，也能使天然气高效液化。

随着大型压缩机、驱动机和换热器制造能力的不断增强以及压缩机与驱动机之间良好的功率分配，使该类流程的年生产能力可达到 500×10^4 t。因而，这一流程在陆上大型基本负荷型装置中占主导地位。

美国空气产品（APCI）等公司提出的丙烷预冷制冷剂流程 C_3 – MR（图 3 – 10）。该流程使丙烷预冷循环和混合冷剂制冷循环级联。引入丙烷预冷循环，使得单条生产线的规模大幅度提高成为可能，生产能力的增加是因为丙烷预冷循环分担了一部分的热负荷。高压丙烷在膨胀和部分汽化前先经水冷（或空冷），随后丙烷被输送至不同压力工作状态下的三个蒸发器。用丙烷在 –40℃ 温度对原料进行第一步冷却，并对 MR 循环中的高压制冷剂进行冷凝。蒸发器出来的丙烷已完全汽化并又被重新压缩。

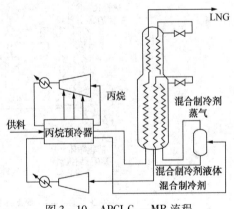

图 3 – 10 APCI C_3 – MR 流程

89

三、双循环混合冷剂液化工艺

预冷采用乙烷和丙烷的混合冷剂时（DMR 法），工艺效率比丙烷预冷高 20%，投资和操作费用也相对较低。DMR 流程采用混合制冷剂作为预冷制冷剂具有如下优点：

混合制冷剂在换热器中预冷制冷剂蒸发过程是个变温过程，这使得换热器的冷热流体之间实现小温差传热，使流程总体比功耗低、热效率高。

当预冷循环的制冷剂在压缩后进行空冷或水冷时，会产生气液两相混合物，对于 $C_3 - MR$ 流程，由于预冷剂为纯丙烷工质，因此在冷凝过程中温度不变，而对于 DMR 流程，由于其预冷介质是混合物，因此在其冷凝过程中温度会逐渐降低，当需要冷却到相同的出口温度时，DMR 流程的冷却器内冷热流体间的传热温差大于 $C_3 - MR$ 流程。因此当产量相同时，DMR 流程的压缩后冷却器尺寸将小；若采用相同尺寸的换热器，则 DMR 流程的 LNG 产量将提高。

由于是混合制冷剂，因此其组分可以调节，当流程的运行条件，如环境温度、天然气的组分发生变化时，可调节混合制冷剂组分，从而可使天然气冷却过程所需释放的热负荷在两个循环中合理匹配，从而均衡地使用压缩机驱动机的功率，实现整体流程的低功耗。

由于预冷混合制冷剂常采用的组分为 C_1、C_2、C_3 的混合物，某些情况下也有使用 C_4 的，因此一般情况下其相对分子质量低于丙烷，从而在同样的流体流速下其马赫数较低，有利于冷剂压缩机的设计制造和安全运行。

图 3 - 11 是 Axens 公司优化后推出的 Tealarc DMR 工艺，采用双循环混合冷剂制冷系统，一个循环用于预冷，另一个循环用作液化。预冷和液化分别采用不同的换热器，预冷循环采用铝制板翅式换热器，液化阶段采用绕管式换热器。按照原料气成分和环境条件确定混合冷剂组分，一般来说，预冷循环的组分偏重（乙烷、丙烷、丁烷），液化循环的组分较轻（甲烷、乙烷和氮）。

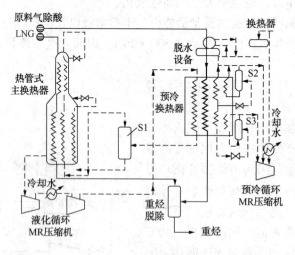

—— 主气流　—— 混合制冷剂　-- 预冷工质　S1、S2、S3—分离器

图 3 - 11　Tealarc DMR 工艺

图 3 - 12 是壳牌公司的 DMR 工艺，其使用二阶混合冷剂制冷循环，每个循环的压缩驱动机并联配置，这种配置方式提高了装置的开工率，并使驱动电机提供了较宽的连续功率选

择范围，可以使预冷循环中的混合冷剂采用较小型的冷凝器，解决了由于丙烷压缩机的排量有限而对液化工艺单线产量提高的限制。该工艺已用在俄罗斯萨哈林 LNG 项目，设计年产 LNG $520 \times 10^4 t$。

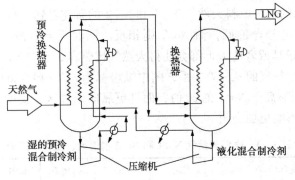

图 3 - 12　壳牌 DMR 工艺

DMR 流程采用混合制冷剂作为预冷制冷剂的不足之处在于：混合制冷剂预冷循环的操作比纯丙烷预冷循环操作及调节上要复杂一些。由于其历史较短，实际中应用远比 $C_3 - MR$ 流程少，实际运行经验和运行数据较少。

以上三种制冷循环的能耗见表 3 - 1。

表 3 - 1　天然气液化制冷循环能耗比较

制冷循环方式	能　耗	
	$(kW \cdot h)/m^3$ 天然气	kJ/m^3 天然气
阶式	0.32	1152
混合冷剂	0.33 ~ 0.375	1200 ~ 1350
带预冷混合冷剂	0.39	1404

表 3 - 2 列出了丙烷预冷混合制冷剂液化流程 $C_3 - MR$、阶式液化流程和双混合制冷剂液化流程 DMR 的比较。

表 3 - 2　$C_3 - MR$、阶式液化流程和 DMR 的比较

比 较 项 目	$C_3 - MR$	阶式液化流程	DMR
单位 LNG 液化成本	低	高	中
设备投资成本	中	高	低
能耗	高	低	中
操作弹性	中	低	高

四、工艺参数分析

混合制冷剂液化流程运行时，原料气的压力、温度、组分，混合制冷剂组分和循环压力，LNG 的储存温度、压力等都会影响比功耗，运行成本。而这些参数又是相互关联、互为影响的，因此在组织液化流程、确定工艺参数时需要借助工艺模拟反复计算调整、不断优化参数。在流程合理可行的基础上，实现高液化、低功耗。下面对丙烷预冷混合制冷剂液化流程工艺参数进行分析。

（一）原料气性质

研究表明，原料天然气定压比热容 c_p 在 $-160 \sim 40℃$ 温度区间的分布是决定整个 $C_3 - MR$ 流程能耗高低的主要因素，而混合制冷剂组分和高低压力变化则对系统能耗影响较弱。

以表 3 - 3 中所示的两种原料天然气 No. 1 和 No. 2 的研究看到，No. 1 原料气中 N_2 和 CH_4 的含量较高，而其他组分含量低，而 No. 2 则相反。同时看到，No. 1 原料气的压力高于 No. 2，原料气 CH_4 含量高或者压力低都会使得天然气比热容 c_p 值增加，而且向低温区偏移。图 3 - 13 示出了两种原料气的 $c_p - T$ 关系，图中纵坐标为 $c_p \setminus [kJ/(kmol \cdot ℃) \setminus]$，可以看出，No. 2 的 c_p 峰值明显高于 No. 1 的 c_p 值，而且更靠向低温区，说明在这里压力参数的影响相对于组分含量的影响更加突出。

表 3 - 3　原料天然气 No. 1 和 No. 2 的温度、压力和组分

原料然气	温度/℃	压力/MPa	N_2/mol%	CH_4/mol%	C_2H_6/mol%	C_3H_8/mol%	iC_4H_{10}/mol%	nC_4H_{10}/mol%	iC_5H_{12}/mol%
No. 1	40	6.5	2	95	2	0.5	0.18	0.16	0.16
No. 2	40	1.0	0.7	82	11.2	4	1.2	1.9	0

随着原料气入口压力升高，天然气入口状态与液化后状态间的焓差减少，液化天然气所需的冷量减少，见图 3 - 14；比功耗降低，见图 3 - 15。但在 LNG 储存压力一定的情况下，原料气压力的升高，节流前后的压差增大，天然气的液化率会随之降低。

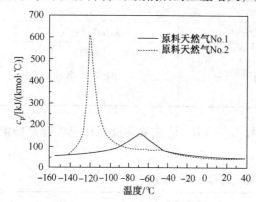

图 3 - 13　天然气的 $c_p - T$ 关系曲线

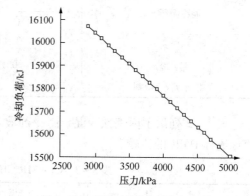

图 3 - 14　原料气压力与冷却负荷

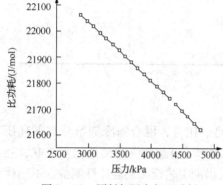

图 3 - 15　原料气压力与比功耗

对于具体的天然气液化装置，原料气压力、组成、LNG 储存压力都为已知的设计条件，合理选择液化流程参数，是提高液化率、降低比功耗的有效途径。

（二）天然气过冷温度

随着天然气过冷温度（节流前温度）降低，由图 3 - 16 可知，天然气液化的冷却负荷和功耗都随之升高。由冷却曲线和功耗曲线的斜率可知，功耗增加得更快。但是，由于随着天然气过冷温度降低，天然气节流后温度下降加快，液化率上升，因而比功耗是随着天然气过冷温度（节流前温度）降低而降低，见图 3 - 17。

92

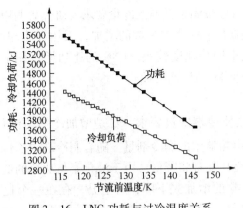

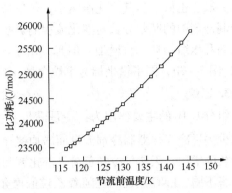

图 3 - 16　LNG 功耗与过冷温度关系　　　　　图 3 - 17　LNG 比功耗与过冷温度关系

（三）混合制冷剂组分

混合制冷剂的组成应按原料气性质、工艺要求，由物料和热量平衡计算确定。通常混合冷剂由氮、甲烷、乙烷、丙烷组成，其中各组分摩尔分数的配比范围是：CH_4 25% ~ 40%，C_2H_6 35% ~ 45%，C_3H_8 15% ~ 25%，N_2 0 ~ 6%。

一般来说，当原料气的平均相对分子质量较高时，混合制冷剂的相对分子质量相应也较高。即当原料气中重组分乙烷、丙烷、丁烷含量较高时，混合制冷剂中重组分乙烷和丙烷的含量也要随之增加。

1. 氮气

组分 N_2 的主要作用为：一是增大过冷换热器的冷端温差，二是增加冷剂的汽化率，即增加去低温换热器的制冷剂流量，以满足低温区的冷量要求。氮气在混合制冷剂中的摩尔分数对液化流程的影响是随着氮气摩尔分数的增加，天然气冷却负荷、液化率和压缩功耗都将增加。由于功耗的增加较液化率的增加更为明显（图 3 - 18，图中横坐标为氮气含量，纵坐标为 LNG 比功耗），LNG 的比功耗随着氮气的摩尔分数的增加呈上升趋势（图 3 - 19，图中横坐标为氮气含量，纵坐标为 LNG 比功耗）。

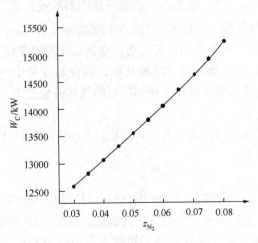

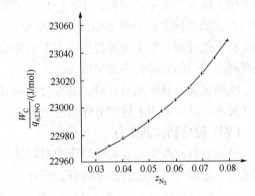

图 3 - 18　氮气含量对功耗的影响　　　　　　图 3 - 19　氮气含量对比功耗的影响

2. 甲烷

组分 CH_4 的主要作用为：一是增加冷剂的汽化率，二是增加液体制冷剂中低沸点组分，尽管氮沸点也低，但其汽化潜热小，仅仅依靠氮很难满足低温区冷量要求。研究表明甲烷在混合制冷剂中的摩尔分数对液化流程的影响是随着甲烷摩尔分数的增加，天然气冷却负荷、液化率和压缩功耗都将增加。但是，由于液化率增加速度较快，LNG 的比功耗总体呈下降趋势(图 3 - 20，图中横坐标为甲烷含量，纵坐标为 LNG 比功耗)。

3. 乙烷

组分 C_2H_6 的主要作用为：一是满足主换热器冷端冷量要求，二是增加冷剂的液化量，即减少去过冷换热器制冷剂流量而增加留在主换热器中的制冷剂量。随着制冷剂中乙烷的摩尔分数的增加，天然气冷却负荷、液化率和压缩功耗都将降低。由于液化率与功耗的变化曲线斜率不同，LNG 的比功耗随着乙烷的摩尔分数的增加先下降，后上升，存在一个比功耗最小的极值点(图 3 - 21，图中横坐标为乙烷含量，纵坐标为 LNG 比功耗)，因此，合理地选择乙烷的含量可以取得较好的流程性能。

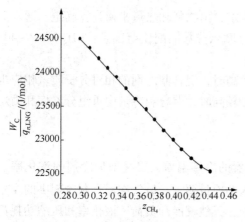

图 3 - 20　甲烷含量对比功耗的影响

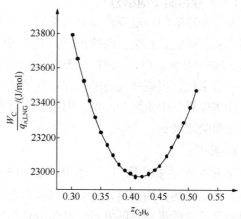

图 3 - 21　乙烷含量对比功耗的影响

4. 丙烷

组分 C_3H_8 的主要作用为：一是满足主换热器热端冷量要求，二是增加冷剂的液化量。随着制冷剂中乙烷的摩尔分数的增加，天然气冷却负荷、液化率和压缩功耗都将降低(图 3 - 22，图中横坐标为丙烷含量，纵坐标为 LNG 比功耗)。由于冷却负荷与功耗变化曲线的斜率较大，LNG 的比功耗随着丙烷的摩尔分数的增加呈上升趋势。为了降低功耗，混合制冷剂中丙烷的含量不能过高，但是为能提供满足工艺需要的冷量而不致于使制冷剂的气体流量过大，丙烷在制冷剂中的含量也不能太低。

在确定混合制冷剂组分时，要综合考虑其同原料天然气 $c_p - T$ 以及混合制冷剂高低压的相互关系，灵活运用上述组分作用进行合理配比。

(四) 混合制冷剂压力

研究表明，改变混合制冷剂压力对降低能耗不明显，相对来讲，混合制冷剂高压不过高而低压不过低时，系统的能耗较低，另外，无论是哪种混合制冷剂高低压还是混合制冷剂组分，液化原料天然气 No.1 显然比 No.2 耗功少，这意味着原料天然气本身的热力条件是决定整个 $C_3 - MRC$ 流程能耗高低的主要因素，而混合制冷剂压力和组分对系统能耗影响较弱，制冷剂的组分和压力参数应根据原料天然气的热力条件进行合理选取，以使流程性能达到最佳。

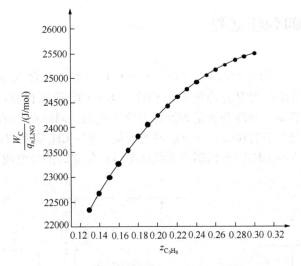

图 3 – 22 丙烷含量对比功耗的影响

第三节 膨胀制冷液化工艺

膨胀机液化流程（Expanaer – Cycle），是指利用高压制冷剂通过透平膨胀机绝热膨胀的克劳德循环制冷实现天然气液化的流程。气体在膨胀机中膨胀降温的同时输出功，可用于驱动流程中的压缩机。当管路输来的进入装置的原料气与离开液化装置的商品气有"自由"压差时，液化过程就可能不要"从外界"加入能量，而是靠"自由"压差通过膨胀机制冷，使进入装置的天然气液化。流程的关键设备是透平膨胀机。

根据制冷剂的不同，膨胀机制冷循环可分为：氮膨胀机制冷循环、氮 – 甲烷膨胀机制冷循环、天然气直接膨胀制冷循环。

一、氮气膨胀液化流程

与阶式制冷循环和混合冷剂制冷循环工艺相比，氮气膨胀液化流程非常简单、紧凑，造价略低。启动快，热态起动 2~4h 即可获得满负荷产品，运行灵活，适应性强，易于操作和控制，安全性好，放空不会引起火灾或爆炸危险。制冷剂采用单组分气体，因而消除了像混合冷剂制冷循环工艺那样的分离和存储制冷剂的麻烦，也避免了由此带来的安全问题，使液化冷箱更加简化和紧凑。但能耗要比混合冷剂液化流程高出 40% 左右。

二级氮膨胀液化流程是经典氮膨胀液化流程的改进（图 3 – 23）。该流程由天然气液化回路和氮膨胀液化循环组成：

在天然气液化回路中，原料气经预处理后，进入换热器 2 冷却，再进入重烃分离器脱除重烃并冷却后，再进入氮气提塔分离部分氮，进入换热器 5 进一步冷却和过冷后，LNG 进储罐储存。液化回路中，由氮 – 甲烷分离器 8 产生的低温气体，与二级膨胀后的氮气混合，共同为换热器 4、2 提供冷量；

在氮膨胀液化循环中，氮气经压缩和冷却后，进入透平膨胀机膨胀降低温度，为换热器 4 提供冷量，再进入透平膨胀机膨胀降温后，为换热器 5、4、2 提供冷量。离开换热器 2 的低压氮气进入循环压缩机 9 压缩，开始下一个循环。

二、氮－甲烷膨胀液化流程

（一）工艺流程

为了降低膨胀机制冷循环的功耗，采用 $N_2 - CH_4$ 双组分混合气体代替纯 N_2，发展了 $N_2 - CH_4$ 膨胀机制冷循环。与混合冷剂循环相比，$N_2 - CH_4$ 膨胀机制冷循环具有起动时间短、流程简单、控制容易、制冷剂测定和计算方便等优点。同时由于缩小了冷端换热温差，它比纯氮膨胀机制冷循环节省 10% ~ 20% 的动力消耗。$N_2 - CH_4$ 膨胀机制冷循环的液化流程由天然气液化系统与 $N_2 - CH_4$ 膨胀机制冷系统两个各自独立的部分组成。见图 3 – 24。

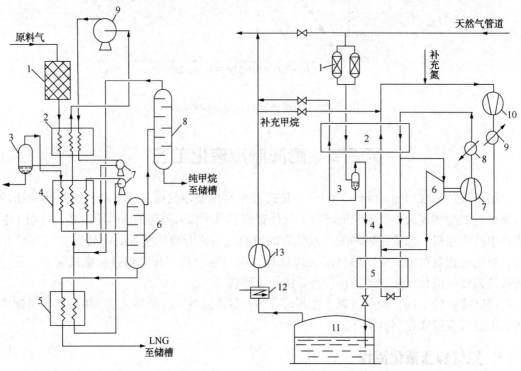

图 3 - 23　氮气膨胀液化流程
1—预处理装置；2、4、5—换热器；3—重烃
分离器；6—汽提塔；7—氮透平膨胀机；
8—氮－甲烷分离器；9—循环压缩机

图 3 - 24　氮－甲烷膨胀液化流程
1—预处理装置；2、4、5—换热器；3—气液分离器；6—透平
膨胀机；7—制动压缩机；8、9—水冷却器；10—循环压缩机；
11—储槽；12—预热器；13—压缩机

在天然气液化系统中，经过预处理装置脱酸气、脱水后的天然气，经预冷器冷却后，在气液分离器中分离重烃，气相部分进入液化器进行液化，在过冷器中实现过冷，节流降压后进入 LNG 储槽。

在 $N_2 - CH_4$ 制冷系统中，制冷剂 $N_2 - CH_4$ 经循环压缩机和增压机（制动压缩机）压缩到工作压力，经水冷却器冷却后，进入预冷器被冷却到膨胀机的入口温度。一部分制冷剂进入膨胀机膨胀到循环压缩机的入口压力，与返流制冷剂混合后，作为液化器的冷源，回收的膨胀功用于驱动增压机；另外一部分制冷剂经液化器和过冷器冷凝和过冷后，经节流阀节流降温后返流，为过冷器提供冷量。

（二）工艺参数分析

1. 膨胀机入口压力

膨胀机入口压力是制冷剂膨胀前的高压压力，该压力的高低直接影响膨胀机的制冷量，在膨胀机出口压力一定的情况下，随着进口压力的升高，膨胀比增大，膨胀机膨胀后温降增大，单位制冷量增加，液化率提高；但由于制冷负荷上升，制冷剂总流量随之上升，而且压缩机压比升高，压缩功耗增加。LNG 的比功耗呈上升趋势。若膨胀机入口压力过高，随着制冷剂总流量的增加，制冷剂节流流量增加较快，天然气经过过冷换热器后的温度过低，会产生冷量过剩而不能正常工作。另外，制冷剂膨胀后不能出现过多带液，为此膨胀机入口压力也不能过高。

膨胀机入口压力降低，制冷剂的总流量会逐渐减少，而其中制冷剂节流流量减少的幅度比膨胀流量更大些，此时在主换热器中，正流制冷剂流量减少，返流制冷剂提供的冷量相对较多，正流制冷剂被过度冷却，冷热流体之间的温差减少。当压力降低到一定数值，主换热器会出现负温差，不能正常工作。总之，膨胀机入口压力必须满足液化装置的冷量平衡和换热器的正常工作。

2. 膨胀机出口压力

膨胀机出口压力降低，制冷剂膨胀前后的压差增加，膨胀比增大，单位制冷量增加，膨胀后制冷剂温降增大，液化率上升。但此时压缩机压比也随之升高，压缩功耗增大，LNG 的比功耗总体呈上升趋势。若出口压力过低，制冷剂的节流流量比膨胀流量大很多，天然气经过过冷换热器后的温度过低，会产生冷量过剩而使过冷换热器不能正常工作。

膨胀机出口压力升高，膨胀比减小，单位制冷量减少，为维持主换热器的冷量平衡，制冷剂膨胀量要增加，节流流量要降低。若出口压力过高，主换热器中正流制冷剂的流量减少，正流制冷剂被过度冷却，冷热流体之间的温差减少。当出口压力升高到一定数值时，主换热器会出现负温差，不能正常工作。

3. 膨胀机入口温度

膨胀机入口温度升高，膨胀后温度也随之升高，液化率降低，但压缩机功耗降低，LNG 的比功耗呈下降趋势。膨胀机入口温度过高，会由于制冷剂膨胀量过大而冷量过剩，主换热器出现负温差而不能正常工作。

膨胀机入口温度降低，制冷剂膨胀后的温度也降低，液化率升高，但压缩机功耗上升，LNG 比功耗呈上升趋势。膨胀机入口温度过低，制冷剂流量上升，压缩机功耗也随之增加；另外，制冷剂节流流量上升，天然气经过过冷器后的温度降低，冷量过剩使过冷换热器不能正常工作。

4. 氮气含量

氮–甲烷膨胀机液化流程中，制冷剂的成分为氮气和甲烷。随着氮气含量的增加，在膨胀前后压差一定的情况下，膨胀机的实际焓降减少，单位制冷量减少，液化率和压缩机功耗下降。LNG 的比功耗随氮气摩尔分数的增加先上升后下降。但是，当氮气含量很高时，制冷剂通过膨胀或节流所提供的冷量减少，天然气过冷后温度偏高，液化率较低。

5. 主换热器出口天然气温度

当出口温度降低时，为保证主换热器的热量平衡，制冷剂的膨胀量相对增加，节流量相对减少。膨胀制冷量增加，膨胀功也随之增加，被有效地回收用于驱动天然气增压压缩机，整个循环的压缩功耗呈下降趋势。天然气的过冷温度降低，液化率上升，LNG 比功耗下降。

对于膨胀机液化流程，制冷剂的膨胀量对液化循环的影响是比较大的。当膨胀机入口压力和温度不变时，增加制冷剂膨胀量可以提高天然气液化率，降低压缩机功耗，LNG 的比功耗也随之下降。但是，膨胀量过大，制冷剂节流量相应减少，将导致主换热器冷量过剩而不能正常工作。因此，控制主换热器天然气的出口温度十分重要。

三、天然气直接膨胀液化流程

如果需要被液化的原料气是高压气体，在液化工艺中还可采用天然气膨胀制冷循环工艺：该工艺中天然气即是制冷剂又是需要被液化的对象。原料气经净化后，分成两股物流。一股去做制冷剂，一股是需要被液化的对象。制冷剂天然气经增压机压缩到工作压力，经水冷却器冷却后，进入冷箱中的预冷器冷却到膨胀机进口温度。制冷剂进入膨胀机膨胀到外输管网压力，该部分气体做吸附器的再生气，完成后输入外输管网。

天然气直接膨胀液化流程，是指直接利用高压天然气在膨胀机中绝热膨胀到输出管道压力而使天然气液化的流程。这种流程的最突出优点是它的功耗小，但液化流程不能获得像氮气膨胀液化流程那样低的温度、循环气量大、液化率低。膨胀机的工作性能受原料气压力和组成变化的影响较大，对系统的安全性要求较高。

天然气直接膨胀液化流程见图 3 - 25。原料气经脱水器 1 脱水后，部分进入脱 CO_2 塔 2 进行脱除 CO_2。这部分天然气脱除 CO_2 后，经换热器 5 ~ 7 及过冷器 8 后液化，部分节流后进人储槽 9 储存，另一部分节流后为换热器 5 ~ 7 和过冷器 8 提供冷量。储槽 9 中自蒸发的气体，首先为换热器 5 提供冷量，再进入返回气压缩机 4，压缩并冷却后与未进脱 CO_2 塔的原料气混合，进换热器 5 冷却后，进入膨胀机 10 膨胀降温后，为换热器 5 ~ 7 提供冷量。

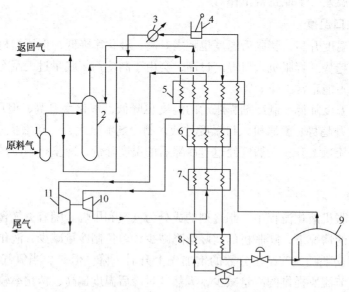

图 3 - 25　天然气直接膨胀液化流程及其设备
1—脱水器；2—脱 CO_2 塔；3—水冷却器；4—返回气压缩机；
5、6、7—换热器；8—过冷器；9—储槽；10—膨胀机；11—压缩机

对于这类流程，为了能得到较大的液化量，在流程中增加了一台压缩机，这种流程称为带循环压缩机的天然气膨胀液化流程，其缺点是流程功耗大。

图 3 - 25 所示的天然气直接膨胀液化流程属于开式循环，即高压的原料气经冷却、膨胀

制冷与回收冷量后，低压天然气直接（或经增压达到所需的压力）作为商品气去配气管网。若将回收冷量后的低压天然气用压缩机增压到与原料气相同的压力后，返回至原料气中开始下一个循环，则这类循环属于闭式循环。

膨胀液化流程利用高压制冷剂通过透平膨胀机绝热膨胀的制冷循环实现天然气液化，气体在膨胀机中膨胀降温的同时输出功，可用于驱动流程中的压缩机以节省耗功或者发电外送。由于膨胀流程中的制冷剂绝大部分是处于气相的，气相密度低，使其换热系数比沸腾液体约低 5 ~ 30 倍、显热比沸腾流体的潜热（相变焓）低 4 ~ 6 倍，这使得制冷剂在换热器中能提供的冷量低，单线 LNG 装置产能低，因此膨胀流程常用于调峰型、小型及海上平台的 LNG 装置，在大中型 LNG 装置不采用。

四、双膨胀机技术

氮双膨胀机工艺流程（BHP）如图 3 - 26 所示，原料气从绕管式换热器顶部进入，而氮制冷剂从绕管式换热器壳程进入，将原料气冷却至 - 90℃ 左右。冷却后的高压天然气在换热器的管程中下行，并通过温度最低的氮制冷剂实现深冷。如果天然气中含氮量高，可在流程中加入氮洗涤塔和再沸器，将生产的 LNG 中的氮的摩尔分数降至 1%，从氮洗涤塔顶部流出的闪蒸气与氮制冷剂进行热交换而回收冷能，然后被重新压缩至燃料气压力。

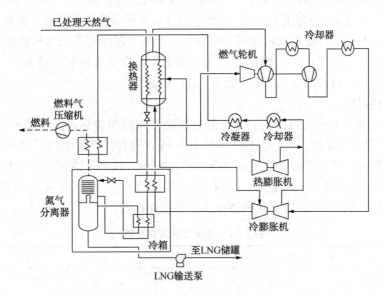

图 3 - 26 氮双膨胀机工艺流程

氮制冷剂通过热/冷膨胀机/增压机进一步压缩至高压状态。之后高压氮被冷却水冷却至 10℃ 左右。冷却的高压氮在绕管式换热器的管中流动时，受到第一管束中的低压氮预冷。此后冷氮流被分成两部分，其中较大部分通过暖膨胀机/增压机后减压降温。低温氮流入主绕管式换热器的壳程，为天然气和高压氮制冷剂制冷。而另一小部分冷却的高压氮，则在主绕管式换热器中的输氮管道中被进一步冷却。低温高压氮随后流过制冷膨胀机/增压机，经减压降温到约 - 150℃ 的低温，因而对进入冷箱的天然气进行低温冷却。离开冷箱后的氮与热膨胀机/增压机单元中释放出来的大量氮汇合，流入主绕管式换热器的壳程。

第四节 液化工艺比较

一、液化工艺比较

对于阶式制冷、混合冷剂制冷和膨胀制冷三种典型的液化制冷工艺来说，可以从工艺流程、运行能耗、操作特性等方面对其进行工艺技术比较。

(一) 工艺流程

阶式制冷是较早工业化的液化技术之一，技术成熟。由于该工艺是利用常压沸点不同的冷剂逐级降低制冷温度的，因而其流程长、设备多。如一般采用的三级制冷循环，每级制冷循环通常设有多台循环压缩机为天然气和制冷剂提供多阶(即不同温度梯度)换热，这样整个流程可能需要3~9台压缩机和9台换热器。流程复杂，所需压缩机组及附属设备多，初期投资大，占地多。必须有生产和储存各种制冷剂的设备，各制冷循环系统不允许相互渗透，管线及控制系统复杂，管理维修不方便。

混合冷剂制冷利用混合物各组分不同沸点，部分冷凝的特点，进行逐级的冷凝、蒸发、节流膨胀得到不同温度水平的制冷量，以达到逐步冷却和液化天然气的目的。混合冷剂液化工艺既达到类似阶式液化流程的目的，又克服了其系统复杂的缺点。由于只有一种冷剂，简化了制冷系统。设备少(一台压缩机和一台换热器)、流程简单、投资省、占地少。

膨胀制冷是利用高压制冷剂通过透平膨胀机绝热膨胀制冷实现天然气液化的，与阶式制冷循环和混合冷剂制冷循环工艺相比，氮气膨胀循环流程非常简单、设备少(一台压缩机、一台透平膨胀机和一台换热器)，流程紧凑，造价较低，占地面积小。

(二) 运行能耗

为了提高冷剂与天然气的换热效率，阶式制冷将每级制冷循环分成2~3个压力等级，即有2~3个冷剂蒸发温度，这样3种冷剂共有8~9个递降的蒸发温度，冷剂蒸发曲线的温度台阶数多，和天然气温降曲线较接近，即传热温差小，提高了冷剂与天然气的换热效率，也提高了制冷系统的效率，因此运行能耗低。以典型的阶式制冷液化流程的比功耗为 $0.33kW \cdot h/kg$ 计，表3-4列出了几种液化工艺的能耗比较。

表3-4 液化工艺能耗比较

液 化 工 艺	能 耗
阶式制冷液化工艺	1
混合冷剂制冷液化工艺	1.25
丙烷预冷混合冷剂制冷液化工艺	1.15
双循环混合冷剂制冷液化工艺	1.05
膨胀机制冷液化工艺	2.00
丙烷预冷膨胀机制冷液化工艺	1.70
双膨胀机制冷液化工艺	1.70

(三) 操作特性

阶式制冷液化工艺可以适用于大型的基本负荷型天然气液化装置，制冷剂为纯物质，无配比问题，操作管理相对容易。各制冷循环系统与天然气液化系统相互独立，相互影响少，操作比较稳定、适应性强。但是其流程复杂，不仅压缩机台数多，而且附属设备多，必须有生产和储存各种制冷剂的设备，各制冷循环系统不允许相互渗透，管线及控制系统复杂，管理维修工作量大。

混合冷剂制冷液化工艺根据制冷循环数量的不同，可分别适用于小型和大中型天然气液化装置。机组设备少、流程简单、管理方便；制冷剂的纯度要求不高；混合制冷剂组分可以部分或全部从天然气本身提取与补充。但是单级制冷剂的循环能耗一般比级联式液化流程高10% ~20%；混合制冷剂的合理配比不容易确定。

膨胀机制冷液化工艺机组设备少，占地面积小；管理方便，维修费用低；可用于调峰型、小型海上平台的天然气液化装置。但是能耗高、运行成本高。

二、液化工艺的发展

历经几十年的发展，天然气液化工艺已经日趋成熟。为了适应天然气市场需求的不断扩大，尽可能提高单线生产量，降低运行能耗，方便运行管理成为液化工艺进一步发展的目标。

（一）CII 液化流程

天然气液化技术的发展要求液化制冷循环具有高效、低成本、可靠性好、易操作等特点。为了适应这一发展趋势，法国燃气公司的研究部门在20世纪90年代开发了新型的混合制冷剂液化流程，即整体结合式级联型液化流程（Integral Incorporated Cascade），简称为CII液化流程。

上海建造的我国第一座调峰型天然气液化装置采用了 CII 液化流程。该流程如图3-27所示，流程的主要设备包括混合制冷剂压缩机、混合制冷剂分馏设备和整体式冷箱三部分。整个液化流程由天然气液化系统和混合制冷剂循环两部分组成。

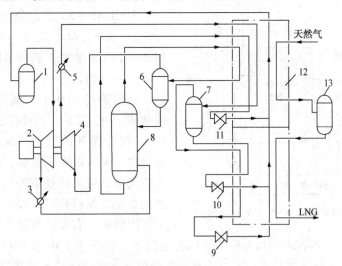

图3-27 CII液化流程示意图

1、6、7、13—气液分离器；2—低压压缩机；3、5—冷却器；
4—高压压缩机；8—分馏塔；9、10、11—节流阀；12—冷箱

在天然气液化系统中，预处理后的天然气进入冷箱12上部被预冷，在气液分离器13中进行气液分离，气相部分进入冷箱12下部被冷凝和过冷，最后节流至LNG储槽。

在混合制冷剂循环中，混合制冷剂是 N_2 和 $C_1 \sim C_5$ 的烃类混合物。冷箱 12 出口的低压混合制冷剂蒸气被气液分离器 1 分离后，被低压压缩机 2 压缩至中间压力，然后经冷却器 3 部分冷凝后进入分馏塔 8。混合制冷剂分馏后分成两部分，分馏塔底部的重组分液体主要含有丙烷、丁烷和戊烷，进入冷箱 12，经预冷后节流降温，再返回冷箱上部蒸发制冷，用于预冷天然气和混合制冷剂；分馏塔上部的轻组分气体主要成分是氮、甲烷和乙烷，进入冷箱 12 上部被冷却并部分冷凝，进气液分离器 6 进行气液分离，液体作为分馏塔 8 的回流液，气体经高压压缩机 4 压缩后，经水冷却器 5 冷却后，进入冷箱上部预冷，进气液分离器 7 进行气液分离，得到的气液两相分别进入冷箱下部预冷后，节流降温返回冷箱的不同部位为天然气和混合制冷剂提供冷量，实现天然气的冷凝和过冷。

CII 流程具有如下特点：

（1）流程精简、设备少。CII 液化流程出于降低设备投资和建设费用的考虑，简化了预冷制冷机组的设计。在流程中增加了分馏塔，将混合制冷剂分馏为重组分（以丁烷和戊烷为主）和轻组分（以氮、甲烷、乙烷为主）两部分。重组分冷却、节流降温后返流，作为冷源进入冷箱上部预冷天然气和混合制冷剂；轻组分气液分离后进入冷箱下部，用于冷凝、过冷天然气。

（2）冷箱采用高效钎焊铝板翅式换热器，体积小，便于安装。整体式冷箱结构紧凑，分为上下两部分，由经过优化设计的高效钎焊铝板翅式换热器平行排列，换热面积大，绝热效果好。天然气在冷箱内由环境温度冷却至 -160℃ 左右液体，减少了漏热损失，并较好地解决了两相流体分布问题。冷箱以模块化的型式制造，便于安装，只需在施工现场对预留管路进行连接，降低了建设费用。

（3）压缩机和驱动机的型式简单、可靠、降低了投资与维护费用。

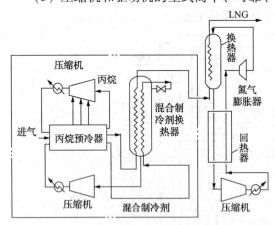

图 3 - 28　APCI AP - X™ 工艺流程简图

（二）APCI AP - X™ 工艺

APCI AP - X™ 工艺是一种三阶制冷循环（图 3 - 28），即在原 C_3 - MR 工艺基础上，增加了利用氮膨胀机制冷系统实现 LNG 低温冷却，从而拓展了 C_3 - MR 循环，提高了产能。三阶制冷循环中，预冷循环使用丙烷，液化循环使用混合冷剂（乙烷、丙烷和甲烷），深冷循环的冷剂是氮，甲烷和乙烷的混合物。APX™ 循环保留了混合冷剂制冷工艺的优点，可灵活适应原料气组分和环境温度的变化，保持高效。而氮膨胀机系统分担了制冷负荷，有效地解决了丙烷和混合冷剂压缩机的瓶颈问题，可在不增加并联压缩机的情况下，将单条 LNG 生产线的年产量提高到 $(500 \sim 800) \times 10^4 t$。该工艺技术的液化循环和深冷循环都采用绕管式换热器，换热设备的容量都在目前制造商的生产能力范围内。新工艺已在卡塔尔项目中采用并投产。

（三）壳牌 PMR™ 工艺

这是为大型 LNG 生产线开发的技术，是对双循环混合冷剂工艺的优化改进。PMR™ 工艺采用了包括一个预冷循环和两个混合冷剂液化循环并行的三循环制冷工艺，也称为并联混合制冷技术。丙烷或混合制冷剂可用作两个并行混合制冷剂循环之前的预冷循环的制冷剂。

两个并行的液化循环中，流出的低温冷流在末端闪蒸系统汇合，出来的闪蒸气被压缩后，作为液化厂燃料气使用。LNG 送到常压储罐储存。图 3 - 29 显示的壳牌 PMR™ 流程是用丙烷预冷的，与上游 LNG 设备配合工作。选用丙烷作为预冷循环的制冷剂时，壳牌丙烷分体技术（Splitpropane™）还能提高工艺性能及上线率，提高产能。PMR™ 的工艺设计也可以按照满足 LNG 产品的不同规格配置 NGL 的提取和分馏设备。

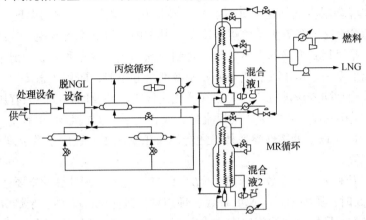

图 3 - 29　壳牌 PMR™ 工艺流程

PMR™ 工艺采用绕管式换热器、燃气轮机等成熟的设备，两条并行而独立的液化混合制冷循环，在其中一套设备出现故障时仍能保证以 60% 的生产能力不间断生产。为缩短建造周期，需要提前投产时，并行的两个液化循环可分期投产。

（四）MFC 工艺

挪威国家石油公司和林德公司共同开发的混合制冷剂复迭技术（MFC）包括三阶混合制冷剂循环系统，在三个制冷循环中的冷剂由纯组分改成了混合组分。图 3 - 30 所示是 MFC 的简化流程，在预冷循环中的乙烷和丙烷由压缩机压缩后，经过海水冷却器和板翅式换热器分别被液化和深冷，其中一部分被节流达到中间压力，并在板翅式换热器中制冷，其余部分在第二台板翅式换热器中进一步得到深冷。这使得深冷换热器中的温度更为接近，换热器的面积和功率得到优化；在液化循环中，冷剂是乙烷、丙烷和甲烷的混合物换热器采用绕管式；在深冷循环中，冷剂是氮、甲烷和乙烷的混合物，也使用绕管式换热器。

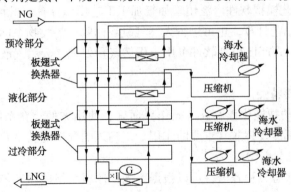

图 3 - 30　MFC 简化流程图

这一技术以其适应较低的冷却水温度的能力、采用的技术成熟以及能适合美国市场的贫 LNG 产品，被挪威 Snohvit LNG 项目实际应用。该技术可以用于年产量在（600 ~ 800）× 10^4 t LNG 的液化生产线中。

三、工艺模拟计算

天然气液化流程不仅要使工艺装置生产运行和产品质量稳定、而且要求尽可能降低比功耗，提高液化效率，减少运行费用。为此必须对液化流程进行模拟计算及工艺优化。

天然气液化循环流程的工艺计算中，天然气及制冷剂的热物性计算是整个流程计算的基础。而天然气和混合制冷剂都是多元混合物，在液化过程中，不同的温度、压力分别呈气态、气液平衡态和液态，随着天然气逐步冷却，其中的轻组分不断冷凝，气液两相的组成不断变化，因此，是否得到准确的天然气及混合制冷剂的热物性参数，成为衡量流程模拟计算过程准确度的标准之一。由于天然气组分和制冷剂组分类似，而且状态接近，求解各自的热物性参数时，采用相同方法进行。在天然气液化流程中，涉及的物性参数有压力 p、温度 T、总流量 F、总流量中的摩尔组分 Z、气相流量、液相流量、液相摩尔分率 X、气相摩尔分率 Y、焓 H，熵 S。除了以上的物性参数外，还会涉及压缩因子、逸度系数、理想焓、理想熵、余焓、余熵等参数。

已知 p、T、F 和 Z 四个参数，求解 V、L、X、Y，是相平衡计算的主要任务。在计算 V、L、X、Y 和 H、S 时，压缩因子、逸度系数、理想焓、理想熵、余焓、余熵等可以用状态方程或者由该状态方程推导得到的相应表达式求取，H、S 的计算则以相平衡的计算为基础。

若以应用最广泛的混合制冷剂液化流程(MRC)来说，该循环以 $C_1 \sim C_5$ 的碳氢化合物及 N 等六种以上的多组分混合制冷剂为工质，进行逐级冷凝、蒸发、节流膨胀得到不同温度水平的制冷量，以达到逐步冷却和液化天然气的目的。该循环在热力学模拟过程中，天然气和混合制冷剂都是多元混合物；流程中不同温度和压力范围内，分别呈气态、气液平衡态和液态；并且随着天然气逐步被冷却，混合物中的重组分不断冷凝，从而导致气液两相混合物组分不断变化。同时，为使流程计算过程中能正确得到各状态的物性参数，能够判断该节点处工质所处的状态也是物性求解中必须解决的问题。

国际上可用于 LNG 流程模拟的系统，除如 ASPEN 公司的 HYSYS 等通用的石油化工流程模拟软件之外，专用模拟软件有 Bray 公司的 PROSIM 等。HYSYS 软件是世界著名油气加工模拟软件工程公司开发的大型专家系统软件，广泛应用于石油开采、储运、天然气加工、石油化工、精细化工、制药、炼制等领域。它在世界范围内石油化工模拟、仿真技术领域占主导地位。HYSYS 工艺模拟软件广泛用于油气加工工艺模拟计算。既可进行天然气脱酸气、脱水等天然气净化的工艺计算，也可进行天然气凝液回收、烃类物系的气液平衡计算。对于液化天然气工艺流程，HYSIS 模拟软件可用于天然气预处理、天然气液化工艺模拟计算和工艺优化。

（一）HYSYS 软件特点

（1）HYSYS 软件的智能化程度高，操作界面好，使用方便；在系统中设有人工智能系统，它在所有过程中都能发挥非常重要的作用。当输入的数据能满足系统计算要求时，人工智能系统会驱动系统自动计算。

（2）软件包含的状态方程齐全，可以根据不同的原料气组成和工艺要求选用适合的状态方程。所包含的热力学状态方程如下表 3 – 5。数据回归整理包提供了强有力的回归工具。用实验数据或库中的标准数据通过该工具用户可得到焓、气液平衡常数 K 的数学回归方程（方程的形式可自定）。用回归公式可以提高运算速度，在特定的条件下还可使计算精度提高。

表 3 – 5　HYSYS 包含的热力学状态方程

Peng Rebinson	BKIO	Lee – Kesler – Plocker
BWRS	Chien Null	Soave Redlich Kwong
Esso Tabular	NTRL	ASME Steam
Kabadi Danner	Chao Seader	UNIQUAC
Intochem Multitlash	PRSV	Sour PR
Van Laur	Wilson	Zudkevitch Joffee
Grayson Streed	Margules	NBS Steam
Antoine	Sour SRK	MBWR
Amine pkg	Extended NRTL	Neotec Black Oil
GCEOS	General NRTL	Oil – Electrolyte

（3）软件提供了一组功能强大的物性计算包，它的基础数据来源于世界著名的物性数据系统，并经过严格校验。这些数据包括 20000 个交互作用参数和 4500 多个纯物质数据。可以满足石油化工各种工艺计算。对于标准库没有包括的组分，可通过定义虚拟组分，然后选择 HYSYS 的物性计算包自动计算基础数据。软件可提供的物性数据见表 3 – 6。

表 3 – 6　HYSYS 软件物性数据

序　号	项　　目
1	相对分子质量　Molecular Weight
2	摩尔密度　Molar Density/（kmol/m³）
3	质量密度　　Mass Density/（kg/m³）
4	实际体积流率　Act Volumn Flow/（m³/h）
5	质量比焓　Mass Enthalpy/（kJ/kg）
6	质量比熵　Mass Entropy/（kJ/kg · ℃）
7	摩尔比热容　Heat Capacity/（kJ/kmol · ℃）
8	质量比热容　Mass Heat Capacity/（kJ/kg · ℃）
9	低热值　Lower Heating Value/（kJ/kg）
10	相分率（体积）　Phase Fraction/（Vol Basis）
11	相分率（质量）　Phase Fraction/（Mass Basis）
12	CO_2 分压　Partial Pressure of CO_2/（kPa）
13	实际气体流率　Act Gas Flow/（ACT m³/h）
14	平均液体密度　Avg Liq Density/（m³/mol）
15	比热容　Specifit Heat/（kg/kmol · ℃）
16	标准气体流率　Std Gas Flow/（Std m³/h）
17	标准液体质量密度　Std Ideal Liq Mass Density/（kg/m³）
18	实际液体流率　Act Liq Flow/（m³/s）
19	压缩因子　Z Fractor
20	开氏温度　Watson K
21	用户性质　User Property

序　号	项　目
22	Cost Based on Flow/(Cost/s)
23	$c_p/(c_p - R)$
24	c_p/c_v
25	蒸汽热容　Heat of Vap/(kJ/kmol)
26	运动黏度（厘斯）　Kinematic Viscosity/(cSt)
27	液体质量密度　Liq Mass Density (Std Cond)/(kg/m³)
28	流体体积流率　Liq Val Flow (Std Cond)/(m³/h)
29	液体分率　Liquid Fraction
30	摩尔体积　Molar Volumn
31	蒸汽质量热容　Mass Heat of Vap/(kJ/kg)
32	表面张力　Surface Tension/(dyne/cm)
33	导热率　Themal Conducttivity/$[W/(m \cdot K)]$
34	动力黏度（厘泊）　Viscosity/(cP)
35	$c_v(\text{semi} - \text{ideal})/[kJ/(kmol \cdot ℃)]$
36	Mass $c_v(\text{semi} - \text{ideal})/[kJ/(kg \cdot ℃)]$
37	$c_v/[kJ/(kmol \cdot ℃)]$
38	Mass $c_v/[kJ/(kg \cdot ℃)]$
39	$c_v(\text{Ent Mthod})/[kJ/(kmol \cdot ℃)]$
40	Mass $c_v/[kJ/(kg \cdot ℃)]$
41	$c_p/c_v(\text{Ent Mthod})$
42	Liq Vol Flow – Sun (Std – Cond)/(m³/d)
43	雷德蒸气压　Reid VP at 37.8℃
44	真实蒸气压　True VP at 37.8℃
45	液体体积流率　Liq Vol Flow – Sun (Std Cond)/(m³/h)

（4）HYSYS 使用了面向目标的新一代编程工具，实现了先进的集成式工程模拟环境。在这种集成系统中，流程、单元操作是互相独立的、流程只是各种单元操作这种目标的集合，单元操作之间靠流程中的物流进行联系。在工程设计中稳态和动态使用的是同一个目标，然后共享目标的数据，不需进行数据传递。使得模拟技术和操作方法的交互方式达到了事件驱动的层次。

（5）软件具有功能强大的工艺参数优化器，有五种算法供选择，可以解决有约束、无约束、等式约束和不等式约束的相关问题。其中序列二次型是比较先进的一种方法，可进行多变量的线性、非线性优化，配合使用变量计算表，可将更加复杂的经济计算模型加入优化器中，以得到最大经济效益的操作条件。

（6）事件驱动。将模拟技术和完全交互的操作方法结合，利用面向目标的技术使HYSYS 这一交互方式提高到一个更高的层次，即事件驱动。用户在研究方案时，需要将许多工艺参数放在一张表中，当变化一种或几种变量时，另一些也要随之而变，算出的结果也要在表中自动刷新。这种几处显示数据随计算结果同时自动变化的技术就叫事件驱动。通过这种途径能使工程师对所研究的流程有更彻底的了解。

（二）建立模型

进行工艺模拟计算首先要建立计算模型，采用图形建模系统建立天然气液化流程的 HYSYS 软件计算模型，利用图形组态的方式，按照实际工艺流程图（PFD）和物流的可能走向搭建模型。系统提供简捷方便的流程参数输入界面。当建立模型并输入相关参数后，在计算以前，检测模型是否合理，模型中的设备、物流参数是否已全部正确给出。

（三）选择状态方程

按照工艺特点，正确选择状态方程是工艺计算成功的基础。已如前述，各种状态方程仍在不断地改进与完善（据统计，状态方程的总数已达 100 种以上），以扩大状态方程的适用范围并提高计算精度。在以上介绍的状态方程中，都可用于计算烃类溶液（属正规溶液，与理想溶液的偏差较小）气液相的逸度和平衡常数，但对极性溶液和电解质溶液由于非理想性较强并不适用。对这类溶液常通过活度系数模型计算各组分的逸度。

R - K（Redlich - Kwong）方程在计算气相热力学参数时较好，但计算气液相平衡时精度较差。因为 R - K 方程未能如实地反映温度的影响，因此应用于计算纯组分及混合物的容积和热力性质时可获得相当准确的结果，但用于多组分气液相平衡计算时其准确性很差，用于计算纯组分饱和蒸气压时准确性也不高。

提高计算纯组分饱和蒸气压（即纯组分的气液平衡）的准确性，必将改进计算混合物气液平衡的准确性。据此，Soave 将 R - K 方程中 $a/T^{0.5}$ 项改用较具普遍意义的温度函数 $a(T)$ 代替。SRK（Soave - Redlich - Kwong）方程既保持了 RK 方程形式简单的特点，又较大幅度地提高了气液相逸度的计算精度。可同时适用于计算气相和液相的热力学参数，气液平衡的精度也较高。但在混合物中含有氢时，将有较大偏差。SRK 方程在预测液体密度时误差较大，除甲烷外，其他烃类液相的计算密度普遍较实验数据小。

PR（Peng - Rebinson）方程是在 Soave 模型基础上的改进，对气相热力学参数的计算可以得到满意的结果，预测液相密度比 SRK 方程更准确。HYSYS 计算常采用此方程。形式简单、计算省时、计算结果一般比较可靠，被认为是最实用的状态方程。

在关联大量试验数据基础上提出的 BWRS（Bennedict - Webb - Rubin - Starling）方程获得较好评价和认可，以该状态方程为基础的气液平衡模型被认为是当前烃类分离计算中最佳的模型之一。BWRS 多参数状态方程的优点是可对纯组分的相平衡和体积性质准确计算，适用范围宽。

天然气液化工艺模拟计算时，对于吸收法脱水常选用 PR 方程，脱硫计算常选用 Amine Package 胺物性包，而 PRSV（Peng - Robinson - Stryjec - Vera）或 SRK 方程可用于进行低温气体处理计算。在天然气液化流程的热力学计算中，计算体系属于以碳氢化合物为主体的非极性体系，计算中主要涉及气液相平衡与热量的计算，对于焓值的计算要求较高。天然气液化工艺计算可以 SRK 方程或 P - R 方程作为计算天然气液化相平衡的基础模型，并结合精度较高的 LKP 方程来计算混合物的焓和熵，提高整个流程模拟的精度。

（四）输入物性参数

按照原料气组成在 HYSYS 软件组分库中选择所含有的组分，输入物流温度、压力、流量、气相分率等主要物性参数。对于标准库没有包括的组分或无法确定的组分，可通过定义假组分，然后选择 HYSYS 的物性计算包自动计算基础数据。

(五）模拟计算

按照工艺流程图进行程序计算。在计算时，建立的每个计算单元，都应完成程序计算。计算中，输入的设定约束值不能太多，否则会失去计算的自由度；但设定值也不能太少，否则会缺少计算条件。

以丙烷预冷混合冷剂循环的液化工艺计算为例：

（1）计算中要特别注意计算结果应满足流程的合理性。如流程中物流在每次分离后应产生气相和液相，气相成为后续制冷循环的制冷工质，若没有气相产生，则后续的制冷循环就无法进行；产生的液相通过节流降温为各个换热器提供冷量，若无液相产生，换热器没有冷媒，天然气也不可能冷却降温。又如混合冷剂在经过节流阀时要产生温降，以提供热交换所需要的温差。而进压缩机的混合冷剂应为气相，以防止压缩机发生液击。在计算过程中若出现使流程产生不合理的情况时，可以通过调整混合冷剂组分的合理配比、合理选取第一个换热器侧高低压制冷剂温度和压力等方法来实现流程的合理化，从而确保计算的合理可行。

（2）对于丙烷预冷混合冷剂循环液化工艺可以先计算混合冷剂循环液化天然气流程，再从混合冷剂循环流程与丙烷预冷循环相关的节点求丙烷预冷循环的参数。

(六）设备计算

在进行设备计算时，为了加快计算的收敛，应给出进出设备的物流的初始值，包括物流的温度、压力、气相分率、体积流量或质量流量等。

HYSYS 软件所提供的计算结果，可以包括物流的温度、压力、组成、气相分率、体积流量、相关的热力学参数等在内的物料平衡和热(冷)平衡。这是工艺设计的基础。

第四章　液化天然气工厂

LNG 产业链是一条贯穿天然气产业全过程的资金庞大、技术密集的完整链系。由陆地或海上油田开采的天然气在液化工厂经过预处理后进行液化，生产的 LNG 按照贸易合同，通过船(车)运到接收站储存、再汽化，经由管网送到用户。图 4－1 是 LNG 产业链的示意图。

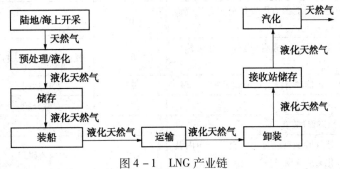

图 4－1　LNG 产业链

除上游的气田开发和下游的输配气管网外，LNG 产业链主要是三个环节：天然气液化工厂、LNG 储存和运输、LNG 接收站。LNG 工厂处于这条链的源头。

液化天然气工厂可以分为基本负荷型和调峰型两大类。

基本负荷型天然气液化工厂是用本地区丰富的天然气生产 LNG 供出口的大型天然气液化工厂。20 世纪 60 年代最早建设的这种天然气液化工厂，采用当时技术成熟的阶式制冷液化流程。到 20 世纪 70 年代又转而采用流程大为简化的混合制冷剂液化流程。20 世纪 80 年代后新建与扩建的基本负荷型天然气液化装置，则几乎无例外地采用丙烷预冷混合冷剂液化流程。这类装置的特点是：处理量大，为了降低成本，近年更向大型化发展，建设费用很高；工厂生产能力与气源、运输能力等 LNG 产业链配套严格；为便于 LNG 装船外运，工厂往往设置在海岸边。

调峰型天然气液化工厂主要建设在远离天然气源的地区，广泛用于天然气输气管网中，为调峰负荷或补充冬季燃料供应。通常将低峰负荷时过剩的天然气液化储存，在高峰时或紧急情况下再汽化使用。调峰型液化装置在匹配峰荷和增加供气的可靠性方面发挥着重要作用，可以极大地提高管网的经济性。与基本负荷型 LNG 装置相比，调峰型 LNG 装置是小流量的天然气液化装置，非常年连续运行，生产规模较小，其液化能力一般为高峰负荷量的 1/10 左右。对于调峰型液化天然气装置，其液化部分常采用带膨胀机的液化流程和混合制冷剂液化流程。

随着海上油气田的开发，近年又出现了浮式液化天然气生产储卸装置。这是一种新型的海上气田天然气的液化装置，以其投资较低、建设周期短、便于迁移等优点倍受青睐。

液化天然气工厂一般由天然气预处理、液化、储存、控制等生产系统以及供电、供排水、通信、消防等公用系统组成。截至 2012 年，国内已经建成数十座中、小型天然气液化工厂，液化天然气生产能力可达 $2000 \times 10^4 Nm^3/d$ 以上。表 4－1 列出了国内部分液化天然气工厂建设情况。

表 4 – 1　天然气液化工厂

序号	名　称	规模/ $(10^4 m^3/d)$	地　点	投产日期
1	延长石油128液化厂	50	延长	
2	延长石油延2液化厂	100	延长	
3	宁夏顺秦煤层气	50	宁夏	2010年7月
4	甘肃兰州燃气集团	30	甘肃兰州	2010年5月
5	西安西兰天然气	50	陕西靖边	2010年5月
6	包头市世益新能源有限责任公司天然气液化工厂	10	包头	
7	鄂尔多斯市润禾能源有限公司液化天然气工程	60	扎萨克镇门克庆村	
8	达州市汇鑫能源有限公司液化天然气工程	92	四川达州	
9	合肥LNG调峰装置	8	安徽合肥	
10	中山LNG调峰装置	8	广东中山	
11	华油天然气股份有限公司宁夏分公司内蒙古磴口液化天然气项目	30	内蒙古磴口	
12	内蒙古焦炉气制液化天然气工厂	240	内蒙古乌海市	
13	陕西安塞液化天然气项目	200	陕西安塞市	
14	四川省广安液化天然气(LNG)调峰项目	100	四川广安市	
15	广元液化天然气(LNG)项目	100	四川广元市	
16	河南中原绿能高科	15	濮阳油田	2001年11月
17	新疆广汇	150	鄯善吐哈油田	2004年9月
18	海南海燃	25	海口福山油田	2005年4月
19	中石油西南分公司	4	四川犍为县	2005年11月
20	江阴天力燃气	5	江苏江阴	2005年12月
21	新奥燃气涠洲岛	15	广西北海涠洲岛	2006年3月
22	苏州华峰	7	苏州	2007年5月
23	泰安深燃	15	山东泰安	2008年3月
24	成都永龙	5	成都龙泉驿	2008年4月
25	青海西宁	5	青海西宁	2008年7月
26	山西港华煤层气	25	山西晋城	2008年11月
27	鄂尔多斯星星能源	100	内蒙古乌审旗	2008年11月
28	重庆民生黄水	5	重庆黄水	2008年12月
29	中海油珠海横琴	50	珠海横琴岛	2008年12月
30	新奥山西沁水	15	山西沁水	2009年4月
31	宁夏清洁能源(一期)	30	宁夏银川	2009年6月
32	兰州燃汽化工集团LNG调峰装置	8	兰州	2010年1月
33	内蒙古时泰鄂托克前旗LNG工厂	15	内蒙鄂托克前旗	
34	湖北黄冈LNG工厂	500	湖北黄冈	
35	山东泰安LNG工厂	260	山东泰安	
36	总计	2382		

第一节　工厂建设条件

一、气源和市场

气源和市场是液化天然气工厂建设的必须条件，即落实的天然气资源和充分开发的市场需求是 LNG 工厂建设的必要条件。

对于气源，需要落实：

(1) 供工厂液化的天然气气田的资源情况：天然气地质储量、探明储量、可采储量；

(2) 油气田开发方案(采气速度、逐年配产、稳产年限)；

(3) 进厂原料气气量、组成、压力、温度。由于气田生产初期和中、后期的产量、气质、温度、压力会有变化，因此，对于这些参数应落实变化范围：正常值、最大值、最小值；

(4) 天然气田原料气供应距离、进厂价格；

(5) 如由长输管道供气，需落实管道输气量、组成和压力的波动范围。

工厂建设必须具有可靠的供气协议，即与上游签订天然气资源购销合同(Liquefied Natural Gas of Sale and Purchase Agreement，SPA)。这不仅是保证工厂建成投产后的经济效益的需要，而且由于工厂原料气的稳定供给是装置平稳运行的前提，因此切实落实气源就成为工厂建设的首要条件。如果是单一气田供气的，除正常供气外，要考虑非正常情况(气田减产、事故应急等)装置运行条件。如果是多个气田供气的，更需要考虑气源的协调、互补，力求装置运行平稳。

对于市场，由于 LNG 更为清洁环保的性能、价格上与 LPG、石油产品相比的低廉性以及符合国家地方可持续发展战略等特点，在诸多领域得到了迅速推广。如

(1) 无天然气管道到达地区的中小城镇城市燃气；

(2) 工业燃料；

(3) 城市燃气调峰及事故应急；

(4) 燃气汽车；

(5) 特殊气体利用领域如作为切割气等。

工厂建设必须落实市场，明确天然气利用的主要领域和市场需求主体。与下游签订天然气销售合同(Gas Sale Agreement，GSA)。不同的市场需求对工厂运行的要求也会不同。如果产品主要用于贸易出口，按照 LNG 贸易特点，产量波动不大，装置运行相对比较平稳。如果主要用于事故应急调峰，其产量波动会比较大，装置工艺流程需要适应处理量的变化。

二、厂址

(一)厂址选择原则

(1) 符合当地规划政策，符合国家相关规范要求；

(2) 交通、通信、电力，水源等配套设施比较齐全；

(3) 邻近资源地；

(4) 对于基本负荷型天然气液化工厂，厂址附近应具备接纳与 LNG 工厂规模匹配的

LNG 运输船的良好的港湾条件；

（5）对于调峰型天然气液化工厂，离目标市场的距离在可允许范围内；

（6）当地安全、环境、水文、地质、气象符合厂址要求；

（7）满足安全、畅通、可持续发展的要求；

（8）满足建设工期要求；

（9）节省工程投资；

（10）具有良好的社会依托条件。

一般来说，工厂厂址选择需要对区域条件、自然条件、地域条件等进行综合比较后确定。

（二）区域条件

1. 地理位置

厂址的地理位置必须满足相关工程设计防火规范的要求，如根据《石油天然气工程设计防火规范》GB 50183—2004 规定，液化天然气工厂内的油气设备和装置，距离相邻企业围墙安全间距不得小于 90m，距离园区道路不得小于 30m。厂区围墙距离架空电力线安全间距不得小于 60m。液化天然气储罐的围堰外 80m，不得有即使是能耐火且提供热辐射保护的在用构筑物。液化天然气储罐的围堰距离相邻企业不得小于 200m。液化天然气储罐壁外 500m 范围内的民房均需要搬迁。

根据《道路安全保护条例》和《铁路安全保护条例》规定，高速公路、国道、省道两侧 100m 范围内，不得有易燃、易爆等油气设备和装置。铁路两侧 200m 范围内，不得有易燃、易爆等油气设备和装置。

工厂内设置有火炬区，火炬区与相邻企业间距不得小于 120m，与电力线不得小于 80m 的间距要求。

2. 土地性质

拟选厂址土地性质是否已经为建设用地，不受指标限制。

3. 交通情况

拟选厂址区域内公路、铁路、水路交通情况。

4. 依托条件

拟选厂址距离城镇的情况，是否具有社会依托条件。

（三）自然条件

1. 地形地貌

拟选厂址位置要考虑地形起伏情况对总图布置、厂区排水以及土石方挖填平衡的影响。避免建于地形复杂和低于洪水线或采取措施后仍不能确保不受水淹的地区。宜选择地形平坦且开阔，便于地面水能自然排出的地带。同时，也应避开易形成窝风的地段。

2. 气象

拟选厂址的气候情况，包括全年太阳辐射量，年均日照时数、年平均气温、最高气温、最低气温；年平均相对湿度、年平均气压、全年无霜期；年平均降雨量、年降水总量；常年主导风向、频率，次主导风向、频率、常年平均风速等。

3. 工程地质

拟选厂址位置的地质构造稳定，岩土性质、地基承载力等满足要求。避免易受洪水、泥石流、滑坡、土崩等危害的山区和有流沙、淤泥、古河道等不良地质区域。

4. 水文地质

了解拟选厂址位置的水系情况、地表径流对厂区排水的影响。应尽量选择在地下水位较低的地区和地下水对钢筋和混凝土无侵蚀性的地区。

5. 地震

拟选厂址位置是否在地震活动带，要求的抗震设防烈度。应避免处于地震断层带地区和基本烈度为 9 度以上的地震区。

（四）地域条件

1. 交通运输

拟选厂址周边公路、铁路、水路情况。对于考虑 LNG 产品通过海上运输销售的，应按照 LNG 码头建设规范要求考察码头建设条件（LNG 码头建设内容在第五章中讲述）。

2. 供电

拟选厂址周边外电源的供应能力和外围供电线路、变电站的建设情况及规划情况。电源的可靠性直接关系到生产装置的安全性。

3. 通信

拟选厂址周边电信公网和有线电视网的覆盖情况。

4. 供水

拟选厂址周边供水管网的布局和供应能力。所供水量必须满足建设和生产所需的水量和水质。

5. 排水

厂址应具有雨水、生产和生活用水的排出条件。

从相关规范满足情况、实施工程量大小、长期稳定安全生产、环境保护等方面进行优缺点综合比较后，择优选定。

第二节　基本负荷型天然气液化工厂

基本负荷型天然气液化工厂主要用于天然气生产地液化后远洋运输，进行国际间 LNG 的贸易。它除了液化装置和公用工程以外，还配有码头、港口设备、栈桥及其他装运设备。在相应的输入地，要建设 LNG 港口接收站，配备卸货装置、储槽、再汽化装置和送气设备等。

基本负荷型天然气液化工厂的液化和储存连续进行，装置的液化能力一般在 $1 \times 10^6 \mathrm{m}^3/\mathrm{d}$ 以上。全部设施由天然气预处理装置、液化装置、储存系统、控制系统、装卸设施（LNG 码头或装车系统）和消防系统等组成，是一个复杂庞大的系统工程，投资高达数十亿美元。如年产 600 万吨的 LNG 项目，从天然气生产、液化到 LNG 运输（不包括 LNG 接收和下游用户），投资约需 60 亿~80 亿美元。项目建设一般需以 20~25 年的长期供货合同为前提。由于项目投资巨大，基本负荷型 LNG 项目大多由大型跨国石油公司与资源拥有国政府合资建设。

一、预处理装置

油气田生产的天然气（包括油田伴生气）除了油气田生产和生活自用外，大多数都是在经过处理达到商品气质量标准后对外销售的，因此天然气液化工厂处理的原料气多为符合商品气质量标准的天然气。一般来说，酸性组分含量不高，但是仍高于 LNG 工厂所要求的原料气质量要求。由于液化过程中微量的二氧化碳、水蒸气、芳烃会在换热器表面结冰，硫化氢、汞等会腐蚀低温换热器常用的材料铝、铝合金等。为满足天然气液化装置进料要求，需对原料天然气进一步净化处理。

（一）脱硫、脱碳

1. 工艺流程

天然气液化工厂要求净化气中硫、碳含量比较严格，而工厂的原料气一般都是经过处理达到质量标准的商品气，其中酸性气体含量不高。已如前述，醇胺法适用于天然气中酸性组分分压低和要求净化气中酸性组分含量低的场合，因此，天然气液化前的深度脱硫脱碳预处理多采用醇胺法。而且基本负荷型天然气液化工厂的处理量比较大，醇胺法可以适应大处理量的场合。

早期建设的 LNG 工厂，大部分采用了 MEA 法进行深度脱碳处理，国内于 20 世纪 90 年代自行设计建设的第一套天然气液化装置，也是采用 MEA 法。但由于 MEA 溶剂存在化学降解和热降解，设备腐蚀严重，只能在低浓度下使用，从而导致溶液循环量大、能耗高。因而进入 80 年代以后，MEA 逐渐被 MDEA 所替代。

甲基二乙醇胺（MDEA）（Methyldiethanolamine）分子结构如图 4-2 所示，属叔醇胺，能与水和醇混溶。在一定条件下，对二氧化碳等酸性气体有很强的吸收能力，而且反应热小，解吸温度低，化学性质稳定，无毒不易降解。纯 MDEA 与 CO_2 不发生反应，但其水溶液与 CO_2 可按下式反应：

$$H_2O + CO_2 \Longrightarrow H^+ + HCO_3^-$$

MDEA 分子含有一个叔胺基团，吸收 CO_2 后生成碳酸氢盐，加热再生时比伯胺生成的氨基甲酸盐所需的热量低。MDEA 的特点是，具有吸收选择性。处理含有 H_2S 和 CO_2 的酸性天然气时，再生出的酸气内 H_2S 浓度高，使 H_2S 和 CO_2 得到一定程度的分离。富含 H_2S 的气体适合做硫黄厂的原料气，富含 CO_2 的气体适合注入油气藏增加地层能量。

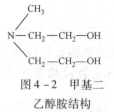

图 4-2 甲基二乙醇胺结构

MDEA 具有溶剂浓度高（可达 50%）、酸气负荷大（0.4mol/mol）、腐蚀性低、抗降解能力强、MDEA 比热容小、再生热小，能耗低、溶剂损失也很低等优点，在天然气净化方面得到了广泛的应用。但由于 MDEA 的碱性弱，与 CO_2 反应速度较慢，在较低吸收压力的情况下净化气 CO_2 含量较难达标，特别是在生产 LNG 的原料气，需要对 CO_2 进行深度脱除的情况下，单一的 MDEA 溶剂不能满足实际生产的需要，因此，国际上陆续开发了多种以 MDEA 为基础溶剂的活化 MDEA 工艺，该工艺采用一定浓度的 MDEA 水溶液，添加适量的活化剂以提高二氧化碳的吸收速率。活化 MDEA 不易降解，具有较强的抗化学和热降解能力，腐蚀性小，蒸气压低，溶液循环率低，并且烃溶解能力小，已经成为目前应用最广泛的气体净化处理溶剂。活化 MDEA 工艺已成功应用于天然气的深度脱碳处理。活化 MDEA 工艺对于原料气中 CO_2 的适应范围比较宽，工业装置中 CO_2 的浓度范围从微量到 10% 左右都有该工艺的应用。

液化工厂采用的醇胺吸收法所选择的醇胺吸收剂虽然不同，但流程基本类同，如图 4-3 所示。

流程可划分为胺液高压吸收和低压再生两部分。进厂天然气进入原料气分离器，分离出

114

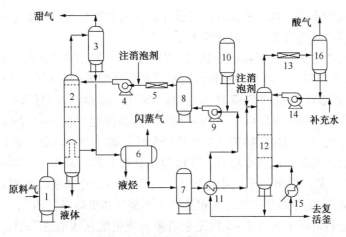

图 4-3 醇胺法脱酸气流程

1—原料气分离器器；2—吸收塔；3—甜气出口分离器；4—循环泵；5—贫胺冷却器；
6—胺闪蒸罐；7—除固过滤器；8—炭粒过滤器；9—增压泵；10—缓冲罐；11—贫/富
胺液换热器；12—再生塔；13—回流冷凝器；14—回流泵；15—重沸器；16—回流罐

管道输送中形成的液体(游离水和重烃组分)。经过滤分液后的原料天然气与胺吸收塔顶的物料在吸收塔进出料换热器中进行换热，一方面冷却胺吸收塔顶的物料，利于后续的脱水分液，另一方面预热了原料气(特别在进料温度低的情况)便于胺吸收塔操作。

原料气经涤气除去固液杂质后进入吸收塔。在塔内气体由下而上、胺液由上而下逆流接触，醇胺溶液吸收并和酸气发生化学反应形成胺盐，脱除酸气的产品气或甜气由塔顶流出。吸收酸气后的醇胺富液由吸收塔底流出，经降压后进入闪蒸罐，放出吸收的烃类气体和微量酸气。经贫/富胺液换热器，富液升高温度后进入再生塔上部，液体沿再生塔向下流动与重沸器来的高温水蒸气逆流接触，绝大部分酸性气体被解吸，恢复吸收能力的贫胺液由再生塔底流出，在换热器中与冷富液换热，增压、过滤、进一步冷却后，由循环泵注入吸收塔顶部。再生塔顶流出的酸性气体经过冷凝，在回流罐分出液态水后，酸气送至回收装置生产硫黄或送至火炬灼烧，液态水作为再生塔顶回流。流程中各设备的典型操作参数范围见表4-2。

表 4-2 醇胺法脱酸设备的操作参数

设 备		参 数	
闪蒸罐入口		压力：0.28~0.55MPa	温度：38~82℃
贫/富液换热器温度/℃		贫液入口：115~120	贫液出口：76~88
		富液入口：38~82	富液出口：88~105
贫胺冷却器温度/℃		入口：76~88	出口：38~55
回流冷凝器/℃		入口：88~107	出口：54~62
泵压/MPa	循环泵	入口：0~0.28	出口：比塔压高0.34
	增压泵	入口：0.02~0.04	出口：0.34~0.45
	回流泵	入口：0.02~0.04	出口：0.20~0.28

2. 主要设备

(1) 吸收塔

塔是气液逆向接触和传质的设备，用吸收剂从天然气内分出酸性气体的塔器称吸收塔或接触塔。按照气液传质的原理，依据气体组分在溶液内的溶解度不同而进行气液传质，一般来说，气体吸收塔的气体流量大、液体流量小。

气体处理量较小的吸收装置常用不锈钢填料塔，塔径超过 0.5m 的装置常用浮阀塔(不锈钢塔板)或规整式填料塔。塔板数根据酸气负荷和溶液浓度(即酸气溶入溶液的推动力)确定，使用推荐溶液浓度和酸气荷载时常为 20~24 块实际塔板，降液管内液体流速可按 7.6cm/s 考虑，塔板间距约为 0.6m，顶层塔板至捕雾器间距为 0.9~1.2m。

塔底部常有涤气段，脱除气体内夹带的液固杂质，防止溶剂污染。大装置也可在原料气入口处设置单独的涤气器，以减小塔高。在塔顶部有捕雾器，减少甜气对吸收溶液的携带。若采用 MEA 为吸收剂，因溶剂蒸发损失较大，甜气出口处还需装涤气器以减小 MEA 的损失。其他溶剂，如 DEA 等因其蒸发损失很小，可不装气体出口涤气器。

吸收塔胺液进料塔板上方有 2~5 块充水塔板，使脱酸气体通过水层，对气体进行水洗可减少溶液被气体携带出塔的损失，减少补充水量。

吸收塔与气体处理量及压力有关，有多种经验估算法。

气体最大空塔速度可按 Souders - Brown 方程估算

$$v_{max} = K_{SB} \left(\frac{\rho_L - \rho_G}{\rho_G} \right)^{0.5} \tag{4-1}$$

式中　v_{max}——气体最大空塔速度，m/s;

　　ρ_L、ρ_G——工况下液体和气体的密度;

　　K_{SB}——Souders - Brown 系数，取 0.0762m/s。

塔内气流速度过大时，造成塔板上溶液大量发泡，降液管液位上升，使两层临近塔板上的液体相连，产生液泛。为防止液泛并允许气体以较小速度吹入塔板上的液层内，既有良好传质环境，又能防止塔板上产生大量气泡，塔内实际气体流速应小于 v_{max}。为防止液泛将按式(4-1)计算的速度降低 25%~35%，为防止塔板液层发泡、气体速度再降低 15%。由气体处理量和塔内气体流速即可确定塔径。

有关文献推荐，以气体流量确定立式分离器直径的方法确定塔径，分出液滴的粒径取 150~200μm。

以上两种经验算法得到的结果颇为接近。塔径和气体处理量、压力的关系，还可由图 4-4 查得。由气体处理量求得横坐标 x 后，向上作水平线至相应的塔压处，再作水平线读出纵坐标 y 值，进而求得塔径 d。

图中：流量 $x = Q_g(m^3/d) \times 35.3 \times 10^{-6}$;

　　　塔径 $y \times 2.54 = d(cm)$;

　　　压力单位：MPa

吸收塔醇胺溶液的流量，也称胺液循环量，它与气体处理量、所需脱出的酸气负荷成正比，可用以下经验公式计算：

循环量(L/min) = $K \times$ 气体处理量($10^6 m^3/d$) × 酸气含量($mol\%$) \qquad (4-2)

式中 K 为系数，见表 4-3。

原料气进塔后，由于溶液吸收酸气以及与胺液发生化学反应放出热量，因而流出塔顶甜气温度较原料气温度高 8~17℃。贫胺液入塔温度一般为 37~55℃。贫液温度应等于或略高于甜气温度，温差控制在 0~6℃间，否则气体遇贫液骤冷后将产生凝析烃，污染吸收溶液。同样，由于化学反应，出塔富液温度比原料气温度约高 11~22℃。

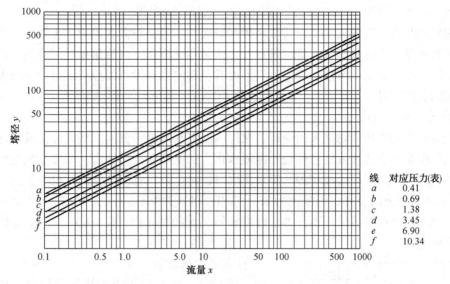

图 4 – 4 塔径与气体压力、流量的关系

表 4 – 3 系数 K

溶 液	MEA	DEA		DGA	MDEA
		常用浓度	高浓度		
溶剂质量百分数/%	20	30	35	60	50
酸气负荷/(mol 酸气/mol 胺)	0.35	0.50	0.70	0.30	0.40
K	274	194	127	171	167

注:表列 K 值适用于吸收塔压力 > 2.7MPa,温度 < 49℃。

进吸收塔贫液含有微量酸气,含酸气的量与醇胺类别有关。伯醇胺的残余酸气负荷为 0.05 ~ 0.10(mol 酸气/mol 胺液),仲醇胺为 0.03 ~ 0.05,以 MDEA 为基料复配的吸收溶剂的残余酸气负荷为 0.005。出塔富液的酸气负荷常按 80% 酸气平衡负荷考虑。

(2) 闪蒸罐

闪蒸罐脱除醇胺富液吸收的烃类,否则这些液烃将进入再生塔干扰胺液再生,并促使胺液在再生塔内发泡。溶液吸收烃类的数量由吸收塔压力、原料气组成确定。原料气为贫酸气时的经验值约为 15m³(气)/m³(溶液)。低压、高温有利于在闪蒸罐内分出溶液吸收的烃液,因而闪蒸罐的压力宜低于 0.5MPa,温度应高于 60℃,可获得较好的脱烃效果。蒸出烃蒸气的同时会带出少量酸气(H_2S)。若闪蒸气用做燃料,需要在闪蒸罐上部安装小填料塔用贫胺液进行处理,降低气体内 H_2S 含量。若为气液两相分离,胺溶液在闪蒸罐内的停留时间约为 10 ~ 15min,若为三相分离停留时间为 20 ~ 30min。

(3) 再生设备

① 再生塔

富液再生塔利用由重沸器提供的水蒸气和热量使醇胺和酸气的反应逆向进行,分解胺盐、释放出吸收的酸气。由重沸器来的蒸汽对溶液还有汽提作用,即气相内酸气浓度远小于其平衡浓度,在浓差的驱动下促进 H_2S、CO_2 从溶液内分出,故再生塔也称汽提塔。小直径再生塔常采用填料塔;大直径采用板式塔。塔径确定方法与吸收塔相同,塔板数与吸收塔也基本相同,为 20 ~ 24 块,板间距为 0.6m。在进料塔板上方也有几块充水塔板用于降低溶剂蒸发损失。塔压一般为 70~130kPa，塔顶温度一般低于 107℃。

确定塔径时需知气体流量，应选取塔顶和塔底气体流量较大者确定再生塔径。塔底气体流量等于重沸器产生的水蒸气流量。塔顶气体流量等于塔顶蒸汽流量加酸气流量，塔顶蒸汽流量等于塔底蒸汽流量减溶液温度由入塔温度升至重沸器温度所需蒸汽流量，再减去使酸气汽化所需的蒸汽流量。

② 回流罐和回流比

由冷凝器来的塔顶产物进入回流罐，在罐内酸气和冷凝水分离。酸气经捕雾器除去夹带液滴后送往硫黄回收装置或放空灼烧，冷凝水作为回流液返回再生塔。水摩尔数与酸气摩尔数之比称为回流比。酸气组成和醇胺溶液不同时，再生效果较好的回流比也不相同。有文献认为：用 MEA 溶液的装置，回流比为 2.5~3.0；DEA 为 0.9~1.8；MDEA 为 1.0 左右。也有文献给出回流比可由再生塔顶压力、温度和回流比的关系图(图 4-5)，由图可根据塔顶条件确定回流比。

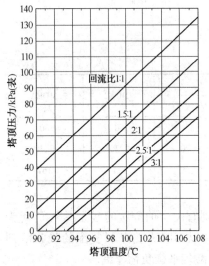

图 4-5 再生塔塔顶压力、
温度和回流比的关系

③ 各类换热设备

a. 重沸器 重沸器为再生塔提供热量，其热负荷由以下几部分组成：

将醇胺溶液加热至沸点；

使再生塔塔顶回流液(水)汽化；

补充水的热负荷；

重沸器和再生塔的热损失。

重沸器的热负荷尚需留有 15%~20% 的安全余量。小型再生系统的重沸器采用直燃式加热炉，火管表面热流量为 $20.5~26.8kW/m^2$，管壁温度小于 150℃。大型再生系统可用水蒸气或热油为热媒。单位体积贫液需重沸器提供的典型热负荷为：MEA 系统 280~335kJ/L；DEA 系统 250~280kJ/L。再生系统压力 70kPa 时，20% 质量浓度的 MEA 在重沸器内加热温度为 118℃，35% 质量浓度的 DEA 为 121℃。

重沸器热负荷与再生塔塔板数、回流冷凝器负荷间相互联系。重沸器热负荷愈大，塔顶回流冷凝器的负荷愈高，回流量愈大，但可用较少板数的再生塔。反之，重沸器热负荷小，回流量小，塔板数和塔高增加。

b. 回流冷凝器 再生塔顶的回流冷凝器常为强制通风空冷式翅片管换热器，它的负荷是冷却塔顶气并把水蒸气凝析为水。冷却器的入口温度不宜超过 107℃，可直接测量或由水蒸气分压查蒸汽表得到，出口温度为 54~62℃。

c. 贫/富胺液换热器 用于预热富液减少重沸器负荷，同时回收贫液显热减少贫液冷却器负荷。换热器常用管壳式换热器，腐蚀性强的富液走管程。为减小腐蚀，控制富液流速在 0.6~1.2m/s 范围内。换热前后贫富液的温度变化常在 38~56℃ 范围，常用两台或两台以上换热器串联，提高换热器的经济性。换热器压降一般为 14~35kPa。

d. 贫胺冷却器 为强制通风空冷式翅片管换热器，冷却贫液。贫液进吸收塔温度过高，使胺的蒸气压高，胺液被气体携带出塔的损失增多；温度过低，使塔顶气体骤冷，产生凝析烃液污染胺液，并促使塔内溶液发泡。因此，贫液温度应略高于塔顶温度，温差由贫胺冷却器控制。

以上各种换热设备的热负荷和所需换热面积与胺液循环量 $q_L(m^3/h)$ 有关，可按表 4 – 4 估算。

表 4 – 4　换热设备参数与醇胺溶液循环量的关系

设 备 名 称	负荷/$(MJ \cdot h^{-1})$	换热面积/m^2
重沸器	$335q_L$	$4.62q_L$
回流冷凝器	$209q_L$	$4.60q_L$
贫/富胺液换热器	$70q_L$	$4.17q_L$
贫胺冷却器	$140q_L$	$2.13q_L$

④ 过滤器

在胺液循环系统内装有机械式过滤器和活性炭过滤器。在闪蒸罐下游装机械式过滤器，除去富液内95%以上粒径大于$10\mu m$的固体杂质，防止堵塞贫/富胺液换热器和再生塔。在贫液冷却器上游安装活性炭或炭粒过滤器，除去溶液吸收的液烃，提高进吸收塔贫液的品质，减小溶液发泡倾向。活性炭过滤器的流量较小，溶液循环量较大时可使10%~15%的溶液通过过滤器。原料气较富(含重烃组分较多)时，可在贫、富液管线上均设炭粒过滤器。无论那种过滤器，装在富液管线上有较好的过滤效果。但富液内H_2S含量较高时，置换过滤网和活性炭都可能发生意外事故，此时应将两种过滤器都装在贫液管线上。

3. 工艺过程控制

脱硫脱碳装置的工艺过程控制可以包括(但不限于)以下内容：

(1) 设置高级孔板节流装置对进厂原料气进行计量；

(2) 设置在线色谱分析以监视进厂原料气质量；

(3) 对原料气过滤分离器入口/出口压差检测、控制；

(4) 设置吸收塔液位控制及超低液位联锁保护，根据不同工况分别切断装置进口原料气、富液出料及至脱水装置出口湿净化天然气；

(5) 对进入吸收塔的贫胺液进行流量控制；

(6) 对进入吸收塔的除盐水进行计量；

(7) 对湿气进行温度控制；

(8) 检测、控制湿净化气分离罐的液位；

(9) 检测、控制闪蒸罐的压力，其液位与再生塔进口富胺液流量联锁控制；

(10) 再生塔液位与胺缓冲罐进口流量联锁控制；

(11) 再生塔入口高纯度氮气压力控制；

(12) 胺再生塔顶酸气温度控制；

(13) 再生塔温度采用塔顶温度和导热油流量串级控制；

(14) 出装置的净化气管线设置在线 CO_2 分析仪以监视净化气质量；

(15) 进装置原料气管线设置气相色谱分析仪。

(二) 脱水

原料气进厂的水露点一般是管道进厂压力、温度下，比环境温度低5℃，因此，其含水量高于$0.1 \times 10^{-6} m^3/m^3$。而在化学吸收法脱硫脱碳过程中，又与醇胺溶液接触，气体中含水量更会增加，为此，在进液化装置前必须深度脱水。

1. 脱水方法选择

甘醇法适用于大型天然气液化装置中脱除原料气所含的大部分水分。甘醇法的投资费用较低，连续操作，压降较小，再生能耗小。采用汽提再生时，干气露点可降低至约 -60℃。但气体中含有重烃时，甘醇溶液易起泡，影响操作，增加损耗。

分子筛法适用于要求干气露点低的场合，可以使气体中水的体积分数降低至 1×10^{-6} m^3/m^3 以下。该法对气温、流速、压力等的变化不敏感。腐蚀、起泡等问题不存在。对于要求脱水深度大的场合特别适合。

两种方法比较如下：

（1）吸收法的建设费用低。吸收法的装置相对较小，质量轻，占地少。气体处理量$28 \times 10^4 m^3/d$ 时，吸收法比吸附法建设费用低约50%，而 $140 \times 10^4 m^3/d$ 时低约30%。

（2）吸收法操作费用低。吸收塔的压降约 35～70kPa，吸附塔压降约 70～350kPa；吸收法脱除单位质量水的再生热小。

（3）吸收法甘醇再生在常压下进行，补充甘醇容易。吸附法更换吸附剂时需中断生产，有时会影响向下游连续供气。

（4）吸收装置脱水深度低。只能将天然气脱水至 $8mg/m^3$ 左右，露点 -40℃左右；吸附法，特别是分子筛能将气体含水脱至比吸收法小一个数量级，达零点几 mg/m^3 以下。

（5）吸收法对原料气压力、温度、流量变化的敏感性较强；固体吸附剂脱水效果受工艺参数变化的影响相对较小。原料气内含 C_7^+ 大于 0.3%（质量）时，吸附法脱水较困难。

（6）甘醇受污染、热降解或气流速度过高时容易发泡，并对设备和管线产生腐蚀；固体吸附剂不易腐蚀，但颗粒容易发生机械破碎。

（7）气流中重烃、H_2S、CO_2 等易使吸附剂中毒，丧失活性。

在能达到干气露点要求的前提下，通常多采用甘醇脱水，例如用于管输天然气的处理，就多用甘醇脱水；而用于冷凝法从天然气内回收轻油时，要求的水露点在 -100℃就常用分子筛脱水。

对于处理量大的基本负荷型天然气液化工厂，如果进厂原料气尚未符合商品气质量标准，含水量高，可以先用甘醇吸收法脱除原料气所含的大部分水分，再采用分子筛脱水至所要求的低露点；如果进厂天然气是长输管道输送的达到商品气质量标准的，可以采用分子筛脱水达到预处理要求。

2. 分子筛脱水工艺流程

基本负荷型天然气液化工厂的原料气多数都是达到商品气质量标准的，因而大多采用分子筛脱水。

分子筛脱水可采用两塔流程（一塔吸附，一塔再生/冷却，不连续操作）；三塔流程（一塔吸附，一塔再生，一塔冷却，连续操作）；四塔流程（两塔吸附，一塔再生，一塔冷却，连续操作）。

对于分子筛脱水塔的负荷不是特别大的情况，采用四塔流程既增加了投资，又增加了操作的复杂性，一般不会采用。

两塔流程、三塔流程主要对比情况如下：

（1）时间分配比较

两塔方案：12h 吸附，6h 再生，6h 冷却。时间分配表见表 4-5。

120

表 4 – 5 两塔方案吸附塔时间分配表

吸附器	0 ~ 12h	12 ~ 24h
吸附器 A	吸附	加热/冷却
吸附器 B	加热/冷却	吸附

三塔方案：8h 吸附，8h 再生，8h 冷却。时间分配表见表 4 – 6。

表 4 – 6 三塔方案吸附塔时间分配表

吸附器	0 ~ 8h	8 ~ 16h	16 ~ 24h
吸附器 A	吸附	加热	冷却
吸附器 B	冷却	吸附	加热
吸附器 C	加热	冷却	吸附

（2）两塔、三塔方案对比

两塔、三塔方案对比见表 4 – 7。

表 4 – 7 两塔、三塔方案对比表

方 案	两塔流程	三塔流程
分子筛脱水塔	2 台	3 台
自动切换阀	8 只	18 只
分子筛一次填装量	100%	120% ~ 130%
再生气量/(m³/d)	100%	60%
投资	100%	110%
运行费用	100%	85%

通过以上比较可以看到，一般来说，三塔流程投资高于两塔流程投资，且两塔流程较三塔流程工艺相对简单，便于操作；两塔流程较三塔流程吸附—再生/冷却匹配性较好，减少了切换阀的切换次数，从而有利于延长其使用寿命。因此，一般情况多采用两塔流程。如遇处理量特别大的场合也可考虑三塔流程。

图 4 – 6 所示是典型的两塔分子筛脱水流程，原料湿气在入口分离器或涤气器（图中未表示）内除去液、固体杂质后，向下进入左侧的在线脱水吸附塔，经干燥后的气体由塔底向外输送。再生气经加热炉加热后，由下向上流入右侧吸附塔加热床层，驱除吸附剂所吸附的水，恢复吸附剂活性。之后，再生气经加热炉旁通阀，进塔冷却床层。由再生吸附塔顶流出的再生气经冷却器冷却后，大部分水蒸气在再生分离器内凝析、分出。脱出游离水的再生气由分离器返回原料气，与原料气一起进行干燥。每个吸附塔的工作过程由吸附、加热再生和冷却三阶段组成，周而复始循环进行。

再生气可用原料湿气也可用脱水后的干气，气量为原料气的 5% ~ 10%（质量）。使用干气时，由干气汇管引出，经压缩机增压 0.28 ~ 0.35MPa 后，进再生加热炉。使用湿气时，在湿气汇管再生气流量控制阀前引出，由再生分离器分出的再生气返回至控制阀后，与原料气汇合进吸附塔脱水。

流程中，气体脱水时湿气由上向下通过吸附塔，使流动气体对吸附床层的扰动降至最低，容许有较大的气体流速，减小塔径和造价。湿气向下流动，还使顶层吸附剂长期处于饱

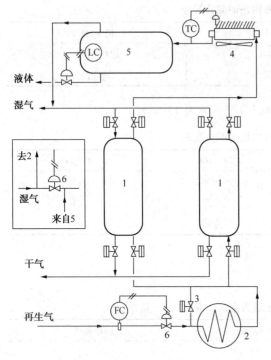

图 4-6　两塔流程

1—吸附塔；2—再生加热器；3—加热炉旁通阀；
4—再生冷却器；5—再生分离器；
6—再生气流量控制阀

和或过饱和状态，与兼起承重作用的底层吸附剂相比，顶层吸附剂容易破碎，保护了底层吸附剂。若湿气向上流动，将使吸附床层膨胀、吸附剂流化，使吸附剂颗粒产生无序运动，磨损并使颗粒破碎，缩短吸附剂寿命。干气再生时，气体由下向上通过吸附塔，使吸附床各层次解吸的水和其他杂质不通过整个床层，减少床层污染。下层吸附剂解吸产生的蒸汽对上层吸附剂有汽提作用，有助于吸附质解吸。下层吸附剂是控制出塔干气露点的关键，再生气由下向上可使下层吸附剂得到更完善的再生，残余湿容量降至最低，从而得到好的脱水效果。湿气再生时，气体流向同干气，即由下而上通过吸附床。

再生后的吸附塔需要冷却。使用干气时，干气经加热炉旁通，由下向上流经吸附塔。用湿气冷却时，应从上向下流经吸附塔，以免下层吸附床层吸湿。

3. 主要设备

吸附塔（干燥器）是分子筛脱水的主要设备。图 4-7 为吸附塔结构示意。塔顶部和底部为气体进出口，中间为吸附剂，在塔顶部和底部的侧壁上有装料口和卸料口，更换吸附剂用。支撑隔栅上方有一层开孔 10 目（1.65mm）的不锈钢丝网，防止吸附剂漏失。丝网上方为两层陶瓷球，下层瓷球直径约 12mm、厚 50～75mm，上层瓷球直径 6mm、厚度与上层相同。吸附剂上方有厚 100～150mm、直径 12～50mm 的瓷球压在开孔 12mm 的筛网上，改善原料气的分配并避免由于气体旋转而损坏吸附剂。原料气应经分配器慢速、径向进入塔顶空间，均匀通过吸附剂床层。

吸附塔需要保温层。器壁外保温施工容易，内保温的施工难度较大，但内壁保温可节省约 20%～30% 的再生热能消耗，投资回收期约 2～3 年。内保温层应特别注意施工质量，若有裂缝，湿气将经裂缝绕过吸附床，得不到有效脱水。

吸附塔可以采用经验方法计算塔径。

气体压力和处理量一定时，塔径大、塔内气流速度低，吸附剂吸湿容量增大，脱水效果较好，但塔造价增大。因而，设计吸附塔时应在塔径和气流速度间作出某种折衷，并应考虑床层的高径比。气体空塔速度过大容易扰动床层，并使吸附床压降增大，压碎吸

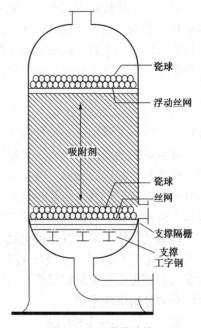

图 4-7　吸附塔结构

（瓷球　浮动丝网　瓷球　丝网　支撑隔栅　支撑工字钢　吸附剂）

附剂颗粒。气体最大空塔速度的经验式为：

$$v_{max} = A/\rho_g^{0.5} \qquad (4-3)$$

式中　v_{max}——气体最大空塔速度，m/min；

　　　A——常数，吸附剂颗粒直径 3.2mm，$A=67.1$

　　　　　直径 1.6mm，$A=48.8$；

　　　ρ_g——气体密度，kg/m³。

吸附剂装填量一定时，塔径愈大、压降愈小。单位床高压降可用下式表示

$$\frac{\Delta p}{L} = B\mu v_g + C\rho_g v_g^2 \qquad (4-4)$$

式中　Δp——床层压降，kPa；

　　　L——床高度，m；

　　　v_g——气体空塔速度，m/min；

　　　μ——气体黏度，mPa·s；

　　　B、C——经验常数，见表 4-8。

表 4-8　压降经验常数

颗粒类型	B	C
ϕ3.2mm 球状	4.156	0.001351
ϕ3.2mm 条状	5.359	0.001885
ϕ1.6mm 球状	11.281	0.002067
ϕ1.6mm 条状	17.664	0.003192

单位床高经济压降约 7.4kPa/m，整个床层压降约 34.5kPa，不要超过 55kPa。随使用时间延续，吸附床污染，床层压降会逐渐增大。再生气单位床高压降不应小于 0.23kPa/m，流速不小于 3m/min。否则也将产生不均匀流动。

塔径一定，床高与装填的吸附剂量有关。长周期吸附塔的床层高度有两部分组成，即饱和区和传质区。饱和区高度按气体脱水量和吸附剂设计湿容量确定，传质区高度按下式确定。

$$h_Z = 0.1498\xi v_g^{0.3} \qquad (4-5)$$

式中　h_Z——传质段高度，m；

　　　ξ——系数，颗粒直径 3.2mm，$\xi=3.4$，颗粒直径 1.6mm，$\xi=1.7$。

吸附床应有一定高/径比。直径过大，床层高度减小，易产生沿塔截面气体流速分布不均；直径太小，床层高度增大，床层压降过大。文献推荐 $L/D \geqslant 2.5$，但我国若干套吸附塔的 L/D 约为 2，也取得好的脱水效果。推荐 $L/D = 2 \sim 2.5$。

在以上经验公式和数据的基础上，可试算塔的直径和吸附床的高度。

4. 操作

固体干燥剂脱水系统的合理设计和正确操作是延长吸附剂寿命、节省运行能耗和费用的关键。

（1）原料气压力和温度

原料气压力和温度应综合考虑脱水系统上下游工艺要求。固体吸附剂应在较低温度下工作，一般在确保不产生水合物前提下，原料气温度应低于 38℃，最高不要超过 50℃，分子

筛脱水温度可略微放宽。否则，吸附剂湿容量降低使吸附效果变差。

压力降低，吸附剂湿容量降低，但压力对湿容量的影响比温度小得多。因此，吸附操作压力可按后续工艺所需压力决定，一般应在 0.7MPa 以上。在操作中应避免原料气压力波动而扰动吸附剂床层。有文献指出，多数装置的原料气压力处于 3.4 ~ 8.3MPa 范围内。

（2）保持脱水系统洁净

系统内出现游离水、液烃、腐蚀产物、化学剂、蜡、泥沙等杂质，将影响吸附剂湿容量和使用寿命。

① 入口分离器或涤气器是对原料湿气进行洁净的关键设备。游离水和液体杂质会使吸附剂破碎和粉化；非挥发性液体包在吸附剂颗粒上和固体杂质一起堵塞床层孔隙，降低气体处理量，增大床层压降，甚至压碎吸附剂颗粒。在压缩机和醇胺脱酸气装置下游的脱水入口分离器应采用过滤式或聚结式分离器，应能除去 99% 粒径为 0.5 ~ 10μm、100% 10μm 以上的颗粒。

② 新建系统投产前，应对系统进行干燥处理，塔内有内保温层时用甲醇干燥。新装吸附剂在操作的头几周内常沉降 5% ~ 7%，充装时应考虑吸附剂沉降或在运行几周后补充吸附剂。

③ 自再生吸附塔流出的热再生气经冷却、分离出凝液后，返回脱水流程原料湿气内，进吸附塔脱水。在掺入点处，再生气与原料气的温度应尽量一致，温差不应大于 10℃，否则再生气骤冷后将析出液烃和水，影响吸附剂寿命。

④ 在确保不生成水合物的前提下，应尽量降低再生分离器温度，尽可能多地从再生气内分出水和液烃等解吸物。

⑤ 经常检查再生分离器排出液体的 pH 值，有助于确定系统的腐蚀倾向。

（3）保持吸附剂长效

① 在吸附塔再生加热时，为使被吸附水和其他杂质解吸，应在吸附剂制造商提供的再生温度范围内，使用较高的再生温度（一般 230 ~ 315℃）。如吸附剂内残留吸附质，将影响脱水效率和吸附剂寿命。

② 冷却再生吸附塔的气体需用干气。若用原料湿气对塔进行冷却，湿气沿塔身由上向下通过吸附塔，床层温度达到 100℃ 时应停止冷却。若湿气继续冷却塔身，吸附床将从湿气内吸附水（塔的低效预加载），减少了吸附周期内床层的吸附能力。若用干气冷却，干气沿塔身由下而上通过床层，温度可冷却至略高于原料气温度，温差为 20℃ 左右。

③ 吸附塔实际操作压力不应低于设计压力太多，在一定气体处理量下，压力愈低吸附塔内气体流速愈高，可能扰动吸附剂颗粒，使吸附剂磨损、破碎。

④ 需要改变吸附塔压力时，应缓慢增压或减压，压力变化速度控制在 240kPa/min 以下，避免扰动吸附剂床层。

（4）节能

① 尽量利用废热再生；

② 目前多数脱水装置采用 8h 脱水循环，对较大吸附塔最优循环周期应为 10 ~ 12h；

③ 吸附塔采用内保温层；

④ 用再生气流量控制阀提取再生气（图 4 - 6）降低了原料气的压力。若用压缩机循环再生气，则能降低能耗；

⑤ 据统计，从吸附塔脱出 1kg 吸附水需热 15 ~ 16MJ，若热耗过大应查清原因。

124

⑥ 吸附剂湿容量随使用时间而变，不采用定时切换吸附周期，按脱水后干气露点灵活确定吸附周期，吸附床达到最大吸湿负荷时再生将减少再生热耗。

5. 工艺过程控制

脱水装置的工艺过程控制可以包括（但不限于）以下内容：

（1）进装置湿气分离罐液位控制；

（2）分子筛脱水塔进出口截断阀顺序控制系统，对分子筛脱水塔吸附、再生、冷却过程进行自动切换；

（3）再生塔重沸器导热油流量串级控制；

（4）检测、控制再生气分离器液位；

（5）再生气压缩机组自带的控制系统能独立完成机组所有的运行操作；

（6）再生气压缩机组自带控制系统可接收 PCS、SIS 系统的正常停车、紧急停车指令，可向 PCS、SIS 系统提供压缩机状态信号和综合报警信号，采用电缆硬线连接；

（7）再生气压缩机组自带控制系统通过 RS‐485 接口与 PCS 系统进行通信；

（8）粉尘过滤器差压检测；

（9）在装置出口管线设置在线水分分析仪，对出装置干气露点进行分析检测。

（三）脱汞

汞对铝制换热器腐蚀破坏机理已如第二章中所述，而汞对铝制换热器腐蚀破坏的影响因素主要是：

1. 天然气中的汞含量

在液化天然气工业中，一般要求 LNG 工厂原料气预处理后的汞含量低于 $0.01\mu g/m^3$，而即使达到管输标准的商品天然气中汞含量也并无明确标准，且往往高于天然气液化工厂原料气的质量要求。对基本负荷型液化工厂，由于其处理量大，微量汞也容易积累产生腐蚀，而天然气中的汞含量越高，液化装置冷箱发生汞腐蚀的几率和程度就越大，腐蚀速度就越快，而一旦停产，经济损失大，因此更需要控制好汞含量。

2. 天然气的水露点

当原料气含汞时，由于水的存在会大幅增强冷箱的汞腐蚀破坏。故应尽可能脱除天然气中的水分，这不仅能防止水化物冻堵，也能减缓汞腐蚀。但即使最好的干燥法也不可能除去天然气中的全部水分。通常深冷装置经分子筛干燥脱水后的气体含水量应低于 1×10^{-6}。而若天然气汞含量为 1×10^{-6} 时，折算汞含量却高达 $8990\mu g/m^3$。天然气脱水后剩余的微量水分足以满足汞腐蚀的任何反应需求，因此除了尽可能降低天然气含水量外，还应避免设备温度在 0℃ 和水露点之间这一汞对铝合金反应的适宜温度。

3. 运行压力

运行压力越高，在投产和停运过程中，冷箱因升压、降压而产生的膨胀收缩微量塑性变形程度就越大，对照液体金属脆化的腐蚀机理，汞对冷箱的液体金属脆（断）作用就越强，损坏的风险就越大。

4. 运行温度

天然气中的汞基本以气相存在。汞齐（汞合金）形成反应要求汞必须湿润铝金属表面，故液态汞对冷箱的腐蚀性最大。当天然气经过冷箱时（压力一定），随着温度的逐步降低，天然气中的微量汞逐渐被冷凝液化，从而产生液体汞聚集在冷箱下面的集流管束（铝合金材质)底部，致使冷箱发生汞腐蚀。温度越低，天然气中的汞液化率就越高，也就易造成冷箱汞腐蚀。但当温度低于 $-39℃$ 时，汞将凝固成固体，使冷箱过冷部位(低于 $-39℃$ 部位)发生汞腐蚀可能性大幅降低。

5. 合金元素的影响

对于接管和封头采用 5083 铝镁合金的冷箱，其发生汞腐蚀的部位也以接管和封头的焊缝部位最严重，这可能与 5083 合金含镁量较高，在含汞环境中的耐蚀性较差有关。在元素周期表上，镁紧邻铝，与铝化学性质十分接近，能与天然气中的 CO_2、H_2O、H_2S、O_2 等众多杂质性气体反应。由于其化学性质比铝更活泼，故在含汞环境中比铝更易被腐蚀。而合金当中含有某些金属杂质元素如 Si、Zn 等，也会降低其耐蚀性。

6. 其他因素

其他因素包括：酸性气体、运行时间和冷箱的缺陷等。在含汞环境下，铝合金一旦失去了钝化膜的防护，天然气中的酸性气体(H_2S、CO_2)也将对铝合金基质产生腐蚀而加剧损坏。装置运行时间越长，冷箱发生汞腐蚀穿孔的可能性就越大；而冷箱本身存在的制造工艺缺陷也有利于汞腐蚀(如液体金属脆)的发生。

汞对铝制换热器的腐蚀性很大，必须在天然气降温前脱除。基本负荷型天然气液化工厂当前常用的脱汞方法是：

(1) 载硫活性炭脱汞

这是利用活性硫将汞以硫化物的形式固定在活性炭的多孔结构上，达到脱除汞的目的。载硫活性炭脱汞是一种经济有效的脱汞方法，国内外均有专用产品，使用广泛。

(2) 可再生吸附剂脱汞

可再生吸附剂 HgSIV 可同时对气体干燥并脱汞，HgSIV 吸附剂是分子筛产品，外观与常规的分子筛产品类似，呈球状或粒状。分子筛颗粒的外表面含有银，天然气里的汞与银融合而脱去汞。在现有的分子筛脱水器里加一层 HgSIV 吸附剂，就可以将水和汞一起除去，其缺点是价格比较贵。

(四) 脱重烃

气体中，重组分的含量对气体露点的影响较大。天然气中极少量的 C_6^+ 的微小变化对天然气的相特性有较大的影响。在低于 $-183.3℃$ 时，乙烷和丙烷能以各种含量溶解于液化天然气中，但是 C_6^+ (特别是环状化合物)和 CO_2 及水不易溶解，因而重烃与水和 CO_2 一样，需在天然气深冷前脱除，以防止其在液化区冻结，并控制热值达到 LNG 产品规格要求。为此，常用的方法是天然气预冷后，进气液分离器脱出重烃。

LNG 工厂脱重烃实际上是天然气凝液的回收，而回收的重烃(天然气凝液 NGL)是 LNG 工厂的产品。液体石油产品的价格一般高于热值相当的气体产品，也即回收的液态烃价格常高于热值相当的气体，多数情况下回收轻烃都能获得丰厚的利润。根据市场需求情况，NGL 还可以经过分馏生产乙烷、丙烷、丁烷、戊烷等单体烃以及天然汽油。丙烷和丁烷可以按不同比例配置成民用或车用液化石油气(LPG)。为此，基本负荷型 LNG 工厂需要配备回收、储存和出售 NGL 的设施。

为将脱出的重烃凝液进一步分割成符合产品质量标准的乙烷、丙烷、丁烷、天然汽油等产品，可利用精馏方法在凝液分馏系统中生产产品。

多组分分馏流程基本上有三种：

（1）按挥发度递减的顺序采出馏分；

（2）按挥发度递增的顺序采出馏分；

（3）按挥发度交叉进行采出。

由于顺序流程的每一塔中仅需要汽化一个组分，可以节省加热蒸汽及冷却剂用量，塔径也小，因而比较经济。而按挥发度递增的顺序采出馏分时，除最难挥发馏分外，其他馏分在采出之前都必须多次汽化和冷凝，能量消耗大，不仅如此，物料的内循环增多，即精馏塔的物料处理量增多，塔径也会加大，重沸器和冷凝器的传热面积也相应增加，从而增加装置建设费用和运行能耗。

通常，NGL 回收装置的凝液分馏系统大多采用按挥发度递减的顺序采出馏分，即烃类相对分子质量从小到大逐塔分离的顺序流程，依次分出乙烷、丙烷、丁烷（或丙、丁烷混合物）、天然汽油等（见图 4－8）。对于回收 C_2^+ 的装置，则应先从凝液中脱出甲烷，然后再从剩余的凝液中按照需要进行分离；对于回收 C_3^+ 的装置，则应先从凝液中脱出甲烷和乙烷，然后再从剩余的凝液中按照需要进行分离。

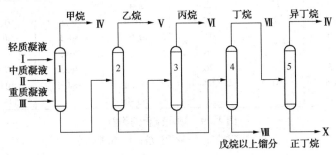

图 4－8　凝液分馏的顺序流程

如图 4－9 所示，为从脱甲烷塔塔底馏出物中生产丙烷、丁烷和天然汽油的流程例子，按各种烃的挥发度递减顺序排列各塔，这是最常见的一种塔的排列方法。脱甲烷塔塔底产品为 C_2^+，进入脱乙烷塔分出 C_2，塔底得到 C_3^+。C_3^+ 进入脱丙烷塔，塔顶产品为 C_3，塔底产品为 C_4^+。在脱丁烷塔内，塔顶产品为 C_4，塔底产品为 C_5^+，即天然汽油。当确认 C_4 值得进一步分成 iC_4 和 nC_4 时，由丁烷分割塔进行分离。与按烃挥发度递增的逆序排列分馏塔相比，顺序排列方式的每个塔仅需汽化一个组分，塔径较小；同时也降低了系统内的流体循环量和各种能量消耗。上述塔器内，除脱甲烷塔和脱乙烷塔的塔顶温度低于常温外，其余各塔的塔顶和塔底温度均高于常温。

显然，分馏塔的数量由所需产品数量而定。例如只生产液化石油气和天然汽油的系统，只需设两个分馏塔，脱乙烷塔塔顶产品为 C_2（ $+C_1$），塔底得到 C_3^+；天然汽油稳定塔塔顶产品为液化石油气（C_3+C_4），塔底为天然汽油 C_5^+。

二、液化装置

（一）阶式制冷的基本负荷型天然气液化装置

1961 年，在阿尔及利亚建造的世界上第一座大型基本负荷型天然气液化装置（CAMEL），采用丙烷、乙烯和甲烷组成的阶式制冷液化流程见图 4－10。于 1964 年在阿尔及利亚 Arzew 交付使用。该液化工厂共有三套相同的液化装置。每套装置液化能力为 1.42Mm³/d。

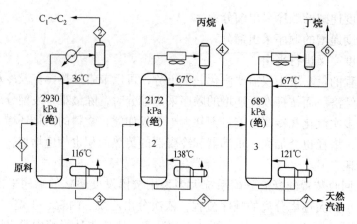

组 分	mol/h						
	(1)	(2)	(3)	(4)	(5)	(6)	(7)
C_1	1.5	1.5					
C_2	24.6	22.2	2.4	2.4			
C_3	170.3	7.5	162.8	161.9	0.9	0.9	
iC_4	31.0		31.0	0.9	30.1	30.1	
$nC4$	76.7		76.7		76.7	72.1	4.6
C_5^+	76.5		76.5		76.5	0.9	75.6
总计	380.6	31.2	349.4	165.2	184.2	104.0	80.2
m^3/d				156.48		117.95	110.87

图 4-9 顺序流程的物料

1—脱乙烷塔；2—脱丙烷塔；3—脱丁烷塔

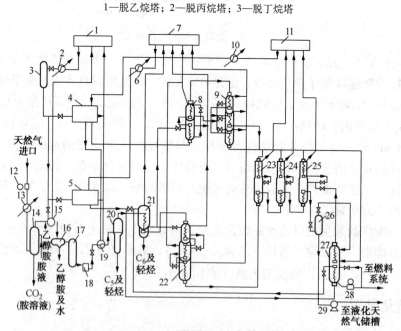

图 4-10 阶式制冷天然气液化装置流程图（CAMEL）

1—丙烷压缩机；2、6、10、13—水冷却器；3—丙烷储罐；4—丙烷－甲烷换热器；5—丙烷－乙烯换热器；
7—乙烯压缩机；8、9—乙烯－甲烷换热器；11—甲烷压缩机；12—原料气压缩机；14—二氧化碳吸收塔；
15、19—天然气冷却器；16—脱水器；17—干燥器；18—过滤器；20—汽提塔；21—重烃分离器；
22—乙烯冷却器；23、24、25—甲烷－天然气换热器；26—天然气闪蒸槽；27—液化天然气泵；
28—天然气压缩机；29—天然气换热器

进厂的天然气压力为 3.24MPa；温度 37.8℃；各组分的摩尔分数是：83% 甲烷、10% C_2^+ 以上的烷烃、7% 氮。原料气先经离心压缩机压缩到 4.1MPa，用海水进行冷却；此后用单乙醇胺溶液脱除二氧化碳，用乙二醇及铝胶清除水分，将露点降到 −73℃ 以下。净化后的原料气进入液化装置。每套装置用三台离心式制冷压缩机，它们在各自的封闭循环系统中作为制冷剂压缩机。其中丙烷制冷循环在换热器 15 和 19 中，为天然气提供两个温度级的冷量，用于冷却天然气；乙烯制冷循环在乙烯冷却器 22 中，为天然气提供三个温度级的冷量，用于液化天然气；甲烷制冷循环在换热器 23、24、25 中，为天然气提供三个温度级的冷量，用于过冷液化天然气。过冷后的液化天然气闪蒸到大气压，用泵送至储罐。液化后的天然气组分的摩尔分数大致为 86.98% 甲烷、0.71% 氮、其余为 C_2^+ 以上的烷烃。制冷循环所用的甲烷和丙烷直接取自天然气；乙烯则由乙醇脱水制得，每天补充量约需 5t。

采用阶式制冷液化流程的优点是能耗低，且各制冷循环及天然气液化系统各自独立，相互牵制少，操作稳定。它的缺点是流程复杂、机组多，要有生产和储存各种制冷剂的设备，各制冷循环系统间不能有任何渗漏，维修也不方便。

（二）混合冷剂制冷的基本负荷型天然气液化装置

混合制冷剂液化流程有开式和闭式两种。闭式混合制冷剂液化流程是指制冷剂循环与天然气液化过程彼此分开的液化流程。图 4−11 为采用闭式混合制冷剂液化循环的天然气液化装置示意图。这套装置是 1970 年恢复运转的利比亚伊索工厂的液化装置。

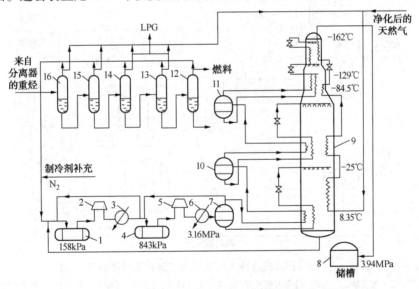

图 4−11　混合冷剂制冷天然气液化装置流程图（利比亚伊索工厂）

1、4—缓冲罐；2、5—压缩机；3、6—水冷却器；7、8、11—气液分离器；9—LNG 储槽；10—低温换热器；12—C_5 分离器；13—C_4 分离器；14—C_3 分离器；15—C_2 分离器；16—C_1 分离器

该厂共有四条液化生产线，每两条液化线组成一套装置。每套装置设有单独的原料气预处理、压缩机及换热器等。总液化能力为 $1075 \times 10^4 m^3/d$。

两台并联布置的压缩机将原料气从起始压力 2.84MPa 压缩到 4.64MPa。压缩后的原料气用热钾碱法脱除二氧化碳与硫化氢；用分子筛脱水干燥，并借助吸附过程脱除高碳氢化合物。净化后的天然气进入低温换热器冷却和液化，其液化压力为 3.94MPa。

每套液化装置由 4 台离心式制冷压缩机及两台绕管式铝制换热器组成。因此整个液化系统共有 8 台制冷压缩机，均用蒸汽透平驱动；4 台低温绕管式换热器，每台直径 4.5m，高

61m，换热器面积 93000m^2。

液化天然气产品在大气压下，储存在两个容量为 47700m^3 的地面双层隔热合金钢储槽中，储槽直径 42.7m、高 36.6m，内壳采用含 9% Ni 的钢板，蒸发率为 0.1%。

与级联式液化流程相比，采用混合制冷剂液化流程的液化装置具有机组设备少、流程简单、投资较少、操作管理方便等优点。同时，混合制冷剂中各组分一般可部分或全部从天然气本身提取和补充，因而没有提供纯制冷剂的困难，且纯度要求也没有级联式液化流程那样严格。其缺点是能耗比级联式液化流程高出 15% ~ 20%；对混合制冷剂各组分的配比要求严格。

（三）丙烷预冷混合冷剂制冷的基本负荷型液化装置

为了降低混合制冷剂液化流程的能耗，20 世纪 60 年代末出现了许多改进型的混合制冷剂液化流程。70 年代，APCI（美国空气产品公司）发展了丙烷预冷混合制冷剂液化流程，于 1973 年获得专利，并在大型 LNG 工厂得到了广泛应用。它是级联式循环和混合制冷剂循环的结合，用丙烷将天然气从 40℃预冷至 −30℃；混合制冷剂循环再把天然气从 −30℃过冷到 −160℃。

图 4 −12 是首次采用这种液化流程的天然气液化装置的流程简图，于 1973 年建于文莱。该厂共有五套这样的装置，每套液化能力为 424.5 × 10^{4}m^3/d。

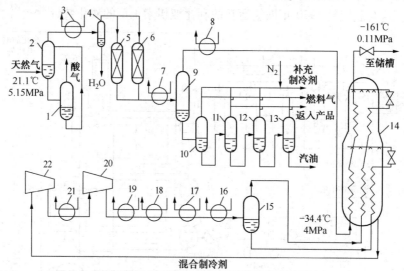

图 4 −12　丙烷预冷混合冷剂制冷天然气液化装置流程图（文莱）

1—再生塔；2—吸收塔；3、18—高压丙烷换热器；4—水分离器；5、6—干燥器；7、17—中压丙烷换热器；

8、16—低压丙烷换热器；9—重烃回收器；10—C$_1$分离器；11—C$_2$分离器；12—C$_3$分离器；13—C$_4$分离器；

14—低温换热器；15—气液分离器；19、21—水冷却器；20、22—制冷剂压缩机

原料气经脱除水分及重烃后，通过两条直径为 710mm 的输气管送入厂内。采用环丁砜法吸收脱除原料气中的二氧化碳及硫化氢；处理后的原料气含有的饱和水经两步脱除，即先将原料气冷却至 21℃左右，使约 70% 的水分被冷凝分离出来，而后再用分子筛深度脱水。

净化后天然气的组分的摩尔分数为 88.2% 甲烷、50% 乙烷、4.9% 丙烷、1.8% 丁烷及 0.1% C$_3^+$。此后，天然气经重烃回收塔分离重烃，并用丙烷预冷到 −34℃，在 4MPa 压力下进入混合制冷剂循环的低温换热器，在其中被冷却、液化和过冷。过冷后的液化天然气送入储槽。

该厂有液化天然气地面储槽三个，每个容量 60000m³。槽内压力维持在 29.4kPa，槽内蒸发气返回工厂作燃料。

（四）基本负荷型液化装置中液化流程的比较

基本负荷型天然气液化装置主要采用上述三种液化流程，其主要指标的比较见表 4-9。表 4-10 列出世界上一些基本负荷型装置所使用的液化流程及其性能指标。

表 4-9　液化流程主要技术经济指标比较

比较项目	阶式液化流程	混合冷剂液化流程	丙烷预冷混合冷剂液化流程
处理气量/10⁴m³ *	1087	1087	1087
燃料气量/10⁴m³ *	168	191	176
进厂气总量/10⁴m³ *	1255	1287	1263
制冷压缩机功率/kW			
丙烷压缩机	58971	—	45921
乙烯压缩机	72607	—	—
甲烷压缩机	42810	—	—
混合制冷剂压缩机	—	200342	149886
总功率	175288	200342	195870
换热器总面积/m²			
翅片式换热器	175063	302332	144257
绕管式换热器	64141	32340	52153
钢材及合金耗量/t	15022	14502	14856
总投资/10⁴美元	9980	10070	10050

* 处的 m³ 是指标准状态下的气体体积单位。

表 4-10　基本负荷型液化装置性能指标

项目名称	投产时间	液化流程	产量/(×10⁴t/a)	压缩机/kW	功率[3]/kW
阿尔及利亚 Arzew, CAMEL	1963	阶式	36	22800	141
阿拉斯加 Kenai	1969	阶式	115	63100	122
利比亚 Marsael Brega	1970	MRC[1]	69	45300	147
文莱 LNG	1973	C_3-MRC[2]	108	61500	127
阿尔及利亚 Skikda 1, 2, 3	1974	MRC	103	78300	169
卡塔尔 Gas	1996	C_3-MRC	230	107500	104
马来西亚 MLNG Dua	1995	C_3-MRC	250	102500	91
马来西亚 MLNG Tiga	2002	C_3-MRC	375	140000	83

① MRC 为混合制冷剂液化流程。

② C_3-MRC 为丙烷预冷混合制冷剂液化流程。

③ 功率为生产 1kg 的 LNG 所消耗的功。

从表中可以看出，丙烷预冷混合制冷剂液化流程在基本负荷型装置中得到了广泛的应用。大多数运行中的基本负荷型 LNG 装置都采用这种液化流程。在过去的几年里，对这类工艺流程进行了进一步的改进，从而几个新建 LNG 工厂都采用了这种液化流程，如马来西亚的 MLNG Tiga，澳大利亚西北大陆架第 4 条生产线和尼日利亚扩建的 LNG 项目。现其单

线生产能力已达到 $400 \times 10^4 t/a$ 的数量级。

当前日趋激烈的市场竞争对天然气液化装置提出了能耗低、投资少、设备运行可靠、易于维护的要求。这些要求促进了天然气液化技术的进步。目前除了上述广泛采用的三种天然气的液化流程外,近年来在工业上还发展了一些改进型的混合制冷剂液化流程,如壳牌公司设计的双混合制冷剂液化流程(DMR),且已在阿尔及利亚 Skikda 天然气液化工厂的 I 型液化装置(共 3 套)上采用。另外,特立尼达和多巴哥的 LNG 项目,安装了菲利浦的优化级联液化流程。

壳牌公司的双混合制冷剂液化流程,主要用于中高生产量的 LNG 生产线,其产量范围为 $(200 \sim 500) \times 10^4 t/a$。这一液化流程包括两个混合制冷剂循环,一个用于预冷,另一个用于液化。壳牌公司通过优化设计 DMR 液化流程,从而可充分利用预冷循环和液化循环中的压缩机驱动装置的动力。对于 DMR 液化流程,可通过调节两个循环中混合制冷剂的组分,使压缩机在很宽的进气条件和大气环境下工作。DMR 液化流程在投资方面比丙烷预冷混合制冷剂液化流程更有竞争力。这已在阿尔及利亚 Skikda 天然气液化工厂中得到证实。DMR 液化流程若用在热带地区,则投资将会进一步降低。

(五)发展趋势

天然气液化工厂是 LNG 产业链中技术密集、投资额大的重要一环。在全球天然气利用快速增长的今天,寻求天然气液化工厂经济有效的建设方案也越发受到关注,特别是工艺技术、经济规模、优化设计等方面的进步,提高了天然气液化工厂的经济性。

1. 工艺技术

天然气液化工厂的工艺技术主要是天然气预处理工艺和液化工艺。工艺流程的先进、合理是减少投资、方便操作、降低成本的基础。

随着各种类型气田的开发,液化工厂的原料气组成变化大。天然气预处理工艺要适应各种气质的处理要求,特别是高酸气含量的原料气的处理。目前,醇胺法、Sulfinol 法和 Benfield 法是使用较多的酸气脱除方法。而分子筛法是使用较多的天然气脱水方法。

对于液化工艺,由于液化设备的投资要占工厂总投资的近三分之一,因此工艺的先进性直接影响到工厂建设和运行的经济性。液化工艺的选择应使流程简单、适应性强、操作弹性大、设备标准化程度高、污染排放少。目前,丙烷预冷混合制冷剂液化工艺被认为是高效的。在此基础上,发展的一些流程各具特色,需按项目情况选择。如澳大利亚采用的是优化级联流程,AP - X 流程等。

2. 装置规模

与大多数工厂相同,在一定的产量下,装置规模大,有利于降低建设投资和运行成本。LNG 工厂也是如此。随着生产规模的扩大,投资费用的增加并不显著,如工艺相同的装置,年产量 $800 \times 10^4 t$ 的工厂总投资仅比年产量 $600 \times 10^4 t$ 的工厂多 10% ~ 15%,但是单位产品的投资要降低 15%,生产运行费用也低。因而增加单套生产规模可以得到好的规模效益。单套装置的年生产能力已达到 $300 \times 10^4 t$。

但是,由于 LNG 产业链的特点,LNG 工厂的生产能力受上游气田天然气供应能力和下游 LNG 运输能力的制约,生产规模不宜太大。对于一座年产量 $800 \times 10^4 t$ 的 LNG 工厂,按合同期 25 年计,其原料气需求量多达 $30000 \times 10^8 m^3$,必须要有资源量足够的天然气田的支持。另外,天然气资源产地往往远离市场,生产能力的安排必须考虑工厂附近地区市场需求之外的产品的运输问题。对 LNG 产业链来说,这两方面的问题比其他产业更为突出。

3. 设计优化

工厂的设计优化对降低造价作用明显。近年来，LNG 工厂设计，从厂址选择、总图布置、管路安装到设备选型，都着重于设计优化。如厂址选择不仅考虑厂址内部工程地质条件、地貌情况、水电等公用系统的供应，而且对工厂与气源地、产品外运条件作充分的比选。在 LNG 工厂设计中越来越重视集成优化。

三、储运系统

LNG 的储存和运输是液化天然气工厂的重要组成部分。由于 LNG 具有可燃性和超低温性(−162℃)，因而对 LNG 储罐有很高的要求。按照 LNG 储存压力可以分为常压储罐和压力储罐两大类。常压储罐在常压下储存 LNG，罐内压力一般为 3.4~30kPa，储罐的日蒸发量一般要求控制在 0.04%~0.2%。为了安全目的，储罐必须防止泄漏。这就出现了单容罐、双容罐和全容罐等多种结构形式。压力储罐的常用工作压力范围为 0.2~0.8MPa。其典型结构有球形储罐、子母罐等。压力储罐的罐容量较小，主要用于 LNG 卫星场站和储存容量要求不大的中小型 LNG 工厂。基本负荷型 LNG 工厂多用大型常压储罐。

（一）储罐型式

低温常压液化天然气储罐按设置方式及结构型式可分为：地下罐及地上罐。地下罐主要有埋置式和池内式；地上罐有球形罐、单容罐、双容罐、全容罐及膜式罐。其中单容罐、双容罐及全容罐均为双层罐(即由内罐和外罐组成，在内外罐间充填有保冷材料)。

1. 地下储罐

除罐顶外，罐内储存的 LNG 的最高液面在地面以下，罐体座落在不透水稳定的地层上。为防止周围土壤冻结，在罐底和罐壁设置加热器。有的储罐周围留有 1m 厚的冻结土，以提高土壤的强度和水密性。

LNG 地下储罐采用圆柱形金属罐，外面有钢筋混凝土外罐，能承受自重、液压、地下水压、罐顶、温度、地震等载荷。内罐采用金属薄膜，紧贴在罐体内部，金属薄膜在 −162℃ 具有液密性和气密性，能承受 LNG 进出时产生的液压、气压和温度的变动，同时还具有充分的抗疲劳强度，通常制成波纹状。图 4−13 为半地下式 LNG 储罐示意。

日本川崎重工业公司为东京煤气公司建造了目前世界上最大的 LNG 地下储罐。其容量为 140000m³，储罐直径 64m，高 60m，液面高度 44m，外壁为 3m 厚的钢筋混凝土，内衬 200mm 厚的聚氨酯泡沫隔热材料，内壁紧贴耐 −162℃ 的川崎不锈钢薄膜，罐底为 7.4m 厚的钢筋混凝土。

地下储罐比地上储罐具有更好的抗震性和安全性，不易受到空中物体的碰击，不会受到风载的影响，也不会影响人员的视线，不会泄漏，安全性高。但是地下储罐的罐底应位于地下水位以上，事先需要进行详细的地质勘察，以确定是否可采用地下储罐这种型式。地下储

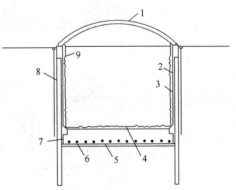

图 4−13　半地下式 LNG 储罐

1—槽顶；2—隔热层；3—侧壁；4—储槽底板；
5—沙砾层；6—底部加热器；7—沙浆层；
8—侧加热器；9—薄膜

罐的施工周期较长,投资较高。

2. 地上储罐

目前世界上 LNG 储罐应用最为广泛的是金属材料地面圆柱形双层壁储罐。又可以分为以下五种形式:

(1)单容罐

单容罐是常用的型式,它分为单壁罐和双壁罐(内罐和外容器组成),出于安全和隔热考虑,单壁罐未在 LNG 中使用。双壁单容罐的外罐是用普通碳钢制成,它不能承受低温的 LNG 也不能承受低温的气体,主要起固定和保护隔热层的作用。单容罐一般适宜在远离人口密集区,不容易遭受灾害性破坏(例如火灾、爆炸和外来飞行物的碰击)的地区使用,由于它的结构特点,要求有较大的安全距离及占地面积。图 4 – 14 是单容罐结构示意图。其中,(a)、(c)采用座底式基础,(b)、(d)采用架空式基础。

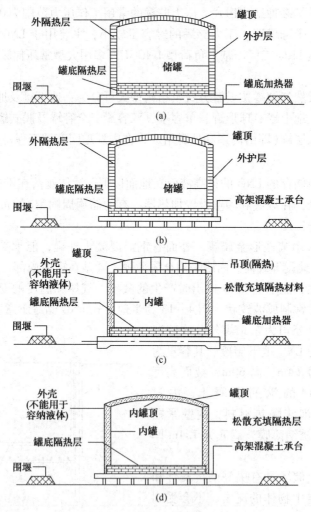

图 4 – 14　单容罐结构示意图

单容罐的设计压力通常为 $170 \sim 200 mbar(g)(1bar = 10^5 Pa)$,操作压力一般为 125mbar (g)。对于大直径的单容罐,设计压力相应较低,EN 14620 规范中推荐这种储罐的设计压力小于 140mbar,如储罐直径为 $70 \sim 80m$ 时已经难以达到,其最大操作压力大约在 120mbar。

因设备操作压力较低，在卸船过程中蒸发气不能返回到 LNG 船舱中，需增加一台返回气风机。较低的设计压力使蒸发气体的回收压缩系统需要较大的功率，将增大投资和操作费用。

单容罐的投资相对较低，施工周期较短；但易泄漏是它的一个较大的问题，根据规范要求单容罐罐间安全防护距离较大，并需设置防火堤，从而增加占地及防火堤的投资。周围不能有其他重要的设备。因此对安全检测和操作的要求较高。由于单容罐的外罐是普通碳钢，需要严格的保护以防止外部的腐蚀，外部容器要求长期的检查和油漆。

由于单容罐的安全性较其他形式罐的安全性低，近年来在大型 LNG 生产厂及接收站已较少使用。

（2）双容罐

双容罐具有能耐低温的金属材料或混凝土的外罐，在内筒发生泄漏时，气体会发生外泄，但液体不会外泄，增强了外部的安全性，同时在外界发生危险时其外部的混凝土墙也有一定的保护作用，其安全性较单容罐高。根据规范要求，双容罐不需要设置防火堤但仍需要较大的安全防护距离。当事故发生时，LNG 罐中气体被释放，但装置的控制仍然可以持续。图 4-15 是双容罐结构示意图。其中，(a)外罐采用金属材料，(b)外罐采用预应力混凝土，罐顶加吊顶隔热，(c)外罐采用预应力混凝土并增加土质护堤，罐顶加吊顶隔热。

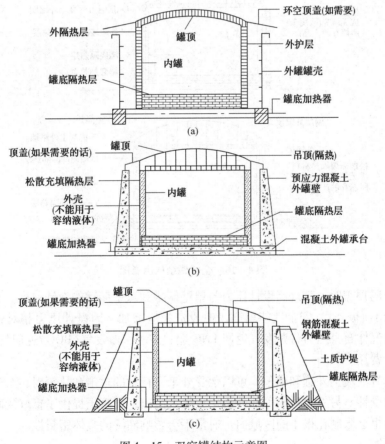

图 4-15　双容罐结构示意图

储罐的设计压力与单容罐相同(均较低)，也需要设置返回气鼓风机。

双容罐的投资略高于单容罐，约为单容罐投资的 1.1 倍，其施工周期也较单容罐略长。

（3）全容罐

图4-16是全容罐结构示意图。全容罐的结构采用9%镍钢内筒、9%镍钢或混凝土外筒和顶盖、底板，外筒或混凝土墙到内筒大约1～2m，可允许内筒里的LNG和气体向外筒泄漏，它可以避免火灾的发生。其设计最大压力300mbar，其允许的最大操作压力250mbar，设计最小温度-165℃。由于全容罐的外筒体可以承受内筒泄漏的LNG及其气体，不会向外界泄漏。其安全防护距离也要小得多。一旦事故发生，对装置的控制和物料的输送仍然可以继续，这种状况可持续几周，直至设备停车。

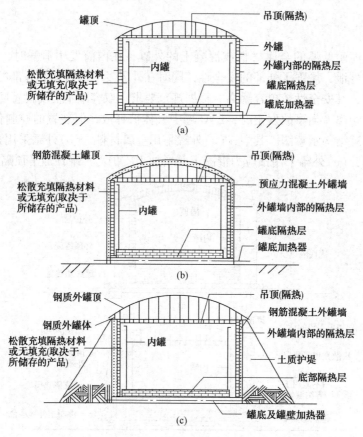

图4-16 全容罐结构示意图

当采用金属顶盖时，其最高设计压力与单壁储罐和双壁储罐的设计一样。当采用混凝土顶盖（内悬挂铝顶板）时，安全性能增高，但投资相应增加。因设计压力相对较高，在卸船时可利用罐内气体自身压力将蒸发气返回LNG船，省去了蒸发气（BOG）返回气风机的投资，并减少了操作费用。

全容罐具有混凝土外罐和罐顶，可以承受外来飞行物的攻击和热辐射，对于周围的火情具有良好的耐受性。另外，对于可能的液化天然气溢出，混凝土提供了良好的防护。低温冲击现象即使有也会限制在很小的区域内，通常不会影响储罐的整体密封性。

（4）膜式罐

膜式罐采用了不锈钢内膜和混凝土储罐外壁，对防火和安全距离的要求与全容罐相同。但与双容罐和全容罐相比，它只有一个筒体。膜式罐的操作灵活性比全容罐大，因不锈钢内膜很薄，没有温度梯度的约束。膜式罐适用的规范可参照EN 1473液化天然气设备与安装。

该类型储罐可设在地上或地下，建在地下时，当投资和工期允许，可选用较大的容积，这种结构可防止液体的溢出，提供了较好的安全设计，且有较大的罐容。该罐型较适宜在地震活动频繁及人口稠密地区使用。但投资比较高，建设周期长。由于膜式罐本身结构特点，它的缺点在于有微量泄漏。

（5）球形罐

LNG 球形储罐的内外罐均为球状（见图 4-17）。工作状态下，内罐为内压容器，外罐为真空外压容器。夹层通常为真空粉末隔热。球罐的内外球壳板在压力容器制造厂加工成形后，在安装现场组装。球壳板的成形需要专用的加工工装保证成形，现场安装难度大。

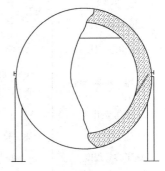

图 4-17　LNG 球形储罐

球罐的优点是由于球体是在同样的体积下，具有最小的表面积，因而所需的材料少，设备质量轻；球罐具有最小的表面积，因此传热面积也最小，加之夹层可以抽真空，有利于获得最佳的隔热保温效果；内外壳体呈球形，具有最佳的耐压性能。但是球壳的加工需要专用设备，精度要求高；现场组装技术难度大，质量不易保证；虽然球壳的净质量最小，但成形材料利用率最低。

球罐的容积一般为 200~1500m³，工作压力 0.2~1.0MPa。容积小于 200m³ 的球罐尽可能在制造厂整体加工后出厂，以减少现场安装工作量。容积超过 1500m³ 的，不宜采用球罐，因为此时外罐的壁厚过大，制造困难。

（二）LNG 储罐的比较及选择

LNG 罐型的选择要求安全可靠、投资低，寿命长，技术先进，结构具有高度完整性，便于制造；并且要求能使整个系统的操作费用低。

地下罐投资非常高、交付周期长。除非有特殊的要求，设计一般不选用。

双容罐和全容罐比较，有差不多的投资和交付周期但安全水平较低，现在对 LNG 储罐设计来说，是比较陈旧的也不被选用。

单容罐显然有一个较低的投资，相对与其他罐型，节余的费用可用来增加其他设备和安全装置来保证安全性。

全容罐和膜式罐的投资和其他形式储罐比较稍高，但其实际的安全性更好。它们是现在接收站普遍采用的罐型，另外混凝土顶经常被看做是能提供额外保护和具有工艺优势（较高的操作压力）。膜式地上罐理论上投资和交付周期较全容罐和地下罐是有优势的，但膜式罐的制造商很少。

单容罐、双容罐与全容罐相比罐本身的投资较低，建设周期较短；但是，因为单容罐、双容罐的设计压力和操作压力均较低，需要处理的 BOG 量相应增加较多，BOG 压缩机及再冷凝器的处理能力也相应增加，卸料时 BOG 不能利用罐自身的压力返回输送船，必须增加配置返回气风机。因此，LNG 罐及相应配套设备的投资比较，单容罐、双容罐反高于全容罐，其操作费用也大于全容罐。（见表 4-11~表 4-13）。

近年来，为了更有效地利用土地资源，减少建造费用，LNG 储罐的单罐容量不断加大，而对储罐的安全性要求愈来愈高，罐的选型也逐渐转向安全性更高的全容罐及地下罐。1995~2008 年新增的 LNG 储罐共 120 台其中全容罐共 77 台，占 64%，地下罐共 20 台，占 17%，详见表 4-14。

表4-11 LNG储罐比较

罐　型	单容罐	双容罐	全容罐	膜式地上储罐	膜式地下储罐
安全性	中	中	高	中	高
占地	多	中	少	少	少
技术可靠性	低	中	高	中	中
结构完整性	低	中	高	中	中
投资(罐及相关设备)	80%~85% 需配回气风机	95%~100% 需配回气风机	100% 不配回气风机	95% 需配回气风机	150%~180% 需配回气风机
操作费用	中	中	低	低	低
施工周期	28~32月	30~34月	32~36月	30~34月	42~52月
施工难易程度	低	中	中	高	高
观感及信誉	低	中	高	中	高

表4-12 LNG罐的造价及建设周期比较

LNG储罐	造价 (>100000m³)	建设周期(月) (~120000m³)
单容罐	80%~85%	28~32
双容罐	95%~100%	30~34
膜式罐	95%	30~34
全容罐	100%	32~36
地下罐	150%~180%	42~52
池内罐	170%~200%	48~60

表4-13 采用不同罐型时罐及相应设备的 CAPEX 及 OPEX 比较

单位：百万美元	单容罐	双容罐	全容罐
投资费用(CAPEX)			
LNG罐(4台)	80%~85%	95%~100%	100%
土地费	200%~250%	100%	100%
场地平整	150%~200%	100%	100%
道路围墙	110%~120%	100%	100%
管线管廊	100%~180%	100%	100%
BOG压缩及回气系统	250%~300%	250%~300%	100%
总计	110%~120%	110%~120%	100%
运营费用(OPEX)			
运营费用	450%~500%	450%~500%	100%

表 4 – 14　1995 ~ 2008 年新建的大型 LNG 储罐（120000 ~ 180000m³）

LNG 储罐		建设位置		小计
罐型	结　　构	液化厂	接收站	
单容罐	双金属壁，地上		18	18
膜式罐	膜式预应力混凝土罐，地上		4	4
全容罐	9Ni 钢内罐，预应力混凝土外罐，地上	29	48	77
全容罐	9Ni 钢内罐，预应力混凝土外罐，地上掩埋式	1		1
池内罐	9Ni 钢内罐，预应力混凝土外罐，地下池内		3	3
地下罐	9Ni 钢内罐，预应力混凝土外罐，地下		17	17
合　　计		30	90	120

（三）液化工厂储存系统

1. 储存规模

天然气液化工厂储罐的规模要根据工厂处理量、外运条件（海运或车运）等多种因素综合比较后确定。对于采用槽车外运的液化工厂，按照《石油化工储运系统罐区设计规范》和《天然气液化工厂设计规范》的规定，液化烃汽车运输需满足 5 ~ 7 天储存量。规模较大、市场辐射范围广的，适宜选择较长的储存周期。而对于生产规模大，采用海上运输的基本负荷型天然气液化工厂，储罐容量要考虑好生产与外运的衔接，确保生产的连续稳定。

在储存容量确定的基础上，按照液化工厂总图布置情况，安全运行要求，产品外运条件等综合分析选择储罐形式。通常，对于中小型规模的天然气液化工厂，储存规模不大，可以选择单容罐。而对于大型基本负荷型液化工厂则多选用全容罐。本节对单容罐的储存工艺和储罐设施作一介绍，全容罐的储存工艺和储罐设施将在第五章中叙述。

2. 单容罐储存工艺流程

LNG 单容罐的操作压力一般为 10kPa（g），依靠 BOG 压缩机处理在正常进料速度下的 LNG 闪蒸气体和系统漏热蒸发气体，并维持 LNG 储罐的安全操作。

LNG 进入储罐分两种方式，一种是上部进料，另一种是通过内部插入管从下部进料，以保证在 LNG 组分发生变化时以不同方式进入储罐混合以减少分层的可能性。紧急时通过 LNG 罐内泵对罐内 LNG 进行循环，防止罐内 LNG 分层和发生翻滚。

在正常操作条件下，储罐的压力是通过 BOG 压缩回收储罐的闪蒸气来控制的。正常状态储罐的操作压力不超过 15kPa（g）。

储罐实行超压保护。第一级超压保护气体排火炬，第二级超压力保护直接排大气，另外对储罐实行负压保护，第一级负压保护依靠控制 BOG 压缩机进气量，第二级负压保护为干气补给，第三级负压保护当压力降低到 – 0.45kPa（g）时打开呼吸阀来保证储罐的安全。

储罐的工艺过程控制可以包括但不限于以下内容：

（1）对进出罐区的液化天然气管线设置截断阀；

（2）设置可燃气体探测器和火焰探测器；

（3）检测、控制 LNG 储罐液位、压力、密度；

（4）储罐超压保护：当储罐超压，第一级保护打开相应截断阀，超压气体排入火炬系统，第二级保护通过安装在储罐顶的呼吸阀实现；

（5）储罐负压保护：第一级保护停 BOG 压缩机，并且关闭相应截断阀；第二级保护通过原料气净化后的干气补充进行保护；第三级保护通过安装在罐顶的呼吸阀实现；

（6）储罐高液位保护：当储罐液位超高时，关闭进液截断阀，停止进液；

（7）储罐低液位保护：当储罐液位超低时，停止罐内潜液泵；

（8）LNG 储罐内部设置多点平均温度计，用于检测罐内固定高度的 LNG 的温度；

（9）内罐底部和罐体设置温度检测温点，用于监测预冷操作和正常操作时罐内的温度；

（10）当储罐基础设有电加热系统，应在基础不同位置设置温度检测点，用于控制电加热系统。

3. 单容罐建造

单容罐采用内罐吊顶、外罐拱顶结构型式，内罐用来储存低温 LNG，外罐用来承装保冷材料和闪蒸气体。LNG 输送采用低温潜液泵，所有工艺及仪表接管都从罐顶进出罐体。储罐主要由内罐、外罐、铝吊顶、绝热层、平台梯子及架空式承台等组成。整个储罐坐落在钢筋混凝土基础承台之上。

储罐主体结构在现场组装，其建造过程中主要是：外罐拱顶、内罐和吊顶组装；低温绝热结构施工；主体材料焊接；罐体沉降试验和正、负压试验；储罐预冷。

（1）外罐拱顶、内罐和吊顶组装

内、外罐组装是一个非常重要的环节。外罐由拱顶、壁板、底板和基础锚固件等构成，通过足够的锚固件和基础牢固地连接在一起。内罐由底板、吊顶板及八带壁板组成。罐体施工采用电动葫芦提升倒装法施工工艺，除外罐顶安装外，所有安装和检验的工作在地面进行，相对于正装法，倒装法施工工艺的经济性和安全性更好并且生产效率更高。施工程序：基础复测后，先外罐，后内罐。

外罐：外罐底板铺设、组焊、检测→壁板压缩环、拱顶抗压圈组对焊接→拱顶加强筋安装→机械提升装置安装→外罐最上层壁板组对焊接、检测→拱顶板组对焊接、检测→铝吊顶铺设、组焊、检测→由上而下外罐各层壁板组对焊接、检测→开设外罐大门→机械提升装置拆除→外罐底板大角缝、收缩缝组焊、检测→外罐附件安装。

内罐：内罐底板铺设、组对焊接、检测→内罐最上层壁板组对焊接、检测→机械提升装置安装→由上而下内罐壁板组对焊接、检测→内罐大门开设→内罐附件安装、机械提升装置拆除→内、外罐大门封闭。

在壁板组对时不断调整罐壁板的垂直度、椭圆度以达到设计图纸要求。自检合格后做好记录，经检验部门和监理单位检查合格后开始纵缝焊接，焊完后必须对垂直度和椭圆度进行复测、调整，偏差不得超过允许值。在环缝组对过程中，必须兼顾上、下节壁板垂直度，在保证垂直度符合要求的情况下调整环缝间隙，当两者产生矛盾时，优先考虑对环缝间隙进行调整以保证垂直度。环缝组对完，按工序要求检查合格并办理交接手续。在环缝焊接过程中加强巡检，发现严重变形现象应及时调整。环缝焊完后，对垂直度进行复测，合格后进行下节壁板的安装工序。考虑到内、外罐罐壁厚度比较薄和罐体较高等特点，在每节壁板的组对过程中，不仅要保证该节壁板本身垂直度符合要求，还要对组焊完的壁板总体垂直度进行检查和调整。

（2）低温绝热结构施工

低温绝热保冷施工主要包括罐底保冷、内外罐环形空间保冷、铝吊顶保冷以及储罐接管保冷四部分。虽然储罐低温绝热结构相对简单，但施工质量对储罐的保冷效果起到关键作用。低温绝热材料应具备导热系数小、吸水率小、抗冻性强和耐火性好等特点。

① 罐底保冷

底部保冷层采用高强度、绝热性能优良的厚度约800mm 的泡沫玻璃砖进行隔热，同时铺设高强度、耐低温的珠光砂水泥砖作为内罐罐底环形承压环梁。罐底保冷结构如图4－18所示。

外罐底板上找平层按设计要求施工，表面要求光滑、平整，其平面度要求在每10m弧长内任意两点的高差应不大于3mm，整个圆周长度内任何两点的高差应不大于6mm。准确确定中心线及标高线。在外罐底板水泥找平层平面上，确定泡沫玻璃砖的铺设方向，设定中心轴线，按45°角分成8条轴线延伸到相应圆周边，并用水平仪确定各轴线位置和标高基准线，以便对每层泡沫玻璃砌筑时进行校准，确保泡沫玻璃施工时的平整度。底部保冷层泡沫玻璃砖、珠光砂水泥砖的铺设分两个阶段。

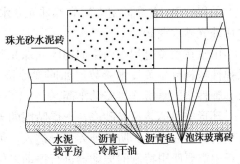

图4-18　罐底保冷结构

第一阶段：规格600mm×450mm×150mm，共铺两层，然后铺一层规格为600mm×450mm×100mm玻璃砖。根据沥青毡的方向铺设，玻璃砖间隙不大于2mm，相邻二层泡沫玻璃砖的长宽方向错缝不小于100mm，第一层泡沫玻璃砖铺设完成之后，从外圈向中心1m范围内的玻璃砖外表面热浸防水沥青处理，以此类推，每层泡沫玻璃砖表面铺一层沥青毡，相邻泡沫玻璃砖间沥青毡采用对接方式。每层沥青毡铺设完工后需要重新划线，以保证每层玻璃砖缝的错开长度。

第二阶段：规格600mm×450mm×150mm，共铺两层，然后铺一层规格为600mm×450mm×100mm玻璃砖，根据第一阶段铺设的玻璃砖确认铺设方向。最上层泡沫玻璃砖上表面铺设一层沥青毡，沥青毡接缝采用搭接方式，搭接宽度约60mm。接缝处用火枪烘烤粘结密缝，以防止沥青毡接缝处渗入干沙。

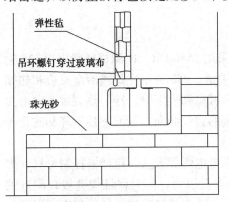

图4-19　环形空间保冷结构图

② 内、外罐环形空间保冷

内、外罐的环形空间的保冷结构如图4-19所示。内罐外侧是厚度约150mm的弹性毡，内、外罐的环形空间填充隔热性能良好的珠光砂。

环形空间的施工内容包括弹性毡的安装和珠光砂的填充。弹性毡的安装施工程序：保温钉粘结→挂钩、弹性毡压紧板安装→弹性毡安装→玻璃纤维布安装→斜拉紧固绳固定。

（a）保温钉粘结：在内罐壁上用水平线测定纵向垂直线，按每间隔1200mm（弹性毡的宽度）进行标识，每块弹性毡纵向为两列保温钉，距弹性毡边缘200mm，间距800mm。保温钉用TIC5066粘结剂进行粘结固定，72h后铺设弹性毡，粘结剂应随用随拌。

（b）挂钩、弹性毡压紧板和弹性毡安装：按测定的纵向垂直线位置安装挂钩和弹性毡压紧板，用M16×130全螺纹螺栓将弹性毡和玻璃纤维布夹在一起，压紧板之间的玻璃纤维布应使用聚氨酯密封胶TIC5030与压紧板粘结。用保温钉将弹性毡和玻璃纤维布连接在一起，用反向自锁垫圈锁扣，保证各块弹性毡紧密相靠。

（c）玻璃纤维布安装：使用粘结剂TIC5030粘结，玻璃布间的竖向拼缝至少搭接300mm。

（d）斜拉紧固绳安装：在玻璃纤维布外表安装紧固绳，罐上部紧固绳固定在压紧板的挂钩上并斜拉 30°左右固定在罐底部珠光砂水泥砖的吊环螺钉上，严禁过份紧固尼龙绳，以免损坏珠光砂水泥砖。

由于在预冷过程中内罐向内收缩珠光砂下沉时弹性毡会收缩，为了确保保冷质量，应注意弹性毡材料相关技术参数比如回弹性符合设计要求；弹性毡固定保温钉间距符合设计要求；弹性毡压紧板连接安装牢固。

环形空间填装珠光砂应在干燥晴朗的天气下进行。由于周期长，每天施工结束后封闭所有通向罐内的开孔，防止外界水分进入。为减少储罐使用过程中珠光砂的自然沉降，在装填过程中需要使用特制的振动器进行振动以保证装填密度，在整个充填施工过程中，根据珠光砂高度的变化而不断调整外罐拱顶上的填充口进行填充，以保证振动器的合理设置和振动作业的顺利进行。

③ 吊顶上部保冷

吊顶上部铺设多层厚度约为 100mm 左右的玻璃棉，相邻两条玻璃棉交叉铺设，玻璃棉之间的缝隙应紧密可靠。填充前应该将吊顶表面清扫干净，为了保证铺设厚度符合设计要求，可以采用在吊杆某处缠绕电工绝缘胶带用来标识。

④ 低温接管保冷

低温接管的保冷施工一般是在储罐水压试验并清理干净后珠光砂填充前进行。接管套筒内玻璃棉的径向压缩至少要达到 50% 以保证保冷效果，比如泵井内低温管道，低温管道内的介质是 LNG，如果套筒保冷的施工质量达不到要求，由于漏冷套管外侧很容易出现结霜现象。

为了保证工程质量，应对保冷材料进行仔细验收，同时对保冷材料进行必要的保护，严格按照设计图纸的要求进行放线、标记。

（3）主体材料焊接

根据 LNG 储罐建设地点环境温度要求，外罐材料采用 16MnDR，内罐材料采用 9% Ni 钢（厚度 5 ~ 10mm），内罐的焊接质量是整个低温储罐的关键。9% Ni 钢在焊接冶金反应和热循环的作用下，其组织和成分发生改变，从而产生脆性，低温韧性下降，冷、热裂纹倾向增大等现象。考虑上述原因，建造过程中必须解决钢材焊接的裂纹倾向、低温韧性下降和磁化等问题。

内罐底板之间和壁板纵、环缝主要采用氩弧焊和手工电弧焊方法。应严格控制母材和焊材的化学成分不超标，特别是 P、S 的含量控制在标准含量以内，同时保证焊缝坡口附近的清洁以防止氢在硬化层中的积聚，采用正确的收弧技术和适当打磨等措施结合起来可以避免热裂纹的产生。焊接过程中，严格执行焊接工艺规程，尤其是保证焊条烘干和施焊环境温度要求，可以避免冷裂纹的出现。

9% Ni 钢焊接出现低温韧性降低的原因主要有两个方面，一是所选焊材的影响。从韧性和热膨胀量方面考虑，手工电弧焊采用 ENiCrMo - 6 焊条，制定相应的焊接工艺评定，焊接接头的力学性能能够满足 LNG 低温储罐对低温性能要求。二是焊接线能量和层间温度。在焊接过程中，焊接线能量和层间温度会改变焊接热循环的峰值温度，从而影响热影响区的金相组织，峰值温度高会产生粗大的马氏体和贝氏体而使低温韧性下降。一般情况，可采用红外线温度检测仪检查施焊的层间温度，确保层间温度在 100℃ 以内。

9% Ni 钢是一种很容易被磁化的材料，克服磁偏吹的途径主要有两种：一种是对母材进行消磁处理；另一种是采用交流焊接。焊机电源线和焊把线使用时，不允许盘成封闭的环形，必须拉直以避免钢板产生磁性。

（4）罐体沉降试验和正、负压试验过程质量控制

在内罐、外罐及管路、阀门等安装完成后，在进行夹层及吊顶空间保冷施工之前进行沉降试验和强度试验。

储罐的沉降试验与强度试验过程，国内标准中已有相关的试验过程要求，如 SY/T 0608—2006 标准的附录 Q 有关要求。在试验过程中应该控制进水速率。在充水试验前以及注水期间，应准确测量基础沉降量，基础沉降量应符合设计要求。强度试验在充水试验后进行，考虑到试验介质水质等因素，总试压时间最好不超过一周。在负压试验过程中一定注意储罐压力的控制，保证负压在允许范围之内，以免出现罐顶下塌现象。

（5）储罐预冷过程

LNG 储罐预冷的目的主要是检测储罐和附属管道的低温性能，包括检验材料在低温下的质量情况、检验储罐管道冷缩量和使储罐温度接近工作状态，以便安全投入使用。冷试试验介质可采用 LNG 或纯度不低于 99.5% 的液氮。

预冷时储罐和管道温度要逐步降低，避免急冷，防止温度骤降对设备和附属管件造成损伤。为了减少内罐由于温度变化而产生的温差应力，除应采用开车降温喷洒管，还应精心控制预冷介质的流量。根据有关的操作经验，冷却速率控制在 5℃/h 比较安全。

如果试验介质采用液氮，其预冷主要步骤是先用低温氮气预冷，向储罐内缓慢冲入低温氮气，待储罐压力上升至 10kPa 时，关闭液氮槽车气相出口阀门，储罐保冷大约 15min 后，打开储罐气相手动放空阀排空氮气，升、降压反复进行，直至预期值时，氮气预冷工作完成。再用液氮预冷，将储罐压力放空至微正压，缓慢打开液氮槽车液相阀至较小开度，缓慢关小槽车气相阀，使液氮从储罐上部进液。调节槽车液氮输出阀门开度控制液氮输出量，当内罐罐壁或底部热电阻之间的温差大于或等于 50℃ 时，应停止进液氮，待该温差恢复正常后再继续冷却。

预冷过程中的注意事项和需要检查的内容：

① 在密闭空间内液氮吸收外部热量将会导致压力急剧上升，因此在操作中要注意阀门关闭顺序，严禁出现低温液体被封闭的状况；

② 注意观察管道及储罐压力上升情况，保证压力在允许范围之内；

③ 注意检查安全阀后有无结霜情况，检查低温材料有没有低温开裂现象。

4. 单容罐安全设施

储罐周围的混凝土防火堤至少能容纳 110% 的 LNG 储罐存储量。

储罐的所有开口例如液体输入和输出管线以及仪表安装都穿过顶盖，也就是说，在内罐底部没有任何开口。

压力和液位变送器以及温度热电偶检测储罐的各个部分。任何不正常的运行状态都将被检测和报警——全厂运行联锁设计用来防止储罐不安全工作和过满以及超压。

设计有压力控制阀和破真空阀用来保障在所有自动化设施失效的情况下，储罐依然是安全的。

在储罐顶部设计有消防喷淋，保护储罐在周围即使发生大型火灾的情况下，不会因为热辐射发生二次灾害。

在储罐安全阀口等可能对大气泄放处设计有干粉灭火系统，保护储罐安全泄放在任何情况下都不会再次被点燃，而扩大灾害。

LNG 单容罐为双层结构，从材料检查验收、预制、组装、焊接、试验、保冷，施工程序多，交叉作业多，施工中一环扣一环。

内罐罐壁最小板厚小，焊接时易产生焊接变形，施工中必须采取有效的防变形措施，保证罐体成形良好。

内罐为 304 材质，焊接材料均为镍基焊材，且内罐壁 100% RT 检测，因此要求焊工群体必须素质高，施工前必须提前做好焊工培训考核工作。

5. 冷剂及重烃储存系统

液化天然气工厂除了主要产品 LNG 的储存外，其制冷循环所需要的冷剂和原料气预处理过程中回收的重烃也需要储存。冷剂及重烃储存系统就是为了解决冷剂卸车、为液化装置提供开车和运行所补充的冷剂及装置停车时回收冷剂；重烃产品储存以及装车。

该系统主要设备包括丙烯储罐、乙烯储罐和重烃储罐及相应的装卸车设施。丙烯储罐和乙烯储罐提供开车和运行补充用的乙烯、丙烯冷剂；重烃储罐储存液化装置生产的重烃产品。

丙烯储罐和乙烯储罐的有效容积按冷剂循环的总容积计算，重烃储罐的有效容积按照 6 天重烃的产量考虑，储罐的充装系数按照 0.85 考虑。

丙烯储罐和重烃储罐均属于一般液态烃类中间储罐。丙烯储罐需要的容积较大，采用球罐，球罐具有容量大、占地面积小以及便于运输等优点。重烃储罐和乙烯储罐需要的容积较小，采用卧式罐，卧式罐制造简单，工艺成熟。

乙烯储罐储存介质的温度分别为 −36℃，属于全冷冻式储罐，由于操作温度低，故采用双层罐的方式，其中内罐材质为 06Cr19Ni10（304），外罐材质为 Q345R，内罐和外罐间有 100mm 厚珠光砂夹层，用于内罐的保冷。

本系统为液化装置提供开车和运行补充用的乙烯、丙烯冷剂，同时回收停车时制冷循环系统中乙烯和丙烯冷剂，设置有丙烯储罐和乙烯储罐。液化装置停车时，制冷循环系统的冷剂用泵送至乙烯和丙烯储罐暂储，而在装置开车时，通过增压泵补充冷剂。同时，本系统储存液化装置生产的重烃产品，进入重烃储罐，通过装车泵将重烃装载到槽车中，运送出厂。

丙烯增压泵、乙烯增压泵用于向液化装置输送冷剂，可选用离心泵，为了提高设备整体可靠性以及加快开车速度，该泵为 1 用 1 备设置。

重烃装车泵为间歇操作泵，可选用 1 台滑片泵，卸车泵的流量按照 0.5h 内完成卸车考虑。

冷剂及重烃储存系统的工艺过程控制可以包括但不限制于以下内容：

（1）对丙烯、乙烯、甲烷加注量进行计量和流量控制；

（2）对丙烯、乙烯、甲烷储罐液位进行检测及报警；

（3）丙烯、乙烯、甲烷储罐设置液位控制，保证设备液位稳定；

（4）丙烯卸车泵、充装泵状态信号在 DCS 系统进行显示；

（5）重烃储罐压力、液位检测、控制及报警。

（四）LNG 运输

液化天然气工厂的产品 LNG 的外运主要是通过水路或陆路运输。大型基本负荷型 LNG 工厂很多建设在沿海，依靠海运实现 LNG 的跨国贸易，工厂设计包括了专用的 LNG 运输码头。关于 LNG 的海上运输将在第五章液化天然气接收工程中讲述。

液化天然气的公路运输承担了将天然气液化工厂生产的 LNG 运送到各个使用点的任务。随着天然气利用的日益广泛，除了区域供气、电厂、化工厂等大用户通常采用管道气供给外，对于中小用户，特别是天然气管网不及的地区，往往通过公路运输将 LNG 供应给各个用户(包括工厂、民用、调峰等)，因此，液化天然气的公路运输也是液化天然气供应链的重要部分。

1. 液化天然气公路运输特点

液化天然气的公路运输不同于海上运输那样量大、稳定，除了运输介质同样是低温、易燃的 LNG 外，液化天然气的陆上运输要适应点多、面广的市场，要确保人多、路况复杂条件下的运输安全等。

(1) 变化多

天然气的管道输送和液化天然气的海上运输为天然气的大宗供应提供了有效的方式，解决了天然气管道用户的供气问题。但是，对于天然气管网不及地区的天然气利用，需要稳定的气源供给。而对于远离消费地的中、小规模的天然气资源的开发，需要稳定的外运。LNG由于液/气密度比大，储存和运输比气态容易，通过汽车运输，可以将用户和气源连接起来。一方面为分散用户提供相对稳定的气源，另一方面为边缘地区天然气资源的开发提供稳定的用户。从这个意义上说，液化天然气的陆上运输是天然气管道输送和液化天然气海上运输的补充，更是有力地推动了分散用户天然气市场的拓展。

边缘地区天然气资源的开发和分散用户的供气都面临着点多面广变化大的情况，这与液化天然气海上运输量大、稳定的情况有很大的不同，因而液化天然气的汽车运输需要发挥其灵活快捷的特点，努力适应市场的变化和需求。逐步建立液化天然气的公路运输网，形成稳定、规范的 LNG 物流体系，使液化天然气的汽车运输切实成为天然气管网的补充。

(2) 要求高

液化天然气的汽车运输是将天然气液化工厂或接收站储存的 LNG 载运到各地用户，LNG 的载运状态一般是常压、低温。而公路运输不同于海上运输，陆上的建筑物和人流对装载着 LNG 的汽车槽车提出了更高的安全要求。而且陆上运输还必须适应用户各不相同的地理位置、装卸设施、安全保障情况。为了确保安全，对汽车槽车的隔热、装卸、安全设计都有专项措施。

2. 液化天然气运输槽车

汽车槽车运输 LNG 这种低温、易燃介质，在槽车结构上，必须满足物料装卸、隔热保冷、高速行驶的要求。20 世纪 70 年代初，日本使用特殊的公路罐车把 LNG 从接收港转运到卫星基地。美国的卫星型调峰装置用 40 辆特殊罐车运输 LNG。最早的罐车为底盘式，载重6t。1988 年开始采用载重为 8.6t 的拖车型罐车。表 4－15 列出了国外部分 LNG 汽车槽车的技术条件。

(1) LNG 槽车的装卸

LNG 槽车的装卸可以利用储罐自身压力增压或用泵增压装卸。

① 自增压装卸

利用汽化部分 LNG 提高储罐自身压力，使储罐和槽车形成的压差将储罐中的 LNG 装入槽车，这就是自增压装车。同样的方法，将部分汽化的 LNG 提高槽车储罐的压力，就可以把槽车中的 LNG 卸入储罐。

表 4 – 15　LNG 汽车槽车技术条件

制造单位	车辆种类	载重/t	自重/t	容量/m³	隔热方法	设计压力/bar①	内槽材料	主要尺寸	
								全长/m	宽/m
日本车辆制造 K. K	半拖车	6.0	13.7	14.2	真空隔热	7.0	不锈钢	11.43	2.48
Cosmodian 公司(美)	半拖车	—	9.8	41.7	真空隔热	2.8	不锈钢	12.192	2.438
Prosess Engineering 公司(美)	半拖车	—	8.8	43.9	真空隔热	3.9	铝合金	—	
LOX 公司(美)	半拖车	17.3	8.7		真空隔热	2.1	不锈钢	12.192	2.438
Mester – grashelm 公司(美)	半拖车	8.8	—		真空隔热	4.0	不锈钢	10.8	3.5
BOC 公司(英)	半拖车	14.0	—	30.3	聚氨酯	7.0	不锈钢		
Fulburony 公司(法)	半拖车	17.63	9.6	42.0	聚氨酯泡沫	7.0	9%镍钢	11.63	3.86

① 1bar = 10^5 Pa。

自增压装卸的优点是设施简单,只需在流程上设置气相增压管路,操作容易。但是,这种方法的工作压差有限,装卸效率低、装卸时间长。这是因为这种方法的储罐(接收 LNG 的固定储罐和槽车储罐)都是带压操作,而固定储罐一般是微正压,槽车储罐的设计压力也不宜高,否则会增加槽车的空载质量,降低运输效率(运输过程都是重车往返),因而装卸操作的压差十分有限,流量低,装卸时间长。

② 泵增压装卸

采用专门配置的泵将 LNG 增压,进行槽车装卸。这种方法的输送流量大、装卸时间短、适应性强而得到广泛应用。对于接收站的大型储罐,可以用罐内潜液泵和接收站液体输送流程装车。对于槽车可以利用配置在车上的低温泵卸车。由于泵的输送流量、扬程可以按需要配置,流量大,装卸时间短;扬程高,适应性强,可以满足各种压力规格的储槽。而且,不需要消耗部分 LNG 增压,槽车罐体的工作压力低,槽车的装备质量轻,质量利用系数和运输效率高。正因为如此,即使整车造价比较高、结构比较复杂、低温泵操作维护比较麻烦,但泵增压装卸还是得到了越来越多的应用。

(2) LNG 槽车的隔热

为了确保安全可靠、经济高效地运输,LNG 槽车的隔热必须经济有效,而低温储罐的隔热设计决定了储罐的性能。可以采用的隔热方式有真空粉末隔热(CF)、真空纤维隔热(CB)、高真空多层隔热(CD)等。

隔热型式的选用原则是经济、可靠、施工简单。由于真空粉末隔热的真空度要求不高,工艺简单,隔热效果好,因而以往比较多地被采用。近年来,随着隔热技术的发展,高真空多层隔热工艺逐渐成熟,LNG 槽车开始采用这一技术。高真空多层隔热的优点是:

① 隔热效果好,高真空多层隔热的厚度仅需 30 ~ 35mm,比真空粉末隔热小近 10 倍。对于相同容量的外筒,高真空多层隔热槽车的内筒容积比真空粉末隔热槽车的内筒容积大27% 左右。因而,相同外形尺寸的槽车,可以提供更大的装载容积。

② 对于大型半挂槽车,采用高真空多层隔热比真空粉末隔热的材料要少得多,从而大大减少槽的装备质量,增加了槽车的装载质量。如一台 20m³ 的半挂槽车采用真空粉末隔热时,粉末的质量将近 1.8t,而采用高真空多层隔热时,隔热材料质量仅 200kg。

③ 采用高真空多层隔热可以避免因槽车行驶所产生的振动而引起的隔热材料的沉降。

高真空多层隔热比真空粉末隔热的施工难度大，但在制造工艺逐渐成熟适合批量生产后，将有广泛的应用前景。

隔热方式的技术比较见表 4 - 16。表中的日蒸发率值是指环境温度 20℃，压力为 0.1MPa 时的标准值。自然升压速度为环境温度 50℃时，初始充装率为 90%，初始压力为 0.2MPa(g)升至终了压力为 0.8MPa(g)条件下的平均值。

表 4 - 16 隔热方式技术比较

隔热技术	日蒸发率/(%/d)	自然升压速度/(kPa/d)
CF	≤0.35	≤20
CB	≤0.3	≤17
CD	≤0.28	≤14

对于三种方法的成本比较，主要是材料、人工和抽真空费用。CB 材料价格介于 CF 材料及 CD 材料之间。但 CB 技术是以人工包扎进行的，因此人工费用接近 CD，高于 CF。就低温隔热所需最佳真空度而言，对获得与维持真空度所需的成本是 CB 低于 CD，比较接近 CF。因此，总成本是 CB 介于 CF 及 CD 之间。CB 技术较 CF 所增加的费用相对于低温液体储槽的总成本而言，上升不超过 5%。这与采用 CF 技术，因膨胀珍珠岩粉末下沉所引起的售后服务费用相比肯定是合算的。

（3）LNG 槽车行驶高速化

为适应低温储罐的需要，LNG 槽车的结构有一定的特殊性。如采用双层罐体和隔热支撑。罐体结构相对比较复杂，隔热支撑又要兼顾减少热传递和增大机械强度的双重性，加上运输 LNG 的危险性，因此，对 LNG 槽车的行驶需要限速。按我国修改后的 JB/T 6898—1997 <低温液体储运设备使用安全规则> 规定：最高时速在一级公路上为 60km/h，二、三级公路为 30 ~ 50km/h。

随着我国高速公路网的形成，提高了运输车辆的平均速度，低温液体槽车在高速公路上的行驶速度也提高到 70 ~ 90km/h。运行速度的提高，可以提高运输效率，LNG 低温槽车的高速化是必然趋势。由此，对槽车底盘的可靠性、整车的动力性、制动性、横向稳定性、隔热支撑的强度等槽车的结构提出了更高的要求。

为了适应 LNG 低温槽车的高速行驶的需要，应该选择性能可靠的汽车底盘和牵引车，使轴载和牵引车的负荷低于允许值；为保证改装后整车的动力性能，半挂车的比功率宜在 5.88 ~ 6.22kW/t 之间，并尽量提高牵引车驱动桥的附着质量；尽量降低整车高度和重心高度，以提高槽车的横向稳定性；为保证槽车有良好的制动性能，半挂槽车应采用双管路制动系统。制动时，挂车应先于牵引车制动，以防止列车紧急制动时出现转向；为使槽车行驶平稳，使用适应高速行驶的子午线轮胎为好；双层罐体间的隔热支撑，应能承受高速行驶紧急制动时的冲击载荷。

总之，对于 LNG 低温槽车适应高速行驶的研究，不仅会促进 LNG 公路运输的发展，而且这也是当前适应公路运输整体高速化的需要。

3. LNG 工厂装车系统

对于大部分处于内陆的天然气液化工厂或生产规模较小的 LNG 工厂产品多采用汽车槽车公路运输的方式。工厂内设置汽车槽车装车系统。

（1）装车系统规模

LNG 产品通过 LNG 槽车运送出厂时，LNG 槽车装车采用装车臂。目前，国内常用 $DN50$ 的 LNG 装车臂，而常用的 LNG 槽车容量约为 $50m^3$，充装系数为 0.9，每次运输约 $45m^3$ 的 LNG 产品。

当采用国内常用的 $DN50$ 的装车臂（管道 $DN80$）时，$50m^3$ 的 LNG 槽车需要的充装时间为 $50min$，需要 $20min$ 停车、对管、预冷、吹扫等辅助工作时间，完成一次成功的装车约 $70min$。按照日工作 $10h$ 计算，一个装车台每天充装 8 辆槽车，同时需要考虑 1.2 的装车不均衡系数。装置还应配备有定量装车系统，门禁监控系统，称重结算系统（兑票不走帐）等实现全自动化库存物流管理的相关设施。

（2）装车流程

① 装车工艺流程

来车与装车鹤管对接后，装车控制系统首先提示氮气吹扫。吹扫气液相对接管线完成后，自动开启开气相控制阀；设置装车流量，关闭液相循环阀，缓慢打开液相装车控制球阀，系统以 5% 的流量对对接管线以及槽车进行预冷。预冷槽车操作结束后流量调节阀调节流量至最大，以全流量装车。

装车过程中控制仪对流量信号进行累计。达到设定的装车量即将结束时，控制仪关闭调节阀到 10% 的装车量，当装车量达到设定的装车量时，控制仪打开循环控制阀，关闭装车液相控制阀，关闭气相控制阀，实现安全和准确装车。

在槽车内充入 LNG 液体时，气相的天然气通过气相管道返回储罐，达到储罐和槽车压力平衡。装车过程中系统检测温度和压力，当数据异常时，控制系统报警。溢流等情况产生的 LNG 经气相管线进入 BOG 凝液管，经电加热器加热至气相返回气相返回线。装车场内设置明沟，溢流至装车场的 LNG 经明沟收集至集液池处理。

② 装车管理流程

由销售部下达销售计划的并负责提货后的单据交割、财务结算；销售值班室完成销售订单确认、IC 卡制作发放和发货结算；在工厂定量装车系统完成对汽车装车的控制，对装车过程的计量处理，同时完成称重系统的数据通信；地衡房完成称重过程（空车过磅——装车——满车过磅）；客户（提货司机）工厂销售值班室提供车辆信息并取卡/装车单——装车区完成装车称重——送卡/结算单——出门。

（3）装车系统工艺过程控制

① 设置可燃气体探测器和火焰探测器；

② 在进入装车区 LNG 管线、闪蒸气管线、LNG 回流管线设置切断阀；

③ 装车设施设置定量装车系统，在每个鹤位分别设置一台定量装车控制仪。每个鹤位成套提供 1 台质量流量计、1 台气动调节球阀、1 台自力式调节阀以及防溢液位开关等。每台定量装车控制仪提供 RS - 485 接口，与装车控制系统进行通信。

四、辅助生产系统

（一）自动控制系统

天然气液化工厂自动控制系统是为保证工厂正常运行和人身、装置、设备安全不可少的重要设施。LNG 工厂的自动控制系统一般包括：

过程控制系统 PCS（Process Control System，PCS），对主体工艺装置、配套辅助及公用工程设施进行集中监视管理、分散控制，对工艺流程、工艺过程参数进行检测、控制、显示及报警；

安全仪表系统 SIS（Safety Instrumented Systems，SIS）实现安全联锁保护，以保证人身、装置、设备安全；

在容易出现可燃气体泄漏和火灾的场所设置独立的火焰和气体泄漏监测报警系统 F&GS（Fire & Gas Detecting and Alarming System，F&GS）。

天然气液化厂的计算机控制系统采用分散控制系统体系结构，主要可分为现场仪表层、装置控制层、工厂监控与管理层等，数据通信采用工业以太网络，具有集中显示和操作管理、控制相对分散、配置灵活、组态方便、高可靠性等优点。分散控制系统由操作员站及工程师站、冗余数据服务器、冗余控制网络、现场控制站及多种应用软件等组成。现场控制站包括 CPU 处理器、输入/输出模块、电源和通信模块等。现场控制站完成实时数据采集、运算处理和对现场设备控制；操作员站作为人机界面，完成显示操作和生成各种报表；工程师站完成系统组态工作，当系统运行时，对分散控制系统的运行状态进行监视。

1. 控制系统

根据目前分散控制系统发展水平和国内外使用情况，天然气液化厂可采用的控制系统有两种：

（1）基于模拟信号、开关量信号的分散控制系统

① 设计标准化、模块化和系列化；

② 在系统的可靠性、开放性等方面技术成熟，能够满足目前的各种生产控制要求，应用广泛。

③ 系统的价格大幅度下降。

优点：技术成熟，检测及控制设备稳定可靠，设备选型、采购不受限制；

缺点：中央控制室与现场仪表的连接电缆较多；现场控制站中输入/输出卡件数量较多，安装维护工作相对增大。

（2）基于现场总线通信方式的分散控制系统

① 现场总线把专用微处理器植入传统的测量控制仪表，使它们各自都具有了独立承担某些控制、计算和通信能力；

② 现场总线提高了信号的测量、控制、传输精度和速度，同时丰富了信息的内容；

③ 现场总线可采用多种传输介质，如用普通电缆、双绞线、光纤等，把多个测量控制仪表、计算机等作为节点连接成的网络系统，在现场总线的环境下，借助现场总线网段以及与之有通信连接的其他网段，实现数据传输与信息共享，实现异地远程控制，使得分散控制系统除采集工艺过程数据外，可获得更多现场仪表状态信息，提高了对仪表的在线维护能力以及系统可用性。

优点：分散控制控制系统可获得更多现场仪表的综合数据，对仪表的故障诊断能力增强，管理能力提高；仪表在线维护更容易；减少了大量的电缆和电缆桥架；

缺点：尚未建立统一的现场总线标准，而天然气液化厂的工艺设施复杂，采用检测和控制设备种类繁多，无法将所有的自控仪表设备统一在某个现场总线的标准下，因此使设备选型、采购受到较大限制。

目前基于模拟信号、开关量信号的分散控制控制系统体系结构使用较多。

2. 过程控制系统

液化天然气工厂采用开放式网络结构的过程控制系统，完成对主体工艺装置、配套辅助及公用工程设施的所有工艺过程参数及设备运行状态的数据采集和实时监控。

过程控制系统的功能要达到：具有标准的控制组态工具，显示动态工艺流程、工艺参数及其设备相关状态，显示报警一览表、实时趋势曲线和历史曲线、数据存储及处理；对工艺过程变量 PID 调节、复杂控制功能、逻辑及顺序控制功能；与第三方控制系统（如空压机配套控制系统、导热油炉配套控制系统等）通过标准通信接口或硬连接线方式进行可靠连接，以实现对第三方控制系统进行监视和控制；天然气流量计算与计量数据处理；系统具备在线修改组态能力，并在不影响装置正常生产的情况下，完成组态的下装任务；过程控制系统具备完善的系统自诊断功能和强有力的维护功能。

按照分散控制系统的体系结构，过程控制系统在各层的设置：

现场仪表层包括现场检测及控制设备，该层主要完成对工艺过程参数的检测和控制操作，并执行装置控制层的指令。

装置控制层主要由中控室机柜间中的现场控制站构成，还包括大型设备（如丙烯、乙烯及甲烷压缩机组、空压机、导热油炉等）配套控制站或可编程逻辑控制器（Programmable Logic Controller，PLC）。

工厂监控与管理层主要由操作员站和工程师站构成，该层作为操作人员和工艺过程对象之间的人机界面，为操作和管理提供手段，是工厂日常生产控制和管理的重要平台。

3. 安全仪表系统

天然气是易燃易爆气体，液化工厂工艺流程复杂，为适应安全和环保的要求，考虑到液化天然气装置工艺介质的危险性、操作可控性，安全仪表系统采用独立的并具有安全完整性等级认证的现场控制站。

安全仪表系统对天然气液化厂工艺装置及设备实施安全监控，完成安全联锁保护功能，使天然气液化厂处于故障安全模式。LNG 储罐区及装车系统设立独立的安全仪表系统。对天然气液化厂进行风险评估后确定安全完整性等级。

安全仪表系统分为三个层次：

第一层是设备级，当某一危险因素发生时，仅对某个单体生产设备的安全造成影响，联锁系统紧急切断相关联锁切断阀，对该单体设备进行联锁保护，当事故解除后，经人工确认，恢复该设备的正常生产。

第二层是装置级：当某一危险因素发生时，仅对某些生产装置而不是全厂的安全造成影响，联锁系统紧急切断相关联锁切断阀，对该装置进行联锁保护，当事故解除后，经人工确认，恢复该装置的正常生产。

第三层是全厂级，当某一危险因素的发生将影响上下游装置的正常生产或关系到全厂的安全时，将通过相关联锁切断阀自动动作，对全厂进行安全隔离保护，通常只有在装置火灾、干线爆管、装置入口原料气压力高高报警或其他不可预计的灾害时自动或人工触发按钮启动。

安全仪表系统的检测和控制设备应单独设置，控制阀执行机构为故障安全型。根据设备的可靠性、事故发生的严重程度等因素确定单一、双重或三重设置。

安全仪表系统的机柜放置在中控室机柜间内。安全仪表系统的操作、显示在过程控制系统操作员站上完成。设置一台安全仪表系统工程师站和辅助操作台，并配置打印机。

在装置现场适当位置还设置有就地报警按钮，用于现场工作人员在事故情况下手动实施紧急报警。同时，在中央控制室操作间 SIS 辅操台上设置安全联锁按钮、指示灯、音响装置等，用于控制室操作人员在事故情况下手动启动安全联锁。

安全仪表系统与过程控制系统之间可互相通信，并采用硬连接线方式。

4. 火焰和气体泄漏监测报警系统

厂内设置独立的火焰和可燃气体泄漏检测监测报警系统(F&GS)，以实现对全厂火焰、可燃气体泄漏的检测监测、报警(一级和二级报警)及安全保护。F&GS 设备具有相关消防认证。

F&GS 系统包括现场可燃气体探测器、火焰探测器、手动报警按钮、声光报警器及二次仪表等。F&GS 系统二次仪表控制盘柜位于中控室操作间。F&GS 系统现场设备通过阻燃电缆 F&GS 系统现场控制站及二次仪表相连，当现场探测器检测到气体泄漏或火警时，F&GS 系统产生报警，同时启动相关现场声光报警器。当有多个危险信号同时存在时，启动装置区内防爆扩音系统提醒操作人员。

在脱碳装置、脱水脱汞装置、液化装置、冷剂及重烃储存系统、BOG 增压装置、LNG 储罐区、LNG 装车系统、燃料气系统、火炬及放空系统、废水处理系统等可能泄漏和积聚可燃气体的部位设置固定点式气体探测器，对气体泄漏进行连续监测、指示和报警。在液化装置压缩机房内、罐区及装车台设置火焰探测器和低温泄漏监测设备。在主体工艺装置区、罐区、压缩机房外等地方设置手动火灾报警按钮及声光报警器。

天然气液化厂消防系统的信号进入 F&GS 系统。

（二）燃料气系统

设置燃料气系统是为导热油炉、火炬及放空系统等装置提供生产运行用气。正常运行期间，工厂所用燃料气由脱碳装置闪蒸气以及来自液化装置的重烃气，不足由 BOG 气补充。首次开工或停工检修后再开工时，燃料气由原料气供给。

燃料气系统应对燃料气设置压力调节，并设置超压放空阀；同时需要对燃料气进行计量。

（三）火炬及放空系统

火炬及放空系统是保障工艺装置安全生产的重要辅助生产设施。液化工厂放空主要包括：设备检修放空、调压放空、安全阀的超压安全泄放、火灾事故紧急放空和设备高低压窜气放空。放空系统的规模主要由安全阀放空量、火灾事故紧急放空量和设备高低压窜气放空量确定。

高压放空气包括：脱碳吸收塔底富液管道系统高低压窜气；脱碳、脱水、脱汞装置火灾事故紧急放空气，液化装置火灾事故紧急放空气。与高低压窜气放空量相比，火灾事故放空量较大为。按不同时放空考虑，确定工厂火炬放空系统高压气放空规模。

低压放空气为：液化装置、装车设施、LNG 储罐区的 BOG 闪蒸气。

工厂放空系统管网可分为湿气、干气和低压放空系统，并分别设置放空分离器，湿气、干气共用高压放空火炬，低压放空系统单独设置放空管引至低压放空火炬。从各系统排出放空气体分别进入放空总管，经各自的放空分液罐，分液后进入相应放空火炬燃烧放空。

火炬及放空系统的工艺过程控制包括但不限于以下内容：

① 检测放空分液罐、液体排污罐的压力、液位；

② 放空分液罐的液位、温度串级控制电加热器；

③ 放空分液罐的液位与放空分液罐泵联锁；

④ 火炬的点火控制系统及火焰检测仪表由火炬成套厂家提供。控制室可实施远程点火控制，同时，火焰检测信号可在控制室显示。

（四）供热系统

1. 热负荷与供热方式

液化天然气工厂主要用热装置为：脱碳装置、脱水脱汞装置、液化装置；根据工艺装置需要，供热系统可以采用蒸汽供热或导热油供热方案。这两种供热方式技术都很成熟，相比蒸汽供热系统，导热油供热系统具有的优点是运行压力低，低压高温，安全可靠；系统简单，辅助设备少；设备露天布置，基建工程量小；投资省，综合经济效益高。天然气处理装置多采用导热油供热方案。

供热系统热负荷应根据各装置用热量来确定，热网损失及其他不可预见负荷，按全厂装置所需总负荷的 10% 裕量考虑。同时对各装置的供热要求应作分析，如天然气预处理脱碳装置热负荷受原料气中 CO_2 含量的影响很大，而当脱水脱汞装置采用两塔流程时，其中一塔吸附，一塔再生/冷却。当装置吸附、再生时，消耗热量；当装置吸附、冷却时，不消耗热量；因此，脱水脱汞装置的耗热量在一段时间内为零，其耗热量具有周期性。对此，可以从改变热油循环量，调整进出口油温等方法满足装置用热需求。供热方案应从供热系统稳定性、经济性方面进行多方案比较后确定。

2. 供热站

一般情况，液化天然气工厂设置供热站一座，分别设置高温位导热油供热系统一套及低温位导热油供热系统一套，供热设备均采用全自动燃气导热油炉。导热油供热系统由全自动燃气导热油炉、空气预热器、膨胀罐、储油罐、热油循环泵、注(卸)油泵、气液分离器、过滤器等设备组成，可以露天布置。

高温位导热油供热系统正常工况，设备一用一备，满足脱水脱汞装置的用热需求，热载体采用 L – QD370 型导热油。系统为机械闭式循环系统，导热油为热载体，320℃高温导热油输送至脱水脱汞装置，换热后，产生290℃导热油进入回油母管，经气液分离器，由热油循环泵送至导热油炉重新加热，如此循环往复。供热系统定压采用高位膨胀罐定压。

低温位导热油供热系统满足全厂脱碳装置、液化装置的用热需求，若原料气中 CO_2 含量变化范围大，为灵活起见，正常工况系统设备一用二备，热载体可采用 L – QB280 型导热油；极端工况下 3 台同时运行，也可满足用热要求。

导热油炉自带控制系统，完成其控制及联锁保护；自带控制系统可接受 PCS/SIS 的正常停、紧急停指令；自带控制系统通过 RS – 485 串口与控制室的 PCS 系统连接。

3. 化学水

天然气液化工厂的化学水主要是除盐水和除氧水。除盐水需求量为间断，除每年开工时，脱碳装置配置溶液需要大量除盐水外，正常运行时没有连续的除盐水消耗；同时，在首次开工时，需消耗大量的除氧水，正常运行时，除氧水连续耗量较小。

针对除盐水、除氧水消耗波动性较大这一特点，液化天然气厂可设水处理间一座，水处理间原水为自来水，其水质要求符合国标《生活饮用水卫生标准》(GB 5749—2006)，总硬度(以 $CaCO_3$ 计)不大于 450mg/L。水处理间内设有：除盐水装置一套，膜式除氧器一套，除盐水罐一座；除氧水罐一座；除盐(氧)水泵一台；装置除氧水泵一台。上述设备运行组合方式为：首次开工时，原水经除盐水装置、膜式除氧器处理后，预先储存在除氧水罐中，配制溶液所用除氧水一部分由除氧水罐提供，一部分由除盐水、膜式除氧器连续运行提供，可满足首次开工除氧水需求。正常运行时，除盐水装置、膜式除氧器间断运行，除氧水由除氧水罐提供，当除氧水罐低于一定液位时，启动除盐水装置及膜式除氧器；每年开停工时，膜式除氧器停止工作，除盐水装置预先灌满除氧水罐，此时冲洗用除盐水一部分由除盐水装置连续运行提供，另一部分由除氧水罐提供。由上述运行方式可知，首次开工后，每年的开停工用除盐水的输送可由除盐(氧)水泵完成。

（五）工业气体供应系统

工业气体供应系统是为全厂各生产装置提供仪表用的净化空气，工厂吹扫用的工厂风，脱碳装置、冷箱和压缩机及开停工吹扫置换用氮气，以及作为LNG储罐夹层密封气、装车、罐区事故及导热油炉灭火的高纯度氮气。

1. 净化空气系统

来自压缩机的压缩空气进入缓冲罐缓冲，缓冲罐的作用是避免后面干燥部分受脉动气流固频冲击、同时分离出凝结水。一般正常生产时空压机两用一备。来自缓冲罐的压缩空气分别经前置过滤器、无热再生吸附式干燥器、后置过滤器先后净化后，压缩空气水露点$\leq -40℃[0.7MPa(g)$条件下]，油含量$\leq 0.001 \times 10^{-6}$，含尘粒径$\leq 0.01\mu m$。净化后的压缩空气分两路：一路进入净化空气储罐后进入净化空气管网；另一路作为制氮原料进入制氮系统。

2. 制氮系统

选用变压吸附法(PSA)制氮，选用碳分子筛作为吸附剂。变压吸附法制氮是70年代发展起来的一项成熟技术。其装置投资少，占地面积小，操作维护简单。产气速度快，开机15min可产出氮气。自动化程度高，可不用专人值守，由空压站的操作工兼管即可。

碳分子筛是一种以煤粉为原料经特殊加工而成的黑色颗粒。其表面布满了无数的微孔。碳分子筛分离空气的原理，在于空气中氧和氮在碳分子筛微孔中的不同扩散速度，或不同的吸附力或两种效应同时起作用。在吸附平衡条件下，碳分子筛对氧、氮吸附量接近。但由于氧扩散到分子筛微孔隙中的速度比氮的扩散速度快得多，因此，通过适当的控制，在远离平衡条件的时间内，使氧分子吸附于碳分子筛，而氮分子则在气相中得到富集。同时，碳分子筛吸附氧的容量，因其分压升高而增大，因其分压下降而减少。这样，碳分子筛在加压时吸附，减压时解吸出氧的成分，形成循环操作，达到分离空气的目的。此即变压吸附法制氮的原理。

净化后的压缩空气进入变压吸附制氮系统橇块，在装填有专用碳分子筛的吸附塔内，氧气被碳分子筛所吸附，99.5%(体积)纯度的产品氮气由吸附塔上端流出，经过一段时间后，碳分子筛被所吸附的氧饱和。这时，第一个塔自动停止吸附，压缩空气被自动切换到第二个吸附塔，同时对第一个塔进行再生。吸附塔的再生是通过将吸附塔逆向泄压至常压来实现的。两个吸附塔交替进行吸附和再生，从而确保氮气的连续输出。橇块输出氮气纯度为99.5%(体积)，压力为0.7MPa(g)。输出氮气进入氮气储罐，然后进入工厂系统管网。

空氮站压缩机自带控制系统，可自行控制压缩机的状态、启停，其状态信号送至DCS显示、报警；变压吸附式制氮橇块自带控制盘，自行完成控制，其状态信号送至DCS显示。

3. 液氮系统

工厂另设有一套液氮系统，供应压力为0.8MPa(g)的氮气，包括液氮储槽、汽化器。

液氮储存汽化系统由成套生产厂家提供，液氮外购，由液氮槽车提供。来自槽车的液氮进入液氮储槽，经过汽化器汽化后氮气进入氮气储罐，送至工厂用气点使用(汽化器采用空气进行加热)。

（六）分析化验室

分析化验室承担工厂生产过程中原料气、产品气、液化天然气、胺液等的常规分析工作和新鲜水、循环水等水质分析工作，同时还承担本厂环境监测部分项目的分析化验工作。分析化验室配备有色谱分析、化学分析等各种分析化验所需的分析仪器和设备。

五、工厂总平面布置

（一）总平面布置

1. 总平面布置原则

总平面布置应按照有利生产、方便施工、易于管理、确保安全、保护环境、节约用地的原则，结合建设场地的具体情况，严格遵守国家现行的防火、防爆、安全、卫生等规范的要求。总平面布置原则如下：

（1）按照 LNG 的特性，严格执行国家、地方现行规范、标准和工程建设标准强制性规定，满足防火、防爆、防振、防噪的要求，有利于环境保护和安全卫生；

（2）平面布置遵循节约用地、集中布置的原则；在满足工艺流程要求的情况下，确定各单元的相对位置，合理分区，方便生产管理；

（3）充分考虑当地风向、气温、降水量等自然条件，因地制宜，合理采用室内或室外布置；

（4）厂区道路连接短捷，顺直，满足消防、运输及设备检修的要求；考虑在紧急事故状态下，现场人员的安全撤离通道；

（5）总平面布置应保证施工、操作及维修期间有足够的安全距离及安全操作空间；并考虑事故状态下的防火、防爆要求；

（6）符合正常情况下的工厂安全保卫需要；合理绿化，营造良好的生产环境。

2. 总平面布置内容

按照全厂总工艺流程的安排，分清工艺工程系统和公用工程系统各单元，将流程联系紧密的单元组合成区域，如脱碳装置、脱水脱汞装置、液化装置、BOG 压缩机厂房、再生气压缩机厂房、燃料气系统等可组合成工艺装置区；变电所、供热站、水处理间、循环水冷却装置、生产、消防给水站、废水处理装置、生产调度楼、空氮站、变频器室、库房维修间、钢瓶间等为辅助生产区；LNG 储罐、冷剂及重烃储存等为储罐区；LNG 装车位、重烃装车位、装车辅助用房等为装车区；另外还有进站阀组区、主门卫、次门卫、火炬区、厂前区等。

综合考虑厂区地理位置的特点：地理条件、周围建筑物情况、风向、原料气来向、厂区供电和供水来向、外围道路等，遵循相关规范，对各功能区进行布置。如根据原料气来向，布置工艺装置区；按工艺流程要求，将储罐区和装车区靠近工艺装置区布置；储罐区位于厂区边沿，避免事故状态下造成更大损失。但是要确保与相邻企业热辐射间距满足规范要求；火炬区布置在全年最小频率风向的上风侧；工厂主变电所单独成区，按照外电源的来向可位于厂区边沿，方便电力线进厂；供热站、空氮站靠近装置区布置，方便管架连接，且位于负荷中心；循环水装置，给水和消防站、废水处理装置靠近装置区布置等。

因冷剂罐区长期存有液烃，在全厂总图布置上，冷剂罐区与其他工艺单元分开布置。所有储罐均布置在防火堤内，防火堤容量能满足储存最大液烃泄漏量的要求。

（二）竖向布置

1. 竖向布置原则

（1）竖向设计应与园区规划场地标高协调一致；

（2）竖向应与道路设计相结合，在方便生产、运输、装卸的同时，还应处理好场地雨水排出；

（3）竖向设计结合道路标高、厂址地形，建（构）筑物及其地面标高符合安全生产、运输、管理、厂容要求，合理确定场地内各单元标高，尽量减少场地内土方量；

（4）竖向设计应为工厂内各种管线创造有利的通行条件，方便主要管线的敷设、穿（跨）越及交叉等，为自流管线提供自流条件；

（5）减少土方工程量，力求填挖平衡，节省投资。

2. 竖向布置内容

按照厂址地形地貌特点，选择厂区场地竖向布置方式，可以采用平坡式布置或其他形式布置。确定各功能区的自然地坪标高和厂区排水方式，估算土石方平衡挖方/填方工程量。为了能得到经济合理的竖向布置，需要进行多方案比较确定实施方案。

（三）道路布置

道路布置符合生产、维修、消防等通车的要求，有效地组织车流、物流、人流，达到方便生产运输，厂容美观，并尽可能地减少工程量。道路与总平面布置相结，道路网的布局有利于功能分区；道路与竖向相结合，道路网的布局有利于场区地面雨水的排放；厂区内道路采用环状布置，符合防火、环保的规定，道路交叉采用正交。

道路及场地布置以能满足现场施工和正常生产所需运输及设备检修、保证在火灾发生时消防车能安全迅速到达各防火区域。满足生产、运输、安装、检修、消防及环保卫生的要求。道路宜呈环形布置。与竖向设计相协调，有利于场地及道路的雨水排放。

（四）规范

总平面布置遵循的规范：

（1）GB 50183—2004《石油天然气工程设计防火规范》；

（2）GB/T 20368—2012《液化天然气（LNG）生产、储存和装运》；

（3）GB 50160—2008《石油化工企业设计防火规范》；

（4）GB 50016—2006《建筑设计防火规范》；

（5）GBJ 22—87《厂矿道路设计规范》；

（6）GB 50489—2009《化工企业总图运输设计规范》；

（7）NFPA 59A—2009《液化天然气生产、储存和装运标准》；

（8）EN 1473《液化天然气设备与安装——陆上装置设计》。

六、公用系统

（一）供排水系统

给排水系统包括厂内给水、循环冷却水、排水、污（废）水处理和事故废液收集等。

1. 供水

（1）供水量

天然气液化工厂的生产用水可分为连续用水和间歇用两种。连续用水主要是循环水冷却系统（为工艺装置提供循环冷却水）的补给水、部分工艺用水和消防补给水等。间歇用水包括检修用水、冲洗水、洗涤用水等。另外，总用水量需计入未预见用水量，未预见用水量按总用水量（不含设备检修用水和消防补充水）的10%计。最高日用水量不包括装置检修用水量，该用水量检修期间可从生产、消防储水罐调节。

厂区值班人员生活用水按总定员人数和生活用水定额计算。生活用水水质需符合《生活饮用水卫生标准》（GB 5749—2006）。

（2）供水系统

一般来说，工厂供水系统可分为水源系统、生产供水系统和生活供水系统。

① 水源系统

该系统为全厂提供符合水质要求的生产用水和生活用水。在工厂厂址选择时，对周围供水情况调研的基础上，按照所需水量和水压，在距厂最近位置处接管引市政自来水。若市政管网水压水质满足要求，可直接接管送至 LNG 工厂内各用水点及消防生产合用水罐内。若水质要求不符合需要处理时，水源从厂外通过管线送至界区，用提升泵加压后进入净水装置，主要工艺流程为混凝—沉淀—过滤—消毒，后送至生产消防水罐和生活水罐。

若市政管网存在短时间停水的可能，为保证 LNG 工厂在停水期间的正常生产，根据《天然气净化厂设计规范》SY/T 0011—2007，可在 LNG 工厂内按12h 的正常日平均小时用水量设置清水储罐及加压设施，该清水储罐可与消防储水罐合建。通过变频供水设备从水罐内吸水加压输送至厂内各用水点。变频供水设备的供水水量是基于厂区正常日最高小时用水量并考虑 LNG 工厂运行初期试水及开工所用水量进行设置。

② 生产供水系统

该系统向工厂提供生产装置、辅助生产装置生产用水，如公用工程站用水、除盐水原水和循环水补充水等。生产水由净水厂产水泵输送至生产及消防水罐内，经泵加压后通过管网送至用户。生产给水系统包括循环水补水泵站和生产给水泵站。

③ 生活供水系统

该系统向工厂提供生活用水、安全淋浴和洗眼器用水。厂区内净水厂产水送至生活水罐，经消毒处理后供给厂区生活用水。

供水系统工艺过程控制是在进水总管计量来水量；检测消防水罐液位并报警；消防水泵远程启泵，运行状态上传显示，泵出口压力检测；消防稳压设备、变频供水设备均自带控制系统，控制信号采用硬线连接方式上传至中控室。

2. 循环冷却水

当工艺总体方案确定采用水冷却时，循环冷却水成为水系统的重要部分。脱硫、脱碳、脱水、脱汞和液化装置等都需要冷却水。按照各装置所需循环冷却水量、水温、压力要求和厂区所在地区的气候条件（全年太阳辐射量、年均日照时数、年平均相对湿度、常年平均风速等），确定循环冷却水系统规模。循环冷却水水质应满足《工业循环冷却水处理设计规范》（GB 50050—2007）的各项水质要求。

循环冷却水系统由冷却塔、循环冷却水池、循环冷却水泵、循环冷却水管道，以及必要的水质处理系统、水质监测和循环冷却水系统管路腐蚀监测等设施组成。根据处理规模，经比选后确定循环水泵、冷却塔的选用。对于夏季炎热地区，为保证冷却塔的冷却效果，冷却塔的处理规模均要较理论计算有所放大。每座冷却塔及其下面承纳的循环水池均在两塔交界处设置隔墙，以保证一座冷却塔的检修不会影响其他冷却塔的正常运行。为防止机械杂质进入循环冷却水管路，在吸水室的进水口设置有细拦渣格栅，以及在各循环水泵的吸水喇叭口处设置滤网。

为控制循环冷却水系统内由水质引起的结垢、污垢和腐蚀，保证换热设备的换热效率和使用年限，循环水系统采用下列水质稳定措施：

（1）采用在循环水池内投加杀菌剂和水质稳定剂，增加旁滤系统来除去运行中产生的杂质、藻类和水垢。

（2）在循环冷水池设置排污阀定时排污，以控制系统的浓缩倍数。

（3）循环冷水池上设置新鲜水管道，补充系统因蒸发、风吹、渗漏及排污造成的水量损失。

循环水冷却系统的工艺过程控制主要是：

（1）检测进出工艺装置的循环冷却水压力；

（2）检测进出工艺装置的循环冷却水温度；

（3）计量进出工艺装置的循环冷却水流量；

（4）对新鲜水补充水量进行计量；

（5）循环水池液位检测、报警，其液位与新鲜水补水总管自动控制阀联锁；

（6）冷却塔、全自动纤维球过滤器、水质监测换热器、加药橇装装置均自带控制系统，控制信号上传至中控室；

（7）检测循环冷却水的 pH 值和电导率。

3. 排水

从节能减排考虑，厂区排水可采用清污分流体制进行分类收集、分别处理、分类回用。具体处置如下：

（1）生产污水排水系统

LNG 工厂正常生产污水主要是含微量轻烃和固体杂质，拟将该污水通过管网收集至污水外排观察池，经观测后按市政污水管网要求指标就近排入市政污水管网处理(如所要求的指标可能为：悬浮物≤400mg/L、COD≤500mg/L、石油类≤20mg/L、pH 6 ~ 9)。若不能达标，则应在厂内处理合格后排入市政管网。

生产污水排水系统由生产污水管道及其附属设施(检查井，水封井)组成，装置区排出的生产污水(不含循环水的排污水)和污染雨水经重力排入厂区生产污水排水干管，再提升进入生产污水处理装置进行处理。生产污水经处理达标后进入污水回用系统。在处理中，分离出的废油统一储存在污油罐中，定期外运。

生产污水处理装置主要用于处理厂区内的含油污水。含油污水经重力流排入含油污水收集池后，由含油污水提升泵送入含油污水处理装置。油水分离装置包括斜板隔油、气浮处理工序，确保含油污水出水水质符合回用标准。分离出的废油统一在污油罐储存，定期外运。主要构筑物和装置由含油污水调节池、含油污水提升泵和油水分离装置组成。

（2）检修污水

LNG 工厂的检修污水主要是含碳酸钾、磷酸盐、MDEA，污水通过管网收集至检修污水池内，再送至附近有能力处理的专业污水处理单位进行处理。

（3）生活污水排水系统

生活污水排水系统用于收集和排放各装置区建筑物内卫生间、厕所、浴室等设施的生活污水和部分化验室的冲洗废水。化验室的废液应单独装桶收集进行处理，不得排入本系统及其他系统中。各装置区的生活污水应先经装置区内的化粪池预处理后，再重力排入厂区生活污水排水干管，送至生活污水处理装置进行处理，生活污水处理可采用接触氧化工艺，而后进入沉淀池，出水达标后送入污水回用系统。

生活污水排水检查井和化粪池应采用防渗钢筋混凝土检查井。LNG 工厂生活污水，经化粪池预处理后汇入污水外排观察池，与生产污水混合后就近排至市政污水管网。

（4）污水回用系统

液化天然气工厂正常生产废水包括供热站和循环水池排水，其污染物主要为盐分，且温度较高。该废水收集至废水调节池储存，经预处理后再采用除盐装置进行除盐淡化处理，生成的淡水用作循环冷却水池的补充水，"浓盐水"则排入污水外排观察池与生产污水一并处置。

为了节水减排，可设置废水除盐装置对循环水池的排污废水等进行脱盐处理回用。LNG工厂的循环冷却水池和供热站等排污量较高，而该部分废水水质较好，仅盐分和悬浮物含量较高，为贯彻节水减排精神，将此轻度污染废水专门收集，进行除盐等处理后回用于补充循环冷却水池。根据国内现有循环排污废水除盐工艺的运行经验，如果采用两级除盐，其回收率一般可达 70% ~80%。不仅节约了新鲜水消耗，又可减少污水排放。

废水处理的脱盐工艺有：

① 反渗透(RO)原理是用高于溶液渗透压的作用下，利用半透膜将水中的溶解盐类、胶体、微生物、有机物等物质与水分离开来。该工艺具有操作简便、工艺简单、出水水质好等优点，但其缺点也较明显：半透膜更换频繁、脱盐率较低且不稳定、污堵导致膜通量衰减快、核心元件使用寿命较低、添加药剂造成二次污染，需要的压力高、较耗能。

② 电渗析(ED)是以电位差为推动力，利用离子交换膜的选择透过性，将带电组分的盐类与非带电组分的水分离的技术。与反渗透(RO)相比，该工艺优点为：脱盐率高，最高达到90%以上；温度对膜影响小，适合于循环水的较高温度；运行成本较反渗透工艺低；有预处理系统对进水水质进行处理，使用寿命长于反渗透工艺；系统应用灵活，可在运行中通过控制电压、电流、浓度、温度等主要参数来适应进水水质含盐量的变化。

国内各炼油化工及火力发电厂的废水脱盐较多采用预处理＋电渗析(ED)工艺。其中预处理采用絮凝、高效沉淀和过滤工艺，以降低水中浊度、悬浮物、总铁、COD、胶体物质等，使出水水质满足膜脱盐设备的进水要求。对预处理出水，适度脱盐处理后回用于补充循环冷却水池。

废水处理装置工艺过程控制的要点是：

① 对污水池液位进行检测、报警，液位低低停泵联锁；

② 对事故应急池、检修污水池液位进行检测、报警；

③ 污水提升泵出口设置压力就地指示、流量计量；

④ 过滤装置自带控制系统，控制信号上传、报警；

⑤ 污水处理装置、回用水处理装置、变频供水设备、全自动过滤器均自带控制系统，控制信号上传至中控室；

⑥ 污水提升泵出口设置压力就地指示、流量计量；

⑦ 设置在线 COD、pH 检测仪。

（5）事故废液

根据国家安全环保相关文件规定，本厂应设置事故应急池，用于收集事故状态下的事故废液。事故状态下可能外溢的废液主要有危险化学药品、消防废水（LNG 储罐设有防火堤，消防废水暂存于防火堤内，事故应急池不考虑该部分废水的储存）和事故期间雨水。

液化天然气工艺装置区在生产过程中将使用化学溶剂，在事故期间需对该区域的事故废液进行收集。事故期间事故废液的总量包括工艺装置发生一处火灾或爆炸时（按一列装置考虑），其设备及系统管道可能外溢的危险化学药品量；火灾期间，天然气预处理和制冷装置等一次排放的消防废水量；事故期间需收集的受污染雨水量按雨水受污染的面积收集的 15～20mm 雨水降雨量。该废液采用事故应急池存储，无污染时直接外排入市政污水管网；污染严重时，委托专业环保公司处理。

LNG 储罐区事故状态下排放的废液主要为消防废水，因其仅受少量消防泡沫的污染，可直接利用罐区防火堤进行收集，经观测再根据情况外排或进行处理。汽车装卸区在事故状态排放的废液仅为消防废水，由于其不受有毒有害物质的污染，可不对其进行收集。

（6）雨水

LNG 工厂内雨水正常生产期间不受污染，根据厂区设计地坪坡度，经雨水管道收集后就近排至厂外市政雨水管道。

（7）其他

为及时排除 LNG 储罐区、装车区和工艺装置区内集液池内积水，需在各集液池设置防爆型雨水自吸泵，以对集液池内积水进行及时有效的提升装置区的消防事故废水收集到事故池中，检测后用泵提升至生产污水处理装置，处理后进入污水回用处理装置。

4. 规范

液化天然气工厂供排水系统遵循的标准规范：

（1）GB 50013—2006《室外给水设计规范》；

（2）GB 50014—2006《室外排水设计规范》；

（3）GB 8978—1996《污水综合排放标准》；

（4）GB 5749—2006《生活饮用水卫生标准》；

（5）SH 3015—2003《石油化工企业给水排水系统设计规范》；

（6）SH 3034—2012《石油化工给水排水管道设计规范》；

（7）S1. S2. S3—2002《国家建筑标准设计给水排水标准图集》；

（8）GB/T 50102—2003《工业循环冷却水设计规范》；

（9）GB/T 50050—2007《工业循环冷却水处理设计规范》；

（10）GB/T 50109—2006《工业用水软化除盐设计规范》。

（二）供配电系统

1. 用电负荷和负荷分级

LNG 工厂供电范围包括厂区用电，倒班生活区用电等。厂区用电负荷等级为一级，用电负荷根据各单元用电量统计确定。倒班生活区负荷等级为三级，主要负荷为照明及空调用电。

2. 电源

对周边电源情况充分了解的基础上，进行多方案比较，本着供电可靠性高、系统容量充裕、工程量小、运行灵活的原则确定电源方案。一般采用110kV双回专用线路供电，厂内设置110kV变电站1座。

3. 供配电设施

工厂建设110kV变电站一座，包括110kVGIS配电装置、110kV/10.5kV、63MV·A主变、10kV配电室、高压电容器室及控制室。新建110kV户内GIS配电装置，主接线采用单母线分段形式。新建$(110 \pm 8) kV \times 1.25\% / 10.5 kV$、63MV·A有载调压油浸式变压器2台，户内安装。与110kV配电装置通过电缆连接。新建10kV配电室，为低压配电室、变频器室及厂区内高压电动机提供电源。10kV母线采用单母线分段接线。电源通过母线桥引自主变。

根据工艺要求，丙烯压缩机、乙烯压缩机及甲烷压缩机均采用变频调速，在靠近压缩机房的不分类场所建设一间10kV变频器室，设置变频调速装置3套。变频装置室附设10/0.4kV变电所一座，为压缩机辅助设施及附近工艺装置及辅助生产设施低压负荷供电。由于压缩机组及变频装置电缆数量较大，变频装置室及低压配电间均设置电缆夹层。丙烯、乙烯、甲烷压缩机的电动机是大功率高压电动机，均为直联式电动机，转速3000转，高压大功率变频调速装置输入端与电网背景谐波的适应性、对电网输入谐波的测量与滤波、输出端谐波对电动机、控制系统的影响、隔离变压器发热量及散热方式尚应进一步分析。

工厂内辅助生产设施区可设10/0.4kV变电所一座，为附近工艺装置及辅助生产设施低压负荷供电，电源采用电力电缆引自10kV变电站10kV开关柜，出线通过密集母线桥引至低压配电柜。低压母线采用单母线分段，为厂区内低压负荷供电。10kV母线及0.4kV母线，分别设置无功补偿装置，采用多步自动投切方式，补偿后在变压器最大负荷时，其一次侧功率因数应不低于0.95，在低谷负荷时功率因数应不高于0.95。

4. 应急电源设置

天然气液化工厂应急电源分两部分：

一是保证安全停产用的应急电源，设置400V应急柴油发电机组用于提供压缩机组紧急停车系统、消防辅助泵、空压机、自控通信、UPS、EPS及厂区需要应急供电的重要机泵用电，应急启动时间为15s。

二是在控制室设置UPS提供仪表控制系统用电，双机冗余配置。装置区变电站设置UPS装置1套，双机冗余配置，后备时间1h，为厂区压缩机组控制盘、各系统控制盘等重要负荷提供不间断电源。另设置EPS装置1套，后备时间1h，为全厂提供应急照明。

5. 防雷接地

（1）防雷保护

根据《建筑物防雷设计规范》，按自然条件、当地雷暴日（50.4d/a）和建构筑物的重要程度划分类别，厂内工艺装置为第二类构筑物，辅助生产用建筑物按照第三类建筑物考虑。110kV变电站设置独立避雷针，防直击雷过电压。

（2）接地

110kV系统为中性点接地系统；10kV系统经接地变压器接地；低压配电系统的接地采用TN－S系统。

除火炬单独设置防雷接地装置外，电气设备的工作接地、自控/通信的保护接地及工作接地、防雷/防静电接地等共用同一接地装置。接地电阻值要求：110kV 变电所接地电阻不大于1Ω，火炬放空区的冲击接地电阻不大于10Ω，专用防静电接地装置的接地电阻不大于100Ω，共用接地装置的接地电阻不大于1Ω。

（三）通信系统

通信系统主要包括：传输通信系统、语音通信系统、工业电视监视系统、扩音对讲通信系统、火灾自动报警系统、入侵报警系统、门禁及车辆管理系统、计算机网络及厂区电话配线、会议电视系统、电力调度通信、倒班生活区配套通信等。

通信系统具有较强的实用性，能满足生产对通信的要求；系统必须具有较高的安全性和可靠性；通信系统容量、功能留有适当的可扩展空间；系统必须易于管理和维护。

1. 传输通信系统

传输通信系统是工厂对外联络的主通道，特别是 LNG 产业链上下游之间的联络，信息量大，要求传输通畅快捷。可设置光通信设备一套。

2. 语音通信系统

为满足 LNG 工厂及倒班综合公寓内部之间的语音通信，以及与电信公网用户之间的通信，在 LNG 工厂设语音服务器 1 套。话音通信系统从 LNG 工厂接入当地公网。

3. 工业电视监视及入侵报警系统

为保障 LNG 工厂整个厂区正常的生产、工作秩序，以及加强 LNG 工厂区的安全防范，LNG 工厂设置工业电视监视系统 1 套及入侵报警系统 1 套。

（1）工业电视系统

工业电视监视系统主要用于生产值班人员对 LNG 工厂内的重要生产装置区及周边环境的视频监视，以便及时发现和确认火灾险情、预防非正常闯入并给予报警。

LNG 工厂在相关工艺装置区设置防爆摄像前端，装置区周边设置非防爆摄像前端。摄像前端在防爆区均按防爆要求配置，防爆等级不低于 ExdⅡBT4，防护等级不低于 IP65。

监控系统主机设在 LNG 工厂生产调度楼内，系统采用液晶监视器作画面显示。同时，视频监视信号可接入中央控制室 DLP 大屏显示。此外，在门卫设分监视终端，可监视厂区围墙周边图像。

工业电视监视系统设置移动侦测功能，能自动识别外来入侵等情况，并进行报警。系统的视频切换控制及告警还可根据自控专业提供的报警触点信号来完成，形成联动监视。

110kV 变配电楼独立设置工业电视系统 1 套，用于监视变电站内重要装置区。视频监视主机及液晶监视器设在变配电楼内，系统设置非防爆摄像前端。

（2）入侵报警系统

系统由系统报警主机、双光束激光探测器、辅助设备（电源、警灯警号、探头安装支架）、传输线路等组成。系统与工业电视监视系统形成联动控制。

在厂区围墙上设置双光束激光探测器，控制室设置系统主机和警灯警号。

4. 扩音对讲通信系统

为满足 LNG 工厂区高噪声及高危险度场合下运行的需要，在事故状态下紧急疏散相关工作人员提供广播呼叫服务，并对非正常闯入和破坏给予警告和报警。可考虑在 LNG 工厂设扩音对讲通信系统。系统主机设置在生产调度楼，系统在 LNG 工厂生产装置区防爆区域设置防爆扩音对讲话站，非防爆区域设置非防爆扩音对讲话站。防爆话站其防爆等级不低于

ExdⅡBT4，防护等级不低于 IP65。系统采用无主机系统设备。

5. 火灾自动报警系统

在 LNG 工厂的生产调度楼、110kV 变配电楼等重要房间内设置火灾自动报警系统，火灾报警区域控制器安装在生产调度楼中央控制室，一旦发现火灾隐患，值班人员可立即做出灭火反应，并通知有关部门。系统与自控气体检测报警系统形成联动控制。倒班综合公寓设置火灾自动报警系统。

LNG 工厂生产调度楼中央控制室及倒班综合公寓设置消防专用电话，用于和市（县）消防站直接通信。

6. 门禁及车辆管理系统

为提高 LNG 工厂综合管理水平和安防管理效率，利用现代通信技术，实现人员身份识别、身份扫描、数据存储，以及车辆出入管理、控制等功能。

7. 电力调度通信系统

为解决 LNG 工厂的 110kV 变电站与当地变电所之间的电力调度通信和电力数据传输的需要，按照电力行业规范规定在 LNG 工厂设置 1 套电力调度通信系统，以确保电力供应系统的统一调度指挥，平稳运行，安全供电。

8. 巡检抢险通信

为保证 LNG 工厂防爆区内正常的联络和厂区内的巡检抢险通信，可在 LNG 工厂配置一定数量的无线防爆对讲机。

（四）防腐与绝热

1. 防腐

LNG 工厂金属管道将面临土壤和大气环境的腐蚀、绝热层下的腐蚀（CUI）、奥氏体不锈钢点蚀和应力腐蚀开裂（SCC）等多种腐蚀因素。各工艺装置和管道的工况差异较大，需要有针对性地采取防护措施。

为防止 LNG 工厂内金属管道及设备发生腐蚀失效，应对管道及设备表面涂装涂料或涂敷防腐层。按照《钢质管道外腐蚀控制规范》（GB/T 21447—2008）及《石油化工设备和管道涂料防腐蚀设计规范》（SH/T 3022—2011）的要求，针对不同腐蚀环境条件、介质温度、不同被涂物表面的材质，选用安全可靠、环保低碳、经济合理、具备施工条件的涂料或防腐层。

储罐和设备的内外壁涂料涂膜与内壁金属表面有良好的粘结力；涂膜具有优异的弹性伸长性能，使储罐因温度、液位及压力变化带来的罐体形变时，涂膜有一定的弹性形变能力，长期保持涂膜致密无裂纹；施工方便、涂装道数尽量少；易于固化、满足罐内通风条件差的环境；使用寿命较长、造价经济合理。

2. 绝热

LNG 工厂的绝热包括保温与保冷两个方面。其中保温分为减少外表面温度高于 50℃ 高温管道或设备的热损失，降低能耗，确保正常的生产操作，根据工艺需要对管道或设备进行保温；对于温度高于 60℃ 且允许散热的管道，为防止对人或设备造成损伤需进行防烫。保冷又分为普冷和深冷两种方式，其目的均是为减少冷介质及载冷介质在生产和运输过程中的冷量损失及温度升高，确保正常的生产操作。

保温的对象主要是脱碳装置、脱水脱汞装置、液化装置的导热油供热系统；保冷分为普冷和深冷两部分，深冷区域主要存在于冷箱、LNG 装车系统、火炬及放空系统、LNG 储罐区的 LNG 输送管道，普冷区域主要存在于液化装置、冷剂及重烃储存系统。根据工艺方案及相关现行标准的要求，选择相应的保冷、保温材料及结构。

根据 GB/T 4272—2008《设备及管道绝热技术通则》的要求，绝热层在 LNG 工厂中起着减少能量损耗、防结露或保护员工人生安全等重要作用。良好的绝热层对于保证工艺生产的稳定性、减少生产运营维护成本、避免安全事故或减少人生伤害，均有着不可替换的作用。厂内 LNG 输送管道在深冷工况(−163℃)下工作，如何有效而经济地保护冷量不散失是绝热设计的首要目标。同时，LNG 属于易燃易爆类介质，对绝热系统的防火性能有较高的要求。绝热层达不到预期的效果时，将可能带来：①冷损加大导致制冷机组负荷加大、耗能，成为制约装置生产的瓶颈。②低温管道设备表面凝露、局部结冰，设备露点腐蚀，以及操作环境恶化导致安全隐患增加。绝热设计应符合减少散热损失、节约能源、满足工艺要求、保持生产能力、提高经济效益、改善工作环境、防止烫伤等基本原则。

（1）绝热层的选用

国标 GB/T 22724—2008《液化天然气设备与安装陆上装置设计》中明确要求，绝热材料的质量和类型应根据：易燃度和吸气率、绝热材料对潮气的敏感性、大温度梯度、低温性能等几个方面予以考虑。

结合目前已建乙烯炼化、LNG 汽化（液化）工厂出现的实际问题，LNG 工厂应对绝热层的下面几点予以重视：

① 着火特征

由于 LNG 泄漏后会形成可燃气体体积迅速膨胀，LNG 工厂对于防火应引起高度重视。绝热材料与火相接触，不应引起火势蔓延。国家现行标准中对于绝热材料燃烧性能作出规定：表面温度大于 100℃时，应选择不燃性材料；表面温度小于等于 100℃时，应选择不低于难燃要求的材料［即：氧指数不小于 30%；平均燃烧时间不大于 30s，平均燃烧高度不大于 250mm；烟密度等级（SDR）不大于 75。］

② 防潮

进入绝热系统中的湿气会迅速提高绝热材料的传热系数。如绝热材料中存在 1%（体积分数）湿气将使热效率降低 20% ~ 30%。在保冷绝热中，良好的材料不仅需要具有抗吸水吸湿性，而且需要具有抗水蒸气渗透性。因为水蒸气的渗透扩散基本遵循 Fick 定律，其中水蒸气分压是扩散的推动力。在低温的保冷装置表面是一个较低的水蒸气分压，外界环境存在一个较高的水蒸气分压，这一压力差会促使水蒸气从环境向保冷层内部扩散，从而使保冷材料的导热系数增加，保冷效果下降。同时在结构设计中，应设置有效的水汽屏障层，避免水蒸气的进入。

③ 抗不均匀移动

LNG 输送管道预冷以后，由于金属管道和非金属硬质绝热材料的线性收缩系数存在差异，将会导致冷缩不均匀而产生相对位移。除尽可能选用与管材线性收缩系数相近的硬质绝热材料外，还应提升密封胶的性能、完善收缩缝的设计，使得管道在与硬质绝热材料发生预期的不均匀移动后仍能保持绝热结构的整体密封性。

④ 防止对奥氏体不锈钢的不利影响

用于与奥氏体不锈钢表面接触的绝热材料，其氯化物、氟化物、硅酸根、钠离子的含量应符合 GB/T 17393—2008《覆盖奥氏体不锈钢用绝热材料规范》的规定，其浸出液的 pH 值在 25℃应为 7.0 ~ 11.0。

⑤ 热传导

绝热层的厚度取决于绝热材料在流体温度到环境温度范围内的热传导。导热系数是评价绝热材料性能指标的一项关键参数。

⑥ 耐磨性

装置温度发生变化时热胀冷缩，会引起绝热材料与装置接触面或绝热材料接触面间相互摩擦，因此要求硬质泡沫绝热材料有一定的耐磨性。

（2）绝热材料的性能特点

绝热材料及其制品的主要物理、化学性能应符合国家现行有关产品标准。

① 保温材料

当前用于 LNG 工厂的保温材料主要有岩棉、玻璃棉、复合硅酸盐、陶瓷纤维等几种。

岩棉是以天然岩石为原料制成的纤维状松散的非均质材料。岩棉制品的性能和粘结剂有着很大的关系。岩棉的推荐使用温度≤550℃。

玻璃棉是用熔融状玻璃原料或玻璃制品制成的一种矿物棉，玻璃棉加入固性粘结剂可制成玻璃棉板、带、毡、管壳等各种制品。超细离心玻璃棉的纤维细而柔，纤维直径小于 4μm，呈白色，对人体无刺痒感。超细离心玻璃棉容重小、导热系数低、燃点高、耐腐蚀、耐振动，是较好的绝热、吸声、减振材料。玻璃棉制品的推荐使用温度≤350℃。

硅酸盐复合材料是以无机硅酸盐天然矿物纤维和人造硅酸盐纤维为主要成分。在 50～200℃这个温度范围内，若用于奥氏体不锈钢表面应当特别注意应力腐蚀开裂问题。硅酸盐复合材料的推荐使用温度≤500℃。

陶瓷纤维综合性能良好，但是材料成本最高。

② 保冷材料

当前 LNG 工厂常用的保冷材料按化学分类有两大类：一类是有机泡沫塑料，如聚异氰脲酸酯（PIR）、硬质聚氨酯（PUR）泡沫、柔性泡沫橡塑（PE）；另一类是无机泡沫玻璃（CG）或气凝胶。

硬质聚氨酯（PUR）泡沫的热导率低，绝热性能好，可以现场浇注，适合大面积连续喷涂施工。但是由于材料本身可燃，各项性能受容重的影响明显，且不能用于深冷工况。

气凝胶是美国航天局开发出的一种新型纳米材料，具备最低的导热系数，但是该材料在国内尚未成熟生产且成本较高。

闭孔型泡沫材料的吸水率远远小于纤维和颗粒状材料，同为闭孔型的无机泡沫玻璃的吸水率吸湿率又低于有机泡沫塑料。

聚异氰脲酸酯（PIR）是由聚合异氰酸酯与聚醚多元醇为主原料，再加上催化剂、阻燃剂及环保型发泡剂，经专门配方和严格工艺条件下充分混合、反应、发泡生成的闭孔硬质泡沫聚合体。国产化产品已能完全满足 CINI 的技术要求，适用温度范围为 $-196～120℃$，具有极低的导热系数，隔热效果优异，质轻，常温导热系数为 $0.022W/(m \cdot K)$。目前国内已能生产宽度在 $1.2～2m$ 的预制发泡体，相对于泡沫玻璃接缝较少。线性收缩系数 $5.83 \times 10^{-5}/℃$，氯离子含量小于 60ppm，抗压强度 $>0.2MPa$，在有机类保冷材料中阻燃特性相对较好，满足 B1 级难燃要求。但吸水、抗湿透及低温稳定性能不及泡沫玻璃。

泡沫玻璃（CG）是一种以玻璃粉和发泡剂为原料，高温熔融发泡制得的多孔玻璃质材料，其封闭的气孔由 1μm 左右的玻璃薄膜隔开。国产化产品已能完全满足 ASTM 相关标准的技术要求，适用温度范围为 $-196～400℃$。它的特点是：属无机类绝热材料，不燃，吸水率小于 0.5%，水蒸气透湿系数几乎等于零；抗压强度 $>0.8MPa$，低温稳定性能优异，线性收缩系数 $9 \times 10^{-6}/℃$（与金属的线膨胀系数比较接近）；常温导热系数为 $0.043W/(m \cdot K)$，比聚异氰脲酸酯（PIR）偏大；预制壳体宽度为 640mm，接缝相对较多。

绝热工程是一项系统工程，效果的好坏受主材（PIR、泡沫玻璃）、辅助材料（粘结剂、密封剂和耐磨剂）及现场施工三方面的共同影响，系统效果取决于整体效果。水汽的渗透是无孔不入的，整体密封才能起到良好的隔热，任何一个环节没有处理好都将对保冷系统带来重大影响。在低温管道即设备保冷结构中，保冷主材自身的导热系数、低温稳定性、吸水率及抗湿透系数；辅助材料的防水密封、粘结性能都很关键。材料质量和作用非常重要，但施工质量及材料的可操作性对保冷效果的影响更为重要。良好的保冷材料性能是基础，保冷施工质量是关键，保冷层的设计与施工中必须严密注意接缝的处理和法兰、阀门、弯头、管道支撑处的技术方案及施工质量。

第三节　调峰型液化工厂

调峰型液化工厂指为调峰负荷、补充燃料供应或事故调峰用的天然气液化工厂，通常将低峰负荷时过剩的天然气液化储存，在高峰时或紧急情况下再汽化使用。此类装置需要的液化能力较小，储存容量和再汽化能力较大，生产的 LNG 一般不作为产品对外销售。调峰型 LNG 工厂通常远离天然气的产地，位于城市管网附近。年开工 200 ~250 天，以充满储罐，再汽化供调峰使用。调峰型液化天然气工厂的主要作用是对工业和民用用气的不平衡性进行调峰，一般由天然气预处理、液化、储存、再汽化等四部分组成。

调峰型天然气液化装置中主要采用以下三种类型的液化流程：①阶式液化流程，曾被广泛采用，现在基本上不用；混合制冷剂液化流程；③膨胀机液化流程，这类装置充分利用原料气与管网气之间的压力差，达到节能的目的。

一、天然气直接膨胀调峰型液化装置

天然气直接膨胀液化流程，是直接利用气田来的有压力的天然气，在膨胀机中绝热膨胀到输送管道的压力，而使天然气液化的流程。美国西北天然气公司 1968 年建设的一座调峰型液化装置就是采用天然气膨胀液化流程，其流程简图见图 4 - 20。

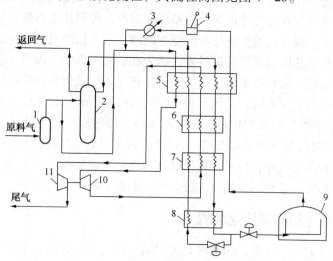

图 4 - 20　天然气膨胀液化流程及设备

1—脱水器；2—脱 CO_2 塔；3—水冷却器；4—返回气压缩机；

5、6、7—换热器；8—过冷器；9—储槽；10—膨胀机；11—压缩机原料气经脱水器 1 脱水后，部分进入脱 CO_2 塔 2 进行脱除 CO_2。这部分天然气脱除 CO_2 后，经换热器 5~7 及过冷器 8 后液化，部分节流后进入储槽 9 储存，另一部分节流后为换热器 5~7 和过冷器 8 提供冷量。储槽 9 中自蒸发的气体，首先为换热器 5 提供冷量，再进入返回气压缩机 4，压缩并冷却后与未进脱 CO_2 塔的原料气混合，进换热器 5 冷却后，进入膨胀机 10 膨胀降温，为换热器 5~7 提供冷量。对于这类流程，为了能得到较大的液化量，在流程中增加了一台压缩机，这种流程称为带循环压缩机的天然气膨胀液化流程，其缺点是流程功耗大。

该装置以压力为 2.67MPa，经粗净化后含 CO_2 (900~4000) $\times 10^{-6} m^3/m^3$、H_2S 0.7~4.5 mg/m^3、硫化物约 6~70 mg/m^3 的天然气为原料气，经天然气膨胀机绝热膨胀到约 490kPa 的压力，循环的液化率为 10% 左右。每日处理原料气量为 $56.6 \times 10^4 m^3$，装置液化能力约为 $5.7 \times 10^4 m^3/d$。储槽容积约 $1700 \times 10^4 m^3$，全年的液化气量都储入储槽。汽化器汽化能力为 $170 \times 10^4 m^3/d$，并有 100% 的备用量。在高峰负荷时，即在 10 天内将全年储存量全部进行汽化。

进入膨胀机的天然气不需要脱除 CO_2，而只对液化部分的原料气进行 CO_2 的脱除，因此预处理气量大为减少。装置正常运转时，储槽蒸发的天然气经返回气压缩机压缩后，回到系统进行液化。装置的主要工艺参数见表 4-17。

表 4-17 装置主要工艺参数

工艺参数	物流名称					
	原料气	返回气	换热器 5 的膨胀气①	过冷器 8 的原料气②	出膨胀机气体	尾气
温度/℃	15.6	26.7	—	-143	-112	37.8
压力/kPa	2670	241	480	—	—	—
流量/($\times 10^4 m^3/d$)	56.6	14.2				36.8

①、②所列的设备见图 4-20 天然气膨胀液化流程图。

这种流程特别适用于管线压力高，实际使用压力较低，中间需要降压的地方。其突出的优点是能充分利用天然气在输气管道的压力差膨胀制冷，做到几乎不需要消耗电。此外还具有流程简单、设备少、操作及维护方便等优点。因此，它是目前发展很快的一种流程。在这种液化装置中，天然气膨胀机是个关键设备，因为在膨胀过程中，天然气中一些沸点高的组分将会冷凝析出，致使膨胀机在带液工况下运行，这要求膨胀机有特殊的结构。目前国外多家公司已制造天然气带液膨胀机。美国在 1972 年已出现了膨胀量为 $53 \times 10^4 m^3/h$ 的大型天然气透平膨胀机，天然气从 16.7MPa 膨胀到 4.7MPa，膨胀机出口含湿量为 15%，制动压缩机可将天然气从 4.7MPa 增压到 9.4MPa，从而使这种流程的应用范围日益广泛。

膨胀机液化流程的液化率，相对于其他类型的流程来说要低一些，且主要取决于膨胀前后的压力比。压比越大，液化率也越大，液化率一般在 7%~15% 左右。

二、氮膨胀液化调峰型液化装置

氮膨胀液化流程是天然气直接膨胀液化流程的一种变型。在流程中，氮气制冷循环回路与天然气液化回路分开，氮气制冷循环为天然气提供冷量。

该流程对含氮稍多的原料天然气，只要设置氮-甲烷分离塔，就可制取纯氮以补充氮制冷循环中氮的损耗，并可同时副产少量的液氮及纯液甲烷。装置中的膨胀机和压缩机均采用离心式，体积小，操作方便；对原料气组分变化有较大的适应性；整个系统较简单。但这种流程能耗较高，约为 $0.5kW \cdot h/m^3$，比混合制冷剂液化流程高40%左右。

氮－甲烷膨胀液化流程是氮膨胀液化流程的一种改进，其制冷循环中采用的工质是氮气和天然气的混合物，而不是纯氮。

三、混合冷剂制冷调峰型液化装置

随着混合制冷剂液化流程的广泛应用，在调峰型装置中也越来越多地应用这类流程。我国建造的第一座调峰装置（上海浦东LNG调峰站）就是采用混合制冷剂液化流程。

该调峰装置是用于东海天然气开发中，当上游生产因人力不可抗拒的因素（如台风等）停产时，确保安全供气。装置采用整体结合式级联型液化流程（CII液化流程）。液化能力为 $165m^3/d$ LNG，汽化能力为 $120m^3/h$ LNG。

调峰型天然气液化装置主要服务于天然气输配系统的调峰需求，这类装置的特点是：

（1）处理量比较小；

（2）非常年连续运行；

（3）LNG的储存和再汽化能力比较大；

（4）液化装置要求启停灵活、流程简单高效；

（5）运行成本低。

为了满足调峰需要，调峰型天然气液化装置必须易于启动和停机。而液化流程启动时间受流程复杂性引起的设备台数以及设备和管道热应力消除时间的影响所限制。对于深冷液化流程来说，当启动流程设备时，为防止产生较大的热应力，必须保证设备的冷却速率在 $20 \sim 30℃/h$ 之间。而流程的复杂程度会影响流程设备台数。一般来说，为了降低LNG的比功耗，以降低运行成本，液化流程的复杂程度会增加，也即流程的设备台数要增加，这不仅会增加流程的启停时间，影响流程的灵活性，而且也会降低流程设备的可靠性，减少有效工作时间，增加投资费用，提高了单位产品的成本。

一般情况下，膨胀机制冷液化流程比较简单、流程短、启动快。混合制冷剂液化流程比较长，启动时间相对也比较长。混合制冷剂流程对制冷剂组分的要求比较严格，操作难度也比膨胀机流程大，因而，调峰型天然气液化工厂的液化装置采用膨胀机制冷流程为多。

调峰型天然气液化工厂的公用系统与基本负荷型天然气液化工厂相仿，但是公用工程的容量配置要根据工厂规模确定，一般比基本负荷型液化工厂要小。

第四节　浮式天然气液化装置

由于海洋环境特殊，海上天然气的开发技术难度大、投资高，建设周期和资金回收期长，因此风险较大。目前开发的都是一些大型的商业性天然气田。边际气田一般为地处偏远的海上小型气田，若采用常规的固定式平台进行，则收益较低，开发的经济性很差。20世纪90年代以来，随着发现的海上大型气田数量减少，边际气田的开发日益受到重视。同时海洋工程的不断进步，也使边际气田的开发成为可能。浮式生产储卸装置（Floating Production, Storage and Offloading system，简称FPSO）作为一种新型的边际气田开发技术，以其投资较低、建设周期短、便于迁移等优点倍受青睐。

常规海上天然气开发，包括海上平台的建设、铺设海底天然气输送管道、岸上天然气液化工厂的建设、公路建造、LNG外输港口等基础设施，其投资大、建造周期长、资金回收迟。针对以上不足，浮式LNG生产储卸装置（FLNG）是FPSO用与海上天然气开发的一种特例，其设计着眼于投资低、投产快和效益高，集液化天然气的生产、储存与卸载于一身，简化了边际气田的开发过程，优点颇多。

浮式LNG装置可分为在驳船、油船基础上改装的LNG生产储卸装置和新型混凝土浮式生产储卸装置。整个装置可看做一座浮动的LNG生产接收终端，直接泊于气田上方进行作业，不需要先期进行海底输气管道、LNG工厂和码头的建设，降低了气田的开发成本。同时减少了原料天然气输送的压力损失，可以有效回收天然气资源。

浮式LNG装置采用了生产工艺流程模块化技术，各工艺模块可根据质优、价廉的原则，在全球范围内选择厂家同时进行加工建造，然后在保护水域进行总体组装，可缩短建造安装周期，加快气田的开发速度。另外，浮式LNG装置远离人口密集区，对环境的影响较小，有效避免了陆上LNG工厂建设可能对环境造成的污染问题。该装置便于迁移，可重复使用，当开采的气田气源衰竭后，可由拖船拖曳至新的气田投入生产，尤其适合于海上边际气田的开发。

经过近40年的研究，2011年5月，荷兰皇家壳牌公司与法国Technip公司及韩国三星重工公司签署协议，投入30.26亿美元，建造全球第一艘FLNG，计划2017年交付使用。壳牌FLNG甲板全长488m，宽74m，满载排水量达60×10^4t。年设计产量360×10^4t LNG，130×10^4t凝析液和40×10^4t LPG。与陆上相同规模的天然气液化工厂相比，FLNG占地面积减少75%，投资减少20%，建设工期缩短25%。

海上作业的特殊环境对液化装置提出了如下要求：

① 流程简单、设备紧凑、占地少、满足海上的安装需要；
② 液化流程有制取制冷剂的能力，对不同产地的天然气适应性强，热效率较高；
③ 安全可靠，船体的运动不会显著地影响其性能。

一、预处理装置

原料气体通过单点系泊装置进入FPSO。把原料气转化为LNG前，首先需要对原料气进行预处理，即脱除一系列杂质，包括CO_2和硫化物如H_2S、重烃C_5^+、水及其他从井中带出的固体杂质和流体。

脱酸脱水的主要方法是吸收法和吸附法。目前，大多数陆地天然气液化装置中多采用吸收法进行气体预处理，与吸附法相比有更高的技术成熟度。但是海上环境的特殊性可能会对部分预处理工艺和设备造成影响，并不能达到预期的效果。对于浮式LNG生产装置，净化流程和工艺要充分考虑波浪引起的晃动对设备性能可能产生的不良影响。对于处理量大的FLNG装置，也可以考虑采用技术成熟的醇胺吸收法脱酸工艺。但是在吸收塔的设计中，对于FPSO来说，吸收塔和再生塔应设计为能在运动状态工作，这必然使其比陆上同样规模的装置尺寸更大。其次，吸收塔很可能是FPSO上最高和最重的容器，并按原料气压力设计。这个容器布置的位置因而十分关键，最好选择接近FPSO中线的位置。一般来说，由于填料塔工作性能稳定，比塔盘塔有利于传质，且减小了塔径和整体高度。最小化塔尺寸和质量对于减小FPSO上弯曲挠度和因船体晃动引起的剪切力非常必要。因此脱除酸气模块中的吸收塔和再生塔应优先选择填料塔，分配器的类型和塔径也要合理选择，以保证工质在填料中的合理分配。

尽管如此，考虑到海上的浮式天然气预处理装置与陆地项目比较处理气量小很多，受到场地的限制要求预处理工艺设备少、体积小。加之吸收法的吸收剂为液体工质，在船体晃动影响下易分布不均，吸收效率下降。因此，通过对天然气净化工艺的综合分析，结合LNG-FPSO的自身特点以及对所采用的净化工艺的要求，在相同工况条件下与技术上较为成熟的吸收法方法进行比较，可以看到吸附法更适合海上小型浮式天然气预处理：吸附法流程简单、设备数量较少且占用空间小，并且处理过程无液态工质，船体运动引起填料塔塔身的摇摆对吸附效果影响不大。对吸附法所采用的吸附剂进行针对性的测试，以确定变压吸附过程适合脱水脱酸的吸附剂，在原料气不同杂质含量条件下，合理设计复合吸附床以达到对杂质的最佳吸附效果。吸附法可以达到较低的水露点，而且开停方便。

二、液化装置

天然气液化设备是浮式LNG装置的关键生产设备，直接影响到整个装置的合理性和适用性。海上作业的特殊环境要求液化流程简单、设备台数少。流程的适应性强，能满足不同产地的天然气液化要求。船体运动不会显著影响装置性能。已有多种液化流程被建议用于FPSO上。

美孚石油公司浮式LNG装置的液化流程如图4-21所示。设计采用了单一混合制冷剂液化流程，可处理CO_2的体积分数高达15%，H_2S体积浓度含量为$1 \times 10^{-4} m^3/m^3$的天然气。由于取消了丙烷预冷，彻底消除了丙烷储存可能带来的危害。该流程以板翅式换热器组成的冷箱为主换热器，结构紧凑，性能稳定。原料气先进入吸收塔脱除酸气；再进入干燥器，脱除水分和汞；随后经过一级换热器冷却后进入分馏塔，分离出重烃；完成脱水、脱酸气后的天然气，经过二级换热器进入冷箱，通过混合制冷剂的冷却，温度降至164K，进入储罐。BOG气体通过压缩机增压后，用作动力装置的燃料气。

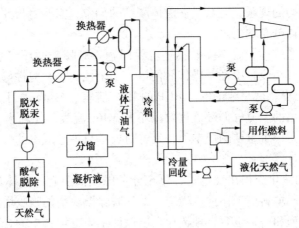

图4-21　单一混合制冷剂液化循环流程图

Shell和APCI为Sunrise项目建议采用双级混合制冷剂(DMR)流程。Azure项目的风险分析提出采用DMR流程引起的风险对于FPSO的整体风险来讲是很小的并推荐这一技术。Statoil也对混合制冷剂液化流程进行了分析并认为其可成功地用于海上LNG装置。

出于安全性的考虑，BHP公司建议采用改进的氮膨胀液化循环作为浮式LNG装置的液化流程。氮膨胀液化循环以氮气取代了常用的烃混合物作为制冷剂，安全可靠，流程简单，设备安装的空间要求低。同时该流程适应性强，原料气组分在一定范围内波动，基本上不会影响到系统的正常运转，且方便模块化制作，特别适用于中小型气井且设备一次性投资小，缺点是能耗较高。

Merlin 公司与 Costain 公司合作，经过分析，认为双级氮膨胀流程是一种经济可行的方案，并考虑了动力供给、冷却过程、辅助设施、LNG 储存、FPSO 与运输船之间的相对运动，安全性等各种问题。前面提到的 ABB 的 Lummus Niche LNG 方案的天然气液化流程是基于 ABB 公司开发的双透平膨胀流程，它采用了氮透平膨胀机和甲烷透平膨胀机两个系统为循环提供冷量，采用一台 GELM2500 燃气轮机同时驱动氮和甲烷压缩机，冷箱中采用一台板翅式换热器。

MRC 流程的优点是高效、能耗较低。缺点主要有：

（1）缺乏紧凑性，由于制冷剂是可燃物，这给流程和管道布置带来限制，为了安全起见，采用该流程要求设备间距大；

（2）制冷剂的配比、储存和管理较困难；

（3）制冷剂工作在两相区，对换热器和管道布局有特殊要求；

（4）启动慢，因为要先将制冷剂混合，对于频繁启停的情况需要考虑。

尽管海上浮式液化流程既可采用 MRC 流程和基于膨胀机的流程，然而更广泛的意见是基于氮气膨胀的循环更适宜于小型浮式装置。氮膨胀液化流程简单，设备少，安全性较高，循环过程始终是气态，因此其性能对于船体晃动不敏感，可以快速安全的停机，启动时间短，容易实现模块化，占地面积也较小。缺点是效率较低、能耗较高。一些改进可以显著提高循环效率，如双膨胀机（相同或不同工质）、预冷等。实际证明双膨胀机循环比单膨胀机循环效率有明显提高。当然，由于处于海洋环境，而膨胀机是高速旋转设备，大多采用气体轴承。在晃动状态下对叶轮的径向负载影响不大，但由于叶轮自身质量的关系，轴向负载会产生变化，需要研究摇摆和晃动对膨胀机运行的影响。另外，板翅式换热器在摇晃状态下，流体可能出现分布不均的现象，尤其是在液体凝结的部位，需要对板翅式换热器的流道结构进行调整，以确保流体分布均匀。

对于海上液化工艺流程，效率高低不是首要问题。氮膨胀循环（氮—甲烷膨胀循环）虽然效率较低，但由于其高度紧凑性、操作简便性、安全性高、适应性好等特点，是最适合浮式 LNG 装置的液化流程。这一结论也是 BHP 的 LNG 流程、Azure 项目的方案以及 ABB 相似规模的流程中共同得出的。氮气循环流程效率不及 MRC 流程，能耗大。但燃料在一个小型装置的总体成本中不是一个重要的成本项，其绝对成本只占总成本的较小份额。这一方面正在开展进一步优化设计。

浮式 LNG 装置的液化流程在设计时，要充分考虑波浪引起的船体运动对设备性能可能产生的不良影响。由于填料塔工作性能稳定，酸气脱除模块中的吸收塔和再生塔应优先选择填料塔，分配器的类型和塔径也要合理选择，以保证工质在填料中的合理分配。当天然气中 CO_2 体积分数高于 2% 时，可考虑采用胺洗和膜吸附相结合的酸气脱除系统。液化及分馏模块中的蒸馏塔的直径和高度，由于远小于吸收塔和再生塔，对塔盘、堰板进行改进后，可以选用塔盘塔。需要注意的是，固定不变的倾斜，无论对填科塔还是塔盘塔都将产生不良影响，因此压载系统必须保证浮式 LNG 装置的平稳。

三、LNG 储存

浮式 LNG 生产装置的 LNG 储存设施的容量，一方面考虑要为浮式 LNG 液化装置的稳定生产提供足够的缓冲容积，另一方面取决于 LNG 产量和 LNG 运输船的数量、大小、往返时间、LNG 运输船的能力以及装卸作业条件。日本国家石油公司对浮式 LNG 生产装置的储存系统进行了研究，得到了储存容量与气田距 LNG 接收终端距离的关系，见表 4 - 18。

表 4 - 18　浮式 LNG 生产装置的储存容量

距离/km	LNG 运输船容量/$10^3 m^3$	FPSO 储槽容量/$10^3 m^3$
3218	81	95
4023	98	115
4827	116	135
5632	134	156

LNG 是低温流体，又是可燃介质。LNG 的储存设施不仅要有可靠的密封性，防止 LNG 泄漏，而且要有良好的隔热保冷性能，减少 LNG 的蒸发，提高储存效率和安全性。FLNG 是一类特殊船舶，它是油气生产的海上工厂，船上拥有油气生产所需的工艺设备、公用系统和船舶动力及船用设施，受船体具体条件的限制，LNG 储存方式需要细致地加以考虑。

目前，LNG 运输船的储存方式主要有三种：球罐型（Moss）、薄膜型（GTT）和 SPB 型，其中薄膜型和 SPB 型受到广泛重视。

球形储罐具有独立的球形结构，液舱不仅能承受 LNG 重力产生的对舱壁的压力，而且能承受一定的 LNG 蒸气压所产生的压力，有利于提高储罐工作压力，减少 BOG 的损耗。球形储罐可以提高整体安全性，但是球形储罐占用了大部分甲板空间，不利于液化工艺设备的布置。例如，若 LNG 净储存量为 $13.5 \times 10^4 m^3$，加上装置 5~6 天的生产量，FPSO 的 LNG 储存量大致可按 $18 \times 10^4 m^3$ 考虑。目前最大的球罐约为 $4 \times 10^4 m^3$，这意味着需要 5 个球罐，会占据绝大部分船体空间，使甲板上无法布置其他工艺设备。一种解决方案是再布置一座平行系泊的专用于储存的 FPSO，但很明显这会增加投资。因此，除非采用很小的运输船——而这又意味着要用很多条运输船，这也是非常昂贵的，所以一般认为球罐型储槽不太会是合理的选择方案。

虽然球罐型储槽占用了大多数甲板空间，导致不方便布置天然气液化工艺设备，但是球形储罐可以用于压力储存。由于液舱自身具有一定的结构强度，可以承受一定的压力，因而储存时液舱处于封闭状态，在设计的工作压力范围内，可维持较高的 BOG 压力，减少了闪蒸气排放，实现密闭储存。当然，对于采用压力型密闭储存的储罐卸料时，运输系统也应采用相应的密闭系统，以防止减压闪蒸产生大量闪蒸气。采用球罐型储槽可以提高整体安全性，日本国家石油公司就开发了采用 MOSS 储槽的浮式 LNG 生产装置。

构成当今 LNG 运输船主流的薄膜型 GTT 液舱系统是可行的方案。薄膜型液舱利用船体结构来承载 LNG 重力产生的压力，既充分利用了有效空间，又减轻了船体的自重，有利于提高运输效率，因而得到广泛应用。但是值得关注的问题是构成膜系统的大型矩形储舱能否承受晃荡引起的压力荷载。有文献主要针对拟在墨西哥湾实施的 EEB 项目，论证了采用薄膜型系统的可行性。但其可行性分析在不同地区需要根据不同的条件重新进行评估。

第三种 LNG 运输船液货储存系统是自支撑棱柱形 SPB 型储舱。在这种系统中，储舱由铝板制作，构成高强度的刚盒结构，其结构紧凑、质量轻；压力、温度控制简单，维护容易。但这种系统的单个液货舱的容积小于膜系统液货舱所能达到的容积，因此需要更多卸载泵。ABB Niche LNG－FPSO 的储罐设计，就采用了自支撑棱柱形 SPB 型储舱。最新的进展是 Mobil 开发设计了一种用 9% 镍钢制作的专利储舱，可以制造出更大的液货舱。这些设计都考虑了增强可以承受晃荡引起的作用力，并通过挡板减少流体运动。储存系统的选择应该根据具体项目的实际需要来确定。

薄膜型和自支撑棱柱形 SPB 型储舱用于常压储存。运行时，维持并控制 LNG 液舱内压力处于常压。工艺流程中需要有相应的蒸发气体处理系统，将产生的 BOG 及时返回液化系统再液化或用作动力系统的燃料，以保持液舱处于常压状态。

储槽的型式按照 FPSO 外壳形状和要求的储槽容量可以选择钢质壳体和 MOSS 球型储槽；混凝土壳体和 MOSS 球型储槽；钢质壳体和自支承棱柱型储槽；混凝土壳体和薄膜储槽。储存系统要保证 LNG 储存安全，将 LNG 泄漏可能造成的危害降到最低程度。对于钢质壳体要采用水幕等措施避免泄漏的低温 LNG 液体接触壳体。混凝土壳体由于吃水深，承载能力大，而且混凝土材料具有低温性能好、不易老化等优点，近来备受重视。MOSS 球型储槽及自支承棱柱型储槽的安全性和相当理想的低温隔热性能，已得到了实践验证，均可满足浮式 LNG 装置的储存需要。当采用 MOSS 球型储槽时，要注意流程设备的合理布局，以充分利用储槽上方的空间。

四、LNG 卸载输送

LNG 卸载输送是 LNG－FPSO 装置的重点和难点之一，也是项目开发中需要慎重决策的部分。经过净化液化处理后的 LNG 需要从 FPSO 输送到 LNG 船上，不同于陆地液化厂，FPSO 和 LNG 船两者都处于运动状态，在风浪较大时两者的相对运动远大于陆地工厂，难度较大。加之传输介质为低温液体，LNG 外输系统中每个环节都要满足晃动和低温的严苛要求。因而要实现 LNG 在海洋环境下安全、高效传输非常复杂。目前主要的输送方式有：

（一）并排输送

并排输送情况下 FPSO 和 LNG 运输船要比较接近，需采取并排停靠的方式。FPSO 通常采用内转塔或外转塔型的单点固定系泊方式，可以围绕转塔作 360°旋转，LNG 运输船并排系泊在 FPSO 上，两者相对固定。当 FPSO 围绕转塔旋转时，LNG 运输船也跟随 FPSO 一起转动，这种输送方式适合于海洋环境平静的海域，经验表明海浪平均波高小于 1.5m 时，停泊作业是安全的。LNG 运输船与 FPSO 装置并排泊在一起，FPSO 装置远离火炬的一侧用作 LNG 船的系泊泊位，并提供水幕等防火措施。需要特别注意 LNG 运输船停泊的安全性，当风向、海流的方向与海浪不一致时，为减少停泊的危险性，LNG 运输船需要通过艉推进器控制船体的方向，以便于 LNG 运输船的停泊。或者采用一艘辅助拖船调整船体方位，避免风浪将 LNG 运输船推向 FPSO 装置。采用艉推进器或拖船后，LNG 卸货作业的极限平均波高为 2.5m。

该方式的优点是输送 LNG 控制快速便捷，结构简单，节约投资。缺点是 FPSO 装置与 LNG 运输船两者都处于运动状态，在风浪较大时两者的相对运动大。普通的单根缆绳系泊缺乏稳定性，不容易定位。另外，可能发生的危险是卸货臂 LNG 的泄漏，这主要是由于 FPSO 装置与 LNG 运输船之间存在相互运动造成的。

（二）串联输送

串联输送是将 FPSO 和 LNG 运输船采用首尾相接的串联系泊方式，采用动态定位控制两船距离，两者之间用钢绳连接起来，运输船与 FLNG 基本保持在一条直线，钢绳始终保持在适当张紧状态。这是一种长输方式,适合于海洋环境较为恶劣的海域,一般距离在50~100m,因而需要配置能跨越50~100m距离的管线和结构,并采用动态定位装置控制LNG运输船首部管汇与浮式LNG装置尾部的距离在容许工作范围以内,从而避免了停泊和卸货作业中可能出现的危险。对此已提出了几种方法,在 Azure 项目论证期间,联邦海事委员会(FMC)开发了一个中试模型进行操控性能测试。LNG 输送管采用柔性浮式输送管。这种输送管利用特殊的轻质保温材料浮力作用,使输送管道浮在海面上,连接时由 FPSO 上软管提升机下放到工作船,由工作船拖到 LNG 运输船,与船上接口连接。

串联输送的优点是能在较为恶劣的海况条件下进行 LNG 卸货作业,极限平均波高可达4.5m。但并非所有人都认可其坚固性,还有必要进行更实质性的工作。这种方式的缺点是传输距离远,输送管长,投资大。

采用串联输送还是并排输送要根据具体海域特点和环境参数(包括平均海平面、最大波高、最大波周期、温度、湿度、风速和风向等)而定。对于海浪平均波高小于 1.5m 的平静海域,采用并排输送是安全可靠的,而且输送控制方便快速,结构简单,节约投资。对于海洋环境恶劣的海域要采用串联输送的方式。低温输送臂结构则取决于输送距离、输送量、速度、时间等。

五、装卸臂

装卸臂按使用环境可以分为陆用型(有防浪墙和无防浪墙两种)和海上型。海上型装卸臂有船对船和船对海上浮式设施两种。

海上 LNG 装卸臂的使用要求为:

(1)在装卸臂和 LNG 船接口法兰之间有相对运动的情况下,连接或解脱操作必须安全可靠;

(2)LNG 旋转接头和结构轴承在连接 LNG 船后应该可以承受连续运动;

(3)液压快速连接/解脱装置(QC/QD),应在密封状态下进行与 LNG 船接口法兰的连接/解脱作业;

(4)操纵装卸臂的液压系统,应能适应不断运动的 LNG 船可能出现的快速移动和加速度;

(5)装卸臂的支撑结构应能承受来自 LNG 船持续运动的惯性和其他情况产生的附加力;

(6)装卸臂的设计应考虑在无需外来起重设备的情况下,实现快速维护和保养。

LNG 装卸臂是用于 LNG 船在码头装卸作业的专用装置。由于码头平面高度在涨潮或落潮时会有很大的差别,而随着液货的注入或卸出,船体甲板与码头的相对高度也在发生变化,因此,码头上的装卸管路与船上接口的相对高度是变化的。装卸臂必须适应这种相对位置随时可能发生变化的工作条件进行相应调整。装卸臂主要有组合式旋转接头、输送臂、配重机构、转向机构及支撑立柱组成。

组合式旋转接头是与船上装卸口连接的专用装置,可以准确、快速地连接或脱卸。这种接头由三种不同形式的旋转器组合而成,可在水平方向快速定向和进行垂直方向的移动。当接头连接好以后,即使船舶在装卸过程中产生摇晃或上下起伏,装卸臂可以随着船舶的运动,在三个方向进行相应调整。低温旋转器是组合式旋转接头中的重要部件,不仅能承受LNG 的低温工作环境,而且要能够转动灵活,并具有良好的密封性。低温旋转器采用聚乙烯树脂作辰边的不锈钢密封结构,通过不锈钢弹簧的压紧力形成密封。产品使用了两道密封，一道为主密封，另一道为辅助密封。旋转轴承设有水密封保护。

装卸臂按配重方式分为完全平衡型、转动配重型、双重配重型。图4-22显示了装卸臂的这三种形式。

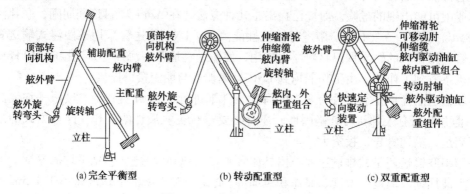

(a) 完全平衡型　　　　　　　(b) 转动配重型　　　　　　　(c) 双重配重型

图4-22　装卸臂的结构型式

六、低温软管

由于波浪的作用，FLNG和LNG运输船之间有相对运动，因此输液管不能采用刚性管道，只能使用具有挠性的软管。软管技术条件必须满足LNG输送要求，要有良好的绝热性能以尽可能减少结冰。显然，这种软管的柔性不会太好，质量较大，需要强大的装备才能使其安装到位。当然，低温输送软管的长度必须大于两个设备之间的最大距离，以使连接时管路处于自由状态。

目前海上LNG外输相关研究集中在外输形式与装置、低温外输管道的材料与强度、储罐内液体晃荡几个方面，针对LNG动态外输过程的系统性研究非常缺乏。LNG是-162℃的低温液体，在晃动的海洋环境中压力、温度等参数的波动都有可能引起低温液体汽化而影响传输效果。如果外输装置设计仅从装置的机械稳定性、环境适应性、操作简便性等方面出发，而不结合晃动环境下低温工质的传输过程进行考虑将带来潜在的问题。具体外输系统由储罐、管路、外输装置三大部分组成，任何一个组成都对系统的运行产生影响，各部分互相影响和制约。系统的实验和模拟研究晃动条件下LNG动态传输过程，外部激励等因素的影响是非常必要的。

对于采用罐式集装箱作为储存和运输设备的，由于罐式集装箱与充装台的距离可以靠得比较近，输液管不需要很长，通常采用真空绝热性的输液软管。这种软管在液氧和液氮装卸操作中应用广泛，但是长度在10m以下。如果输送距离比较长，必须考虑可操作性以及波浪对管路产生的交叉应力的影响。

七、FPSO动力

与陆地工厂的另一个显著不同是，FPSO上的动力必须自给。目前对主要动力消耗装置（如压缩机）的动力提供有两种方式：膨胀透平直接驱动压缩机和燃气轮机发电，以电力带动压缩机。

膨胀透平直接驱动压缩机的优点：结构紧凑。这主要是由于膨胀机与压缩机同轴，减小了占用海上平台的空间，而且其提供动力过程比较简单直接，是一种以提供机械能设备来驱动需要机械能工作的设备。缺点：膨胀机所能提供的功量有限，当需要对压缩机的功率有更大的要求的时候，可能无法满足需求。必要时仍需要电能补充工作。

电力带动压缩机有两种方案：

方案一是燃气轮机发电。

天然气(原料气或 LNG 汽化气)与压缩空气在燃烧室内混合燃烧，气体在膨胀机内膨胀做功驱动发电机发电。优点：燃气轮机使用的原料可以是海上开采的产品，因此资源容易得到(以天然气作为燃料)，并且发电的电能不会受到太大制约，通过加大燃气轮机所作的功可以满足压缩机大功率的要求。与目前其他普遍应用的动力装置相比，燃气轮机体积小、质量轻，此外还具有设备简单、可不用水和起动加速快等。缺点：这种方案是一种由化学能转化为热能，再由热能转化为机械能，并由此机械能发电带动压缩机工作。和膨胀透平直接驱动压缩机方案相比，其设备增加了天然气燃烧的装置(提供高温燃气)，由燃气做功装置(燃气轮机)或发电装置(发电机)组成，因此设备较多，加大了海上平台空间的压力，使工作平台利用情况受到很大的影响。

方案二是 LNG 冷能发电。

LNG 的冷量有多种利用方式。最基本的就是 LNG 吸热直接膨胀发电，有 3 种方式：①LNG经低温泵加压后在汽化器受热汽化为高压天然气，然后驱动透平膨胀机带动发电机发电。该方式原理简单，投资少，但是 LNG 冷能利用率很低，只有24%左右。②在 LNG 膨胀发电的基础上，增加丙烷为工质的朗肯蒸汽动力循环，更大的利用 LNG 的冷量。实际工业利用中还采用再热循环或抽气回热技术，冷能回收率较高，一般可保持在50%左右。③LNG膨胀发电与氮气为工质的布雷顿气体动力循环相结合，利用 LNG 冷量发电的循环效率一般在50%以上。

以基本的 LNG 冷能发电方式为基础，为了提高冷能的利用效率，研究人员又从方法联合、多级循环、CO_2 减少排放等各方面提出了改进。如联合燃气轮机、朗肯循环和 LNG 膨胀的发电方式，利用燃气轮机的燃烧余热作为朗肯循环的热源，提高加热温度；LNG 直接膨胀后的低压天然气可作为燃气轮机的燃料；还可将 LNG 的部分冷量用于燃气轮机的进口空气冷却，这对于燃气轮机的工作效率有明显影响。联合发电方式充分的利用了 LNG 的冷能及燃气轮机的余热。LNG 冷能发电系统温度范围跨度大，一般难以找到理想的介质满足设计条件。

综上所述，膨胀机直接驱动压缩机的方式不能满足海上的动力变化和需要。电驱动方式具有更明显的安全性、更高的余量和可维护性。选择燃气轮机发电与 LNG 冷能发电联合的方式具有优越性，可避免燃烧余热的浪费，充分利用 LNG 的冷能，减少 CO_2 的排放。

八、安全与平面布置

由于场地狭小及晃动问题，安全与平面布置是 LNG – FPSO 最关键的问题之一。对于 LNG 存储量大于 $10 \times 10^4 m^3$ 的生产规模，FPSO 预期的总长度为300m，宽60m，深度30m。这样，可用的甲板面积约为 $1.5 \times 10^4 m^2$。所有上述设备以及工作人员生活设施都必须布置这一相对狭小的空间内。可以比较一下，典型的陆上装置的占地面积达到 $50 \times 10^4 m^2$。因此，在 FPSO 上，按不同流程单元分别布置的常规平面布置是显然不可行的。有限的空间要求紧凑的、甚至拥挤的布置方式，而最大限度减少可燃烃储存量是实现这种布置的关键步骤。按照一体化思路布置进气角塔、生活设施、燃烧放散塔以及卸货系统等。

美孚石油公司开发的具有驳船外形的浮式 LNG 生产装置，布置在矩形区域上的"甜甜

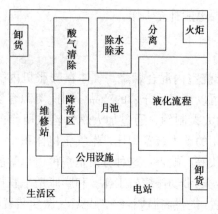

图 4-23　Mobile 浮式 LNG 生产装置总体布局

圈"方案做到了使这些系统完全分隔。图 4-23 表示了美孚石油公司浮式 LNG 生产装置总体布局。在驳船的对角位置设计安装了两台带有冷冻臂的卸货装置，从而使 LNG 卸货作业完全避免了风向影响。另外，整个装置的设备布局比较合理，通过一条对角线将总体布局划分为低危险区和高危险区。生活区和维修站等设施都处于较安全的位置。该浮式 LNG 生产装置充分利用了涡轮机中的余热，整个生产过程无需采用明火加热器，不仅提高了热效率，减少了 CO_2 排放，而且增大了装置的安全性。

在 FPSO 上布置设备的一条重要准则是保证将对运动敏感的设备布置在受海洋状态引起的运动影响最小的地方。另一条原则是从总体稳定性的角度考虑应保持重心较低。这两条意味着，体积和质量均较大的塔设备应布置在船体中线上。其他一些重型设备，如燃气轮机发电机、压缩机等，也应尽可能布置在低处。考虑到狭小的空间尺寸，工艺设备尽可能采用模块化的设计方案，如将原料气预处理系统、冷箱及液化系统、压缩机及驱动装置三大系统安装在不同的撬块上，然后将三个撬块拼在一起，分为三层安装在甲板上。甲板以下的大部分空间被液货储舱占据，其他设备包括进气角塔、冷却水舱室、以及与船体海事管理相关的所有设备，如压舱物、船底污水泵、维持方向的推进器等。另外，装置的布置应遵循常规的工程实践，比如，使有害物品处理远离生活设施，而较安全的公辅设施则可离生活设施较近。最后是关于船体，一般假定采用钢制船体，但也有研究探索使用混凝土。混凝土是适合低温运行的优良建筑材料，能提供足够份量的稳定平台。但目前的研究表明，这种结构的成本(包括建设和配置相关实施)高于钢制船体。适合钢制船体的船坞也多得多，而建造大型混凝土结构的场所相对很少。但不管怎样，这需要根据具体项目情况进行特别评估。

ABB 提出的 ABB Lummus Niche LNG 可能是关于 LNG-FPSO 最新的概念设计。该方案同时生产 LNG 和 LPG，LNG 生产能力为 1.5Mt/a。LNG 和 LPG 的储存量分别为 170000m^3 和 35000m^3，分别储存在 4 个和 1 个自支撑的 SPB 型舱室中。天然气液化采用 ABB 开发的双透平膨胀机流程。采用了氮膨胀机和甲烷膨胀机两个系统，为制冷循环提供冷量；采用一台 GE LM2500 燃气轮机，同时驱动氮和甲烷压缩机。整个装置在甲板上的总体布局便于安装和卸货。船体通过位于船尾的一个外接塔式停泊系统固定在所要求的位置。卸货装置位于船尾，采用前后串联布置。

第五节　主要工艺设备

一、压缩机

压缩机在天然气液化装置中，主要用于原料气增压和输送、制冷剂循环、LNG 蒸发气体(BOG)增压等，是天然气液化流程中的关键设备之一。

天然气液化采用的压缩机，主要有往复式，离心式和轴流式压缩机。往复式压缩机通常用于天然气处理量比较小（$100m^3/min$ 以下）的液化装置。轴流式压缩机组从 20 世纪 80 年代开始用于天然气液化装置，主要用于混合冷剂制冷循环装置。离心式压缩机早已在液化装置中广为采用，主要用于大型液化装置。大型离心式压缩机的功率可高达 41000kW。大型离心式压缩机的驱动方式除了电力驱动外，还有汽轮机和燃气轮机两种驱动方式。各种压缩机的适用范围见图 4－24 所示。一般来说，往复式压缩机适用于低排量、高压比的情况，离心式压缩机适用于大排量、低压比的情况。

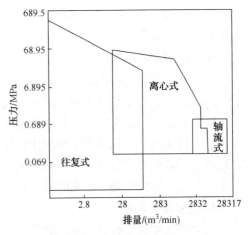

图 4－24　压缩机适用范围

目前正在发展中的橇装式小型天然气液化装置，则采用小体积的螺杆式压缩机；并可用燃气发动机驱动。

用于天然气液化装置的压缩机，应充分考虑到所压缩的气体是易燃、易爆的危险介质，要求压缩机的轴封具有良好的气密性，电气设施和驱动电动机具有防爆装置。对于深低温的制冷压缩机，还应充分考虑低温对压缩机构件材料的影响，因为很多材料在低温下会失去韧性，发生冷脆损坏。另外，如果压缩机进气温度很低，润滑油也会冻结而无法正常工作，此时应选择无油润滑的压缩机。

（一）往复式压缩机

往复式压缩机对气体的压缩是依靠在汽缸内作往复运动的活塞来完成的。往复式压缩机的压力范围广，出口压力可以从几个大气压到 3000atm 以上的超高压。当压缩机的排气量在 $3\sim10m^3/min$，汽缸的冷却一般采用风冷，活塞杆与曲轴直连，无十字头。当排气量在 $10m^3/min$ 以上时，大多为水冷，有十字头。往复式压缩机的汽缸有单作用和双作用两种。单作用是只有汽缸的一侧才有进、排气阀，活塞经过一次循环，只能压缩一次气体。双作用则是在汽缸两侧都有进、排气阀，活塞往返运动时，都可以压缩气体。

往复式压缩机的结构型式常按汽缸中心线的相对位置，分为以下几种形式：

1. 立式

立式压缩机的汽缸中心线和地面垂直。由于活塞环的工作表面不承受活塞的质量，因此汽缸与活塞的磨损较小，活塞环的工作环境有所改善，延长机器的使用年限。立式压缩机的负荷使机身主要产生拉伸和压缩应力，所以机身形状简单、质量轻。往复运动的惯性力垂直作用在基础上，而基础抗垂直载荷的能力比较强，基础小，占地少。但厂房高，稳定性差。大型立式压缩机的安装、维修和操作都较困难。

立式结构的往复式压缩机，活塞环的单边磨损小。往复式压缩机的转速比较低，一般在中、低转速下运转，通常转速为 $125\sim514r/min$，综合绝热效率为 $0.75\sim0.85$。

2. 卧式

卧式压缩机的汽缸中心线和地面平行，分单列卧式和双列卧式。由于整个机器都处于操作者的视线范围之内，曲轴、连杆的安装拆卸都较容易，管理维护方便。其主要缺点是惯性力不能平衡，转速受到限制，导致压缩机、原动机和基础的尺寸及质量较大，占地面积大。

卧式压缩机的排量一般比立式压缩机大。大排量的往复式压缩机设计成卧式结构，可以使运转平稳，安装方便。

3. 角度式压缩机

角度式压缩机的各汽缸中心线彼此成一定的角度，结构比较紧凑，动力平衡性较好。由于汽缸中心线相互位置的不同，又区分为 L 型、V 型、W 型、扇型等。

L 型压缩机相邻两列汽缸中心线夹角为 90°，分别做水平和垂直布置。除具有角度式压缩机的共同优点外，机身受力情况比其他角度式有利，机器运转更平稳，中间冷却器和级间管道更易于直接安装在机器上。如果采用两级压缩，可将大直径的汽缸成垂直布置，小汽缸成水平布置，因而可避免较重的活塞对汽缸磨损的影响。

4. 对置型压缩机

对置型压缩机是卧式压缩机的发展，其汽缸分布在曲轴的两侧。对置型压缩机的曲柄错角为 180°时，活塞做对称运动，即曲柄两侧相对两列的活塞对称地同时伸长，同时收缩，称为对称平衡型。对称平衡型压缩机的惯性力可以完全平衡，因而可以大大提高机器的转速，主轴的允许转数可比卧式压缩机提高 1 ~ 1.5 倍，因此压缩机和电动机的外形尺寸和质量可减少约 50% ~ 60%，同时由于相对两列的活塞力相反，能互相抵消，因而改变了主轴颈的受力情况，减少主轴颈和主轴承之间的磨损。

对称平衡型压缩机的优点显著，因而发展迅速。现代的大型活塞式压缩机绝大部分均为对称平衡型结构。对称平衡型中，按电动机布置的不同分为 M 型和 H 型。

电动机布置在曲轴一端的，称为 M 型。这种形式的优点是安装简单，增加列数的可能性较大，容易变型。缺点是机身和曲轴的刚度不如 H 型，制造也比 H 型困难。

电动机布置在列与列之间的，称为 H 型。这种形式的列间距较大，方便操作维修，机身和曲轴的结构和制造较简单。缺点是列数只能成 4 列、8 列、或 12 列配置，变型不如 M 型方便；机身的安装找正较困难。

往复式压缩机的压比通常是 3∶1 或 4∶1。压缩机每级增压一般不超过 7MPa。小型压缩机最高出口压力一般不超过 40MPa，流量范围为 0.3 ~ 85m³/min。由于往复式压缩机具有效率高、压力范围宽、流量调节方便等特点在天然气工业中应用广泛。其缺点是结构比较复杂，体积大，吸排气阀易磨损，零部件更换多，维修工作量大。

新型的往复式压缩机可改变活塞行程。通过改变话塞行程，使压缩机既可适应满负荷状态运行，也可适应部分负荷状态下运行，减少动力消耗，提高液化系统的经济性，使运转平稳、磨损减少。不仅提高设备的可靠性，也相应延长了压缩机的使用寿命。这种往复压缩机的使用寿命可达二十年以上。新型的往复压缩机以效率、可靠性和可维护性作为设计重点，效率超过 95%。

（二）离心式压缩机

1. 离心式压缩机性能特点

离心式压缩机是通过旋转叶轮与气流间的相互作用力来提高气体压力的，同时气流产生加速度而获得动能，然后气流在扩压器中减速，将动能转化为压力能，进一步提高气体压力。气体在离心式压缩机中的压缩过程是连续的。离心式压缩机转速高、排量大、体积小，是大型天然气液化装置中的气体增压设备。流线型设计的叶轮具有很高的精度，能确保气体流道的平滑，使设备运转平稳，提高了设备的可靠性。空气动力特性的弹性设计，使动力学特性可以调节，使之适合用户的工作要求。

离心式压缩机转速高、排量大、运转平稳。但是，对压力的适应范围较窄，在一定的范围之内，其最小流量受喘振工况的限制，最大流量受阻塞工况的限制。这是因为当流量减小至某一工况时，压缩机和管路中气体的流量和压力会出现周期性、低频率、大振幅的波动，这就是喘振；当压缩机的流量上升到某一临界值后，即使提高转速，流量不再继续增加，这就是阻塞。从喘振工况到阻塞工况之间的范围是稳定工况区，离心式压缩机必须远离喘振线在稳定工况区内工作。

离心式压缩机的特点是排量大，结构紧凑，摩擦部件少，运行平稳，无流量脉冲现象，操作灵活，易于实现自动控制，维修工作量大大低于往复式压缩机。其缺点是效率较低，只能达到75%～78%，而且偏离工作点越远，效率降得越多。当流量降到某一数值时会发生喘振现象。高效工作区范围窄，相对往复式压缩机来说调节较困难。

离心式压缩机适用于吸气量14～5660m^3/min的情况，每级的最高压力受出口温度的限制(205～232℃)。离心式压缩机出口压力主要取决于转速、叶轮的级数和直径。其转速通常在5000r/min以上。为了提高压比，离心式压缩机做成多级叶轮，最多达6～8级，每级压比在1.1～1.5之间，小型离心式压缩机最高出口压力可达68MPa，大型机一般只能达到17～20MPa。单级压缩机用于压比较小的场合，如LNG蒸发气体的处理系统。也就是蒸发气(BOG)压缩机。

2. 离心式压缩机结构

离心压缩机的壳体有整体型和分开型。整体型离心式压缩机的壳体实际上是圆柱形的壳体，转子安装时是竖起来安装的。分开型的壳体是水平剖分；上下两半组合起来的，转子安装时可水平安装，转子安装好后，将上半部分壳体再连接上。

离心压缩机的主轴密封装置是非常重要的部件，能防止被压缩的气体向外泄漏，或使泄漏的量控制在允许的范围内。轴封主要有三种型式：机械接触密封、气体密封和浮动炭环密封。机械接触密封经过不断的改进，能确保在运转和停机期间绝对不漏。当压缩机在空转或油泵不工作时，密封结构在停机状态也应不泄漏。对于采用惰性气体密封时，惰性气体向内泄漏的可能性也应尽可能消除。密封的结构形式是可以变化的，取决于处理过程的要求。

气体密封结构采用干燥气体作密封材料，密封结构能控制密封气体只允许泄漏到环境中，而不能向机内泄漏。密封用的气体通常是一前一后地布置。气体缓冲系统应具有性能良好过滤器，防止外来的物体进入密封装置。在轴承盒和密封盒之间，有一个附加的隔离密封，防止润滑油进入密封盒。

浮动碳环密封主要用于排出压力较低的压缩机，允许有少量气体泄漏。这种密封可以干式运转。

由于叶轮和扩压器的标准化设计，压缩机可以在很宽的范围内工作。对不同的使用场合，需要对流量进行控制，压缩机的特性也会产生变化。流量控制主要有四种方法：吸入口节流、排出口节流、调整进口导叶及改变转速。选择何种控制方法，需要根据装置的运行要求和准备考虑的压缩机运行点以及其他的运行点的效率仔细选择。

3. 离心式压缩机的流量调节

(1) 改变转数

压缩机特性曲线和管路曲线的交点是离心式压缩机的工作点。如图4-25所示，随着转数的改变，压缩机的特性曲线相应改变，与管道曲线的交点也随之改变，离心式压缩机的流量相应得到改变。

改变转数的调节方法，在各种调节方法中是最省功率的办法。压缩机原动机为燃气轮机时，这种调节方法很适宜。原动机为电机时，可用变频调速的方法实现调节转数。

（2）排气管节流

这是通过改变压缩机出口调节阀的开启度来改变工作点，如图 4-26 所示。出口节流调节方法不改变压缩机特性曲线，而是改变管路系统的特性曲线。调节阀的开度变小，管路系统的特性曲线变陡，反之则变缓。当调节阀开度变小时，压缩机将在新的工况点工作，流量减小，压比（或出口压力）增大，即出口气体压头增大。但在原来的管路系统上，由于流量减小，压降下降，因此压缩机给出的多余能量将消耗在调节阀的节流上。这种调节方法多消耗了一部分能量，经济性差，对于特性曲线较陡的压缩机，经济性更差。该法的优点是操作方便，适用于功率较小的压缩机。

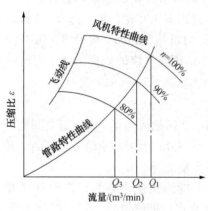

图 4-25　改变转数调节

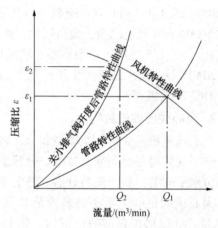

图 4-26　排气管节流

（3）进气管节流

进口节流调节是改变压缩机进口管道上调节阀的开度，实质上是改变进口状态的气体参数，从而改变离心压缩机的特性曲线。进气管节流后，在转速不变时，离心压缩机进口状态下的的体积流量和压比不变，但由于吸入压力减少，离心压缩机的质量流量和排气压力将与

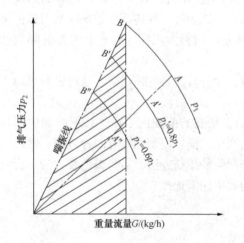

图 4-27　进气管节流

吸入压力成比例地减少。如图 4-27 所示。随进口管的节流，离心压缩机的排气压力和质量流量的关系将在连接工作点 A 和原点的直线上变化。对喘振点也同样，即进口节流的喘振线是连接原点和某一节流开度处测得的喘振点的放射线。与排气管节流相比，进口节流的稳定操作范围要增加到图上断面线的部分。

进气管节流是一种比较简单的调节方法。它虽然使部分能量消耗于进口节流阀门上，但改变了压缩机特性曲线，比排气管节流操作更稳定，调节气量范围更广。采用电动机驱动的压缩机一般常用此法调节气量。对大气量机组可节省功率

5% ~8%。

（4）进口气流旋绕调节

在离心压缩机叶轮进口处安装导向叶片，当导向叶片沿不同方向转动某一角度时，进入叶轮的气流将发生旋绕，可以改变机组的排出压力和输气量。这种方法比进口节流效率高，但结构要复杂一些。对多级叶轮压缩机，只能在第一级进口前设置导向片。

（5）旁路回流或放空调节

当生产要求的气量比压缩机排气量小时，将多余的部分气体冷却后返回到压缩机进口的调节方法称为旁路回流调节。空气压缩机则不返回进口而直接放入大气中称为放空调节。

这种方法不改变压缩机特性，而是用回流或放空解决流量的不平衡，浪费了压缩机在压缩这部分气体时所消耗的能量，经济性很差。该法很少被单独使用来调节流量，而常作为一种反喘振的措施，即用其他的调节方法使气量减少到喘振点附近，当还需要进一步把气量减少到喘振点以下时，再打开旁路或放空，使旁路回流或放空的气量与生产所需要的气量之和比喘振点的流量稍大一些，以避免压缩机进入喘振范围。

压缩机的排量可以通过调整进口导叶来实现，使压缩机的工作范围得到扩展，改进压缩机在部分负载下的特性，调节进口导叶也可以和速度控制结合起来。控制方法需要根据装置的运行要求，压缩机在相关点及其他状态点的效率仔细地选择。调节进口导叶扩展了压缩机的运行范围，对部分载荷时，能改善压缩机的效率。

正确选择符合使用要求的压缩机，需要考虑多方面的因素，包括要求的进口流量和排出压力，根据压力和流量的图线，确定压缩机的结构尺寸，然后根据纵坐标上的速度，求出名义工作速度。对于摩尔质量低的气体，使用立式安装型（筒式外壳）的压缩机是比较合适的，因为筒装式结构具有优异的密封性能，这种型式也可适用于工作压力比较高的场合。

二、透平膨胀机

利用天然气能量推动膨胀机叶轮旋转，气体在降压、降温（制冷）的同时，在叶轮轴上输出外功，这种机械称透平膨胀机。在膨胀机轴的另一端装有吸收膨胀机输出轴功率的压缩机，称制动压缩机，用膨胀机输出的能量带动压缩机为天然气增压，膨胀机和压缩机构成机组。

（一）膨胀机–压缩机组

图4-28为透平膨胀机–制动压缩机机组简图。机组由三部分组成，膨胀机、压缩机、两者间的轴承和机座。膨胀机的工作条件十分苛刻，转速常在10000~50000r/min范围，叶轮外缘速度可达450m/s；流经膨胀机与压缩机工质的压差和温差也很大。

机组中部的径向止推轴承常用青铜制造，润滑油用轻质透平油（40℃黏度为40mPa·s）。为防止天然气泄漏和润滑油进入工艺气流区，膨胀机迷宫轴封处应注入压力高于工艺气压力约340kPa的密封气。密封气可从销售气管线引出、增压后引入机组，或从膨胀机入口分离器引出，加热升温至20℃左右引入，防止润滑油稠化。

由于膨胀机出口和压缩机入口的气体压力不同，所产生的轴向推力施加于止推轴承上，止推轴承通常能承受140kPa左右的压差。为防止推力过大，在每个止推轴承后装有压力计，指示与轴承荷载成正比的润滑油膜压力。推力平衡盘后的油膜也有压力计，指示平衡盘后的油膜压力，该压力由推力控制阀控制，防止止推轴承过载。

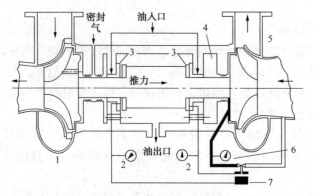

图 4-28 膨胀机-压缩机典型结构

1—透平膨胀机;2—止推轴承油膜压力计;3—止推轴承;4—推力平衡盘;
5—压缩机;6—平衡盘压力计;7—节流阀

设计机组时,常追求膨胀机效率,此时会降低压缩机效率。通常,膨胀机等熵效率为75%~85%,压缩机效率为65%~80%。

(二)透平膨胀机结构

根据气流通过膨胀机叶轮时的流动方向,透平膨胀机可分为径流和轴流两种形式。在天然气冷凝回收凝液中,径流反作用式膨胀机(radial reaction turbine)使用较广,轴流式使用较少。在径流式膨胀机中,气流由径向流入叶轮并由叶轮流道转变为轴向流出,也称为向心径轴式流膨胀机。把工质在叶轮内的膨胀程度称反作用度,具有一定反作用度的膨胀机称反作用式膨胀机。若反作用度等于零,则叶轮纯粹由喷嘴出口气流推动而作功,称为冲击式膨胀机。现以常用的径流反作用式膨胀机介绍其结构。

膨胀机的气体流通部分由蜗壳、流道渐缩的喷嘴环(或称导翼环)、叶轮和扩压器等组成。蜗壳将气体均匀地分配至每个喷嘴,使叶轮均匀进气。喷嘴的角度一般可以调节,改变气流方向和喷嘴流道面积,以适应原料气流量和压力的变化并控制膨胀机出口压力。若喷嘴流道面积已达到最大,仍不能满足气体流量要求时,压力控制阀将自动开启膨胀机的旁通阀,或称 J-T 阀。

气体进入叶轮流道后,推动叶轮旋转,气体先向心径向流动,后经另一组导向叶片使气体轴向流出叶轮。叶轮有开式、半开式和闭式三种,半开式常用于中小型膨胀机,闭式用于大型膨胀机,见图 4-29。扩压器为流道面积逐渐增大的圆管,将气体的动能转变为压能。

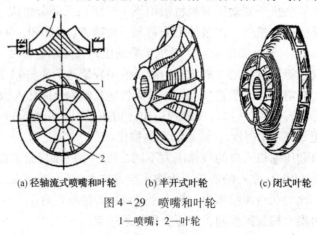

(a) 径轴流式喷嘴和叶轮   (b) 半开式叶轮   (c) 闭式叶轮

图 4-29 喷嘴和叶轮

1—喷嘴;2—叶轮

在实际工作中，气体流量常有变化，膨胀机的转速、效率和输出功率也随之改变，见图 4-30。由图可知，藉于可调的喷嘴流道面积，在设计流量 50%～130% 范围内膨胀机都能保持较高效率。膨胀机的功率范围很宽，从 75kW 至 7500kW，适应不同规模气体加工厂的需要。入口和出口的压比（称膨胀比）一般小于 3～4，压比太大会降低膨胀机效率，应考虑采用二级或三级膨胀。

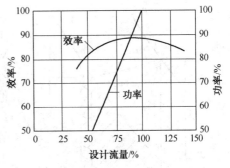

图 4-30 膨胀机流量-效率-功率的关系

（三）膨胀机工作原理

1. 等熵膨胀与等焓膨胀

气体流经膨胀机的速度很快，工质与外界的传热量很小，可认为是绝热膨胀，可逆绝热膨胀即为等熵膨胀。流经膨胀机的气体压力温度下降，但经由膨胀机驱动的制动压缩机增压，使气体状态能接近膨胀机入口的气体状态，即接近可逆绝热膨胀或等熵膨胀。气体通过节流膨胀阀时，气体也作绝热膨胀，但膨胀后压力降低，在无外力干预下，气体不能恢复到节流前的状态，因而节流为不可逆绝热膨胀。根据热力学阐述，节流前后气体焓值不变，为等焓膨胀。气体的比焓可用下式表示

$$dh = c_p dT - \left[T \left(\frac{\partial v}{\partial T} \right)_p - v \right] dp \qquad (4-6)$$

在工程上常遇到的压力温度条件下，绝大多数气体节流后在压力降低的同时伴随有温度降低。在天然气工业中，常利用节流制冷，达到某种工艺目的，如气体经节流后进入低温分离器增加回收的凝液量。

已如前述，节流效应系数 $\alpha_h = \left(\frac{\partial T}{\partial p} \right)_h$，表示等焓条件下工质单位压降产生的温度变化。节流前后，气体焓值不变，$dh = 0$，由式（4-6）和节流效应系数定义，可得

$$\alpha_h = \left[T \left(\frac{\partial v}{\partial T} \right)_p - v \right] \div c_p \qquad (4-7)$$

对理想气体 $\alpha_h = 0$。实际气体的 α_h 与气体性质、节流前的状态有关，绝大多数情况下 $\alpha_h > 0$，因而可利用节流膨胀制冷。

气体的比熵与其他气体常用状态参数间的关系为

$$ds = \frac{c_p}{T} dT - \left(\frac{\partial v}{\partial T} \right)_p dp \qquad (4-8)$$

设：$\alpha_s = \left(\frac{\partial T}{\partial p} \right)_s$，称等熵效应系数，表示等熵条件下工质单位压降产生的温度变化。等熵时 $ds = 0$，

$$\alpha_s = \left(\frac{\partial v}{\partial T} \right)_p \frac{T}{c_p}，或 \left(\frac{\partial v}{\partial T} \right)_p = \frac{\alpha_s c_p}{T} \qquad (4-9)$$

上式中，α_s 等式的右边三项均大于 0，故 $\alpha_s > 0$，即等熵膨胀时随气体压力降低，温度必然降低，产生冷效应。联解式（4-7）和式（4-9），得

$$\alpha_s - \alpha_h = \frac{v}{c_p} \qquad (4-10)$$

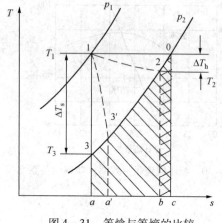

图 4 - 31　等焓与等熵的比较

上式说明，$\alpha_s > \alpha_h$，等熵膨胀的制冷效果总优于等焓膨胀。图 4 - 31 为等焓、等熵制冷量的定性对比。初始状态 p_1、T_1 的气体，在等焓过程中压力降为 p_2 时，温度降为 T_2，温降为 ΔT_h。节流气与其他流体在等压下换热（2 - 0 线），节流气可复温至 T_1，制冷量相应的面积为 $02bc0$。在同样压降下，等熵膨胀至状态点 3，温降 ΔT_s。与其他流体等压下换热，复温至 T_1（3 - 0 线），膨胀气相应的制冷面积为 $03ac0$。显然，同样初态下 $\Delta T_s > \Delta T_h$，等熵膨胀的制冷量也大于等焓膨胀。实践中不存在可逆过程，因而膨胀机内存在熵增，膨胀终态为 3′，膨胀机初、终态的温降也小于 ΔT_s。

等熵膨胀的制冷温度和制冷量都优于节流等焓膨胀，但节流阀结构简单、便于调节、适用于任何气液比的流体，因而节流膨胀仍常用于气体制冷或用于冷剂制冷、膨胀机制冷的流程内。

2. 膨胀机内气体状态变化

以图 4 - 32 的透平膨胀制冷流程来分析膨胀机内气体状态变化。图 4 - 33 表示气体通过膨胀机时，在 $p - T$ 相图上的轨迹。进装置气体 a（参见图 4 - 32 的流程）的相图如实线所示，气体经换热器换热后，温度降低，状态由 1 变为 2（图 4 - 33 的点 b）。在低温分离器内分出凝液，由分离器进入膨胀机的气体相图如虚线所示，点 2 处于露点线上。如气体通过节流阀，气体的膨胀为等焓或 J - T 过程，相态图上的迹线为 2 - 4，点 4 为节流阀出口状态。由于膨胀机轴驱动制动压缩机为脱甲烷塔塔顶气增压，因而膨胀机出口压力可低于点 4，膨胀过程也接近等熵过程，气体可膨胀至点 3（图 4 - 32 的点 c）。使经膨胀机的气体获得更低的温度，和更多的凝液回收率。

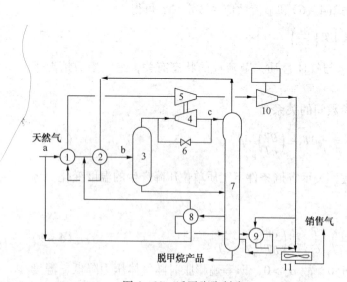

图 4 - 32　透平膨胀制冷

1——级气/气换热器；2—二级气/气换热器；3—膨胀机入口分离器；
4—透平膨胀机；5—制动压缩机；6—旁通 J - T 阀；7—脱甲烷塔；
8—侧线换热器；9—重沸器；10—再增压压缩机；11—空冷器

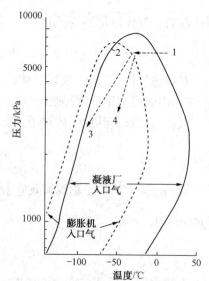

图 4 - 33　膨胀机制冷流程内气体状态变化
1，2，3，4—膨胀气体在 $p - T$ 图上的状态点

3. 膨胀机内气体参数变化

由分离器来的高压、低温气体通过喷嘴环进入膨胀机。近一半的膨胀机压降消耗于喷嘴上，使气体增加动能。高速气体通过叶轮时，气体膨胀使气体动能转化为轴功，带动同轴相连的压缩机。气体通过膨胀机时，压力、比焓和流速的变化见图 4-34。

4. 工况计算

膨胀机入口压力 p_1 和温度 T_1 根据工艺平衡确定；膨胀机出口压力 p_2，由膨胀机下游条件(如销售气压力、是否需要采用增压压缩机、增压压缩机功率等)确定。工艺计算的主要内容为求气体出口温度 T_2。可按以下步骤进行试算：

(1) 计算膨胀机入口状态下气体的比焓和比熵。

(2) 假设三个膨胀机出口温度分别为 T_{21}、T_{22}、T_{23}。假设时可参考甲烷的 $p-h$ 图(图 4-35)，在膨胀机入口状态点 p_1、T_1 下，压力沿等熵线降至 p_2，得 p_2 与等熵线交点处的温度 T_2。由于天然气还含有其他组分，假设的出口温度应略高于 T_2。

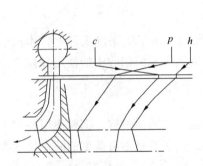

图 4-34 膨胀机内气体流速和状态参数的变化

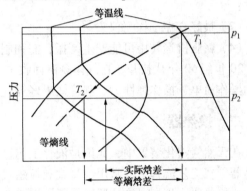

图 4-35 甲烷的 $p-h$ 简图

(3) 进行 p_2 和假设温度 T_{21}、T_{22}、T_{23} 下的气液平衡计算，求出膨胀机出口气液流量、气液混合物的焓和熵。求出膨胀机进出口的焓差 Δh。

$$混合物比焓 = \frac{蒸气流量 \times 蒸气比焓 + 液体流量 \times 液体比焓}{蒸气流量 + 液体流量}$$

(4) 画出 $T-h$ 和 $T-s$ 图，由膨胀机入口流体熵值作水平线至 $T-s$ 曲线的交点，作垂线交于 $T-h$ 曲线，可得等熵膨胀时进出口流体的焓差，见图 4-36。

(5) 由于膨胀机并非完善的等熵过程，实际焓降 Δh_a 小于等熵焓降 Δh_i，取 $\Delta h_a = 0.8 \Delta h_i$，0.8 为膨胀机等熵效率。以 Δh_a 作水平线在 $T-h$ 图上找到膨胀机出口温度 T_2。

(6) 求膨胀机的功和功率。功 = Δh_a (kJ/kg) $\times m$ (kg/h)，m 为膨胀机质量流量。功率 = 功/3600(kW)。

(四) 膨胀机使用条件和操作要点

根据透平膨胀机的特点，它适用于以下条件：

(1) 原料气和销售气之间存在较大的压差可供利用，尽量避免气体增压而增加压缩费用，原料气入口压

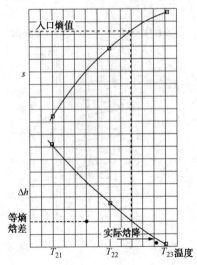

图 4-36 膨胀机的 $T-h$ 和 $T-s$ 图

185

力一般 6～7MPa，高的可达 20MPa，温度 –30～–70℃；

（2）气体较贫，因膨胀机出口的允许凝液质量含量一般要求小于 10%；

（3）要求乙烷回收率超过 30% 以上；

（4）要求占地少，平面布置紧凑；

（5）水电等公用事业费用的价格较高；

（6）要求操作弹性大，原料气压力和产品需求变化较大的场合。若符合以上两个以上条件，透平膨胀机往往是制冷设备的最佳选择。

膨胀机安装、操作中的要点有：

（1）膨胀机入口气流内不应存在固体和液体杂质，液体在低温分离器内分出，固体（冰、重油等）用细目滤网除去。为防止气流在膨胀机内温度降低，析出水分而结冰，可在膨胀机上游注甲醇；

（2）密封气（特别在启动阶段）应为洁净、干燥、经脱酸处理并具有满足压力要求的气体；

（3）最好有振动探测仪表；

（4）膨胀机运转中可能产生谐振，需和制造商协商解决。

20 世纪 60 年代初开始在气体凝液回收中使用膨胀机，由于膨胀机流量大、体积小、结构和操作简单、操作弹性大、制冷效果好等优点，在天然气凝液回收中的使用日益广泛。

三、换热器

在天然气液化装置中，无论是液化工艺过程或是液—气转换过程，都要使用各种不同的换热器。在工艺流程中，常用绕管式和板翅式换热器。大多数基本负荷型的液化装置都采用绕管式换热器。板翅式换热器则主要应用于调峰型的 LNG 装置，但基本负荷型的 LNG 装置中也有使用这种换热器的情况。

这两种换热器在低温液化和空气分离装置中，早已得到成功的应用。绕管式换热器的特点是效率较高，维修方便，如果有个别管道发生泄漏，在管板处将其堵住，设备仍然可以使用，而且很适合于工作压力很高的工作条件。板翅式换热器的成本比较低，结构紧凑，应用也非常普遍。

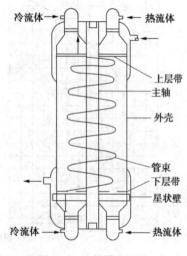

图 4 – 37　绕管式换热器

在 LNG 系统中，还有一类专门用于液态天然气转变为气态的换热器，称为汽化器。随着使用的性质、加热方式和汽化量规模等因素的不同，汽化器也有各种不同的型式。按加热方式分，主要可以分为空气加热、海水加热、燃烧加热等型式。关于汽化器将在第五章中介绍。

（一）绕管式换热器

绕管式或螺旋管式换热器，在空分设备中有着广泛的应用，在 LNG 工业发展的初期就已经广泛使用了这种换热器。大多数的 LNG 液化装置，特别是混合制冷剂循环液化流程就是采用绕管式换热器。

在绕管式换热器（图 4 – 37）中，铝管被绕成螺旋形，从一根芯轴或内管开始绕，一层接一层，每一层的卷绕方向与前面一层相反。管路在壳体的顶部或底部连接到管板。在大型液化厂使用的绕管式换热器中，每根管长度约为100m，外径10～12mm。高压气体在管内流动，制冷剂在壳体内流动。传统的绕管式换热器的换热面积达9000～28000m²。绕管式换热器的制造方式各有不同，缠绕时要拉紧，保证均匀。管的端部插入管板的孔中，然后进行涨管。管板起到固定管子的作用，涨管起到密封的作用。在壳体内部，还需要设置一些挡板，减小一些流通面积，以增加流体的流速和扰动，提高传热效率。然后管束置于壳体内，壳体与管板焊接成一个封闭的容器。此后要进行压力试验，如果其中的任何一根管道有泄漏，可在管路的两端堵死管口，防止高压侧流体串通到低压侧。堵管的方法在现场也可以应用。美国在建立某LNG装置时，总共四个换热器。共有77540根管路，有2根管路因泄漏采用堵的方法，使换热器仍然正常运行。

由于在天然气液化流程中，换热器中通常存在多股流体，每股流体可能还是气液两相混合的状态，使换热器的结构更为复杂。换热器的设计计算通常要采用计算机程序来进行。确定了换热器的大小(表面积、管数与管长、总长、螺旋角及管间距)就可以计算压降。如果压降满足要求，可将管内侧和管外侧的边界条件作为独立变量，通过反复计算来进行优化。作为制造商的惯例，在LNG装置调试或运行时，要对产品进行综合测试，以证实设计的正确性。确保液化处理过程能实现全负荷的运行要求。

换热器的效率和压缩机的效率关系如下：

$$\eta = \frac{W_L}{W_C} = \frac{W_L}{W_R}\frac{W_R}{W_C} = \eta_L\eta_C \qquad (4-11)$$

式中　η——总液化效率；

　　　η_C——压缩效率；

　　　η_L——换热器的效率；

　　　W_L——液化消耗的功；

　　　W_R——制冷剂消耗的功；

　　　W_C——压缩机的压缩功。

W_R是W_L和所有换热器系统中不可逆损失之和，如温差、控制阀和混合制冷剂的相互影响。换热系统最大的不可逆损失是因温差引起，尤其是低温部分。应尽量对换热器进行优化设计，以提高换热效率。对一些大型的压缩机：离心压缩机效率约为78%；轴流压缩机效率约为85%。

压缩机和冷却系统合在一起的效率η_C为：

$$\eta_C = \frac{W_C}{W_R} = 60\% \sim 70\% \qquad (4-12)$$

换热系统的效率η_L为：

$$\eta_L = \frac{W_R}{W_L} = 50\% \sim 79\% \qquad (4-13)$$

总的液化效率为：$\eta = 30\% \sim 45\%$。

绕管式换热器的技术要求很高，因为绕管根数、绕管长度、盘绕角度、管层数量和层间间隔等因素，都会影响到换热器的传热能力和压降，甚至性能。另外，由于输入流和输出流温差较大(大于100℃)，一定要根据原料气组分和环境条件来评估最佳的内部几何结构。绕管式换热器第一次是在阿尔及利亚的Skikda基荷液化厂运用，此后便得到普遍推广。虽然有很多厂商可以生产绕管式换热器，但是只有 APCI 和 Linde AG 两家公司专门生产基地型液化厂混合制冷剂循环换热器，因为这样的设备对生产技能要求很高。因此做基地型液化厂设计时，这种类型换热器费用贵和交货周期长是主要需考虑的问题。

近期 LNG 液化技术的发展，导致对大型 LNG 生产线设备的需求增加。以前最大规模的绕管式换热器直径为 4.6m，最大质量为 310t。随着生产、船运和运输设备的改进，APCI 已经将换热器的直径增大至 5m，总重约 430t。这些大型换热器与大型压缩机驱动机一起，使得新 LNG 液化厂的产能在现有设备能力的基础上更上一层楼。

绕管式换热器在使用中的问题有：

（1）LNG 生产线规模不断扩大而降低了绕管式换热器在超大规模生产线中使用的可能性。一种可能的解决办法是并联使用两套绕管式换热器。当然，这会增加投资和运行维护的工作量。

（2）由于出口喷嘴气体喷出速度过快而导致导管振动，引发金属摩擦。可以通过改进输出喷嘴，以减缓天然气速度。

（3）注入流的冲击能量过大，导致入口分流板受损。可以通过将导管加固，以改变其震荡频率；但是，如果这样导致管束下垂则会使情况更糟。

（4）关停和启动造成制冷剂冷凝管泄漏。可以通过增加入口喷嘴的尺寸来降低气体速度；也可在系统设计时，考虑导管裕量，以便一定比例导管封堵后还可以保持全产能生产。

（二）板翅式换热器

板翅式换热器的基本结构是由平隔板（厚 0.8~2.0mm）和翅片（厚 0.15~0.58mm）构成板束组装而成。如图 4-38 所示。在两块平行金属板间，放入波纹状翅片，两边以侧条密封，组成一个单元体。各单元体又以不同的叠积排列，并用钎焊固定，成为逆流式（图 4-38

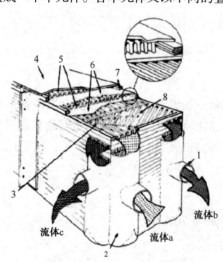

的流体 a 和流体 b）或错流式（流体 a、流体 b 和流体 c）。翅片的高度和密度取决于传热和工作压力的要求。普通的翅片高度为 6.3~19mm，翅片的间距约为 1.6mm。翅片有很多种形式，如平板型、打孔型、间断型及鱼叉型等。打孔的翅片是为了使通道内的流量均匀，这在两相流的情况下是很重要的。板翅式换热器的组装件称为芯部，将半圆形进出流体汇管焊接至板束上，就成为板翅式换热器。在流体的进出口处采用流量分配器，分配器内的翅片确保流量分配均匀。

大多数板翅式换热器都是铜铝结构，初始的应用是在空气分离装置中。由于它结构紧凑、质量轻，所以在低温流程中应用很广。在 20 世纪 70 年代末期，

图 4-38　板翅式换热器

1—接管；2—汇管；3—流体分配翅片；4—外板；
5—传热翅片；6—隔板；7—侧条；8—改变流向翅片

由于真空钎焊技术的发展，真空钎焊工艺代替了最初的盐浴式铜焊工艺。使换热器核心部分的尺寸更加紧凑，工作压力可以达到 8MPa 以上。

板翅式换热器单位体积的传热面积约为 990~1300m²/m³，最高可达 2000m²/m³。约为

普通管壳式换热器的 6~8 倍。板翅式换热器每立方米的质量仅为 1200~1400kg，而管壳式换热器为 4000kg/m³。由于质量轻、单位体积传热面积大，因而板翅式换热器单位质量的换热面积约为管壳式换热器的 25 倍，这样就减小了换热器基础、支撑、隔热层等的费用。这就能够在天然气和制冷剂的较低温度下设计得更为紧凑，从而降低占地面积和质量，进而减少成本。板翅式换热器允许多达 10 股流体在箱体内换热，两股流体换热的平均温差仅为 3~6℃。由于板翅式换热器的流道狭窄，因此要求流体洁净，不含固体杂质，操作中还应防止温度骤变。铜铝型的板翅式换热器广泛用于天然气液化流程中的主要换热设备——冷箱。该设备主要由散热片和隔离板集合而成，这种铝制板翅式换热器目前有很多厂商能生产，可用于基地型 LNG 液化厂。板翅式换热器 (PFHE) 用于纯制冷剂冷却循环中，例如康菲的液化技术和 APCI C3 - MR 技术的预冷循环。但是，新的天然气工艺设计，比如 Liqufin，正在考虑将该设备用于混合制冷剂循环，因为板翅式换热器的模块化建造，使其可以为任何规模的液化厂配套使用，且除了现场可用空间的大小限制外，基本不受任何规模条件的制约。

除了(冷箱总成)模块化可降低建造人工时进而降低了成本以外，冷流热流还可以在不同压力下同时进行热交换。同绕管式换热器相比，这也是板翅式换热器一项很大的优势，因为绕管式换热器只允许一个制冷剂股流在壳侧蒸发。在大型液化厂中使用的板翅式换热器 (PFHE) 可能会受到设计压力的封顶限制，以及各个板翅换热器的生产规格限制，所以需要多套设备并联运行，这就要增加管线、阀门和仪表的数量，也需要更大占地面积和更多的资金投入。此外，板翅式换热器对污垢和阻塞非常敏感，这就要求必须安装过滤网和过滤器。

板翅式换热器在使用中的问题有：

(1) 单相和两相流的分配不均导致热能效降低。解决办法可设定足够裕量以包容液流分配不均问题；也可以通过安装分离器，将液态和气态分离后分别注入换热器。

(2) 由机械故障和腐蚀引起的泄漏。可以通过实验来呈现金属疲劳和操作不当造成的不稳定情况以研究对策。

(3) 热应力会导致管头箱和喷头接口断裂。可以通过把股流之间的温差调节到 40℃ 以内，降温速度每分钟 3~4℃ 的情况下，用动态模拟系统来评估瞬态运行参数。

（三）提高传热效率

LNG 装置的换热器需要很高的传热效率，为此要解决以下影响传热效率的因素。

1. 流动不均匀性

由于局部的阻力(如入口通道的堵塞)，使换热器中某个部分的流量减少，或者多个换热器并联产生的流量不均匀，总的影响是使热效率下降。

2. 流道受阻

大多数的 LNG 液化流程都比较清洁，因为对气体进行了预处理，水、二氧化碳和其他杂质在液化前已经清除。可是由于碳氢化合物中高碳组分被冻结出来，可能产生偶尔的阻塞或故障，其后果都是引起流体流动不均匀和换热效率下降。对于这种情况，清洗过程比较简单，只要将换热器复温，用清洁和干燥的气体吹除即可，也就是所谓的"解冻"。某些情况下则采用化学溶剂的方法，如向系统内的流体充注入甲醇，以抑制氢气的产生，而且不需要停机。

3. 纵向导热

对于双层套管式换热器，纵向导热是指沿着换热器长度方向的传热，对于板翅式换热器，则是板与翅片交界处的传热。纵向导热对传热效率是非常不利的。评价纵向导热的影响是比较复杂的，尤其是对多股流的换热器和其中有相变产生的情况。

对于板翅式换热器，通过采用间断型翅片的方法，可以减少纵向热传导的影响。板与翅片交界处，翅片的厚度应尽量薄一些。

对于绕管式换热器，长而细的管路有利于减少纵向热传导。

4. 环境漏热

天然气液化过程在低温状态下进行，热量从装置周围环境漏入，对于换热器的影响，与纵向热传导是类似的。

管壳式换热器由于受其规模的限制，需要通过并联多台换热器才能满足工艺需要，这就会增加管线和控制系统，增加投资和操作的复杂性，因而管壳式换热器通常仅在基地型LNG 液化厂的丙烷预冷回路中使用。

第五章 液化天然气接收站

液化天然气接收站是 LNG 产业链中的重要环节。随着 LNG 跨国贸易的发展，LNG 远洋运输成为液化天然气运送的主要方式之一。接收站作为 LNG 远洋贸易的终端设施，接收从基本负荷型天然气液化工厂船运来的液化天然气，并储存、再汽化后通过管道输送供给用户。

第一节 接收站功能

LNG 接收站既是远洋运输液化天然气的终端，又是陆上天然气供应的气源，处于液化天然气产业链中的关键一环。LNG 接收站实际上是天然气的液态运输与气态管道输送的交接点。

1. LNG 接收站是接收海运液化天然气的终端设施

液化天然气通过海上运输，从产地运送到用户，在接收站接收、储存，因而接收站是 LNG 海上运输的陆上接收终端。LNG 接收站必须具有大型 LNG 船舶停靠的港湾设施；具有完备的 LNG 接收系统和储存设施。

2. 接收站应具有满足区域供气要求的汽化能力

为确保供气的安全可靠，必须建立完善的天然气供应体系。而多气源供气是该体系的重要组成。欧洲成熟的天然气市场至少有三种气源，其中任何一种气源供应量最多不超过 50%，且所有的气源可通过公用运输设施相连接。

城市(区域)天然气主干管网规划，要建立多气源的供应体系和相互贯通的天然气网络。进口 LNG 作为一种气源，不仅可解决日益增长的天然气需求，必要时也可作为本地区事故情况下的应急气源。对城市供气而言，在管道供气的同时，引进 LNG，具备了天然气另一种运输方式的气源，为安全可靠供气提供了多一份保障。

为此，LNG 接收站在接收、储存 LNG 的同时，应具有适应区域供气系统要求的液化天然气汽化供气能力。接收站建设规模必须满足区域供气系统的总体要求。

3. 接收站应为区域稳定供气提供一定的调峰能力

随着大规模使用天然气，城市供气的调峰问题也必须解决。为了解决调峰问题，除管道供气上游可提供部分调峰能力外，利用 LNG 气源调节灵活的特点，是解决天然气调峰问题的有效手段。

一般来说，管道输送的上游气源解决下游用户的季节调峰和直供用户调峰比较现实。对于城市或地区供气的日、时调峰，LNG 气源可以发挥其调节灵活的特点，起到相当作用。

为此，LNG 接收站在汽化能力的配置上要考虑为区域供气调峰需求留有余地。

4. 接收站可为实现天然气战略储备提供条件

建设天然气战略储备是安全供气的重要措施。发达国家为保证能源供应安全都建设了完善的石油、天然气战略储备系统。国外天然气储备 17～110 天不等。

我国大规模应用天然气刚刚开始，从长远考虑，规划战略储备工作十分必要。随着用气规模的不断增长，储备量也要相应增加，即战略储备以动态发展。按照国外天然气安全储备的情况，我国的天然气储备可采用政府与企业共同承担，以政府为主；储备规模可远近期结合，近期15天、远期30天。储备方式可以LNG或地下储气库储备。LNG储备可以充分利用国际资源，缓解石油进口压力，实现能源供应来源多样化。

综上所述，LNG接收站的功能概括起来是液化天然气的接收、储存和汽化供气。接收站一般包括专用码头、卸船系统、储存系统、汽化系统、生产控制和安全保护系统以及公用工程等设施。

由于液化天然气的易燃、易爆特性和低温储存的特点，LNG接收站的建设在规划布局、工艺设备、操作管理、安全防火等方面都有特殊要求。本章结合我国沿海正在建设的大型LNG接收站，介绍这方面的基本情况。

随着LNG国际贸易的开展，液化天然气接收站的建设数量越来越多，规模越来越大。20世纪60年代，英国、法国、日本都开始引进LNG，建设LNG接收站。按有关资料，2003年全球的LNG接收终端为39座，到2006年底增加到54座，预计2012年全球的LNG接收终端达到100座以上。表5-1列出了世界部分LNG接收站的数量和储存能力。

表 5-1 世界部分 LNG 接收站数量和储存能力

国 别	LNG 接收站数	汽化能力/(m^3/d)	储罐容量/($\times 10^3 m^3$)
日本	23	629000	12946
韩国	3	154000	5080
中国台湾	1	29000	690
法国	2	53000	510
西班牙	3	38600	560
意大利	1	11000	100
比利时	1	18000	261
土耳其	1	16000	255
希腊	1	12000	130
美国	2	32600	440
波多黎各	1	2300	160

我国第一座大型液化天然气接收站于2003年9月在广东深圳开工建设，2006年6月建成投产。一期工程设计规模年进口LNG370 × 10⁴t。项目包括LNG接收站和天然气输送管线：LNG接收站工程建设3个容积为$16 \times 10^4 m^3$的LNG储罐、6套LNG汽化装置、$14.5 \times 10^4 m^3$的LNG货船停舶卸料码头和其他配套装置；天然气输送管线长度为380km，由一条主干线（184.913km）和3条支干线（177.6km）及2条支线（16.2km）组成。主干线起自深圳市大鹏接收站，经深圳、东莞、广州，终点为广州南沙岛。沿线共设11个分输站。管线供气范围覆盖深圳、惠州、东莞、广州和佛山。供香港发电和城市管道的用气通过香港用户自建的两条海底管线输送（长约98km和33km）。

建于福建莆田湄州湾的LNG接收站也于2007年建成投产。一期设计能力为年进口LNG260 × 10⁴t。接收站港口工程包括LNG专用舶位1个和工作船码头1座（2个舶位）。LNG专用舶位可停靠(8~16.5) × 10⁴m³LNG运输船，为T型栈桥布置。接收站库区一期建设2

座容积为$16 \times 10^4 m^3$的全容式LNG储罐、3套高压汽化装置、2套中压汽化装置。天然气外输管线有三条，其中两条为输气干线，另有一条向莆田燃气电厂供气。

上海LNG站线项目由LNG专用码头、接收站和输气管线组成。工程于2007年初开工建设，于2009年建成投产。LNG接收站建于上海国际航运中心洋山深水港区东港区。一期设计能力为年进口LNG$300 \times 10^4 t$。港口工程包括可停靠$(8 \sim 16.5) \times 10^4 m^3$LNG运输船的专用舶位1个和工作船码头1座。接收站库区一期建设3座容积为$16.5 \times 10^4 m^3$的全容式LNG储罐、6套汽化装置。天然气外输管线全长为53km，其中海底管道36km。

随后江苏如东、辽宁大连、河北唐山LNG接收站相继建成投产，至2013年，我国在建或将建的LNG接收站：山东青岛、浙江宁波、江苏连云港、广东珠海、广东汕头；远期规划：辽宁锦西、天津塘沽、海南、山东日照、江苏南通、澳门、浙江温州、广西防城。

国内主要液化天然气接收站规模见表5-2。

表5-2　国内主要液化天然气接收站规模一览　　　　　　　　$\times 10^4 t/a$

序号	项目名称及站址	规模
1	广东LNG项目接收站，深圳大鹏湾秤头角	一期370 二期330
2	福建LNG项目接收站，莆田市秀屿港	一期260 二期500
3	上海LNG项目接收站，上海国际航运中心洋山深水港区的中西门堂岛	一期350 二期650
4	江苏LNG项目接收站，江苏如东县	一期350 二期250
5	辽宁LNG项目接收站，大连	一期300 二期300
6	浙江LNG项目接收站，宁波	300
7	珠海LNG项目接收站，高栏岛	900
8	山东LNG项目接收站，青岛	一期300 二期250
9	唐山LNG项目接收站，唐山市唐海县曹妃甸港	一期600 二期400
10	秦皇岛LNG项目接收站，山海关港或秦皇岛港	一期200 二期100
11	澳门黄茅岛	一期200 二期300
12	海南LNG接收站，海南	一期300 二期300
13	江苏滨海LNG项目，盐城	一期300
14	汕头LNG项目，汕头市	一期250
15	广西LNG项目，防城港	300

第二节 接收站工艺系统

LNG 接收站的主要功能是接收、储存 LNG，再汽化后通过管道向下游用户供气。

LNG 接收站按照对 LNG 储罐蒸发气(BOG)的处理方式不同，接收站工艺方法可以分为直接输出和再冷凝两种。直接输出法是将蒸发气压缩到外输压力后直接送至输气管网；再冷凝法是将蒸发气压缩到较低的压力[通常为 0.9MPa(g)]与由 LNG 低压输送泵从 LNG 储罐送出的 LNG 在再冷凝器中混合。由于 LNG 加压后处于过冷状态，可以使部分蒸发气再冷凝，冷凝后的 LNG 经 LNG 高压输送泵加压后外输。因此，再冷凝法可以利用 LNG 的冷量，并减少了蒸发气压缩功的消耗，节省能量。凡具有连续汽化功能的大型 LNG 接收站大多采用再冷凝工艺。图 5-1 所示是典型的接收站再冷凝工艺流程。

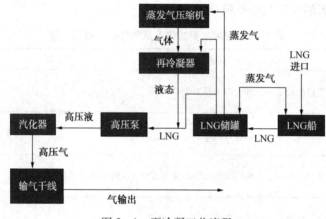

图 5-1 再冷凝工艺流程

工艺设计原则：

(1) 明确接收站功能定位，工艺系统应满足全部功能的实现。如接收站除作为区域多气源燃气供应体系中的主力气源外，同时又是重要的应急储备气源和调峰气源的话，接收工艺系统除满足日常供气外，还应适应应急调峰等工况的供气。

(2) 以保证连续运行为设计原则，确定备用设备的配置。在运行期间的计划维修时，尽可能不停止供气，并考虑到站线项目建成后不能停车。当接收站规划为两期建设时，在一期工程中，要考虑项目可在不停车状况下进行二期工程扩建的可能，并对扩建留有充分余地。

(3) 采用先进、可靠的生产过程控制及安全设施，以保证接收站安全、可靠长期运转，并尽可能减少操作人员。

(4) 严格执行国家有关安全、卫生及环保政策、法规及标准规范，切实做到不发生事故、不造成人员伤害、不破坏环境。

(5) 在保证安全、可靠的长期运行及三废排放达标的原则下，对工艺方案及设备、材料进行优化比选，以期用最小的投资达到最优的技术经济效果。

接收站的生产系统包括：卸料系统、储存系统、蒸发气处理系统、输送系统、外输及计量系统等。

一、卸料系统

接收站的卸船系统包括专用码头、卸料臂、蒸发气返回臂和管路等。

（一）LNG 码头

LNG 专用码头的特点是接收物料品种单一、数量多、船型大。码头上除设有大型运输船靠泊、停泊设施外，LNG 码头的专用设备是卸料臂。一般可设置四台卸料臂，其中三台为液相卸料臂，一台为气相返回臂。三台为液相卸料臂中一台可气、液互用。卸料臂均为液压驱动。

码头还需设置 LNG 收集罐和 LNG 收集罐加热器，LNG 收集罐的作用是接收卸船结束后从各卸料液体支管中排除的 LNG，并通过排放罐加热器将排除的 LNG 汽化后经气体返回管线送回至 LNG 储罐气相空间。

为使卸船操作时卸料臂与船上管路连接设施事故状态下能安全快速脱开，卸料臂配备有紧急脱离系统（ERS，Emergency Release System），由 ERS 阀门（一般采用球阀）与 ERS 连接器组成。安装位置对 16" 的卸料臂位于 #80 旋转接头处，配有 2 个隔断阀与一个液力紧急连接器（PERC，Powered Emergency Coupler）。ERS 是码头卸船作业处理事故的必要安全措施。避免卸料臂的机械损坏和船/臂连接时可能产生的 LNG 溢出，连接部分安装了紧急泄放系统（PERC 装置）。

（二）卸料工艺

卸船操作在操作员的监控下进行，重点是控制系统压力。卸料臂通过液压系统操作。LNG 运输船到达卸船码头后，通过运输船上的输送泵送出 LNG，经过多台卸料臂分别通过支管汇集到码头汇总管，并通过栈桥及陆域总管输送到 LNG 储罐中。LNG 进入储罐后置换出的蒸发气，通过一根 BOG 返回气管道，经气相返回臂，送到运输船的 LNG 储舱中，以保持系统的压力平衡。卸料臂上安装有快速紧急脱离接头和联锁系统，在紧急情况下 LNG 运输船能快速安全地与卸料臂脱离。

在卸船操作初期，采用较小的卸船流量来冷却卸料臂及辅助设施，以避免产生较多的蒸发气，导致蒸发气处理系统超负荷而排放到火炬。当冷却完成后，再逐渐增加流量到设计值。

卸船作业完成后，使用氮气将残留在卸料臂中的 LNG 吹扫干净，并准备进行循环操作。从各卸料支管中排除的 LNG 进入码头上设置的收集罐，并通过收集罐加热器将排除的 LNG 汽化后经气体返回管线送回到 LNG 储罐气相空间。

在无卸船期间，通过一根从 LNG 低压输出总管来的循环管线以小流量 LNG 经卸料总管循环返回再冷凝器，以保持 LNG 卸料总管处于冷备用状态。

卸船工艺可以采用单根液相总管(100% 能力)、一根气相平衡管线和一根 LNG 循环管线的设计，不卸船时，通过 LNG 循环管线以小流量循环来保持卸船总管处于低温状态。该设计已有长时间安全、可靠运行的记录，也可以采用双总管卸船(各 50% 能力)，与双液相卸船总管比较，单总管投资较节省。

根据世界上 LNG 远洋运输的经验，LNG 运输船的停靠时间为 27h，LNG 的卸船要求在 12h 内完成。LNG 远洋运输船在码头的作业时间如下：

进港	停靠	卸船准备	卸船	离开准备	离港	总计
2h	1h	4h	12h	4h	4h	27h

二、储存系统

LNG 接收站是液化天然气的储备库，储存系统是接收站的重要组成部分。

（一）储存规模

确定 LNG 接收站储存能力的因素是多方面的，如 LNG 运输船的船容、码头最大连续不可作业天数、LNG 接收站的外输要求及其他计划的或不可预料事件如 LNG 运输船的延期或维修、气候变化等。

接收站储存 LNG 的能力，最小罐容可按下式计算：

$$V_s = (V_t + n \times Q_a - t \times q + r \times Q_c \times T)$$

式中　V_s——LNG 罐最小需求容积；

　　　V_t——LNG 船的最大容积；

　　　n——LNG 船的延误时间，包括：n_1（码头不可作业天数），n_2（航程延误天数），n_3（码头调度延误天数）；

　　　Q_a——高峰月平均日送气量；

　　　t——LNG 卸料时间（12h）；

　　　q——最小送出气量；

　　　r——LNG 船航行期间市场变化系数；

　　　T——LNG 船航行时间；

　　　Q_c——高峰月平均城市燃气日送气量。

LNG 储存能力的确定因素是多方面的，对于罐容的计算，上式是一种理论分析，罐容的确定还应考虑资源、市场落实情况、运输的安排等因素。如接收站的外输要求、码头最大连续不可作业天数、市场用量、LNG 运输船的船容、数量、往返时间及其他计划的或不可预料事件（船期延误、气候变化等）。设计原则是在保证稳定供气的前提下，提高储罐的利用率，尽可能提高运营经济性。

（二）储罐型式

LNG 储罐的类型已在第四章中作了介绍，结合陆域 LNG 接收站的特点：储存容量大，站址地域较小，周围环境复杂对安全性要求高，经过对各种类型储罐的技术经济及安全性的对比及筛选（LNG 储罐的综合比较见表 4－11、表 4－12、表 4－13），预应力混凝土外罐与钢筋混凝土外罐罐顶的全容罐的安全性能、技术经济性能及综合性能为优，从风险分析结果看，其事故概率最小，因而，大型 LNG 接收站大多采用全容罐（FCCR）。

全容式混凝土储罐包含一个顶部开放式的内罐和一个预应力混凝土外墙与钢筋混凝土拱顶构成的外罐，内外罐之间的空间装有可以减少热量传入的绝热材料。内罐配有一个绝热材料的吊顶，使储罐的吊顶以上的气相空间与储罐内的 LNG 液体保持一定的温度梯度，从而使内罐的液相部分 LNG 得以在低温下储存。钢筋混凝土拱顶内壁使用钢制衬板来密闭蒸发气体。储罐内安装有泵井，用来安装 LNG 低压输出泵。所有管道和仪表的连接口，包括进料和输送口都安装在储罐顶部。全容罐的结构、建造将在本章第四节中讲述。

（三）储存工艺

储存系统是接收站重要的生产系统，而储罐是该系统的主要设备。进出储罐的所有管线接口都在罐顶。为了使不同密度的 LNG 可以不同方式进入储罐，流程上安排卸船时 LNG 可以从储罐的上部管口直接进入储罐，也可通过内部插入管由底部进入储罐。通常在操作中，较重的 LNG 从上部进入，较轻的 LNG 从下部进入。同时，也可通过 LNG 低压输送泵将罐内

LNG 循环到罐上部或底部，从而有效防止分层、翻滚现象的产生。

1. 储罐的液位控制

为了确保储罐的安全操作，储罐的液位、温度、密度监测十分重要。每个罐都应设置一定数量的液位、温度、密度连续测量设施（LDT），以有效监控储罐的液位。LDT 连续测量设施由数字逻辑单元和伺服电机驱动单元组成，可以在 LNG 储罐内垂直移动、连续测量。当温差超过 0.2℃或密度差超过 $0.5 kg/m^3$ 时，应用 LNG 低压输送泵对罐内 LNG 进行循环操作，以防止出现分层翻滚现象。

储罐设有高低液位自动保护装置，在液位不正常时，报警并连锁停止进料或停止罐内低压泵运行。

2. 储罐的压力控制

LNG 储罐是常压储存，全容罐的设计压力一般为 29kPa（g），因而外界大气压的变化对储罐的操作影响很大，罐的压力控制采用绝对压力为基准。在正常操作条件下，储罐的绝对压力是通过 BOG 处理系统，经压缩机压缩与再冷凝器冷凝 BOG 管线系统与储罐上部气相空间的蒸发气体来控制的。在两次操作间隔时间时段，储罐的操作压力一般维持在低压状态[通常为 0.1073MPa（a）]，以防压力控制系统发生故障时，储罐操作有一个缓冲空间。在卸船操作期间，储罐的压力将升高，储罐处于较高压力操作状态。

储罐的压力保护采用分级制：第一级超压保护将排火炬，当储罐压力达到一定值（如储罐设计压力为 0.029MPa，则储罐压力达到 0.026MPa）时，控制阀打开，超压部分气体排入火炬系统。第二级超压保护排大气，当储罐压力达到设计压力时，储罐上压力安全阀打开，超压部分气体直接排入大气。第一级负压保护靠补压气体，当储罐在操作中压力降低到设计负压时，将通过高压外输天然气总管上来的经两级减压后的气体来维持储罐内压力稳定。第二级负压保护通过安装在储罐上的真空阀来实现，真空阀全开时，直接就地补入空气，以保护储罐安全。

上述关于压力控制的描述，在操作上相应设备与机械、阀门尚有一系列连锁动作。

储罐上压力保护设施的压力设定值如表 5 - 3 所示。

表 5 - 3 LNG 储罐压力保护设定值

保护设施及参数	设定值/kPa（g）	说　明
压力泄放阀	31.9	阀全开
	29.0	阀开始打开
储罐设计压力	29.0	
高高报警压力（ESD）	26.0	开始打开蒸发气总管到火炬总管间旁路上压力控制阀以调节蒸发气总管压力在设定值
高报警压力（DCS）	25.5	
低报警压力（DCS）	6.0	
低低报警压力（ESD）	2.0	停蒸发气压缩机
负压保护阀	1.5	补充天然气到蒸发气总管以维持其正常操作压力
储罐设计真空度	-0.65	
真空阀	-0.65	真空阀开启
	-1.5k	真空阀全开

3. 储罐的温度监测

LNG 储罐的内罐底部和罐体上设有若干测温点，可监测预冷操作和正常操作时罐内的温度。在罐外也设有多个测温点，可监测 LNG 的泄漏。对贴地式 LNG 储罐，其基础底板与罐底板实为一体，为防止储罐基础底板因冻土膨胀而危及混凝土基础，在储罐基础底板上设有电加热系统，并在基础的不同位置设有温度检测设施以控制电加热系统。

（四）罐内泵

罐内泵的用途是将 LNG 储罐内的液体抽出送到下游装置。在每台泵的出口管线上装有流量控制阀，用以调节各运行泵的出口在相同流量下工作和紧急情况时切断输出。为保护泵，在每台泵的出口管线上同时装有最小流量控制阀，该最小流量管线也可用于罐内 LNG 的循环混合以防止出现分层。

当接收站处于"零输出"状态时，站内所有的低、高压输送泵停止运行，仅开启一台罐内泵以确保少量的 LNG 在卸料总管中及 LNG 输送管线中进行循环，保持系统处于冷状态。

三、蒸发气处理系统

接收站蒸发气的产生是由于外界能量的输入，如泵运转、周围环境热量的泄入、大气压变化、环境影响等都会使处于极低温的液化天然气受热蒸发，产生蒸发气（BOG）。如当卸船作业时，大量 LNG 送入储罐会产生置换效应，使罐内 LNG 的气、液相体积发生变化产生较多的蒸发气。LNG 接收站在卸船操作时产生的蒸发气量可达无卸船操作时的数倍。根据来船情况，蒸发气的产生量也有所不同，而且卸载的 LNG 占用储罐内 BOG 的空间，间接造成 BOG 量增加。LNG 储罐在储存 LNG 过程中，由于与外界存在热交换，使储罐内的 LNG 部分汽化成 BOG 气体；当 LNG 接收站不卸船时，卸料管线需要维持低流量 LNG 进行循环保冷，循环的 LNG 返回至储罐，由于 LNG 在循环过程中与环境热交换，进入储罐后会产生一定量的 BOG 气体。而未运行的高压泵、低压泵等设备，以及配套管线也需要维持低流量 LNG 进行循环保冷，当这部分循环的 LNG 进入储罐时也会产生一定量的 BOG 气体。

接收站在生产过程中产生的 BOG 气体将汇集在储罐气相空间，一部分在卸船期间通过气相返回臂返回至船舱，一部分经过压缩机加压后进入再冷凝器，利用低压泵送来的深冷 LNG 进行冷凝，冷凝后汇入低压输送总管进入高压泵进行增压，然后进入汽化器汽化外输。从工艺流程可以看出，再冷凝器在整个接收站运行过程中起到承前启后的作用，因此也被称为 LNG 接收站的核心，其控制难度是接收站最高的，而且任何工艺的变动都能够引起再冷凝器的波动，因此如何更好地控制好再冷凝器，对接收站的平稳运行具有重要意义。

LNG 接收站 BOG 回收处理工艺主要分两种形式，一种是直接压缩外输；另一种是通过再冷凝器冷凝成 LNG 后加压、汽化并外输。

（一）蒸发气直接压缩外输

储罐内的蒸发气压力很低，需要增压才能进入系统。采用蒸发气压缩机将储罐内的蒸发气加压至一定压力，直接输送至用户使用。用户要求的压力一般在 1MPa 以下。因此要求选择适合用户需求的压缩机即增压后送入处理系统。

蒸发气压缩机的控制可以是自动的，也可以是手动的。在自动操作模式下，LNG 储罐压力通过一个总的绝压控制器来控制，该绝压控制器可自动选择蒸发气压缩机的运行负荷等级（50%或100%）。在手动操作模式下，操作人员将根据储罐的压力检测情况来选择蒸发气压缩机的运行负荷等级。

如果蒸发气的流量比压缩机（或再冷凝器）的处理能力高，储罐和蒸发气总管的压力将升高，在这种情况下，将通过与蒸发气总管相接的压力控制阀将超出部分蒸发气排到火炬。

一般选用 1 台压缩机的能力足够处理不卸船操作条件下产生的蒸发气体，仅在卸船时，才同时开 2 台压缩机。

（二）再冷凝工艺

1. 工艺原理

采用再冷凝工艺的接收站，蒸发气增压后送入再冷凝器。再冷凝器主要有两个功能，一是在再冷凝器中，经加压后的蒸发气与低压输送泵送出的 LNG 混合，由于 LNG 加压后处于过冷状态，使蒸发气再冷凝为液体，经 LNG 高压输送泵加压后外输，因此再冷凝器的另一个功能是在一定程度上用作 LNG 高压输送泵的入口缓冲容器。

再冷凝器的内筒为不锈钢鲍尔环填充床。蒸发气和 LNG 都从再冷凝器的顶部进入，并在填充床中混合。此处的压力和液位控制需保持恒定，以确保 LNG 高压输送泵的入口压力恒定。再冷凝器设有比例控制系统，根据蒸发气的流量控制进入再冷凝器的 LNG 流量，以确保进入高压输送泵的 LNG 处于过冷状态。

在再冷凝器的两端设有旁路，未进入再冷凝器的 LNG 通过旁路与来自再冷凝器的 LNG 混合后进入高压输送泵，同时旁路也可以保证再冷凝器检修时，LNG 的输出可继续进行。

如果再冷凝器气体入口压力在高值范围不规则波动，再冷凝器的操作压力控制器将通过释放部分气体到蒸发气总管来维持。

在外输量较低时，再冷凝器可能不能将压缩后的蒸发气体完全冷凝下来。这种情况可通过再冷凝器液体出口温度增加来检测。通过该温度信号调节控制蒸发气压缩机的能力。

2. 工艺参数分析

（1）工艺参数

再冷凝工艺的主要参数是确定冷凝 BOG 所需 LNG 与 BOG 的质量比、再冷凝器液位、高压泵吸入口饱和蒸气压差等。

① 质量比（$M_{L/B}$）

BOG 再冷凝工艺的核心参数为冷凝 BOG 所需 LNG 与 BOG 的质量比 $M_{L/B}$，而影响 $M_{L/B}$ 最主要的因数为 BOG 压缩机出口压力和出口温度。当出口温度恒定时，随着出口压力的增大，BOG 露点温度升高，使 BOG 更容易被液化。从而使质量比 $M_{L/B}$ 降低，同时考虑出口压力增大时，BOG 压缩机的压缩比增大，即压缩机的功耗也增加。综合以上分析，可以确定 BOG 压缩机的出口操作压力。大连 LNG 接收站 BOG 压缩机的出口操作压力为 0.7MPa（g）。

当出口压力恒定时，随着出口温度的升高，$M_{L/B}$ 也会增加。因为当 BOG 温度高时，为降低 BOG 温度所需的 LNG 量就会增加，从而 $M_{L/B}$ 也会增加。表 5-4 为大连 LNG 接收站实际运行中 BOG 压缩机入口温度、压力及出口压力恒定时，BOG 压缩机不同负荷对应的出口温度。从表 5-4 可以看出：误差允许范围内 BOG 压缩机入口温度、压力、出口压力及负荷一定时，出口温度也是一定的；当 BOG 压缩机入口温度、压力、出口压力一定时，随着 BOG 压缩机负荷的增加出口温度下降。

表 5 −4　大连 LNG 接收站 BOG 压缩机运行工况

负荷/%	出口温度/℃	入口温度/℃	入口压力/kPa(g)	出口压力/kPa(g)
50	22.9	−125.2	20.0	698.0
50	23.0	−125.0	20.2	696.0
50	22.5	−124.9	19.9	700.1
75	18.3	−125.0	19.8	705.3
75	17.8	−125.1	20.3	701.2
75	18.4	−125.2	20.1	699.0
100	13.2	−125.3	20.0	702.4
100	13.7	−125.1	20.0	708.2
100	13.3	−124.9	19.7	697.5

② 再冷凝器液位

实际运行中，再冷凝器液位是一个至关重要的控制参数。而影响再冷凝器液位 L_w 的主要因数有 LNG 的密度和再冷凝器底部与顶部的压差。以下为再冷凝器液位的计算公式：

$$L_w = (p_{bottom} - p_{top}) \times 10^6 / \rho \times g$$

式中　L_w——再冷凝器的液位，m；

p_{bottom}——再冷凝器底部压力，MPa(g)；

p_{top}——再冷凝器顶部压力，MPa(g)；

ρ——LNG 的密度，kg/m^3；

g——重力常数，9.8m/s^2。

由上式可以看出：当再冷凝器底部压力 p_{bottom} 和顶部压力 p_{top} 的差压增大时，再冷凝器的液位 L_w 上升；反之，则下降；当 LNG 的密度增大时，再冷凝器的液位下降；反之，则上升。

③ 高压泵吸入口饱和蒸气压差

再冷凝器出口压力与进入高压泵的 LNG 蒸气压之差即高压泵吸入口饱和蒸气压差是高压泵稳定运行的前提。当饱和蒸气压差过低时，高压泵会产生气蚀，导致高压泵振动而使高压泵跳车。由大连 LNG 接收站实际运行显示：当饱和蒸气压差为 0.09MPa(g) 时，高压泵开始振动；当饱和蒸气压差继续减小至 0.05MPa(g) 时，高压泵由于振动过大而联锁停车。

（2）再冷凝工艺分析

再冷凝器在正常生产运行过程中操作者最关注的是再冷凝器液位和再冷凝器出口压力以及高压泵吸入口饱和蒸气压。而可能影响这些参数的主要有来自低压泵的低压输送总管压力和进入再凝器的 BOG 温度。

① 低压输送总管压力对再冷凝器影响

低压输送总管压力波动主要影响进入再冷凝器的 LNG 流量和再冷凝器旁路 LNG 流量，而这两个流量的波动直接造成气液比的失调，以及物料平衡的破坏。当低压输送总管压力增加时，进入再冷凝器的 LNG 量增加，气液比减小，再冷凝器液位上升，旁路通过的 LNG 增加，再冷凝器出口流量减小，造成再冷凝器出口压力升高；当低压输送总管压力减小时，进入再冷凝器的 LNG 量减小，气液比增加，再冷凝器液位下降，旁路通过的 LNG 减小，再冷凝器出口流量增加，造成再冷凝器出口压力降低。

② BOG 温度对再冷凝器影响

进入再冷凝器的 BOG 温度波动直接影响着气液比的波动，当 BOG 的温度升高时，冷凝所需的 LNG 量会相应增加，气液比会相应减小，当 BOG 温度减小时，冷凝所需的 LNG 量会相应减小，气液比相应增加。而当 BOG 温度突然波动时，由于再冷凝器的 LNG 入口流量调节阀不能及时调整，会造成再冷凝器液位波动，进而造成出口压力波动。针对这一问题，有文献指出可以利用 LNG 的冷能对从 BOG 压缩机来的 BOG 气体进行预冷，使进入再冷凝器的 BOG 保持在一定的温度，这样既可以减小冷凝所需的 LNG 量，又可以使再冷凝器的控制简单化。但目前国内对 LNG 的冷能利用还处于研究阶段，此种方法需要在冷能利用全面开展后方能使用，而且工艺需要进行相应调整。

③ 再冷凝器出口 LNG 饱和蒸气压差

为了保护高压泵，防止因 LNG 温度过高使高压泵运行过程中产生气蚀现象，一般在高压泵入口处都设置温度探测点，对进入高压泵的 LNG 进行温度测量，并根据测量的温度换算成 LNG 的饱和蒸气压，然后与再冷凝器出口压力比较得出高压泵入口 LNG 的饱和蒸气压差。为了避免饱和蒸气压差过低而导致高压泵振动，大连 LNG 接收站采取如下措施：当饱和蒸气压差小于或等于 0.1MPa(g) 时，降低压缩机负荷来提高饱和蒸气压差。饱和蒸气压差受高压泵入口 LNG 的温度和再冷凝器底部压力影响。而高压泵入口 LNG 的温度由再冷凝器出口 LNG 温度、流量及再冷凝器旁路 LNG 温度、流量所决定。所以高压泵入口饱和蒸气压差主要受到再冷凝器底部压力，再冷凝器出口 LNG 温度和流量及再冷凝器旁路 LNG 温度和流量的影响。

（三）工艺比较

目前国内外已运行的 LNG 接收站多采用再冷凝工艺和直接压缩至用户的工艺回收处理 BOG 气体。采用再冷凝回收工艺的接收站一般外输管网压力较高，且周围没有配套的工业支撑，例如电厂等燃气用户。而采用直接压缩至用户工艺的接收站一般有直接的低压用户，或外输管网压力不是很高，一级低温泵加压后能够满足外输管网压力需求。国内目前已投产运行的 5 座接收站由于外输压力均较高，且没有建设配套产业，所以全部采用再冷凝工艺回收处理 BOG 气体。但随着国内产业集群化的发展趋势，以及 LNG 接收站冷能利用项目的开展，不久的将来 LNG 接收站附近会逐步发展配套的用户以及冷能利用项目。而且随着 LNG 接收站在沿海地区的密集发展，对外输压力要求也会降低。直接压缩至用户的工艺技术不仅可以直接利用 BOG 压缩机加压输送给配套用户使用从而解决 LNG 接收站 BOG 回收问题，而且还可以使 LNG 接收站从储罐低压泵至汽化器段的 LNG 汽化潜热都可以进行冷能利用。

四、汽化系统

LNG 接收站的汽化系统的主要功能是实现 LNG 再汽化，外输供气。该系统主要包括 LNG 增压和 LNG 汽化两部分。

1. LNG 增压

从再冷凝器出来的 LNG 直接进入 LNG 高压输送泵，加压后通过总管输送到汽化器。根据外输气量的要求控制 LNG 高压输送泵启停台数。

在汽化器的入口 LNG 管线上设有流量调节来控制 LNG 高压输送泵的外输流量。该流量调节可以由操作员手动控制，也可根据外输天然气总管上的压力变化来控制，通过 LNG 高压输送泵的外输流量来保证外输天然气总管上的压力稳定。在高压输送泵出口管上设有最小流量回流管线，以保护泵的安全运行。

2. 再汽化

LNG 在汽化器中再汽化为天然气，计量后经输气管线送往各用户。汽化后的天然气最低温度一般为 0℃ 及以上。

LNG 接收站一般设有两种汽化器：一种用于正常供气汽化，长期稳定运行；另一种通常仅作为调峰或维修时使用，要求启动快。

汽化工艺控制主要是 LNG 流量控制、海水流量控制、出口天然气温度的控制。

进入汽化器的 LNG 流量，通过 LNG 入口管线上的流量控制阀来进行流量调节。流量控制器的设定值与接收站天然气输出总管的压力控制器串级控制或手动操作进行设定（手动模式）。当汽化器出口的天然气温度过低时，可调节其入口 LNG 流量，以防止因为出口温度过低而导致汽化器停车。

对接收站普遍采用的 ORV 汽化器，供应给每台汽化器的海水量通过调节海水入口管线上的手动控制阀进行控制。同时手动控制阀设机械限位确保不会因阀门开度过大而损坏汽化器液体接收盘。当海水流量过低时，可通过联锁自动关闭汽化器入口 LNG 管线上的切断阀，并联锁延时关闭 NG 出口切断阀。海水温度的降低，汽化能力有所下降，所以也需要控制海水流量以满足汽化热负荷（海水温度）要求，同时控制海水温降不超过 5℃。

每台汽化器出口设置天然气温度传感器、调节器。根据接收站外输天然气参数要求，其温度 ≥0℃，如果出口天然气温度过低时，LNG 入口阀由出口温度调节器控制而减小开度，直到出口温度达到设定值，满足输出温度要求。

五、外输及计量系统

接收站天然气外输若有多条输气管线，可在外输总管管汇上接出。天然气总管上设有一套完善的压力保护系统，以防输气管线超压。外输总管上设有压力控制阀，将汽化器出口压力控制在要求的外输压力，以防止输气管线因压力过低而造成高压输送泵背压过低。计量成套设备要满足贸易计量要求，并设有一套备用回路。

六、火炬系统

火炬系统接收蒸发气总管超压排放的气体。若按站线一体化的要求，站内火炬也将接受外输管线排放的气体。除以下情况外，所有压力安全阀和接收站安全阀排放的气体皆排到蒸发气总管：

（1）汽化器安全阀直接放空；

（2）码头液体管线上热膨胀安全阀放空排到码头 LNG 收集罐，收集罐上安全阀就地放空；

（3）LNG 储罐上压力安全阀放空直接排到大气中，排放点位于安全处。

在火炬筒的上游低点位置设有火炬分液罐，在火炬分液罐外设有电加热器，其目的是使排到分液罐的蒸发气所带液体充分汽化。

为防止空气进入火炬集合管和火炬筒，在火炬集合管尾端连续通以低流量燃料气或氮气，以维持系统微正压。

七、自动控制系统

过程控制系统（PCS）是接收站的主要控制系统，它包括以下三个独立的部分：

（1）分散控制系统（DCS）　接收站控制和监测系统。

（2）火焰/气体监控系统（FGS）　火焰探测和 LNG/NG 泄漏探测的系统。

（3）紧急停车系统（ESD）　整个接收站包括工艺单元或设备紧急停车的联锁系统。

自动控制系统具备以下基本功能：

（1）生产工艺实行实时控制，如压力、流量、液位和温度控制等。

（2）动态显示生产流程、主要工艺参数及设备运行状态，对异常工况进行声光报警并打印记录备案、存储有关的重要参数。

（3）在线设定、修改控制参数。

（4）LNG 汽化的天然气的外输计量和控制。

（5）显示可燃气体及火灾探测状态，以声光形式对探测到的异常状态报警。

（6）接收站与码头控制系统的数据通信。

（7）执行紧急切断逻辑，显示紧急切断报警信号。

DCS 与 ESD 和 FGS 系统之间的通讯通常是基于 TCP/IP 协议的以太网开放网络结构，使用 OLE 技术进行数据交换。ESD 和 FGS 作为一个节点在系统中出现。DCS 将通过冗余接口接到主要的成套包系统，或者通过非冗余接口到其他系统，一般采用标准的串行接口（RS232、485 等）。上述控制系统包括压缩机监控系统、罐表系统、计量系统、电源管理系统等。

（一）DCS 控制系统

1. DCS 功能

DCS 是以微处理机为基础模块化结构的系统，执行装置的控制和数据采集。通过 DCS 固化的软件来进行控制算法的计算、联锁和顺序控制。

DCS 的功能包括：

（1）提供装置远程操控的操作工接口界面；

（2）所有工艺流程及参数的实时动态操作视窗；

（3）提供所有报警点的显示；

（4）工艺参数历史数据存储及趋势的记录；

（5）自动顺序、时序和逻辑控制功能；

（6）系统自诊断信息的显示；

（7）产生报告：班组/日/周/月；

（8）储存工艺历史趋势/报警/系统报警/操作员动作。

2. DCS 系统

（1）DCS 规模

按工艺流程确定模拟量输入（A/I）、模拟量输出（A/O）、开关量输入（D/I）、开关量输出（D/O）。

（2）DCS 主要硬件配置

一般在主控室内设有 5 个操作站，2 个用于接收站，2 个用于公用工程，1 个用于维护。每个 DCS 操作站包括 VDU、键盘和鼠标（或跟踪球）组成。

3. DCS 的冗余

为了确保装置的稳定运行，DCS 的高可靠性是非常重要的因素。

DCS 系统中下述部分和功能将采用冗余的配置：

所有的 CPU；

所有的通信母线和通信模块；

所有的电源模块；

部分重要的回路和逻辑。

（二）火焰/气体检测系统（FGS）

为了及时、准确地探测和报告可燃气体的泄漏或火情，以便及时采取相应措施，以保护生产设施和人员的安全，在码头和接收站都设有可燃气体探测和火灾探测器，将信号传送至控制室的控制系统，在主控室和消防站同时进行报警。自动或由操作人员在危险被检测的区域发出声光报警，并且由操作人员或由控制仪表采取必要措施，如启动消防泵，进行消防喷淋，进行紧急停车程序等。

配备的现场探测和报警设备有可燃气体探测器、火焰探测器、烟雾探测器、红外线探测器、温度探测器、火灾报警按钮、声光报警装置等。

1. FGS 功能

FGS 系统是以 PLC 为基础，模块化的结构形式，易于今后进一步的扩展。

FGS 系统应通过 SIL3 级认证。

FGS 扫描和处理时间不超过 150ms。

为了保证系统的可靠性，对处理器、输入/输出模块、通信模块、电源模块采用冗余配置。

2. FGS 探测器

包括可燃气体探测器、低温探测器、红外气体探测器。

（三）紧急停车系统（ESD）

ESD 达到的主要目的是：

保护操作人员的人身安全；

防止和/或减少环境的污染；

保护各种设备的安全；

防止 NG 不必要的损失。

ESD 共分为三个级别：

ESD1　整个装置的联锁停车，包括公用工程；

ESD2　工艺联锁停车；

ESD3　单元或单台设备停车。

ESD 功能：

ESD 系统是以 PLC 为基础，模块化结构形式，易于今后进一步的扩展。

ESD 应通过 SIL3 级认证，系统扫描和处理时间不超过 150ms。

为了保证 ESD 的可靠性，对处理器、输入/输出模块、通信模块、电源模块采用冗余配置。

（四）SCADA 系统

SCADA 系统是外输管线输送监测控制系统，它是以微处理机为基础的控制系统。SCA-DA 系统不属接收站设计范围。

SCADA 系统与 DCS 系统之间的通信可以采用以下两种方式：第一种方式是采用

IEEE802 - 03 TCP/IP 协议的以太局域网形式，利用 OPC 技术在 DCS 与 SCADA 之间进行数据传递和交换。第二种方式是采用 MODBUS 串行通信方式，采用 RS485 或 RS232 接口进行数据交换。

DCS 与 SCADA 之间的通信，一般不考虑冗余。

（五）SIS 系统

为了保证系统在低温、易挥发、可燃、易爆的介质环境条件下安全可靠运行，特别是在事故和故障状态下（包括装置事故和控制系统本身故障），能够使装置安全停车并处于安全模式，从而避免灾难发生，参照石油化工装置设计与运行经验，设置安全仪表系统（Safety Instrumented Systems，SIS）。

按 IEC 61511 的定义，SIS 系统是用于执行一个或多个安全仪表功能（Safety Instrumented Function，SIF）的仪表系统，由传感器、逻辑控制器、执行元件组成。其中 SIF 的概念是由 SIS 执行的、具有特定安全完整性等级（Safety Integrity Level，SIL）的安全功能，用于防止危险状态发生或者减轻其发生的后果，达到或保持过程的安全状态。其根本特征是实现必要的风险降低。通过对各个风险的评估，规定应对各风险的 SIL，IEC61511 将 SIL 划分为 4 个等级，SIL1 ~ SIL4。SIS 的作用决定了 SIS 本身必须是故障安全型（Fail to Safe）的，因此系统硬件和软件的可靠性均需达到较高要求。

江苏 LNG 接收站引进了安全仪表系统 SIS。该系统包含 4 套 SIS 系统：SIS - 01，SIS - 02，SIS - 03 和 SIS - 04。SIS - 01 用于中央控制室（CCR）的开停车安全控制，SIS - 02 用于海水区的安全控制，SIS - 03 用于码头（JCR）的安全控制，SIS - 04 用于槽车装车区（TCR）的安全控制。其通过冗余光缆实现从槽车区、海水区、码头区机柜到中央控制室（CCR）的工程师站进行在线通信及实时的 SOE 记录。

该系统分别在 CCR、JCR、TCR 各配置一台工程师站（EWS）兼 SOE 站，工程师站的组态软件为 ELOP - II。这是一个经过 TUV 认证，满足 SIL3 应用要求的 HIMA 工业化软件包。它基于 WINDOWSXP 操作平台，符合 IEC61131 - 3 标准，并且有着极其友好的组态界面。在工程师站可以进行 SIS 系统的在线监测和离线仿真，监视整个过程变量的数值和变化情况，也可以通过逻辑图画面，形象地观测到逻辑处理的动态过程。SIS 的组态、维护均通过 ELOP II 完成。SOE 的组态软件为 Wizcon - logline，用于在线记录、存储系统的各类报警及动作事件，可供查询、追溯、打印，分辨率为 1ms，可以记录的数据量大于 65000 条。

（六）再冷凝工艺控制

采用再冷凝工艺回收 BOG 是 LNG 接收站工艺系统的重要组成部分。站内任何工艺的变动都会引起再冷凝器的波动，因此其控制难度是接收站最高的，而且如何更好地控制好再冷凝器，对接收站的平稳运行具有重要的意义。这里以国内已投产的大连、大鹏、上海 LNG 接收站再冷凝工艺控制系统为例作一些分析。

再冷凝器的稳定运行关键是控制好进入再冷凝器气液比，以及出口与入口的物料平衡。针对这两个重要控制点，目前国内运行的 LNG 接收站主要采用两种方式对再冷凝器进行控制调节。一种是利用进入再冷凝器的 BOG 流量和再冷凝器液位控制气液进入比率，利用再冷凝器出口压力调节再冷凝器物料平衡。另一种是利用再冷凝器顶部气相压力来控制再冷凝器气液进入比率，利用再冷凝器液位控制再冷凝器物料平衡。虽然两种控制方式在控制理念上存在不同，但两者的实质都是控制好气液比和物料平衡，来实现再冷凝器的平稳运行。

1. 大连 LNG 接收站再冷凝工艺控制系统

大连和大鹏 LNG 接收站再冷凝器控制系统主要由比例控制、再冷凝器底部和顶部压力控制、再冷凝器的液位、旁路小流量及高压泵吸入口饱和蒸气压差控制构成。大连接收站 BOG 再冷凝控制系统见图 5 - 2。

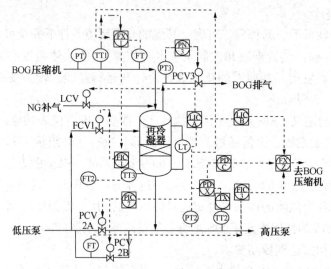

图 5 - 2　大连接收站 BOG 再冷凝控制系统

（1）比例控制

控制系统采用将 BOG 压缩机出口温度 TT1 作为比例控制计算模块 FX1 的计算参数。比例控制通过对 BOG 流量（FT1）、和温度 TT1 的采集，在计算模块 FX1 中计算出所需冷凝 BOG 的 LNG 量，通过 FIC1 控制器调节 FCV1 的开度来达到比例控制（调节 LNG 量）的目的。比例控制方式可以较精确的实现对不同温度的 BOG 量所需的 LNG 量的控制。但是，此控制也存在着不足：

① 当再冷凝器底部压力通过 PIC2 控制器调节 PCV2A、PCV2B 稳定时，如果出现某一小的扰动，使得再冷凝器顶部压力有所上升（再冷凝器液位下降）时，流入再冷凝器的 BOG 量会有下降，这时，冷凝 LNG 量也会减小，使得再冷凝器顶部压力继续上升，从而再冷凝器液位继续下降；反之，则升高。这也是大连 LNG 接收站实际运行中当 FIC 为串级自动控制时，再冷凝器的液位有时不断下降，有时不断上升的原因。

② 当高压泵启动时，再冷凝器底部压力快速下降，使得再冷凝器液位也快速下降，虽然 PIC2 可以通过加大 PCV2A、PCV2B 阀的开度使底部压力升高，但是由于 CV2A、PCV2B 阀及控制上的延迟无法使底部压力快速升高，而使得再冷凝器液位回升得不到有效的控制；反之，在高压泵停止时，再冷凝器液位上升也得不到有效的控制。

③ 当 BOG 压缩机降低负荷时，进入再冷凝器的 BOG 量快速减少，从而导致再冷凝器顶部压力也快速减小，使得再冷凝器的液位较快的上升。虽然 FIC1 控制器会减小 FCV1 的开度来减小冷凝 BOG 所需的 LNG 量，以便增加再冷凝器顶部压力使液位下降，但是从大连 LNG 的实际运行结果看，只通过控制 FCV1 阀并不能使再冷凝器液位下降；反之，当 BOG 压缩机增加负荷时，只通过控制 FCV1 也不能使再冷凝器液位上升。

大鹏 LNG 接收站 BOG 再冷凝控制系统则将再冷凝器底部压力 PT2 作为比例控制计算模块 FX1 的计算参数。当再冷凝器底部压力降低（再冷凝器液位降低）时，冷凝 BOG 所需的

LNG 量也会增加，顶部压力便会下降，从而使得再冷凝器底部与顶部的压力差增加，同时底部压力通过 PCV2A、PCV2B 控制也会增加，使得压差更大，从而使再冷凝器液位得到快速回升。反之，当再冷凝器底部压力升高（再冷凝器液位降低）时，使再冷凝器液位得到快速下降。但是它同样存在控制系统比例控制所存在的再冷凝器顶部压力波动和压缩机负荷升降所造成的液位控制不稳定的问题。

（2）再冷凝器底部、顶部压力控制

大连和大鹏控制系统所采用的底部、顶部压力控制方式是相同的。底部采用 PIC2 分程控制，通过 PCV2A 和 PCV2B 保持再冷凝器底部压力稳定。从而保证高压泵入口压力及再冷凝器液位的稳定。顶部压力则通过高压控制 PIC3 进行控制。当再冷凝器顶部压力超过高压设定值时，PIC3 将 PCV3 阀开启，来降低再冷凝器顶部的压力。

（3）再冷凝器的液位、旁路流量及高压泵吸入口饱和蒸气压差控制

再冷凝器的液位主要通过高液位控制器 LICA 和低液位控制器 LICB 进行控制，当再冷凝器液位高于高液位设定点时，开启 LCV 阀通过外输 NG 补气来降低再冷凝器的液位。但是从大连 LNG 接收站实际运行来看，当再冷凝器液位升高至高液位设定值时，只通过开启 LCV 阀是无法将再冷凝器液位降低的；当再冷凝器液位低于低液位设定值时，通过低选器 FX2 来降低 BOG 压缩机的负荷，从而使顶部压力降低，再冷凝器液位回升。当外输较小时，对再冷凝器旁路流量控制是非常必要的，如果流量太小则会导致高压泵吸入口 LNG 温度过高，同时饱和蒸气压差减小使得高压泵运行不稳定。所以由图 5 - 2 可以知道，当再冷凝器旁路流量低于小流量设定值时，通过低选器 FX2 降低压缩机负荷，从而使得进入再冷凝器的 BOG 量减小，需要冷凝 BOG 所需的 LNG 量也减小，再冷凝器旁路 LNG 量相应增加。高压泵吸入口饱和蒸气压差的稳定是高压泵正常运行的前提。当高压泵吸入口饱和蒸气压差低于设定值时，低选器 FX2 降低 BOG 压缩机负荷，使得进入再冷凝器的 BOG 量减小，需要冷凝 BOG 所需的 LNG 量也减小，再冷凝器出口热态 LNG 减小，旁路冷态 LNG 增多，从而高压泵入口 LNG 温度降低，饱和蒸气压差升高。

2. 上海 LNG 接收站再冷凝工艺控制系统

上海 LNG 接收站 BOG 再冷凝工艺控制系统如图 5 - 3 所示，主要由再冷凝器顶部压力控制、再冷凝器液位控制和高压泵入口温度控制构成。

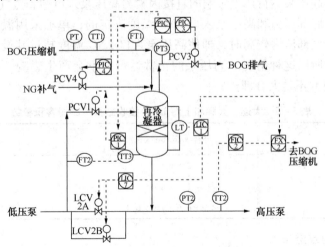

图 5 - 3　上海 LNG 接收站 BOG 再冷凝工艺控制系统

（1）再冷凝器顶部压力控制

再冷凝器顶部压力由 PT3 检测出，然后通过控制器 PIC 进行控制。正常情况下，通过控制器 PIC1 控制阀门 PCV1 的开度来调节冷凝 BOG 所需的 LNG 量，从而达到控制再冷凝器顶部压力的目的；当再冷凝器顶部压力超过高压设定点时，PIC3 控制器通过开启阀门 PCV3 将 BOG 气体排放至 BOG 管线来降低其压力；当再冷凝器顶部压力低于低压设定点时，PIC4 控制器开启 PCV4 阀，通过外输 NG 补气来升高再冷凝器顶部压力。因为不管是由于进入再冷凝器 BOG 压力、温度波动引起的冷凝 BOG 所需 LNG 与 BOG 的质量比变化，还是由于进入再冷凝器 BOG 流量变化都会在再冷凝器顶部压力得到反映，所以此控制方式能够很好地解决控制系统 A/B 所存在的再冷凝器顶部压力波动所造成的液位控制不稳定的问。而压缩机负荷升降时，PIC1 会通过调节 PCV1 的开度来控制再冷凝器顶部压力，同时压力引起液位波动也会通过 LIC2 分程控制 LCV2A 和 LCV2B 来稳定液位。这样通过 PIC1 和 LIC2 的同时控制就能较好地稳定再冷凝器的液位。

（2）再冷凝器液位控制

再冷凝器的液位主要采用 LIC2 对再冷凝器旁路 LCV2A 和 LCV2B 进行分程控制。当再冷凝器液位降低时，LIC2 开大 LCV2A 和 LCV2B 阀门开度，来提高再冷凝器底部压力，从而升高再冷凝器液位；当再冷凝器液位上升时，LIC2 减小 LCV2A 和 LCV2B 阀门开度，来降低再冷凝器底部压力，从而降低再冷凝器液位。当再冷凝器液位低于低液位设定值时，通过低选器 FX2 降低压缩机的负荷从而增加再冷凝器的液位。前面已对此做过详细分析，在此不再说明。由上海 LNG 接收站的实际运行情况来看，当高压泵启、停时，虽然再冷凝器底部压力会快速下降，但由于其再冷凝器容积较大（表 5-5 列出了大连、大鹏和上海 LNG 接收站再冷凝器容积参数），并没有导致再冷凝器液位的快速降、升，所以单独使用 LIC2 对 LCV2A 和 LCV2B 阀门的分程控制便能保持再冷凝器液位稳定。但对于再冷凝器容积较小的 LNG 接收站而言，高压泵启、停时，单独使用 LIC2 对 LCV2A 和 LCV2B 阀门的分程控制并不能实现对再冷凝器液位的控制。

（3）高压泵入口温度控制

当高压泵入口 LNG 温度 TT2 高于高温设定值时，通过低选器 FX2 降低 BOG 压缩机的负荷来降低高压泵入口 LNG 温度。这种选择温度作为控制点来降低压缩机的负荷并不是很理想。因为，此处对高压泵运行产生影响的直接因素为高压泵入口饱和蒸气压差，而饱和蒸气压差是由再冷凝器底部压力和高压泵入口 LNG 温度决定的，单独采用温度来控制显得有些片面，当再冷凝器底部压力较高时，即使高压泵入口 LNG 温度超过其设定值，也可能饱和蒸气压差并不低，所以这种情况对高压泵的正常运行并不会产生影响，在这种情况下降低 BOG 压缩机的负荷并不是太合理。

表 5-5　大连、大鹏和上海 LNG 接收站再冷凝器容积参数

站名 \ 参数	外径×高/(m×m)	容积/m³
大连	2.8×7.5	46.158
大鹏	1.9×6.4	18.137
上海	3.2×6.6+4.0×6.4	133.437

3. 控制系统的改进

在上海接收站再冷凝器控制系统的基础上，针对大连站再冷凝器容积较小，在高压泵

启、停时，再冷凝器液位升降无法得到控制的问题，提出当高压泵启、停时，由正常的再冷凝器顶部压力控制转为差压控制；同时高压泵入口 LNG 由温度控制改为饱和蒸气压差控制，再冷凝器旁路增加低流量控制。改进的 BOG 再冷凝工艺控制系统，如图 5-4 所示。

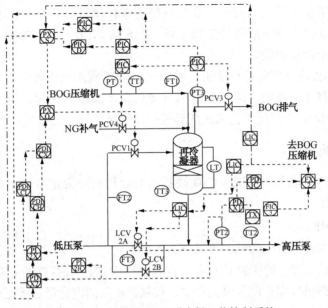

图 5-4　改进的 BOG 再冷凝工艺控制系统

（1）正常控制

正常情况下，再冷凝器顶部压力由 PICN 控制器直接控制 PCV1 阀的开度，来调节进入再冷凝器 LNG 流量，达到稳定再冷凝器顶部压力的目的，同时顶部高压控制和顶部低压控制与控制系统 C 一致；再冷凝器的液位由 LIC2 控制器分程控制（与上海站控制系统一致）；再冷凝器低液位、旁路低流量和高压泵入口饱和蒸气压差的控制与大连站控制系统一致。

（2）差压控制

差压控制主要是针对再冷凝器容积较小，高压泵启、停时再冷凝器液位无法正常控制而设计的。当 LNG 密度一定时，影响再冷凝器液位最主要的因素为再冷凝器底部与顶部差压，所以液位的控制可以转化为差压的控制。根据图 5-4 作如下说明：当高压泵启动时，再冷凝器底部压力会快速下降，从而使得再冷凝器液位也快速下降。这时，通过差压模块 PDX2 检查出差压减小至差压低设定值，同时由 PT2IC 检查出是由于再冷凝器底部压力 PT2 的减小而导致的差压低，PT2IC 将"再冷凝器底部压力下降而导致的差压低"控制信号传送给 PT2X，PT2X 将低差压值传送给差压低控制器 PDICL，PDICL 将信号传送给 PDICX"差压高、低选择器"，PDICX 将差压低信号通过 PXO 超驰 PICN 和 PXS 的压力控制，使 PCV1 阀门开度增大，增加冷凝 BOG 的 LNG 量，从而减小再冷凝器顶部压力而保持液位稳定。通过差压控制开启 PCV1 阀门开度的同时，液位控制器 LIC2 开启 LCV2A 或 LCV2 开度，便可较好地防止再冷凝器液位继续下降。随着再冷凝器底部压力升高，顶部压力减小，当差压增大到差压低设定点时，PXO 取消差压超驰将 PCV1 的控制转为压力控制。这时，由于顶部压力低于了正常压力设定点，压力控制会减小 PCV1 阀的开度，来增加再冷凝器顶部压力；同时底部的液位控制还会继续增加 LCV2A 或 LCV2 的开度来增大再冷凝器底部压力从而提升再冷凝器的液位。但是，如果再冷凝器顶部压力增加比底部快，则再冷凝器液位会重新下降。为了解决此问题，在压力控制中增加 PICD 延时控制，来减慢顶部压力的升高，从而使液位继续升高。具体如下：在差压控制过程中，当 PDX2 检查到"差压低转为正常差压"的触发信号时，PDX2 将此控制信号发送给 PXS，PXS 将选择 PICD 压力延时控制来减慢顶部压力的升高速度，从而保证液位上升；当液位上升至液位正常控制点时，液位控制器 LIC3 将"液位上升至液位正常控制点"控制信号传递给 PXS，PXS 从 PICD 延时控制切换为 PICN 正常控制，从而使再冷凝器液位稳定。

经过大连 LNG 接收站实际运行证明：采用 BOG 再冷凝工艺推荐控制系统可以很好地解决由于再冷凝器顶部压力波动，BOG 压缩机升降负荷及高压泵启停时再冷凝器液位难以控制等问题，从而使 BOG 再冷凝工艺系统能够较好地平稳运行。

八、接收站的操作

按原料输入和产品输出的状况，LNG 接收站的操作可分为正常输出操作、零输出操作和备用操作三种情况。

1. 正常输出操作

正常输出操作时按照有无卸船又可以分为两种模式：

一种是在正常输出操作时无卸船作业，这种操作模式是 LNG 接收站运行中最常态的操作模式。此时，按照供气需求调节泵的排量，控制汽化器的汽化量，满足外输需求。同时为了保持卸船总管的冷状态，需要循环少量的 LNG。当外输气量很大时，将从天然气输出总管上返回少量气体到 LNG 储罐来保持压力平衡。

另一种是在正常输出操作时有卸船作业，此时，卸船总管的 LNG 循环将停止，并根据 LNG 的密度决定从 LNG 储罐的顶部或下部进料。主要操作有：LNG 运输船靠岸、卸料臂与运输船连接作业、LNG 卸料臂冷却、LNG 卸料、卸料完成放净卸料臂、将卸料臂与运输船脱离。

2. 零输出操作

零输出操作是接收站停止向外供气时的状态。在此期间，不安排卸船。如果在卸船期间，接收站的输出停止，卸船应同时停止，以防止大量蒸发气不能冷凝而排放到火炬。

3. 备用操作

备用操作是 LNG 接收站处于无卸船和零输出时的操作。在备用操作时，通过少量的 LNG 循环来保持系统的冷状态。蒸发气将用作燃料气，多余的蒸发气则排放到火炬。

第三节　主要设备

一、储罐

LNG 储罐虽然只是 LNG 工业链中的一种单元设备，但是由于它不仅是连接上游生产和下游用户的重要设备，而且大型储罐对于液化工厂或接收站来说，占有很高的投资比例，因而世界各国都非常重视大型 LNG 储罐的设计和建造。随着全球范围天然气利用的不断增长和储罐建造技术的发展，LNG 储罐大型化的趋势越发明显，单罐容量 $20 \times 10^4 m^3$ 储罐的建造技术已经成熟，最大的地下储罐已达到 $25 \times 10^4 m^3$ 容量。单容罐的设计与建造的相关内容已在第四章中作了介绍，接收站的储罐主要讲述全容罐。

（一）设计建造规范与标准

1. 国外规范与标准

在大型低温 LNG 储罐设计与建造方面，美国、英国（欧盟）、日本等工业发达国家都分别制订了专门的规范或标准，如：

（1）美国

API 625 – 2010 全冷冻液化气体储存的储罐系统（Tank Syatems for Refrigerated Liquified Gas Storage）。

API 620 and Appendix Q 大型焊接低压储罐设计与建造及附录 Q 液化烃低压储存储罐（Design and Construction of Large Tanks，Appendix Q – Low Pressure Storage Tanks for Liquefied Hydrocarbon Gases）。

NFPA59A 液化天然气（LNG）生产、储存和装运（Standard for Production，Storage and Handling of Liquified Natural Gas（LNG）。

（2）英国与欧盟

BS EN 14620 操作温度在 0°C 到 – 165°C 之间的现场建造立式圆筒形带平底钢制低温液化气体储罐的设计与建造（Design and Manufacture of Site built，vertical，cylindrical，flat – bottomed，Liquefired gases with operating temperaturues 0°C and – 165°C）。

BS EN 14620 – 1，第 1 部分：总则（Part1：General）；

BS EN 14620 – 2，第 2 部分：金属构件（Mattallic components）；

BS EN 14620 – 3，第 3 部分：混凝土构件（Concrete components）；

BS EN 14620 – 4，第 4 部分：绝热构件（Insulation components）；

BS EN 14620 – 5，第 5 部分：试验、干燥、吹扫与降温冷却（Testing，drying，purging and cool – down）；

EN 1473 液化天然气设备与装置 – 陆上装置设计（Installation and Equipment for Liquified Natural Gas – Design of Onshore Installations）。

2. 国内规范与标准

我国在液化天然气领域应用要晚于一些先进国家，特别是在大型低温 LNG 储罐设计与建造规范。近年来，在应用规范的制订方面，正在迎头赶上，使用等效采用、修改采用或等同翻译的快捷途径，已经制定发布的标准有：

GB/T 22724—2008 液化天然气设备与安装 – 陆上装置设计，系修改采用了 EN1473：1997 版标准。

GB/T 26978—2011 现场组装立式圆筒平地钢质液化天然气储罐的设计与建造，系修改采用 EN14620：2006 版标准。

在 LNG 生产、储存与装运的总体配置与防火规范方面，已颁布的标准有：

GB 50183—2004，石油天然气工程设计防火规范，其中第 10 章为液化天然气站场，其编制参考了 NFPA59A 的要点，是国内目前在 LNG 相关工程设计中唯一作为依据的"GB"级标准。

GB/T 20368—2006，液化天然气（LNG）生产、储存与装运，系等同翻译了 NFPA59A – 2001 版标准。

（二）全容罐结构

地上式全容罐一般为双壁绝热立式圆柱形平底结构。与 LNG 直接接触的内罐为 9% 镍钢，外罐罐壁为预应力钢筋混凝土，罐顶有悬挂式绝热支撑构件，内外罐之间用珠光砂、弹性玻璃纤维保冷，罐底采用泡沫玻璃砖等材料绝热保冷。图 5-5 是 LNG 全容罐结构示意图。

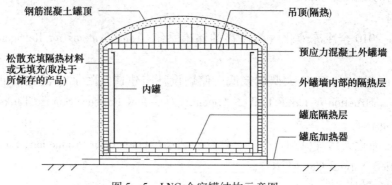

图 5-5　LNG 全容罐结构示意图

1. 设计条件

以下是我国某接收站全容罐的设计参数：

（1）内罐

设计温度：-170℃／+60℃；

设计压力：29kPa（g）／-1.5kPa（g）；

（2）外罐

安全经受 6h 的外部火灾；

承受地震加速度 0.21g；

承受风力 70m／s；

抗渗性：当发生内罐 LNG 溢出时，外罐混凝土墙至少要保持 10cm 厚不开裂并保持 2MPa 以上的平均压应力。

日最大蒸发率≤0.05%（质量）。

2. 内罐

大型低温 LNG 储罐内罐用低温材料的选用是其设计与建造的技术关键之一。LNG 储罐内罐盛装温度为 -163℃ 的液化天然气（LNG）介质，因此，对 LNG 储罐内罐材料要求非常高。要求材料在 -163℃ 的深冷温度下具有良好的低温韧性，防止材料发生低温脆断。同时材料应具有良好的焊接性能，满足现场建造的要求。随着液化天然气储罐的大型化，要求材料具有较高的强度，以降低材料的消耗量，从而降低工程造价。而 9% Ni 钢有很高的机械强度，在 -196℃ 下具有优异的低温韧性，同时，焊接性能良好。因此，9% Ni 钢作为大型 LNG 储罐内罐材料的首选，被世界各国的大型 LNG 储罐建造普遍采用。历史上，对于地上双壁绝热金属壳低温 LNG 储罐的内罐材料曾采用过铝，也曾用 3.5% N 和 5% Ni 钢，但铝的强度偏低，3.5% Ni 钢和 5% Ni 钢在 -162～-165℃ 条件下韧性不足。1944 年美国曾发生过 3.5% Ni 钢制 LNG 储罐脆性破坏事故。现在低温 LNG 储罐内罐材料最常用的是 9% Ni 钢和不锈钢，前者因其强度高、低温韧性好广泛应用于大型低温 LNG 储罐，后者主要用于 5000m³ 以下的具有内拱顶的中、小型单包容低温 LNG 储罐，国内最大已用于 30000m³ 的内悬顶的单容罐。

9%Ni 钢材料的主要规范包括：

ASTM A553《压力容器用9%Ni钢板》，材料牌号：A553；

EN 10028 –4《低温镍基钢板》，材料牌号：X7Ni9；

JIS G 3127《低温压力容器用镍钢板》，材料牌号：SL 9N 590（SL9Ni590）

GB 24510《低温压力容器用9%Ni 钢板》材料牌号：9Ni590A、9Ni590B。

9%Ni 钢化学成分和机械性能见表 5–6、表 5–7。

表 5–6　9%Ni 钢化学成分　　　　　　　　　　　　　　　%

标准	C	Si	Mn	P	S	Mo	V	Ni
EN 10028 –4	≤0.10	≤0.35	0.30～0.80	≤0.015	≤0.005	≤0.10	≤0.01	8.50～10.00
ASTM	≤0.13	0.15～0.40	≤0.90	≤0.035	≤0.035	—	—	8.50～9.50
JIS G3127	≤0.12	0.15～0.30	≤0.90	≤0.025	≤0.025	—	—	8.50～9.50
GB 24510	≤0.10	≤0.35	0.30～0.80	≤0.015	≤0.010	≤0.10	≤0.01	8.50～10.00
9%Ni 钢技术条件	≤0.06	≤0.35	0.30～0.80	≤0.005	≤0.002	≤0.1	≤0.01	8.50～10.0

表 5–7　9%Ni 钢机械性能

标准	热处理方式	屈服强度 R_{eL}/MPa	抗拉强度 R_m/MPa	断后伸长率 A/%	平均冲击功 A_{KV}（–196℃）/J
EN 10028	淬火＋回火	≥585	680～820	18	80（横向）
ASTM	淬火＋回火	≥585	690～825	20	27（横向）
JIS G3127	淬火＋回火	≥590	690～830	21	41（横向）
GB 24510	淬火＋回火	≥585	680～820	18	80（横向）
9%Ni 钢技术条件	淬火＋回火	≥585	690–820	≥20	100（横向）

注：表中所示为标准试样（尺寸 10×10）三个试样冲击功（横向）最小平均值，只允许一个试样的最低检测值为平均值的 75%。

广东大鹏 LNG 接收站采用 ASTM A553M Type 1，其化学成分和机械性能见表 5–8 和表 5–9。

表 5–8　9%Ni 钢板（ASTM A553M Type 1）化学成分　　　　　　　%

C	Si	Mn	P	S	Mo	Ni	Cu	Cr	Ai	Nb	V	Ti	Cr＋Mo
≤0.13	≤0.3	≤0.9	≤0.01	≤0.005	≤0.12	6～10	≤0.4	≤0.3	≥0.2	≤0.2	≤0.2	≤0.2	≤0.32

表 5–9　9%Ni 钢板（ASTM A553M Type 1）机械性能

$R_p0.2\%$/MPa	R_m/MPa	L_o/%	低温韧性/–196℃	
			V_e/J	侧膨胀
≤585	690～830	≤20	75min. 100ave	0.381（mm）

2007 年，太原钢铁集团公司研制成功国产 9%Ni 钢 06Ni9，随后合肥通用机械研究院等单位对 06Ni9 钢的综合材料性能与焊接性能进行了广泛而深入的技术研究。结果表明，国产 9%Ni 钢 06Ni9 包括 –196℃ 冲击功在内的综合性能指标超过了美国标准 ASTM A553/A553M（Ⅰ型）和欧盟标准 EN 10028 的要求，与日本、欧洲按上述美欧标准生产的 9%Ni 钢水平相当或略高。2007 年该钢通过国锅炉压力容器标准化技术委员会组织的专家评审，同意用于

低温储罐和低温压力容器。中国石油江苏南通、辽宁大连两个 LNG 项目中的 $16 \times 10^4 m^3$ LNG 储罐，内罐用低温材料已选用国产 06Ni9 钢，这是我国大型低温 LNG 储罐国产化的一个重要里程碑。

（1）罐底

罐底铺设两层 9% Ni 钢板，厚度为 6mm 和 5mm。底板外圈为环板，两层底板中间为保温层、混凝土层、垫毡层和干沙层。

（2）罐壁

罐壁分层安装，分层数按板材宽度而定。容积 160000m³ 以上的全容罐视设计及钢板宽度而异一般可有 10 层。最底层壁板厚度 24.9mm，最上层壁板厚度 12mm。内罐外壁用保温钉固定绝热保温弹性棉毯材料。

（3）罐顶

内罐顶部为悬挂式铝合金吊顶，以支撑罐顶超细玻璃棉绝热层。

3. 外罐

以某一设计为例，外罐结构主要组成是：钢筋混凝土筏板基础、钢筋混凝土剪力墙和钢筋混凝土架空层结构、钢筋混凝土外罐底板、预应力混凝土罐壁以及钢筋混凝土穹顶。

整个外罐为全现浇预应力钢筋混凝土结构。这可以提高外罐的抗裂性和刚度。外罐罐壁施加预应力之后，在各种荷载作用下，外罐不出现或者推迟出现裂缝，外罐刚度因此提高，耐久性增强；提高外罐的抗疲劳性能。由于具有良好的预应力筋及混凝土全截面（或基本全截面）受力，使得储罐在使用阶段因变荷载而引起的应力变化很小，因而引起疲劳失效的可能性也小，对于储罐的安全十分有利；预应力混凝土外罐在室温和低温下都能使用、对热冲击具有良好性能、对 LNG 具有二次短时储存作用及具有良好的防火性能等。另外，预应力混凝土采用了高强度材料，因此减少了钢筋用量、减小了构件的截面尺寸，节省钢材和混凝土，从而也降低了储罐自重。

（1）罐基础

全容罐的基础应按储罐建造场地的土壤条件，通过工程地质调查研究后确定。一般可以采用坐基式基础或架空型基础。坐基式基础内罐底板直接坐落在基础上，为防止罐内液体的低温使土壤冻胀，坐基式基础需要配置加热系统。架空型基础可以不设加热系统。

（2）罐墙壁

全容罐的外罐墙用预应力钢筋混凝土制成。某容积为 $16 \times 10^4 m^3$ 左右的全容罐外罐内径约 80m、墙高约 38m。混凝土墙体竖向采用预应力后张束，两端锚固于混凝土墙底和顶部。墙体环向采用同样规格的钢绞线组成的预应力后张束，环向束每束围绕混凝土墙体半圈，分别锚固于布置成 90° 的四根竖向扶壁柱上。墙体内置入预埋件以固定防潮衬板及罐顶承压环。

（3）罐顶

罐顶盖为钢筋混凝土球面穹顶，支承于预应力钢筋混凝土圆柱形墙体上。球面穹顶混凝土由 H 钢梁、顶板及钢筋构成加强结构，顶面上设有工作平台，放置运行控制设备及仪表、阀等。混凝土穹顶内壁设有碳钢钢板内衬，施工时作为模板，使用时可用以防止气体渗漏。

（三）全容罐的建造

全容罐的建造包括了混凝土基础、底板、预应力钢筋混凝土外罐、9% 镍钢材料为主的内罐以及绝热吊顶等，以我国沿海已建成的大型 LNG 接收站常用的 $16 \times 10^4 m^3$ 全容罐（图 5 – 6）为例，说明全容罐的建造过程。

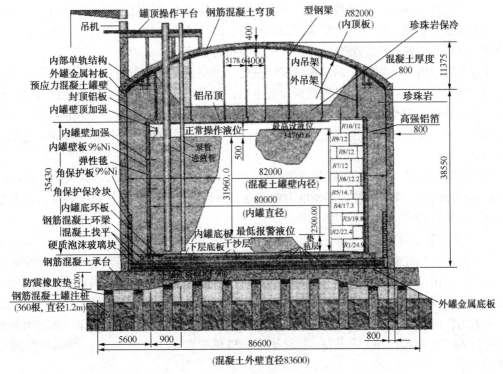

图 5 – 6　全容罐的建造

1. 外罐建造

（1）外罐材料

全容罐采用预应力混凝土结构，建筑材料及建设用具主要是混凝土、低温钢筋、钢绞线、波纹管以及锚具等，其中要求混凝土、钢筋等材料具有高强度，并且这些材料间强度相互匹配，以保证预应力混凝土结构成为有效、适用的受力结构。

①　混凝土

预应力混凝土中一般采用以水泥为胶结材料的混凝土。对预应力混凝土而言，材料应该具有高强度且早期高强、小变形（收缩和徐变小）。另外，轻质、高性能也是预应力混凝土的主要指标。

目前，我国预应力混凝土采用强度（28d 立方体抗压强度）一般为 30 ~ 50MPa，强度在 60 ~ 80MPa 的混凝土应用较少。

外罐工程构筑物混凝土结构环境主要类别可以分为两类。

混凝土基础垫层：C15；

　　LNG 储罐现浇钢筋混凝土筏板基础、外罐底板、外罐顶板：C40；

　　LNG 储罐内罐底钢筋混凝土环梁：C50；

　　LNG 储罐预应力混凝土外罐壁：C50；

　　LNG 储罐架空层剪力墙和短柱：C50；

一般构筑物基础：C30；

　　集液池：C30 且抗渗等级 S6；

集液池结构平衡层：C30 毛石混凝土（加入不超过混凝土体积 30% 的毛石）。

② 预应力混凝土用钢绞线

预应力筋须采用高强度材料，通常使用不同的方法来提高钢材强度：在钢材成分中添加某些合金元素，如碳、锰、硅、铬等；采用冷拔、冷拉或冷扭法提高钢材屈服强度；用调质热处理、高频感应热处理、余热处理等方法提高钢材强度。

预应力筋一般分为钢筋、钢丝和钢绞线三类。预应力混凝土用钢绞线系冷拔钢丝制造而成，一般在绞线机上以一种稍粗的直钢丝为中心，其余钢丝围绕其进行螺旋状绞合，再经低温回火处理即可。钢绞线规格有 2 股、3 股、7 股、19 股等，常用的是 7 股钢绞线。7 股钢绞线面积较大、柔软，可适用于先张法和后张法，施工操作方便，是国内外应用广泛的一种预应力筋。

LNG 储罐工程中一般采用预应力混凝土用钢绞线，选用符合 EN 10138 "Steel Strand for Prestressed Concrete" 要求的抗低温预应力钢绞线，这种钢绞线的特点是抗拉强度高以及松弛性能好，其抗拉强度标准值为 1860MPa。

③ 预应力筋锚具

锚具是预应力混凝土体系的重要组成部分，通常由若干个机械部件组成。在外罐工程中，锚具可选用预应力钢绞线生产厂家的配套产品。针对不同的方法，锚具的使用以及所起到的作用有所不同。在后张法结构或构件中，锚具起着保持预应力筋的拉力并将其传递到混凝土上去的作用，是一种永久性的锚固装置。在先张法结构或构件中，为保持预应力筋的拉力并将其固定在张拉台座（或设备）上所使用的机械装置称为夹具，是一种临时性的锚固装置。

预应力张拉中还可能使用到工具锚（有的位于张拉设备内部），也是夹具的一种，其作用是把千斤顶或其他张拉设备的张拉力传递给预应力筋。而且，当结构或构件中的预应力筋需要连接时，就要使用连接器。连接器可以使分段施工的预应力筋分别张拉锚固而又保持其连续性。

锚具产品种类很多，锚具（W）、夹具（J）和连接器（L）按照锚固方式的不同，可以分为夹片式（J）、支承式（螺纹 L、镦头 D）、锥塞式（Z）和握裹式（W）四种。

预应力筋用锚具的标准为 GB/T 14370—2007《预应力筋用锚具、夹具和连接器》。

（2）外罐预应力施工工艺

根据张拉预应力筋和浇筑构件混凝土的先后次序，可以分为先张法和后张法两种。先张法是先张拉预应力筋后浇筑构件混凝土的施工方法工艺简单、工序少、效率高、质量容易保证，且能省去锚固预应力筋所用的永久锚具，但需要专门的张拉台座，基建投资大。预应力筋多采用直线或折线布置，适宜于预制大批生产的中小型构件，对于 LNG 储罐这样的大型混凝土结构不适用。

后张法是先浇筑构件混凝土，待养护结硬后，再在构件上张拉预应力筋的方法。后张法通过锚具锚固预应力筋从而保持预加应力的预应力体系。因此，后张法适用性较大，可用于预制构件，也可用于施工现场按设计部位在支架上施工的混凝土构件等，大型 LNG 储罐的建设中一般都采用后张法。但后张法施工工艺相对比较复杂，锚具耗钢量较大，增加了成本。

后张法在构件混凝土浇筑之前按照预应力的设计位置预留孔道（或明槽，LNG 外罐施工中通过预埋波纹管制孔）；待混凝土养护结硬到一定强度（一般不应低于混凝土设计强度的

75%，混凝土龄期不宜小于7d)后，再将预应力筋穿入预留孔道内；然后，以混凝土构件本身作为支承件，张拉预应力筋使混凝土构件压缩；待张拉力达到设计值后，用特制锚具将预应力筋锚固于混凝土构件上，从而使混凝土获得永久的预压应力；最后，在预留孔道内压注专用水泥浆，以保护预应力筋并使其与混凝土粘结成为整体。

（3）墙体浇筑

外罐墙体浇筑是混凝土工作量最大的部分。按照通常钢筋混凝土施工程序，在布置钢筋，安装预应力护套、预埋件和模板后，进行混凝土浇筑、养护。对于近40m高的墙体，需要分层从下至上逐层浇筑。

（4）安装承压环

在浇筑最上层墙体前，安装承压环。在按照承压环结构分段预制，预埋螺栓焊接完成后，吊装于罐壁顶部组装焊接，检验合格后进行混凝土浇筑。

（5）气升罐顶

储罐顶部是钢结构的球冠形拱顶，采用大型圆柱形储罐惯用的压缩空气吹升法施工，可以减少高空作业工作量，所需施工机具和设备少，对施工进度和安全有利。罐顶结构在罐底预制完成后与罐壁密封，为防止气升过程的倾斜、偏移，罐顶上均布平衡钢索，一端固定在罐底中心，另一端固定于承压环上。使用鼓风机鼓风，在空气压力下，罐顶匀速、平稳升起。罐顶到位后，与预埋于墙体的顶部承压环固定、焊接。

（6）罐顶建造

罐顶为球面结构，H型钢作为钢梁，顶部铺碳钢板，顶板上焊接预埋螺栓，升顶后固定于浇筑在混凝土罐壁顶部的承压环上。同时在罐底预制铝合金吊顶，吊顶杆用螺栓连接于罐顶钢梁上，然后将预制好的铝合金吊顶提升与吊顶杆连接。气升前，将罐顶上的人孔、接管、电缆托架等附件一块安装上去，以减少高空作业工作量。布钢筋完成后，分两次浇筑混凝土。

（7）罐壁预应力张拉

混凝土墙体浇筑、养护完成后，将钢绞线穿进预埋于墙体的护套中，竖向钢绞线两端锚于混凝土墙底部及顶部；墙体环向的钢绞线每束围绕混凝土墙体半圈，分别锚固于布置成90°的四根竖向扶壁柱上。用液压设备拉伸到设计应力后，固定两端，进行水泥灌浆。

（8）混凝土裂缝控制

混凝土结构，尤其是实体最小尺寸不小于1m的大体量混凝土(GB 50496—2009《大体积混凝土施工规范》)容易出现裂缝。这不仅会降低建筑物的抗渗能力，由于LNG储罐所盛介质的特殊性，对预应力混凝土外罐的抗渗性有较高的要求，抗渗等级较高。裂缝的产生，不仅会使罐内介质有渗漏的可能性，更重要的是会产生漏冷漏热问题，使罐内LNG的汽化率升高。另外裂缝还会引起钢筋的锈蚀，LNG接收站多处于海边，海滨气候条件温暖潮湿，空气中水分、氯离子的含量较高。混凝土结构开裂后会使内部钢筋裸露在外，遇到上述环境会加速腐蚀，降低材料的耐久性；另外，混凝土本身也会因为氯离子的存在而加速老化，从而使得结构寿命减少，稳定性下降，影响构筑物的承载能力。因此，在建造过程中对裂缝的控制必须予以足够重视。

LNG全容式储罐外罐的筏基、底板和筒壁都是大体积混凝土结构，也是LNG储罐的重要结构部分。虽然底板在尺度上没有达到大体积混凝土的标准，但其现场一次浇筑量大，并且开裂可能性较大，所以有必要按照大体积混凝土的标准来采取措施保证施工质量。

① 裂缝产生的原因

水泥的水化反应是大体积混凝土裂缝产生的主要原因；此外，约束情况、外界环境等也会造成混凝土结构开裂。

a. 水泥的水化反应

水泥的水化反应是一个放热过程，每克水泥水化反应时放出 356～461J 的热量。对于普通混凝土结构来说，由于结构尺寸不大，水化反应释放的热量可以很快地扩散到表面并散发出去，内部温度不会升高太多，混凝土的膨胀和收缩效应较小，因而对混凝土结构不会造成很大影响。但是，对于大体积混凝土结构，由于截面尺寸大，一次浇筑量大，施工时间长，水泥用量多，短时间内水泥水化反应会释放出大量水化热，大部分热量难以散发出去，会在内部蓄积起来，使得结构内部温度升高，混凝土"内热外冷"，形成较大的内外温差，伴随着温度的变化会形成复杂的膨胀和收缩应力，超过混凝土的抗拉强度后就会使混凝土开裂。温度收缩应力是大体积混凝土产生裂缝的内在原因。

b. 约束情况

大体积混凝土凝固时释放水化热造成温度变化引起结构变形，变形过程中往往会受到某种内部或外部约束而产生附加的约束应力。当大体积混凝土基础浇灌在坚硬地基或厚大的老混凝土垫层上时，如未采取隔离层等放松约束的措施，在混凝土上冷却收缩时，基础受地基约束，将会在混凝土内部引起很大的拉应力，造成降温收缩裂缝。这种裂缝常在混凝土浇筑 2～3 个月或更长时间后出现，裂缝较深，有时是贯穿性的，这会对工程造成相当大的危害。

c. 外界环境

温度、日照、风雨等外界环境条件也会对大体积混凝土的质量产生不利影响，引起开裂。外界温度越高，水泥的水化反应速度就越快，放热越集中，从而使内部温升越快、温度越高。现场浇筑实测温度表明，筏基混凝土在气温较高时凝固，中心处最高温度超过了80℃。而规范要求大体积混凝土表面温度与中心温度相差不能超过 25℃，如果筏基表面不采取措施，温差很可能会超限。在冬季气温较低时，即使对混凝土结构采取一定的保温措施，也很难保证有较高的表面温度，从而使内外温差超限。

日照强烈或有较大风时会造成现浇混凝土表面水分蒸发过快，尤其在收面之前，将引起干燥收缩裂缝的产生。

水化放热、约束情况往往会使大体积混凝土结构产生危害较大的贯穿性裂缝，而外界环境条件的影响则较小，一般只产生表面裂缝。总之，设法减少水泥水化放热是控制大体积混凝土裂缝产生的关键。

② 裂缝控制

大体积混凝土裂缝的控制需要采取综合措施，首先结构设计要合理、混凝土原材料的配比要科学并且现场的施工措施要适当，另外还需要这几个方面的密切配合以寻求最佳的综合效果。

a. 设计

设计上应该选择基础稳定的区域，即不会产生不均匀沉降的地段进行大体积混凝土结构的浇筑。合理划分浇筑区段，不留刚性死角，减少混凝土收缩时所受到的约束应力。配合比设计尽量利用混凝土 60 天或 90 天的后期强度，以满足减少水泥用量的要求，但还需要考虑到混凝土凝固前期的强度。

b. 原材料

水泥水化反应放热是大体积混凝土开裂的本质原因，所以优化混凝土配合比，以改善混凝土性能，降低坍落度，减少水化热的释放，可以有效预防结构的开裂。

优先选用低水化热水泥配制混凝土，在相同的胶凝材料用量情况下，可以减少混凝土凝固时的放热量。改善骨料级配，尽量增大骨料粒径，选用安定性较好的骨料，可以降低空隙率和比表面积，填充空隙和湿润骨料表面所用的胶凝材料量就少，从而减少水泥用量。掺和矿粉或粉煤灰，或者二者进行双掺，可以代替 25% ~ 45% 的水泥用量，可以大幅度减少混凝土凝固时的放热量，同时可以改善混凝土的和易性和抗渗性，延长缓凝时间。

在混凝土中添加缓凝剂和微膨胀剂，缓凝剂能够保持混凝土工作性能不变，降低水化热量、减缓水化速度，推迟初凝时间而放缓浇筑速度，以利于散热、减少温升；微膨胀剂可以用混凝土的自身膨胀来补偿部分或全部温降过程所产生的收缩，使结构不裂或控制在无害裂缝范围内。

c. 施工

合理划分区段，进行跳仓浇筑。跳仓的最大分块尺寸不宜大于 40m，跳仓间隔施工的时间不宜小于 7 天，跳仓接缝处应按施工缝的要求设置施工缝启口等结构。

充分利用缓凝时间来延长浇筑时间，分层进行浇筑，分层厚度一般为 300 ~ 600mm，并且控制入模温度不能太高，必要时混凝土中可掺和冰块，但入模温度不宜低于 5℃，以利于前期水化热的释放。

进行充分振捣，建议进行二次振捣，使混凝土密实，并且在振捣过程中由气泡抽出部分水化热。

及时进行收面，但避免在阳光强烈或风雨天气条件下收面，并进行二次抹压处理，尽量使混凝土表面光滑，减少水分散失，防止表面产生收缩裂缝。

d. 养护方面

混凝土结构浇筑完成后要及时进行养护，特别要注意前 7 天的养护，因为这段时间是水泥水化反应最强烈的阶段，内部温度变化剧烈，需要采取措施控制混凝土内外温差不超过 25.0℃，并且要保证温降时不超过 2.0℃/d。

夏季要进行蓄水保湿养护，冬季可以涂刷养护剂并覆盖毛毡进行保温养护，必要时还可以埋设循环水冷管，降低内部温度，并随时监测混凝土结构的内外温差不超过规定数值。

③ 裂缝处理

对于宽度小于 0.3mm 的大体积混凝土裂缝，工程上采用普通水泥砂浆封堵或不予处理。对于宽度大于 0.3mm 的裂缝，可采用以下技术措施进行修补。

具体步骤如下：

a. 将需要修补的裂缝，用切割机沿裂缝两边切开，然后用风镐沿着裂缝方向凿成凹槽，槽宽和槽深视裂缝情况而定。并用空压机将切开的槽内清理干净。

b. 凹槽检查合格后，拌制水泥砂浆进行修补。

按照产品说明书拌制修补砂浆，配合比为 1:2:0.44（水泥:中砂:水）。按照一次所修补的量配制砂浆，现配现用，搅拌均匀，并且在 4h 之内用完。

c. 修补前用清水将基面充分浸泡，并在施工前将多余水分清除。在所有表面施工进行砂浆修补时，必须用工具压紧基面，修补封堵凹槽，表面压实后在修补砂浆硬化之前将表面压平。如果砂浆的施工厚度超过 40mm 并发生松垂，则必须完全清除并按上述方法重做。

d. 修补砂浆和一般的水泥基材料一样,必须按照混凝土施工常规在表面修补完成后立即进行养护,在表面抹平后覆盖湿的麻布片进行养护。

2. 内罐建造

(1) 罐底

内罐底部有两层底板,均为 9% Ni 钢。按照从下而上、由内而外、由四周到中间的顺序施工。先进行第二层罐底环板安装、焊接完成后,进行底板铺设。焊缝搭接采用手工焊,为防止变形,应注意焊接顺序:环板→横向焊缝→环板与边缘板焊缝→边缘板之间焊缝→边缘板与中心板焊缝。

(2) 罐壁

内罐罐壁的施工由下而上,逐层安装和焊接。每层板的卷制、坡口准备应预先加工完成。现场吊装采用吊车和罐顶电动绞车。第一层壁板安装时,要确定在环板的准确位置,可以用专用卡具及辅助工具以调整位置保证组装质量。底板与壁板角焊缝的焊接,至少应安装完第三层壁板及第 1~2 层壁板焊缝全部焊完后方可进行。

(3) 保冷

液化天然气的低温特性要求储罐必须具有完善的保冷绝热性能,以防止外界热量的漏入,确保储罐的日蒸发率控制在 0.05% 以内。

大型低温 LNG 储罐绝热保温结构分罐顶保温、侧壁保温和罐底绝热三部分(参见图 5-7)。用于低温储罐的保温绝热材料应满足导热系数小、密度低、吸湿率与吸水率小、抗冻性强、耐火性好、有一定强度、且环保、耐用和便于施工等要求。大型低温 LNG 储罐绝热材料大致分为气孔型、纤维型和气泡型三类,罐顶现多采用外罐拱顶加内罐铝吊顶结构(参见图 5-8),其绝热结构与施工相对简单。

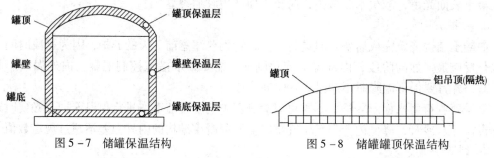

图 5-7 储罐保温结构   图 5-8 储罐罐顶保温结构

20 世纪 80 年代以前,大多为单一的松散珠光砂,其缺点是设备降温后,内壁收缩使得罐侧壁的上部及顶的边缘区域缺少绝热散料珠光砂,所需二次填充量很大,填充时间也较长,致使内外罐间在充填过程中进入大量的空气,并使得许多水分在两罐之间的空气内冷凝下来,加剧了设备的腐蚀。另外,珠光砂受潮,导热系数将变大,使操作期间冷藏液的蒸发量增加,加大了制冷机的负荷,增加了操作成本。80 年代后期,建设的双层低温罐多数都在内罐的外壁增加一层弹性保温毡,这层毡在松散珠光砂侧压力的作用下被压缩,当内罐降温时,弹性毡回弹,以此来补偿罐的收缩量,大大减少了二次填充量,且避免了二次填充。填充物弹性毡是由特殊玻璃棉制成的。对于罐底绝热保温结构设计,不但要保证储罐的冷损失率降至最小(对罐底的绝热,均采用泡沫玻璃砖),而且保温材料还要具有足够的抗压强度来支撑整个液位高度的介质重量。根据罐底受力情况和最大限度降低冷损失率,建议将底部绝热保温结构分成周边圈梁和中心圆形隔热区两部分。

通常在内罐和外罐之间的环形空间填充珠光砂。内层罐壁的外侧安装弹性玻璃纤维保温毯，保温毯为流动性极大的珠光砂提供弹性，克服储罐因温度变化而产生的收缩，防止珠光砂的沉降，且可降低珠光砂对内罐外壁的侧压力。保温毯还对储罐惰化处理过程中，吹扫气体的流动有利。

为了防止储罐罐顶的热泄漏，在吊顶上安装保温材料，视储罐直径铺设厚度约 1.2m 的带铝箔表面的超细玻璃棉。气密性试验合格后，进行内罐吊顶绝热层的安装及内外罐之间环形空间夹层珠光砂的填充。首先在内罐壁外包一层弹性纤维玻璃棉，包扎好后用专用加热设备加热到 900℃，然后从顶部往下装填珍珠岩，分层装填，分层夯实，直至到顶。最后进行顶部甲板珠光砂的铺设。在进行珠光砂灌注时要注意防潮。

储罐底部保温层采用泡沫玻璃砖。这是因为罐底保温材料除了保温性能外，还要求有足够的机械强度及抗变形以承受上部的液体载荷。

近 20 年来我国低温绝热材料的研发取得了长足进步，中国绝热隔音材料协会组织专家综合研究了国内各类绝热材料性能及其施工要求，编制完成《绝热材料与绝热工程实用手册》，详尽介绍了 11 大类三十多个品种上千种规格的产品及其标准与试验方法、工程设计与施工技术等。21 世纪初，由中国制冷学会第一专业委员会和中国宇航学会共同组织，上海交大等多家从事低温研究的单位完成了国产材料低温性能数据的收集整理工作，并编辑出版了《国产材料低温性能数据汇编》一书，将国内数十年从事低温物性研究工作的具体成果反映出来。国产低温绝热材料在大型低温 LNG 储罐建造中应用，已取得成熟经验。近年来，国内又成功开发多种新型高效的深冷绝热材料，进一步确立了大型低温 LNG 储罐低温绝热材料的国产化地位。

3. 9%Ni 钢的焊接

9%Ni 钢已成为大型 LNG 储罐内罐首选材料，对于 9%镍钢的焊接是内罐建造的主要工作量。其焊接质量关系到大型 LNG 储罐的运行安全，因此，9%Ni 钢的焊接技术是 LNG 储罐建造的关键技术。

（1）9%Ni 钢焊接技术特点

① 9%Ni 钢属于高强度钢种，为了保证焊接接头的机械性能和良好韧性，通常采用高镍基焊材，焊缝金属为奥氏体组织。高镍基合金与母材金属化学成分不同，构成异种金属熔合，由于二者的热膨胀系数的差异，使得约束加大，从而焊缝过程中容易产生焊接热裂纹。

② 9%Ni 钢含镍量较高，当采用高镍基焊材焊接 9%Ni 钢时，具有一定的淬硬倾向，在有氢存在的条件下，具有产生氢致延迟裂纹的倾向。

③ 由于 LNG 储罐在服役期间会发生膨胀和收缩，如母材和焊接接头热膨胀系数差别太大，会导致热应力循环，从而引起焊接接头的疲劳破坏，所以要求焊材与母材的热膨胀系数尽量相近。

④ 由于 9%Ni 钢对磁性很敏感，为避免现场焊接时产生电弧偏吹，要求出厂钢材残余磁含量不超过 5mT，同时现场施工时远离强磁场，并准备消磁设备。

针对上述特点，通过选择合适的焊接材料、确定合适的焊接工艺、掌握恰当的焊接技术等措施，全面解决 9%Ni 钢的焊接难题，确保 LNG 储罐的焊接质量。

（2）焊接材料的选用

合适的焊接材料是获得优质焊缝的前提。焊接材料应根据母材的化学成分、力学性能、焊接性能等综合确定。

9%Ni 钢属于高强度钢种，由于大型储罐现场安装，罐壁板焊接后不能进行消除应力热处理，为了保证焊接接头的机械性能，同时在 −196℃ 超低温下，焊接接头具有优异的低温韧性，通常采用高镍基焊材。

高镍基焊材用于 9%Ni 钢的焊接具有如下特点：

高镍基焊材中含碳量与 9%Ni 钢相当，均为低碳型，含 Ni 量高达 55% ~66%，可有效避免熔合区产生脆组织，从而保证焊接接头的低温韧性。

高镍基焊材中的镍合金与 9%Ni 钢在室温和高温下的线胀系数基本相近，从而避免因不均匀的热胀冷缩造成的热应力。

高镍基焊材具有高纯度（含 S 含量≤0.03%，P 含量≤0.02%），低含氢量等特性，从而使得焊接冶金反应和热循环的过程中，产生裂纹倾向减小。

焊材的选用除满足机械性能要求外，更重要的是焊缝金属线膨胀系数要与 9%Ni 钢接近，以避免焊缝受热循环在低温服役时产生应力集中而疲劳破坏。资料表明，手工焊工艺的 AWS A5.11M/ENiCrMo−6；伊萨 OK92.55 焊条及埋弧焊工艺的 AWS A5.14/A5.14M ERNiCrMo−4，法国 Böhler Thyssen Themanit Nimo C276 焊丝，匹配 EN760/SA FB255AC H5/Marathon 104 焊剂，线膨胀系数最接近母材，并按照设计要求及 BS EN ISO 15614 标准进行焊接工艺评定。所要求的焊材化学成分见表 5−10。

表 5−10   焊材合金成分及机械性能

焊材名称	合金成分 PMI/%			拉伸性能（焊缝金属）/MPa			低温韧性/−196℃	
	Ni	Cr	Mo	$R_p0.2\%$/MPa	R_m/MPa	L_o/%	V_e/J	侧膨胀/mm
ENiCrMo−6	48~73	9.5~20	2.5~10.5	400	611	35	50ave. 38min	0.381min
ERNiCrMo−4	40~65	12~19.5	12.5~18.5	320	489	35	50ave. 38min	0.381min

鉴于目前国内 LNG 工程用 9%Ni 钢焊接材料还处在开发阶段，国内在建和已建的 LNG 储罐的焊接材料多为国外进口。焊材供货商包括 ESAB、UTP、OERLIKON、SMC，KOBELE 等。

在江苏 LNG 项目中，焊接材料选用如表 5−11 所示。

表 5−11   9%Ni 钢焊接材料

手工电弧焊（SMAW）		埋弧自动焊（SAW）		
焊条牌号（ESAB）	型号（AWS）	焊丝牌号（UTP）	型号（AWS）	配套焊剂
OK 92.55	NiCrMo−6	Thermanit Nimo C276	NiCrMo−4	Marathon104

（3）焊接工艺

焊接工艺是保证焊接质量的重要措施。LNG 储罐的安装单位必须针对 LNG 储罐所用 9%Ni 钢的厚度、焊接位置、坡口的形式等确定焊接工艺规程，经焊接工艺评定合格后，作为 9%Ni 钢的焊接指导文件。

首先要由培训合格的焊工根据拟定的焊接参数，包括焊接电流、焊接电压、焊接速度、层间温度等焊接工艺评定试板。其次，焊接工艺评定试板须经过有资质的试验机构进行焊接工艺评定试验，通过试验结果检验焊接工艺是否符合设计要求。如，按焊接工艺指导书焊接的 9%Ni 钢试件必须经过焊接接头的拉伸试验、弯曲试验、低温冲击试验、金相试验、硬度试验等，所有项目的试验结果必须满足设计要求，9%Ni 钢的焊接必须执行经评定合格的焊接工艺规程。

① 坡口加工：通常要求采用机械加工或等离子切割方法来加工 9% Ni 钢板的坡口，为方便施工和保证坡口质量以及成形后尺寸公差，通常要求在工厂完成焊接坡口的加工、预制工作。在焊接过程中的修磨、清根等须用不锈钢砂轮。

② 对于焊缝的焊接：对接焊缝，厚度大于 14.7mm 的壁板采用双面坡口，厚度小于 14.7mm 的壁板采用单面坡口；环向焊缝采用背面焊剂保护埋弧自动焊；其他焊缝采用手工电弧焊工艺。

③ 9% Ni 钢的焊接性能良好，对冷裂纹的敏感性很低。为保证焊缝的高强度及低温韧性，焊接时要严格控制焊接参数，特别是预热、层间温度和热输入。通常厚度小于 50mm 的板材无需预热，焊前温度高于 10℃ 即可。层间温度控制在 150℃ 以下，以避免焊缝热影响区韧性的下降，同时焊缝金属属于奥氏体材料可避免热裂纹的产生。热输入的控制是保证焊缝机械性能的关键，在 1 ~ 3kJ/mm 范围，采用直焊道技术，特别是立焊不能摆动过宽。焊缝返修对焊缝性能产生不利影响，因此返修操作应按照返修程序的要求进行，并且相同位置的返修仅限一次。

④ 焊接过程中，热影响区在高温的热循环作用下，会产生粗大的马氏体和贝氏体组织，使低温韧性下降。因此，焊接时应控制焊接输入线能量。通常，平焊、立焊位置焊接，焊接线能量一般控制在 45kJ/cm 以内，横焊一般控制在 35kJ/cm 以内。同时，在多道焊焊接过程中，应严格控制层间温度在 100℃ 以下（最大 150℃），以避免接头过热和晶粒长大。

⑤ 除非焊工和工件有防护措施，如果下雨、下雪或大风天气或待焊部件表面潮湿，则不允许进行任何焊接。

4. 后续工作

（1）检验

储罐的检验工作主要是围绕焊缝进行的。按照相关标准，储罐需要进行包括 PT、RT、PMI 和真空试验等项必要的检验。

① PT 检验

按照 EN 571 - 1 的标准，对罐底环板焊缝、壁板与环板焊缝的根部焊道和盖面焊道、罐壁板焊缝进行检验。

② RT 检验

按照 BS 7777 标准，对内罐所有 9% Ni 钢壁板与环板的对接焊缝进行射线探伤（RT）。要求焊缝 100% 检验。

③ 真空试验

按照 BS 7777 标准，为了确保焊缝的气密性，对储罐的所有焊道进行 100% 的真空试验。环板对接焊缝需要在水压试验前、后检验两次。

④ PMI 检验

对每条焊缝抽检一点，进行焊缝合金成分鉴定（PMI），确认焊缝金属的 Ni、Cr、Mo 含量在规定的范围内。

（2）试验

① 水压试验

内罐充水，进行盛水试验，在空罐、1/4、1/2、3/4 液位高度和盛满水时分别进行基础沉降、环向位移、径向位移和倾斜的测量。水压试验完成后，对罐底板搭接焊缝、环板的对接焊缝及罐壁板与环板的 T 型焊缝进行第二次真空检验。

② 气压试验

内罐盛水试漏合格后，将外罐开口大门复位合格后，进行外罐气压试验，气压试验压力 $362.5 \text{mbar}(1 \text{bar} = 10^5 \text{Pa})$，保持 1h 以上，用肥皂水检查外罐壁、罐顶。

负压 5mbar 检测真空阀（VSV）、安全阀（PSV）的性能。

（3）干燥与冷却

① 干燥

大型全包容式 LNG 储罐的干燥和氮气置换作业一般在水压试验完成后，储罐预冷前进行。由于大型全包容式 LNG 储罐容积大，结构复杂，储罐的干燥和氮气置换过程一般需要很长的时间进行，而且在整个干燥和氮气置换过程中需要格外注意罐压的波动，一旦操作不当使储罐压力波动较大就有可能造成储罐变形，影响储罐的正常安全使用。

储罐的干燥和氮气置换的方式主要有两种形式，一种是采用持续吹扫的方式进行，另一种是采用压涨的方式进行。所谓持续吹扫是指在储罐干燥置换过程中保持氮气充入量和排放量基本相同，维持储罐在一恒定的压力。所谓压涨式吹扫是指首先关闭储罐排放口，对储罐进行充压，当达到一定压力后关闭氮气入口，开启出口进行泄压，当泄压至一定压力关闭排放口，打开氮气入口再次充压，反复进行。两种吹扫方式各有特点，在实际操作中根据需要进行选择。

储罐不同区域的干燥和置换的要求也有所不同，具体的要求见表 5 - 12。

表 5 - 12　储罐氮气干燥置换目标

区域	氧含量/%（体积）	露点
A 圆顶空间和内罐	4 以下	-20℃ 以下
B 环形空间	4 以下	-10℃ 以下
C 罐底保冷	4 以下	无要求
D 保冷/热角保护区和罐底次层保冷	4 以下	无要求

大连 LNG 接收站 LNG 储罐的干燥和氮气置换全部采用氮气，所以储罐的干燥和置换可同时进行。大型全包容式 LNG 储罐由于需要对 4 个区域进行干燥和置换，整个过程可以分为如下步骤：首先是对储罐进行增压；增压至 9kPa 时打开排气口进行持续吹扫干燥，保持罐压在 8kPa 左右；中间阶段利用压涨式干燥置换方法进行作业；随后又采用持续吹扫干燥方式进行作业，罐压仍然保持在 8kPa 左右；最后达到干燥置换要求后，将储罐压力升高至 10kPa 左右。整个干燥置换过程经过了 510h 左右，消耗的氮气约为 900t。

全包容式混凝土顶 LNG 储罐由于具有复杂的结构，在其干燥和氮气置换过程中一般需要持续吹扫干燥方法和压涨式吹扫干燥方法交替使用。根据实际的操作经验可以看出，当内罐的露点降至 -10℃，氧含量降至 8% 左右时，可以切换成压涨式干燥吹扫方法，而此时也是 C 区开始干燥置换的条件，因此当采用压涨式干燥吹扫方法时需格外注意储罐增压和泄压的速度，保证 C 区与 A 区的压差始终不能高于 0.4kPa，且 C 区出口一直处于打开的状态。当储罐干燥置换合格后，可以改为持续吹扫的方式继续再干燥吹扫一段时间，防止数据的反复。

大型 LNG 储罐由于在干燥和置换作业前需要进行水压试验，而储罐内部属于密闭空间，如果水压试压和干燥置换作业间隔时间较短，储罐内的湿度较大，储罐干燥的难度会增加，而如果出现此种情况，可以首先利用热的干空气进行吹扫干燥，当露点达到一定值后，改为氮气干燥和置换。此种方式已经在小型容器的干燥置换过程中得到了应用，不仅使干燥置换的速度提高，而且减少了氮气的使用量，节约了成本。

② 冷却

采用液氮循环的方式，进行储罐的干燥和惰化，降低罐内湿度和含氧量到规定的要求。降温可以采用向储罐内喷射液化天然气来实现。但是，储罐的冷却降温操作必须在储罐技术要求规定的限值范围内，缓慢、均匀地进行，以能在罐内形成温阶。储罐吊顶下的喷射环可以保证均匀喷射，而分布在储罐内足够数量的热电偶可以全面监控降温过程。

（四）全容式储罐的发展

典型的全容式储罐由预应力钢筋混凝土外层罐和9%Ni钢内层罐组成，罐顶为钢筋混凝土制成。随着全容罐需求的不断增加，储罐结构设计和材料应用的不断改进，一方面储罐的容量越来越大，容积达200000m³的地上全容罐已在建造；另一方面随着设计和建造技术的发展，储罐建设费用正在下降，建造周期缩短。

（1）储罐内罐材料9%Ni钢板的制造、焊接、检验技术进步迅速：日本已可制造50mm厚度的钢板；焊缝NDE检验采用可记录数据的AUT方法，比现用的RT检验在安全性、质量可靠性、缩短检验时间等方面优点明显。

（2）预应力外罐材料采用60MPa高强度混凝土，是通常混凝土强度的1.5倍，减少壁厚30%左右，从而减少了施工工作量。

（3）增加9%Ni钢内罐壁板的宽度达到4.3m，减少圈数，既减少了焊接和检验工作量，也提高了板材整体性能及尺寸度的一致性。

（4）混凝土外罐壁应用液压提升装置，滑模施工，提高劳动生产率，缩短工期。

（5）采用多参数控制混凝土质量。对原料质量、含水率、搅拌器载荷值等参数实时检测，及时调配。

（6）提高预制化程度，对钢结构部分尽可能分块预制，现场拼装以减少现场安装、焊接工作量。

二、卸料设施

卸料臂的主要功能是用于实现LNG从船上进行卸载与装载。LNG卸料臂主要由升降立柱、内臂、外臂、船/臂连接装置组成并通过旋转接头（50型、40型、80型）组装而成，另有配重系统（主配重、次配重），液压系统和控制系统等构成（图4-19）。卸料臂能够准确快速地通过液压缸操纵与LNG船进行连接。我国已建成的接收站大部分考虑具备 $8 \times 10^4 m^3$ 到 $21 \times 10^4 m^3$ LNG船的接卸功能，一般采用能力为16in（1in=25.4mm）×4或者从维修角度考虑采用16in×5（4用1备）的卸料臂配备。随着接收站的大型化，以及Q-MAX级LNG船的出现，很多接收站出于流量以及压降的要求，如浙江LNG、珠海、海南LNG接收站均在选型时采用了20in卸料臂的方案。

（一）卸料臂的选型

卸料臂的规格包括卸料能力、设计压力、设计温度、压降等。影响卸料臂选型的主要因素是操作范围和压降损失等。

1. 操作范围

接收站码头接卸LNG船的船容决定了卸料臂的操作范围。如果除了能够满足Q-max

级船型的正常卸料以外，还要具备为 $3 \times 10^4 m^3$ 的小 LNG 船进行返输操作的能力，此时所要求的卸料臂的操作范围就较宽。因为在不同船型的情况下，LNG 船在卸料过程中，漂移距离，干舷高度，卸料总管的位置，中心距都会对卸料臂的操作范围产生影响。在以上因素中，又以干舷和卸料总管的位置对操作范围影响较大；比如一卸料码头只考虑 $(14.5 \sim 26.7) \times 10^4 m^3$ 船的接卸，舷的范围只要考虑 $16.3 \sim 20m$ 即可；但如果考虑 $(3 \sim 26.7) \times 10^4 m^3$ 船的接卸，干舷的范围必须考虑到 $11.1 \sim 20m$。同时接收站码头的最高水位与最低水位；船的满载或空载情况也会影响卸料臂的操作范围，如通常考虑高潮位空载的大船位置为船方卸料总管的最高位置；低潮位满载的小船为船方卸料总管的最低位置。

为了保证卸料臂之间在任何操作情况下相互无干涉，16in 卸料臂之间的布置距离为 4m，20in 卸料臂之间的布置距离为 4.5m。为了保证码头前沿有足够的测试距离与作业空间，16in 卸料臂距离码头前沿为 3.5m，20in 卸料臂距离码头前沿为 4.5m。为了兼顾设计船型的靠离泊操作，16in 卸料臂的护舷距离为 2.5m；20in 卸料臂的护舷距离则为 4.8m。

2. 压降

LNG 卸料时，为了使 LNG 船用泵的压头能够满足最远处储罐卸料要求。在考虑卸料臂的尺寸时，不仅应该考虑内臂和外臂的尺寸，还应该考虑快速接头（QCDC）、紧急脱离机构（ERS）和旋转接头（Swivel Joint）的尺寸大小。可由厂家提供卸料臂压降曲线，计算卸料全流程的压降，核实 LNG 船泵扬程的满足情况。最终确定卸料臂各部件尺寸。

（二）卸料臂控制系统

LNG 卸料臂通过控制系统完成对液压泵、电磁阀的动作控制来实现 LNG 卸料臂各种功能；同时对 LNG 卸料臂的位置、状态及液压系统的重要参数实时监测，并提供相应的报警和紧急命令。

卸料臂通过遥控装置或 LCP 控制盘完成卸料臂的各项操作。动作命令由遥控装置或 LCP 操作盘发出，发出的命令传入 PLC 进行分析，之后将动作命令送至卸料臂现场控制柜，现场控制柜内的液压电磁阀动作，之后通过液压能使卸料臂执行相应的动作。在卸料臂执行动作的过程中，卸料臂的两套检测系统对卸料臂的位置进行监控。卸料臂上的接近开关可以对卸料臂的特殊位置进行监控，当卸料臂到达接近开关的监控位置时，接近开关将检测到的信号传送至 PLC，PLC 接到信号后，发出相应的命令使卸料臂执行 ESD 动作并产生报警；卸料臂还设置了 PMS 系统对卸料臂的位置进行实时监控。安装在卸料臂上的位置传感器将信号传送给 PLC，PLC 经过处理将位置信号发送给 PMS 监控机和现场的 PMS 显示器，通过显示可以清楚地判定当前卸料臂的位置，当卸料臂的位置达到 PMS 系统设定的报警及 ESD 动作值时，PMS 系统会发出命令使卸料臂产生报警和相应的 ESD 动作。由于卸料臂所有的动作都需要通过液压单元提供液压能，所以控制系统也对卸料臂的液压单元进行实时监测，以保证其能正常稳定的运行。

三、LNG 输送泵

液体输送需要泵增压，LNG 液体输送同样需要泵增压。但是，LNG 液体输送泵除了一般的液体输送泵的性能要求外，在低温性能和气密性能方面有更高的要求。

LNG 的生产、储存、运输过程都需要泵送。如从 LNG 液化装置的储罐向 LNG 船液舱内装货、LNG 船到达接收站时的卸货、接收站对外进行 LNG 的输送或转运、固定储罐对运输罐车的装货或向汽化器供液等，都需要 LNG 泵。LNG 船在卸好货以后，开始下一次航行前往 LNG 的产地时，液舱中留有一定的 LNG"残液"是为了维持液舱处于低温状态，也需要用泵循环舱内的残液，喷淋 LNG 冷却舱壁。在 LNG 作为汽车燃料时，加注站向汽车加注 LNG 时，也需要 LNG 泵来输送。

输送 LNG 这类低温的易燃介质，输送泵不仅要具有一般低温液体输送泵能承受低温的性能，而且对泵的气密性能和电气方面安全性能要求更高。常规的泵很难克服轴封处的泄漏问题。对于普通的没有危险性的介质，微量的泄漏不影响使用。而易燃易爆介质则不同，即使是微量的泄漏，随着在空气中的不断积累，与空气可能形成可燃爆的混合物。因此，LNG 泵的密封要求显得尤其重要。除了密封问题以外，还有电动机的防爆问题，电动机的轴承系统、联轴器的对中问题，长轴驱动时轴的支撑以及温差的负面影响等一系列问题。

为了解决可燃的低温介质输送泵的这些问题，在泵的结构、材料等方面有很大的进展。一种安装在密封容器内的潜液式电动泵在 LNG 系统得到了广泛的应用。另外，在一些传统的离心泵的基础上，通过改进密封结构和材料等措施，也可应用于 LNG 的输送。柱塞泵在某些场合也有应用，如在 LNG 汽车技术中，需要将液化天然气转变为压缩天然气，称为 LCNG 装置，采用的就是柱塞泵。

（一）潜液式电动泵

潜液式电动泵如图 5 - 9 所示。它是专门用于输送 LNG 和 LPG 等易燃、易爆的低温介质。其特点是将泵与电动机整体安装在一个密封的金属容器内，因此不需要轴封，也不存在轴封的泄漏问题。泵的进、出口用法兰与输送管路相连。

潜液式电动泵的设计，与传统的笼型电动机驱动的泵有较大的差别。动力电缆系统需要特殊设计和可靠的材料，电缆可以浸在低温的 LNG 中，在 -200℃ 条件下仍保持有弹性。电缆需要经过严格的测试和验收，并标明是液化气体输送泵专用电缆，工作温度为 ±200℃。LNG 泵的电缆如图 5 - 10 所示。电缆用聚四氟乙烯材料（PTFE）绝缘，并用不锈钢丝编成的铠甲加以保护。电动机的冷却是由所输送的低温流体直接进行冷却效果好；电动机效率高。因为电动机浸在所要输送的 LNG 流体中，所以电动机要承受 -162℃ 的低温。

对于潜液式电动泵，电气连接的密封装置是影响安全性的关键因素之一。电气

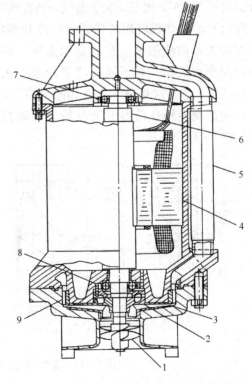

图 5 - 9　典型的潜液式电动泵
1—螺旋导流器；2—推力平衡机构；3—叶轮；4—电动机；
5—排出管；6—主轴；7、8—轴承；9—扩压器

接线端设计成可经受高压和电压的冲击。使用陶瓷气体密封端子和双头密封结构,可确保其可靠性。对于安装在容器内的电动泵,所有的引线密封装置不是焊接就是用特殊的焊接技术进行连接。陶瓷气体密封原是为原子能装置的密封结构所研制的。气体密封采用两段接线柱串联的方式。串联部分安装在一个充有氮气的封闭空间内。两边的密封都不允许气体通过接线柱。密封空间内氮气的压力低于泵内的压力,但高于环境大气压力。任何一边的泄漏都能轻易地进行探测。

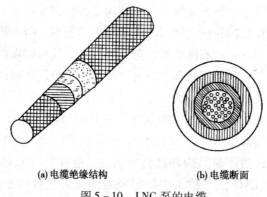

(a) 电缆绝缘结构　　　　　**(b) 电缆断面**

图 5-10　LNG 泵的电缆

　　所有的电缆连接密封组件都要经过压力测试和氦质谱检漏。美国生产的潜液式电动泵,应符合美国国家电气标准(U. S. National Electric Code)和美国国家消防协会标准(NFPA 59 A)中所引用的 NFPA70 规范,关于电气设备连线的相关要求。

　　低温泵的电动机转矩与普通空气冷却的电动机不同,转矩与速度的对应关系和电流与速度的关系曲线类似。在低温状态下,转矩会有较大的降低。因而,一台泵从起动到加速至全速运转,对于同样功率的电动机来说,低温条件下的起动转矩会大大减少[图 5-11(a)]。这是由于电阻和磁力特性的变化,电动机的电力特性在低温下会发生改变,使起动转矩在低温下会有较大的降低。如果电压降低,起动转矩也会大幅度地降低[图 5-11(b)]。

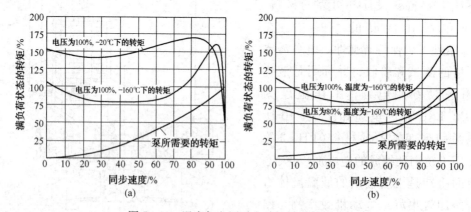

图 5-11　温度与电压对电动机转矩的影响

　　工作温度状态下的电动机特性非常重要。需要了解和掌握电动机在工作温度状态下、最低供电电压和最大负荷条件下的起动特性。低温潜液式电动泵起动电流很大,大约是满负载工作电流的 7 倍。通过一些措施可以减少起动电流。主要有如下方法:

（1）双速电动机。可以降低起动电流，净吸入压头特性更好、抽吸性能好，减少液锤现象。但需要双倍的电缆，成本增加。

（2）软起动系统。通过控制电流或电压，限制加速时的转矩，减少起动电流和液击。但需要增加起动装置，因此成本也有所增加。

（3）调节频率。可实现无级调速，抽吸特性好，减少液击。但调频系统复杂，使成本增加。

（4）中压起动(3300V)。可减少全负荷运转和起动时的电流。但电动机的成本较高。

（二）潜液式电动泵的应用

在 LNG 泵的应用中，潜液式电动泵是应用特别广泛的一种，尤其是在 LNG 船和大型的 LNG 储罐，都使用潜液式电动泵。将整个泵安装在液舱或储罐的底部，完全浸在 LNG 液体中。

1. 船用泵

船用潜液式电动泵的基本型式有两种：固定安装型和可伸缩型。可伸缩型的泵与吸入阀（底部阀)分别安装在不同的通道内，即使在储罐充满液体的情况下，也可以安全地将发生故障的泵取出进行修理或更换。

船用 LNG 泵安装在液舱的底部，直接与液体管路系统连接和支承。通过特殊结构的动力供电电缆和特殊的气密方式，将电力从甲板送到电动机。现代典型的潜液式电动泵具有下列特点：

（1）潜液电动机、泵的元件及转动部件，都固定在同一根轴上，省去了联轴器和密封等部件。

（2）单级或多级叶轮都具有推力平衡机构(TEM)。

（3）用所输送的介质润滑轴承。

（4）采用螺旋型导流器。

安装泵的容器和泵的元件是用铝合金材料制造，使泵的质量轻，而且经久耐用。推力平衡机构可以确保作用在轴承的推力载荷小到可以忽略不计，延长轴承的使用寿命，使泵在额定的工作范围内有非常高的可靠性。润滑轴承和冷却电动机的流体是各自独立的系统，由叶轮旋转产生的静压，推动流体经过润滑回路和冷却回路，最后返回到需要输送的流体（一般是安装泵的容器内)。泵的叶轮安装在电动机主轴上。制造主轴用的材料，一般采用在低温下性能稳定的不锈钢。主轴由抗摩擦的轴承支撑。轴承的润滑介质就是被输送的 LNG 流体。尽管 LNG 是非常干净的流体，但为了防止一些大颗粒进入轴承，引起轴承过早地失效，因此对进入轴承的流体需要经过过滤。进入底部轴承的流体，需要经过一个旋转式的过滤器，而经过上部轴承的流体，则用简单的自清洁型网丝过滤器。LNG 泵的电动机定子由硅钢片与线圈绕组构成，绕组分别用真空和压力的方法注入环氧树脂。

2. 汽车燃料泵

当 LNG 作为汽车燃料时；LNG 的转运和加注都需要用泵输送。汽车燃料加注泵也是一种潜液泵。结构紧凑，立式安装，特别适用于汽车燃料加注和低温罐车转运 LNG。由于采用了安全的潜液电动机，电动机和泵都漫没在流体中，因此不需要普通泵必须具有的轴封。此外，在吸入口还增加了导流器，减少流体在吸入口的阻力，防止在泵的吸入口产生气蚀。

整个泵安装在一个不锈钢容器内，不锈钢容器具有气、液分离作用，按照压力容器标准制造。泵的吸入口位于较低的位置，保证吸入口处于液体中。导流器和不锈钢容器的应用，是使 LNG 泵能够达到应有的净吸入扬程(NPSHR)。

LNG 燃料加注泵的电源也有三相和单相之分，具有变频调速功能，能适应不同的流量范围。根据有关规定，LNG 泵的电气元件必须安装在具有防爆功能的接线盒及其罩壳内。

3. LNG 高压泵

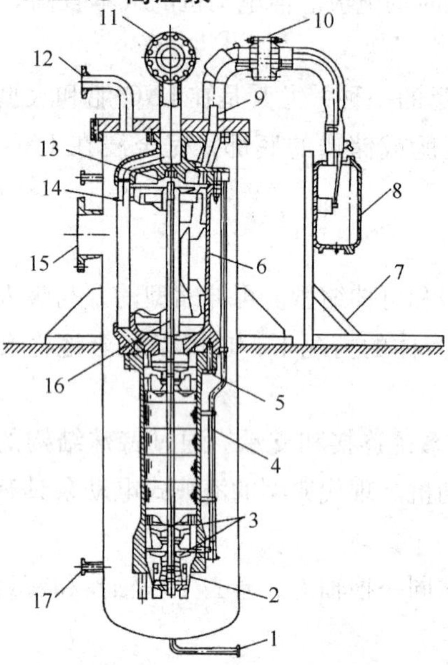

图 5 - 12　LNG 高压泵

1—排放口；2—螺旋导流器；3—叶轮；
4—冷却回气管；5—推力平衡装置；6—电动机定子；
7—支撑；8—接线盒；9—电缆；
10—电源连接装置；11—排液口；12—放气口；
13—轴承；14—排出管；15—吸入口；
16—主轴；17—纯化气体口

LNG 高压泵的结构如图 5 - 12 所示。这种泵的功能是作为 LNG 储罐罐内泵的增压泵，其输出的 LNG 送至汽化器。这种泵的结构型式有安装在专用容器内的潜液式电动泵，也有普通外形的多级离心泵。

安装潜液式泵的容器，按照压力容器规范制造，泵与电动机整体装在容器内。容器相当于是泵的外壳，通过进出口法兰与输配管道相连。安装简单，工作安全。整个泵由吸口喷嘴、电缆引入管、电动机、叶轮、推力平衡机构、螺旋式导流器和排气喷嘴组成。这种泵质量轻、安装和维护简单、噪声低。推力平衡机构系统是低温泵独特的特征，以平衡轴承的轴向力，允许轴承在零负荷和满负荷条件下工作。

因为需要的排出压力比较高，通常多采用多级泵。大型的高压泵流量可达 5000m³/h，扬程达 2000m。

4. 大型储罐的罐内泵

大型的 LNG 储罐与外面管路的连接部位一般比液位高，这样对于安全有好处，即使连接部位产生漏泄，也只是气体的泄漏，不会引起大量的 LNG 外溢。储罐的所有气液相进出管口均配置于储罐的罐顶外部，泵送外输的 LNG 管路同样也位于罐顶上部，因此 LNG 的输出采用潜液式电动泵，我们称之为 LNG 罐内泵或 LNG 低压泵。潜液泵通常安装在储罐的底部。对于大型 LNG 储罐的泵，需要考虑维修的问题。如将泵安装在储罐底部，由于不可能将储罐内大量的 LNG 挪到别处就无法进行维修。因此，大型 LNG 储罐的潜液泵与电动机组件的安装有特殊的结构要求。常见的方法是为每一个泵设置一竖管，称之为泵井。LNG 泵安装在泵井的底部，储罐与泵井通过底部一个阀门隔开。泵的底座位于阀的上面，当泵安装到底座上以后，依靠泵的重力作用将阀门打开。泵井与 LNG 储罐连通，LNG 泵井内充满 LNG。如果将泵取出维修，阀门就失去了泵的重力作用，在弹簧的作用力和储罐内静压的共同作用下，使阀门关闭，起到了将储罐空间与泵井空间隔离的作用。

泵井不仅在安装时可以起导向的作用，在泵需要检修时，借助设置于 LNG 储罐罐顶的吊机可以将泵从泵井里取出。另外，泵井也是泵的排出管，与储罐顶部的 LNG 排液管连接。

如图 5-13 所示，泵的提升系统可以将 LNG
泵安全地取出。在将 LNG 泵取出时，泵井底部
的密封阀能自动关，使泵井内与储罐内的 LNG
液体隔离。然后排除泵井内的可燃气体，惰性气
体置换后，整个泵和电缆就能用不锈钢丝绳一起
取出管外，便于维护和修理。罐内泵的吊出维修
步骤，制造厂家有维修操作手册可循。

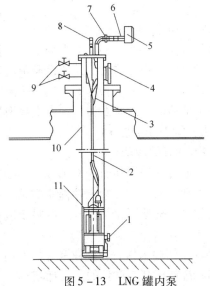

图 5-13　LNG 罐内泵
1—进液阀；2—提升钢缆；3—绕性电缆；
4—排出口；5—接线盒；6—防爆密封接头；
7—电源引入密封；8—提升吊钩；9—纯化气体进出口；
10—泵井；11—潜液泵

（三）LNG 泵的平衡要求

LNG 泵的平衡非常重要，直接影响轴承的使
用寿命和泵的大修周期。影响泵的平衡主要有径
向载荷和轴向载荷，不平衡主要由机械构件不平
衡或流体流动不均匀或流体产生的压差所引起。

1. 径向力平衡

LNG 泵在设计时，就要考虑到流体和机械方面
由于力不平衡所产生的负面影响。在设计和制造
时，应尽可能地消除非平衡力。从叶轮中出来的低
温流体进入轴向导流器。轴向导流器应有良好的水
力对称性。对于传统的具有蜗壳的泵，达到设计流
量时，作用在叶轮上的径向力理论上为零。流量高于或低于设计流量时，非平衡状态影响蜗壳内
部的压力分布，容易产生径向作用力。因此，设计需要考虑泵的机械平衡和水力学方面的平衡。

2. 轴向推力的平衡

为了使轴向力达到平衡，减少轴向推力载荷，有的 LNG 泵设计了一种自动平衡机构，
通过一个可变的轴向节流装置来完成，使轴向推力为零。

3. LNG 泵的效率

影响 LNG 泵效率的关键因素主要有两个方面：一是流体在叶轮流道中加速时的水力学
性能；二是流体在扩压器中能量转换时的水力性能。每个叶轮的水力特性应该是对称的，流
体在流道中的流动必须是平滑的。扩压器主要用于将流体的动能转变为压力能。扩压器的设
计应确保在能量转换过程中，使流体流动的不连续性和涡流现象减少到最低程度。有些低温
泵采用风向标式的扩压器，使能量转换更加对称和平滑。水力对称性越好，就越有利于消除
径向不平衡引起的载荷。

研究证明，由于水力性能方面的故障，可以引起泵的性能恶化。例如：轴向扩压器内被
阻塞，在径向叶轮和轴向扩压器入口之间的几何形状不理想等，会导致泵的流量性能曲线发
生变化，甚至使效率降到最低的情况。测试结果表明：当故障产生在扩压器内，叶轮周围存
在不对称的压力分布。在圆周方向产生径向力，扩压器周围可能有液体下落，使轴的载荷增
加，不仅降低泵的效率，还会降低其使用寿命。

在轴向扩压器中，控制流体流出叶轮时出口角度和流入扩压器时的进口角度，可以消除
水力学特性方面的问题和产生的低频振荡力。关键是径向扩压器的间隙处于最佳状态时，能
改善泵的水力性能和机械强度。

（四）非潜液式低温泵

非潜液式低温泵采用立式无轴封电动泵，由于这种电动泵的电动机的机壳和泵的壳体是
通过密封结构连接在一起的，因此没有轴封的泄漏问题。电动机的壳体与泵体是连通的。两

者之间只需要静密封，而不需要动密封，使泵对工作环境的适应性大为增加，因此很适用于输送 LNG 类的可燃低温流体。

叶轮直接安装在电动机的主轴上。在排出口处引一小股低温流体，对电动机进行冷却。泵与电动机之间设计有大的翅片，避免电动机温度过低。为了建立气相与液相之间的平衡，设计有迷宫结构，使下轴承处于适当的温度。由于有先进的设计理念和新的工艺技术这种泵即使在无液体的干式状态运行，也不会损坏。

（五）LNG 泵的运行

1. LNG 泵的冷却

对于安装在储罐外面的 LNG 泵，在正式输送液体之前，对整个泵及管路系统先要进行充分的冷却，即预冷。这个过程非常重要，否则由于系统温度过高，引起 LNG 汽化，产生气液两相流，会使泵无法运行。一般安装在储罐外面的 LNG 泵，在管路系统都应考虑有预冷所需要的管路。

LNG 在储罐内压力和液柱重力的作用下，流经 LNG 泵，流动过程中 LNG 吸热汽化，泵与管路系统被冷却。汽化的蒸气通过回气管路返回储罐内，当 LNG 完全被冷却下来，可转换到液体输送管路，起动 LNG 泵。铝合金制造的泵热容量小，冷却和复温所需要的时间短，因而减少了冷却所损失的低温 LNG。

2. 状态监控

采用振动监视系统监控 LNG 泵的运行状态。安装在泵内的压电传感器，体积非常小，直接固定在轴承座上，测量振动加速度，通过信号转换，提供速度和位移等数据，据此分析确定内部零件的状态和耗损程度。用涡流位移表可以测量主轴的轴向移动。在起动和停机时，仪表可监视轴承的磨损情况和轴的移动，有利于改进操作和延长泵的使用寿命。利用这些信息，在泵发生故障时，可以帮助诊断，改善保养方法，对增加泵的运行可靠性，降低运行成本都有利。状态监控使得维护更有计划，运行更加可靠，效率更为提高。

四、汽化器

LNG 汽化器是一种专门用于液化天然气汽化的换热器，但由于液化天然气的使用特殊性，使 LNG 汽化器也不同于其他换热器。低温的液态天然气要转变成常温的气体，必须要提供相应的热量使其汽化。热量可以从环境空气和水中获得，也可以通过燃料燃烧或蒸气来加热 LNG。

对于基本负荷型系统使用的汽化器，使用率高（通常在 80% 以上）。汽化量大。首先考虑的应该是设备的运行成本，最好是利用廉价的低品位热源，如从环境空气或水中获取热量，以降低运行费用。采用空温式汽化器和强制通风式汽化器都需要很多模块，占地空间大，效率低，目前主要选择以海水作热源的汽化器，结构简单，几乎没有运转部件，运行和维护的费用很低，比较适合于基本负荷型的系统。

对于调峰型系统使用的汽化器；是为了补充用气高峰时供气量不足的装置，其工作特点是使用率低，工作时间是随机性的。应用于调峰系统的汽化器，要求启动速度快。汽化速率高，维护简单，可靠性高，具有紧急启动的功能。由于使用率相对较低，因此要求设备投资尽可能低，而对运行费用则不大苛求。

现在使用的 LNG 汽化器有下列几种型式：开架式汽化器（ORV）、浸没燃烧式汽化器（SCV）、中间介质汽化器（IFV－丙烷）、中间介质管壳式汽化器（IFV－强制循环）。在上述型式的汽化器中，大量采用的是开架式汽化器和浸没式燃烧汽化器，但当海水质量不能满足开架式汽化器要求或接收站附近有电厂废热可利用、其他工艺设施需要冷能时，通常也会采用中间介质式汽化器。

（一）开架式汽化器（Open Rack Vaporizer）

开架式汽化器是一种水加热型汽化器。由于很多 LNG 生产和接收装置都是靠海建设，可以用海水作为热源。海水温度比较稳定，热容量大，是取之不尽的热源。开架式汽化器常用于基本负荷型的大型汽化装置，最大汽化量可达 180t/h。汽化器可以在 0 ~ 100% 的负荷范围内运行。可以根据需求的变化遥控调整汽化量。

开架式汽化器由一组内部具有星形断面，外部有翅片的铝合金管组成，管内有螺旋杆，以增加 LNG 流体的传热。管内流 LNG，管外为喷淋的海水。为防止海水的腐蚀，外层喷涂防腐涂层。整个汽化器用铝合金支架固定安装。汽化器的基本单元是传热管，由若干传热管组成板状排列，两端与集气管或集液管焊接形成一个管板，再由若干个管板组成汽化器。汽化器顶部有海水的喷淋装置，海水喷淋在管板外表面上，依靠重力的作用自上而下流动。液化天然气在管内向上流动，在海水沿管板向下流动的过程中，LNG 被加热汽化。汽化器外形见图 5 - 14，其工作原理见图 5 - 15。这种汽化器也称之为液膜下落式汽化器。虽然水流动是不停止的，但这种类型的汽化器工作时，有些部位可能结冰。使传热系数有所降低。

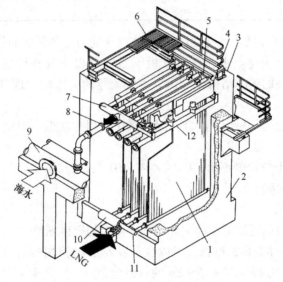

图 5 - 14　开架式汽化器

1—平板型换热管；2—水泥基础；3—挡风屏；4—单侧流水槽；5—双侧流水槽；
6—平板换热器悬挂结构；7—多通道出口；8—海水分配器；9—海水进口管；
10—隔热材料；11—多通道进口；12—海水分配器

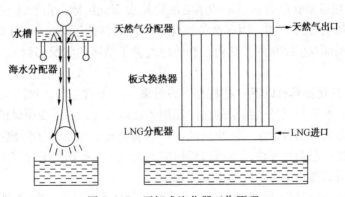

图 5 - 15　开架式汽化器工作原理

开架式汽化器的投资较大，但运行费用较低，操作和维护容易，比较适用于基本负荷型的 LNG 接收站的供气系统。但这种汽化器的汽化能力，受气候等因素的影响比较大，随着水温的降低，汽化能力下降。通常汽化器的进口水温的下限大约为 5℃，设计时需要详细了解当地的水文资料。表 5 - 13 列出一些开架式海水加热型 LNG 汽化器的技术参数。

表 5 - 13　海水加热型 LNG 汽化器的技术参数

汽化量/(t/h)		100		180
压力/MPa	设计	10.0	设计	2.50
	运行	4.5	运行	0.85
温度/℃	液体	-162	液体	-162
	气体	>0	气体	>0
海水流量/(m³/h)		2500		7200
海水温度/℃		8		8
管板数量/个		18		30
尺寸(长×宽)		14m×7m		23m×7m

大型的汽化器装置可由数个管板组组成，使汽化能力达到预期的设计值，而且可以通过管板组对汽化能力进行调整。水膜在沿管板下落的过程中具有很高的传热系数，可达到 $5800W/(m^2 \cdot K)$。精确的喷淋结构设计保证了大流量的海水均匀地分配到每个板型管束的每根换热管上。

开架式汽化器使用天然热源(海水)，因此操作费用比较低。但由于 LNG 汽化需要大量海水，对海水的品质有一定要求：

① 重金属离子：Hg^{2+} 检测不出；$Cu^{2+} \leqslant 10 \times 10^{-9}$；

② 固体悬浮物：$\leqslant 80 \times 10^{-6}$；

③ pH 为 7.5~8.5；

④ 要求海水取水口的过滤器能够去除 10mm 以上的固体颗粒。

为了防止海水对基体金属的腐蚀，可以在金属表面喷涂保护层，以增加腐蚀的阻力。涂层材料可采用质量分数为 85% Al + 15% Zn 的锌铝合金。

开架式汽化器需要较高的投资，安装费用也很高。与浸没式燃烧汽化器相比，开架式汽化器是利用海水，操作消耗主要是海水泵的电耗，所以它的优点在于操作费用很低，两者之间的运行费用比为 1:10。

ORV 运行时在板型管束的下部尤其是集液管外表面会结冰，由于冰层的导热系数大约是铝合金管材导热系数的 1/40，因此会使汽化器的传热性能下降，Osaka Gas 和 Kobel Steel 联合研发采用了局部双层结构的传热管，有效地改善了结冰的状况(这种开架式汽化器被称作 SuperORV)。

新型的 LNG 汽化器具有以下一些特点：设计紧凑，节省空间；提高换热效率，减少海水量，节约能源；所有与天然气接触的组件都用铝合金制造，可承受很低的温度，所有与海水接触的平板表面镀以铝锌合金，防止腐蚀；LNG 管道连接处安装了过渡接头，减少泄漏，提高运行的安全性；起动速度快，并可以根据需求的变化遥控调整天然气的流量，改善了运行操作性能；开放式管道输送水，易于维护和清洁。

SuperORV 是为克服结冰而研制的新一代 ORV 汽化器，它采用的局部双层结构的传热管，LNG 从底部的分配器先进入内管，然后进入内外管之间的环状间隙（如图 5-16 所示）。间隙内的 LNG 直接被海水加热并立即汽化，内管内流动的 LNG 是通过间隙内已经汽化的天然气气体来加热，使汽化逐渐进行。间隙虽然不大，但能提高传热管的外表面温度，因而能抑制传热管的外表结冰，提高了海水和 LNG 之间的传热效率。

由于传热管内侧 LNG 蒸发时的换热系数相对较低，SuperORV 设计时采用了一些强化措施，传热管分为汽化区和加热区，采用管内肋片来增加换热面积和改变流道的形状，增加流体在流动过程的扰动，达到增强换热的目的。所有与天然气接触的组件都用铝合金制造，可承受很低的温度，所有与海水接触的平板表面镀以铝锌合金，防止锈蚀。

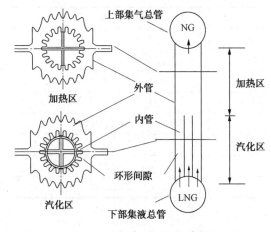

图 5-16　SuperORV 传热管结构

图 5-17　第一台 SuperORV 在 Himeji 接收站运行

图 5-17 为 Osaka Gas 第一台在 Himeji 接收站投入商业运行的 SuperORV。其基本技术参数如表 5-14 所示。和传统的 ORV（Kobel Steel 制造）相比，SuperORV 单根换热管的蒸发能力提高 3 倍左右，海水量减少 15%，建造成本减少 10%，安装所需空间减少 40%。

表 5-14　第一台 SuperORV 基本参数

LNG 蒸发能力/(10^3kg/h)	150
设计压力/MPa	4.61
设计海水温度/K	283
天然气出口最低温度/K	275
最大海水流量/(10^3kg/h)	4500
板型管束数/个	9
每个板型管束的传热管数/个	60
传热管长度/m	8
单根传热管蒸发能力/(kg/h)	300

目前日本神户钢铁（Kobel Steel）和住友精密机械（Sumitomo Precision Products Co., Ltd）两家制造商可提供 SuperORV。广东大鹏和福建莆田采用这种汽化器。

（二）浸没燃烧式汽化器（Submerged Combustion Vaporizer）

在燃烧加热型汽化器中，浸没式燃烧加热型汽化器是使用最多的一种。其结构紧凑，节省空间，装置的初始成本低。它使用了一个直接向水中排出燃气的燃烧器，由于燃气与水直接接触，燃气激烈地搅动水，使传热效率非常高。受燃气加热的水与管内 LNG 进行热交换，使 LNG 汽化，汽化装置的热效率在 98% 左右。每个燃烧器每小时 10^5GJ 的加热能力，适合于负荷突然增加的要求，可快速启动，并且能对负荷的突然变化作出反应。可以在 10% ~ 100% 的负荷范围内运行，适合于紧急情况或调峰时使用。运用气体提升的原理，可以在传热管外部获得激烈的循环水流，管外的传热系数可以达到 5800 ~ 8000W/（m^2·K）。表 5 – 15 列出了浸没式燃烧加热型汽化器的技术参数。广东大鹏、上海 LNG 和浙江等接收终端都选用 SCV 作为备台或调峰使用。

表 5 – 15   浸没式燃烧加热型 LNG 汽化器的技术参数

汽化量/（t/h）		100		180
压力/MPa	设计	10.0	设计	2.50
	运行	4.5	运行	0.85
温度/℃	液体	−162	液体	−162
	气体	>0	气体	>0
燃烧器供热能力		2.3×10^3kW		2.1×10^3kW
槽内温度/℃		25		25
空气量①/（m^3/h）		26000		47000
尺寸（长×宽）		8m×7m		11m×10m

①标准状态下的空气体积流量。

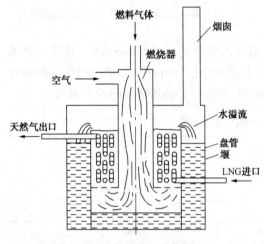

图 5 – 18   浸没燃烧式汽化器工作原理

浸没式燃烧加热型汽化器的工作原理如图 5 – 18 所示，燃料气和压缩空气在汽化器的燃烧室内燃烧，燃烧后的气体通过喷嘴进入水中，将水加热。LNG 经过浸没在水中的盘管，由热水加热而蒸发。燃料气和助燃空气按比例预混合后在燃烧器中充分燃烧，高温烟气经与主导管相联的分配管上的小孔喷射到位于换热管束下部的池水中，烟气进入池水形成大量小气泡，迅速上升加热并搅动池水，有效地加热管束中的 LNG 使之气。浸没在水中的盘管管束（材质 316L）下部与 LNG 总管焊接，上部与 NG 总管焊接，接口均位于管束同一侧保证换热管能够自由热胀冷缩，LNG 下进上出。德国林德公司（Selas – Linde GmbH）和日本住友精密机械（Sumitomo Precision Products Co.，Ltd）是 SCV 的制造商。

浸没燃烧式汽化器优越性在于整体投资和安装费用很低，与海水汽化器相比，外形及占地较小，操作灵活。但是浸没式燃烧汽化器的缺点是操作费用很高。

（三）中间介质式汽化器

采用中间传热流体的方法可以改善结冰带来的影响，通常采用丙烷、或醇水溶液等介质作中间传热流体。这样加热介质不存在结冰的问题。由于水在管内流动，因此可以利用废热产生的热水。作为换热主体介质的海水换热管采用钛管，不会产生腐蚀，对海水的质量要求也没有过多的限制。

中间介质式汽化器也有不同的形式，但皆用一个共同之处，就是用中间介质作为热媒，其中间介质可以是丙烷或醇（甲醇或乙二醇）水溶液，加热介质可为海水、热水、空气等，采用特殊型式的换热器或管壳式换热器来汽化 LNG。

1. 丙烷热媒中间介质汽化器（IFV）

图 5 - 19 所示是这种汽化器的工作原理该类汽化器以海水或邻近工厂的热水作为热源，并用此热源去加热中间介质（丙烷）并使其汽化，再用丙烷蒸气去汽化 LNG。该汽化器由三部分组成：第一部分为由海水（或其他热源流体）和中间传热流体进行换热；第二部分利用中间传热流体和 LNG 进行换热；第三部分为天然气过热即用海水对 LNG 汽化后的 NG 加热。在 LNG 汽化部分，丙烷在管壳式汽化器的壳程以气液两相形式蒸发与冷凝。使用海水为加热介质对 NG 加热时采用钛管，所以抗海水中固体悬浮物的磨蚀较好。海水在管程流速高，并允许海水有较高的含固量。

这种汽化器解决了加热流体的冰点问题，因而在循环加热系统；海上浮动储存与汽化系统；冷能发电系统等多方面得到广泛应用。

上海和浙江 LNG 终端由于海水含沙量很高，悬浮固体颗粒指标平均在 1000 ~ 1300mg/L。根据 ORV 厂家使用记录，在最大悬浮固体颗粒浓度不大于 80mg/L 的情况下，ORV 防腐涂层有效时间为 7 ~ 8 年。上海和浙江 LNG 的海水悬浮固体颗粒浓度已超出了 ORV 最低水质要求的 15 倍以上，供应商估计涂层至少 1 ~ 2 年维护一次。维护工作量太大，因而选用 IFV 作为主汽化器。

与海水接触的换热管材料需满足在海水长期使用的要求；海水腐蚀较严重，且含有氯离子腐蚀，普通奥氏体不锈钢不满足此要求。海水中许多悬浮物也将引起材料磨蚀。钛可以抵抗化学腐蚀、微生物腐蚀和海水点蚀；高等级的钛有良好的耐磨蚀性能，也能抵抗 70℃ 以下海水的缝隙腐蚀。换热管选择钛（SB338 Gr2），其中海水进口侧压力较高采用无缝钛管，厚 1.8mm，海水出口侧采用焊接钛管，厚 1.2mm。接触 LNG 的换热管和管箱部分材料选择奥氏体不锈钢（304）材质。与海水接触的管板采用低温复合钢板结构（SA516M Gr415 + SB265Gr.1 Clad）。接触海水的管箱与锥管段则采用衬里结构，采用低温碳钢表面衬环氧树脂的内防腐形式（SA516M Gr415 + Epoxy Resin Coating）。上海 LNG 接收终端 2009 年投产以来运行情况良好。

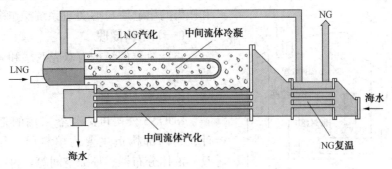

图 5 - 19 IFV 汽化器

对于选择好中间传热介质，确定中间传热流体的相变压力及其对应的温度很重要。由于 IFV 对热源流体的适用温度范围较宽，因此可以最大限度地发挥潜热等热物理性质，选择匹配的中间传热介质。另外，选择并优化热源流体的串联流程，改善 IFV 换热管的表面特性，实现强化传热。

2. 中间介质管壳式汽化器(STV)

该技术是采用一般管壳式换热器作汽化器，水或甲醇(乙二醇)水溶液作为中间热媒汽化LNG，初始热源可以用热水、海水或空气。先用初始热源将中间热媒加热，再用已被加热的中间热媒通过管壳式汽化器去汽化LNG。中间热媒需用循环泵强制循环，因此能耗较IFV高。到目前为止，仅有两家供应商对此技术有经验。

目前在LNG接收站共建设有5套，其中四套已投入使用，1套未开车。

上述汽化器的比较见表5-16。

表5-16 LNG汽化器比较

汽化器类型	ORV	SCV	IFV	STV
中间介质	—	水	丙烷	丙烷或醇类溶液
加热介质	海水	燃料气	海水	空气/海水/燃料气
工艺流程	简单	简单	较复杂	复杂
设备结构	简单	简单	较复杂	组合、复杂
运行控制	简单	简单	简单	较复杂
占地	较少	最少	较少	较大
使用情况	广泛使用	多用于调峰	日本用于能量回收20套	用于能量回收，仅5套

(四) 汽化器配置

接收站汽化器的选用要根据工艺要求和各种型式汽化器的特点合理配置。按照区域稳定供气的要求，接收站汽化设备既要保证常年正常供气，又要满足调峰供气的要求。开架式汽化器由于流程简单、运行费用低，通常用作常年运行的汽化设备。浸没燃烧式汽化器由于启动快、但运行费用高，一般作为调峰或主汽化器维修时使用。

五、再冷凝器

LNG蒸发气采用再冷凝回收工艺时，再冷凝器是工艺系统中的主要设备，其功能主要有两个：一是提供足够的BOG与LNG接触空间，并保证足够的接触时间，利用过冷的LNG将BOG再冷凝。二是作为LNG高压泵的入口缓冲罐，保证高压泵的入口压力。再冷凝器的液位和压力的稳定是BOG处理系统操作稳定的关键。

(一) 结构原理

再冷凝器的结构有双壳双罐和单壳单罐不同的设计。

1. 双壳双罐型

KOGAS公司再冷凝器采用的是双壳双罐设计，其内部构造主要为填料层、升气管、密封盘、液体分布器、环隙空间等。再冷凝器内罐与外罐的顶部隔离，底部相通(图5-20)，气体分布盘上大约有直径为38mm的小孔237个，直径为7.6cm的升气管40个。为了增大BOG和LNG的接触面积和接触时间，其填料采用了鲍尔环、

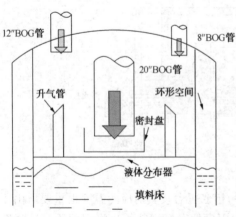

图5-20 双壳双罐型再冷凝器

拉西环和规整填料3种材料。

从 BOG 压缩机来的 BOG 一部分进入内罐被冷凝，另一部分进入环隙空间来控制再冷凝器的压力。再冷凝器内罐的液位、压力、温度通过低选得到的值来控制去内罐被冷凝这一路的控制阀的开度，进而控制去冷凝的 BOG 量。去环隙空间的 BOG 量由该路的一个控制阀控制，根据在环隙空间测得的压力，控制阀门的开关。当从 BOG 压缩机来的 BOG 压力太低时，高压补气阀会打开补充气体；当环隙空间内压力太高时，去 BOG 总管的放空阀会打开。进入再冷凝器的 LNG 量直接由再冷凝器的液位控制，直接根据再冷凝器液位的高低调节该路上控制阀的开度。

2. 单壳单罐型

单壳单罐型再冷凝器的内部构件主要有破涡器、拉西环填料层、液体分布器、气体分布盘、液体折流板、气体折流板、填料支撑板、闪蒸盘，见图 5－21。其中液体分布器、气体分布盘主要是为了增大 BOG 和 LNG 的接触面积，提高冷凝效果。液体分布器共有两组，一组有 4 个喷嘴。气体分布盘均布有 100 个升气管和 100 个孔。江苏 LNG 接收站的再冷凝器采用的是单壳单罐设计。

BOG 从再冷凝器的顶部与从再冷凝器上部进入的 LNG 同时进入再冷凝器的填料层进行直接接触冷凝，进入再冷凝器的 LNG 流量则基于 BOG 的流量、压力、温度和再冷凝器的出口压力，根据计算公式进行计算调节控制。在实际操作过程中，进入再冷凝器的 BOG 量以

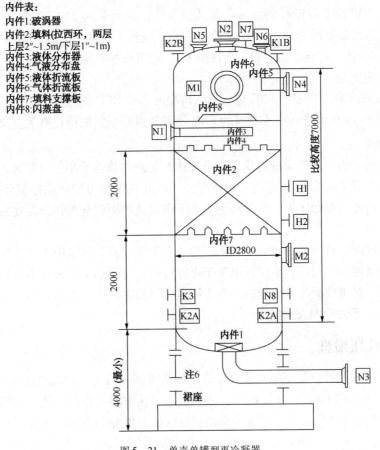

图 5－21　单壳单罐型再冷凝器

239

维持定量为原则，用于冷凝 BOG 的 LNG 流量则按一定比例与 BOG 混合，以控制再冷凝器的液位和保持高压泵入口压力的稳定。

在正常操作工况下，再冷凝器的操作压力由再冷凝器出口管线的压力控制器的设定值决定，主要通过再冷凝器旁路的压力控制阀控制再冷凝器的压力，调节进入高压泵的 LNG 流量，确保高压泵入口的压力，避免高压泵的气蚀现象发生。同时 BOG 压缩机的负荷控制、再冷凝器的补气阀和放空阀辅助控制再冷凝器的压力及液位。

（二）选型比较

1. 结构

两种再冷凝器在基本结构上的差别是单壳单罐再冷凝器采用单壁罐，罐内有填料层，采用两层拉西环填料；双壳双罐再冷凝器采用双罐，且每个罐有两层罐壁，内壁与外壁间有环隙空间，环隙空间底部与内罐相连，顶部不相通，只有内罐中有填料层。填料采用鲍尔环、拉西环和规整填料的 3 层结构，填料层的主要作用都是为了增大 BOG 和 LNG 的接触面积和接触时间。

2. 运行

（1）压力控制

采用双壳双罐的 KOGAS 的设计中，从 BOG 压缩机来的 BOG 一部分进入内罐被过冷的 LNG 冷凝，另一部分 BOG 进入环隙空间用于控制再冷凝器的压力，再冷凝器的压力主要靠环隙空间的 BOG 压力来控制。

采用单壳单罐的江苏 LNG 的再冷凝器从低压输出总管来的 LNG 一部分进入再冷凝器，另一部分进入再冷凝器的旁路。LNG 有两路流向，通过旁路来控制再冷凝器压力；从压缩机来的所有 BOG 都参与再冷凝，参与再冷凝 BOG 的量直接影响再冷凝器的压力和液位。

（2）LNG 进入量

江苏 LNG 进入再冷凝器的 LNG 量与进入再冷凝器的 BOG 的流量、温度、压力以及液气比有关，而 KOGAS 公司进入再冷凝器的 LNG 量只与再冷凝器的液位有关。操作相对简单。

3. 综合比较

根据以上的分析，双壳双罐再冷凝器设计相对复杂，建造费用相对较高，但是由于设计中从低压输出总管来的 LNG 全部进入再冷凝器，通过一个压力控制阀控制环隙空间的 BOG 量，从而控制再冷凝器的压力，有效杜绝了上下游的波动而引起的再冷凝器的波动。在控制方面比较有优势。

单壳单罐再冷凝器设计相对简单经济，建造费用比较低。但是由于再冷凝器的压力主要由再冷凝器旁路控制，此压力不仅仅取决于再冷凝器，还受到上下游压力的影响，任何一个因素的波动都会对再冷凝器产生干扰。在实际运行过程中，再冷凝器很容易受到低压输出总管、BOG 总管、下游管网波动的影响。

六、BOG 压缩机

BOG 压缩的工艺特点是压缩介质温度低，最低能够达到 -150℃ 左右；BOG 需从常压增压到 $6 \sim 7 bar(1 bar = 10^5 Pa)$，压缩比大；BOG 处理是接收站的重要工艺组成部分，为此要求工艺设备能长期可靠运行；由于压缩介质的特殊性质，BOG 压缩机一般采用无油润滑。

目前实际运行的 LNG 接收站，BOG 压缩机大都采用低温无油往复式活塞压缩机，主要有两种类型，即立式迷宫密封型和卧式对置平衡型。但由于两类压缩机结构的不同，也使得其性能及运行成本表现出差别。

1. 立式迷宫密封式压缩机

这种形式的压缩机所采用的活塞密封形式为迷宫密封，利用活塞与气缸间迷宫槽的流阻来实现密封，属于非接触密封。由于迷宫密封的采用，气缸与活塞等关键部件之间没有直接摩擦，使磨损大大降低，其寿命得到有效延长。不仅如此，活塞运行时也不会产生摩擦带来的磨屑，压缩介质不会受到磨屑的污染，且对压缩介质中混入的杂质颗粒不敏感，压缩机活塞可以在较高的速度下运行。另外，其结构还决定了其可在低于普通金属材料为防冷脆而限定的最低工作温度下正常工作，因而不需要降温可以立即启动。

由于迷宫密封形式的采用，使得立式迷宫密封式压缩机的可靠性得到了有效地增强。整机方面，在韩国平泽市某 LNG 接收站实际运行情况记录中显示，立式迷宫密封式 BOG 压缩机平均无故障时间 MTBF（mean time between failures）约为6070h，比卧式 MTBF（约4743h）高出约30%，立式压缩机较高的 MTBF 使现场人员都趋向于更多的使用这种更可靠的压缩机。

立式压缩机由于易损件相对较少，寿命相对较长，其维修成本仅约为卧式对置平衡式压缩机维修成本的63%。

2. 卧式对置平衡式压缩机

这种形式的压缩机汽缸分置于曲轴两侧，其活塞的同步运动由主、副十字头来执行。对置平衡式压缩机的优点是压缩机运行时，连杆小头衬套不存在单侧负荷现象，润滑状态得到保证，连杆大头瓦的负荷及润滑条件也有改善。对置列气缸中心线重合，气体力不会对传动部件产生大的力矩。

对置平衡式压缩机采用特殊材料的活塞环（如特氟龙活塞环）来实现活塞与气缸间的密封，气缸与活塞环直接接触。由于活塞自身的重力的影响，不可避免的会发生偏磨，为尽量减少磨损，活塞速度不能过高。通常活塞环密封平均无故障运行时间 MTBF < 10000h。

第四节 液化天然气的船运

20 世纪 50 年代，随着天然气液化技术的发展，开始了液化天然气海上运输技术的研究。1959 年，"甲烷先锋号"的成功航行实现了液化天然气的第一次海上运输。根据 Shipping Solutions 的统计（2004 年），世界上正在运营的液化天然气运输船已达 151 艘以上。其中，运输能力 $5 \times 10^4 m^3$ 以下的 15 艘，$(5 \sim 12) \times 10^4 m^3$ 的 16 艘，而运输能力超过 $12 \times 10^4 m^3$ 的达 120 艘。LNG 运输船的大型化趋势明显。2007 年第十五届国际 LNG 大会发布的数字，至 2005 年 7 月，全球已有 181 艘 LNG 船，2005 ~ 2007 年有 74 艘 LNG 船完成建造交付使用，最大的已超过 $25 \times 10^4 m^3$。至 2011 年底全世界营运的 LNG 船舶已超过 300 艘。

一、液化天然气海上运输的特点

液化天然气低温、易燃、运输量大的特点，使液化天然气海上运输也具有不同于其他海运的特点：投资风险高、产业链特性强、运输稳定。

1. 投资风险高

液化天然气采用常压、低温运输，LNG 运输船的储槽需要低温绝热，建造费用高。目前，运输能力 $13.8 \times 10^4 m^3$ 的 LNG 运输船造价为 1.5 亿 ~ 1.6 亿美元，比同样输送当量的油船造价高出 4~5 倍。因而，液化天然气的运输成本占液化天然气价格的 10%~30%，原油的运输成本只占 10%。

LNG 运输船是为载运 -163℃ 的大宗 LNG 货物的专用船舶，用途单一，经营上也缺乏灵活性，这使液化天然气船舶的投资风险比其他种类船舶更大，在投资之前一般需要掌握 20 年以上的长期运输合同。

2. 产业链特性强

液化天然气产业链是一条资金庞大、技术密集的完整链系。液化天然气海上运输链接了气源(液化工厂)和下游用户(接收站)。从项目前期研究开始，到实现合同运输，各个环节密切相连，相互影响，同步推进，形成了事实上的液化天然气海上运输链。

3. 运输稳定

液化天然气运输大多为定向造船，包船运输、航线和港口比较固定，并要求较为准确的班期，无计划停泊较少。由于世界液化天然气运输的即期市场没有出现，因此其运输费用主要取决于气源地的天然气价格、运输距离以及船舶的营运成本等。运费收入比较稳定，来自外界的竞争相对比较小。

二、LNG 运输船结构特点

液化天然气运输船是专用于载运大宗 LNG，除了防爆和运输安全外，尽可能降低汽化率是运输这种物料的必然要求。单船容量也不断增大，典型的 LNG 船尺寸见表 5-17。

表 5-17　典型的 LNG 船尺寸

尺　　寸	容量/m³(t)		
	125000(50000)	165000(66800)	200000(80000)
长/m	260	273	318
宽/m	47.2	50.9	51
高/m	26	28.3	30.2
吃水/m	11	11.9	12.2
货舱数	4	4	5

1. 双层壳体

液化天然气运输船设计普遍采用双层壳体，在船舶的外壳体和储槽间形成保护空间，从而减小了槽船因碰撞导致储槽意外破裂的危险性。

储槽采用全冷式或半冷半压式。大型 LNG 运输船一般采用全冷式储槽。小型沿海 LNG 运输船一般采用半冷半压式。LNG 在 1.0atm(1atm =101325Pa)、-163℃ 下储存，其低温液态由储罐外的绝热层和 LNG 的蒸发维持，储罐的压力由抽去蒸发的气体来控制，蒸发气可作为运输船的推进系统燃料。

2. 隔热技术

低温储槽可以采用的隔热方式有真空粉末、真空多层、高分子有机发泡材料等。真空粉末隔热，尤其是真空珠光砂隔热方式，具有对真空度要求不高、工艺简单、隔热效果较好的特点。但在保证制造工艺的前提下，与真空粉末隔热相比，真空多层隔热具有以下优点：

(1) 真空粉末隔热的夹层厚度要比真空多层隔热夹层大一倍，也即对于相同容积的外壳，采用真空多层隔热的储槽的有效容积要比采用真空粉末隔热的储槽大 27% 左右，因而相同的外形尺寸的储槽可以提供更大的装载容积。

（2）对于大型储槽来说，由于夹层空间较大，粉末的质量也相应增加，从而增加了储槽的装备质量，降低了装载能力，加大了运输能耗，这点在大型 LNG 槽船上尤其明显，而真空多层绝热方式具有这方面的显著优势。

（3）采用真空多层隔热方式可避免槽船航行过程中因运动而产生的隔热层绝热材料沉降。

轻质多层有机发泡材料也常用于 LNG 槽船上。目前，LNG 储槽的日蒸发率已经可以保持在 0.15% 以下。另外，隔热层还充当了防止意外泄漏的 LNG 进入内层船体的屏障。同广泛应用在低温管道和容器上的隔热板结构一样，LNG 储槽的隔热结构也是由内部核心隔热部分和外层覆壁组成。针对不同的储槽日蒸发率要求，内层核心绝热层的厚度和材料也不同，而且与一般低温容器上标准的有机发泡隔热层不同，LNG 储槽的隔热板采用多层结构，由数层泡沫板组合而成。所采用的有机材料泡沫板需要满足低可燃性、良好的绝热性和对 LNG 的不溶性。

内层核心有机材料泡沫板的材料选取一般为聚苯乙烯泡沫、强化玻璃纤维聚亚氨酯泡沫或 PVC 泡沫材料。另外，LNG 运输船上的隔热板还可以和内层核心隔热第二层一起充当中间的 LNG 蒸气保护屏，第三层由两层玻璃纤维夹一层铝箔构成。

外层覆壁一般由 0.3mm 的铝板、波纹不锈钢板（304L，1.2mm）或镍（36%）－钢合金（0.7mm）组成，它不但可应用在外层覆壁和夹层，还可作为与 LNG 接触的第一道屏障。所有的金属板都被焊接在一起，有机材料用 2－K PU 胶粘合。

3. 再液化

低温 LNG 储槽控制低温液体的压力和温度的有效方法是将蒸发气再液化，这可以降低低温液体储槽保温层的厚度，进而降低船舶造价、增加货运量、提高航运经济性。

低温 LNG 槽船的再液化装置的制冷工艺可以采用以 LNG 为工质的开式循环或以制冷剂为工质的闭式循环。以自持式再液化装置为例，装置本身耗用 1/3 的蒸发气作为装置动力，可回收 2/3 的蒸发气，具有很高的节能价值。虽然，再液化技术至今还没有应用到 LNG 船上，但根据 LNG 船大型化和推进方式的变化，采用 BOG 的再液化已提到日程。

三、液化天然气运输船船型

液化天然气运输船的船型主要受储槽结构（液货舱）的影响。液货舱是装载液体货物的主要容器。《国际散装运输液化气体船舶构造和设备规则》（IGC 规则）把液货舱分为 5 种类型：独立液货舱（A、B、C 型）、薄膜液货舱、半薄膜液货舱、整体液货舱、内部绝热液货舱。其中应用最广，目前大多数液化天然气船的液货舱集中在独立液货舱和薄膜液货舱这两种类型。独立液货舱是自支承式结构。A 型为棱形（SPB，专利属于 IHI），B 型为球形（MOSS，专利属于 KVANER），C 型又分为球形、单圆筒形、双排单圆筒形和双联圆筒形几种。薄膜液货舱分为 Gaz－Transport 和 Technigaz 两种基本形式（专利属于 GTT）。根据 1999 年的统计资料，当年运营的 99 艘大型 LNG 运输船，其中采用独立液货舱的有 50 艘，另有 2 艘采用棱柱形自支承式结构，采用薄膜式结构的有 40 艘。独立液货舱式和薄膜式结构应该是液化天然气运输船的主流船型结构。按照 2007 年 4 月的统计数据，独立型液货舱占 43%，薄膜式液货舱占 52%，其他形式的占 5%。

1. 独立液货舱

独立液货舱采用自支承式结构，其储槽是独立的，它不是船壳体的任何一部分，在储槽的外表面是没有承载能力的绝热层。储槽的整体或部分被装配或安装在船体中，最常见的即是球形储槽。其材料可采用9%镍钢或铝合金，槽体由裙座支承在赤道平行线上，这样可以吸收储槽处于低温而船体处于常温而产生的不同热胀冷缩。挪威的 Moss Rosenberg（MOSS型）及日本的 SPB 型都属于自支承式。其中，MOSS 型是球形储槽，SPB 型是棱形储槽。见图 5 - 22 和图 5 - 23。

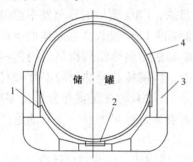

图 5 - 22　MOSS 型球形舱
1—舱裙；2—部分次屏；
3—内舱壳；4—隔热层

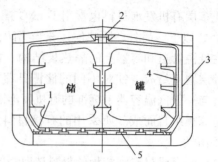

图 5 - 23　SPB 型棱形舱
1—部分次屏；2—楔子；3—内舱壳；
4—隔热层；5—支撑

（1）MOSS 型 LNG 运输船

球罐采用牌号为 5038 的铝板制成。组分中含质量分数为 4.0% ~ 4.9% 的镁和 0.4% ~ 1.0% 的锰。按球罐的不同部位，在 30 ~ 169mm 之间选择板厚。隔热采用 300mm 的多层聚苯乙烯板。

（2）SPB 型 LNG 运输船

SPB 型的前身是棱形储槽 Conch 型，由日本 IHI 公司开发。该型大多应用在 LPG 船上，已建造运行的 LNG 船有两艘。

球罐型的优点是罐体独立于船体，不容易被伤害，并可与船体分开建造，因而可缩短造船周期。另外，球形罐的充装范围宽，保温材料用量少，储罐可带压，操作灵活（在装卸的任何阶段都可离港，在卸料泵失灵情况下也可卸货，且清舱简便）。缺点是在货物满载时，球型液货舱的重心比较高，降低了船的稳性，且球型液货舱直径大，部分体积凸出主甲板以上，增加了受风面积，不利于操纵性。

2. 薄膜型液货舱

薄膜液货舱是非自身支撑的液货舱，它由邻接的船体结构通过绝热层支撑的薄膜组成。

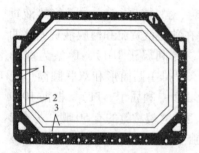

图 5 - 24　薄膜型液货舱
1—完全双船壳结构；
2—低温屏障层组成（主薄膜和次薄膜）；
3—可承载的低温隔热层

储槽采用船体的内壳体作为储槽的整体部分。储槽第一层为薄膜层结构，其材料采用不锈钢或高镍不锈钢，薄膜厚度一般不超过 10mm。第二层由刚性的绝热支撑层支承。储槽被安装在船壳内，LNG 和储槽的载荷直接传递到船壳。薄膜的热膨胀应得到补偿，以免薄膜受过大的应力。薄膜液货舱设计压力通常不超过 25kPa。若可加强绝热支撑层强度时，承压可相应增加，但应小于 70kPa。

GTT 型 LNG 运输船是法国 Gaz Transporth 和 Technigaz 公司开发的薄膜型 LNG 运输船。其围护系统由双层船壳、主薄膜、次薄膜和低温隔热所组成。见图 5 - 24。薄膜承受的内应力由静应力、动应力和热应力组成。这种形式的船体主要尺寸较小，低温钢材用量少；低功率、燃料消耗低；船体可见度大、受风阻面积小；设置完整的第二防漏隔层；投资较少。其缺点是液面易晃动，为避免晃动的危险，装载受限制；不能对保温层检查。

Gaz Transport 型货舱内壁为平板型，选用 0.7mm 厚、500mm 宽的平板 INVAR 钢（36%镍钢）。其特点是：不可预先加工许多部件，制造周期较长；Technigaz 型货舱内壁为波纹型，其特点是可加工许多预制件，建造周期较短。

当前 LNG 船的货物围护系统采用的薄膜型液货舱有三种：Mark Ⅲ 系统、No.96 系统和 CS Ⅰ 系统。

（1）Mark Ⅲ 系统

GTT 公司作为全球最有代表性的 LNG 货物围护系统的专利公司之一，从 Mark Ⅰ 基础上发展到现在的 Mark Ⅲ 薄膜系统。该系统是由船的内部船体直接支撑的低温衬里。该衬里由位于预制隔热板顶部的主薄膜和完整的次薄膜组成。主薄膜是厚度为 1.2mm 的不锈钢波形薄膜。主薄膜包容 LNG 货舱，由绝热系统直接支撑并固定。薄膜在前后和左右两个方向上都有波纹，在两个方向上都具有波纹管作用。次薄膜由复合层压材料组成：两层玻璃布中间为薄层铝箔，以树脂作为粘结剂。它布置在预制隔热板里的两层绝热层之间。绝热部分是由增强聚氨酯泡沫预制板构成的承载系统，包括主/次绝热层和次薄膜。

Mark Ⅲ 系统的优点是：采用波形薄膜，所受应力小；薄膜厚度 1.2mm，增加了强度，在组装和维护中受损较小。该系统的缺点是：所有组装都是胶合，因而任何移除都会破坏绝热层组件。另外泡沫的价格也较高。

（2）No.96 系统

No.96 系统也是 GTT 公司经历了 No.82、No.85、No.88 系统等一系列的改进后出现的，该系统是由船的内部船体直接支撑的低温衬里。该衬里包括两层相同的金属薄膜和两个独立的绝热层：

主/次薄膜采用 INVAR 薄膜制成。INVAR 是 36% 的镍铁合金（不胀钢），其收缩系数非常低，大约是钢的 1/10，因而减少了薄膜的热应力。主薄膜包容 LNG 货舱，薄膜厚度 0.7mm。次薄膜与主薄膜相同，在发生泄漏时确保 100% 的冗余性。500mm 宽的不涨钢轮箍沿储罐壁连续分布，均匀支撑主/次绝热层。

主/次绝热层由装有膨胀珍珠岩的层压板盒子制作，构成承载系统。主绝热层厚度为 170~250mm，可调节以满足不同的蒸发率（B.O.R）要求。次绝热层典型厚度为 300mm，绝热部件（主屏蔽和次屏蔽）是填充了珍珠岩的胶合板箱。次屏蔽胶合板箱通过树脂绳与船体内壳接触，可补偿内壳平整度的缺失，也为氮气提供了补充空间。但是，与 Mark Ⅲ 不同，绝热层不胶合到内壳，树脂和内壳之间有一张牛皮纸，允许箱子在任何船体绕曲时能自由移动。

No.96 系统的优点是：绝热层的制造既便宜又简单，胶合板箱容易制造，内部分割容易确定，固定精确，珍珠岩也比较价廉；焊接相对简单；任何移除都可实现。该系统的缺点是：INVAR 价格高，非常脆弱，对任何碰击都非常敏感；两个相同薄膜的安装需要很长时间；绝热箱有许多不同类型，供应有难度；任何阶段的系统组装都要求精确度高。

（3）CS Ⅰ 系统

CS Ⅰ 围护系统是融合了 Mark Ⅲ 系统和 No.96 系统的优点，既具备 No.96 型货舱手工焊接工作量少的特点，又具备 MARK Ⅲ 次屏蔽成本低廉的特点，建造费用低，施工周期快。

CS I 薄膜系统是由船的内部船体直接支撑的低温衬里。该衬里由位于预制隔热板顶部的主不胀钢薄膜和完整的次薄膜组成。主薄膜由厚度为 0.7mm 的不胀钢制成，包容 LNG 货舱。500mm 宽的不胀钢轮箍沿储罐壁连续分布，均匀支撑主/次绝热层。次薄膜由复合层压材料组成：两层玻璃布中间为薄层铝箔，以树脂作为粘结剂。它布置在预制隔热板里的两层绝热层之间。

绝热部分是由增强聚氨酯泡沫预制板构成的承载系统，包括主/次绝热层和次薄膜。预制板通过树脂绳粘结在内部船体上，树脂绳具有锚固和均匀传递载荷的功用。根据 GTT 的公开资料，CS I 比 Mark Ⅲ 或 No. 96 便宜大约 15%。

第五节　陆岸液化天然气接收站

一、气源与市场

液化天然气接收站建设有与其他行业工厂建设相同的条件，即需要落实原料和市场，但是 LNG 工业链的特点使 LNG 成为特殊商品，LNG 贸易成为特殊贸易，导致 LNG 接收站建设条件又具有特殊性，即气源和市场的落实成为 LNG 接收站工程建设的必须条件。为了说明气源和市场对 LNG 接收站建设的重要性，了解 LNG 贸易的特点是需要的。LNG 的贸易特点是：

由于 LNG 工业链是一个资金庞大、技术密集的完整链系。链中任何一个环节的断裂都将导致其他主要环节的连锁反应，因此，工业链的每个环节必须满足其相关合同规定的义务，且各个合同必须协调一致，综合整体情况规定相关义务。

（一）贸易合同期限长

由于 LNG 工业链投资大、回收期长，因此，LNG 国际贸易方式通常为买卖双方之间一对一的 20 年以上的长期照付不议合同。无论是与上游签订的天然气资源购销合同（SPA）或是与下游签订的天然气销售合同（GSA）都是如此。合同的长期性要求买卖双方共同规划，而在合同关系上可具备一定的灵活性。以保证合同长期、稳定、安全执行。

（二）生效条件严格

为降低风险，在 LNG 的购销合同（SPA 和 GSA）中，一般都设置严格的生效条件。例如，在 SPA 中，将 GSA 的签署和生效作为合同的生效条件；而在 GSA 中，又将 SPA、运输合同等的签署和生效作为合同的生效条件，在 GSA 中，也常常将电厂与电网间签署长期购电协议（PPA）作为合同生效条件。设置严格的生效条件是为了使工业链中各个环节相互制约，共担风险，共享利益，最大限度地降低 LNG 工业链的风险。这是天然气销售合同不同于其他商品贸易合同的突出特点之一。

（三）合同照付不议

为了保障卖方的生产安排长期稳定，以保证整个 LNG 工业链的平稳运行，天然气销售合同都采用照付不议。销售合同中照付不议量的计算基础是年合同量，买方的付款义务是根据照付不议量来计算，而不是按照实际提取量，买方应为其无正当理由拒绝提气而产生的欠款量付款。对于未按确定用气量提取的欠提量可以在提完当年照付不议量之后补提，并且必须在有限年限内补提完毕。LNG 贸易采用严格的照付不议合同，要求买方必须及时、充分消化约定的购气量，这对于买方来说是具有风险的。

（四）年合同量明确

LNG 工业链的传承和互动特点显著，为使整条链能长期平稳运行，贸易合同中对年合同量和合同渐增量作明确规定是十分必要的。资源采购是在综合考虑气田生产和市场需求的基础上确定的。市场需求能否如期按量落实，需要衔接好上游生产与下游市场，这是 LNG 工业链中最大的风险之一。为降低风险，一般在合同执行初期设置 3~5 年的渐增期，期间合同量逐步递增，最后达到稳产期合同量。渐增量主要是依据市场的发展程度，下游用户项目的进度情况确定。

（五）买方客户稳定

LNG 工业是高投资、高风险的链式产业，任何环节的问题都会影响整个工业链的利益。为了保证买方的履约能力，卖方不仅关注买方自身的履约能力，而且关注买方客户的履约能力。了解买方客户名单、年用气量、用气设施、项目进度、付款能力等。合同执行过程中，如需变更买方客户名单，需经卖方书面同意。合同中列出明确详尽的买方客户资料，圈定买方客户设施。这样在合同执行过程中，当买方下游设施出现不可抗力情况时，就可按合同中圈定的用气设施，界定其是否属于不可抗力免责或不于免责。

（六）严肃合同执行

LNG 工业特殊的链系性，不仅要求上下游天然气销售合同内容协调一致，而且在合同执行过程中也充分互动，严肃地按照市场化方式运作。例如，为保证买方的支付能力，合同中设定了包括买卖双方(甚至包括买方客户)设立共管账户、买方提供备用信用证担保、买方提供银行保函或买方预付款等支付保证措施。又如，为保证卖方的调峰责任，合同中设立的调峰条款，以保证买方对其用户的履约。

LNG 接收站正处于上游生产和下游市场的衔接点上，由上所述，由于 LNG 工业链特殊的链系特性，其传承和互动特点显著，因而 LNG 贸易显著不同于其他商品，对于液化天然气接收站的建设来说，气源和市场是必须条件，即落实的天然气资源和充分开发的市场需求是 LNG 接收站工程建设的必要条件。

对于气源，需要落实：

(1) 所供 LNG 数量及组成；

(2) LNG 生产厂的基本情况，按合同计划供应的可靠性及可能发生的变化；

(3) LNG 运输方式。如为船运，应落实运输合同。

工程建设必须具有可靠的供气协议，即与上游签订天然气资源采购合同(SPA)。这不仅是保证接收站建成投产后的经济效益的需要，而且原料气的稳定供给也是接收站平稳运行的前提，因此切实落实气源就成为接收站建设的首要条件。如果是单一气源供气的，除正常供气外，要考虑非正常情况(气田减产、事故应急等)装置运行条件。如果是多个气源供气的，更需要考虑气源的协调、互补，力求装置运行平稳。

对于市场，工程建设必须落实市场，明确天然气利用的主要领域和市场需求主体。与下游签订天然气销售合同(GSA)。不同的市场需求对接收站运行的要求也会不同。如果接收站作为区域供气的主力气源，主要用于汽化后管道输出，按照 LNG 贸易特点，产量波动不大，装置运行相对比较平稳。如果作为调峰气源，主要用于事故应急调峰，其产量波动会比较大，储存和汽化输送系统需要适应处理量的变化。如果产品除了气态输出外，尚有部分液态 LNG 需通过车船外运，则需明确销售计划，配置相应的装载系统。

二、站址

（一）选址原则

(1) 符合当地规划政策，符合国家相关规范要求；

(2) 交通、通信、电力，水源等配套设施比较齐全；

(3) 邻近用户，离目标市场的距离在可允许范围内；

(4) 当地安全、环境、水文、地质，气象符合站址要求；

(5) 满足安全、畅通、可持续发展的要求；

(6) 节省工程投资；

(7) 站址附近具备接纳与接收站规模匹配的 LNG 运输船的良好的港湾条件；

(8) 具有较好的社会依托条件。

一般来说，站址选择需要对区域条件、自然条件、地域条件等进行综合比较后确定。

（二）区域条件

1. 地理位置

总体来说，接收站的地理位置应尽可能靠近市场，以接近终端用户，有利于提高供气可靠性，降低运行成本。由于 LNG 接收站的气源供应往往依靠海上运输，站址选择除了陆域部分外，还包括水域码头部分，应与全国港口发展规划和当地区域总体规划相衔接。

接收站站址应在统筹考虑接收站和码头布局、周围环境、港湾条件、外输方式等因素的基础上，经过多方案综合比较后确定。

2. 土地性质

拟选站址土地性质是否已经为建设用地，不受指标限制。土地获得的可能性。

3. 交通情况

拟选站址区域内公路、铁路、水路交通的现况及发展规划。

4. 依托条件

拟选站址距离城镇的情况，社会依托条件是否具有。但站址应远离人口密集的居民区和其他工业区，其安全距离应根据相关规范和安全评估的结果确定。

（三）自然条件

1. 地形地貌

拟选站址位置要考虑地形起伏情况、对总图布置、厂区排水以及土石方挖填平衡的影响。避免建于地形复杂和低于洪水线或采取措施后仍不能确保不受水淹的地区。宜选择地形平坦且开阔，便于地面水能自然排出的地带。同时，也应避开易形成窝风的地段。

2. 气象

拟选站址的气候情况，包括全年太阳辐射量、年均日照时数、年平均气温；最高气温、最低气温、年平均相对湿度，年平均气压。全年无霜期；年平均降雨量、年降水总量、常年主导风向、频率、次主导风向、频率，常年平均风速等。

3. 工程地质

拟选站址位置的地质构造稳定，岩土性质、地基承载力等满足要求。避免易受洪水、泥石流、滑坡、土崩等危害的山区和有流沙、淤泥、古河道等不良地质区域。站址应具有满足站场设施安全运行所需的工程地质条件。

在山地、丘陵地区采用开山填沟营造人工场地时，应注意避开山洪流经的沟谷，防止回填土石方塌方、流失，确保填挖方地段的稳定性。

4. 水文地质

了解拟选站址位置的水系情况、地表径流对厂区排水的影响。应尽量选择在地下水位较低的地区和地下水对钢筋和混凝土无侵蚀性的地区。

5. 地震

拟选站址位置是否在地震活动带，要求的抗震设防烈度。应避免处于地震断层带地区和基本烈度为 9 度及以上的地震区。严禁选在地质构造复杂和存在晚近期活动性断裂等抗震不利地段。

为了满足码头建设的需要，有些接收站选择在孤岛和人工岛上，对此，在陆域形成前，应进行详细的工程地质勘探调研，选择可行的施工方案；陆域形成设计应充分考虑土石方平衡，回填或吹填形成的陆域应选择合理、可行的基础处理方法，消除场地不均匀沉降。

（四）地域条件

1. 交通运输

拟选站址周边公路、铁路、水路情况。对于考虑 LNG 产品通过海上运输销售的，应按照 LNG 码头建设规范要求考察码头建设条件。

2. 供电

拟选站址周边外电源的供应能力和外围供电线路、变电站的建设情况及规划情况。电源的可靠性直接关系到生产装置的安全性。

3. 通信

拟选站址周边电信公网和有线电视网的覆盖情况。

4. 供水

拟选站址周边供水管网的布局和供应能力。所供水量必须尽量满足建设和生产所需的水量和水质。

5. 排水

站址应具有雨水、经处理后的生产和生活用水的排出条件。

从满足相关规范情况、实施工程量大小、长期稳定生产等方面进行优缺点对比后，择优选定接收站站址。

三、码头

液化天然气码头是运输天然气的专用码头，与其他货类码头相比具有特殊性，其安全控制问题更为突出。

（一）码头选址

（1）液化天然气码头的选址应与城市规划和港口总体规划相衔接，应结合液化天然气接收站选址、用户布局和外输方式等综合确定。

（2）液化天然气码头应远离人口密集的区域，安全距离应由安全评估确定。液化天然气码头不宜布置在敏感区域全年常风向的上风侧。

（3）液化天然气码头宜选在交通方便、易于疏散的地点。

（4）液化天然气码头宜选在自然条件良好且能满足液化天然气船舶不乘潮通航要求的水

域，不满足上述条件时，应做专题论证。

（5）在孤岛上建设液化天然气码头时，应解决确保人员安全疏散等对外交通问题。

（6）未经专门论证，液化天然气码头严禁选在地质构造复杂和存在晚近期活动性断裂等抗震不利地段。

（7）液化天然气码头宜选在接收站热交换水取用方便的地区。

（8）按我国外轮引航要求，LNG 码头应设置引水锚地。根据规范要求，锚地水深不应小于设计船型满载吃水的 1.2 倍，锚地所需直径为 1000m。

（二）作业条件

（1）码头全年可作业天数应根据设计船型，综合分析液化天然气船舶进出港航行、靠泊、装卸、系泊和离泊全过程的有关气象、水文条件确定。码头最长连续一次不可作业天数不宜超过 5 天。

（2）总舱容 80000m³ 以上的液化天然气船舶作业过程各个阶段的允许风速、波高、能见度和流速宜符合表 5-18 的规定。

表 5-18　液化天然气船舶作业条件标准

序号	作业阶段	风速/(m/s)	波高/m		能见度/m	流速/(m/s)	
			横浪 H4%	顺浪 H4%		横流	顺流
1	进出港航行	≤20	≤2.0	≤3.0	≥2000	<1.5	≤2.5
2	靠泊操作	≤15	≤1.2	≤1.5	≥1000	<0.5	<1.0
3	装卸作业	≤15	≤1.2	≤1.5	—	<1.0	<2.0
4	系泊	≤20	≤1.5	≤2.0		≤1.0	<2.0

注：1. 表中横浪指与船舶的夹角大于等于 15°的波浪，小于 15°的为顺浪；
　　横流指与船舶的夹角大于等于 15°的水流，小于 15°的为顺流；
　　2. 波浪的允许平均周期为 7s，对于 7s 以上大周期波浪需作专门论证；
　　3. H4% 为波列累积频率 4% 的波高；
　　4. 本表取自液化天然气码头设计规范（JTS 165-5-2009）。

（3）当风速、波高任一项超过表 5-16 规定的系泊标准限值时，液化天然气船舶应紧急离泊。

（4）液化天然气船舶在码头装卸作业时，在风、浪、流的作用下会产生纵移、横移、升沉、纵摇、横摇、回转等运动，各种运动量应满足安全运动量的要求。我国目前还没有针对液化天然气船舶的允许运动量开展系统性的模型试验研究，国外有关标准或指南对液化天然气船舶的允许运动量参见表 5-19。

表 5-19　液化天然气船舶的允许运动量

标准或指南	运动方式					
	纵移/m	横移/m	升沉/m	纵摇/(°)	横摇/(°)	回转/(°)
国际航运协会（PIANC，1995）	2.0	2.0	—	2	2	2
英国标准（BS 6349—2000）	0.5	0.5				

液化天然气船舶在码头上装卸作业时，其运动量应满足安全运动量要求。船舶安全运动量可通过船舶模型试验确定。

（5）液化天然气船舶不宜在夜间进出港和靠离泊作业。当需要夜间靠离泊或航行时，应进行专门的安全评估

（三）平面设计

1. 液化天然气码头平面布置应充分考虑风、浪、流和泥沙回淤等自然因素对船舶航行、靠离泊和装卸作业的影响。码头平面布置宜有扩建的可能性。

2. 码头水域

（1）液化天然气船舶制动段宜按进港方向的直线布置。当布置有困难时，可呈曲线状布置，但曲率半径不得小于 5 倍设计船长。液化天然气船舶制动距离可取 4～5 倍设计船长。

（2）船舶回旋水域应设在方便船舶进出港和靠离码头的位置。回旋水域的回旋圆直径不宜小于 2.5 倍设计船长。当布置较困难且水流流速较小时，回旋圆直径不应小于 2 倍设计船长。受水流影响较大的港口，回旋水域可采用椭圆形布置，沿水流方向的长度可加长至不小于 3 倍设计船长。

3. 泊位布置

（1）液化天然气码头的平面布置，根据建设规模、设计船型、装卸工艺和自然条件等，可采用蝶形或一字形等布置形式。

（2）液化天然气码头操作平台至接收站储罐的净距不应小于 150m，其最大净距应根据液化天然气船泵能力及其他经济、技术条件综合确定。

（3）液化天然气泊位与液化石油气泊位以外的其他货类泊位的船舶净距不应小于 200m。

（4）停泊在液化天然气泊位与工作船泊位的船舶间的净距不应小于 150m。

（5）停泊在相邻的液化天然气泊位的船舶，或停泊在相邻的液化天然气泊位与液化石油气泊位的船舶，其净距不应小于 0.3 倍最大设计船长，且不小于 35m。两相邻泊位的艏、艉系缆墩可共用，但快速脱缆钩或系船柱应分别设置。

（6）采用离岸墩式两侧靠船布置的液化天然气码头，两侧泊位的船舶净距不宜小于 60m。

（7）液化天然气船舶在港系泊时，其他通行船舶与液化天然气船舶的净距不应小于 200m。

（8）液化天然气船舶停靠码头时船艏宜朝向有利于船舶紧急离开码头的方向。

4. 码头

（1）码头尺度应根据液化天然气设计船型尺度和自然条件计算确定。设计船型可通过分析论证确定，也可按照现行行业标准《海港总平面设计规范》（JTJ 211）选用相应等级的船型。

（2）液化天然气码头前沿高程应按现行行业标准《海港总平面设计规范》（JTJ 211）和《开敞式码头设计与施工技术规程》（JTJ 295）的有关规定确定。

（3）码头前沿设计水深应保证满载设计船舶在当地理论最低潮面时安全停靠。设计水深计算中的各项富裕深度应按现行行业标准《海港总平面设计规范》（JTJ 211）和《开敞式码头设计与施工技术规程》（JTJ 295）的有关规定选取。

（4）码头泊位长度应满足船舶安全靠泊、离泊和系泊作业的要求，通过模拟试验确定，但不应小于 1 倍设计船长。在可行性研究阶段，可按 1.0～1.2 倍设计船长估算。

（5）墩式液化天然气码头宜设置两个靠船墩，两墩中心间距可取设计船长的 30%～45%。当停靠船型差别较大时，可设置辅助靠船墩。

（6）系缆墩宜对称布置。

（7）液化天然气码头工作平台上应设置操作平台。操作平台的平面布置和高度，应按设计船型管汇位置确定，并应满足液化天然气船舶在当地最大潮差和波浪变动范围内的安全作业要求。

（8）液化天然气码头应设置登船梯。

（9）液化天然气码头宜配备供拖船、监督艇、带缆艇、交通艇等停泊的工作船泊位。有条件时，也可利用已有的工作船泊位。

5. 进出港航道

（1）液化天然气船舶的进出港航道，在有交通管制的条件下可与其他船舶共用。

（2）液化天然气船舶在进出港航道航行时，应实行交通管制并配备护航船舶。

（3）当液化天然气船舶在进出港航道航行时，除护航船舶外，其前后各 1n mile（1n mile = 1852m）范围内不得有其他船舶航行。

（4）液化天然气码头人工进出港航道可按单向航道设计，航道有效宽度应按《海港总平面设计规范》（JTJ 211）的有关规定确定，且不应小于 5 倍设计船宽。

（5）液化天然气船舶在双向航道如需与其他船舶交会，航道有效宽度应通过专项论证确定。

（6）液化天然气码头进出港航道设计水深的计算基准面宜采用当地理论最低潮面。设计水深计算中的各项富裕深度应按现行行业标准《海港总平面设计规范》（JTJ 211）的有关规定确定。

6. 锚地

液化天然气船舶应设置应急锚地，也可与油品运输船舶共用锚地。液化天然气船舶的锚位与其他锚地的安全净距不应小于1000m。锚地尺度应按现行行业标准《海港总平面设计规范》（JTJ 211）的有关规定确定。

7. 港作船舶

（1）液化天然气船舶靠泊和离泊时宜配备全回转型拖船协助作业。

（2）液化天然气码头拖船配置应符合下列规定。

① 液化天然气船舶靠泊时，可配置 4 艘拖船协助作业。

② 液化天然气船舶离泊时，可配置 2 艘拖船协助作业。

③ 拖船的总功率应根据当地自然条件和船型等因素综合确定，且单船最小功率不应小于 3000kW。

（3）当液化天然气码头风、浪、流等作业条件复杂时，港作拖船的数量和总功率应根据液化天然气码头设计船型，通过模拟试验确定。

（四）安全设施

（1）液化天然气码头应设置防火、防泄漏和防止事故扩大漫延的安全设施。

① 液化天然气码头应设置固定式可燃气体检测报警仪，并应配备一定数量的便携式可燃气体检测报警仪。在检测到的可燃气体或蒸气的浓度达到爆炸下限值的 25% 时，报警仪应能及时发出声光报警。

② 液化天然气码头应设置声光自动火灾报警系统。

③ 液化天然气码头应设置船岸紧急切断系统，装卸臂应设置紧急脱离系统。

④ 液化天然气码头应设置监控电视等监控设施。

⑤ 液化天然气码头应设置人员保护设施和医疗紧急救助设施。

⑥ 液化天然气码头应设置泄漏液化天然气的收集和处置系统，应配套设置高倍数泡沫灭火系统。

⑦ 液化天然气船舶装卸作业时，应有一艘警戒船在附近水面值守，并至少有一艘消防船或消拖两用船在旁监护。

⑧ 液化天然气码头应设置警示标志和夜间警示灯。

（2）液化天然气码头所配备的消防设施，应能满足扑救码头火灾和辅助扑救停泊设计船型船舶火灾的要求。

① 液化天然气码头的消防设施应包括远控消防水炮系统、水幕系统、干粉灭火系统、高倍数泡沫灭火系统等固定式消防设施和消防船或消拖两用船等可移动的消防设施。

② 液化天然气码头应配置至少包括 2 门干粉炮、2 支干粉枪的固定式干粉灭火系统。干粉灭火系统应符合下列规定：

a. 干粉炮的射程应覆盖装卸工艺设施；

b. 干粉连续供给时间不应小于 60s；

c. 干粉储备量应符合《固定消防炮灭火系统设计规范》（GB50338）的有关规定。

③ 液化天然气码头应配置不少于 2 台固定式远控消防水炮。消防水炮应符合下列规定：

a. 消防水炮的射程应覆盖码头上的装卸工艺设施。消防水炮的额定射程不应小于实际所需射程的 1.1 倍。

b. 起火船舶着火罐和邻罐均需要喷水冷却，冷却水供给强度不宜小于 $6L/min \cdot m^2$，冷却面积取设计船型最大储罐甲板以上部分表面积。

c. 码头消防水炮可与消防船或消拖两用船协同工作以满足覆盖停泊设计船型的全船范围和冷却水量要求，码头消防炮的冷却水量比例不应小于所需冷却水总量的 50%。

d. 消防水炮的工作时间不应少于 6h。

e. 消防水炮应采用直流—水雾两用喷嘴。

f. 消防水炮应具备有线控制和无线控制功能。

g. 消防水炮宜采用液压驱动，其液压泵可由电动机驱动，也可由水轮机驱动。

h. 消防炮塔应设置水幕或水喷雾保护装置。

④ 操作平台前沿应设置水幕系统。水幕系统设计宜符合表 5-20 的要求。

表 5-20　水幕系统参数与要求

项　　目	参数与要求	项　　目	参数与要求
最小设计流量	2.0L/（s·m）	工作时间	1h
垂直垂直方向覆盖范围	从码头面至装卸臂最高点	水平方向覆盖范围	不小于工作平台长度

⑤ 液化天然气码头其他消防设施的设置应符合下列规定：

a. 在工作平台和操作平台上应设置与消防系统压力相匹配的消火栓。

b. 码头应设置用于向船舶供给消防水的船岸连接法兰，法兰的规格应与现行国家标准《船用消防接头》（GB/T 2031）所规定的国际通岸接头的规格相一致。

c. 消防炮覆盖不到的工艺设备应设置喷淋等冷却水系统。

d. 在工作平台和操作平台上应设置足够的手提式干粉灭火器和推车式干粉灭火器。

e. 高倍数泡沫灭火系统的设计应符合现行国家标准《高倍数、中倍数泡沫灭火系统设计规范》（GB 50196）的有关规定。

f. 在码头控制室和配电间应设置火灾自动报警系统，并应设置气体灭火系统。

g. 液化天然气码头新建的消防船或消拖两用船的消防炮总流量、射程等对外消防性能应达到第 1 类消防船的要求。非新建的，每艘消防船消防炮的总流量不应小于 120L/s，每艘消拖两用船消防炮的总流量不应小于 100L/s。

（五）通信和导航设施

液化天然气码头应配置满足港口设施保安要求的通信设施。

（1）液化天然气码头应设置船岸专用有线通信系统。

（2）液化天然气码头应根据危险品泊位安全应急通信要求，设置防爆型甚高频无线电话。在气体危险区域的通信设备应为本质安全型。

（3）液化天然气码头宜设置具备报警、广播和对讲通话等功能的应急广播对讲系统。

（4）液化天然气码头应配备完善的导助航设施。位于复杂通航环境的液化天然气码头宜配备带电子海图和带 GPS 的电子引航设施。

四、总平面布置

（一）布置原则

（1）站址必须符合地区总体规划及岸线利用规划。

（2）陆域有足够的建设场地，地势平坦，无不良工程地质现象。

（3）符合国土基本政策，严格控制工业用地，少占良田好土。

（4）站址与周边相关重要设施、居民点及城镇保持足够的安全距离。

（5）按照 LNG 的特性，严格执行国家、地方现行规范、标准和工程建设标准强制性规定，满足防火、防爆、防振、防噪的要求，有利于环境保护和安全卫生。

（6）与港区布置协调一致，使储罐与码头卸船距离最短。

（7）工艺流程顺畅，功能分区明确，符合国家有关安全、消防、环保的规范要求。

（8）站区根据最终规模一次规划分期建设，留有扩展余地。

（二）总图布置

接收站陆域部分组成：LNG 储罐区、工艺区、公用工程区及主控楼、厂前区、仓库区、电力区、计量输出区、槽车装车站。

按照全站总工艺流程的安排，分清工艺工程系统和公用工程系统各单元，将流程联系紧密的单元组合成功能区，如 BOG 回收、再汽化等可组合成工艺区；变电所、供热站、水处理间、循环水冷却装置、生产、消防给水站、废水处理装置、生产调度楼、空氮站、变频器室、库房维修间、钢瓶间等组合成公用工程区；LNG 储罐、冷剂储存等为储罐区；LNG 装车位、装车辅助用房等为装车区；另外还有进站阀组区、主门卫、次门卫、火炬区、厂前区等。

综合考虑站区地理位置的特点：地理条件、周围建筑物情况、风向、原料气来向、站区供电和供水来向、外围道路等，遵循相关规范，对各功能区进行布置。如根据原料气来向，布置工艺区；按工艺流程要求，将储罐区靠近工艺区布置；储罐区位于厂区边沿，避免事故状态下造成更大损失。但是要确保与相邻企业热辐射间距满足规范要求；火炬区布置在全年最小频率风向的上风侧；工厂主变电所单独成区，按照外电源的来向可位于站区边沿，方便电力线进站；供热站、空氮站靠近工艺区布置，方便管架连接，且位于负荷中心；循环水装置，给水和消防站、废水处理装置靠近装置区布置等。

（三）竖向布置

1. 竖向布置原则

（1）竖向设计应与地区规划场地标高协调一致；

（2）竖向应与道路设计相结合，在方便生产、运输、装卸的同时，还应处理好场地雨水排出；

（3）竖向设计结合道路标高、厂址地形，建（构）筑物及其地面标高符合安全生产、运输、管理、厂容要求，合理确定场地内各单元标高，尽量减少场地内土方量；

（4）竖向设计应为工厂内各种管线创造有利的通行条件，方便主要管线的敷设、穿（跨）越及交叉等，为自流管线提供自流条件；

（5）减少土方工程量，力求填挖平衡，节省投资。

2. 竖向布置内容

按照厂址地形地貌特点，选择厂区场地竖向布置方式，可以采用平坡式布置或其他形式布置。确定各功能区的自然地坪标高和厂区排水方式，估算土石方平衡挖方/填方工程量。为了能得到经济合理的竖向布置，需要进行多方案比较确定实施方案。

（四）道路布置

道路布置符合生产、维修、消防等通车的要求，有效地组织车流、物流、人流，达到方便生产运输，厂容美观，并尽可能地减少工程量。道路与总平面布置相结合，道路网的布局有利于功能分区；道路与竖向相结合，道路网的布局有利于场区地面雨水的排放；厂区内道路采用环状布置，符合防火、环保的规定，道路交叉采用正交。

道路及场地布置以能满足现场施工和正常生产所需运输及设备检修、保证在火灾发生时消防车能安全迅速到达各防火区域。满足生产、运输、安装、检修、消防及环保卫生的要求。与竖向设计相协调，有利于场地及道路的雨水排放。

站区无大宗固体运输量，站区所储存LNG产品全部由远洋LNG专用船运至码头输入储罐，产品经汽化由管道输送至用户，仅有零星维修用品和生活物资运入。

道路路型可采用城市型，一般路面宽度主要道路为9m，次要道路为6m，沥青混凝土路面，道路转弯半径为12m，能满足大型消防车及检修车辆通行。

（五）铺砌布置

（1）重荷载区布置在槽车装车区、废品库、化学品库、消防站、维修及仓库车辆作业区，这些区域有运输车辆的停靠和进出，故设计为重荷载区。

（2）轻荷载区布置在厂前区停车场、公用工程区地坪、工艺装置区地坪等其他设施地坪区，作为一般小型车辆或检修车辆承重地坪。

（3）碎石铺砌布置在LNG储罐附近、主管廊区、预留LNG储罐区。

（六）规范

总平面布置遵循的规范：

（1）GB 50183—2004《石油天然气工程设计防火规范》；

（2）GB/T 20368—2006《液化天然气生产储存和装运》；

（3）GB/T 22724—2008《液化天然气设备与安装——陆上装置设计》；

（4）GB 50160—2008《石油化工企业设计防火规范》；

（5）GB 50016—2006《建筑设计防火规范》；

（6）GBJ 22—1987《厂矿道路设计规范》；

（7）GB 50489—2009《化工企业总图运输设计规范》；

（8）NFPA 59A—2009《液化天然气生产，储存和装运标准》；

（9）EN 1473—1997《液化天然气设备和安装——陆上装置的设计》。

五、公用系统

（一）供配电系统

1. 用电负荷和负荷分级

LNG 接收站供电范围包括站区用电、码头用电、倒班生活区用电等。用电负荷根据各单元用电量统计确定。

本工程工艺装置生产过程连续性强，自动化水平较高，接收站建成后成为地区天然气供应的主力气源，突然中断供电将造成较大的经济损失和政治影响，但不会造成爆炸及火灾，危及人身和设备安全。因此接收站的主要负荷为二级用电负荷。部分工艺生产装置用电设备为一级负荷。部分行政区域用电设备为三级负荷。

一级用电负荷中有部分为特别重要负荷，主要包括应急照明、关键仪表负荷、开关柜的控制电源、消防负荷及部分重要的工艺负荷。

2. 电源

（1）外部电源

对周边电源情况充分了解的基础上，进行多方案比较，本着供电可靠性高、系统容量充裕、工程量小、运行灵活的原则确定电源方案。一般采用 110kV 双回专用线路供电，厂内设置 110kV 变电站 1 座。

（2）内部电源

为保证城市天然气用户的用气要求，接收站内部可以考虑设置一台透平发电机组。在失去外部电源的情况下，由该发电机为工艺上的单系列负荷提供电源，如罐内泵、高压输送泵、工艺海水泵、蒸发气压缩机的单台设备等。

同时设置一台出口电压为 0.4kV 的柴油发电机组，为一级负荷中特别重要负荷提供电源，如透平发电机辅机、消防泵、空气压缩机、UPS、应急照明等。

3. 供配电设施

接收站内设 110kV 总变电所一座，码头和海水取水区通常距离较远，可视情况分别设置变配电设施。

总变电所包含 110kV、6kV 及 380V/220V 三个电压等级。总变电所内设 110kV 户内式组合电器，由外部电网提供双回路电源，经两台 110kV 变压器降压至 6kV。总变 6kV 配电装置负责向全站低压配电装置及高压电动机供电。低压配电装置仅负责对总变区域内的低压负荷供电。总变区域内设低压应急发电机组，由该机组在外部电源故障时向全站低压应急用电负荷供电。

海水区变电所设置于海水取水区域，内设两台 6V/0.38kV 干式变压器和低压配电盘，两回电源分别来自总变电所 6kV 两段母线，负责向取水区域内的用电负荷供电。

码头配电室设于码头控制楼内，内设低压配电盘。采用双电源进线。两回电源分别来自总变电所低压正常母线段和应急母线段。负责向码头区域内的用电负荷供电。

4. 系统运行方式

总变电所所有电压等级（110kV/6kV/0.38kV）的母线均采用单母线分段的接线方式，各级母线均采用母联备用自投的方式进行电源切换。总变设置两台 40MV·A、110kV 主变压器，透平发电机一台及 1250kV·A 事故柴油发电机一台。总变电所低压系统设应急母线段，应急母线段同正常母线段的一段通过母联连接，正常情况下低压负荷由正常电源供电，在外部电源尽失的情况下，启动事故柴油发电机，并切断同正常母线段的连接，由事故电源向界区内的特别重要负荷供电。总变 6kV 系统仅设正常母线段，正常情况下 6kV 负荷由正常电源供电，在外部电源尽失的情况下，启动透平发电机，由透平发电机向界区内的重要负荷供电。

码头配电室及海水区变电所采用单母线接线。码头采用双电源自动切换方式供电。海水区变电所两台变压器采用一台运行一台冷备运行方式供电。

总变电所设 110kV、6kV 及 380V/220V 共三个电压等级。总变所有电压等级采用单母线分段的接线方式。110kV 系统在正常运行方式下两回电源进线断路器为接通状态，母联断路器为断开状态；6kV 系统两回进线断路器为接通状态，母联断路器为断开状态；透平发电机与正常母线段连接的断路器为断开状态，外电消失时该断路器接通，并启动透平发电机组。低压系统两回进线断路器为接通状态，母联断路器为断开状态；事故母线段与正常母线段连接的断路器为接通状态，外电消失时该断路器断开，接通事故段进线断路器，并启动事故发电机组。

海水区变电所为低压变电所，采用单母线接线方式。

码头变电所为低压变电所，采用单母线接线方式。

5. 爆炸危险区域划分

接收站的原料输入为液化天然气，经汽化后将气态天然气通过输气干线向各用户供气。液化天然气为气态爆炸性混合物属于 IIA 级，温度组别为 T3。

根据 GB 50058—92《爆炸和危险环境电气装置设计规范》及 IEC 79 – 10、IP15 的规定，液态和气态天然气在处理，转运和储存过程中可能产生燃烧、爆炸、窒息的危险，及其可能出现的泄漏频繁程度和持续时间及通风条件下来划分爆炸危险区域。

由于工艺措施、设备制造及自动化水平较高，在正常运行时不可能出现爆炸危险气体混合物，即使出现也仅为短时存在。另外，由于采用露天化布置，通风情况良好。按相关规范的规定 LNG 储罐及容器内为爆炸危险区域 0 区，储存 LNG 的容器及输送 LNG 的泵、管线的周围一定范围内为爆炸危险区域 1 区及 2 区。

（二）供排水系统

根据用水性质，供水系统划分为：淡水供水系统（包括生产和生活用水）、消防供水系统和工艺海水系统三个。

根据清污分流的原则，排水系统划分为：生产生活污水系统、雨水系统和海水排放系统三个系统。

1. 供水系统

（1）生产生活供水系统

接收站生产生活用水主要用于行政办公楼、控制楼等生产辅助设施以及汽化器、公用工程站、装置设备的地面冲洗等，供水压力 >0.3MPa。

（2）消防供水系统

消防水的设计范围主要包括：消防水源、消防泵、稳压泵、消防环管、消火栓、水炮、水喷雾设施、码头水幕及室内消防等设施。

全厂消防系统水量的确定是按同时起火点为一处时的厂内最大用水装置所需的消防用水量而定。

由于 LNG 接收站靠近海边，消防水源可以依靠海水。消防供水方案采用稳高压消防系统，即海水消防，淡水保压，淡水试压的操作方式。这一方案的优点为：供水安全可靠，水源充足，水压保证，对火灾可作出快速反应，减小火灾造成的损失，同时可降低对消防管道的腐蚀，延长系统使用寿命。

消防系统的设备包括：两台消防泵（一台柴油泵，一台电动泵）；消防试压泵（电动）一台；稳压泵两台（电动）。平时，消防管网的压力由稳压泵维持，稳压泵出口压力为1.0MPa；当发生火灾时，启动消防泵，消防泵出口压力为 1.3MPa。

当用海水消防后，启动稳压泵，并打开消防管道上的排空阀，用淡水清洗消防管网。

厂内设消防试压用水储水罐和淡水水泵，作为接收站平时消防管网的淡水保压的水源。

（3）工艺海水系统

LNG 用船输送和储存过程中为液态，必须加热进行再汽化，才可送出供用户使用。开架式汽化器和中间介质式汽化器都需要采用海水作为热源。

接收站紧靠大海，将海水用作加热 LNG 的热源非常便利。而且加热后的海水可不做任何处理即可排海。

采用海水泵抽取海水。工艺海水系统配备有电解制氯设备一套，采用电解海水的方式制氯，用于海水加氯，以防海生物滋生，影响海水系统的正常运行。

2. 排水系统

（1）生产生活污水排放

按照国家要求各地区、各厂矿的生产生活污水必须达标排放。在厂区内设置污水处理设备，对污水作必要的处理，达标后就近排入大海。

厂内经处理后的生产生活污水用钢筋混凝土管道排到近海。

（2）海水的排放

海水经汽化器加热 LNG 后，温度降低，就近排海易使取水口的海水短路，并可能影响海洋环境，故采取将排水口设定到一定距离处排入大海的办法排放冷海水。

加热 LNG 后海水温度降低约 5℃，低于大气温度，不会向空气中蒸发，不影响厂区环境。ORV 所使用的海水在接收站内采用明沟排放。

（3）雨水

场地雨水均通过路边排水沟收集，直接排海。

（4）污水处理

① 生活污水从建筑物内排出后，由污水收集系统收集并送入污水处理装置。污水处理采用市政污水处理常规使用的微生物曝气处理方式，处理设备为一体化污水处理，采用碳钢材质，可成套供货。

② 含油生产废水由管道送至污水处理装置，采用油水分离器处理生产污水中的油污和无毒的无机物（如沙土、锈蚀等）。

③ 生产污水和生产废水经处理后，达到国家和地方规定的二级污水排放标准后排放。

④ 生产污水和生产废水均采用钢筋混凝土管道收集，局部为 UPVC 管道。

（三）通信系统

通信系统包括：行政电话系统、程控调度/广播系统、UHF 厂区无线对讲系统、VHF 海上无线对讲系统、门禁系统、局域网系统、火灾自动报警系统及电视监控系统。

（1）行政电话系统由当地电信局引来电话中继电缆，站内设电话交换机（PABX）和电话配线柜，实现站内各区域的通话。

（2）站区设置一套程控调度/广播系统，该系统主机设置在行政楼电讯间内，由数字程控调度/交换机和广播机两部分组成。二者既是一个互通互连的有机整体，又可以各自独立使用。功能互补，互为备用。因此，系统同时具有交换机的自动交换功能，调度机的无阻塞通话功能和广播、对讲机的即时呼叫功能。

系统可同时作为数字程控交换机、调度总机、指令对讲、单向扩音广播、自动流程广播、自动报警设备使用。并含有各种标准接口，可以和公共网电话交换系统、其他行政交换机、调度总机、无线对讲、过程控制计算机和 PLC 系统接驳，组网和拓展功能使用。

系统除具有数字程控调度/交换机的所有功能外，同时还可进行分组广播和齐呼广播。每个用户均可通过拨特定号码进行广播，也可通过编程限制用户拨号进行广播。分组广播和齐呼广播具优先接续功能。用户可以在装有电话的任意地点，方便地下达作业指令、调度信息、通知、找人和对讲。

（3）UHF 厂区无线对讲系统是用于厂区内流动工作人员之间的通信联络。对进行操作和维护工作时的通讯，以及保安人员的通讯工具，提供手提式对讲机之间，以及通过与电话交换机的接口，提供手提式对讲机与电话网络之间的通信。

（4）VHF 海上无线对讲系统用于站内调度与进出港船舶及码头工作人员之间的通讯，即用于油轮、拖船及接收站附近停泊的船只之间的通信及与码头上手提式对讲机之间的通信。通过远端控制单元，可实现对海上无线电收发机的操作，并能实现中央控制室与码头上手提式对讲机之间的通信。

（5）全厂设置一套火灾自动报警系统，火灾报警控制器设置在中央控制楼控制室内。码头控制室设置一区域火警控制器，消防站设置一火灾显示盘。

（6）站内建立一套工业电视监视系统，系统用于监视本接收站内设备和设施以及对本厂外围围墙的监视并录像，便于监控和处理突发事件，保证生产的安全进行。该系统主设备柜设置在中央控制室。

（7）门禁系统自动控制和记录区域人员的进出。

（8）全厂设置一套用于传输数据的局域网，由互联网链接的个人电脑、系统计算机、服务器等组成，采用网络交换机技术。网络中心设备设置在行政楼电信间内。

（四）消防系统

1. 设置原则

（1）消防系统的选择和设备的布置应能减小火灾危险分析中所确定的火灾事故的规模、强度和延续时间。

（2）消防系统选择优先秩序为被动的防护、固定式消防设施、半固定式消防设施、手动消防设施。

（3）选择的消防系统、灭火剂包括海水应能适应环境条件的要求；消防设施的选型应考虑海边潮湿气候和腐蚀性及管道中海水的腐蚀。

（4）消防系统应进行测试以保证其满足功能要求和设计意图。

（5）接收站和码头的消防设施应在接收站控制室内集中报警、集中管理和联动操作。

2. 标准与规范

对于 LNG 接收站总体的防火及消防设计，主要采用国际通用的标准，如 NFPA59A、EN1473 中的规定；而对于某项具体的防火或消防设计，则根据标准的严格性执行，即若国内标准更严格即采用国内标准，国际标准更严格则采用国际标准。如工艺装置区、建筑物的防火、灭火器的配置、可燃及有毒气体探测系统、火灾自动报警系统等的设计主要采用国内标准；而对于水喷雾系统的喷雾强度、干粉灭火系统等的设计则主要采用 NFPA 标准。

采用的国内标准主要有：

（1）工程建设标准强制性条文（石油和化工建设工程部分）；

（2）GB 50183—2004《石油天然气工程设计防火规范》；

（3）GB 50160—2008《石油化工企业设计防火规范》；

（4）GB 50016—2006《建筑设计防火规范》；

（5）GB 50140—2005《建筑灭火器配置设计规范》；

（6）GB 50219—1995《水喷雾灭火系统设计规范》；

（7）GB 50347—2004《干粉灭火系统设计规范》；

（8）GB 50084—2001《自动喷水灭火系统设计规范（附条文说明）［2005 年版］》；

（9）GB 50116—2013《火灾自动报警系统设计规范》；

（10）GB 50058—2014《爆炸危险环境电力装置设计规范》；

（11）GB 12158—2006《防止静电事故通用导则》；

（12）SH 3097—2000《石油化工企业静电接地设计规范》；

（13）GB 50057—2010《建筑物防雷设计规范》；

（14）GB 50151—2010《泡沫灭火系统设计规范》。

采用的国际标准主要包括：

① NFPA 59A《液化天然气生产储存和运输标准》

② EN 1473《液化天然气设备与安装》

③ NFPA 11A《中、高泡沫消防系统》

④ NFPA 13《喷淋系统的安装》

⑤ NFPA 15《固定式水喷雾灭火系统》

⑥ NFPA 17《干粉消防系统》

3. 消防设施

根据液化天然气的特性，设置包括消防站、消防水系统、高倍数泡沫灭火系统、干粉灭火系统、固定式气体灭火系统、水喷雾系统、水幕系统、灭火器等消防设施，各区域设置的消防设施如下：

（1）码头

① 高架消防水炮；

② 室外消火栓；

③ 固定式水喷雾系统；

④ 固定式水幕系统（码头前沿）；

⑤ 干粉灭火装置；

⑥ 气体灭火系统(码头控制室及配电室)；

⑦ 灭火器；

⑧ 高倍数泡沫灭火系统(LNG 收集池)。

(2) LNG 储罐区

① 室外消火栓；

② 固定式水喷雾系统(LNG 储罐罐顶钢结构平台等)；

③ 高倍数泡沫灭火系统(LNG 收集池)；

④ 干粉灭火系统(LNG 罐顶释放阀)；

⑤ 灭火器。

(3) 工艺区

① 固定式消防水炮；

② 室外消火栓；

③ 高倍数泡沫灭火系统(LNG 收集池)；

④ 固定式水喷雾系统；

⑤ 灭火器。

(4) LNG 槽车装车区

① 固定式消防水炮；

② 室外消火栓；

③ 固定式水喷雾系统；

④ 灭火器。

(5) 计量区

① 室外消火栓；

② 消防水炮；

③ 灭火器。

(6) 电力区

① 室外消火栓；

② 气体灭火系统(主变配电室、110kV 开关室)；

③ 灭火器。

(7) 仓库区

① 室外消火栓；

② 灭火器。

(8) 厂前区

① 固定式水喷淋系统(维修车间/仓库)；

② 室外消火栓；

③ 室内消火栓；

④ 灭火器。

4. 消防水系统

接收站设置一套稳高压消防水系统，消防水系统平时由稳压泵用淡水保压，火灾时启动海水消防泵，用海水消防。

（1）消防水量

消防水量的确定主要依照各区域所布置的消防设施的用水量来确定。消防水炮的用水量根据 GB 50160—2008 的要求确定，水喷雾系统的用水量根据 GB 50160—2008 和 GB 50219—95 的要求确定；水幕系统的用水量根据 GB 50084—2001 的要求确定；高倍数泡沫系统的用水量根据 GB 50151—2010 的要求确定；消防水枪的用水量根据 GB 50160—2008 的要求确定；固定式喷淋系统的用水量根据 GB 50084—2001 的要求确定；室内消火栓的用水量根据 GB 50016—2006 的要求确定。

（2）消防水源

设置消防储水罐，该储水罐的淡水仅用于小型火灾的扑救、消防系统的试验及消防管网的清洗。储水罐的补水由接收站外的城市自来水管网供给。

大量的消防用水为海水，设置专用的海水消防泵取水。

（3）消防泵

设置海水消防泵，淡水消防测试泵、稳压泵。稳压泵组及消防泵组均采用 PLC 可编程序控制器编制指令，自动控制单台或多台消防泵组。通过管网压力变化实现稳压泵组、消防泵组的自动开停。当管网处于设定的压力最小值或火灾报警控制盘指令时，均可实现自动启动消防泵组，并同时切断稳压泵。整个过程均可实现自动化程序工作。

（4）消防供水管网

设置独立的稳高压消防供水系统，或低压消防供水系统。消防给水管网在整个接收站、LNG 罐区、工艺装置区、LNG 汽车槽车装车站、辅助设施区等均成环状布置。消防水管网用截止阀分隔成若干段，每段的消火栓及消防炮数量不超过 5 个。

（5）室外消火栓

室外消火栓均沿道路布置，其大口径出水口面向道路。消火栓距路面边不大于 5m，距建筑物外墙不小于 5m，离被保护的设备距离至少为 15m。

接收站和码头的消火栓的布置间距不大于 60m。

室外消火栓出口设置减压设施，以使消防水枪的出口压力不大于 0.5MPa。

（6）消防水炮

消防水炮有固定式消防水炮和远控消防水炮。

在工艺区（包括高压输出泵、BOG 压缩厂房、汽化器等）、汽车槽车装车区、计量输出区等区域设置固定式消防水炮。消防水炮沿以上区域的道路布置，靠近被保护的工艺设备，但离被保护的设备的间距不应小于 15m。

在码头前沿设置高架远控消防水炮。远控消防水炮可在码头控制室遥控操作。

（7）固定式水喷雾系统

接收站在 BOG 压缩机及冷凝器、LNG 罐顶的泵平台、码头的火灾逃生通道等设备和区域设置固定式水喷雾系统。

所有水喷雾系统均为自动控制，同时具有远程手动和应急操作的功能。设置在各区域的火焰探测器探测到火灾信号后，传输信号至火灾报警控制盘，通过火灾报警控制盘的联锁控制信号启动雨淋阀，从而开启水喷雾系统。

火灾报警控制盘上设置有各水喷雾系统的远程手动控制按钮，可以远程手动开启各水喷雾系统。

各水喷雾系统的状态信号可在火灾报警控制盘上显示。

（8）码头前沿水幕系统

码头装卸臂前沿设置水幕系统，水幕系统的喷水强度为 2.0L/（s·m）。水幕喷头的设置范围为 50m。

水幕系统采用自动控制，同时具有远程手动和应急操作的功能。设置在码头前沿的火焰探测器探测到火灾信号后，传输信号至火灾报警控制盘，通过火灾报警控制盘的联锁控制信号启动雨淋阀，从而开启水幕系统。

火灾报警控制盘上设置有水幕系统的远程手动控制按钮，可以远程手动开启水幕系统。水幕系统的状态信号可在火灾报警控制盘上显示。

（9）汽车槽车装车站水幕系统

汽车槽车装车站的每一个装车站台均设置一套水幕系统，水幕系统的喷水强度为 2.0L/（s·m）。

水幕系统采用自动控制，同时具有远程手动和应急操作的功能。设置在汽车槽车装车站的火焰探测器探测到火灾信号后，传输信号至火灾报警控制盘，通过火灾报警控制盘的联锁控制信号启动雨淋阀，从而开启水幕系统。

火灾报警控制盘上设置有水幕系统的远程手动控制按钮，可以远程手动开启水幕系统。水幕系统的状态信号可在火灾报警控制盘上显示。

（10）高倍数泡沫灭火系统

高倍数泡沫灭火系统的设置目的是控制泄漏到 LNG 收集池内的液化天然气的挥发。设计泡沫混合液供给强度为 $7L/（min·m^2）$，泡沫混合液供给时间不小于 40min。泡沫原液选用 3% 的高倍数泡沫原液。选用发泡倍数为 300～500 倍的高倍数泡沫发生器，其额定流量为 4L/s。泡沫混合液的储量不小于设计用量的 200%。

在 LNG 罐区 LNG 事故收集池、工艺装置区 LNG 事故收集池、码头 LNG 事故收集池和槽车装车区等区域设置高倍数泡沫灭火系统。

（11）固定式干粉灭火系统

在 LNG 罐罐顶释放阀和码头设置固定式干粉灭火系统。

干粉灭火系统设置目的是扑灭释放阀因天然气释放而导致的火灾。干粉灭火系统的控制方式为自动控制/远程手动控制/就地控制。

码头干粉灭火系统的设置目的是扑灭码头上管道、阀门、法兰等泄漏的天然气导致的火灾。码头总共设置两套干粉灭火系统，分别布置在码头装卸臂的两侧平台上。

（12）气体灭火系统

在控制室的机柜间、主变配电室、110kV 开关所和码头控制及配电室区域分别设置气体灭火系统。

气体灭火系统全部采用 FM200（七氟丙烷）系统。

控制室机柜间和总变电所设置全淹没式管网系统；码头控制及配电室设置全淹没式无管网灭火装置。

全淹没式管网系统主要包括 FM200 储存系统和施放控制系统两部分，关键部件有灭火剂钢瓶组、喷头、管网、就地控制盘、声光报警器、放气指示灯、警示牌和手动启动按钮等。

无管网系统主要包括 FM200 储存系统和施放控制系统两部分，关键部件有灭火剂钢瓶组、喷头、就地控制盘、声光报警器、放气指示灯、警示牌和手动启动按钮等。

（13）室内消火栓

在维修车间及仓库、行政办公楼、消防站、食堂及倒班宿舍等建筑物内应设置室内消火栓。室内消火栓由高压消防水管网供水。

（14）移动式泡沫灭火装置

在柴油罐区、事故柴油发电机房等区域设置移动式低倍数泡沫灭火装置；在高压输出泵区、汽化器区、汽车槽车装车区等区域设置移动式高倍数泡沫灭火装置。

（15）灭火器

在码头、LNG罐区、汽车槽车装车区、工艺装置区和各建筑物内配置干粉、二氧化碳等手提式及推车式灭火器，以利于扑灭初起火灾。

① 码头、LNG罐区及工艺装置区内根据以下要求配置8kg BC类手提式干粉灭器。

甲类装置灭火器的最大保护距离，不宜超过9m，乙、丙类装置不宜超过12m；每一配置点的灭火器数量不应少于2个，多层框架分层配置。

可燃气体、可燃液体的地上罐组，按防火堤内面积每400m² 配置一个手提式灭火器，但每个储罐配置的数量不超过3个。

② 危险的重要场所，如BOG压缩机房、码头等，增设50kg BC类推车式干粉灭火器。

③ 建筑物灭火器配置

在仪表/电气设备房间配置5kg手提式二氧化碳和/为25kg推车式二氧化碳灭火器。

对通常的建筑物/房间配置3kg ABC类手提式干粉灭火器。

对处理可燃或易燃物料的房间/建筑物配置8kg ABC类手提式干粉灭火器。

④ 灭火器安装

8kg BC类手提式干粉灭火器和3kg ABC类手提式干粉灭火器放置在灭火器箱内。

5kg手提式二氧化碳、25kg推车式二氧化碳灭火器、50kg BC类推车式干粉灭火器就地放置。

第六节　浮式液化天然气接收终端

液化天然气通常通过海上运输到达买方的陆上接收终端。对于供气而言，陆上接收终端的位置希望尽可能靠近天然气市场用户，因而LNG陆上终端往往选择在发电厂、工业区或人口密集区附近。但是天然气是易燃易爆介质，陆上接收终端的具体位置必须满足相关规范所要求的安全距离，同时为接收海上运达的液化天然气，接收站所在位置又必须有可供建设LNG运输船靠泊港口的岸线条件。因此确定陆上接收终端的站址是一件复杂的事情。传统的LNG汽化和接收终端一直受项目审批时间长、投资大、建设周期长及地理条件要求高等因素的制约，尤其是近年来随着人们环保意识的增强，在沿海陆地建设LNG汽化和接收终端受到的限制越来越大。特别是在美国和欧洲，许多计划中的终端项目遇到许可上的障碍，不得不延迟甚至取消。

为突破陆地建设LNG接收终端的限制，位于海上的浮式液化天然气接收终端FSRU（Floating Storage and Regasification Terminal）很快就从概念设计进入实际开发阶段，这是将天然气运抵购买方的"船舶"，也作为海上终端向岸上供应天然气。浮式储存和再汽化装置FSRU（Floating Storage and Regasification Unit）作为LNG海上接收终端的主要型式，自2003年面世以来，已在全球得到大力推广，目前全球有15个以上的FSRU项目正在运营或已开工在建，而在未来 2~3 年有超过 30 个项目将进行具体的操作。另外在英国、美国、墨西哥、加拿大和澳大利亚等地，建立了永久性的基于 GBS（重力基础结构）的海上接收终端。并在过去几年中获得了相当的发展。运营实践证明 FSRU 技术已走向成熟，而且具有成本低、建设周期短、灵活性高等优点。浮式终端作为 LNG 汽化和接收的新型解决方案，将是陆上 LNG 接收终端的有效补充。

一、浮式 LNG 接收终端的发展

海上接收终端包括浮式 LNG 储存再汽化装置（FSRU，Floating Storage and Re - gasifica-tion Unit）；浮式 LNG 汽化装置（FRU，Floating Re - gasification Unit）；LNG 穿梭船（SRV，Shuttle and Re - gas Vessel）；重力基础结构（GBS，Gravity Based Structure）；平台式 LNG 接收终端（PBIT，Platform Based Import Terminal）。其中 FSRU 功能齐全、缺点少，由于远离陆地，对环境敏感和人口稠密地区特别适用而且安全隐患低，FSRU 作为 LNG 海上接收终端的主要型式，已受到全世界高度关注。

一般来说，LNG - FSRU 主要分为靠岸（码头汽化接收终端）和离岸（海上汽化接收终端）。从功能上又可分为有储液（FSRU）和无储液（FRU）等。

目前已实施的和建设中的 FSRU 大致可分为两种：船舶式和重力结构式。船舶式是以 LNG 船舶为基础，在原有储罐设施的基础上增加汽化装置，从而实现 LNG 的储存、接收和汽化功能。船舶式通常保留船舶的运输功能，可以实现 LNG 的装载、运输、储存和再汽化。重力结构式是在混凝土或钢制矩形结构上安装 LNG 储罐和汽化装置，固定在海上某个地点使用。目前应用最广泛的为船舶式。

Excelerate Energy 公司是最早开发浮式 LNG 汽化和接收终端并将其投入运营的公司。2005 年 2 月 Excelerate Energy 和其合作伙伴 Exmar 从韩国 Daewoo 订购的第一艘带有汽化装置的 LNG 船"Excelsior"交付。在传统的 $13.8 \times 10^4 m^3$ 的薄膜型 LNG 运输船的基础上，Excel-sior"加装了汽化装置，可实现 10000t/d 的汽化能力，最大汽化能力可达到 14000t/d。Excel-erate Energy 公司把这种新型船舶命名为能源桥汽化船（Energy Bridge Regas Vessel，EBRV），并用它在美国墨西哥湾建成了世界上第一个浮式 LNG 汽化和接受终端（Gulf Gateway）。能源桥梁汽化船停泊在墨西哥湾中部距离海岸约 200km 的深海上，与海底转塔系统相连，海底转塔系统由一系列锁链和锚固定在海底，实现能源桥汽化船的系泊。同时汽化后的天然气也通过海底转塔系统预先安装的管汇系统，进入海底外输管线输送到岸上（见图 5 - 25）。

Gulf Gateway 项目总投资约为 7 千万美元（5.41 亿元人民币）。2005 年 3 月 17 日开始汽化首船 LNG，每天可向管网提供约 $1400 \times 10^4 m^3$ 天然气。Excelerate Energy 公司原计划以 FOB 的方式购买 LNG，由能源桥汽化船运输至 Gulf Gateway，汽化后送入美国 Gulf Coast 市场。自 2005 年 3 月投入运营以来到 2009 年 5 月，利用四艘能源桥梁汽化船：Excelsior、Ex-cellence、Excelerate 和 Explorer，Gulf Gateway 项目共接收和汽化了 15 船 LNG。

继 Gulf Gateway 项目成功实施后，ExcelerateEnergy 公司两年后在英格兰北部的 Teeside Gasport 实施了第二个浮式汽化和接收终端项目。与 GulfGateway 项目所不同的是，Teeside Gasport 的能源桥梁汽化船不是停泊在远离岸边的深海，而是停靠在码头上。汽化后的天然气通过码头管汇处注入氮气，调节气体质量后，输入岸上管网。TeesideGasport 项目第一次实现了 LNG 的船对船输送。

2007 年 2 月，在英国苏格兰东北海岸奥克尼群岛（Orkney Islands）的斯卡帕湾（Scapa

Flow)，Excelrate Energy 公司的另一艘 LNG 船"Excalibur"成功将 $13.3 \times 10^4 m^3$ 的 LNG 输送到能源桥梁汽化船"Excelsior"（图 5-26）上。完成了世界上首次商业性的船对船 LNG 驳载。船对船驳载对浮式汽化和接收终端技术有重大意义，它给利用浮式终端实现连续供应提供了技术保障。能源桥汽化船可以停靠在任何合适的港口或水域，像传统终端一样进行连续接收和汽化。

图 5-25　EBRV 和海底转塔系统

图 5-26　Excalibur 和 Excelsior 的船对船驳载

2008 年 2 月，美国第二个浮式汽化和接收终端 Northeast Gateway 开始试运营。Northeast Gateway 有两套转塔系统，可同时停泊两艘能源桥梁汽化船。与 Gulf Gateway 采用开放式的海水汽化系统所不同的是，Northeast Gateway 则使用燃烧天然气的封闭式汽化系统，以避免排放低温海水对周围海洋环境的影响。Northeast Gateway 约需消耗 1%~2% 的 LNG，用以加热汽化器的热水。2008 年 5 月，Northeast Gateway 接收了能源桥梁汽化船"Exellence"运自特立尼达的第一船 LNG。为测试卸载和管线系统，仅 1/3 的 LNG 被汽化，剩余 LNG 被运往其他高价市场。由于当时国际 LNG 市场供应紧张，Excelerate Energy 公司原计划供应 Northeast-Gateway 的 FOB 货物被转运到其他高价市场。Northeast Gateway 直到 2009 年 2 月才接收第二船来自埃及的 LNG，由能源桥梁汽化船 Explorer"运输并进行汽化。

能源桥梁汽化船技术的逐步成熟，为新兴 LNG 进口国提供了新思路。阿根廷国家能源公司 Enarsa 为满足冬季天然气需求高峰，决定利用 Excelerate Energy 公司的能源桥梁汽化船，建设国内第一个 LNG 汽化和接收终端。利用已有的码头进行改造，加装卸料臂和输气管线，Bahia Blanca 项目在不到一年的时间内建成。Bahia Blanca 为双面码头设计，能源桥梁汽化船停靠在码头的一边，传统 LNG 运输船停靠在码头的另一边，通过码头的管汇进行船对船的驳载。作为调峰供应，Bahia Blanca 项目计划每年冬季投入使用。

Golar LNG 公司是 LNG 业界最大的船东和船舶运营公司之一，有 30 多年的从业经验，目前有 15 艘 LNG 船舶为其服务。立足于 LNG 运输所积累的丰富经验，Golar LNG 近年来一直致力于拓宽其在 LNG 中游的业务范围。通过改建传统的 LNG 运输船，Golar LNG 开发了浮式 LNG 电厂、浮式 LNG 液化厂和浮式 LNG 汽化和接收终端。Golar LNG 最早选择改建的 LNG 船是 1981 年交付的舱容为 $12.9 \times 10^4 m^3$ 的球罐型 LNG 船"Golar Spirit"。汽化装置被加装在船的前部，控制中心、公用设施和船员生活设施在尾部（见图 5-27）。2007 年 10 月，"Golar Spirit"进入新加坡的 Keppel 船厂开始改建，2008 年 7 月世界上第一艘由 LNG 船改建的 LNG 浮式汽化和接收船顺利交付。Golar LNG 第一批计划改建四艘 LNG 船，分别是：Golar Spirit，Golar Winter，Golar Freeze 和 Golar Frost。

Golar LNG 和巴西国家石油公司 Petrobra 紧密合作，用改建后的 Golar Spirit 给巴西建设

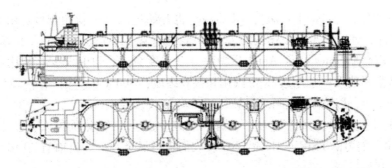

图 5 - 27　Golar LNG 改建的球罐型浮式 LNG 汽化和接收船总布置图

了第一个 LNG 接收站 Pecém。Pecém 接收站与阿根廷的 Bahia Blanca 接收站相似，通过对已有码头改建，实现 LNG 汽化和接收船和传统 LNG 运输船的双边靠泊。通过卸料臂和码头管汇，LNG 从传统运输船被卸载到 LNG 汽化和接收船，整个靠、离泊和卸载的过程约需 24h。汽化后的 LNG 通过管线输入岸上的管网系统。Golar Spirit 的汽化能力约为 12000t/d，约 10 天完成一船 LNG 的汽化。

"Golar Spirit" 在特立尼达的液化厂完成装载后，于 2008 年 7 月 22 日到达巴西北部的 Pecém，进行了为期 4 周的试运营。作为调峰使用，Pecém 终端的主要运营时间为巴西的旱季 5 ~ 8 月，Pecém 负责为附近的三家燃气电厂提供天然气供应，以满足水电供给的缺口。Petrobra 分别与 BG 和壳牌签订了供应合同，但由于技术和许可的原因，Pecém 终端直到 2009 年 1 月才开始正式投入运营(图 5 - 28)，目前已接收 4 船 LNG。

2009 年 5 月，Golar LNG 第二条 LNG 接收和汽化船 "Golar Winter" 完成改建。$13.8 \times 10^4 m^3$ 的 Golar Winter 交付于 2004 年，是首个被改建为 LNG 汽化和接收船的薄膜型 LNG 船。"Golar Winter" 加装了三套汽化装置，每天可最多输出 $1400 \times 10^4 m^3$ 天然气。"Golar Winter" 的年最大汽化和输气能力可达 $380 \times 10^4 t$ LNG。"Golar Winter" 将被用于 Petrobra 在巴西南部建设的 Guanabara 浮式汽化和接收终端。该项目使用的技术和 Pecém 完全一样，于 2009 年 3 月投产，也是用于弥补每年旱季时(5 ~ 8 月)的水电缺口。

根据 Golar LNG 和 Petrobra 的合同，Petrobra 将租用两条汽化和接收船 10 年，并保留 5 年延长租期的选择权。Petrobra 计划在天然气需求的高峰季节，汽化和接收船将靠泊在码头工作，通过传统 LNG 运输船驳载 LNG，保持天然气的连续供应。在天然气需求较低时期，汽化和接收船可自行前往货源地进行运输，通过间歇供应，降低运营成本(图 5 - 29)。

图 5 - 28　运营中的 LNG 接收和汽化船 Golar Spirit

图 5 - 29　Golar LNG 浮式接收和汽化终端

此外，Excelerate Energy 在科威特 Ahmadi 港口建设的 Mina Al - Ahmadi Gasport 项目于 2009 年 3 ~ 4 季度投入使用。Golar LNG 在迪拜建设的项目也在 2010 年建成，计划使用的

LNG 接收和汽化船为"Golar Freeze"。GDF Suez 也开始进入这一新的领域。由 HoeghLNG 和 Mitsui OSK 设计，韩国三星重工建造的 LNG 接收和汽化船"Suez Neptune"于 2009 年 4 季度交付，第二条汽化船"Suez Cape Ann"于 2010 年 2 季度交付。GDF Suez 将租用这两条汽化船在美国马塞诸塞州建设一个浮式 LNG 汽化和接收终端：Neptune LNG。该终端位于已建成的 Northeast Gateway 浮式终端以北附近海域，2009 年底投入使用。

2012 年 8 月。Excelerate 公司宣布在韩国新建 8 艘采用能源桥再汽化技术，同时拥有 173400m³ 的储存能力的 FSRU。Golar LNG 发表的资料显示，全球目前有 30 多个 FSRU 项目正在或正准备开始进行。

二、浮式 LNG 接收终端的特点

（1）大型化，载货量一般为 $(25 \sim 35) \times 10^4 m^3$，几乎为现行 LNG 船的两倍，降低运输成本。

（2）深海停泊，替代陆上终端，非常具有成本优势，而且座落于远离海岸的海上，远离发电厂、工业区或人口密集区；对周边环境的安全危害小。

（3）可长期单点系泊在深海海床上，克服了岸上终端对 LNG 船的吃水限制，或免除了 LNG 船舶对港口水深的要求。

（4）LNG 汽化和接收船可在工厂制造，现场工程建设集中在改建码头或深水停泊系统及管线。工程量少，建设周期短。

（5）浮式 LNG 汽化和接收终端可移动的特点，使它可以在某个市场高峰需求时提供供应，在需求低谷时被转移到另外的市场。特别适合满足市场的季节性需求和短期需求。

（6）LNG – FSRU 既具有储存、汽化功能，又具有运输功能，可作为 LNG 运输船（货物围护系统与现行的 LNG 船相同）。巴西和阿根廷的经验说明，浮式 LNG 汽化和接收终端可以在需求高峰季节提供有效的供应；需求淡季时，LNG 汽化和接收船可作为传统 LNG 运输船工作。

（7）LNG 不需从船上卸至岸上终端，减少了运输次数和卸货次数，不仅可降低成本，也减少了部分卸货危险。

三、LNG – FSRU 的系统配置

（一）锚泊系统

LNG – FSRU 的锚泊系统一般采用能使 FSRU 随风向改变方位的单点系泊系统（Single – Point Mooring，简称 SPM），将 LNG – FSRU 牢固地锚泊在海床上。系泊和挠性立管系统要求的最小水深为 40 ~ 60m。非良好海况 LNG – FSRU 可围绕其单点系泊系统打转。SPM 系统中有内部转塔，减少锚泊负荷，并使生活区随时处于货物区域的上风侧。

（二）卸货系统

LNG – FSRU 的卸货系统采用串联卸货方式。LNG – FSRU 的尾部设有 SYMO 卸货系统，由一可旋转的构架吊着，若需检查或维修可将其转到甲板上。该系统能在浪高 3.5m 的情况下与接卸端连接，一旦接好就能保持连接牢固，并可在浪高 5.5m 的条件下工作。接卸端（可以是接卸船）与 FSRU 尾部的距离，由动态定位设备控制在容许工作范围内，可避免锚泊和卸货作业中可能出现的危险。

(三) FSRU 的船壳及货物围护系统

围护系统应能适应所有工作条件下的液位条件，运输过程中，LNG – FSRU 围护系统在所有液位条件下能限制晃荡影响，维持液舱中液体的晃动在最低限度，保证围护系统内的冲击力在极限以内。抵达购买方后，即使深海锚泊摇晃、持续地卸货或供应天然气等使围护系统中的液位不断变化，LNG – FSRU 围护系统仍可将晃荡限制在最小程度。FSRU 的船壳为双层壳体，船壳与货物围护系统之间物理隔离并做绝热处理。

众所周知，造船市场上 LNG 船的液舱有三种围护系统：MOSS – Rosenberg 的球形液舱、GTT 公司的薄膜液舱和 IHI 的 SPB 型液舱。这三种围护系统中，只有 SPB 型液舱满足以下条件，最适合于 FSRU，总储货容积可达 $20 \times 10^4 \sim 40 \times 10^4 \mathrm{m}^3$，约 5000$\mathrm{m}^3$ 的自由甲板空间，用以安装再汽化装置和其他设备。服务有效期 15 ~ 30 年，且无须进坞修理。

(四) 再汽化系统

再汽化的目的，是 LNG – FSRU 作为海上终端向岸上用气设施直接供气。再汽化的方法，是通过再汽化系统，利用海水的热量加热来自液舱中的液化天然气。液化天然气的汽化，因存在结冰和结垢等危险，不能采用板翅式换热器使 LNG 与海水直接换热，只能选用立式壳管式中间流体蒸发器(Intermediate Fluid Vaporiser, 简称 IFV)。IFV 的中间流体，使用水和乙二醇的混合物，冰点低于 – 30℃，可降低结冰的危险，同时改善生物结垢。与海水直接循环的蒸发器相比，IFV 增加了初始投资和设备，然而运行证明，由于前述的降低结冰的危险，同时改善生物结垢，采用 IFV 带来的费用增加是必要的。

(五) 蒸发气处理系统

液化天然气的蒸发气(BOG)是由于外界漏热的渗入，货舱中的少量液化天然气蒸发产生的。LNG – FSRU 上 BOG 因下列因素而产生：围护系统、卸货系统和相关管路的热量渗入；LNG 质量(主要指沸点)差别；LNG 泵运行产生的热量；卸货期间货舱容积变化；货舱压力变化；卸货前和卸货期间，LNG – FSRU 与 LNG 船之间压差。

典型的 BOG 处理系统，包括机械制冷再液化后送回液舱和将 BOG 作为燃料。现在营运的 LNG 船舶，均将 BOG 作为燃料送入锅炉燃烧。锅炉产生蒸汽推动汽轮机。锅炉的燃烧方式有 3 种：单烧油、单烧气(航行中根据具体情况而定)和油气混烧。在建的 LNG 船均安装再液化装置，将 BOG 机械制冷再液化后送回液货舱。

LNG – FSRU 的研发，将极大影响我国正处于大发展关键阶段的 LNG 运输和接收站建设。

第六章　天然气管道输配

天然气的管道输送是天然气输送的主要形式，管道输送贯穿于天然气从开采、处理运输到使用的全过程。液化天然气的出现实现了天然气的液态运输，但是 LNG 到达终端接收站后，经过再汽化通过管道输送到用户，因而，管道输配是 LNG 接收工程的一部分。本章从 LNG 接收工程的实际对天然气管道输配技术作一介绍。

第一节　天然气管道输送系统

天然气在常温常压下是气态，其密度小、体积大，管道输送成为经济有效的输送方式。

天然气长距离输送系统是由输气管道和压缩机站组成的一个复杂的动力系统。由于输送的气量大、运距长、压力高、管径大，与矿场集输气或城市输配气有很大的不同。首先，这是一个连续输送系统，一般靠气藏自身压力或加压后通过管道输送到目的地，经济、安全、有效。但为了实现连续输送，对系统中的产、供、销诸环节要求紧密相连，系统的设计和操作也更为复杂。还有，天然气供应涉及国计民生，必须确保安全、可靠、不间断地输送。天然气管道的运行还要能适应气源生产的均衡性和用户需求的波动性，力求稳定供气。为了安全连续、稳定输送，与长输管道系统配套的通信、自控等系统必须完善、配套、可靠。

天然气管道输送系统主要由矿场集气管网、长距离输气管道、城市配气管网三部分组成。长距离管道输气系统如图 6-1 所示。其构成一般包括首站、输气干线、中间站、压气站、清管站、干线截断阀室、障碍穿跨越、城市门站（末站）以及与管道系统配套的通信系统和自控系统。

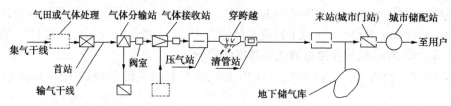

图 6-1　长距离管道输气系统

首站主要是对进入干线的天然气进行质量检测和流量计量，同时，具有分离、调压和清管器发送功能。

中间站主要是接收其他支线与气源来气，或者是分输气体供沿线城镇用气，其功能与首站类同。

压气站是为提高输气压力而设置的中间接力站。这是输气管道系统的重要组成部分。其主要功能是为管道增压，以提高管道的输送能力。

清管站的功能是通过收发球定期清除管道中的水、机械杂质等杂物。清管站一般和其他场站合建。

城市门站（末站）除具有一般站场的分离、调压和计量功能外，常常还要给各类用户配气。

干线截断阀室是为进行事故抢修而设置的。按照规范，根据线路所在地区类别，每隔一定距离设置一座阀室。

输气管道的通信系统既作为生产运行数据传输通道，又是管道系统日常管理、生产调度、事故抢修等的指挥通道。一般有无线和有线两大类。

第二节 天然气管道输送技术

天然气管道输送是一项庞大的系统工程。液化天然气从 LNG 接收终端再汽化后通过管道输送进入区域管网。由于 LNG 接收终端的选址考虑了尽可能贴近市场，因而这段管输距离一般不会太长，而接收站再汽化输出压力常常达到 6.0~9.0MPa，可以满足 LNG 再汽化后的管输要求，通常无需再增压。本节对管道输送技术的介绍也是按照当前 LNG 接收工程的实际展开的，没有涉及管道增压输送，如有兴趣可查阅有关输气管道的专业书籍。

一、输气工艺

输气工艺是按照输气要求、气源、气质条件等进行技术经济比较后确定的。输气工艺设计一般包括输气干线总流程，站场数量和站间距，最大输送压力和管径、壁厚选择，管道运行参数确定等。工艺设计是工程建设的基础，经多方案优化比较后确定的输气工艺，不仅节省投资，而且降低运行成本。

对于管道沿线设置的各类站场的工艺流程必须满足输气工艺的总体要求。站场的位置应符合系统工艺的布局。站场应具有旁通、安全泄放、越站输送等功能。为了方便管理、节省投资，不同功能的站场尽可能合并建设。

(一) 输气管道的水力计算

输气工艺的首要问题是输送压力的确定，而输气压力关系到管道的输送能力和管径的选择。水力计算的目的就是研究一定的输气管道的流量与压力之间的关系。通过输气管道的水力计算可以优化管道的输送压力、通过能力，并确定管径。

当地形起伏高差小于 200m 时，克服高差所消耗的压降在总压降中占的比重很小，可以认为是水平输气管，应用水平输气管的流量基本公式计算。

常用的输气管道流量计算公式是在水平输气管的流量基本公式中代入摩擦阻力系数计算公式形成的。

水平输气管的流量基本公式为

$$Q = C_0 \sqrt{\frac{(p_Q^2 - p_Z^2)D^5}{\lambda Z \Delta_* TL}} \tag{6-1}$$

式中 Q——输气管在工程标准状况下的体积流量；

     p_Q——输气管计算段的起点压力；

     p_Z——输气管计算段的终点压力；

     D——管内径；

     Z——天然气在管输条件(平均压力和平均温度)下的压缩因子；

     Δ_*——天然气的相对密度；

     T——输气温度，$T = 273 + t_{p_i}$，t_{p_i} 为输气管的平均温度；

L——输气管计算段的长度；

λ——水力摩阻系数。

① 层流区

在层流区（$Re < 2000$），摩阻系数 λ 仅与雷诺数 Re 有关：

$$\lambda = \frac{64}{Re} \qquad (6-2)$$

② 临界过渡区

当 $2000 < Re < 4000$ 为临界过渡区，该区的摩阻系数可用扎依琴柯公式计算：

$$\lambda = 0.0025 \sqrt[3]{Re} \qquad (6-3)$$

③ 紊流区

紊流区包括水力光滑区、混合摩擦区和阻力平方区。由于紊流区中的流动状态比较复杂，计算公式较多，适用于紊流三个区的综合公式有：

柯列勃洛克公式：

$$\frac{1}{\sqrt{\lambda}} = -2\lg\left(\frac{Ke}{3.7D} + \frac{2.51}{Re\sqrt{\lambda}}\right) \qquad (6-4)$$

阿里特苏里公式：

$$\lambda = 0.11\left(\frac{Ke}{D} + \frac{68}{Re}\right)^{0.25} \qquad (6-5)$$

前苏联使用的公式：

$$\lambda = 0.067\left(\frac{158}{Re} + \frac{2Ke}{D}\right)^{0.2} \qquad (6-6)$$

由式（6-6），

在紊流光滑区：

$158/Re > 2Ke/D$，可得 $\lambda = 0.1844Re^{-0.2}$

在阻力平方区：

$158/Re < 2Ke/D$，可得 $\lambda = 0.067\left(\frac{2Ke}{D}\right)^{0.2}$

式中的当量粗糙度 Ke，对于新管，美国一般取 0.02mm，俄罗斯取 0.03mm，我国通常取 0.05mm。

上述公式中常数 C_0 的数值随各参数所用的单位而定。C_0 值见表 6-1。

表6-1　C_0值

参数的单位				单位的系统	系数
压力 p	长度 L	管径 D	流量 Q		C_0
Pa（N/m²）	m	m	m³/s	我国法定单位	0.03848
kgf/m²	m	m	m³/s	千克·米·秒	0.377
kgf/cm²	km	cm	m³/d	混合	103.10
kgf/cm²	km	mm	Mm³/d	混合	0.326×10^{-6}
10⁵Pa	km	mm	Mm³/d	我国法定单位	0.332×10^{-6}

当地形起伏高差大于 200m 时，就应该考虑高差和地形起伏对输气管输气能力的影响。这样的输气管可以看作是不同坡度的直管段连接而成。每一直管段的起点和终点就是线路上地形起伏较大的特征点。其计算公式为：

$$Q = C_0 \sqrt{\dfrac{[p_0^2 - p_Z^2(1 + aS_Z)]D}{\lambda Z\Delta_* TL\left[1 + \dfrac{a}{2L}\sum\limits_{i=1}^{z}(S_i + S_{i-1})l_i\right]}} \qquad (6-7)$$

式中　　$a = \dfrac{2g}{ZRT}$

$\quad\quad\quad g$——重力加速度；

$\quad\quad\quad Z$——天然气在管输条件(平均压力和平均温度)下的压缩因子；

$\quad\quad\quad R$——气体常数；

$\quad\quad\quad T$——输气温度；

$\quad\quad\quad S_Z$——管道终点高程。

由上式可见，输气管起点和终点高差对输送能力的影响。终点比起点位置越高，则输气能力越低。同时，输气管还存在沿线地形起伏对输送能力的影响。这是由于输气管起点的气体密度大于终点的气体密度，整条管线的气体密度逐渐降低造成的。

常用的输气管道流量计算公式是在上述两个输气管的流量基本公式中代入摩擦阻力系数计算公式形成的。

常用的输气管道流量计算公式有：

1. 威莫斯公式

$$Q = C_w D^{3/8}\left(\dfrac{p_Q^2 - p_Z^2}{Z\Delta_* TL}\right)^{0.5} \qquad (6-8a)$$

或

$$Q = C_w D^{3/8}\left\{\dfrac{p_Q^2 - p_Z^2(1 + as_Z)}{Z\Delta_* TL\left[1 + \dfrac{a}{2L}\sum\limits_{i=1}^{z}(S_i + S_{i-1})l_i\right]}\right\}^{0.5} \qquad (6-8b)$$

2. 潘汉德尔 B 式

$$Q = C_p ED^{2.53}\left(\dfrac{p_Q^2 - p_Z^2}{Z\Delta_*^{0.961} TL}\right)^{0.51} \qquad (6-9a)$$

或

$$Q = C_p ED^{2.53}\left\{\dfrac{p_Q^2 - p_Z^2(1 + as_Z)}{Z\Delta_*^{0.961} TL\left[1 + \dfrac{a}{2L}\sum\limits_{i=1}^{z}(S_i + S_{i-1})l_i\right]}\right\}^{0.51} \qquad (6-9b)$$

3. 前苏联使用公式

$$Q = C_s \alpha\varphi ED^{2.6}\left(\dfrac{p_Q^2 - p_Z^2}{Z\Delta_* TL}\right)^{0.5} \qquad (6-10a)$$

或

$$Q = C_s \alpha\varphi ED^{2.6}\left\{\dfrac{p_Q^2 - p_Z^2(1 + as_Z)}{Z\Delta_* TL\left[1 + \dfrac{a}{2L}\sum\limits_{i=1}^{z}(S_i + S_{i-1})l_i\right]}\right\}^{0.5} \qquad (6-10b)$$

上述公式中 C_w，C_p，C_s 的值，随公式中各参数的单位不同而异，如表 6-2 所示。

表 6-2　系数 C_w，C_p，C_s 的值

参数的单位				单位的系统	系数		
压力 p	长度 L	管径 D	流量 Q		C_w	C_p	C_s
Pa(N/m³)	m	m	m³/s	我国法定单位	0.3967	0.39314	0.3930
kgf/m²	m	m	m³/s	公斤·米·秒	3.89	4.0355	3.854
kgf/cm²	km	cm	m³/d	混合	493.41	1077.48	664.36
kgf/cm²	km	mm	Mm³/d	混合	1.063×10^{-6}	3.18×10^{-6}	1.669×10^{-6}
10⁵Pa	km	mm	Mm³/d	我国法定单位	1.084×10^{-6}	3.244×10^{-6}	1.702×10^{-6}

式中 α 为流态修正系数，当流态处于阻力平方区时，$\alpha = 1$，如偏离阻力平方区，α 可依下式计算

$$\alpha = \left(1 + 2.92 \frac{D^2}{Q}\right)^{-0.1} \tag{6-11}$$

式中　D——管内径，m；

Q——输气量，Mm^3/d。

φ 为管道接口的垫环修正系数。无垫环，$\varphi = 1$；垫环间距 12m，$\varphi = 0.975$；垫环间距 6m，$\varphi = 0.95$。

E 为输气管输气效率系数。E 表示输气管输气能力的变化：

$$E = \frac{Q_S}{Q_L} = \sqrt{\frac{\lambda_L}{\lambda_S}}$$

式中　Q_S——输气管实际输气能力；

Q_L——由摩阻系数计算所得的理论输气能力；

λ_S——根据实际输气能力确认的摩阻系数；

λ_L——根据理论公式计算所得的摩阻系数。

输气管的输气能力和水力摩阻系数是随时间而变化的。如果是不含硫化氢的干气，气中的固体颗粒对管壁的磨光作用，使投产后的输气管的粗糙度和水力摩阻系数逐渐减小，输气能力增大。相反，气体中含有水汽，特别是有硫化氢存在，将引起管壁内腐蚀，使水力摩阻系数逐步增大。当凝析的液体积聚于管道低点，或出现水合物时，水力阻力急剧增大。因此每一条管线定期地确定它的 E 值，就可以判断它的污染程度，当 E 值较小时，必须采取措施，如清扫管线等，恢复管道的输气能力。

设计时在计算公式中加入 E 值，是为了保证输气管投产一段时间后，仍然达到设计能力。设计时，美国一般取 $E = 0.9 \sim 0.95$。

（二）输气管基本参数对流量的影响

输气管的基本参数 D、L、T、p_Q 和 p_z 对流量的影响是很不相同的。下面讨论中，以公式（6-1）为基础。该式为

$$Q = C\left[\frac{(p_Q^2 - p_z^2)D^5}{\lambda Z\Delta_* TL}\right]^{0.5} \tag{6-12a}$$

$$p_Q^2 = p_z^2 + ClQ^2 \tag{6-12b}$$

$$C = \frac{\lambda Z\Delta_* T}{C_0^2 D} \qquad\qquad (6-12c)$$

1. 直径对流量的影响

当输气管的其他条件相同，直径分别为 D_1，和 D_2 则流量分别为

$$Q_1 = C\left[\frac{(p_Q^2 - p_Z^2)D_1^5}{\lambda Z\Delta_* TL}\right]^{2.5}$$

$$Q_2 = C\left[\frac{(p_Q^2 - p_Z^2)D_2^5}{\lambda Z\Delta_* TL}\right]^{2.5}$$

故

$$\frac{Q_1}{Q_2} = \left(\frac{D_1}{D_2}\right)^{2.5}$$

上式说明输气管的通过能力与管径的 2.5 次方成正比。若直径增大一倍，$D_2 = 2D_1$，则

$$Q_2 = 2^{2.5}Q_1 = 5.66Q_1$$

流量是原来的 5.66 倍。由此可见，加大直径是增加输气管流量的好办法。也是输气管向大口径发展的主要原因。

2. 长度(或站间距)对流量的影响

当其他条件相同时

$$\frac{Q_1}{Q_2} = \left(\frac{D_2}{D_1}\right)^{0.5}$$

即输气量与长度的 0.5 次方成反比。若站间距缩小一半，例如在两个压气站之间增设一个压气站，$L_2 = 1/2L_1$，则流量

$$Q_2 = \sqrt{2}Q_1 = 1.41Q_1$$

即倍增压气站，输气量只能增加 41%。

3. 输气温度对流量的影响

$$\frac{Q_1}{Q_2} = \left(\frac{T_1}{T_2}\right)^{0.5}$$

流量与输气的绝对温度的 0.5 次方成反比。输气温度越低，输气能力越大。目前，国外已提出 $-70℃$ 左右输气的设想，认为在解决低温管材的基础上，经济上是可行的。从 $50℃$ 降低至 $-70℃$，流量为

$$Q_2 = \left(\frac{273+50}{273-70}\right)^{0.5}Q_1 = 1.26Q_1$$

增加 26%。实际上由于压缩系数 Z 的影响，流量还会增大些。

实际输气中，是否采取冷却措施，必须经过经济论证。但在压缩机出口，气体温度超过管道绝缘层的允许值时，必须冷却后才能输入干线。

4. 起、终点压力对流量的影响

输气量与起、终点压力的平方差的 0.5 次方成正比，改变起、终点压力都能影响流量，但效果是不同的。

起点压力增加 δ，压力平方差为

$$(p_Q + \delta p)^2 - p_Z^2 = p_Q^2 + 2p_Q \delta p + \delta p_p^2 - p_Z^2$$

终点压力减少 δ，压力平方差为

$$p_Q^2 - (p_Z - \delta p)^2 = p_Q^2 + 2p_Z \delta p - \delta p^2 - p_Z^2$$

两式右端相减，得

$$2\delta p(p_Q - p_Z) + 2\delta p^2 > 0$$

上式说明，改变相同的 δp 时，提高起点压力对流量增大的影响大于降低终点压力的影响。提高起点压力比降低终点压力有利。

压力平方差还可写成

$$p_Q^2 - p_Z^2 = (p_Q + p_Z)(p_Q - p_Z) = (p_Q + p_Z)\Delta p$$

该式说明，如果压力差 Δp 不变，同时提高起、终点压力，也能增大输气量，此处更进一步说明高压输气比低压输气有利。因为高压下，气体的密度大，流速低，摩阻损失就小。

（三）水合物

水合物（水化物）是在一定的温度和压力条件下，天然气中某些组分与水分形成化合物。天然气水合物是白色结晶体，外观类似松散的冰或致密的雪，密度为 $0.88 \sim 0.90 g/cm^3$ 在水合物中，与一个气体分子结合的水分子数不是恒定的，这与气体分子的大小、性质以及晶格中孔室被气体分子充满的程度等因素有关。戊烷以上的烃类一般不形成水合物。

水合物形成一般有三个条件：

（1）天然气中含有足够的水分，即气体中的水蒸气分压大于气体水合物中的水蒸气分压。

（2）有足够高的压力和足够低的温度。

（3）在上述条件下，气体压力波动或流向突变产生扰动或有晶种存在就促进产生水合物。

水合物的临界形成温度是水合物可能存在的最高温度。高于临界温度，不管压力多大，也不会形成水合物。表 6-3 列出了气体生成水合物的临界温度。

表 6-3 气体生成水合物的临界温度

组分	CH_4	C_2H_6	C_3H_8	iC_4H_{10}	nC_4H_{10}	CO_2	H_2S
临界温度/℃	21.5	14.5	5.5	2.5	1	10.0	29.0

根据天然气形成水合物的温度、压力条件，可以得到对应于输气管压力分布曲线的水合物形成的温度曲线。由此，可以判断输气管上可能形成水合物的区域，而是否生成水合物要具体分析所输送的天然气的组分和含水情况。

水合物形成会减少输气管道流道面积，甚至堵塞管道，影响生产运行。防止水合物形成的方法主要是破坏水合物形成的温度、压力和水分条件，使水合物失去存在的可能。这些方法主要有：

（1）加热

加热使气体温度高于水合物形成的温度。该方法在干线输气管上不宜采用，因为它会降低管道的输气能力。主要用于矿场集气站和城市配气站中，节流降压时，加热防止水合物形成。

（2）降压

压力降低而温度不降，也可使水合物不致形成。该方法主要通过将气体放空，压力急剧下降，已形成的水合物会分解，而暂时解除某些管线上已形成的冰堵。

（3）添加抑制剂

在含饱和水的天然气中加入抑制剂，吸收部分水蒸气，使天然气中水蒸气分压低于水合物的水合物压。通常采用的水合物抑制剂有甲醇、乙二醇、二甘醇和三甘醇等。

（4）干燥脱水

气体在长距离输送前脱水是防止水合物形成最经济、有效的方法，应用也最广泛。一般要求，脱水后气体的水露点低于输送气体最低输气温度5℃。

二、管材

管材是输气管道安全、可靠、经济运行的基础。据统计，输气管道的总投资中，用于管材的投资占30%~35%。因此，在世界输气管道发展的同时，也促进了管材的发展。为了提高输气管道运行可靠性、节省投资，对管材性能和质量提出了更高更严的要求，推动了管道用钢和制管技术的发展。

（一）管道材质

管材的质量和性能是保证输气管道安全可靠运行的重要基础，管材的三项基本性能指标是：强度、韧性、可焊性。

1. 钢材强度与等级

几十年来，世界上普遍采用或参考美国的 API Spec5L 钢管标准。该标准根据钢材的屈服强度划分钢材等级，每一个钢级对应一个规定的最小屈服强度（SMYS），例如 X60 级钢的 SMYS 为 $60 \times 10^3 psi$（423MPa）。

随着钢材强度的不断提高，API Spec5L 中每隔若干年就增加新的钢级，例如 1960 年列入的最高钢级为 X60，60 年代后期为 X65，70 年代初期为 X70。在 1992 年 11 月 1 日发布的 API Spec 5L 第 40 版中，列入的钢级包括 A25、A、B、X42、X46、X52、X56、X60、X65、X70、X80。这些钢级大致可分为三类：（1）X42、X46、X52。这三种钢的强度较低，一般是米镇静钢，不需添加微量合金元素。如有较高的韧性要求，可提高 Mn 与 C 含量的比值并使用镇静钢。（2）X56、X60。这两种钢的强度较高，一般需添加 Nb、V、Ti 等微量元素。（3）X65、X70、X80。这三种钢的强度更高而含碳量更低，需添加 Mn、Nb、V 或 Mn、Mo、Ni、Cu 等微合金元素，并要求采用控制轧制技术。国外从 70 年代初开始用 X70 级钢管，目前这种钢管已广泛应用于油气输送管线。

2. 韧性

韧性是影响管道抗裂性能的重要因素，其对于高压、大口径、低温的输气管道尤为重要。API Spec5L 标准规定制管厂要按标准中的 SR5、SR6 补充要求对钢管进行 V 型缺口夏比冲击试验和落锤撕裂实验（DWTT），这两项试验的结果可作为评价钢材韧性的指标。

V 型缺口夏比冲击试验可以按全尺寸、2/3 尺寸和1/2 尺寸三种方式之一进行，由该试验可测定管道钢的夏比冲击能（CVN）。CVN 是评价材料抗延性断裂能力的重要指标，由于对 CVN 的要求与具体管道的条件有关，故在 API 标准中没有规定具体的指标值。在实际确定一条输气管道的临界 CVN 值时最好先进行全尺寸爆破试验。

DWTT 试验可确定断口剪切面积占断口总面积的百分比（SA%），它是评价材料抗脆性断裂能力的主要指标。目前已有许多国家对管道钢规定了 SA% 的下限，如美国和澳大利亚规定，在 $-5℃$ 时 SA% >50%，加拿大规定在 $-4℃$ 时 SA% >75%。在输气管道设计中，通常要求在最低运行温度下满足 SA% ≥85%。

3. 可焊性

可焊性是保证钢管焊缝(包括制管焊接和野外焊接)质量和性能的重要因素。可焊性差的钢管在焊接时易在焊缝处产生裂纹，使焊缝及热影响区硬度增加、韧性下降，从而增大了管道破裂的可能性。可焊性常用碳当量来评价，普遍采用的管道钢碳当量公式为：

$$Ceq = C + Mn/6 + (Cr + Mo + V)/5 + (Ni + Cu)/15$$

其中各元素符号均表示该元素在钢中的百分比含量。Ceq 一般应控制在 0.4% 以下，实际上大多数制管厂均控制在 0.35% 以下。

近年来的研究表明，以上公式对低碳微合金钢冷裂纹敏感性的评价并不完全适用，于是又提出了冷裂纹敏感性系数这个指标，其计算公式为：

$$Pcm = C + Si/30 + (Mn + Cu + Cr)/20 + Ni/60 + Mo/15 + V/10 + 5B$$

其中各元素符号均表示该元素在钢中的百分比含量。

除以上三方面的基本性能外，输气管道对钢管的延性、耐腐蚀性等性能也有一定要求。由于在铺设时经常要对钢管进行冷弯成形，故要求管道钢有高的延展性，否则可能导致冷弯成形时钢板劈裂，或在焊接时产生层状撕裂。API 标准除规定对钢管做压扁试验外，还要求做导向弯曲试验。为提高钢材的延性，可在钢中添加硅、钙、稀土等。由于干线输气管道对气质有严格要求并采取了可靠的监控措施，故一般对钢管的硫化氢和二氧化碳腐蚀的能力不作特殊要求。但为了确保安全，仍要求管道钢由高纯净度和极低的碳含量。

(二) 制管技术

管道用钢管分为热轧无缝管、螺旋焊接管和直缝焊接管三类。无缝管的直径一般不超过 406mm，在干线油气管道上已很少采用。目前，在干线输气管道上普遍采用直缝管和螺旋管。

1. 直缝管

直缝管的制造方法很多，根据成形方法可分为 UOE 法、JCOE 法、RBE 法(Roll bending)多辊滚轧法等；根据焊接方法可分为埋弧焊(SAW)和电阻焊(ERW)两种。

UOE 直缝管是多年来在油气长输管道上用得最多的一种钢管，也是迄今为止质量最好、可靠性最高的焊接钢管。在海底管线、河流穿越段、地震区和活动断层地带、沼泽地段等可靠性要求高的地方，一般都采用 UOE 管。UOE 法是 1951 年由美国开始采用的，其基本过程是：先用 U 形冲压机将钢板压成 U 形，再用 O 形冲压机压成 O 形，然后进行焊接。为了使钢管有较好的圆度，在焊接之后还要用机械式扩张器对管子进行扩张。目前，UOE 管的最大外径为 1626mm，最大壁厚为 25.4mm，管长为 12 ~ 18m。UOE 法的生产率很高，每条流水线月产量可达 20000 ~ 50000t，适于大批量生产同一直径的钢管。但这种制管方法所用的流水线投资很高，且每条生产线只能生产一种直径的管子。目前世界上只有少数几个国家拥有 UOE 生产线。由于投资高、产品质量好，故目前 UOE 管的价格也较高。

JCOE 法是台湾创造的一种制管工艺，其产品质量与 UOE 管接近，但其生产线投资远低于 UOE，生产率也比 UOE 低。目前，JCOE 法生产的直缝管的最大直径为 2032mm(2 条纵焊缝)，最大壁厚为 31.8mm，最大管长为 18m。

RBE 法也是在台湾开始使用的，现韩国也有这种生产线。它的基本过程是压边、滚轧卷制、焊接、扩张。RBE 管的质量接近 UOE 管，但其生产线投资及生产率比 UOE 法低得多。目前用 RBE 法生产的直缝管的最大直径达 2438mm(2 条纵焊缝)，最大壁厚超过 30mm。

多辊滚轧法基本上与 RBE 法类似，不同之处只是它使用了多个轧辊，例如美国 Berg 钢管厂就采用了三辊滚轧制管工艺。这种方法与 JCOE、RBE 法一样具有较大的灵活性，可在同一条生产线上生产多种直径的管子。例如 Berg 钢管厂的生产线可生产直径为 610～1829mm、壁厚为 6.35～31.8mm 的管子，而从一种直径转换到另一种直径只需 1h 的准备时间。

以上几种生产直缝管的方法都采用埋弧焊。用于直缝管生产的另一种焊接方法是高频电阻焊。ERW 法是早在二战之前就采用的一种焊管方法，其主要特点是不需焊缝填充材料、生产率高、价格便宜。但在过去很长一段时间内，由于质量方面的原因，ERW 管仅限于用在低压管道中。影响 ERW 管质量的因素较多，主要有：钢板质量、焊接电源电压和频率的波动、板边加工质量、焊接速度、开口角大小、工艺参数与热量输入的匹配关系等，由于这些因素都难以很好地控制，故过去在高压输送管线、特别是腐蚀性环境中不用 ERW 管。例如英国规定 ERW 管不能用于高压输气管线，加拿大规定 ERW 管的操作压力不得超过 4.48MPa，荷兰则根本不用 ERW 管。然而，近十年来 ERW 管的性能和质量已有很大提高，其已应用于各类油气管道，并且开始进入以前完全由 UOE 管垄断的领域。日本是世界上 ERW 管的主要生产国之一，自 70 年代以来，由于在生产过程中采用了高纯度的微合金控轧钢板和计算机监控等一系列高新技术，其生产的 ERW 管的质量和可靠性已达到相当高的水平。在近十年中，日本生产的 ERW 管已经以数千、数万吨的规模用于加拿大输气管道和墨西哥湾海底管道。

2. 螺旋焊缝管

螺旋焊缝管（简称螺旋管）一般均采用埋弧焊法制造。制造螺旋管的钢材为成卷的热轧带钢，所生产管子的直径由带钢宽度及螺旋焊缝与管轴向间的角度（螺旋角）决定。对于同一宽度的带钢，可通过改变螺旋角得到不同直径的螺旋管，因而螺旋管的生产具有很大的灵活性，特别适用于小批量多品种生产。但由于加工工艺限制，螺旋管的壁厚不能太大（最大壁厚与钢级有关）。目前螺旋管的最大直径达 2540mm，最大厚度为 20mm。

3. 直缝管与螺旋管的比较

直缝管与螺旋管各有优缺点，从原则上讲，只要严格按规范生产和检验并满足规定的质量和性能要求，这两种钢管均可用于输气管道。事实上，世界各国的规范均未对这两种管子的选择作任何限制。但总的看来，直缝管（特别是 UOE 管）在全世界的油气管道中占主导地位。据国外资料统计，在高压大口径管道中，直缝管约占 75%～80%，螺旋管约占 20%～25%。

直缝管的主要优点是焊缝形状简单、长度短、热影响区小、质量易于控制，此外经扩径后可消除焊接应力。由于钢管缺陷绝大多数集中在焊缝上，故焊缝长度是评价钢管本身可靠性的重要尺度。直缝管的焊缝长度短且质量高，因而一般认为其具有较高的固有可靠性（特别是 UOE 管）。在用于油气长输管道的直缝管中，UOE 管一直处于垄断地位，但近年来随着其他类型的埋弧焊直缝管的出现及 ERW 直缝管质量的提高，UOE 管的垄断地位已在一定程度上受到挑战。

螺旋管的主要优点是：（1）焊缝避开了钢管承压时的主应力方向，其焊缝应力约为直缝管的 0.5～0.8 倍。（2）由于螺旋形卷绕时带钢的轧制方向接近于管子环向，因而提高了管子环向的韧性，这有利于抑制管子纵向开裂后的裂纹传播。此外，螺旋管还具有直径公差小（特别是椭圆度小）、焊后不需冷扩径等优点。然而，由于螺旋管的焊缝形状为复杂的空间曲线，在生产过程中焊缝跟踪难度大，故很难保证生产质量，其单位长度的缺陷一般比直缝管多。再加上螺旋管的焊缝比直缝管长得多，故在同样长度的管子上螺旋管的焊缝缺陷一般比直缝管多得多。此外，螺旋管还存在热影响区大、制管过程残留的内应力高等缺点。正因为螺旋管有上述缺点，故一般认为它的固有可靠性比直缝管差。

4. 新型钢管的研制

（1）多层管

法国和德国在 70 年代就开发了多层管技术，其基本做法是将一根管子拉入另一根管子，其中内管材质较弱，而外管承有预应力。前苏联以研究出一种适于低温冷冻输气的双层或多层螺旋管，其管径为 1422mm，壁厚为 16～23mm。用这种管子建成的输气管道可在 −23 ℃ 的低温下运行，工作压力可高达 12.3MPa，年输气能力可达 $660 \times 10^8 m^3$。前苏联于 1979 年在莫斯科东郊建设了一个多层管厂，并于 1985 年在西西伯利亚铺设了 300km 长的试验管段。但迄今为止未见有多层管正式在输气干线上使用的报道。

（2）钢缆加强管

法国和德国已开发了钢缆加强管的制造工艺，其基本做法是将厚度为 1/3 管壁厚的扁平钢缆缠绕在管子上，由于钢缆的强度可以比钢管本身的强度高得多（钢缆屈服强度可达 1422MPa），因而钢缆加强管的整体强度高。目前还未见钢缆加强管用于输气管道的报道。

（三）输气管道的低温韧性与止裂

输气管道在运行过程中发生断裂事故可能造成巨大的经济损失，甚至有可能导致人身伤亡，因此世界各国都十分重视输气管道断裂问题的研究，美国、加拿大、日本、英国、前苏联等都设有专门的试验中心。主要任务是研究大直径输气管道的延性断裂问题。

1. 钢管的低温韧性与脆性断裂

韧性是评价钢管断裂性能的一个主要因素。随着管壁温度下降，钢管的韧性将降低，因此，提高钢管的低温韧性对输气管道(特别是在低温状态下运行的输气管道)的安全可靠运行具有重要意义。

钢材的韧性随温度下降而降低的过程中存在一个温度转折点——韧脆转变温度 FATT，它可以用 V 型缺口夏比冲击试验来确定。对于一种给的个定的管道钢，通过一系列不同温度下的 V 型缺口夏比冲击试验可确定一个特定的温度，在此温度之上 CVN 值基本保持不变，而在此温度之下 CVN 值将随温度降低，而明显下降，此温度就是那种钢材的 FATT。

根据 FATT，钢管的断裂可分为脆性和延性断裂两种形式。当温度等于或低于 FATT 时为脆性断裂，其特征是断口有光亮晶粒状物，一般为平断口，塑性变形很少。断裂面为解理断面或混合型的。脆性断裂的另一个显著特征是开裂速度快，且是变化的。对于输气管道一旦发生脆性断裂，裂纹将沿着管道轴向扩展很长一段距离才能止裂。由于脆性断裂的危害性很大，因此在输气管道运行过程中应严格杜绝脆性断裂的发生。防止发生脆性断裂的条件是钢管的 FATT 必须低于管道的最低运行温度。设计中常常采用 DWTT 试验的 SA% 作为防止脆性断裂的准则。

随着冶金技术的进步，钢管的 FATT 值大幅度下降，通常可达 −40℃ 或更低，因此脆性断裂事故已很少发生。由于采用了具有良好低温韧性的管材，特别是改进了制管工艺，克服了 ERW 管早期生产中出现的焊缝 FATT 值比母材高得多的情况，改善了 ERW 管的整体低温韧性。

高压输气管道泄漏时的焦—汤效应引起的局部冷却，可能使管壁温度低于钢管的 FATT，并会导致局部的温度应力，也会引起脆性断裂。

2. 钢管的延性断裂及止裂

当温度高于 FATT 时的断裂为延性断裂，其特征是断裂面一般为斜断口，表面暗淡并呈纤维状，有较大的塑性变形。美国统计的 20 世纪 70 年代的管道事故，其中断裂事故约占 1/3，而这些断裂事故几乎全为延性断裂。近期管道断裂的研究也主要集中在输气管道的延性断裂上。一般来说，要完全杜绝输气管道的延性断裂是困难的，因此在尽量减少输气管道的钢管缺陷的同时，主要是研究裂纹失稳的抑制。

钢管对延性断裂的止裂能力可以用 V 型缺口夏比冲击能（CVN）来评价。美国、英国、德国的管道断裂研究中心在大量全尺寸爆破试验的基础上分别提出了预测 CVN 临界值的经验公式，其中影响最大的是以下两个公式：

BGC 公式：$CVN = 0.0216\sigma t^{-0.5}$

Battelle 公式：$CVN = 0.0072\sigma^2 (Rt)^{1/3}$

式中　　CVN——止裂的临界 CVN 值（2/3 尺寸 V 型缺口夏比冲击试验的吸收能）；

σ——环向应力，klb/m^2；

R——半径，m；

t——壁厚，m。

这两个公式的计算结果差别比较大。一般认为，BGC 公式适用于低钢级的薄壁管，Battelle 公式适用于高钢级厚壁管。需要指出，各公式的计算结果只能供设计时参考，实际设计时，最好对所选用钢管进行全尺寸爆破试验。除提高钢管韧性外，还可采用加止裂环的方法止裂。

三、输气管道的腐蚀与防护

输气管道多为钢管制成，当钢管的管壁与作为电解质的土壤和水接触时，产生电化学反应，使阳极区的金属离子不断电离而受到腐蚀，此即为电化学腐蚀。由于腐蚀大大缩短了管道的使用寿命，引起意外事故的发生，因此输气管道的腐蚀与防护受到极大的关注。据统计，美国的集、输气管道的泄漏事故 74% 是由于腐蚀造成的。俄罗斯对输气管道事故原因的分析表明管壁外腐蚀引起的要占 30% ~ 50%，是各种因素引起事故的首要因素。

（一）腐蚀类型

输气管道因所处环境和输送介质不同，引起的腐蚀类型也不同。

按腐蚀部位可分为内壁腐蚀和外壁腐蚀。

按腐蚀机理可分为化学腐蚀和电化学腐蚀。

内壁腐蚀是水在管道内壁形成一层亲水膜并形成原电池所发生的电化学腐蚀；天然气中所含的 H_2S 或 CO_2 等酸性气体与金属管壁作用引起化学腐蚀。

外壁腐蚀的情况比较复杂，主要是管道所处环境的影响。引起外壁腐蚀的因素有大气腐蚀、土壤腐蚀、细菌和杂散电流的腐蚀等。

1. 大气腐蚀

大气腐蚀是由于管道金属表面暴露在大气中，受水和氧等的作用而产生的腐蚀。这种腐蚀受大气条件、金属成分、表面形状、工作条件等因素的影响而有很大的不同。其中主要因素是气候。当大气中湿度超过 80% 时，腐蚀速率会迅速上升。故敷设在地沟和潮湿环境的架空管道表面极易被腐蚀。

表 6-4 列出了几种常用金属在不同大气环境中的平均腐蚀速率，并与它们在海水和土壤中的腐蚀速率进行比较。

表 6-4 常用金属的腐蚀速率

腐蚀环境	平均腐蚀速率/[mg/(dm^2·d)]		
	钢	铜	锌
农村大气	—	0.17	0.14
海洋大气	2.9	0.31	0.32
工业大气	1.5	1.0	0.29
海水	25	10	8.0
土壤	5	3	0.7

2. 土壤腐蚀

土壤腐蚀是埋地金属构件在土壤介质作用下所产生的腐蚀，这种腐蚀基本上是电化学腐蚀。埋地钢管的腐蚀速率可用其被腐蚀而损失的质量来表示：

$$W = KtI$$

式中　　W——被腐蚀金属损失的质量，g；

I——腐蚀电流强度，A；

t——时间，s；

K——电化学当量(1A·s 析出的金属量)，g。

腐蚀电流的大小取决于土壤电阻率，土壤电解质的化学组成，阳极和阴极间的距离，阳极和阴极的极化作用，以及阳极和阴极表面的相对面积等因素。土壤电阻率越低，则电化学腐蚀速率越快。而土壤温度、湿度及所含可溶盐浓度对土壤电阻率均有影响。当管道表面沉积有不溶性盐或不导电物，则会减弱腐蚀电流。如在透气性好的土壤中，管道表面会有不易溶解的氧化铁，将减慢腐蚀速率。另外，由于制管时的缺陷，金属中含有杂质或焊缝与本体金属之间存在较大的性质差异，形成电极电位差而构成腐蚀电池，在钢管表面发生条件效应腐蚀。

由于在土壤腐蚀中，控制管道腐蚀过程主要是氧的去极化作用，即氧与电子结合生成氢氧根离子，所以对氧的流动渗透有很大影响的土壤结构和湿度在某种程度上决定了土壤的腐蚀性。总之，影响埋地管道腐蚀速率的因素是多方面的，主要决定于土壤的性质，如土壤 pH 值、氧化还原电位、土壤电阻率、含盐种类和数量、含水率、孔隙度、温度、细菌等。

3. 细菌腐蚀

埋地钢管周围土壤中长年含有较多水分时，适于细菌生长，细菌在新陈代谢过程中直接参与腐蚀作用。无论是好氧菌还是厌氧菌都会在金属管道表面产生沉积物，于是沉积物下面的金属管道与其他部位的金属管道之间产生了电位差，引起电化学腐蚀；由于微生物新陈代谢过程中的产物是酸性物质，从而形成了使金属管道表面易于腐蚀的环境。

4. 杂散电流腐蚀

杂散电流腐蚀是由于管道沿线铁路、工厂等各种电气设备漏电与接地，散失于大地中的电流对管道产生的腐蚀。其中，直流电对管道的危害最大，它的作用类似电解，与原电池不同的是金属被腐蚀部分，不是由金属本身的电极电位来决定，而是由外部电流的极性和大小来决定的，它所引起的腐蚀比一般土壤腐蚀激烈得多。

（二）管道外防腐技术

管道外壁防腐蚀最基本的方法是用高电阻的涂料将管道金属与腐蚀介质隔离，切断电化学腐蚀电池的通路，从而阻止管道金属的腐蚀。

1. 管道外防腐材料

防腐蚀材料的基本要求是具有良好的绝缘性能、与金属有良好的粘结性、具有一定的耐阴极剥离的能力、有足够的机械强度和韧性、有良好的稳定性、易于修补、抗微生物性能好，价廉和便于施工。

埋地管道外壁防腐蚀层的种类较多，经过几十年的发展逐步形成了石油沥青、煤焦油瓷漆、环氧煤沥青、聚乙烯胶带、塑料胶粘带、环氧粉末涂层等防腐材料系列。埋地钢管常用外防腐层主要性能见表6-5。

表6-5　埋地钢管常用外防腐层主要性能

项目	石油沥青	煤焦油瓷漆	熔结环氧树脂	二层PE	三层PE
防腐层厚度/mm	≥7	≥5	≥0.4	≥2.5	≥2.5
延伸率/%	≥33.4	≥33.4	≥4.8	≥600	≥600
压痕硬度/mm	≤10 (0.25MPa)	≤10 (0.25MPa)	≤0.1 (10MPa)	≤0.2 (10MPa)	≤0.2 (10MPa)
黏结力/(N/cm)	约10	约10	1~2级	≥35	≥70
抗冲击(25℃)/J	<5	<5	约10	>15	>15
耐化学介质浸泡	不耐碱、弱酸和有机介质	不耐弱酸、强碱和有机介质	好	好（除60℃以上芳族溶剂）	好（除60℃以上芳族溶剂）
防腐层表面电阻率/Ω	$(1~2) \times 10^4$	$(1~2) \times 10^4$	1	$\geq 1 \times 10^5$	$\geq 1 \times 10^5$
阴极剥离半径/mm	1	1	≤10	≤18	≤10
吸水率(60天)/%	>0.1	<0.1	>0.1	<0.01	<0.01
耐候实验(63℃)	龟裂	龟裂	有若干漏点	无异常	无异常
冷弯性能（弯曲半径/管径）	不能冷弯	不能冷弯	≥2.5	>2.5	>2.5
修补难易程度	容易	容易	较难	容易	容易
抗土壤应力	差	中等	好	好	好
对环境影响	不耐植物根刺	毒性大	无	无	无
输送介质温度/℃	-10~80	-10~80	-30~-100	≤70	-20~-70
单位成本/(元/m²)	65	80	70	75	80~90
优缺点	技术成熟，防腐可靠，物理性能差，易受细菌腐蚀	吸水率低，防腐可靠，物理性能差，抗细菌腐蚀，施工时略有毒性	防腐性能好，强度高，抗阴极剥离能力好，技术较复杂，成本高	防腐性能好，绝缘电阻高，施工方便，抗阴极剥离能力好，运行温度较高，技术较复杂，成本比较高	
适用范围	干燥地区	干燥地区	大管径，热带沙漠地区	各类地区	

283

埋地钢管外防腐层的选用，主要考虑实用性，即能确保管道防腐绝缘，延长使用寿命。其次是考虑防腐层的价格，因为防腐费用仅占管道总费用的 3%～5%，所以经济上的考虑应在确保实用的前提下。而经济比较时，不能只看防腐层的单价，而要比较它们的综合总费用，即包括涂层寿命、价格、修补费用、敷管速度、管沟回填费用、阴极保护费用等。表 6-6 列出了常用外防腐层的经济比较。

表 6-6　常用外防腐层经济比较

涂层 类别条件	石油沥青	煤焦油瓷漆	环氧煤沥青	聚乙烯胶带	聚乙烯夹克	环氧粉末涂层
以石油沥青为准 单位价格比较	低	较高	较高	较低	高	高
使用寿命/年	约 30	>50	>30	>30	>30	>30
防腐性能	好	好	优良	优良	优良	优良
补伤费用	高	较低	无	无	少	少
管沟回填费用	比环氧粉末涂层低，比聚乙烯夹克层多	同石油沥青	比石油沥青和环氧粉末涂层低	同环氧煤沥青	同环氧煤沥青	高
阴极保护费用	高	低	低	低	低	比石油沥青低，比聚乙烯夹克层高
敷管速度	慢，不便于机械化施工	同石油沥青	较快	快，便于机械化施工	较快	较快

　　表 6-6 可见，石油沥青防腐层的单价低于其他防腐层，但其防腐层强度低、耐土壤应力差、易老化开裂、施工伤耗多、修补费用高。国外估计，修补工作量要占现场涂敷工作量的 40% 左右，修补费用相当于石油沥青防腐层费用的 7% 左右。因此，若考虑修补费用，石油沥青与环氧煤沥青总费用相近。

　　煤焦油瓷漆比石油沥青致密，绝缘性能好，耐细菌腐蚀，在较高的温度下，能保持性能稳定。只需极少的阴极保护电流。

　　聚乙烯胶带适于现场施工，但易发生表面处理和缠绕质量不好，使粘结力差，出现阴极保护失效。

　　熔结环氧树脂防腐层(FBE)抗土壤应力最好，使用温度可达 82℃。但 FBE 是一种相对比较脆的防腐层，其涂敷和施工过程要求严格。

　　环氧煤沥青适于管道修复和异形管件防腐，可使用到 93℃。缺点是固化时间长。

　　防腐层的综合性能是用防腐层表面电阻率来评价其质量等级的，表 6-7 列出了防腐层的质量等级。防腐层质量越好，保护电流密度越小，即用阴极保护所需的保护电流密度评价防腐层的质量。表 6-8 列出了部分防腐层所需要的保护电流密度范围。

表 6-7　防腐层的质量等级

防腐层的质量	极好	好	中等	劣	极劣
表面电阻率/Ω	>10000	5000～10000	2000～5000	50～2000	<50

表 6 – 8　防腐层所需要的保护电流密度

防腐层种类	所需保护电流密度/（mA/m²）
聚乙烯包覆层（夹克）	0.001 ~ 0.007
加强级沥青防腐层	0.01 ~ 0.05
普通级沥青防腐层	0.05 ~ 0.25
旧沥青防腐	0.5 ~ 0.35
裸钢管	5 ~ 50（平均 30）

当前，防腐蚀涂料正朝着节省资源、节省能源、防止污染三个前提和经济、高效、有利生态、节约能源四个原则为基础的方向发展。如粉末涂料在近几十年中，以其质量高、成本低、污染小的优势稳定发展，包括热塑性涂料（如聚乙烯）和热固性涂料（如环氧树脂、聚氨酯等）在内的粉末涂料产品开发十分活跃。在北美，其用量年增长率在 10% 以上，美国的大口径管道有 45% ~ 50% 使用环氧粉末涂层。另外，耐高温、耐油、耐酸的无机涂料和无毒或低毒底漆的开发也相当实用。

对现有涂料的改进也是发展重要的方面。如环氧粉末的耐腐蚀性好，但它的抗冲击和耐磨性不如聚乙烯，而聚乙烯的机械性能强，但粘结性和耐温性不如环氧。聚丙烯类似聚乙烯，但耐高温性比聚乙烯强。为此，近年来，开发了双层和多层系统。如在熔结环氧粉末（FBE）涂层的表面再涂上一层用化学方法改性的聚丙烯（CMPP），使得这两种涂料结合在一起具有互补性。这类涂料适用于温度较高的输气管道。三层防腐涂层的第一层是环氧树脂底漆层，根据涂敷设备、管道直径、运行温度、表面涂层及管道涂敷速度等因素可分别选用熔结环氧粉末、无溶剂环氧液、含溶剂环氧液等。底漆最小厚度为 $50\mu m$。第二层是由共聚物或三聚物组成的粘结剂，主要成分是聚烯烃，厚度一般为 $250 ~ 400\mu m$。第三层是聚烯烃表面涂层，由挤压聚乙烯组成，厚度一般为 $1.5 ~ 3mm$。对管道起机械保护作用。

2. 涂敷技术

管道外防腐层的质量除了防腐材料的质量外，施工质量也是重要因素。为提高施工质量，需要不断完善和改进涂敷技术，严格施工管理。对于涂敷技术而言，主要是底材处理和涂敷工艺。据统计，涂层防腐性能的破坏，由于底材处理不当引起的占 75% 以上，因此，注重钢管表面处理的质量又是关键之关键。

底材处理的好坏直接关系到涂层与钢管的粘结性能。而除锈是钢管表面处理的主要工作。钢管表面除锈质量等级国内外都趋向于采用瑞典标准 SISO 55900，原石油工业部标准 SYJ 4007—86《涂装前钢材表面处理规范》采用了美国钢结构涂装委员会的质量等级并沿用了 SISO 55900 标准照片。其质量等级标准见表 6 – 9。

表 6 – 9　钢材表面除锈质量等级标准

规范内容	等级标准	说　　明
清洗		用溶剂、碱清洗剂、蒸汽、酒精、乳液或热水除污
手动工具除锈	St2 级	用手动工具或钢丝刷除掉疏松的锈、氧化皮、旧涂层
动力工具除锈	St3 级	用动力工具或钢丝刷除掉疏松的锈、氧化皮、旧涂层
白级喷射除锈	Sa3 级	用叶轮或喷嘴喷射砂、钢丸或钢砂除掉所有的污物，使表面显示均匀的金属光泽

规范内容	等级标准	说　　明
近白级喷射除锈	Sa2.5 级	喷射除锈至接近白级，直到至少有 95% 的表面上没有肉眼可见的残留物，任何残留痕迹仅是点状或条纹状的轻微色斑
工业级喷射除锈	Sa2 级	喷射除锈，钢材表面可见的油污及附着物基本清除（表面积的 75%），残留物是牢固附着的
清扫级喷射除锈	Sa1 级	喷射除锈，除钢管表面牢固粘结的氧化皮锈和旧漆外，一切污物均除掉，露出大量均匀分布的基底金属斑点
酸洗		采用酸洗、双重酸洗或电解酸洗，将锈和氧化皮全除掉

表面处理的粗糙度（锚纹度）与涂层的性能和厚度有关，通常锚纹深度是涂层厚度的 1/4。对于工厂预制涂层底材的处理一般都能达到瑞典标准 Sa3 级（美国标准近白级），甚至 Sa3 级（美国标准白级）。喷丸（砂）清理钢管是底材处理的有效方法，同时也可检查出在钢管厂没有检查出的管子伤痕。实践表明，喷丸（砂）除锈，较好的磨料是二氧化硅、氧化铅等。

对于涂敷工艺，大体可分为：热浇涂同时缠绕加强带，主要用于沥青类防腐层。静电喷涂粉末涂料，主要用于环氧粉末和聚乙烯粉末涂层。挤出缠绕方法，主要用于易于成膜的聚烯烃类涂层。冷缠，主要用于聚烯烃胶带。随着油气管道工业的迅猛发展，国内外都努力发展涂层工厂预制，这样可以在具有自动控制和检查的连续作业线上完成底材的处理和涂敷。涂敷质量得到保证。

（三）管道内防腐技术

钢管内壁腐蚀是由于管输气体中含有 CO_2、H_2O 和 O_2 等物质而引起的，其中 H_2S 是导致管道内壁腐蚀的主要因素，它往往使管道发生脆性破坏。因此，严格控制进入输气管道的天然气的质量指标是防止输气管道内壁腐蚀的有效方法。国外输气管道首站多设有气质检测装置，以及时截断不合格气源。

管道内涂层也是防止腐蚀性介质对内壁的腐蚀的一种方法。但是，输气管道采用内涂层往往结合减少内壁粗糙度，降低摩阻及运行能耗，以提高输气量。同时，管道内涂层的采用，也减少了气体中杂质在管内壁上的附着，从而减少清管次数，易于采用智能清管器进行管内检测。

为规范管道内涂层技术，美国石油学会于 1968 年制定了《输气管道内涂层推荐准则》，美国气体理事会提出 GIS/CMI—1968《管道内涂层标准》。法国有 R O3 和 IOS 50 标准。加拿大有阿尔泊达干管公司标准 C–1 等。我国石油行业标准 SYJ 4042—89《钢质管道粉末内涂层技术标准》于 1990 年实行。目前，国外长距离输气管道内壁涂层已成为必要的技术处理措施，但并未大量推广使用。国内长距离输气管道内壁涂层尚处于试验阶段。

1. 管道内防腐材料

输气管道内涂层材料的性能要求是具有良好的防腐蚀性能；不吸水；耐输送介质压力变化；能承受管道施工及搬运时的冲击；黏结性好，能牢固地黏结在管道内壁；耐磨性好，能承受进入管内的砂子、腐蚀产物和清管等造成的磨损；化学稳定性好，能耐机油、液烃的溶解性；耐热性好，焊接时烧毁的宽度尽量小；摩阻系数小，漆膜光滑。

国外使用最广泛的管内壁防腐涂料是环氧树脂，使用经验表明，这种涂料具有优良的防腐性能，可有效地抑制管道输送介质对管内壁的腐蚀。国外推荐使用胺固化环氧树脂和聚胺固化环氧树脂，其环氧值为 0.19 ~ 0.22，相当于国内生产的 601# 环氧树脂（其环氧值为 0.18 ~ 0.22）。材料的强度高，附着力大，耐磨耐蚀性好，能承受压力的反复变化。适用于高压输气管道和非饮用水管道内防腐。表 6 - 10 列出了内涂层材料及应用环境。

表 6 - 10　内涂层材料及应用环境

名称	输送介质	温度/℃	pH	最大压力 /MPa(g)	最大 H_2S 分压/kPa(a)	最大 CO_2 分压/kPa(a)
水泥砂浆	水	0 ~ 93.3	6 ~ 12	3.5	14	14
聚乙烯	水、油、气	0 ~ 121	3.5 ~ 12	35	4218	4218
烧结改性聚乙烯	水、油、气	0 ~ 121	3.5 ~ 12	3.5	4218	4218
环氧树脂	水、油、气	0 ~ 93.3	3.5 ~ 13	35	351	351
烧结酚醛	水、油、气	0 ~ 121	3.5 ~ 12	35	4218	4218
催化固化环氧	水、油、气	0 ~ 93.3	5.0 ~ 12	3.5	351	351

2. 内防腐层涂敷技术

工厂预制便于采用现代化的技术，对管内壁的清理质量及涂层厚度、均匀度、缺陷等直接控制，能保证涂层质量，因而国外管道内防腐层涂敷多在制管厂或预制厂完成。工厂预制采用的涂敷方法有机械喷涂和静电喷涂两种，其中静电喷涂是目前最先进、应用最广泛的一种喷涂技术。

除了在厂内进行钢管内涂层预制外，近来又发展了管道现场衬里技术，即在铺管现场对管内壁进行整体涂敷。这种方法可以避免补口的麻烦，保证内涂层的完整性，提高整体防腐质量。现场衬里还可以减少施工环节，节约投资，加快施工进度。该技术也适用于对已有管道的内防腐。管道现场衬里技术是当前管道内防腐工作的热点。现场衬里分为涂料和聚乙烯薄膜两类。衬里涂料可以是大漆、环氧树脂、聚氨酯、长效玻璃鳞片等。可利用清管器、专用自动涂敷装置或离心喷涂器进行整体涂敷。黏贴聚乙烯薄膜衬里可采用液压膨胀法、清管器扩充法、反贴法等专用作业方法。

（四）管道阴极保护

阴极保护是用金属导线将管道接在直流电源的负极，将辅助阳极接到电源的正极，如图 6 - 2 所示。当管道施以阴极保护时，有外加电子流入管道表面，导致阳极表面金属电极电位向负方向移动，即产生阴极极化。这时微阳极区金属释放电子的能力受到阻碍。外加电流越大，电子集聚就越多，金属表面电极电位越负，微阳极区释放电子的能力就越弱，阳极电流越来越小；当金属表面阴极极化到一定值时，阴、阳极电位达到相等，腐蚀原电池的作用就停止了。此时，阴极电流 $I_a = 0$，达到阴极保护的目的。

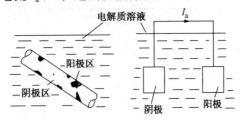

图 6 - 2　双电极原电池模型

1. 外加电流阴极保护

利用外加直流电源取得阴极极化电流来防止金属遭受腐蚀的方法，就是外加电流阴极保护。此时，被保护的金属接在直流电源的负极上，而在电源的正极接辅助阳极，如图6-3所示。这是目前长输管道阴极保护的主要形式。

最小保护电位和最小电流密度是阴极保护的基本参数。最小保护电位是指管道总电位降低到与腐蚀电池阴极开路电位相等时的电位。此时，所需的阴极保护电流，若管道整个表面作为阴极，则单位面积上的保护电流强度称为最小电流密度。

工程上，输气钢管的最小保护电位通常≤85V（相对于钢、硫酸铜标准电极）；最小保护电流密度参见表6-11。图6-3为外加电流阴极保护原理图。

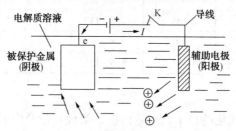

图6-3 外加电流阴极保护原理图

表6-11 地下管道所需防蚀电流密度

名 称	土壤性质	电流密度/（mA/m²）
裸钢	一般中性土壤	4~15
裸钢	透气中性土壤	20~30
裸钢	湿润土壤	25~60
裸钢	酸性土壤或硫酸盐还原细菌繁殖土壤	>50
沥青涂层	一般土壤	1~10
煤焦油漆涂层	一般土壤	0.05~0.3
沥青玻璃布涂层	一般土壤	0.05~0.1

为了充分发挥阴极保护站的作用，阴极保护站最好设置在被保护管道的中点。阴极保护站的保护半径一般在30~40km左右。两个保护站同时运行时，由于阴极保护电位的叠加性，保护站之间的保护距离为40~60km比较适宜。常用接地阳极材料及特性列于表6-12。

表6-12 常用接地阳极材料及特性

材 料	工作电流密度/（A/dm²）	阳极消耗量/[kg/（A·a）]
碳钢	—	9~12
磁性氧化铁	<4	0.1
高硅铸铁	1	0.1
石墨炭棒	0.1	0.4

2. 牺牲阳极保护

利用电极电位较铁负的金属与被保护的钢管相连，在作为电解质的土壤中形成原电池，电极电位较高的钢管成为阴极，电子不断地由电极电位较低的阳极流向阴极，从而保护了管道，而阳极金属不断电离而被腐蚀，成为牺牲阳极。

牺牲阳极与外加电流阴极保护的原理都是让管道成为阴极而受到保护，只是产生防腐蚀电流的方式不同。牺牲阳极通常采用镁、锌及其合金。牺牲阳极的选择主要依据土壤电阻率：带填料锌阳极用于土壤电阻率小于 $1500\Omega \cdot cm$；带填料镁阳极（$-1.5V$）用于土壤电阻率小于 $4000\Omega \cdot cm$；带填料镁阳极（$-1.7V$）用于土壤电阻率 $4000 \sim 6000\Omega \cdot cm$ 的场合。牺牲阳极性能比较见表 6 – 13。

表 6 – 13　牺牲阳极性能比较

性　能	镁合金阳极	锌合金阳极	铅合金阳极	
			Pb – Al	Pb – Zn
阳极开路电位/V	1.55	1.10	1.00	1.10
有效电压/V	0.65	0.25	0.15	0.25
理论发生电量/[(A·h)/g]	2.21	0.82	0.88	2.88
电流效率/%	55	90	50	80
有效电量/[(A·h)/g]	1.22	0.74	1.44	2.30
消耗量/[kg/(A·a)]	7.2	11.8	6.1	3.81
相对密度	1.84	7.3	2.83	2.82

3. 阴极保护方法比较

外加电流和牺牲阳极都是行之有效的阴极保护方法。外加电流阴极保护的优点是单站保护范围大，相对投资比例小；驱动电压高，能够灵活控制阴极保护电流输量；不受土壤电阻率限制，在恶劣的腐蚀条件下也能使用，采用难溶性阳极材料，可作长期的阴极保护。其缺点是一次性投资费用较高；需要外部电源；对邻近的地下金属构筑物干扰大；维护管理较复杂。

牺牲阳极法的优点是保护电流的利用率较高；适用于无电源地区和小规模分散的对象；对邻近的地下金属构筑物几乎无干扰；安装及维护费用低；兼顾接地和防腐。其缺点是驱动电位低，保护电流调节困难；使用范围受土壤电阻率限制，对于大口径裸管或防腐涂层质量不良的管道由于费用高，一般不宜采用；在杂散电流干扰强烈地区，将丧失保护作用；投产调试工作较复杂。

管道阴极保护方法的选用应在实际工程中，根据工程规模大小、防腐层质量、土壤条件、电源情况等进行综合比较确定。

四、管道运行与监控

管道系统的结构基本上可分为两类：由一条干线及若干分枝管线组成的单管系统和形成环形管网的系统。随着天然气用户及用量的不断增加，输气管道系统也越来越大型化。如欧洲的输气管网，俄罗斯的统一供气系统等。这些输气系统都具有规模大、范围广、结构复杂，受外部条件的影响大等特点，其运行难度大、管理复杂。为了保证输气系统安全、可靠、经济、高效、灵活地运行，以最大限度地满足各类用户的用气需要，降低输气能耗和成本，提高整个系统的经济效益，实施有效的管道监控和优化运行十分必要。

（一）天然气长输管道的监控系统

监控系统是天然气长输管道安全、可靠、经济运行的重要保证，也是衡量管道总体技术水平的重要方面。该系统主要由自动控制系统和通信系统组成。随着计算机技术和通信技术的飞速发展，输气管道的自动控制水平也提高很快。为输气系统的可靠运行和大型化提供了条件。

1. 自动控制系统

以计算机为主的监控和数据采集系统（SCADA）已成为长输管道运行管理和控制的标准设施。SCADA系统的采用使长输管道的运行管理实现了全线或区域集中控制。

管道工业所采用的SCADA系统的典型配置形式如图6-4所示。它由控制中心计算机系统、远程终端装置RTU及通信系统三部分构成。

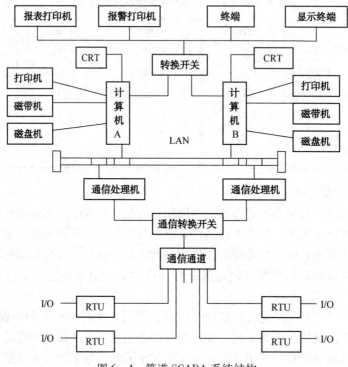

图6-4 管道SCADA系统结构

现代SCADA系统是一种集散型控制系统，其控制层次通常分为三级：控制中心级、站控级和设备控制级，在一些大型系统中还设有分控制中心这一级。这种结构体现了集中管理，分散控制的现代大系统的控制原则，特别适用油气长输管道这种分散性大范围系统的运行管理和控制。控制中心级的任务是对全线进行集中监视、控制和调度管理。站控级的任务是由RTU（或PLC）完成压缩机站、计量站等站场的站内控制。设备控制级的任务是对压缩机组、调节阀等单体设备进行就地控制。

控制中心的主计算机通常按冗余（双机）方式配置，双机互为热备用。热备份机与在线机同时接收存储数据。主计算机系统具有以下功能：

（1）以扫描方式，按一定顺序依次对各站的RTU进行访问，监视各站的工作状态和设备运行情况，采集各站主要运行数据和状态信息。若发现某个站的运行状态异常，则通过

CRT 和事故报警打印机自动报警。

（2）主计算机系统可按规定的时间间隔记录和打印主要运行参数。

（3）根据操作人员要求，在 CRT 上随时提供有关管线运行状态的图形显示及历史资料比较和趋势显示。

（4）按操作人员要求向 RTU 发出操作指令，对相应站的运行状态和运行参数进行调整。这些指令可自动记录在硬盘中备查。

（5）主计算机系统还可运行管线动态模拟、运行优化、输配气平衡、检漏等有关应用软件。为运行管理提供支持。

长输管道的站控系统目前主要采用 RTU 或 PLC。为提高系统运行的可靠性，大多采用双机冗余配置，两机互为热备用。微处理器的应用使 RTU 发展成为一种智能终端装置，它实际上是一种适合现场使用的小型工业控制装置。智能 RTU 具有数据采集、状态监视、事故报警、数据处理和存储、逻辑控制与调节等多种功能，较好地满足了长输管道的站控要求。PLC 是可编程逻辑控制器，以其编程简单、直观，易于在线修改程序，可靠性高（其平均故障间隔时间已超过 20000h，而平均修复时间小于 10min），环境适应性强而获得广泛应用。

现代集散型 SCADA 系统中，控制中心对各遥控站的控制是由各站的站控系统分别实施的，因此，站控系统在现代 SCADA 系统中是一个很重要的控制层次。站控系统的相对独立性，减少了控制中心与 RTU 之间的通信量及主控机的负荷，使得 SCADA 系统的监控机制更加灵活。即使主机或通信系统发生故障，站控系统仍能独立实施对本站的监控。

长输管道 SCADA 系统的功能和灵活性在很大程度上取决于采用的系统软件和应用软件。SCADA 系统为实时系统，已有计算机制造商提供专门的操作系统实现在实时环境中工作，而其他系统软件已开发了远程终端查询软件、数据采集软件、发布指令软件、实时数据库管理软件、CRT 显示、报警和报告生成软件等。输气管道 SCADA 系统的应用软件已得到了不断的开发和完善。最常用的有输气管线（管网）动态模拟程序，可分析预测管线（管网）在各种条件下的运行工况，为选择合适的运行和控制方案提供依据。其他如输气过程动态控制软件、优化运行软件、泄漏检测软件、天然气运销管理软件等等都已得到应用。可以预见，随着计算机技术的发展和管线运行管理水平的提高，将开发出功能更强的 SCADA 系统软件和应用软件。

2. 通信系统

由于天然气长输管道（管网）在地理上的分布范围很广，因而可靠的通信保障是实现稳定的数据传输，确保管道系统安全运行和远距离监控的基础。随着通信技术的发展，长输管道上已采用了包括光纤通信和卫星通信在内的先进通信技术，为 SCADA 系统的广泛应用提供了可靠的技术保障。

（1）微波通信系统

微波通信是天然气长输管道的一种主要通信方式。微波通信技术对地理和气候条件的适应范围较广，在高寒（-40℃）和高热（50℃）地区都得到了较好的应用。目前采用的微波线路大多为数字微波，其设备采用集成电路，体积小、能耗低、通信容量大、可靠性高。

（2）光纤通信系统

光纤通信的传输速率高、通信容量大、传输频带宽、不受外界电磁场的干扰、耐化学侵蚀能力强、质量轻、保密性好、可与管线同沟敷设。被看作是长输管道 SCADA 系统的最佳通信方式之一。

世界上许多国家在管道干线通信系统中采用光缆，其中以中东国家的光缆总长度最长。光纤通信的缺点是投资较高。

（3）卫星通信系统

卫星通信的优点之一是投资与通信距离无关，因而特别适用于远、范围大的大型输气系统。

VSAT 卫星通信系统是一种可传输话音、数据、图像等信息的多功能通信系统。该系统一般由三个主要部分组成：卫星、卫星地面接收站和 VSAT（甚小口径终端）。VSAT 一般由直径 1.8m 的卫星抛物面天线、低功率无线电装置和卫星调制解调器组成。用于 SCADA 系统的典型卫星通信系统一般由同步卫星、VSAT 主站和多个 VSAT 终端组成。卫星通信系统的缺点是其时间延迟比地面租用通信线路或微波系统大，通常在天然气管道上用慢速定时询问法解决延时问题。

（4）高频无线通信系统

为了保证通信的可靠性和灵活性，通常采用短波单边带电台作为备用通信手段。这种备用系统除了用于管线的临时应急通信外，还可为管道巡线和抢修提供移动通信手段。按频带划分，长输管道采用的无线电通信系统有甚高频（VHF）和特高频两种。

对于微波、卫星和光纤三种通信方式的比较，美国曾以光纤在陆地上敷设中继站间距 30km 为依据，把各种方式的总费用折算成每公里话路费用，对距离为 50km、500km、5000km 的三种通信线路的折算话路费用进行比较，认为长通信较经济。

（二）天然气长输管道的优化运行

对输气系统而言，完成一定输气任务的运行方案可以有多个。为了降低输气成本，提高供气可靠性，需要优化运行方案，寻求某种准则下最好的控制。一般来说，输气系统运行优化的准则是在满足用户对气量和气压的要求，满足输气系统本身的约束（如各分气点处的最大和最小压力，气源、压缩机及调节阀的流量、压力约束等），输气系统的动态特性满足质量、动量及能量守恒方程的前提下，使某一输气过程中压缩机所消耗的燃料最少。

根据用户用气量随时间变化的情况，输气系统运行优化问题可分为稳态运行优化（用气量不随时间变化）和非稳态运行优化（用气量随时间变化），相应的数学模型分别为稳态优化数学模型和非稳态优化数学模型。世界各国的输气系统一般都有相应的运行模拟软件，比较通用的运行模拟软件有：美国规格工程公司（Gregg Engineering）研制的管线模拟软件，其功能为：输气系统的稳态运行分析和最优设计、非稳态管网模拟、系统扩建设计软件、管线日常运行计算等。美国科学软件公司（SSI）研制的 TGNET 非稳态输气系统模拟软件，通过模拟输气系统正常运行时的各种工况以确定最优设计方案或最优运行模式，模拟输气系统事故工况（如泄漏、设备故障等）时的非稳态运行以确定最有效的检修措施。

当今，天然气长距离输送管道在建立了完善的数据采集和监控系统，开发了相应的运行模拟软件的基础上，输气系统的优化运行得以广泛开展。按照运行环境的不同，可分为离线运行优化和在线运行优化两种。离线运行优化是运行管理人员将管线实际运行参数输入相应软件，计算出最优运行参数，按此进行运行调度。在线运行优化是在建立数据实时采集系统的基础上，通过模拟软件进行实时模拟并及时调整运行方案。在线运行优化更准确可靠，运行调整更及时有效，因而应用日益广泛。实际上，现代输气系统的网络管理和控制中心（NMCS）一般包括 SCADA 系统和 POAS（过程最优保证）系统两部分。可以保证系统中各点所需要的气量和压力，实现管网运行效率高、设备可靠性高。

输气系统优化运行带来的效益，首先是提高了输气系统的运行效率，如美国某输气公司实行输气系统优化运行后，输气量提高了 2%。波兰输气系统年输气量约 $14 \times 10^9 m^3$，实行运行优化后，每年节省的燃料气约占总输量的 0.16%。其次，提高了输气系统供气可靠性，使输气运行过程更平稳。在输气系统进行维修时，运行优化软件能显示出输气系统所受的影响并给出此时应采取的输气策略。另外，能够模拟新设备在输气系统中应用的效果。

五、天然气管道输送技术的发展

目前，天然气管道输送技术的发展趋势是长距离、大口径、高压力、高度自动化、大型供气系统。

（1）长运距、大口径、高压力输气。

20 世纪 80 年代以来，世界上新开发的大型气田大多远离消费中心，同时天然气国际贸易量迅速增加，促使全球输气管道的建设向长运距方向发展。阿拉斯加北坡输气至美国的中西部地区，管线全长 7764km，管径 914～1420mm。北海天然气输送至地中海沿岸，每条管道长度均达数千公里。到 1990 年，前苏联的天然气平均运距已达 2698km。前苏联 80 年代建成的输气管线走廊共有 6 条直径 1420mm 的大型管道，总长度约 $2 \times 10^4 km$。年输量达 $2000 \times 10^8 m^3$，其中乌连戈依—波马雷—乌日格罗德管道，全长 4451km，年输量 $320 \times 10^8 m^3$。

大口径、高压力输气可提高管道的输气能力，减少建设投资和运行费用。一条直径 1420mm、压力 7.5MPa 的输气管道，输送能力相当于两条直径 1220mm、压力 5.6MPa 的管道，基建投资和钢材用量分别降低 27% 和 20%。目前输气管道最大管径为 1420mm。俄罗斯是世界上大口径输气管最多的国家，前苏联通往欧洲的天然气管道干线直径为 1420mm，俄罗斯天然气股份公司拥有直径超过 1000mm 的长输管道约 90000km，占其输气管道总长度的 60% 以上，其中直径 1420mm 管道总长约 11200km。著名的阿—意输气管道全长 2506km，直径为 1220mm；西气东输管道长 4000km，直径为 1016mm。

国外干线天然气管道直径一般在 1000mm 以上。干线采用大口径管道一般来说，在输气量可以准确预测的情况下，建设一条高压大口径管道比平行建几条低压小口径管道更为经济，因为输气管道的输送能力与管道直径的 2.5 次方成正比，所以，增大管径是提高管道输送能力的最有效措施。如一条直径 914mm 管道的输量是直径 304mm 管道的 17 倍；一条直径 1420mm、输送压力 7.5MPa 的输气管道可代替 3 条直径 1000mm、输送压力 5.5MPa 的管道，但前者可节省投资 35%，节约钢材 19%。目前，全球天然气管道直径在 1000mm 以上的超过 $12 \times 10^4 km$。

输气管道向更高压的方向发展是一个趋势，也在一定程度上反映了一个国家输气管道的整体技术水平。目前，世界陆上输气管道的最高设计压力为：美国 12MPa（阿拉斯加东线为 10MPa），前苏联 7.5MPa，德国和意大利 8MPa，中国 10MPa。海底输气管道的设计压力一般还要高，像阿—意输气管道海底段的最大工作压力为 15MPa，发生事故时的最高出站压力达 21MPa（穿越点处），挪威 Zeepipe 管道压力 15.7MPa，Statepipe 管道输气压力为 13.5MPa，北海的埃科菲斯克 - 埃墨登管线管道直径 914mm，工作压力 14MPa。中国崖 13 - 1 至香港海底输气管道操作压力为 15.5MPa。在高压管道的设计与建造中，采用了一系列先进技术，如极限状态设计方法、机械化自动焊接技术、高分辨率的缺陷超声波自动定量检测技。

（2）采用新型管材。

大口径、高压力输气要求高强度管材以减小壁厚，节约钢材，节省投资。同时要求管材的低温韧性和可焊性好。美、俄、日等国不断推出新型管材。API5L 标准中已列入 X－80 级管材，比 X－65 级节省投资 7%。X－100 等级的钢材也已完成试制工作。俄罗斯研制了含铌低合金钢，新日铁研制了控轧超低碳贝氏体钢。制管技术也不断提高，除了直缝和螺旋焊管外，还开发了多层管、钢缆加强管等。

通过高钢级管材的开发和应用可以减小壁厚，减轻钢管的自重，并缩短焊接时间，从而大大降低钢材耗量和管道建设成本。国外输气管道普遍采用 X70 级管材，X80 级管材也已用于管道建设中，全世界已敷设了大约 500km 这样的管道。德国 Ruhrgas AG 公司在其 Hessen 至 Weren 输气管道（直径 1219mm）上首次采用了 X80 级管材。有关文献介绍，用 X80 级管材比用 X65 级管材节省建设费用 7%，而采用 X100 级管材比采用 X65、X70 级管材节约管道建设成本 10%～12%。目前，加拿大、法国等国家的输气管道已采用 X80 级管材。欧洲钢管公司（Europipe）和日本 JKK、新日铁、住友、川崎已开发出 X100 级管材钢管；EXXON、住友、新日铁正在共同进行 X120 钢或 X125 钢的研究，这种高强度管道的屈服强度可达 861MPa 以上，可承受的工作压力达 35MPa。

此外，采用复合材料增强管道强度的技术也正在开发，即在高钢级钢管外部包敷一层玻璃钢和合成树脂。采用这种管材，可以进一步提高管道的输送压力，降低建设成本，同时可增加管输量以及提高钢管抵抗各种破坏的能力和安全性。因为当管材钢级超过 X120 或 X125 时，单纯依靠提高钢级来减少成本已十分困难，而必须采用复合材料增强管道的强度。

（3）供气系统大型化。

随着天然气消费市场的扩大，天然气产量和贸易量的增长，全世界形成了许多洲际的、国家的和地区性的供气系统。供气系统大型化特点明显。一个大型供气系统通常由若干条输气干线及多个集气管网、气配管网和地下储气库构成，可以将多个气田和成千上万的用户连接起来。具有多气源、多通路供气的特点，保证了供气的可靠性和灵活性。

俄罗斯的国家供气系统是全世界最庞大的供气系统，连接了 300 多个气田、数十座地下储气库及 1500 多个城市，管线总长度超过 30×10^4km。

目前，欧洲的供气系统已从北海延伸到地中海，从东欧延伸到大西洋。而阿－意输气管道的建成实际上已将欧洲供气系统与北非连接起来。欧洲输气管网，整个欧洲是世界上输气管道密度最大的地区，独联体、阿尔及利亚、英国、荷兰、挪威等产气国与欧洲用户的输气管道已连通形成欧洲大陆和海底的国际互联管网，组成了一个从东（欧亚边境）到西（大西洋）、从南（西西里岛、直布罗陀海峡）到北（挪威北海）的输气管网系统，目前围绕着俄罗斯和北海两大气源，欧洲正在继续发展和扩大其输气管网的规模。

北非—欧洲输气系统，包括从阿尔及利亚至意大利的阿—意输气管道（全长 2500km，管径 1220mm）和从阿尔及利亚至西班牙的阿—西输气管道（全长 1434km，管径 1220mm）两大输气管道系统，这两大输气系统分别在意大利和西班牙与欧洲输气管网连通，形成了目前世界上第一个洲际输气管网。

北美洲通过横贯加拿大输气管道和美国的输气系统，将北美的主要产气区（如加拿大西部、墨西哥湾、美国得克萨斯、路易斯安娜及俄克拉荷马）与美国、加拿大、墨西哥的约 8500 万个天然气用户连接起来，形成庞大的管网。主要的输气干线有：横贯加拿大输气管道（TCPL）、阿尔伯达（NOVA）输气管道、阿拉斯加公路输气管道、太平洋输气管道和北疆输气管道等，干线全长 $53 \times 10^4 km$。

亚太地区将是今后世界天然气管道建设最活跃的地区之一。东南亚地区将建设以遥罗湾为起点，经泰国、马来西亚、苏门答腊、爪哇岛和婆罗洲，最后到达菲律宾吕宋岛的横贯东盟各国的输气管道，分为 7 段干线和 4 条支线，全长 6275km，该管道建成并与上述各国原有管道并网后，将形成东南亚地区的大型输气管网系统。此外，中国与俄罗斯正在规划建设中俄跨国输气管道(长 3366km，直径 1020mm)以及土–中–日"丝绸之路"输气管道(长 6000km，直径 1440mm)。可以预言，大量跨国输气管道的相继建成并与原有各大输气管网并网，将会形成全球统一的输气管网系统。

大型供气系统由于系统庞大，管理的复杂程度大大增加，优化运行的要求也相应提高，如何提高系统的可靠性和灵活性是各国研究的方向。

（4）采用高度自动化监控。

自动化监控是输气管道系统中发展最快的一个方面。目前，广泛采用 SCADA 系统对全线或区域进行自动监控、管理，使系统安全可靠、运行灵活。压气站实现无人值守，全线操作、管理在控制中心进行。

随着世界长输管道自动化技术和通讯系统研究的不断深入，目前已达到了一个新的阶段即全线和区域集中控制阶段。在现代输气管道的设计中，SCADA 系统必不可少，已成为管道系统管理和控制的标准化设施，压气站、计量站、调压站、清管站、阴极保护站等均由 SCADA 系统实施遥控。SCADA 系统的主要发展趋势有：

① 采用容量更大、存取速度更高的外存储器。

② 采用更逼真的三维彩色图形显示器，操作人员可以从显示器上观察到压缩机组、控制网等工艺设备的三维图像。

③ 开发功能更强大的 SCADA 系统软件和应用软件。如美国输气管道的 SCADA 系统采用高度可靠的计算机网络式的分布控制技术，由控制中心对全线进行统一调度管理和监视控制，做到了无人值守。而荷兰、法国、德国、比利时、意大利的天然气管网利用 SCADA 系统对合同用气实行优化调度运行。

④ 采用人工智能和专家系统软件技术使 SCADA 系统智能化。

与输气管道系统密切相关的通信技术发展趋势是：

① 通信方式主要采用微波、卫星(VSAT)和光纤三种，目前 VSAT 的应用日益增多。

② 采用一点多址的无线通信方式。

③ 采用蜂窝式无线电话系统。

④ 采用数字式数据通道。

（5）采用先进、快速的管道机械化施工技术和装备。

以前苏联为代表的大口径管道施工技术，在世界处于领先地位。以乌连戈伊—乌日格罗德出口输气管道为例，该管道全长 4451km，管径 1420mm，工作压力 7.5MPa，年输气量 $320 \times 10^8 m^3$，管道途经极地、沼泽、石质带，穿越大量的河流、高山、铁路、公路等，沿线地质环境异常复杂恶劣，原计划用 3 年时间完成，实际上只用了 15 个月就建成投产，其建设速度之快，创造了世界管道建设史上的记录。之所以有这样的高效率，主要是因为前苏联掌握了一套先进的施工技术，拥有一整套自动化和机械化程度极高的施工装备，靠高度专业化的流水作业，合理的工程方案和严格的组织管理，具体包括：

① 模块化施工技术。前苏联油气田地面设施的模块化施工程度已达到100%，各类装置模块化设计全部实现通用化、标准化和系列化。

② 闪光对接焊工艺。这是大口径钢管焊接技术领域的创举，采用这项技术使直径1420mm，壁厚19mm的一道焊口，在任何恶劣气候条件下，3min内即可焊接成功。

③ 先进的移动式预制厂。这种预制厂可以在施工现场对钢管进行防腐绝缘加工，钢管按照双连焊、三连焊施工，使工程进度大大提高。

④ 先进的机械化施工装备，包括高速焊接机组、系列挖沟机、系列冷弯弯管机、系列吊管。

（6）输气管道向极地和海洋延伸。

由于世界新开发的大气田很多分布在北极地区，如俄罗斯亚马尔半岛、美国普鲁德霍湾、欧洲北海等，这些气田促使管道向极地延伸，管道需通过永冻土地带。海上气田的开发以及长输管道通过海峡，促进了海底管道的建设。全世界铺设了近万千米的海底管道，如独联体、黑海、涅淮尔基海峡、意大利西西里海峡、直布罗陀海峡、墨西哥海峡、欧洲北海、中国南海等。海洋油气田的开发促使输气管道向海洋延伸。开发适用于海洋环境的管材、焊接、铺设、检测技术和装备。深海铺管技术进步明显。

（7）重视长输管道安全与完整性评价。

近20年来，北美和欧洲油气工业发达的国家，十分重视油气管道的安全与完整性评价，以合理利用现有管道，减少事故，改善管道与环境的相容性。为此，相关部门进行了大量的基础研究和应用技术研究，在材料、信息、监控、检测技术研究和评价方法、标准规范研究方面做了大量开创性工作，形成了一批有影响的规范、标准和评价方法。在保证管道安全与经济的原则下，研究成果的作用、价值和实际效果已为政府、管道公司和社会所认可。随着管道建设的发展，长输管道安全与完整性评价技术的研究和应用还将不断完善与进步。

（8）采用内涂层减阻技术，提高输送能力。

国外输气管道采用内涂层后一般能提高输气量6%~10%，同时还可有效减少设备的磨损和清管次数，延长管线使用寿命。美国雪佛龙石油技术公司（Chevron Petroleum Technology Co.）在墨西哥湾一条长8km、直径152mm的输气管道上进行了天然气减阻剂（DRA）现场试验。结果表明，可提高输气量10%~15%，最高压力下降达20%。这种减阻剂的主要化学成分是聚酰胺基，通过定期地按一定浓度将减阻剂注入到天然气管道中，减阻剂在管道的内表面形成一种光滑的保护膜，这层薄膜能够显著降低输送摩阻，同时还有一定的防腐作用。但雪佛龙公司研制的这种天然气管道减阻剂在管内使用寿命是有限的，经过一定时间后，薄膜会自行脱落，减阻效率亦会随之降低。

（9）完善调峰技术。

目前，西方国家季节性调峰主要采用孔隙型和盐穴型地下储气库。而日调峰和周调峰等短期调峰则多利用管道末端储气及地下管束储气来实现。天然气储罐以高压球罐为主。

（10）采用回热循环燃气轮机，用燃气轮机提供动力或发电。

采用燃气轮机回热循环及联合循环系统收到很好的节能效果。如著名的阿意输气管道采用回热联合循环系统后，每台燃气轮机的综合热效率由原来的36.5%上升到47.5%。俄罗斯Gazprom天然气公司压缩机站单套压缩机平均功率都在10MW以上，欧美国家也是如此，如美国通用电器公司（GE）生产的MS300型回热循环式燃气轮机额定功率为10.5MW，LM2500型功率为22MW，MS5000型功率为24MW。

（11）采用压缩机新技术。

采用压缩机机械干密封、磁性轴承和故障诊断等新技术，不仅可以延长轴承的使用寿命，取消润滑油系统，降低压缩机的运行成本，而且可以从根本上提高机组的可靠性和完整性，减少由于装置密封不严造成的天然气泄漏。

美国研究开发了天然气压缩机故障诊断软件（CDS），通过建立数据库，对已偏移曲轴形状进行三维显示和动画显示，分析曲轴的偏移趋势。如Alliance管道在建设时就采用了美国Bently - Nevada公司的旋转机械监视仪进行压缩机系统的振动检测。

随着我国天然气利用的发展，输气管道建设在进入21世纪以来，发展迅速。天然气管道输送技术水平也有了很大提高。目前，我国制定了从管材生产、设备制造到勘察设计、施工安装、生产管理等一整套技术标准和规范能有效解决陆地输气管道建设中的问题，具备了建造高压、大口径、现代化输气管道的能力。但是，由于输气管道建设起步较晚，与国外发达国家相比，还有差距：如国内输气管道数量还少，分布不均，尚未成网；管道技术装备水平需要提高；运行能耗较高，利用率低；管理人员多，经济效益较差；储气设施尚不配套，影响供气可靠性。

第三节　城镇燃气输配系统

城镇燃气输配系统包括城镇燃气站场和城镇燃气管网两部分。目前，我国主要输气管道沿线的城镇燃气气源多为管道天然气，沿海一带距LNG接收站较近的城镇燃气气源多是LNG汽化后通过管道输送的天然气，而距输气管道和LNG接收站较远的一些中小城镇燃气，则是由汽车等运输来的LNG或CNG供给。此外，还有不少城镇燃气来自多气源综合供给。

气源为管道天然气的城镇燃气输配系统一般由门站、燃气管网、储气设施、调压设施、管理设施、监控系统等组成，如图6-5所示。由于气源、用户及其分布、需求等情况不同，图中站场、管网和配套设施的构成会有所差别。

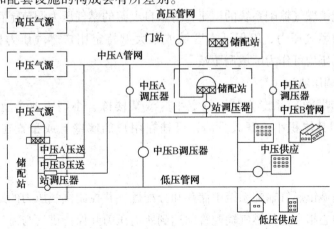

图6-5　城镇燃气输配系统

一、城镇燃气站场

（一）管道天然气站场

气源为管道天然气的城镇燃气输配系统的站场主要由门站、调压站、储配站等组成。

1. 门站

门站是管道天然气进入城镇燃气输配系统的门户，工艺流程见图6-6。站内设有除尘过滤器、调压器、计量装置、加臭装置等，个别门站根据位置及需要，也可与储配站合建。来自输气管道的天然气，经门站接收和处理后进入城镇燃气管网供下游用户使用。

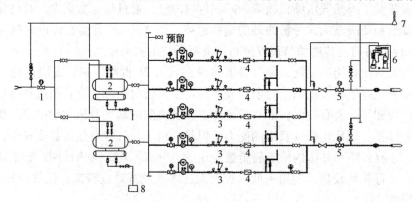

图6-6　门站工艺流程

1—进站阀；2—过滤分离器；3—调压器；4—流量汁；
5—出站阀；6—加臭装置；7—放空管；8—排污池

2. 调压站

调压站是城镇燃气输配系统中连接不同压力级别管道进行压力调节的调压装置站场。它的主要功能是：①将上一级燃气管网压力调节到下一级管网或用户所需压力；②将调节后的压力保持稳定。

根据调压装置在城镇燃气输配系统中的作用，可将城镇燃气调压装置设置形式分为调压站、调压柜（调压箱）等。

（1）调压站

调压站作为城镇燃气输配系统的枢纽，将来自上游的燃气压力调节至符合本区域或某大型特定用户要求的燃气压力，以保证本区域或某大型特定用户燃气压力稳定。高－中压、高－低压及中－低压均可作为区域调压站。

（2）调压柜（调压箱）

专用调压柜（调压箱）系专为某一特定小区或某楼栋、小型工业企业、商业用户所设置的调压装置，因其体积小、摆放灵活，可挂在用户的墙壁上或布置在某一角落以减少占地。

3. 储配站

燃气储配站是城镇燃气输配系统中储存和分配燃气并控制供气压力的站场。其主要任务是根据燃气调度中心指令，使燃气输配管网达到所需压力并保持供气与需气之间的平衡。

储配站的工艺流程应根据气源性质、城镇规模、负荷分布和管网压力级制等因素，通过技术经济比较后确定。较为常用的是高压储存、高压输送和低压储存、中低压输送流程。图6-7为高压储存、二级调压、高压输送工艺流程示例。一级调压器的作用是将高压燃气的压力调节至高压储气罐的工作压力，以储存至储气罐，二级调压器的作用是将燃气压力调节至出站管网的工作压力。

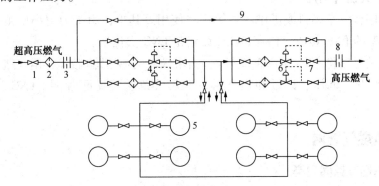

图6-7 高压储存、二级调压、高压输送工艺流程

1—阀门；2—过滤器；3—进站流量计；4——级调压器；
5—高压储气罐；6—二级调压器；7—止回阀；8—出站流量计；9—越站旁通管

图6-8为低压储存、中低压分路输送工艺流程示例。

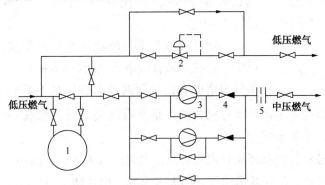

图6-8 低压储存、中低压分路输送工艺流程

1—低压储气罐；2—调压器；3—压缩机；4—止回阀；5—出站流量计

（二）压缩天然气站场

压缩天然气(CNG)可用作汽车燃料或供中小城镇用户使用。其中，为中小城镇燃气用户提供气源的CNG站场情况如下：

1. CNG加气站（天然气加压供气站）

CNG加气站是指由高、中压输气管道、储配站或气田天然气处理厂（站）等引入天然气，经处理、计量、压缩并向气瓶车或气瓶组充装CNG的站场。天然气压缩加气站可兼有向天然气汽车加气的功能。

2. CNG储配站

CNG储配站的任务是接收用气瓶车拖挂车载气瓶或汽车运输气瓶组至本站的CNG，在此卸气、加热、调压、储存、计量和加臭后，送入城镇燃气输配管网。

3. CNG 瓶组供应站

CNG 瓶组供应站的任务是接收用汽车运输气瓶组至本站的 CNG, 采用气瓶组作为储气设施, 在此卸气、调压、计量和加臭后, 送入城镇燃气输配管网。

（三）液化天然气站场

LNG 也可用作汽车燃料或供中小城镇用户使用。其中, 用于为中小城镇燃气用户提供气源的一种小型的 LNG 接收、储存、汽化站场是 LNG 汽化站。

LNG 汽化站是指将 LNG 用汽车槽车、火车槽车、小型运输船或专用气瓶运至本站, 经卸气、储存、汽化、调压、计量和加臭后, 送入城镇燃气输配管网。LNG 汽化站又称为 LNG 卫星站。

二、城镇燃气管网

（一）城镇燃气管网分类

1. 根据形状分类

城镇燃气管网根据形状可分为枝状管网、环状管网和混合管网(环枝状管网)。

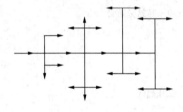

图 6-9　枝状管网

枝状管网的特点是其各用气点来气可能由某方向的同一管段来气供给, 一般只适用于用气点面积较小的区域, 例如城镇边缘、居民区末端和工厂内部末端的管网, 见图 6-9。

环状管网由若干封闭成环的管网组成, 环网中某段来气可由一条或多条管段来气供给(图 6-10)。环状管网的优点是供气灵活可靠, 当管网局部破坏时不影响整个管网供气, 故城镇主干管网的布置经常采用环状管网; 缺点是其内部流态可因沿线用气点用量的变化而变, 管道流向复杂, 不易确定。

混合管网兼有枝状管网和环状管网的优点, 大的区域主干管网成环, 内部或末端则采用枝状(图 6-11)。目前, 已建城镇燃气管网大多为混合型管网。

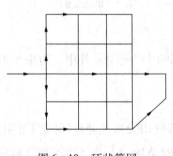

图 6-10　环状管网

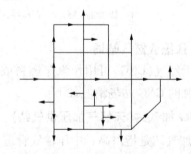

图 6-11　混合型管网

2. 根据燃气管道设计压力分类

根据城镇燃气管道设计压力(P)将燃气管道分为高压(A、B)、次高压(A、B)、中压(A、B)和低压 7 个等级, 即所谓的燃气管网压力级制, 见表 6-14。

表 6 - 14　城镇燃气管道设计压力(表压)分级

名称		压力/MPa
高压燃气管道	A	$2.5 < p \leqslant 4.0$
	B	$1.6 < p \leqslant 2.5$
次高压燃气管道	A	$0.8 < p \leqslant 1.6$
	B	$0.4 < p \leqslant 0.8$
中压燃气管道	A	$0.2 < p \leqslant 0.4$
	B	$0.01 < p \leqslant 0.2$
低压燃气管道		$p < 0.01$

城镇燃气管网中各压力级制的燃气管道之间通过调压装置相连。当有可能超过最大允许工作压力时,均设置防止管道超压的安全保护设施。

3. 根据用途分类

(1)分配管道

在供气地区将燃气分配给工业企业、商业和居民用户。分配管道范围包括道路、街区和庭院的分配。

(2)居民用户引入管及工业企业用户引入管

居民用户引入管是指将燃气从分配管道引到用户室内管道入口之间的管道;工业企业、商业用户引入管是指将燃气从城镇燃气管道引入用户界区并分配到各用气点之间的管道。

(3)居民室内燃气管道及工业企业车间、炉前燃气管道

居民室内管道是指由用户管道入口处将燃气引向室内,并分配到用户各燃气用具之间的管道。

车间管道是指从工业企业车间的燃气管道引入口将燃气送到车间各用气设备之间的管道。车间燃气管道包括干管和支管。

4. 根据敷设方式分类

(1)地下燃气管道

地下燃气管道包括一般埋设管道及采用顶管、定向钻等方式敷设在地下的天然气管道。一般在城市道路、街区、庭院中采用埋地敷设。

(2)架空燃气管道

在管道通过障碍物或在厂区为了施工管理方便,可采用架空敷设。

(二)城镇燃气管网系统的选择

1. 城镇燃气管网的压力级制

常见的城镇燃气管网的压力级制有低压一级管网、中压或次高压一级管网、低压一中(次高压)二级管网、三级管网、多级管网和混合管网系统等。

(1)低压一级燃气管网

低压一级管网是来自输气管道的天然气进入储配站,经调压后直接送入低压配气管网的管网系统。

低压一级管网的系统简单,供气比较安全可靠,维护管理费用低,但因供气压力低,致使管道直径较大,管网的一次投资费用较高。此管网系统适用于用气量小,供气范围为 2 ~ 3km 的城镇和地区,如果加大其供气量及供气范围会使管网投资过大。

301

（2）中压或次高压一级燃气管网

中压或次高压一级管网是来自输气管道的天然气进入储配站，经调压后送入中压或次高压配气管网，最后经箱式调压器调至低压后输送至用户的管网系统。此管网系统可避免在同一街区敷设两条压力等级不同的管道，比三级管网系统节省管网投资约40%，比低压－中（次高）压二级管网系统节省管网投资约30%。

由于庭院管道在中压或次高压下运行，必须保证安装质量，故需较高的安装水平，并且供气的安全性比低压管网要差，一旦发生庭院管道漏气事故，危及的范围更大。

此管网系统适用于新城区和安全距离可以保证的地区；对街道狭窄、房屋密度大的老城区并不适用。

（3）低压－中（次高）压二级燃气管网

低压－中（次高）压二级燃气管网是天然气从输气管线进入城镇门站后，经门站调压、计量送至城镇中（次高）压管网，然后经中（次高）、低压调压站调压后送入低压配气管网，最后进入用户管道。

由于是低压管网配气，因此庭院管道运行相对安全，出现漏气故障时危及范围小，抢修容易；此外，安全距离容易保证。但部分街道要同时铺设中、低压管道各一条，增加了管线长度及投资，且中、低压调压站的数量偏多，在一些城镇人口密集地区位置较难选择。

此管网适用于街道宽阔、建筑物密度较小的大、中城市。

（4）三级燃气管网

三级燃气管网系统是从输气管道来的天然气先进入城镇门站，经调压、计量后进入城市高压（次高压）管网，然后经高、中压调压站调压后进入中压管网，最后经中、低压调压站调压后送入低压管网。

此系统的高压或次高压管道一般布置在郊区人口稀少地区，若出现漏气事故，危及不到住宅或人口密集地区，供气比较安全可靠；同时，高压或次高压外环网可以储存一部分天然气。但此系统较为复杂，三级管网、二级调压站的设置给维护管理造成了不便，在同一条街道往往要同时铺设两条压力不同的管道，总管网长度大于一、二级系统，投资最高。同时，由于经过两级调压，使得天然气压力损失较大，进一步造成了输配管网管径增加。

由于三级燃气管网系统投资大，通常只有在特大城市、要求供气有充分保证时才使用。

（5）多级燃气管网

多级燃气管网系统是由低压、中压、次高压和高压管网组成。天然气从输气管道进入城镇储配站，在储配站上将天然气的压力降低后送入城镇高压管网，再分别通过各自调压站进入各级较低压力等级的管网。

多级管网系统主要用于人口多、密度大的特大型城市。

（6）混合燃气管网

混合燃气管网系统是天然气从输气管道进入城镇门站，经调压、计量后进入中压（或次高压）输气管网，一些区域经中压（或次高压）配气管网送入箱式调压器，最后进入户内管道。另一些区域则经过中、低压（或次高压、低压）区域调压站调压后，送入低压管网，最后送入庭院及户内管道。

由于混合燃气管网系统管道总长度较三级管网系统要短，投资较省。此系统的投资介于一级和二级系统之间。该系统一般是在街道宽阔安全距离可以保证的地区采用一级中压（或次高压）供气，而在人口稠密、街道狭窄地区采用低压供气。

此管网是我国目前可以广泛采用的城镇燃气管网系统，其适应性相对较强。

2. 城镇燃气管网选择

城镇燃气管网的选择要根据气源情况(多气源或单气源、来气方向、进站压力等)、城市总体规划(市政建设现状和社会经济、城市发展规划)、用户需求(发电、工业、民用燃气的市场结构组成)等综合考虑，选择适合的燃气管网。

(1) 城镇燃气管网的建设应符合城镇燃气总体规划，在可行性研究的基础上，考虑远近期结合，以近期为主，经技术经济比较后确定。

(2) 城镇燃气输配系统压力级制的选择，以及门站、储配站、调压站、燃气干管的布置，应根据燃气供应来源、用户的用气量分布、地形地貌、管材设备供应条件、施工和运行等因素，经过多方案比较，择优选取技术经济合理、安全可靠的方案。

(3) 由于环状管网可以在管道检修或新用户接管安装时，保证用户的供气，因而燃气干管的布置，应根据用户用量及其分布，全面规划，并宜按逐步形成环状管网供气进行设计。

(4) 城镇燃气输配系统应具有合理的调峰供气措施。城镇燃气输配系统的调峰气总容量，应根据计算月平均日用气量、气源的可调量大小、供气和用气不均匀情况和运行经验等因素综合确定。

(5) 城镇燃气输配系统储气方式的选择应因地制宜，经多方案比较，择优选取技术经济合理、安全可靠的方案。对来气压力较高的天然气输配系统可以采用管道储气方式。

(6) 燃气输配管网各种压力级别的燃气管道之间应通过调压装置相连。当有可能超过最大允许工作压力时，应设置防止管道超压的安全保护设备。

3. 燃气输配管网的计算

输气管道的水力计算基本公式已在本章作了介绍，只要略作修改就可应用于管网计算。

(1) 高压、次高压和中压燃气管道

高压、次高压和中压燃气管道水力计算，其摩擦阻力系数可采用柯列勃洛克公式计算。柯氏公式是普朗特半经验理论发展到工程应用的，有较扎实的理论和实验基础，适用于紊流三个区的综合公式。

由此，高压、次高压和中压燃气管道单位长度摩擦阻力损失，按式(6-13)计算：

$$\frac{p_1^2}{L} - \frac{p_2^2}{L} = 1.27 \times 10^{10} \lambda \frac{Q^2}{d^5} \rho \frac{T}{T_0} Z \tag{6-13}$$

$$\frac{1}{\sqrt{\lambda}} = -2 \lg\left[\frac{K}{3.7d} + \frac{2.51}{Re\sqrt{\lambda}}\right] \tag{6-14}$$

式中　Q——燃气管道的计算流量，m^3/h；

p_1——管段起点的绝对压力，kPa；

p_2——管段终点的绝对压力，kPa；

Z——压缩因子，当燃气压力小于1.2MPa(表压)时，Z取1；

d——管内径，mm；

L——燃气管道长度，km；

ρ——燃气的密度，kg/m^3；

T——输气温度，K；

T_0——273.15K；

λ——摩擦阻力系数；

K——管壁内表面的当量绝对粗糙度，mm；

Re——雷诺数。

（2）低压燃气管道

低压燃气管道的表压力不大于 0.01MPa，其单位长度摩擦阻力损失可按式（6-15）计算：

$$\frac{\Delta p}{l} = 6.26 \times 10^7 \lambda \frac{Q^2}{d^5} \rho \frac{T}{T_0} \qquad (6-15)$$

式中　Δp——燃气管道摩擦阻力损失，Pa；

　　　l——燃气管道计算长度，m。

（3）高差和局部阻力

管网的某些段落如果高差甚大，就要考虑高差的影响。对于表压力不大于 0.8MPa 的中、高压管网或支线，高差超过 50m，就应按照地形起伏地区的输气管公式（6-2）进行计算，

式中的系数和各参数的单位按式（6-13）取用。

对于低压管网，高差超过 30m，则要按下式计算附加压力

$$\Delta p = H(\rho_a - \rho_G)g = H\rho_a g(1 - \Delta_*) = 1.268 \times 10^{-5} H(1 - \Delta_*) \qquad (6-16)$$

式中　Δp——附加压差，MPa；

　　　H——高差，m；

　　　ρ_a——空气密度，$\rho_a = 1.293 \text{kg/m}^3$；

　　　ρ_G——天然气密度，kg/m^3；

　　　Δ_*——天然气的相对密度；

　　　g——重力加速度，$g = 9.81 \text{m/s}^2$。

配气管网水力计算时，一般不详尽计算局部阻力，而按管段长度的 5%~10% 作为局部阻力的计算长度。但对于街坊庭院内或企业厂区内的支管线则要按实际情况估算局部阻力的影响，一般用当量长度法计算。

（4）管网的允许压降

① 低压管网允许压降的选择，既要保证管网的经济性，又要使燃具在高热效率范围内正常燃烧。显然，允许压降大，管径就小，投资省，但压降过大，会影响燃具的正常工作。研究表明，低压管网的允许压降应取为燃具的最大允许压力和最小允许压力之差，并称为计算压降 Δp。

$$\Delta p = p_{\max} - p_{\min} = (K_1 - K_2)p_n \qquad (6-17)$$

式中　$p_{\max}$、$p_{\min}$——燃具的最大和最小允许压力，Pa；

　　　K_1、K_2——最大压力系数和最小压力系数；

　　　p_n——燃具的额定工作压力，Pa。

上式表明，低压管网的允许压降取决于燃具的额定压力和允许的波动范围。实践表明，一般民用燃具的正常工作允许压力在±50%范围内波动，即 $K_1 = 1.5$，$K_2 = 0.5$。但考虑到在用气高峰时，部分燃具不宜在过低压力下工作，故取 $K_2 = 0.75$。按最不利情况即当用气量最小时，靠近调压站最近用户处有可能达到压力的最大值，但由调压站到此用户之间最小仍有约 150Pa 的阻力（包括煤气表阻力和干、支管阻力），所以，低压燃气管道（包括室外和室内）总的允许压降为

$$\Delta p = (1.5 - 0.75)p_n + 150 = 0.75p_n + 150$$

低压管网总的允许压降分配参见表 6 - 15。

Pa

表 6 - 15　低压管网的允许压力降

气体类别	p_n	p_{max}	p_{min}	总压降	干管压力降	院内管道压力降
人工气	800 ~ 1000	1200 ~ 1500	600 ~ 750	600 ~ 750	400 ~ 500	200 ~ 250
天然气	2000	3000	1500	1500	1000	500

② 高、中压管网的允许压降

高、中压管网只有通过调压装置才能与低压管网或用户相连，因此，高、中压管网中的压力波动并不影响低压用户的用气压力。只要高、中压管网末端的最小压力，能保证区域调压装置通过高峰用气量即可。

当中压引射式燃烧器通过专用调压站与高中压管网相连时，高、中压管网的最小压力要大于中压引射式燃烧器的额定压力（表 6 - 16），确保这种燃烧器的正常工作。此外，还要加上专用调压站的压力降和用户管道的阻力损失等（通常取 0.05 ~ 0.1MPa）。这样即可确定高、中压管网的最小压力。高、中压管网的最大压力与最小压力之差，就是它的允许压降——计算压降。在具体设计管网时，允许压降的确定应根据具体情况留有适当的压力储备。

表 6 - 16　中压引射式燃烧器的额定压力

燃气种类	额定压力/MPa
人工燃气与液化石油气的混合气	0.03
天然气	0.05
液化石油气	0.1

目前应用比较广泛的管网模拟计算软件有英国 ESI 公司（Energy Solution International）离线动态仿真软件 TGNET（PIPLELINE STUDIO FOR GAS）。该软件可以对输气管道的正常工况和事故工况进行分析，测试和评价输气管道的设计或操作参数的设置，最终获得优化的系统性能。

美国规格工程公司（Gregg Engineering）的管网模拟软件可用于新的管网或扩建现有管网的设计及规划，并且瞬态模拟功能，可用于模拟压力或流量因为时间上的变化对整个管网操作的影响，对调度的短期（24h 或 48h）前景进行预测。

美国 Stoner 公司 Stoner Pipeline Simulator（SPS）模拟软件可用于模拟管网中天然气或（批量）液体的动态流动，对现有的或规划设计中的管道，可对正常或非正常条件下，诸如管路破裂、设备故障或其他异常工况等，各种不同控制策略的结果做出预测。

西南石油大学管网仿真软件 PES 是一套能服务于管网系统设计、改造以及运行分析和调度管理等方面的多功能软件包，该软件在实际工程中得到了较好的应用，可用于管道系统设计方案、改造方案和运行方案的论证，计算管道系统储气量的变化情况，评价调峰方案，分析管道系统的事故工况及进行敏感性分析等。

川气东送管道模拟仿真软件可用于管道设计，日常生产管理，优化运行方案，合理调配资源，为管道运行人员提供必要的指导和参考，成为输气生产调度人员决策的辅助工具，为管线的安全、经济运行提供有力保障。

（三）城镇燃气利用

在全球天然气利用大发展的格局下，我国能源结构"汽化"进程明显加快，城镇燃气利用发展迅速。作为燃气利用基础设施的城镇燃气输配系统建设也快速发展，各地取得了不少成功经验。上海的城镇燃气利用情况在我国很具有代表性，其多气源供气模式、合理的规划布局、先进的管道建设技术均为国内领先。现以上海为例，了解城镇燃气利用的情况。

上海作为特大型城市，天然气不仅需求量大，而且用户广泛，用气结构多样。"十一五"期间，天然气供应总量快速增长，从 2005 年的 $18.7 \times 10^8 m^3$ 提高到 2010 年的 $45 \times 10^8 m^3$，广泛应用于城市燃气、大工业和电厂等各类用户，天然气占上海一次能源比例达到 6.3%。

随着天然气在一次能源供应中的比重不断提高，天然气的稳定可靠供应对社会稳定和经济发展的影响日益凸显。如何根据市场特点形成能够有效满足各类用户的用气需求的供应体系，不仅是天然气市场发展的需要，而且也是国民经济持续稳定发展的需要。

1. 天然气市场需求特点

天然气的稳定可靠供应是对市场而言的，充分满足天然气市场的各种不同需求是稳定可靠供应的目的，因此，了解市场需求特点是实现稳定可靠供应的基础。

（1）天然气需求量大、发展快是上海天然气市场的显著特点。"十一五"期间，天然气供应量每年平均增长 20%。"十二五"还将以年均 18.5% 的速度增长。至"十二五"期末，上海的天然气市场规模将达到近 $100 \times 10^8 m^3$。市场扩容快，市场发展要求持续渐进，而气源供应增长呈阶梯式，供需平衡难度大。

长三角地区是中国最具经济活力的区域之一，在天然气利用方面也成为消费最集中的区域。从未来需求的增长态势来看，以上海为经济龙头的长三角地区对天然气的需求将进一步加速。

（2）天然气市场用气结构多样化。其中发电、化工、钢铁等行业的天然气消费量增长较快。2010 年，上海市电厂、化工、工业等大用户用气量约占天然气消费总量的 44%，比 2005 年提高了 16 个百分点。天然气与燃气发电互为调峰，气电关联度提高，用气特性与电力同步，呈现夏、冬双高峰，气电平衡矛盾突出。

（3）调峰要求高。近年来，上海天然气消费结构中，城市燃气（含中小工商业）约占 50%，调峰要求高。

2010~2012 年上海天然气实际消费结构见表 6-17。

表 6-17 2010~2012 年上海天然气实际消费结构　　　　　　　　$\times 10^8 m^3/a$

项目	2010 年	2011 年	2012 年
城市燃气	25.2	24.8	29.6
大工业	10.7	13.8	16.1
电厂	9.1	12.9	16.7
合计	45.0	51.5	62.4

2. 多气源供应

为确保供气的安全可靠，必须建立完善的天然气供应体系，即形成多气源供应体系和相互贯通的天然气网络，而多气源供气是该体系的重要组成。欧洲成熟的天然气市场至少有三种气源，其中任何一种气源供应量最多不超过 50%，且所有的气源可通过公用运输设施相连接。

上海市自 1999 年开始利用东海平湖天然气，拉开天然气发展序幕以来，目前已形成了由国内气和国外气、管输气和 LNG 组成的多气源供应格局。"十二五"期间上海天然气气源主要有：东海平湖天然气、西气东输一线天然气、进口 LNG、川气东送天然气和西气东输二线天然气等五大气源。

2011～2012 年上海市天然气供应量见表 6－18。

表 6－18　2011～2012 年上海市天然气供应量　　　　　　　　　　　　$\times 10^8 m^3/a$

年份	东气	西气一线	川气	西气二线	进口 LNG	合计
2011	3.0	23.7	1.5	4.9	21.0	54.1
2012	2.9	28.1	0.7	2.6	28.1	62.4

由表 6－18 可见，五大气源的供气格局对满足上海天然气市场需求作用显著。其中，进口 LNG 在供应上海的五个气源中供应量超过 40%，具有举足轻重的作用。在 2009 年上海 LNG 项目一期工程建成之前，天然气市场发展受到气源供应能力的影响，坚持"以供定销、有保有限、能源互补、节能高效"的原则来加强需求侧管理，在一定程度上影响了部分用户的用气需求。上海 LNG 项目一期工程建成后，对缓解供需矛盾发挥了重要作用。2010 年进口 LNG 即为上海供应了 $16 \times 10^8 m^3$ 天然气，占气源供应总量的 36% 左右，强有力地支撑了市场需求。

根据"十二五"规划，2105 年上海市天然气供应规模力争达到 $100 \times 10^8 m^3$，天然气在一次能源消费结构中的比例提高至 11% 左右。其中，五大气源供应能力将达到：进口 LNG $39 \times 10^8 m^3$、西气一线 $23.7 \times 10^8 m^3$、西气二线约 $20 \times 10^8 m^3$、川气约 $19 \times 10^8 m^3$（意向量）和东气 $3 \times 10^8 m^3$。

随着上海、江苏、浙江 LNG 气源的逐步启用和国家和各省陆上管网的逐步贯通，长三角地区将形成一个立体化的天然气网络输送系统。消费集中、管网汇聚、贯通内陆、直达海上的天然优势使得长三角地区开始具备成为我国区域性天然气枢纽的基本条件。

3. 燃气管网

（1）管网压力级制

管网压力级制的设置要满足用户需求。针对上海燃气用户类别多，城市燃气管网压力级制设为 8 级：6.0MPa、4.0MPa、2.5MPa、1.6MPa、0.8MPa、0.4MPa、3kPa、1kPa，是国内城镇燃气管网分级最多的城市。多级压力配置，有效地利用了管网压力，较好地适应了各类用户对供气压力的需求。

（2）建造超高压天然气管道

为解决城市用气量大，大型工业用户分布广，天然气使用不均匀系数大等问题，沿城市郊环公路敷设 6.0MPa 的超高压天然气干管，作为城市天然气调峰储气的重要组成部分，有效地发挥了管道储气的作用。

（3）低压管网抽气供应特殊用户

从低级别管网抽取天然气，加压后供应特殊用户，是上海根据城市天然气用量、压力不均匀而采取的一种天然气供应技术，可使管网具有较强的灵活性和较大的适应性。典型案例是上海浦东机场的分布式供能系统的天然气供应。浦东机场用气接自 2.5MPa 管网，但该管网日常运行压力偏低，仅有 1.2MPa，为满足分布式供能的用气需求，在管道来气起点设置增压机，增压至 1.8MPa 后通过连接浦东机场的专用管道（设计压力 2.5MPa）输往用户，既满足了用户的用气需求，又不影响管网的正常输气。

（4）大型用户由专供管道直接供气

对于因发电厂或大型工业用户在用气设备启动时，由于天然气用量瞬间放大，会造成附近管网瞬间压差巨大，管道承压提高而出现管道压力严重不稳，甚至出现管道受损。为避免此类现象的出现，对大型用户由专供管道直接供气。如石洞口发电厂建设专供管道后供气压力由 3.3MPa 提高至 4.7MPa，不但可以满足发电厂的用量需求，而且预留一定空间，大大提高整个管网的抗风险能力。

4. 调峰方式

由于气候条件变化、用户需求不同等因素，天然气供应总会面临调峰问题。对于上海这样的特大型城市，燃气供应调峰问题十分突出。上海的天然气用量高峰集中在夏冬两季，2010 年，日平均用气量为 $1200 \times 10^4 m^3$，实际最大日用气量达 $1500 \times 10^4 m^3$，月不均匀系数峰值约 1.2；春秋两季为用气低谷不均匀系数谷值为 0.8；而小时不均匀系数主要集中在城市配气部分，不均匀系数大约在 3 左右，给上海的供气稳定性带来很大的挑战。

上海根据自身天然气管网及用气特性，采取上游和城市管网共同调峰的方式。由于下游天然气管网无法解决自身所有的调峰问题，季节性调峰、日调峰和重点大型用户的小时调峰基本依靠供气上游的天然气供应量来解决，自身调峰主要是解决城市燃气的小时调峰。

鉴于上海地区无法建设地下储气库，故城市调峰除由高压管道储气外，主要是储存 LNG 来解决。目前，上海利用郊环线及内部高压管道调峰量可达到 $270 \times 10^4 m^3$；除了管输气源上游提供部分调峰能力，LNG 储存是最重要的调峰措施。在东气量小、西气平稳，两者都没有过多的调节余地的情况下，LNG 供应灵活、可波动量大，达到了峰时加量、谷时减量的显著效果。在上海天然气供应中，LNG 发挥了重要的调峰作用，是解决调峰问题的有效手段。

5. 天然气储备

天然气储备是为了保证供需平衡和维持管道压力稳定，以应对调峰和应急需求。这是安全供气的重要措施。发达国家为保证能源供应安全都建设了完善的石油、天然气储备系统。国外石油储备一般为 90 天，天然气储备 17～110 天不等。2010 年上海城市燃气用户应急保障天数达到 15 天。

天然气储存方式有输气管道末段储气、高压管束储气、地面储罐（多为球罐）储气、LNG 储存和地下储气库储气等。表 6-19 列出了这四种不同类型的天然气储存方式的比较。

表 6-19 不同类型的天然气储存方式比较

储存方式	天然气状态	优点	缺点	用途
地面储罐	气态、常温低压或高压	建造简单	容量小、成本高占地面积大安全性要求高	日、小时调峰
高压管束	气态、常温高压	建造简单	储气量小、调节范围窄	日、小时调峰
LNG	液态、低温常压	比容积储存量大	钢材用量和建设投资大、能耗高	应急和战略储备、季节调峰
地下储气库	气态、常温高压	容量大、压力高、占地少、受气候影响小、经济性好、安全性高	要求有合适的储气地质构造、建设投资大、建设周期长	应急和战略储备、季节调峰

地下储气库由于利用枯竭油气藏或盐穴储气，其储气量大、经济性好，是天然气的主要储存方式。液化天然气储存，是天然气以液态方式储存，储气量大、易于操作，比高压球罐和高压管束储存投资少、经济性好。

LNG 储罐的储气量比较大；全容式 LNG 储罐运行安全可靠，罐址选择比较灵活；中小型 LNG 储罐及其相应设施比地下储气库一次性投资少，建设周期短；LNG 汽化后可以直接进入供气管网，无需其他处理。因而，在没有条件建造地下储气库的地区，多采用 LNG 储存。长三角地区缺少建造地下储气库的条件，可以采用 LNG 储存的方式搞好天然气储备。一般 LNG 储备库址不受地质条件的限制，比较灵活，而且可以充分利用国际资源，缓解石油进口压力，实现能源供应来源多样化。

"十一五"期间，上海完成了五号沟 LNG 应急备用站扩建的两座 $5 \times 10^4 m^3$ LNG 储罐的建设，应急储备量达到 $7200 \times 10^4 m^3$。上海 LNG 项目一期工程洋山 LNG 接收站 3 座 $16.5 \times 10^4 m^3$ LNG 储罐，除日常供气外，能够提供 $9000 \times 10^4 m^3$ 作为应急储备。"十二五"期间，将规划建设上海 LNG 项目储罐扩建工程和五号沟 LNG 应急备用站扩建二期工程。今后还将依托周边主干管网、LNG 接收站和储气库系统，积极推进以江苏、浙江、上海两省一市为核心的天然气主干管网联通。建立长三角天然气供应联合应急保障机制，形成与周边省市、上游供气商的多层次合作互助机制。以此与中国石油天然气集团公司江苏如东 LNG 接收站互通互保，作为上海应急储备的重要补充。

多年来的运行实践说明，上海的天然气供应体系较好地适应了天然气市场发展的需求，天然气安全稳定供应对上海的社会和经济发展起到了积极作用。从经济增长态势来看，长三角地区的同质性较强，而从气源情况来看，江浙与上海的条件也较接近，因此从中长期发展考虑，上海市和长三角地区要大幅度提高天然气利用，需要进一步完善天然气供应体系，形成切实可靠的多气源供应体系和相互贯通的天然气网络；建设的每座 LNG 接收站都规划与管道气组网，负责一片区域的供应储备；对区域供气而言，在管道供气的同时，扩大引进 LNG，为安全供气多提供一份保障；随着用气规模的不断增长，储备量也要相应增加，即战略储备以动态发展。储备方式可以是 LNG 或地下储气库储备。

第七章　液化天然气利用

　　液化天然气的利用包括天然气的利用和 LNG 冷能的利用。天然气经低温液化后生成的液化天然气，在使用时，通过汽化成气态使用，则与管道天然气的利用相同。而 LNG 是 -162℃的低温液体，汽化时，其汽化潜热(相变焓)和气态天然气从储存温度复热到环境温度的显热都将释放出来，放出的冷量约为 840kJ/kg。这部分冷能往往通过 LNG 汽化器随海水或空气排放，造成浪费。一座年接收量 300×10^4 t 的 LNG 接收站，如果连续均匀汽化，释放的冷能可达 80MW，数量巨大。随着 LNG 贸易量的快速增加，LNG 冷能的数量越来越大，对其的利用也越发迫切。

　　利用 LNG 冷能主要是利用 LNG 与周围环境之间存在的温度和压力差，通过 LNG 变化到与外界平衡时，回收储存在 LNG 中的能量。LNG 冷能可采用直接或间接的方法加以利用。目前，LNG 冷能的直接利用主要在冷能发电、空气分离、冷冻仓库、液化二氧化碳汽车冷藏、汽车空调、海水淡化、空调制冷以及低温养殖和栽培等方面。间接利用有冷冻食品、低温医疗以及用空分得到的液氮、液氧来进行低温破碎、污水处理等。

　　LNC 冷能在空气分离、深冷粉碎、冷能发电和深度冷冻等方面已经达到实用化程度，经济效益和社会效益非常明显；小型冷能发电在 LNC 接收站也有运行，可供应 LNG 接收站部分用电需求；海水淡化等项目尚需要对技术进行进一步的开发和集成。基于多种条件的限制，LNC 冷能不可能全部转化利用，目前世界 LNG 冷能平均利用率约 20%。我国进口 LNG处于起步阶段，国内冷能利用项目的建设也正开始，福建莆田 LNG 项目已完成 LNG 冷能利用规划，并开始具体实施。浙江宁波 LNG 项目冷能用于空分的可行性研究报告也已获通过，将规划建设 4 个工业项目：600t/d 冷能空分一期、1000t/d 冷能空分二期、5×10^4 t/a 丁基橡胶项目、5×10^4 t/a 低温冷处理项目。目前冷能空分一期项目正在建设中。最早投运的深圳大鹏 LNG 项目也正在进行冷能利用规划。珠海、上海、江苏、大连等 LNG 项目，以及一些已经投运和正在筹建的 LNG 卫星汽化站，都在积极考虑 LNG 冷能利用项目。但由于不同冷能用户的用冷温位高低不同、分布很宽，难与 LNG -162℃到 5℃的冷能资源集成优化匹配进而充分利用，再加上 LNG 接收站选址并未考虑冷能下游用户市场项目的占地和距离，这就使冷能利用工程的投资和技术经济条件受到限制，而且 LNG 汽化操作和冷能用户用冷过程在时间和空间上存在不同步性，因而，除福建项目外，正在策划和研究的多数 LNG 冷能利用项目基本上都集中于单纯的 600t/d 液体产品空分且只利用了 20% 左右的 LNG 冷能。高品位 LNG 冷能远未被充分利用。

　　LNG 冷量的利用要根据具体用途，结合特定的工艺流程有效回收 LNG 冷能，本着实事求是的原则进行合理规划。根据世界 LNC 冷能利用的经验，我国 LNC 冷能利用可以通过以下两个主要途径进行。

　　第一，建设大型空分装置，生产商品液氧、液氮和液氩。部分液氮作为生产冷冻粉碎胶粉和液体二氧化碳等项目的冷媒，汽化后的氮气作为合成氨原料；氧气作为大型装置的原料，生产的合成气经精制后进一步延伸加工，作为合成氨的原料和的，合成气精制过程中副产的高纯度二氧化碳作为液体二氧化碳的原料。

第二，LNG 与制冷剂换热，绿色制冷剂进一步作为冷藏库和合成气精制过程的冷媒。

总之，在 LNG 冷能利用过程中要贯彻循环经济的理念，积极探索我国 LNG 冷能利用技术，实现 LNG 冷能的安全利用，形成生态工业网络。

第一节　LNG 冷量分析

LNG 是以甲烷为主的低碳烷烃低温液态混合物，与周围环境存在着温度差和压力差。LNG 的冷量就是液化天然气变化到与环境平衡状态所能获得的能量。通常采用热力学参数㶲的概念评价 LNG 的冷量。

影响 LNG 冷量大小的因素是环境温度、系统压力及组分变化等。

1. 环境温度

LNG 冷量㶲应用效率与环境温度关系密切，随环境温度增大，LNG 低温㶲、压力㶲及总冷量㶲均随之增大，用即环境温度增大，LNG 冷量㶲应用值随之增大。图 7-1 所示为压力不变时，某种组成的 LNG 冷量㶲随环境温度 T_0 的变化。

2. 系统压力

随 LNG 系统压力增大，其压力㶲随之增大，但是 LNG 低温㶲却随之降低。这是因为随着压力增大，液体混合物泡点温度升高，使达到环境热平衡温差降低；同时由于随压力增大，液体混合物接近临界区，汽化潜热降低。LNG 总冷量㶲为低温㶲和压力㶲之和，其值随压力升高而呈降低趋势，但当压力大于 2MPa 时趋于平缓。图 7-2 所示为环境温度不变时，某种组成的 LNG 冷量㶲随系统压力的变化情况。

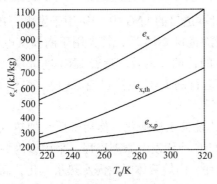

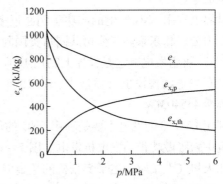

图 7-1　LNG 㶲随环境温度的变化
（$p = 1.013\text{MPa}$）

图 7-2　LNG 㶲随系统压力的变化
（$T_0 = 283\text{K}$）

系统压力不同，LNG 冷量㶲构成中的低温㶲和压力㶲相对值是变化的，因而 LNG 的用途不同，低温㶲和压力㶲存在差异，回收途径也不同。如，用作管道燃气时，汽化压力高（2~10MPa），压力㶲大，低温㶲相对较小，可以有效利用压力㶲，而供给电厂发电用的液化天然气，汽化压力较低（0.5~1.0MPa），压力㶲小，低温㶲大，可以充分利用其低温㶲。

3. 组分

LNG 是低碳烷烃的液态混合物，混合物组分变化会影响 LNG 冷量㶲。甲烷是 LNG 中最主要的组分，图 7-3 表示 $p = 1.013\text{MPa}$，$T_0 = 283\text{K}$ 时，LNG 冷量㶲随甲烷含量的变化关系。在系统压力、环境温度不变时，甲烷组分分数增加，则混合物泡点温度可降低，增大了达到环境温度热平衡的温差，使低温㶲增大；而随着甲烷分数增加，气体混合物分子量降低，这使得单位质量混合物的压力㶲增大(对理想气体，单位摩尔体积压力㶲不变，与组成无关)。这样，随着甲烷摩尔分数增加，LNG 总冷量㶲随之增加。

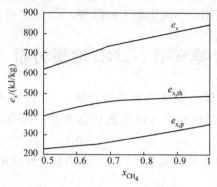

图 7-3　LNG 㶲随甲烷含量的变化
($p = 1.013\text{MPa}$，$T_0 = 283\text{K}$)

第二节　LNG 发电

LNG 的利用中发电是技术比较成熟的一种，而要提高 LNG 发电的整体效率，必须考虑 LNG 冷量利用，否则，发电系统与利用普通天然气的系统一样，大量 LNG 冷量被浪费。天然气液化消耗的电力约为 0.33kW·h/kg(LNG)，使用过程中其冷能约为 0.24kW·h/kg(LNG)，若转换效率为 75%，则每吨 LNG 可发电 180kW·h。利用好这部分能量，可有效降低发电成本。

世界上利用 LNG 发电的成功实例已很多。日本进口的 LNG 中 80% 用于发电。1970 年，东京电力公司和东京煤气公司共同从美国阿拉斯加进口 LNG 后，首先用于南横滨电厂 1、2 号 350MW 机组发电，这是世界上利用 LNG 发电的首例。之后，随着 LNG 进口量的不断扩大，LNG 发电的规模也日益增大，到 1996 年，运行的 LNG 电厂已有 23 座，机组 107 台，装机容量 43540MW。

利用 LNG 冷能发电主要是利用 LNG 的低温冷能使工质液化，然后工质经加热汽化再在汽轮机中膨胀做功带动发电机发电。图 7-4 为 LNG 冷能发电原理流程。采用以丙烷为工作流体和天然气直接驱动透平膨胀机的兰金混合循环。丙烷液体吸收海水热量汽化，高压蒸汽驱动丙烷透平膨胀机发电，随后在丙烷冷凝器中放热被冷凝。同时，高压 LNG 吸热汽化，驱动天然气透平膨胀机发电。

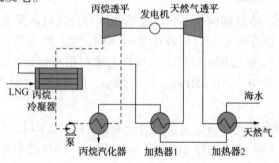

图 7-4　LNG 冷能发电原理流程

如前所述，LNG 冷量㶲包括低温㶲和压力㶲两部分。LNG 冷量的应用要根据 LNG 的具体用途，结合特定的工艺流程有效回收 LNG 冷量。根据热量利用方式的不同，LNG 冷能发电分为朗肯（Rankine）循环和布雷顿（Brayton）循环两类。

在朗肯循环中，热媒作为中间循环介质从液态变为气态。其循环方式有三种：

（1）直接膨胀系统：在这种系统中，LNG 作为低温源，经过泵加压，在高温源（海水）的作用下蒸发，然后膨胀为低压气体。通过这种方式回收 LNG 的能量，利用回收的能量驱动发电机发电。

（2）直接热媒系统：热媒被 LNG 的冷能液化，然后被泵和驱动透平加压，与海水换热后蒸发膨胀，这样回收的能量再用来驱动发电机发电。

（3）综合以上两种系统来回收 LNG 中的冷能，驱动发电机发电。

在布雷顿循环中，它的热媒不发生相态变化，而是保持气态。可以用氮气作为热媒，热媒被 LNG 冷却后，经压缩机加压，再被驱动透平的燃烧热加热到过热状态。

概括地说，LNG 冷能发电主要有三种方式：①直接膨胀发电；②降低蒸汽动力循环的冷凝温度；③降低气体动力循环的吸气温度。常用的有：利用汽化后压力较高的天然气直接膨胀；利用低温冷量的朗肯循环；综合前两种的联合法。

一、直接膨胀发电

直接膨胀法是将 LNG 首先压缩为高压液体，然后通过换热器被海水加热到常温状态，再通过透平膨胀对外做功。利用高压天然气直接膨胀发电的基本循环是 LNG 储罐来的 LNG 经低温泵加压后，在汽化器受热汽化为数兆帕的高压天然气，然后利用 LNG 的物理用在高压汽化时转化成的压力㶲，直接驱动透平膨胀机带动发电机发电，其冷能回收量取决于气轮机进出口气体的压力比。如气体供给压力要求低于 3MPa，则循环回收动力的经济性较好，实际应用中为增加系统回收效率，还可采用多级膨胀透平回收动力。蒸发器热源可用海水，也可使用其他热源，由于流体工作压力较高，所以膨胀透平可做成超小型，高转速。透平使用时由于转速惯性小，因此应由较稳妥措施防止透平过速。透平可设计成喷嘴可调，以改善部分负荷特性。

直接膨胀法工艺技术的优点是循环过程简单，所需设备少。由于 LNG 的低温冷量没有充分利用，对外做功较少，每吨 LNG 冷能产电能约 20kW·h，冷能回收效率仅为 24%。该方法适合用于回收部分冷能，并可考虑与其他 LNG 冷能利用的方法联合使用。图 7 – 5 所示为利用高压天然气直接膨胀发电的基本循环。

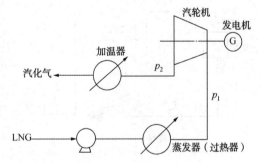

图 7 – 5   天然气直接膨胀发电基本循环

增加天然气膨胀过程的发电量，可以采取以下三项措施：

（1）提高 T_i，即提高汽化器出口温度。但这也意味着汽化器将消耗更多的热量，应综合考虑对整个系统的经济性。

（2）提高 p_1，即提高低温泵出口压力。这就意味着汽化器和膨胀机将在更高压力下工作，设备投资必然增加，也应综合考虑对整个系统的经济性。

（3）降低 p_2，即降低膨胀机出口压力。但膨胀机出口压力的降低受整个系统的制约。因为最终利用天然气的设备通常有进气压力的要求。气体压差决定了输出功率的大小，当天然气外输压力高时不利于发电。

这一方法的特点是原理简单，但是效率不高，发电功率较小，冷能回收效率仅为24%，且在系统中增加了一套膨胀机设备。而且，如果单独使用这一方法，则LNG的冷量未能得到充分利用。因此，这一方法通常与其他LNG冷量利用的方法联合使用。除非天然气最终不是用于发电，这时可考虑利用此系统回收部分电能。

二、二次媒体法

朗肯循环是最基本的蒸汽动力循环，见图7-6。朗肯循环由锅炉、汽轮机、冷凝器和水泵组成。通常，冷凝器采用冷却水作为冷源。这样，循环的最低温度就限制为环境温度。降低蒸汽动力循环的冷凝温度其原理是：将LNG通过冷凝器把冷能转化到某一冷媒上，利用LNG与环境之间的温差，推动冷媒进行蒸汽动力循环，从而对外做功。

朗肯循环包括如下四个过程：

（1）冷凝过程。透平膨胀后的低压载热体蒸汽在冷凝器中凝结成液体。

（2）升压。低压液体经泵提高压力。

（3）蒸发。升压后的载热体液体加热变成高压蒸汽。

（4）膨胀。高压蒸汽经透平膨胀成低压蒸汽，对外输出功，可带动发动机发电。

二次媒体法是利用中间载热体的朗肯循环冷能发电，将低温的液化天然气作为冷凝液，通过冷凝器把冷量转化到某一冷媒上，利用液化天然气与环境之间的温差，推动冷媒进行蒸汽动力循环，从而对外做功。

图7-7是二次媒体法的原理流程。工作媒体的选择是有效利用液化天然气冷能的关键。工作媒体有甲烷、乙烷、丙烷等单组分，或者采用它们的混合物。液化天然气是多组分混合物，沸程很宽，要提高效率，使液化天然气的汽化曲线与工作媒体的凝结曲线尽可能保持一致是十分必要的。因此，使用混合媒体更有利。这种方法对液化天然气冷能的利用效率要优于直接膨胀法。但是由于高于冷凝温度的这部分天然气冷能没有加以利用，冷能回收效率也必然受到限制。

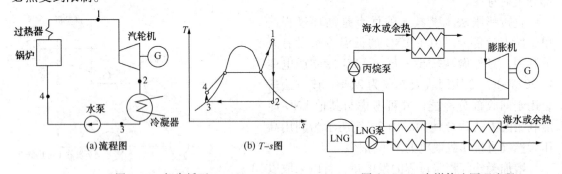

图7-6 朗肯循环　　　　　　图7-7 二次媒体法原理流程

在循环冷凝过程中，利用LNG冷能将低压蒸汽冷凝成液体，蒸发过程中，可采用海水等作为热源使载热剂蒸发。这种发电方案类似于纯凝汽式蒸汽轮机，它可利用海水或其他余热作为高温热源。如利用海水，因温度水平较低且随季节变化，提高系统效率的关键在于提高热交换器效率及选择合适的载流体。如能利用废蒸汽、热排水及其他工业余热，提高进入透平蒸汽压力，则可提高系统功回收能力。

三、联合循环法

联合法综合了直接膨胀法与二次媒体法。低温的液化天然气首先被压缩提高压力，然后通过冷凝器带动二次媒体的蒸汽动能循环对外做功，最后天然气再通过气体透平膨胀做功。联合法可以较好地利用液体天然气的冷能，约为 $45kW \cdot h/t$。

利用 LNG 的冷能作为冷源，以普遍存在的低品位能，如海水或空气、太阳能、地热能、工业余热等为高温热源，采用某种有机工质作为工作介质，组成闭式的低温蒸汽动力循环，这就是在低温条件下工作的朗肯循环。图 7-8 所示为低温朗肯循环。这种方法与直接膨胀法结合，充分回收 LNG 的冷量㶲和压力㶲，就可以大大提高冷能回收率。循环工质采用丙烷、乙烯居多，当然也可以采用混合工质，以尽量保证传热温差的稳定。这种情况 LNG 蒸发多发生在亚临界状态下。实际工业利用中，还可以采用再热循环或抽气回热技术，冷能回收率较高，一般可保持在 50% 左右。

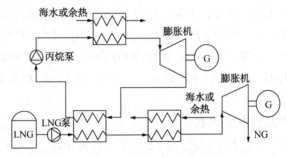

图 7-8　低温朗肯循环

日本是利用 LNG 冷能发电最多的国家之一，其 LNG 冷能发电项目多采用联合法，冷能发电装置一般在 400~9400kW。联合法实现了二次冷媒动能循环和直接膨胀的动能系统的联合。在这一方案中，二次冷媒的选取较为重要，其物性要达到一定的要求：必须在 LNG 范围内不凝固，且具有良好的流动和传热性能，临界温度要高于环境温度，比热容大，使用安全。通常选丙烷、乙烯等烃类化合物或者 R502 等氟利昂类工质以及轻烃与氟利昂的混合物。

第三节　空气分离

经过 100 多年的不断发展，空气分离技术已步入大型、全低压流程的阶段，工艺流程由空气压缩、空气预冷、空气净化、空气分离、产品输送等操作单元组成。空分设备投资较高，能源消耗占空分产品成本的 70%~80%。例如，一套 $72000m^3/h$ 空分设备的主空压机电机容量达 31000kW，相当于一个小城镇的民用电。因此，如何降低单位制氧耗电一直是空分行业关注的主要问题。

利用 LNG 高品质的低温冷能是有效降低空分装置单位制氧耗电的途径之一。LNG 冷能用于生产液体空分产品不仅可以充分利用 LNG 高压汽化过程的能谱特点，按能量品质合理地分配利用冷能，而且工艺技术成熟可行，节能节水效果显著有利于空分系统液化率的提高，缩短装置启动时间，能够生产更多的液态产品，适用于生产液体产品较多的场合。在常规空分装置中的主冷却器、废氮循环冷却器、后冷却器以及空压机中间冷却器等换热装置中引入 LNG 冷能，降低单位能耗，同时减少了空气压缩中间冷却的用水环节，可以提高空分产品的产量和质量。利用 LNG 汽化时的冷能对空气进行分离，生产液态空气产品，系统工艺温度低，对 LNG 冷能的整体利用率高，节能效果显著。在国际上此类研究已有逾 30 年的历史，并已有多个项目建成运营。在我国，由于 LNG 项目刚刚开始大规模发展，其冷能利用的工作也正在起步阶段。

一、空气分离装置利用 LNG 冷能的特点

LNG 冷量的㶲分析可知，在尽可能低的温度下利用 LNG 冷量，才能充分利用其低温㶲。而在接近环境温度的范围内利用 LNG 冷量，大量宝贵的低温㶲已经耗散掉了。由于空分装置中所需达到的温度比 LNG 还要低，因此，LNG 的冷量㶲在空气分离中可以得到比较好的应用。利用 LNG 的冷量冷却空气，不但大幅度降低了能耗，而且简化了空分流程，减少了建设费用。同时，LNG 汽化的费用也可得到降低。LNG 冷能用于空气分离装置时，由于工艺温度（90～100K）比 LNG 温度（111K）还要低，与用于冷藏冷冻（253K）、低温发电（233K）、制取干冰（193K）、低温粉碎（133K）等场合相比，LNG 的冷量㶲得到最大程度的利用，是目前技术上最为合理的方式。这种冷能利用方式不但大大降低了生产液态空气产品的能耗，而且降低了 LNG 汽化的成本，具有一定的经济性，因此可以考虑在 LNG 汽化中采用。

1. 装置规模适应产品的市场需求

液氮是应用范围最广的低温工质之一，主要用于低温粉碎、食品冷冻、低温运输、生物保存、医疗手术及工业速冻等。液氧主要用于航空燃料、液氧炸药，制取臭氧用于污水处理和造纸漂白等。目前的液氧和液氩直接应用不多，液化的主要作用是便于储运，终端使用时仍多为气态。由于在终端市场需求方面，空气产品以气态为主，液态产品所占的市场份额较少，甚至在一些地区出现供大于求的情况，因此液态空气产品的生产要考虑到市场的需求、容量和定价问题，这也是实际工程中保证项目经济性的重要因素。

2. 冷能供应确保装置的稳定运行

LNG 最终主要用于城市燃气和发电，其汽化量随实际需求量的变化而不断变化。如城市燃气存在季节和日峰谷差，燃气电厂根据电力调峰需求而调度运行。同时，由于 LNG 储罐中存在 BOG（Boil Off Gas，蒸发气体），对其进行再液化也需要消耗一部分 LNG 冷能，特别是夏天这种需求量更大。由于冷能供应不稳定对冷能利用设备负荷的限制，影响了设备的连续稳定运行和利用率，大大降低了系统的经济性。国外建设较早的一些利用 LNG 冷能的空气分离设备就曾出现过因夏季可利用 LNG 冷能低于设计值的 50% 而停运的情况，使立项时的预期收益大打折扣。因此对于具体工程，应做好相应的天然气供应需求预测、LNG 实际可利用冷能计算等工作。

3. 提高冷能的综合利用率

在 LNG 汽化过程中，各种应用场所下所收到的总冷量一定，但不同的回收温度下所得到的有用功却不同，即对 LNG 中所含的冷量㶲的利用效率不同。由制冷原理可知，要求的工艺温度越低，常规制冷方式所消耗的能量越多，在到达一定的低温区时，蒸发温度每降低 1K，能耗要增加 10%，此时利用 LNG 冷能的节能效果也就越明显，冷量㶲的利用率也高。因此应在尽可能低的温度下利用冷能。冷能利用场所的温度较高时，传热过程中未能加以利

用的大量冷量㶲白白损失。

虽然空分装置能够比较好地利用 LNG 冷能，但 LNG 在空分装置中通过换冷后的温度为 -100℃左右，这部分冷量的利用还需进一步拓展。另外，由于利用 LNG 冷能的空气分离工艺温度低，因此系统末端排放的各种物质流中均具有一定的剩余冷能，应注意对其进行回收利用。如排出的低纯废氮、液氩提纯废气等温度都较低，主换热器出口的天然气温度也在 -20℃左右，可通过增加换热器等对其中的冷能进一步回收利用，优化系统工艺流程，提高 LNG 冷能的综合利用率。

二、利用 LNG 冷能的空气分离技术

空气分离装置利用 LNG 冷能有多种流程，可根据工程的实际情况选用。目前主要有 LNG 冷却循环氮气，LNG 冷却循环空气，以及与空分装置联合运行的 LNG 发电系统三种方式。

1. LNG 冷却循环氮气

由于氮气膨胀循环制冷空分流程的广泛应用，LNG 冷却循环氮气的利用方式也是最为主流的方式。国外同类项目中的典型流程见图 7-9。

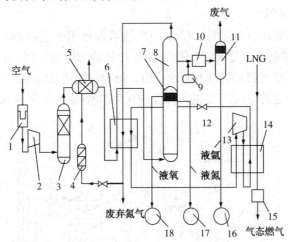

图 7-9　典型的利用 LNG 冷能的氮气膨胀循环制冷空分流程

1—空气过滤器；2—空气压缩机；3—空气预冷器；4—电加热器；5—空气净化器；6—低温换热器；
7—高压分馏塔；8—低压分馏塔；9—氢罐；10—氩净化器；11—氩提纯塔；12—氮节流阀；
13—氮循环压缩机；14—主换热器；15—天然气加热器；16—液氢储罐；17—液氮储罐；18—液氧储罐

原料空气经过空气过滤器除掉灰尘后，进入空气压缩机。压缩后压力为 0.6MPa 的空气进入空气预冷器中被冷却至 283K。随后进入空气净化器，通过其中的分子筛吸附除去二氧化碳、水分等杂质，以防冻堵。在低温换热器中，气态空气被低温循环气态氮气和低纯度废弃氮气冷却至约 100K 后，依次进入高压分馏塔、低压分馏塔与其中的低温液态氮气进行换热，气态空气各组分依次液化。所得的液氧产品进入液氧储罐中储存，液氮产品进入液氮储罐中储存。含氩液态气体使用氢罐加氢催化脱氧后，依次通过氩净化器和氩提纯塔进行净化和提纯，所得液氩产品送入液氩储罐储存。

高压分馏塔流出的 100～110K 的循环气态氮气经过低温换热器与原料空气换热后温度升至 270K 左右，再进入主换热器与 LNG 换热，温度降为 120K 左右，然后在循环氮压缩机

中被压缩，所得 195K、2.6MPa 左右的高压气态氮气再次进入主换热器冷凝，温度降为 120K 左右，通过氮节流阀节流降温降压至 91K、0.4MPa 左右后，进入高压分馏塔的液氮入口，与空气换热，汽化后继续循环。低压分馏塔顶部流出的 100K 左右的低纯度氮气，经过低温换热器进行冷能回收后，一部分在需要时通过电加热器加热后用于空气净化器中分子筛的再生，其余部分放空。110K 的 LNG 经主换热器汽化后，升温至 250K 左右，热量不足部分由天然气加热器进行补充调节，或由系统中的空气预冷器等其他冷能回收装置补充调节。

系统中氮气内循环系统的作用主要有两方面：一方面，在比 LNG 温度更低的工况下提供了冷量，以满足高压下产品的沸点等工艺要求；另一方面，将 LNG 与液氧系统分离开，避免了工质泄漏可能引起的危险，提高了系统的安全性。

利用 LNG 冷能的空气分离流程，空气预冷器的冷源由系统末端的低温天然气提供，LNG 与氮气的热交换器由两部分分级构成，并使用了多级低温氮压缩机，设置了低温过冷器，节能效果较好，计算耗电量（即以获取单位体积氧气产品所消耗的电量作为计算空气分离系统的耗电量，下文同此）为 0.413 ~ 0.560kW·h/m³。利用 LNG 冷能的空气分离流程，空气预冷器的冷源由低纯度废弃氮气提供，液氧直接在低温换热器中获得，其计算耗电量为 0.581kW·h/m³。

2. LNG 冷却循环空气

对于空气循环膨胀制冷空分流程，LNG 的冷能可直接用于主换热器中冷却原料空气。采用 LNG 冷量的空气膨胀制冷空分流程，利用 LNG 冷量冷却原料空气，用外界冷量取代了空气循环膨胀制冷，取消了空气膨胀机以及制冷机组，流程组织更加简单，能耗大大降低。单位液态产品的能耗由原来普通的空气膨胀制冷流程的 0.775kW·h/kg，降到 0.395kW·h/kg。其流程简图见图 7-10。

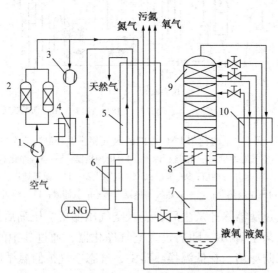

图 7-10　利用 LNG 冷能的空气膨胀制冷空分流程
1—空气低压压缩机；2—空气净化系统；3—空气高压压缩机；4—冷却器；5—主换热器；
6—LNG 换热器；7—下塔；8—冷凝蒸发器；9—上塔；10—过冷器

3. 与空分装置联合运行的 LNG 发电系统

在 LNG 电站中，将发电、空分与 LNC 汽化利用相结合的系统中，LNG 与空分装置输出的冷氮气一起，被用来冷却空分系统中的多级空压机，可以进一步降低空分系统功耗。一种与空分装置结合的利用 LNG 冷能的零排放能量系统如图 7-11 所示。

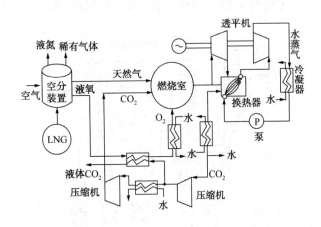

图 7-11　利用 LNG 冷能的零排放能量系统

在空气分离系统中,利用 LNG 冷能作为补充冷量进行空气分离,可以使生产液氧的耗能降低 60% ~73.5%,同时使 LNG 汽化为天然气(NG)。在动力系统中,NG 为燃料,氧气代替空气作为氧化剂。在整个能量系统中,燃烧产物仅仅为二氧化碳和水,其中二氧化碳气体可以通过液氧的冷能进行液化加以回收,从而实现能量系统有害气体的零排放。分析表明,该系统的效率约为 37%,比同类的不采用 LNG 冷能的零排放系统的效率高一倍。

三、应用现状

1971 年,世界上首台利用 LNG 冷能的空气分离装置在日本东京液氧公司投入运行。空气分离作为 LNG 冷能利用中的最常用技术之一,应用越来越广泛,日本、韩国、法国、澳大利亚等国家已有多处此类项目投入运营。表 7-1 列出了其中一些利用 LNG 冷能的空气分离装置。

表 7-1　利用 LNG 冷能的空气分离装置

LNG 终端接收站		日本泉北 1	日本泉北 2	日本袖浦	日本知多	韩国平泽
生产能力/ (m³·h⁻¹)	液氮	7500	25000	15000	15000	15000
	液氧	7500	6000	5000	5000	6500
	液氩	200	380	100	100	440
LNG 用量/(t·h⁻¹)		23	—	34	26	50
耗电量/(kW·h·m⁻³)		0.60	—	0.54	0.57	—

图 7-12 为日本大阪煤气公司利用 LNG 冷能的空气分离系统。

装置特点是:由于液化天然气的可燃性,故用氮气作为与它换热的工质,利用 LNG 的冷能来冷却和液化由下塔抽出经过复热的循环氮。这种方式,可以省去空气、氮气两种透平膨胀机及氟利昂制冷机组,循环氮气量约为同等容量的低压带中压制冷循环系统空分装置的 1/5,循环氮气的压力为 1960kPa,制取液氧的能耗较通常液态产品的装置可降低一半,仅

$2500kJ/m^3$。与普通的空气分离装置相比，电力消耗节省 50% 以上，冷却水节约 70%。将 LNG 冷能用于空分可简化空分流程，减少了设备建设费用。同时，LNG 汽化的费用也可降低。

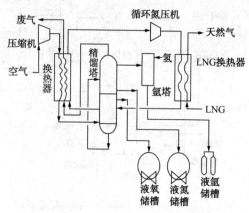

图 7 - 12　利用 LNG 冷能的空气分离系统

图 7 - 13 为法国 FOS - SUR - MER 接收站利用 LNG 冷能的空气分离系统。

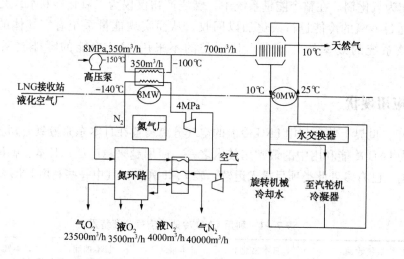

图 7 - 13　法国 FOS - SUR - MER 接收站利用 LNG 冷能的空气分离系统

利用 LNG 冷能的空气分离装置耗电量约 $0.4 \sim 0.6kW \cdot h/m^3$，与常规的空气分离装置的耗电量 $1.2kW \cdot h/m^3$ 相比，电力消耗节约 50% 以上。

我国第一个利用 LNG 冷能的空气分离项目是福建莆田利用 LNG 冷能空气分离项目，LNG 日使用量 1200t/d，日产液氧 250t/d、液氮 340t/d 和液氩 10t/d，于 2007 年底建成。

国内某 LNG 接收站的冷能利用规划中，根据市场分析确定了空分方案的生产规模为：空分产品 620t/d，其中液氧产品 400t/d，液氮产品 200t/d，液氩产品 20t/d。通过对各工艺方案进行技术指标、能耗、水耗、投资、安全及可靠性的分析，最后推荐的方案其流程图如图 7 - 14 所示。该方案冷能利用绝对量大，水耗和电能消耗最少，产品方案可根据市场走势作适当调整，装置运行安全可靠，符合 LNC 终端接收站的实际生产情况。与同规模常规空分相比，节电约 51%，节水约 63%。该方案空分主要设备见表 7 - 2，空分流程主要技术参数见表 7 - 3。

表 7 - 2　空分流程主要设备

空气压缩设备	空气预处理设备	空气分离设备	液化设备	产品储存器
1. 主空气压缩机及附属设备 2. 冷冻水泵	1. 空气预冷换热器 2. 空气过滤器 3. 分子筛吸附器 4. 电加热器 5. 分子筛	1. 主换热器 2. 冷凝蒸发器 3. 高压分离她 4. 低压分离塔 5. 粗氩分离塔 6. 氩塔冷凝蒸发器 7. 精氩分离塔及相关设备 8. 液氩泵	1. 氮压缩机 2. LNG 换热器 3. 过冷器 4. 节流阀	1. 液氧储罐 2. 液氮储罐 3. 液氩储罐

表 7 - 3　空分流程主要技术参数

技 术 指 标	数值
加工空气量/(m³/h)(标准状态)	60000
液氧产量/(t/d)(O₂ 质量分数≥99.6%)	400
液氮产量/(t/d)(O₂ 质量分数≤10×10⁻⁶)	200
液氩产量/(t/d)(O₂ 质量分数≤2×10⁻⁶,N₂ 质量分数≤3×10⁻⁶)	20
LNG 产量/(t/h)	68
循环水量/(t/h)	555
空压机功率/kW	4618
氮压机功率/kW	5500
总压缩功率/kW	8141.5

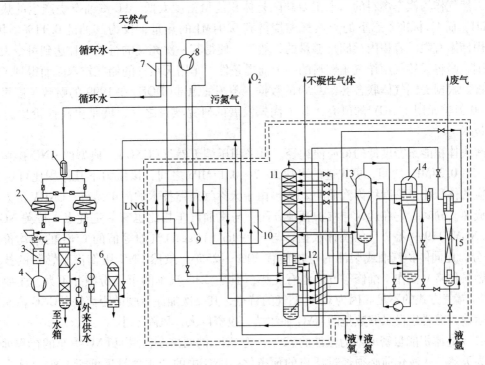

图 7 - 14　某接收站 LNG 冷能利用于空分的推荐流程

1—电加热器；2—分子筛吸附器；3—空气过滤器；4—空气压缩机；5—空气冷却塔；6—水冷却器；7—水箱；
8—氮气压缩机；9—高压换热器；10—低压换热器；11—空气分馏塔；12—过冷器；13—粗氩塔；14、15—精氩塔

该方案的高压(8.1MPa)LNG直接进入主换热器，被循环氮气加热，冷能利用后，高压(7.04MPa)天然气回LNG接收站的天然气外输系统；循环氮气采用低温氮气压缩机，降低氮气入口温度，省略压缩机级间冷却。该方案需要消耗68t/h的LNG。在冷量回收过程中LNG在低温区(-145～-74℃)的冷能得到了充分利用，而在高温区-74℃以上的冷能用制取低温水的办法回收，制取的低温水作为空压机的中间冷却器的冷却水，来降低空压机的功率，其中循环氮压缩机为低温压缩机，中间冷却器采用LNG冷却。

第四节 其他利用

一、LNG汽车

对于传统汽车燃料给环境，尤其是城市大气造成的污染，许多国家除了采取加强产业技术升级、严格排放法规等措施外，还积极开展清洁燃料汽车的开发和推广工作，目前已经在天然气、燃料电池、醇类燃料、氢能、太阳能等领域取得了丰硕的成果。相比之下，天然气汽车技术的发展尤其引人注目。在几十年的发展过程中，完成了从机械控制到电子控制，从进气道预混供气到电喷供气甚至缸内直喷供气的技术升级。根据不同的燃料存储形式，天然气汽车(NGV)又分为压缩天然气汽车(CNGV)、液化天然气汽车(LNGV)和吸附天然气汽车(ANGV)，其中CNGV的车用系统发展比较成熟和完善，LNGV在20世纪90年代也已开始小规模推广使用。从使用效果来看，LNGV弥补了CNGV的许多不足之处，具有良好的推广应用价值。

天然气作为汽车燃料的一个主要缺陷是体积能量密度太低。1L汽油燃烧产生的热量是34.8MJ，而1L标准状态下的天然气燃烧得到0.04MJ的热量，仅为汽油的0.11%。因此，在车用储罐有限的容积内存储足够量的天然气，使得其一次充气的行驶里程达到可令人接受的范围，是将天然气用作汽车燃料的一个前提条件。车用天然气的储气技术因而得到了高度的重视。根据美国气体联合会(AGA)的数据，美国能源部(DOE)在1999的财政年度里，拨出2760万美元用于NGV的研究，其中优先发展的研究项目之一，就是更高性价比的NGV储气技术。

解决体积能量密度低的最简便途径，是采用压缩天然气(CNG)。典型的CNG操作压力在16.5～0.34MPa之间，更先进的可达20.7～0.17MPa之间，该压力下其体积比可达230，所对应的体积能量密度约为汽油的26%。由于天然气压缩技术的简单易行，CNGV的发展已比较成熟。同时，它在运营与维护管理方面，与汽油汽车相比也有一定优点。按美NGV联合会(NGVC)1999年7月的统计数据，与3.79dm^3(1Usgal)汽油等值的CNG的平均价格为89美分，比同体积汽油或柴油的价格便宜20%～25%。虽然CNG用作汽车燃料的技术成熟，燃料价格\操作\维修等方面也有优势，但是CNG汽车的市场份额并不大，主要原因是CNG储气方式的不足。因为CNG储气的特点，其一次加注行驶的距离短。CNG汽车进入商业运输，需要建设足够数量的CNG加注站，投资巨大，风险不小。

LNG的体积能量密度约为汽油的72%，为CNG的两倍多，因而LNG汽车的行程远，而且因为天然气在液化前必须经过严格的预净化，LNG中的杂质含量远低于CNG，这为汽车尾气排放满足更加严格的标准创造了条件。LNG燃料储罐在低压下运行，避免了CNG采用高压储罐的潜在风险。同时也减轻了容器自身的质量，储存相同质量的天然气时，LNG的体积能量密度最高，储罐的压力最低，质量最轻，LNG 是一种比较理想的汽车燃料储存方式。这些优势使 LNG 汽车成为天然气汽车的重要发展方向。

（一）LNG 汽车

车用 LNG 的冷能利用有两种方式：动力利用和制冷利用。动力利用就是将 LNG 加压升温汽化，推动叶轮对外做功，热源是空气或内燃机的余热。制冷利用是利用 LNG 的冷能来液化一些低温气体，或提供汽车车厢使用的冷量。随着 LNG 汽车的不断发展，LNG 用作汽车清洁燃料的同时，可将其冷能回收用于汽车空调或汽车冷藏车。这样就无须给汽车单独配备机械式制冷机，既降低了造价，又消除了机械制冷的噪声污染，具有节能和环保的双重意义，是一种真正的绿色汽车。尤其适用于有噪声限制的地区。

以 LNG 为燃料的汽车是将 LNG 储存在绝热的车用 LNG 储罐内，通过汽化装置将其汽化为 0.15MPa 左右的气体供给发动机，其主要构成包括 LNG 储罐、汽化器、减压调压阀、混合器和控制系统等。LNG 作为汽车燃料，具有能量密度大、运输方便、燃烧更加洁净、安全性好、建设投资少、运行成本低等优点。LNG 的热值是柴油的 1.23 倍，价格却只有柴油的约 1/2，采用 LNG 作为汽车燃料，燃料成本下降 15% ~ 20%，其爆炸极限和着火点均比汽油和柴油高，具有较高的辛烷值和抗爆性，做为燃料使用具有良好的安全性。

美国在 LNG 汽车的推广和技术应用方面始终处于领先地位，拥有全球半数以上的 LNG 加气站和 LNG 汽车。自 1995 年以来，美国就已经有了商业运营的城市公交巴士，并形成了一定的规模。LNG 汽车主要用于大排量的汽车上，如大型集装箱卡车、城市公交巴士、校车和环卫运输车等，有相当数量的以 LNG 为燃料的车辆在公路上正常的运行。近十几年来，美国在开发 LNG 汽车方面取得快速的进展，各大汽车公司如福特、卡特彼勒、康明斯等公司都已经生产出 LNG 发动机，并且其尾气排放量非常低。美国的 MVE 公司是目前世界上生产制造 LNG 设备主要的厂家之一，生产的设备主要包括车用 LNG 气瓶、LNG 加气站、LNG 自动加气机及大型 LNG 储存罐等。此外，日本的铃木、尼桑等多家汽车公司也已成功开发出了电控多点喷射式的 LNG 发动机，主要面向客车使用。

至 2013 年 3 月，不完全统计，我国拥有 LNG 车 10 万辆左右。预计 2015 年运行于全国城际客运、货运和公交车运输领域的 LNG 车辆将超过 25 万辆，到 2020 年达到 100 万辆。我国天然气汽车领域正出现 CNG/LNG 并举的模式发展，并且天然气汽车也正在从公交车、出租车为主扩展到长途客、货运车辆领域。

国内 LNG 汽车生产厂商如郑州宇通客车公司、山东聊城中通客车公司、苏州金龙客车公司、厦门金龙客车公司、陕西舒斯特客车公司、深圳五洲龙公司、重庆恒通公司、珠海广通公司等众多厂商生产的 LNG 公交巴士已批量生产。LNG 重型卡车也有陕西重汽、东风特商、一汽、中国重汽、航天三江集团等单位批量生产，投入商业运营。LNG 汽车制造产业一般均为大投入、大产出、低污染产业，对当地经济拉动作用明显，并可明显促进就业，具有非常可观的社会效益。

（二）LNG 加注站

LNG 加注站是 LNG 汽车运行的必要保证。随着 LNG 汽车的发展，LNG 加注产业也发展迅速，至今我国 LNG 汽车加注站已投运 1200 座。加注站设备主要有 LNG 低温储罐、LNG 低温泵和 LNG 加注机等，这些设备技术已成熟，设备成套基本国产化。LNG 低温储罐和 LNG 用真空管完全实现国内产业化；发展产业初期主要依靠进口的核心设备低温潜液泵也已实现国产化。

在加注站建设方面，LNG加注站较CNG加注站成本显著降低，以10000m³/d天然气加注站建设及运行成本为例进行估算，仅仅为CNG加注站建设成本和运行费用的29%和32%。

近两年国内各地建设的LNG加注站80%以上为橇装站，并已形成系列化，节约了建站用地。橇装站储罐主要为30m³、50m³和60m³为主，占地面积一般在500~800m²，由于设备紧凑，无高压设备，仅有低温潜液泵为动设备，设备成本也大幅降低。LNG橇装加注站运行简便、成本低。LNG加注站设备仅有低温潜液泵（功率约12kW）消耗极少量的电能，因此运行成本低，和CNG加气站相比，节能减排效果极为显著，运行成本明显降低。

二、　生产液态二氧化碳

液态二氧化碳是二氧化碳气体经压缩、提纯，最终液化得到的。传统的液化工艺将二氧化碳压缩至2.5~3.0MPa，再利用制冷设备冷却和液化。而利用LNG的冷量，则很容易获得冷却和液化二氧化碳所需要的低温，从而将液化装置的工作压力降至0.9MPa左右。与传统的液化工艺相比，制冷设备的负荷大为降低，耗电量减少30%~40%。以化工厂的副产品CO_2为原料，利用LNG冷能制造液化CO_2及干冰。不但耗电量小，而且产品的纯度可高达99.99%。图7-15是利用LNG冷能生产液态二氧化碳和干冰的工艺流程图。

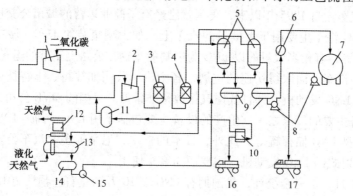

图7-15　利用LNG冷能生产液态二氧化碳和干冰的工艺流程图

1、2—压缩机；3—除臭容器；4—干燥器；5—液化设备；6—液态二氧化碳加热器；7—液态二氧化碳储槽；
8—液态二氧化碳泵；9—储槽；10—干冰泵；11—收集器；12—天然气加热器；13—LNG/氟利昂换热器；
14—氟利昂储罐；15—氟利昂泵；16—干冰储运车；17—液态二氧化碳储运车

中国科学院工程热物理所提出了利用LNG冷能与分离CO_2一体化的新型循环系统，如图7-16所示。该方案利用LNG冷能来完善燃烧它的热机性能，既提高了效率，又能回收用天然气燃料热机的唯一主要排放物CO_2。对降低CO_2分离能耗和实现CO_2准零排放动力系统的研究有重要价值。

三、冷冻仓库

LNG接收站和大型冷库往往都建在港口附近，因此回收LNG冷量供给冷库是十分方便的．传统的冷库采用多级压缩机制冷装置维持冷库的低温，电耗很大。如果采用LNG的冷量作为冷库的冷源，将载冷剂氟利昂冷却到-65℃，然后通过氟利昂制冷循环冷却冷库，不用冷冻机，可以很容易地将冷库温度维持在-50~-55℃，电耗降低65%，并减少建设费用。

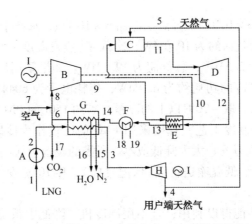

图 7-16　利用 LNG 冷能分离 CO_2 的循环系统

A—泵；B—压缩机；C—燃烧室；D，H—透平；E，G—换热器；F—换热器

国内某 LNG 接收站提出了 LNG 冷能利用于冷库的规划。根据该 LNG 接收站地区当时的水产品等加工生产能力，可在 LNG 接收站附近约 1km 内建设一座 4.5×10^4t 的大型冷库。此冷库可年加工 75×10^4t 鲜活水产品。为加工企业提供原料及产品的冷冻、冷藏需求。其基本参数如下：冷库规模 4.5×10^4t，其中，冷冻 1 库（ -42℃ ）1.5×10^4t；冷冻 2 库（ -32℃ ）1.5×10^4t；冷冻 3 库（ -18℃ ）1.5×10^4t；冷库总建筑面积 48600m²。

图 7-17 是 LNG 冷能用于冷库的流程图。储罐中 -162℃ 的 LNG。经 LNG 泵加压到天然气高压输气管网所需的压力（约 7.3MPa），温度上升至约 -150℃。由于 LNG 温度非常低，冷量的品位非常高，故可用于一些深冷用户，如废旧轮胎的深冷粉碎、二氧化碳制干冰。LNG 的冷量通过深冷用户的一次利用，LNC 温度从 -150℃ 上升到约 -70℃，LNG 全部汽化成为低温的高压天然气。在冷库中蒸发的冷媒（载冷剂）蒸气，在高效换热器中，与约 -70℃ 的高压天然气进行热交换，冷媒获得冷量而全部液化，而高压天然气获得热量温度升高。冷媒泵将液化的冷媒升压后、通过保酬窦线输送到冷库。在库房的蒸发器内，冷媒蒸发放出冷量，通过库房内的轴流风机与库房内循环流动的空气进行热交换，吸收库房内空气的热量，使冷库的库房温度保持在需要的低温。同时，蒸发后的冷媒再通过管线输送到高效换热器中，与低温的高压天然气换热，由此形成载冷循环，替代传统冷库中的压缩制冷，不仅节约大量的能耗费用，而且能减少压缩制冷的设备投资。

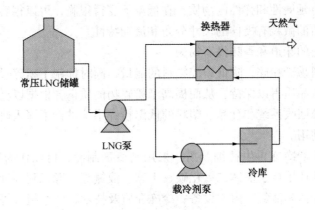

图 7-17　LNG 冷能用于冷库的流程

如果按冷冻水产品 $60 \times 10^4 t/a$，鲜活水产品 $6 \times 10^4 t/a$，水产干品 $9 \times 10^4 t/a$，其中冷冻库（蒸发温度 $-42℃$）的冷负荷约为 $10.0MW$，冷藏库（蒸发温度 $-28℃$）负荷 $1.3MW$，冷藏库（蒸发温度 $-15℃$）负荷 $2.5MW$，总负荷为 $19.5MW$。如果采用压缩制冷方式，一般采用氨作为制冷剂，则压缩制冷的功耗约为 $6.9MW$，年耗电量为 $6044 \times 10^4 kW \cdot h$。如果采用 LNG 冷能为冷库提供冷量，取 $-70℃$ 以上的冷量，需约 $150t$ 的 LNG，采用 R410A 作为载冷剂，需 $126t/h$。相对压缩制冷工艺，直接采用 LNG 的冷量作为冷库的冷源，75t 规模的冷库，年节约电费可达 3000 万元，大大降低成本。所需的设备包括：高效换热器、R410A 泵、翅片式蒸发器、轴流风机、低温输送管线（保温良好）、R410 蒸发气压缩机（为冷媒循环提供动力）。

虽然冷库使 LNG 的冷能得以利用，且不用制冷机，降低了系统造价及运行费，但一般的冷库只需维持在 $-50 \sim 65℃$ 即可，因而将 $-162℃$ 的 LNG 冷能全部用于冷库制冷是不必要的。为有效利用 LNG 冷能，可将低温冻结库或低温冻结装置、冷冻库、冷藏库及预冷装置等按不同的温度带串联。这种方式按 LNG 的不同温度带，采用不同的载冷剂进行换冷后依次送入低温冻结库或低温冻结装置（温度为 $-60℃$）、冷冻库（温度为 $-35℃$）、冷藏库（温度为 $0℃$ 以下）、预冷装置（温度为 $0 \sim 10℃$），这样 LNG 冷能的利用率将大幅提高。按 LNG 冷能的不同温级，用不同的冷媒进行热交换后分别送入不同要求的低温冻结库，这样其冷能利用效率大大提高，整个成本较之机械制冷下降 37.5%。显然冷库使 LNG 的冷能几乎无浪费地得以利用，且不用制冷机，节约了投资和运行费用，还可以节省 1/3 以上的电力。

四、间接利用

利用 LNG 冷能生产的液氮和液氧，其电耗可减少 50%，水耗减少 30%，大大降低了液氮、液氧的生产成本。LNG 冷量的间接利用主要就是利用这些低成本的液氮和液氧进行低温破碎、污水处理等。

（一）低温破碎

大多数物质在一定温度下会失去延展性，突然变得很脆弱。低温粉碎就是将物料冷却到玻璃化转变温度或玻璃化转变温度以下，再进行粉碎操作，以获得细微粉末的过程。目前低温工艺的进展可以利用物质的低温脆性，采用液氮进行破碎和粉碎。低温破碎和粉碎具有以下特点：

（1）室温下具有延展性和弹性的物质，在低温下变得很脆，可以很容易地被粉碎。

（2）低温粉碎后的微粒有极佳的尺寸分布和流动特性。

（3）食品和调料的味道和香味没有损失。

低温不仅使物料易于粉碎，降低粉碎物料的能量，同时抑制了粉碎过程中物料发热，使粉碎物料的某些优良品质得以保持，从而提高了粉碎物的质量。根据以上特点，已对低温破碎轮胎等废料的资源回收系统和食品、塑料的低温粉碎系统进行了深入研究。目前，低温粉碎系统已成功投入使用。

低温粉碎工艺生产冷冻再生精细胶粉，采用制冷剂制冷，可以作为制冷剂的物质有液氧、液氢、液氮、液体甲烷、液体二氧化碳、干冰、液氮等。考虑到各种限制因素，一般采用液体二氧化碳、干冰和液氮。由于设备、冷冻介质及技术、工艺组合等的不同，造成胶粉制造中胶粉的质量、产量、生产效率的不同。

1927 年，美国一家公司提出了干冰为制冷剂粉碎橡胶、糊状物和黏性物的方法，其做法是将被粉物料与干冰混合在一起投入球磨机或削磨机进行粉碎。1964年，日本出现了用液体二氧化碳进行粉碎的方法，使用冲击式粉碎机粉碎低压聚乙烯。干冰的升华点为 –75℃，因此二氧化碳不论是液态还是干冰，制冷效果都不理想。

液氮粉碎是以液氮为冷却剂，促使橡胶经超低温冷却而变脆后，再进行粉碎，所得粉粒为 50 ~ 200 目（0.074 ~ 0.295mm），但由于液氮价格昂贵，生产成本较高。其中，一种方法是废胎经分割切块后进行冷冻粉碎；另一种是直接将整胎冷冻粉碎。液氮利用形式也分为预冷处理粉碎和无预冷处理粉碎。

美国 UCC 公司是世界上最早开发冷冻粉碎工艺的生产商之一，1971 年完成了废橡胶的冷冻粉碎方法。UCC 冷冻粉碎法可生产 0.03mm（325 目）以下的胶粉，工艺过程基本上分为有预冷处理和无预冷处理两条线。

1977 年，日本关西环境开发株式会社在大坂的实验工厂成功投产年产 7000t 胶粉的工业化粉碎装置。其工艺特点是常温粉碎和冷冻粉碎并用，产品胶粉细度均在 50 目以上（约 0.29mm）（100 目以上，即 0.147mm 以下占 1/3）。其中，常温粉碎采用日本 CTC 工艺，采用辊式粉碎机，生产能力为 1500kg/h 冷冻粉碎采用高速冲击式锤磨机，生产能力为 980kg/h。机械化程度很高，对噪声、震动、粉尘和气味采取了充分的防治措施。

乌克兰国家科学院低温物理工程研究所开发的液氮冷冻粉碎废旧轮胎制备胶粉技术的工艺路线分为粉碎和研磨两部分。冷冻粉碎工艺过程均在液氮冷冻下进行，将整条废旧轮胎冷冻后粉碎，并使橡胶与钢丝帘线和纤维帘线分开，粉碎和钢丝、纤维分离是其专利技术；磨碎工艺是将粉碎工序来的胶粒磨碎，所得胶粉细度在 40 目以上的占 60% 以上，其中微磨机可在低温下将胶粉磨细成 0.05mm（240 目）的超细胶粉，属于其专利技术。

概括来说，有预冷处理的整个工艺过程都在冷冻状态下进行。首先在液氮冷冻装置中将废橡胶冷冻到 –40℃ 以下，接着进行冲击破碎，然后用分离装置筛除金属和纤维，在粉碎装置中粉碎废胶块，再进入流体粉碎机，从粗碎机出来的胶粉粒通过低温筛分装置，筛出的粗粒返回粗碎机继续粉碎。

无预冷处理的粉碎工艺过程中的一部分在常温下进行。首先将去除胎圈的废轮胎送入破碎机中粗碎，经磁选器除去金属后，送入冷却装置或直接送入细碎机实行冷冻粉碎，再经过磁选器和筛分装置，分离出金属和纤维，最后送入旋风分离器。

金属也有着与橡胶或塑料相近的低温脆化特性，利用这一低温脆化特性，用冷能来粉碎由金属、电子器件、塑料器件和橡胶等构成的废弃汽车，然后再对废物进行回收利用。粉碎废物后重新加以利用，既能减轻环境污染，又能回收资源，因而将粉碎废物与资源回收利用相结合是一项有意义的工作。

（二）海水淡化

海水淡化工艺技术方法主要有蒸馏法、膜法（反渗透、电渗析）、结晶法、溶剂萃取法和离子交换法等。冷冻结晶海水淡化方法自 1944 年提出以来，由于方法本身的若干特点，引起了人们的重视，并且得到了发展。目前世界上已有不少国家建立了冷冻法海水淡化中、小型试验工厂。

冷冻法工艺主要包括冰晶的形成、洗涤、分离、熔融等，工艺流程主要由下列工序组成：用天然或人工的冷冻方法使海水凝结成冰，盐分被排除在冰晶以外，把浓度较高的海水分离出去，将冰晶洗涤、分离、熔融得到淡水。

按冰晶形成的途径，冷冻结晶海水淡化方法可分为天然冷冻法和人工冷冻法。人工冷冻法又可分为间接冷冻法和直接冷冻法。间接冷冻法是利用低温冷冻剂与海水进行间接热交换使海水冷冻结冰，由于传热效率不高以及需要很大的传热面积，从而限制了它的应用。直接冷冻法是冷冻剂或冷媒与海水直接接触而使海水结冰。根据冷冻剂的不同，直接冷冻法又可分为冷媒直接接触冷冻法和真空蒸发式直接冷冻法。

利用冷冻法进行海水淡化具有其他海水淡化工艺不具备的优点。

（1）用蒸馏法得到的几乎是蒸馏水，即所谓的纯水。用冷冻法除了重离子被沉淀外，一些人体需要的有益微量元素仍然保留在水中。

（2）因为水的汽化热在100℃时为2257.2kJ/kg，水的熔融热仅为334.4kJ/kg，冷冻法与其他淡化方法相比较低。

（3）由于冷冻法是在低温条件下操作，对设备的腐蚀和结垢问题相对缓和。

（4）不需对海水进行预处理，降低了成本。

（5）特别适用于低附加值的产业，如农业灌溉等。

目前将冷冻法与其他方法相结合，不仅减少浓盐水排放带来的环境污染问题，而且可以综合利用海水，开发副产品，如蒸馏冷冻、反渗透冷冻等。利用LNG冷能，把液态海水固化，先驱除了海水中的大量盐分，然后再经过反渗透法得到淡水，这种方法可以比上面的方法节约能源40%左右。综合考虑各种因素，冷冻法在经济上和技术上都具有一定的优势。此外，以上方法的组合也日益受到重视。在实际选用中，要根据规模大小、能源费用、海水水质、气候条件以及技术与安全性等实际条件而定。

实际上，一个大型的海水淡化项目往往是一个非常复杂的系统工程。就主要工艺过程来说，包括海水预处理、淡化(脱盐)、淡化水后处理等。其中，预处理是指在海水进入起淡化功能的装置之前对其所作的必要处理，如杀除海生物，降低浊度、除掉悬浮物(对反渗透法)，或脱气(对蒸馏法)，添加必要的药剂等；脱盐则是通过上列的某一种方法除掉海水中的盐分，是整个淡化系统的核心部分。这一过程除要求高效脱盐外，往往需要解决设备的防腐与防垢问题，有些工艺中还要求有相应的能量回收措施；后处理则是对不同淡化方法的产品水，针对不同的用户要求所进行的水质调控和储运等。海水淡化过程无论采用哪种淡化方法，都存在着能量的优化利用与回收，设备防垢和防腐，以及浓盐水的正确排放等问题。

（三）污水处理

利用液氧可以得到高纯度臭氧，提高处理污水的吸收率。这种方法与常规过程相比，减少约1/3电耗，而且污水处理的效果极好。

（四）蓄冷装置

LNG主要用于发电和城市燃气，LNG的汽化负荷将随时间和季节发生波动。对天然气的需求是白昼和冬季多，所以LNG汽化所提供的冷量多，而在夜晚和夏季对天然气的需求减少，可以利用的LNG冷量亦随之减少。LNG冷量的波动，将会对冷量利用设备的运行产生不良影响，必须予以重视。

1. 原理流程

蓄冷装置是利用相变物质的潜热存储LNG冷能。其原理是白天LNG冷能充裕时，相变物质吸收冷量而凝固；夜间LNG冷能供应不足时，相变物质溶解，释放出冷量供给冷能利用设备。它跟冰蓄冷的不同是冰蓄冷主要是利用夜间的谷价电运行制冷机组将冷能储存于蓄冷装置中供白天冷能利用设备。冰蓄冷将白天的电力峰负荷转移到晚上，而冷能供给主要集中在白天，冷能利用在中高温范围内。LNG蓄冷主要利用LNG汽化时富裕的冷量储存起来，根据需汽化的 LNG 气体的量，供冷主要集中在晚上，白天将充裕的冷量储存起来。由于 LNG 温度在 -162℃ 左右，且单位冷量值极大，可运用到深冷领域。相变物质的选择是 LNG 蓄冷装置研究的关键，要充分考虑相变物质的熔点、沸点及安全性问题。

LNG 蓄冷装置的系统流程主要由液化循环、蓄冷循环、LNG 汽化过程、释冷过程组成。流程图见图 7-18。

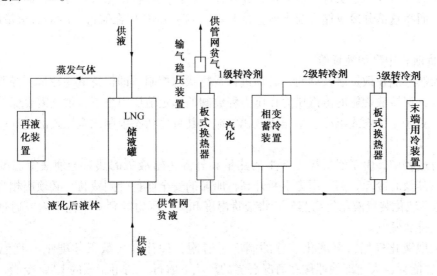

图 7-18 LNG 蓄冷装置系统流程

充排管需从罐顶或罐底引入储液槽，防止由于工作过程中因为温度变化和液体压力作用，会在管道的轴向和垂直方向产生位移，在节点处产生扒力和瞬时负荷。

（1）液化循环

该循环主要将闪发的 LNG 蒸气再液化，提高储罐的安全性和 LNG 利用率。该流程利用膨胀机的绝热膨胀降低制冷剂温度，以此作为液化流程的冷源，同时可以有效回收膨胀功用于压缩原料天然气，减少部分压缩机功耗。

具体流程见图 7-19。天然气经换热器 A1，A3 后再分离器 A2 中进行气液分离，气相部分进入主换热器 A3 冷却液化，经过冷换热器 A4 过冷节流到 LNG 储槽。

（2）蓄冷循环

利用 LNG 汽化时通过换热气传递给载冷剂的大量冷量储存在相变材料中。

（3）释冷过程

通过相变物质的溶解释放冷量利用载冷剂将冷量传递给冷量利用装置。

（4）系统优化

在白天需利用大量冷量的场合可以牺牲部分 LNG。使之直接汽化产生冷量提供给末端，蒸气通过再液化装置回收。

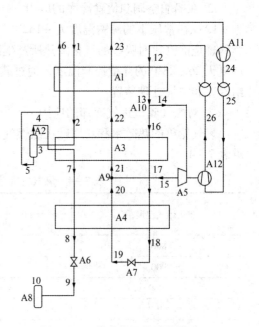

图 7-19 蓄冷装置的液化循环

2. 应用

（1）LNG 蓄冷装置在 LNG 船上的应用

液化天然气船是储存和运输液化气的主要工具，几乎所有的 LNG 船是用蒸汽轮机推进，汽化气或重油均可作为主锅炉的燃料，也可以混烧，特别是单用汽化气时最干净。若以燃烧液化燃料作为主机动力，实现热电联供，在液体燃料汽化时将产生大量冷量，而这些冷量往往被浪费。而将这部分冷量储存起来或直接利用，对于 LNG 船在航行中冷量需求量的巨大，意义重大。

① 装货航行中冷却液货舱

液化天然气船在载货航行期间，必须进行货物状态控制，即保持货物数量，控制不必要的货物排放；保持液货舱的蒸汽压力在压力释放阀的调定值压力之下；根据需要保持或改变货物温度。对于全冷式或半冷、半压式液化气船，其货物状态控制比全压式液化气船要复杂得多。

在航行过程中，由于液货摇晃产生的热量和外界传给液货的热量会使液货温度不断升高，若不对其及时冷却，蒸气压力不断升高，船舶的安全航行受到威胁。必须用相当于整船造价5%的再液化装置液化货物蒸气，将液货温度和蒸气压力降到安全范围内或通过安全阀向外界大量排放蒸气。

对于大型液化气船，再液化装置的制冷量有限，往往需要数天才能把液货温度降低0.5℃左右，能耗巨大。即使船舶在海况恶劣的环境下航行，利用储藏的 LNG 冷能，船舶的液货舱能得到实时监控释放冷量冷却，控制平稳，航行安全可靠，经济性突出。在海况平静船舶不摇晃时，可用 LNG 直接通到货舱底部，使货舱液货搅动。当货物冷却到要求程度，释冷冷量只需抵消从外界通过绝热层传给液货舱的热量。

② 在船舶空调和伙食冷库的应用

LNG 在常压下的沸腾温度为 $-162℃$，汽化时冷量值大约是 837kJ/kg，少量液体燃料在燃料燃烧前汽化时吸收的汽化潜热所产生的冷量，足以维持船舶冷库 $-20℃$ 的库温和船舶空调夏天 $26\sim28℃$ 的环境控制温度，通过载冷剂将 LNG 蓄冷槽相变物质溶解释放的冷量传递给冷库和空气处理装置。

③ 对燃气轮机进气冷却的应用

燃气轮机的热效率和功率随机组燃气温度的升高而降低。其温度与功率和效率的关系，见表 7-4。

表 7-4　燃气轮机组燃气温度与功率和效率的关系

机组燃气温度/℃	进气温度每增加 10℃	
	功率下降/%	效率下降/%
800	9	0.88
900	8	0.84
1000	7	0.82
1100	6.5	0.81
1200	6	0.80

原理图如图 7-20 所示。

从冷槽释放的相变物质熔解的冷量通过载冷剂传递给气液换热器冷却进气，换热后返回蓄冷槽重新获得冷量循环。实验数据表明燃机在 40℉（4.4℃）进气温度时的总出力要比 102℉（38.9℃）时高 28% 左右，总热效率提高约 6%，排气温度降低约 5%。由于经过燃机总的空气质量流量在被冷却后得到提高，余热锅炉的汽轮机出力可提高约 8%。

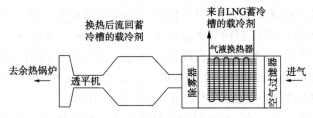

图 7-20　蓄冷装置用于燃气轮机进气冷却原理图

（2）利用码头液货储存的冷量对液货舱预冷作业

当液货装入船舶液货舱和管系时，为了防止货舱和管系产生过度的热应力，在装货前必须把它们的温度逐渐冷却下来，直至接近装货温度，这一过程称为预冷。码头的大型 LNG 储槽储存的 LNG 液货本身蕴涵着巨大冷量，将码头储罐的液相货物通过货舱顶部的液货喷淋管以雾状喷入液货舱内，液货在液货舱内迅速汽化吸热，利用液货的汽化潜热来冷却液货舱。根据货舱内的压力和温度控制液相货物的输入速度，液相货物汽化产生的蒸气可通过蒸气回流管送回岸站。

（3）岸站周边建筑冷能的利用和周边冷冻食品的制造

岸站周边的建筑空调可考虑采用利用 LNG 蓄冷装置储存的冷能集中供冷，由于冷能供应时间上的不平衡，需考虑运行策略，以达到一定经济性。快速冷冻食品具有保留食品的原始成分，维持良好的食品质量的优点，尤其许多深海鱼类需深度冷冻保鲜。利用码头岸站储存的巨大冷量和 LNG 本身的低温性及时为它们的加工提供条件，开发速冻食品和深海鱼类加工是很有发展前途的工作。

LNG 冷能发电、空气分离、生产液态 CO_2、冷冻仓库等，它们可以在不同的温级利用 LNG 冷能，但往往都是孤立地使用，还远未充分利用 LNG 冷能。如果能够集成优化、梯级利用，将大大提高 LNG 冷能的回收量。如果能够与天然气利用综合考虑，更将提高资源利用率。如：LNG 接收站建设一并考虑 LNG 利用，既可解决液化天然气汽化用热，节省海水供给系统的建设投资，又为附属产品的生产提供成本低廉的冷量。又如：液化天然气作化工原料生产合成氨和乙烯时，这些生产工艺中也需要大量冷量，LNG 冷能利用应该与生产工艺一起集成优化，实现优化配置。

又如：空气分离→生产液态二氧化碳及干冰→冷冻仓库的 LNG 梯级利用方案也是有很好的技术经济可行性。空气分离须在 -150～190℃ 范围内进行，而 LNG 的汽化温度是 -162℃，二者是相匹配的。因此，将 LNG 冷能用于液化分离空气作为梯级利用的第一级可以充分的利用 LNG 的低温特性。

LNG 在空分设备中换热后的温度约为 -100℃，此温度仍与环境温度存在很大的温差，可以利用的冷能仍很可观。CO_2 的液化温度是 -70℃。干冰温度为 -78.5℃，此温度与 LNG 通过空分设备后的温度相匹配，因此，将 LNG 冷能用于制取液化 CO_2 及干冰作为梯级利用的第二级。

LNG 冷能制取液态 CO_2 和干冰之后，温度仍低于环境温度很多，可以考虑将剩余冷能用于冷库。冷库的温度大致在 -60～10℃，此温度范围正适合作为 LNG 冷能梯级利用的第三级。此时 LNG 汽化的天然气温度已接近所需的供气温度。经供气前处理后就可对天然气用户进行供气了。LNG 从储罐出来，经过这三级冷能利用设备，温度不断升高，同时各级热交换温度匹配良好，基本上达到了充分利用 LNG 冷能的目的。

上述各种方法相互交叉集成，使 LNG 的冷量得到梯级利用，就可以提高冷量的利用效率。可考虑将这些利用 LNG 冷能的装置建成联合企业的冷能工业园区，并将其与 LNG 接收站一体化建设。唐山 LNG 冷能利用项目规划，就是形成以 LNG 冷能为依托，以空分、伴生气轻烃分离和冷媒循环系统为纽带，集成炼油厂、乙烯厂、钢铁厂，以及其他重化工业、油田伴生气资源优化利用和 CO_2 沉积等产业统筹发展的格局。

合理的工艺技术方案是 LNG 冷能利用具有竞争力的核心因素。和常规的生产工艺技术比较而言，冷能利用需要开发相应的新型工艺技术，或者改良现有工艺技术，属于新兴产业。尽管可以在一定程度上借鉴国外的发展模式，但是我国的经济结构、消费市场和工艺技术水平与其他国家存在较大差异，因此我国 LNG 冷能利用要立足实际情况，在市场配套条件较为完备的地区首先建设工艺技术成熟度高的 LNG 冷能利用示范项目，逐步探索我国 LNG 冷能利用的建设和运营模式。在示范工程的成功经验的基础上，我国有计划、有步骤地认真落实 LNG 冷能利用项目建设，逐步形成 LNG 冷能利用的循环经济产业。

第八章 液化天然气安全技术

液化天然气介质的低温、易燃、易爆特点，在其应用中，安全问题始终是需要放在重要位置考虑的。液化天然气在实际应用时，也是要转变成气态使用的，而且由于液化天然气的低温状态，因此，对于 LNG 应用中的安全问题，不仅要考虑天然气所具有的易燃易爆危险性，还要考虑由于转变为液态以后，其低温特性和液体特征所引起的安全问题。LNG 在世界范围内已大量应用，在液化天然气的生产、储运、汽化、应用等方面积累了丰富的经验，形成了相关的标准、规范、规定。这些都可以为我国液化天然气工业的发展提供有益的借鉴。

第一节 安 全 特 性

液化天然气既具有天然气易燃易爆的特点，又具有低温液体所特有的低温特性引起的安全问题。因此，认识 LNG 的安全特性必须同时了解天然气的燃烧特性和 LNG 的低温特性。

一、燃烧特性

液化天然气按照组成不同，常压下的沸点为 $-166 \sim -157 \, ^\circ\!\text{C}$，密度为 $430 \sim 460 \text{kg/m}^3$（液），热值 $41.5 \sim 45.3 \text{MJ/m}^3$（气），华白（Wobbe）指数 $49 \sim 56.5 \text{MJ/m}^3$，液化天然气的体积大约是气态的 1/625。在泄漏或溢出时，空气中的水蒸气被溢出的 LNG 冷却，产生明显的白色蒸气云。LNG 汽化时，其气体密度为 1.5kg/m^3。气体温度上升到 $-107 \, ^\circ\!\text{C}$ 时，气体密度与空气密度相当，因此，LNG 汽化后，气体温度高于 $-107 \, ^\circ\!\text{C}$ 时，其密度比空气小，容易在空气中扩散。其燃烧特性主要是燃烧范围、着火温度、燃烧速度等。

（一）燃烧范围

可燃气体与空气的混合物中，如燃气浓度低于某一限度，氧化反应产生的热量不足以弥补散失的热量，无法维持燃烧爆炸；当燃气浓度超过某一限度时，由于缺氧也无法维持燃烧爆炸。燃烧范围就是指可燃气体与空气形成的混合物，能够产生燃烧或爆炸的温度范围。前者是燃烧下限（LEL），后者是燃烧上限（UEL）。上、下限之间的温度范围称为燃烧范围。只有当燃气在空气中的比例在燃烧范围之内，混合气体才可能产生燃烧。

对于天然气，在空气中达到燃烧的比例范围比较窄，其燃烧范围大约在体积分数为 $5\% \sim 15\%$，即体积分数低于 5% 和高于 15% 都不会燃烧。由于不同产地的天然气组分会有所差别，燃烧范围的值也会略有差别。LNG 的燃烧下限明显高于其他燃料，柴油在空气中的含量只需要达到体积分数 0.6%，汽油达到 1.4% 点火就会燃烧。

在 $-162 \, ^\circ\!\text{C}$ 的低温条件下，其燃烧范围为体积分数 $6\% \sim 13\%$。另外，天然气的燃烧速度相对比较慢（大约是 0.3m/s）。所以在敞开的环境条件，LNG 和蒸气一般不会因燃烧引起爆炸。天然气燃烧产生的黑烟很少，导致热辐射也少。

对于不含氧和不含惰性气体的燃气之爆炸极限可按下式近似计算：

$$L = 100 / \Sigma (V_i / L_i) \tag{8-1}$$

式中　L——燃气的爆炸上、下限,%;

　　　　L_i——燃气中各组分的爆炸上、下限,%;

　　　　V_i——燃气中各组分的体积分数,% 。

LNG 组分的物性见表 8 - 1,碳氢化合物的燃烧极限比甲烷的低。如果 LNG 中碳氢化合物的含量增加,将使 LNG 的燃烧范围的下限降低。天然气与汽油、柴油等燃料的特性比较见表 8 - 2。LNG 与其他燃料的比较见表 8 - 3。

表 8 - 1　LNG 主要组分的物性

气体名称	相对分子质量	沸点/℃	密度/(kg/m³)			液/气密度比	气/空密度比	汽化热④/(kJ/kg)
			气体①	蒸气②	液体③			
甲烷	16.04	-161.5	0.6664	1.8261	426.09	639	0.544	509.86
乙烷	30.07	-88.2	1.2494	—	562.25	450	1.038	489.39
丙烷	44.10	-42.3	1.8325	—	581.47	317	1.522	425.89

① 常温常压条件(20℃,0.1MPa);

②、④ 常压下的沸点(0.1MPa);

③ 在空气中的体积分数。

表 8 - 2　天然气与汽油、柴油燃烧特性比较

燃料种类	天然气	汽油	柴油
燃烧范围/%(体积)	5 ~ 15	1.4 ~ 7.6	0.6 ~ 5.5
自燃温度/℃	450	300	230
空气中最小点火能/mJ	0.285	0.243	0.243
火焰峰值温度/℃	1884	1977	2054

表 8 - 3　LNG 与其他燃料比较

名　称	LNG	丙烷	柴油	汽油	甲醇	乙醇
着火温度/℃	538	493	252	257	464	423
燃烧范围/%(体积)	6 ~ 13	3.4 ~ 13.8	0.6 ~ 5.5	1.4 ~ 7.6	6.7 ~ 36	3.3 ~ 19
亮度/%	60	60	100	100	0.03	3.0
蒸气密度/(kg/m³)	0.60	1.52	≫4	3.4	1.1	1.59

(二)着火温度

可燃气体与空气混合物,在没有火源情况下,达到某一温度后,能够自动点燃着火的最低温度称为着火温度。着火温度并不是一个固定值,它和空气与燃料的混合浓度和混合气体的压力有关。可燃气体在纯氧中的着火温度要比在空气中低 50 ~ 100℃。即使是单一可燃组分,其着火温度也不是固定值,与可燃组分在空气混合物中的浓度、混合程度、压力、燃烧室特性等有关。工程上实用的着火温度应由试验确定。

甲烷性质稳定,以甲烷为主要成分的天然气着火温度较高。在大气压条件下,纯甲烷的平均自动着火温度为 650℃。如果混合气体的温度高于自动着火点,则在很短的时间后,气体将会自动点燃。如果温度比着火点高得多,气体将立即点燃。LNG 的自动着火温度随着组分的变化而变化,例如,若 LNG 中碳氢化合物的重组分比例增加,则自动着火温度降低。

除了受热点火外,天然气也能被火花点燃。如衣服上的静电,也能产生足够的能量点燃

天然气。因此，工作人员不能穿化纤布(尼龙、腈纶等)类的衣服操作天然气，化纤布比天然纤维更容易产生静电。

（三）燃烧速度

燃烧速度是火焰在空气 – 燃料的混合物中的传递速度。燃烧速度也称为点燃速度或火焰速度。天然气燃烧速度较低，其最高燃烧速度只有 0.3m/s。随着天然气在空气中的比例增加，燃烧速度亦增加。

对于直径大于 100m 的 LNG 层状着火形成的火焰的表面发散能(SEP)很高，火焰高度可用式(8 – 2)计算：

$$H = 42D \times \left[\frac{m}{\rho (gD)^{1/2}} \right]^{0.61} \tag{8 – 2}$$

式中　　H——火焰高度，m;

D——火焰底部直径，m;

m——质量燃烧速度，kg/(m³·h);

ρ——空气密度，kg/m³;

g——重力加速度，m/s²。

游离云团中的天然气处于低速燃烧状态，云团内形成的压力低于 5kPa，一般不会造成很大的爆炸危害。但若周围空间有限，云团内部有可能形成较高的压力波。

二、低温特性

LNG 的低温常压储存是在液化天然气的饱和蒸气压接近常压时的温度进行储存，也即是将 LNG 作为一种沸腾液体储存在绝热储罐中。常压下 LNG 的沸点在 – 162℃左右，因此 LNG 的储存、运输、利用都是在低温状态下进行的。低温特性除了表现在对 LNG 系统的设备、管道的材料要注意防止低温条件下的脆性断裂和冷收缩对设备和管路引起的危害外，也要解决系统保冷、蒸发气处理、泄漏扩散以及低温灼伤等方面的问题。

（一）隔热保冷

LNG 系统的保冷隔热材料应满足导热系数小、密度低、吸湿率和吸水率小、抗冻性强的要求，并在低温下不开裂、耐火性好、无气味、不易霉烂、对人体无害、机械强度高、经久耐用、价格低廉、方便施工等要求。

（二）蒸发特性

LNG 是作为沸腾液体储存在绝热储罐中。外界任何传入的热量都会引起一定量液体蒸发成为气体，这就是蒸发气(BOG)。蒸发气的组成与液体组成有关。标准状况下蒸发气密度是空气的 60%。

当 LNG 压力降至沸点压力以下时，将有一定量的液体蒸发而成为气体，同时液体温度也随之降到其在该压力下的沸点，这就是 LNG 的闪蒸。通过烃类气体的气液平衡计算，可得到闪蒸气的组成及气量。当压力在 100 ~ 200kPa 范围内时，1m³ 处于沸点下的 LNG 每降低 1kPa 压力时，闪蒸出的气量约为 0.4kg。当然，这与 LNG 的组成有关，以上数据可作估算参考。由于压力、温度变化引起的 LNG 蒸发产生的蒸发气的处理是液化天然气储存运输中经常遇到的问题。

（三）泄漏特性

LNG 倾倒在地面上时，起初迅速蒸发，然后当从地面和周围大气中吸收的热量与 LNG

蒸发所需的热量平衡时便降至某一固定的蒸发速度。该蒸发速度的大小取决于从周围环境吸收热量的多少。不同表面由实验测得的 LNG 蒸发速度如表 8-4 所示。

表 8-4　LNG 蒸发速度

kg/(m²·h)

材　料	60s 后蒸发速度	材　料	60s 后蒸发速度
骨　料	480	水	190
湿　沙	240	标准混凝土	130
干　沙	195	轻胶体混凝土	65

LNG 泄漏到水中时产生强烈的对流传热，以致在一定的面积内蒸发速度保持不变。随着 LNG 流动泄漏面积逐渐增大，直到气体蒸发量等于漏出液体所能产生的气体量为止。

泄漏的 LNG 开始蒸发时，所产生的气体温度接近液体温度，其密度大于环境空气。冷气体在未大量吸收环境空气中热量之前，沿地面形成一个流动层。当从地面或环境空气中大量吸收热量以后，温度上升时，气体密度小于环境空气。形成的蒸发气和空气的混合物在温度继续上升过程中逐渐形成密度小于空气的云团。云团的膨胀和扩散与风速和大气的稳定性有关。LNG 泄漏时，由于液体温度很低，大气中的水蒸气也被冷凝而形成"雾团"，这是可见的，可以作为可燃性云团的示踪物，指示出云团的区域范围。泄漏的 LNG 以喷射形式进入大气，同时进行膨胀和蒸发，还进行与空气的剧烈混合。大部分 LNG 包在初始形成的类似溶胶的云团之中，在进一步与空气混合的过程中完全汽化。

LNG 与外露的皮肤短暂地接触，不会产生什么伤害，可是持续的接触，会引起严重的低温灼伤和组织损坏。

(四) 储存特性

1. 分层

LNG 是多组分混合物，因温度和组分的变化会引起密度变化，液体密度的差异使储罐内的 LNG 发生分层。一般，罐内液体垂直方向上温差大于 0.2℃、密度差大于 0.5kg/m³ 时，认为罐内液体发生了分层。LNG 储罐内液体分层往往是因为充装的 LNG 密度不同或是因为 LNG 氮含量太高引起的。

2. 翻滚

若储罐内的液体已经分层，被上层液体吸收的热量一部分消耗于液面液体蒸发所需的潜热，其余热量使上层液体温度升高。随着蒸发的持续，上层液体密度增大，下层液体密度减小，当上下两层液体密度接近相等时，分层界面消失，液层快速混合并伴随有液体大量蒸发，此时的蒸发率远高于正常蒸发率，出现翻滚。

翻滚现象的出现，在短时间内有大量气体从 LNG 储罐内散发出来，如不采取措施，将导致设备超压。

3. 快速相态转变(RPT)

两种温差极大的液体接触时，若热液体温度比冷液体沸点温度高 1.1 倍，则冷液体温度上升极快，表面层温度超过自发成核温度(当液体中出现气泡时)，此过程热液体能在极短时间内通过复杂的链式反应机理以爆炸速度产生大量蒸气，这就是 LNG 或液氮接触时出现 RPT 现象的原因。LNG 溢入水中而产生 RPT 不太常见，且后果也不太严重。

三、　生理影响

人员暴露在体积分数为 9% 甲烷含量的环境中没有什么不良反应。如果吸入甲烷含量更高的气体，会引起前额和眼部有压迫感，但只要恢复呼吸新鲜空气，就可消除这种不适的感觉。如果持续地暴露在这样的气氛环境下，会引起意识模糊和窒息。甲烷是一种普通的窒息物质。

天然气在空气中的体积分数大于 40% 时，如果吸入过量的天然气会引起缺氧窒息。如果吸入的是冷气体，对健康是有害的。若是短时间内吸进冷气体，会使呼吸不舒畅，而长时间的呼吸冷气体，将会造成严重的疾病。虽然 LNG 蒸气是无毒的，如果吸进纯的 LNG 蒸气，会迅速失去知觉，几分钟后死亡。当大气中的氧的含量逐渐减少时，工作人员有可能警觉不到，慢慢地窒息，待到发觉时已经很晚了。缓慢窒息的过程分成 4 个阶段，见表 8-5。

当空气中氧气的体积分数低于 10%，天然气的体积分数高于 50%，对人体会产生永久性伤害。在这情况下，工作人员不能进入 LNG 蒸气区域。

表 8-5　窒息的生理特征的四个阶段

第一阶段	氧气的体积分数 14% ~21%，脉搏增加，肌肉跳动影响呼吸
第二阶段	氧气的体积分数 10% ~14%，判断失误，迅速疲劳，对疼痛失去知觉
第三阶段	氧气的体积分数 6% ~10%，恶心，呕吐，虚脱，造成永久性脑部伤害
第四阶段	氧气的体积分数 <6%，痉挛，呼吸停止，死亡

第二节　安全分析

一、安全标准

引用先进科学技术和方法的安全标准是 LNG 工程安全的保证。提高强制性标准的针对性、专业化、科学化水平是促进和保障 LNG 工程安全、提高安全监管效益的重要手段。

我国 LNG 站场的专属标准：

（1）GB 50183—2004《石油天然气工程设计防火规范》；

（2）GB 50028—2006《城镇燃气设计规范》；

（3）GB/T 19204—2003《LNG 一般特性》（EN 1160：1997IDT）；

（4）GB/T 20603—2006《LNG 的取样连续法》（ISO 8943：1991IDT）；

（5）GB/T 21068—2007《LNG 密度计算模型规范》（ASTM D 4784IDT）；

（6）GB/T 20368—2006《LNG 生产、储存和装运》（NFPA 59A：2001 IDT）；

（7）GB/T 22724—2008《LNG 陆上装置设计》（EN 1473：1997MOD）；

（8）GB/T 24963—2010《LNG 设备与安装船岸界面》（BS EN 1532：1997 MOD）；

（9）GB/T 24964—2010《LNG 船上贸易交接程序》（ISO 13398：1997IDT）；

（10）GB/T 26978—2011《现场组装立式圆筒平底钢质 LNG 储罐的设计与建造》（EN 14620：2006，MOD）；

（11）SY/T 6711—2008《液化天然气接收站安全技术规程》；

（12）SY/T 6807—2010《液化天然气项目申请报告编制指南》。

美国 LNG 站场的专属标准：

（1）NFPA 59A《LNG 生产、储存和装运》；

（2）ANSI/API 2530 第 1 部分：石油测量标准手册，第 14 章第 1 节；

（3）ANSI/API 2530 第 2 部分：安装要求和规范；

（4）ANSI/API 2530 第 3 部分：天然气应用；

（5）ASTM D 4784 LNG 密度的计算方法。

欧洲 LNG 站场的专属标准：

（1）EN 1160：1996《LNG 的一般性能》；

（2）EN 13645：2001《存储容量 5t 至 200t 之间的陆上 LNG 设备的设计》；

（3）EN 1473：2007《LNG 陆上装置的设计》；

（4）EN 1474 - 1：2008《LNG 海上运输系统的设计和测试　第 1 部分：运输臂设计和测试》；

（5）EN 1474 - 2：2008《LNG 海上运输系统的设计和测试　第 2 部分：运输软管的设计和测试》；

（6）EN 1474 - 3：2008《LNG 海上运输系统的设计和测试　第 3 部分：近海运输系统》；

（7）EN ISO 28460：2010《LNG 船 - 岸接口和港口操作》；

（8）EN 14620：2006《现场组装立式圆筒平底钢质 LNG 储罐的设计与建造》。

总的来说，欧洲 LNG 安全标准体系完备、内容丰富、针对性强、层次分明，内容详细、明确，体系小而紧凑，协调统一。专属标准适用范围划分明确，不交叉。每一个欧洲 LNG 专属标准都会大量引用其他相关技术标准来丰富其内容和要求，使适用于 LNG 站场的标准紧密联系、易于查找和采用。

美国关于 LNG 站场安全的标准主要是"NFPA 59A《LNG 生产、储存和装运》"。NFPA 59A 以防火、消防安全为主线，参考、引用了其他非 LNG 技术标准和技术法规。NFPA 59A：2001 在被联邦法规"49CFR193LNG 设施：联邦安全标准"和"33CFR127 处理 LNG 和液化危险气体的岸边设施"引用后，大部分条款具有强制性。

我国主要按专业分类制定标准，标准规范领域广。采用条规化方法对 LNG 站场安全实施评价和监管。

二、储存安全

（一）储存特性

1. 液体分层

LNG 是多组分混合物，因温度和组分的变化，液体密度的差异使储罐内的 LNG 可能发生分层。一般地，罐内液体垂直方向上温差大于 $0.2℃$、密度大于 $0.5kg/m^3$ 时，即认为罐内液体发生了分层。

研究表明，如果液体储罐内的瑞利数 Ra 大于 2000，则罐内液体的自然对流会使分层现象不可能发生。瑞利数 Ra 的定义为：

$$Ra = \frac{\rho c_p g\beta\Delta Th^3}{\nu\lambda} = \frac{g\beta\Delta Th}{\nu\alpha} \qquad (8-3)$$

式中　ρ——密度；

　　c_p——定压比热容；

　　β——体积热膨胀系数；

　　ν——运动黏度；

　　λ——热导率；

　　α——热扩散率；

　　g——重力加速度；

　　T——温度；

　　h——液体深度。

通常，一个装满 LNG 的储槽内的 Ra 数的数量级在 10^{15}，远远大于可能导致分层的 Ra 数。这样，LNG 中较强的自然循环很容易发生，这种循环使液体温度保持均匀。

实际运行中，产生液体分层的原因有两种：一种是进入储罐的 LNG 与罐内原有 LNG 的密度不同，另一种原因是 LNG 内氮含量太高。

已经装有液化天然气的储罐再次充装密度不同的 LNG 时，可能出现两种液体不混合而导致液体分层。如由罐的底部充装密度较罐内液体大的 LNG，或由罐的顶部充装密度较罐内液体小的 LNG，都可能形成罐上部液层较轻、罐下部液层较重的两层液体。观察表明：储罐接受环境热量后，罐内分层液体出现各自的自然对流循环（如图 8-1 所示），上下两层内液体的密度和温度较为均匀，但分层液体的温度和密度不同，在层间交界面处有能量和物质的交换。

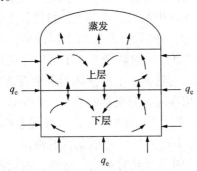 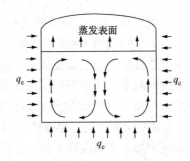

图 8-1　分层 LNG 各自的对流循环　　　　图 8-2　LNG 储罐内自然对流循环图

氮含量较高的 LNG，即使初始状态下罐内液体混合良好，由于罐体受热、贴壁液体边层温度升高，密度降低，沿罐壁向上流动到达气液自由表面时，发生蒸发。氮的常压沸点为 $-195.8℃$，远低于甲烷的沸点 $-161.5℃$，而在储存条件下氮的密度约为 $613kg/m^3$，是甲烷密度（$425kg/m^3$）的 1.44 倍。边层液体升至自由液面蒸发时，氮的挥发性强，其蒸发量远高于甲烷，蒸发后液体内 N_2 浓度减小、C_1^+ 的浓度增高、液体密度减小，停留在自由液面上。随着时间的延续，在液面上积聚一层密度较小的液层，使罐内液体分层。

若氮含量很低，如小于 1%，则贴壁液体受热上升至液面蒸发，除氮外蒸发物内主要为甲烷，残留液相内 C_2^+ 含量增加，液体密度增大，在重力作用下向下运动，形成如图 8-2 所示的自然对流，不发生液体分层。

在半充满的 LNG 储罐内，充入密度不同的 LNG 时会形成分层。造成原有 LNG 和新充入的 LNG 密度不同的原因有：LNG 产地不同使其组分不同；原有 LNG 与新充入的 LNG 温度不同；原有 LNG 由于老化使其组分发生变化。虽然老化过程本身导致分层的可能性不大（只有在氮的体积分数大于 1% 时才有必要考虑这种可能），但原有 LNG 发生的变化，使得储槽内液体在新充入 LNG 时形成了分层。

2. 老化

LNG 是一种多组分混合物，在储存过程中，各组分的蒸发量不同，导致 LNG 的组分和密度发生变化，这一过程称为老化。

老化过程导致 LNG 成分和密度改变的过程，受液体中初始氮含量的影响很大。由于氮是 LNG 中挥发性最强的组分，它比甲烷和其他重碳氢化合物更先蒸发。如果初始氮含量较大，老化 LNG 的密度将随时间减小。在大多数情况下，氮含量较小，老化 LNG 的密度会因甲烷的蒸发而增大。因此，在储槽充注前，了解储槽内和将要充注的两种 LNG 的组成是非常重要的。因为层间液体密度差是产生分层和翻滚现象的关键，所以应该清楚了解液体成分和温度对 LNG 密度的影响。

与大气压力平衡的 LNG 混合物的液体温度是组分的函数。如果 LNG 混合物包含重碳氢化合物(乙烷、丙烷等)，随着重组分的增加，LNG 的高发热值、密度、饱和温度等都将增大。如果液体在高于大气压力下储存，则其温度随压力的变化，大约是压力每增加 6.895kPa，温度上升 1K。温度每升高 1K 对应液体体积膨胀 0.36%。

3. 翻滚

LNG 是低温液体，在储存过程中，不可避免地从环境吸收热量。若储罐内的液化天然气已经分层，被上层液体吸收的热量一部分消耗于液面液体蒸发所需的潜热，其余热量使上层液体温度升高。随着时间的延续，上层液体的温度逐步升高，随蒸发的持续，上层液体的密度愈来愈大，见图 8-3。下层吸收的热量通过与上层的分界面传给上层液体，这时可能有两种情况：(a)两液层间的温度差比较小，通过界面传递的热量小于下层液体从环境获得的热量，下层液体温度上升、密度减小。随储存时间的延续，上层液体的密度逐渐增大、下层液体的密度逐渐减小，当上下两层液体密度接近相等时，分层界面消失，液层快速混合并伴随有液体的大量蒸发，此时的蒸发率远高于正常蒸发率(图 8-4)，这种现象称为翻滚。(b)两液层间的温差较大，通过界面传递的热量大于下层液体从环境获得的热量，下层液体温度下降、密度增加。在情况(b)中，上下两层液体的密度同时增大，显然，两层液体密度接近相等，发生翻滚的储存时间要长于情况(a)。

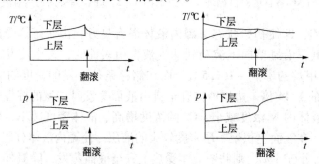

(a)界面传热量小于下层液体吸热量　　(b)界面传热量大于下层液体吸热量

图 8-3　液层温度与密度随时间的变化

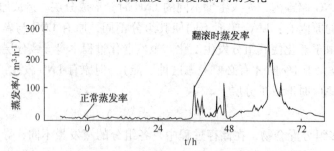

图 8-4　发生翻滚时的蒸发率

当不同密度的分层存在时，上部较轻的层可正常对流，并通过向气相空间的蒸发释放热量。但是，如果在下层由浮升力驱动的对流太弱，不能使较重的下层液体穿透分界面达到上层的话，下层就只能处于一种内部对流模式。上下两层对流独立进行，直到两层间密度足够接近时发生快速混合，下层被抑制的蒸发量释放出来。这时，往往伴随有表面蒸发率的骤增，大约可达正常情况下蒸发率的 250 倍。

低温液体储存时常处于过热状态，翻滚时液层的迅速混合加快了罐内液体的流动，为液体内积聚能量通过表面蒸发提供了条件，因而蒸发率骤增，储罐压力骤增，蒸气通过安全阀释放。若安全阀容量不足，可能损坏储罐。

分析表明，很小的密度差就可导致涡旋的发生。LNG 成分改变对其密度的影响比液体温度改变的影响大。一般来说，储槽底部较薄的一层重液体不会导致严重问题，即储槽压力不会因翻滚而有大的变化。反之，储槽上部较薄的一层轻液体会导致翻滚的后果非常严重。

形成翻滚的机理比较复杂，综合有关研究认为：

（1）储罐周壁形成边界层，下层边界层密度降低后上升，穿透分界面与上边界层混合并上升至液面蒸发；

（2）分层面之间受到的扰动形成液体波，促进液层的混合与蒸发；

（3）分层液体之间存在能量和物质的交换，下层液体通过分界面进入上层，上层液体进入下层。下层液体进入上层后又卷携上层液体进入下层，上层液体进入下层后又卷携下层液体进入上层等，总的效果是使上层液体量增加，分界面下移并受到扰动。

（4）影响两层液体密度达到相等的时间因素有：上层液体因蒸发发生的成分变化；层间热质传递；底层的漏热。蒸发气体的组成与上层 LNG 不一样，除非液体是纯甲烷。如果 LNG 由饱和甲烷和某些重碳氢化合物组成，蒸发气体基本上是纯甲烷。这样，上层液体的密度会随时间增大，导致两层液体密度相等。如果 LNG 中含有较多的氮，则这一过程会被推迟，因氮将先于甲烷蒸发，而氮的蒸发导致液体密度减小。层间的质量传递较热量传递更为缓慢，但由于甲烷向上层及重烃向下层的扩散，这一过程也有助于两层的密度均等。

（5）对于温度的影响，下部更重的层比上层更热且富含重烃。从这层向上层的传热，加快上层的蒸发并使其密度增大。从与下层液体接触的罐壁传入的热量在该层聚集。如果这一热量大于其向上层的传热量，则该层的温度会逐渐升高，密度也因热膨胀而减小。如果这一热量小于其向上层的传热量，则该层将趋于变冷，这将使分层更为稳定，并推迟翻滚的发生。

4. 间歇泉和水锤现象

如果储罐底部有很长的而且充满 LNG 的竖直管路，由于管内流体受热，管内的蒸发气体可能会定期地产生 LNG 突然喷发。产生这种突然喷发的原因，是由于管路蒸发的气体不能及时地上升到液面，温度不断升高，气体的密度减小，当气体产生浮力足以克服 LNG 液柱高度产生的压力时，气体会突然喷发。气体上升时，将管路中的液体也推到储罐内，由于这部分气体温度比较高，上升时与液体进行热交换，液体大量的闪蒸。使储罐内的压力迅速升高。如果竖直管路的底部又是比较长的水平管路，这种现象更为严重。在管内液体被推到储罐的过程中，管内部分空间被排空，储罐中的液体迅速补充到管内，又重新开始气泡的积聚，过一段时间以后，再次形成喷发。这种间歇式的喷发，称之为间歇泉现象。储罐内的压力骤然上升，有可能导致全阀的开启。因此，储罐底部竖直管路比较长时，有可能出现间歇泉。

上面提及的系统被周期性的减压和增压，则该处形成液体不断地排空和充注。管路中产

341

生的甲烷蒸气被重新注入的液体冷凝。形成水锤现象，产生很大的瞬间高压。这种高压有可能造成管路中的垫圈和阀门损坏。

（二）储存安全

液化天然气在储存期间，无论隔热效果如何好，总要产生一定数量的蒸发气体。储罐容纳这些气体的数量是有限的，当储罐内的工作压力达到允许最大值时，蒸发的气体继续增加，会使储罐内的压力上升。LNG 储罐的压力控制对安全储存有非常重要意义。涉及 LNG 的安全充注数量，压力控制与保护系统和储存的稳定性等诸多因素。

液化天然气储存安全技术主要有以下几方面：

（1）储罐材料。材料的物理特性应适应在低温条件下工作，如材料在低温工作状态下的抗拉和抗压等机械强度、低温冲击韧性和热膨胀系数等。

（2）LNG 充注。储罐的充注管路设计应考虑在顶部和底部均能充灌，这样能防止 LNG 产生分层，或消除已经产生的分层现象。

（3）储罐的地基。应能经受得起与 LNG 直接接触的低温，在意外情况下万一 LNG 产生漏泄或溢出，LNG 与地基直接接触，地基应不会损坏。

（4）储罐的隔热。隔热材料必须是不可燃的，并有足够的牢度，能承受消防水的冲击力。当火蔓延到容器外壳时，隔热层不应出现熔化或沉降，隔热效果不应迅速下降。

（5）安全保护系统。储罐的安全防护系统必须可靠，能实现对储罐液位、压力的控制和报警，必要时应该有多级保护。

1. 储罐材料

LNG 储罐中内罐材料的选择是设计中一个很重要的技术经济问题。LNG 储罐内罐直接与 LNG 接触，工作在低温环境下，为了满足较高的安全要求，所用钢材必须具有良好的低温韧性、抗裂纹能力；并具有较高的强度，以适应建造大容量罐减小壁厚的需要；同时应具有良好的焊接性能。适宜用于建造 LNG 储罐的材料有 9% 镍钢、铝合金、珠光体不锈钢。9% 镍钢强度高，热膨胀系数小，大型平底圆筒型 LNG 储罐大多采用 9% 镍钢建造；铝合金不会产生低温脆化，材料质量轻，加工性和可焊性好，应用也很广泛；珠光体不锈钢在低温条件下不会脆化，其延性和可焊性都很好，但由于含镍和钴高，价格较贵，目前多用作地下储罐内壁金属薄膜材料。推荐直接接触 LNG 的材料见表 8-6。用于低温状态但不与 LNG 直接接触的主要材料见表 8-7。

表 8-6　用于直接接触 LNG 的主要材料

材料	用途	材料	用途
不锈钢	储罐、卸料管、换热器、泵、管线、管件	钨钴合金（Co55%，Cr33&，W10%，C2%）	磨损面
镍合金钢	储罐、螺栓、螺帽	聚三氟乙烯（Kel F）	磨损面
铝合金	储罐、换热器	石墨	密封件，填充料
预应力混凝土	储罐	氟化丙烯聚合物（FEP）	电绝缘材料
环氧树脂	泵套管	聚四氟乙烯	密封件，磨损面
玻璃纤维	泵套管		

表 8 - 7　用于低温状态但不与 LNG 直接接触的主要材料

材　　料	一般应用	材　　料	一般应用
低合金不锈钢	滚珠轴承	聚苯乙烯	热绝缘
预应力钢筋混凝土	储罐	聚胺酯	热绝缘
木材(轻木、胶合板)	热绝缘	聚异氰脲酸酯	热绝缘
合成橡胶	涂料、胶黏剂	砂	围堰
玻璃棉	热绝缘	硅酸钙	热绝缘
玻璃纤维	热绝缘	泡沫玻璃	热绝缘，围堰
分层云母	热绝缘	珍珠岩	热绝缘
聚乙烯	热绝缘		

2. LNG 储罐的充注

对于任何需要充注 LNG 或其他可燃介质的储罐(或管路),如果储罐(或管路)中是空气,不能直接输入 LNG,需要对储罐(或管路)进行惰化处理,避免形成天然气与空气的混合物。如储罐(包括管路系统)在首次充注 LNG 之前和 LNG 储罐在需要进行内部检修时,修理人员进去作业之前,也不能直接将空气充入充满天然气气氛的储罐内,而是在停止使用以后,先向储罐内充入惰性气体,然后再充入空气。操作人员方能进入储罐内进行检修。惰化的目的是要用惰性气体将储罐内和管路系统内的空气或天然气置换出来,然后才能充注可燃介质。

储罐在首次充注 LNG 之前,必须经过惰化处理,惰化处理是将惰性气体置换储罐内的空气,使罐内的气体中的含氧量达到安全的要求。用于惰化的惰性气体,可以是氮气、二氧化碳等。通常可以用液态氮或液态二氧化碳汽化来产生惰性气体。LNG 船上则设置惰性气体发生装置。通常采用变压吸附、氨气裂解和燃油燃烧分离等方法制取惰性气体。

充注 LNG 之前,还有必要用 LNG 蒸气将储罐中的惰性气体置换出来,这个过程称为纯化。具体方法是用汽化器将 LNG 汽化并加热至常温状态,然后送入储罐,将储罐中的惰性气体置换出来,使储罐中不存在其他气体。纯化工作完成之后,方可进入冷却降温和 LNG 的加注过程。为了使惰化效果更好,惰化时需要考虑惰性气体密度与储罐内空气或可燃气体的密度,以确定正确的送气部位。天然气各组分与空气的相对密度见表 8 - 8。

表 8 - 8　天然气各组分与空气的相对密度

介质名称	相对分子质量	相对密度	着火温度/℃	燃烧范围/%
甲烷	16	0.55	632	5 ~ 15
乙烷	30	1.04	472	3 ~ 12.5
丙烷	44	1.52	492	2.2 ~ 9.5
丁烷	58	2.01	408	1.9 ~ 8.5

有关 LNG 的管路等设备也同样需要进行惰化处理,处理方法是一样的。

3. LNG 储罐的最大充装容量

低温液化气体储罐必须留有一定的空间,作为介质受热膨胀之用,不得将储罐充满。充灌低温液体的数量与介质特性,与设计的工作压力有关,LNG 储罐的最大充注量对安全储存有着非常密切的关系。考虑到液体受热后的体积将会膨胀,可能引起液位超高,而液位超高容易引起 LNG 溢出，因此，必须留有一定的空间。究竟留多大的膨胀空间，需要根据储罐安全排放阀的设定压力和充注时 LNG 的具体情况来确定。根据图 8-5，可查出 LNG 的最大充装量。如果 LNG 储罐的最大许用工作压力为 0.48MPa，充装时的压力为 0.14MPa，则根据图 8-5 查得最大装填容积是储罐有效容积的 94.3%。

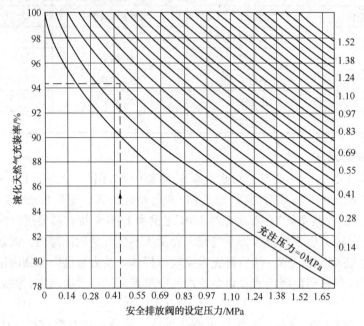

图 8-5 LNG 储罐的最大充注量

LNG 充灌数量主要通过储罐内的液位来控制。在 LNG 储罐中设置了液位指示装置，是观测储罐内部液位的"眼睛"，对储罐的安全至关重要。液化天然气储罐应当装备有两套独立的液位测量装置。在选择测量装置时，应考虑密度变化对液位的影响。液位计的更换应在不影响储罐正常运行的情况下进行。以保证随时可以对储罐内的液位进行检测。

除了液位测量装置以外，储罐还应装备高液位报警器，使操作人员有充足的时间停止充注，不致于使液位超过允许的最大液位高度。报警器应安装在操作人员能够听到的地方。

NFPA-59A 规定：对于容量比较小的储罐（265m³ 以下），允许装备一个液位测试阀门来代替高液位报警器，通过人工手动的方法来控制，当液位达到液位测试阀门时，手动切断进料。

4. LNG 储罐的压力控制

LNG 储罐的内部压力控制是最重要的防护措施之一，必须控制在允许的压力范围之内。罐内压力过高或过低（出现负压），对储罐都是潜在的危险。影响储罐压力的因素很多，诸如热量进入引起液体的蒸发、充注期间液体的快速闪蒸、大气压下降或错误操作，都可能引起罐内压力上升。另外，如果以非常快的速度从储罐向外排液或抽气，有可能使罐内形成负压。

LNG 储罐内压力的形成主要是液态天然气受热引起蒸发所致，过多的蒸发气体（BOG）会使储罐内的压力上升。必须有可靠的压力控制装置和保护装置来保障储罐的安全。使罐内的压力在允许范围之内。在正常操作时，压力控制装置将储罐内过多的蒸发气体输送到供气管网、再液化系统或燃料供应系统。但在蒸发气体骤增或外部无法消耗这些蒸发气体的意外情况下，压力安全保护装置应能自动开启，将蒸发气体送到火炬燃烧或放空。因此，LNG储罐的安全保护装置必须具备足够的排放能力。

此外，有些储罐还应安装有真空安全装置。真空安全装置能感受储罐内的压力和当地的大气压，能够判断罐内是否出现真空。如果出现真空，安全装置应能及时地向储罐内部补充LNG蒸气。

安全保护装置(安全阀)不仅用于LNG储罐的防护，在LNG系统中，LNG管路、LNG泵、汽化器等所有有可能产生超压的地方，都应该安装足够的安全阀。安全阀的排放能力应满足设计条件下的排放要求。

安全排放装置所需的排放能力按下式计算：

$$q_v = 49.5 \frac{\phi}{\gamma} \sqrt{\frac{T}{M_\gamma}} \tag{8-4}$$

式中 q_v——相对于空气的流量，m^3/h(在15.5℃、101.35kPa条件下)；

ϕ——总热流量，kW；

γ——储存液体的汽化相变焓，kJ/kg；

T——气体在安全阀进口处的热力学温度，K；

M_γ——气体的相对分子质量。

为了维修或其他目的，在安全阀和储罐之间安装有截止阀，将LNG储罐和压力安全阀、真空安全阀等隔开。但截止阀必须处在全开位置，并有锁定装置和铅封。只有在安全阀需要检修时，截止阀才能关闭，而且必须由有资质的专管人员操作。

5. 储罐的安全防护

储罐的安全防护系统除了压力控制以外，LNG储罐应配备密度检测设备来监控层化和潜在的翻滚问题，以便操作员尽早采取措施。储罐内壁和罐底应设有温度仪表(RTD)来监测温度情况。为了储罐的安全，所有进出口管线均在罐顶，特别注意LNG储罐的附属仪表系统，应设置足够的报警和停机装置，以确保储罐的安全。

(三) 分层的防止

防止分层的出现是确保液化天然气储存安全的重要手段。通过测量液化天然气储槽内垂直方向上的温度和密度来确定是否存在分层。一般情况下，当液层之间的温差大于0.2K，密度大于$0.5kg/m^3$时，即认为发生了分层。为了防止储罐内液化天然气分层，常用的措施有：

(1) 采用正确的装液程序：根据罐内LNG密度与充装的LNG的密度差异，选择合理的充装方法。不同产地、不同气源的液化天然气密度不同，卸船时，做好LNG密度测量，所装液化天然气密度大于罐内残存LNG时，应采用顶装法；小于罐内残存液体时，采用底装法。密度相近时也采用底装法。在条件允许时，将两批密度差别较大的LNG储存于不同的储罐。

(2) 在液化天然气生产中，严格控制氮含量不得超过规定的含量(如1%)。

(3) 采用混合喷嘴进液。为使新装入的液化天然气与罐内不同密度的剩余液体充分混合，可在罐底加进液喷嘴，还必须使喷嘴喷出的液体能够达到液面，并确保在湍流喷射扰动下有足够长的时间使两种液体混合均匀。经喷嘴进罐的液化天然气量至少为储罐内剩余液量的10倍。

(4) 通过多喷嘴进液。采用沿管长方向有多个喷嘴的立管将液化天然气装入储罐内，使进入储罐的液体与罐内原有的液体均匀混合。

（5）采用搅拌器搅拌。LNG 储罐有的设有专门搅拌器搅拌液体防止分层，但在罐内搅拌会引起 LNG 蒸发量的增加。实践证明，快速抽出部分罐内液体是一种消除分层的方法。

（6）采用潜液泵再循环。用潜液泵将罐内液体增压后，经设在罐底部的喷嘴循环进入罐内，使罐内液体均匀。

通过实时监测储罐内 LNG 的密度差、温差，监测 LNG 蒸发速率，有效防止分层及翻滚现象发生。一旦储罐内发生翻滚现象，要及时通过储罐的安全阀、火炬排放系统等及时处置。采用上述措施后，仍可能发生翻滚和大量蒸气。为此，LNG 储罐设计中应考虑：增大安全泄压阀的排放能力，增大储存系统处理释放蒸气的能力，增大储罐设计压力和工作压力的比值等。

三、运输安全

液化天然气车船运输过程的安全主要是两方面：一方面是液化天然气车船储槽的储存安全，另一方面是液化天然气运输过程的安全，包括车船行驶、LNG 装卸等。

（一）船运安全

1. LNG 运输船

为了液化天然气海上运输安全，LNG 运输船的安全措施必须十分严格。以使用很多的 MOSS 球罐 LNG 船为例，主要的安全措施：

（1）球罐特制。由于罐内储存超低温液体会引起内部收缩，在结构上考虑避免收缩时的压力，设置储罐的支撑固定装置；为防止储罐超压或负压，专门装设安全阀；储罐开口暴露设置在甲板上。

（2）加强隔热。隔热的目的一是防止船体结构过冷；二是防止向储罐内漏入热量。LNG 储槽的隔热结构由内部核心隔热部分和外层覆壁组成。针对不同的储槽日蒸发率要求，内层核心隔热层的厚度和材料也不同，LNG 储槽的隔热板采用多层结构，由数层泡沫板组合而成。所采用的有机材料泡沫板需要满足低可燃性、良好的绝热性和对 LNG 的不溶性。在 MOSS 型船的球型储罐中，沿舱裙结构的漏热通常要占储罐总漏热量的30%，采用一块不锈钢板插在铝和钢质裙之间形成热阻，可明显减少漏热，日蒸发率从通常的 0.2% 降到 0.1%。

（3）BOG 的处理。LNG 储槽的隔热结构并不能完全防止 LNG 的蒸发，每天仍会有 0.15% ~0.3% 的蒸发量。这些蒸发气体（BOG）可以用作 LNG 船发动机燃料和其他加热设备的燃料。为了船舶的安全经济运行，采用再液化装置可以控制低温液体的压力和温度，保证储存安全，也可以减小储槽保温层厚度，降低船舶造价，增加运量。

（4）采用二次阻挡层，在球罐泄漏时，把已泄漏的 LNG 保留一定时间，使船体构件不要降低到它的允许温度以下。以避免船体发生损坏或着火爆炸的重大事故。

（5）采用双层壳体，在船舶的外壳体和储槽间形成保护空间，从而减小了槽船因碰撞导致储槽意外破裂的危险性。

（6）为了安全，设置各种计量、测量和报警设施。

2. 船舶装卸

LNG 船舶运输安全，除了 LNG 船舶安全外，船舶装卸安全也是重要方面。为此，在卸载设施、储罐和其他相关部位上必须采用相应的安全措施。

（1）卸载设施：在卸料臂上安装紧急关闭（ESD）阀和卸料臂紧急脱离系统（ERS）；LNG

装船泵安装紧急关闭装置。

（2）储罐：为防止装满系统，将装船泵和储罐灌注管路上的 ESD 阀隔开；断开装置可人工或自动操作；使用液位报警器；防止超压或负压，采用导向操纵安全阀和自压安全阀。

（3）其他：LNG 码头和靠近卸料臂处、蒸发器、LNG 泵等设置低温探测器；在 LNG 建筑物内、管线法兰、卸料臂及蒸发器旁设置气体探测器；在 LNG 建筑物内、储罐顶盖上、码头，及工艺区设置火警探测器。

（二）车运安全

1. LNG 汽车槽车

LNG 槽车的安全主要是防止超压和消除燃烧的可能性(禁火，禁油，消除静电)。

（1）防止超压

防止槽车超压的手段主要是设置安全阀和爆破片等超压泄放装置。根据低温领域的运行经验，在储罐上必须有两套安全阀在线安装的双路系统，并设一个转换，当其中一路安全阀需要更换或检修时，可以转换到另一路上，维持至少一套安全阀系统在线使用。在低温系统中，安全阀由于冻结而不能及时开启所造成的危险应该引起重视。安全阀冻结大多是由于阀门内漏，低温介质不断通过阀体而造成的，一般通过目视检查安全阀是否结冰或结霜来判断，发现问题必须及时更换。

为了运输安全，槽车上除了设置安全阀和爆破片外，还可以设置公路运输泄放阀。在槽车的气相管路上设置一个降压调节阀，作为第一道安全保护，该阀的泄放压力远低于罐体的最高工作压力和安全阀起跳压力。它仅在槽车运行时与气相空间相通；而在罐车装载时，用截止阀隔离降压调节阀使其不起作用。

泵送 LNG 槽车上，工作压力低，设置公路运输泄放阀的作用是：

① 罐内压力低，降低了由静压引起的内筒压力，有利于罐体的安全保护。

② 如果罐内压力升高，降压调节阀先缓慢开启以降低压力，防止因安全阀起跳压力低而造成 LNG 的突然大流量泄放，既提高了安全性，又防止了 LNG 的外泄。

③ 罐体的液相管、气相管出口处应设置紧急切断阀，该阀一般为气动的球阀或截止阀，通气开启，放气截止，阀上的汽缸设置易熔塞，易熔塞为伍德合金，其熔融温度为(70±5)℃。当外界起火燃烧温度达到 70℃时，易熔塞熔化，在内部气压(0.1MPa)作用下，将熔化了的伍德合金吹出并泄压。泄压后的紧急切断阀在弹簧作用下迅速关闭，达到截断装卸车作业的目的。

（2）其他

为了防止着火，消除 LNG 槽车周围的燃烧条件也是十分重要的。

① 置换充分。LNG 储槽使用前必须用氮气对内筒和管路进行吹扫置换，直至含氧量小于 2.0% 为止，然后再用产品气进行置换至纯度符合要求。

② 静电接地。LNG 槽车必须配备导静电接地装置，以消除装置静电；另外，在车的前后左右两侧均配有 4 只灭火机，以备有火灾险情时应急使用。

③ 安装阻火器。安全阀和放空阀的出口汇集总管上应安装阻火器。阻火器内装耐高温陶瓷环，当放空口处出现着火时，防止火焰回火，起到阻隔火焰作用，保护设备安全。

2. 汽车装卸

LNG 公路运输安全，除了 LNG 槽车安全外，汽车装卸安全也是重要方面。为此，在装卸设施、储罐和其他相关部位上必须采用相应的安全措施。

（1）装卸设施：在装卸臂上安装紧急关闭（ESD）阀；LNG 装车泵安装紧急关闭装置。

（2）储罐：为防止装满系统，将装车泵和储罐灌注管路上的 ESD 阀隔开；断开装置可人工或自动操作；使用液位报警器；防止超压或负压，采用导向操纵安全阀和自压安全阀。

（3）其他：LNG 装卸车场、蒸发器、LNG 泵等处设置低温探测器；在 LNG 建筑物内、管线法兰、装卸臂及蒸发器旁设置气体探测器；在 LNG 建筑物内、储罐顶盖上、装卸车场，及工艺区设置火警探测器。

四、泄漏及防止

液化天然气生产过程中发生的火灾爆炸或低温冻伤等安全事故多因 LNG 泄漏（或溢出）引起，LNG 泄漏能使现场的人员处于非常危险的境地。这些危害包括低温灼烧、冻伤、体温降低、肺部伤害、窒息等。当蒸气云团被点燃发生火灾时，热辐射也将对人体造成伤害。如果系统或设备发生 LNG 溢出或泄漏，LNG 在短时间内将产生大量的蒸气。与空气形成可燃的混合物，并将很快扩散到下风处。于是，产生 LNG 溢出的附近区域均存在发生火灾的危险性。

LNG 蒸气受热以后，密度小于空气，有利于快速扩散到高空大气中。蒸气扩散的距离与初始溢出的数量、持续的时间、风速和风向、地形，以及大气的温度和湿度有关。从对 LNG 溢出的研究表明：风速比较高时，能很快地驱散 LNG 蒸气云团；风速较低（或无风）时，蒸气云团主要聚集在泄漏点附近。移动的蒸气云团容易产生燃烧的区域，主要是在可见气团的周围，因为这些区域内的部分混合气体处于燃烧范围之内。

LNG 泄漏是属于一种比较严重的事故，由于设备的损坏或操作失误等原因引起。正确评估 LNG 的溢出，以及蒸气云的产生与扩散，是有关安全的一个重要问题。溢出的 LNG 蒸发速度非常快，形成大量的蒸气云。蒸气云将四面扩散，比较危险的情况是遇到火源产生火灾。因为蒸气的数量多，溢出的 LNG 能不断地蒸发和扩散。在蒸气扩散的过程中，如果遇到有风的情况，火灾可能迅速蔓延。而且火灾本身也能产生强劲的空气对流。因此，在考虑人员和设备的安全问题时，应重视风和火的相互作用的影响。最危险的情况是由于燃烧产生强烈的空气对流，能对 LNG 设备造成进一步的损坏，扩大事故的严重性。

（一）LNG 泄漏危害分析

LNG 的泄漏可以分为泄漏到地面和水面两种情况。

1. LNG 泄漏到地面

主要是指陆地上的 LNG 系统，因设备或操作原因，使 LNG 泄漏到地面。由于 LNG 与地面之间存在较大的温差，LNG 将吸收地面的热量迅速汽化。这是一个非常快速的汽化过程，初期的汽化率很高，只有当土壤中的水分被冻结以后，土壤传递给 LNG 的热量逐渐地减少，汽化速率才开始下降。另外，周围空气的传导和对流，以及太阳辐射也会增加 LNG 的汽化速率。在考虑系统或设施的安全性问题时，应考虑两方面的问题：首先是设备本身，在万一发生泄漏的情况下，设备周围应具备有限制 LNG 扩散的设施（围堰或蓄液池），应使 LNG 影响的范围尽可能缩小；其次是 LNG 溢出后，抑制气体发生的速率及影响的范围。

围堰是用于液化天然气储罐发生泄漏时，防止 LNG 扩散的设施。围堰内的容积应足够容纳储罐内的液态天然气。在某些设计中，则在储罐周围的地面采用低热导率的材料，如用具有隔热作用的水泥围起来，以减少蒸发的速率。另一种减少蒸发速率的安全措施是围绕围堰，安装有固定的泡沫发生器，在发生 LNG 溢出时，泡沫发生器喷出泡沫，泡沫覆盖在围堰中的 LNG 上面，既可以减少来自空气的热量，降低 LNG 蒸气产生的速率。目前有一些新的设计理念，储罐周围不设围堰。LNG 储罐安装在一钢筋混凝土的外壳内，内罐通常使用9Ni 钢制造。如果内罐发生溢出或泄漏，泄漏的液体包含在水泥外壳的内部，液体表面暴露于空气的面积相对很小，气体产生的速度比 LNG 在围堰内要小得多。

比较危险的是 LNG 气体在飘散的过程中，可能在途中遇到点火源，然后产生燃烧，火焰顺着蒸气云往回蔓延到蒸气发生点，对设施具有潜在的毁坏作用。

2. LNG 泄漏到水面

LNG 在水面上产生溢出时，水面会产生强烈的扰动，并形成少量的冰。汽化的情况与 LNG 泄漏到地面差不多，当然，溢出到水面的蒸发速度要快得多。而且水是一个无限大的热源，水的流动性为 LNG 的汽化提供了稳定的热量。有关的 LNG 工业机构和航运安全代理机构，对 LNG 在水上泄漏的情况进行了深入的研究。根据有关的报道，LNG 泄漏到水面的蒸发速率是 $0.181kg/(m^2 \cdot s)$，基本上不受时间的影响。

LNG 泄漏到水面上，最重要安全问题是蒸气云的形成和引起火灾的可能性。在空旷的地方，LNG 产生的蒸气云一般不会产生爆炸，但有可能引起燃烧和快速蔓延的火灾。蒸气云产生以后，主要有两个方面的问题：一是蒸气云随着风向的扩散，如果在下风方向存在高温热源或火源，就有可能点着这些可燃气体的云团；二是天然气云团被点燃后，火焰的扩散及火焰产生的热流，点燃飘逸的天然气云团。

蒸气云团在大气中的扩散是个令人关注的问题。一旦发生类似的事故以后，需要利用气象学方面的技术，对可能扩散到的区域提前进行预报，预先采取防火和防空气污染的措施。表 8 – 9 列出 LNG 和液氮在水面的蒸发量和热流范围。

表 8 – 9　LNG 和液氮在水面的蒸发量和热流范围

蒸发条件	蒸发率/[kg/(m²·s)]		热流密度/(10³ W/m²)	
	最大值	平均值	最大值	平均值
LNG 水面蒸发	0.229 ~ 0.303	0.146 ~ 0.195	132.5 ~ 176.6	84.9 ~ 113.3
LNG 冰上蒸发	0.332 ~ 0.732	0.171 ~ 0.190	192.4 ~ 328.1	99.1 ~ 123.0
液氮水面蒸发	0.151 ~ 0.342	0.063 ~ 0.171	30.3 ~ 68.1	12.62 ~ 34.1

（二）LNG 泄漏后的蒸气扩散

对 LNG 的泄漏，希望能够预测 LNG 蒸气量与溢出距离和溢出时间的函数关系。这样可以通过用溢出的流量和时间来预测可能产生危险的区域。

预测首先要估计溢出发生时产生的蒸气量，有突然溢出和逐步溢出之分。突然溢出后，LNG 的蒸发速率随着时间的增加而减少。逐步溢出的 LNG 则像在溢出到没有限制的水面上一样，蒸发很快。特别要考虑温度较低的蒸气，因密度比空气大，流出围堰后会四处弥散。LNG 蒸气充满围堰后，然后会流出围堰，所需的时间要等于或大于达到稳定蒸发的时间。蒸气在达到稳定蒸发后流出围堰区。蒸气也有可能在充满围堰前，密度就已经减小，能上升扩散到空气中，这是比较理想的情况。

泄漏后蒸气量与泄漏距离和溢出时间的关系由 LNG 蒸气的产生速率、围堰等限制建筑的结构型式、大气条件，包括风速、垂直温度梯度及湿度等决定。

LNG 蒸气的扩散与空气流动的情况有关。无风条件下的扩散，比较重的 LNG 蒸气受热上升前，只有少量的 LNG 蒸气与空气混合。蒸气从与之接触的地面、太阳辐射获取能量，同时冷凝和冻结大气中的水分。湿空气形成了可见的蒸气团。在无风条件下模拟LNG蒸气扩散的数学模型显示：高含量的LNG蒸气聚集在溢出点附近，随后由于温度上升，密度减小，空气的浮力作用使之扩散。溢出流量比较小的情况下，蒸气逐渐扩散和消失，而溢出流量很大时，蒸气扩散越来越严重。当蒸气受热后，开始上升，在上升过程中与空气混合。有风的条件下扩散时，LNG蒸气团被流动的空气带走，向下风方向移动。空气将LNG蒸气从溢出处带走的过程很复杂。在大气中，空气与温度很低的LNG蒸气混合，以及LNG蒸气被空气加热和混合气体变轻的过程也是很复杂的，和风速、垂直温度梯度、障碍物情况有关。虽然过程比较复杂，但也可以用数学模型来模拟。有些研究人员用数学模型模拟了大型围堰区LNG溢出后，产生的蒸气顺风扩散的情况。同样，在水面上的无限制泄漏的情况也可以模拟。风速和垂直温度梯度的共同作用，影响LNG蒸气的水平和垂直的扩散。LNG蒸气在扩散的过程中，温度倒置（指空气上部的温度比靠近地面的温度高），较低的风速将使混合过程变慢，并增加顺风方向的漂移距离。

（三）LNG泄漏的预防

焊缝、阀门、法兰和与储罐壁连接的管路等，是LNG容易产生泄漏的地方。当LNG从系统中泄漏出来时，冷流体将周围的空气冷却至露点以下，形成可见雾团。通过可见的蒸气云团可以观测和判断有LNG的泄漏。

当发现泄漏后，应当迅速判断装置是否需要立即停机，还是在不停机的情况下可将泄漏处隔离和修复，事先应当制定评估泄漏的标准并决定相应的措施。另外，安全规程中必须防止人员接近泄漏的流体或冷蒸气，并尽量减少蒸气接近火源。工厂应当安装栅栏、警告标志、可燃气体检测器等设备。

1. 管路阀门的泄漏

阀门是比较容易漏泄的部件。虽然LNG系统的阀门都是根据低温条件设计的，但当系统在工作温度下被冷却后，金属部分会产生严重的收缩，管路阀门可能产生泄漏。需要充分考虑这种泄漏的可能性应对措施，并安装必需的设备。另外，为了在冷却过程中操作调节这些部件，应当准备相应的工具和服装。总之，暴露在外部的LNG设备上的阀门，可以通过阀门上异常结霜来判断是否出现泄漏。日常的检测可以有效地防止液体的泄漏。

2. 输送软管和连接处的泄漏

LNG从容器向外输送时，LNG在管路中流动，并有蒸气回流。由于温度很低，造成管路螺纹或法兰连接处的泄漏。在使用软管输送LNG的情况下，软管本身也可能产生泄漏。柔软的软管必须通过相关标准的压力测试，并在使用前对每根管路进行检查，尽量减少泄漏发生的可能性。

当输送管万一发生泄漏时，应当采取适当的措施将泄漏处堵住，或切断输送，更换泄漏部件。同时，个人安全保护和防止蒸气点燃等措施也要同时启动。

3. 气相管路的泄漏

在天然气液化、存储、汽化等流程中，液化流程使用的制冷剂也有可能产生泄漏。连接液化部分和储罐的管路、气体回流管路及汽化环路都可能产生漏泄。当汽化器及其控制系统出现故障，冷气体和液体进入普通温度下运行的管路，造成设备的损坏。应当采取预防措施，使其能够迅速隔离产生泄漏的管路和汽化器，同时采取紧急控制措施，阻止液体继续流入汽化器。

冷气体的泄漏主要发生在焊缝、阀门、法兰、接头和容器与管路的连接处。在一个封闭空间中。大量的泄漏有可能使工作人员产生窒息的危险。

当冷气体泄漏后，应当像处理液体泄漏一样采取应对措施。这些措施包括：关闭系统、隔绝泄漏区域、保护人身安全、隔离火源并尽快将蒸气云团驱散。

在离火源很近的区域(如使用燃烧设备的汽化器)，应当设置快速关闭系统。除了安装自动装置防止冷气体或液体进入外输管路系统外，汽化器还应当安装可燃气体检测器、燃烧传感器、自动干粉灭火器等设备。

（四）LNG 泄漏的控制

如果 LNG 蒸气在室内发生泄漏，通风和消除点火源是首要的措施。LNG 工厂中使用通风机连续的通风，将 LNG 蒸气排出。除了引出蒸气外，风机可以使蒸气与周围的空气加速混合，因此促进了蒸气团的受热与扩散。在封闭区域，当使用 CO_2 灭火系统进行灭火时，要关闭通风的风机。

维护结构和溢流通道可以抑制蒸气的扩散。LNG 溢出如果发生，应该首先控制溢出的液体和闪蒸的蒸气，控制 LNG 液体的迁移和抑制已点燃的火源的扩散。维护结构和溢流通道的设计，由溢流区域和溢流产生危险的可能性来确定。

当 LNG 蒸气云团中没有点火源，操作人员和设备只有被低温液体损害的危险，这是比较理想的情况。如果 LNG 流到未包复防护材料的设备或构件表面，将快速汽化。LNG 在表面流动几分钟后，物体被冷却以后，LNG 的蒸发率会有所降低。

还可以采用混凝土或泥土等材料建造围堰，或修成沟渠，或其他型式的防护结构，将溢出的 LNG 限制在一定的范围内，不让其任意流淌，可以大幅度地减少 LNG 的蒸发。

溢出的 LNG 被限制在围堰或沟渠之内，减小暴露的 LNG 表面与空气的对流换热，也可以降低蒸发量。采用高膨胀率泡沫灭火剂喷洒到 LNG 液面，使 LNG 的液面与空气隔离，能有效地降低 LNG 表面的汽化率。LNG 的汽化速度降低，可以减小可燃气体覆盖的范围。然而，采用这些方法以后，也将延长 LNG 存在的时间。根据溢出的 LNG 是否靠近火源和是否会产生一些潜在的低温伤害等因素，综合考虑是否有必要采用泡沫灭火剂。

在少数场合，溢出的 LNG 数量较多的情况下，如果周围是比较安全的地带，也许有必要特意将它们点燃，使它们快速汽化。当然需要分析清楚短期加速汽化和长期缓慢汽化不同的危险性。

五、火灾爆炸危险性

（一）火灾爆炸危险性分析

液化天然气卸船、接收、储存及汽化过程的火灾危险性为甲类。

液化天然气火灾的特点有：火灾爆炸危险性大；火焰温度高、辐射热强；易形成大面积火灾；具有复燃、复爆性。火灾爆炸多因泄漏引起。液化天然气卸船、储存、输送、装车及汽化过程和中存在的主要泄漏事故包括：LNG 船上储罐管道及阀门发生泄漏；LNG 卸船作业过程中发生的泄漏；LNG 储罐罐顶管道及阀门发生的泄漏；低压/高压泵和高压外输设备发生的泄漏；LNG 装车过程中发生的泄漏；接收站及码头上 LNG 输送管线发生的泄漏。

液化天然气一旦从储罐或管道泄漏，一小部分立即急剧汽化成蒸气，剩下的泄漏到地面，沸腾汽化后与周围的空气混合成冷蒸气雾，在空气中冷凝形成白烟，再稀释受热后与空气形成爆炸性混合物。形成的爆炸性混合物若遇到点火源，可能引发火灾及爆炸。

液化天然气泄漏后形成的冷气体在初期比周围空气浓度大，易形成云层或层流。泄漏的液化天然气的汽化量取决于土壤、大气的热量供给，刚泄漏时汽化率很高，一段时间以后趋近于一个常数，这时泄漏的液化天然气就会在地面上形成一种液流。若无围护设施，则泄漏的液化天然气就会沿地面扩散，遇到点火源可引发火灾。

事故状态时设备的安全释放设施排放的液化天然气遇到点火源，也可能引发火灾。

液化天然气卸船、储存、输送及汽化过程中产生的火灾爆炸事故主要包括：

（1）LNG 大量泄漏到地面或水面上形成液池后，被点燃产生的池火灾；

（2）LNG 储罐、输送设施、管线内 LNG 泄漏及天然气管道泄漏时被点燃产生的喷射火灾；

（3）LNG/天然气泄漏后形成的 LNG 蒸气云被点燃产生的闪火；

（4）障碍/密闭空间内（如外输装置区）LNG 蒸气云被点燃产生的蒸气云爆炸事故。

LNG 接收站的海水电解过程的火灾危险性也属于甲类。由于海水电解过程中会产生易燃易爆的氢气，若氢气泄漏到操作环境中，遇到点火源可能引起火灾爆炸危害。

（二）火灾危险分类

接收站各区域的生产类别及建筑物定类见表 8 - 10。

表 8 - 10　生产装置的火灾危险分类

序　号	项目名称	主要易燃易爆物料	火灾危险类别
一、接收站工艺部分			
1	LNG 卸料	LNG	甲
2	BOG 返回	LNG、天然气	甲
3	LNG 储存	LNG	甲
4	BOG 回收	天然气	甲
5	LNG 输送	LNG	甲
5	低压泵	LNG	甲
5	高压泵	LNG	甲
5	再冷凝器	LNG	甲
6	高压汽化	LNG、天然气	甲
7	装车系统	LNG	甲
8	高压天然气送出	天然气	甲
9	火炬	天然气	甲
10	燃料气系统	天然气	甲
二、公用工程			
1	工艺海水系统		戊
2	生产水系统		戊
3	生活水系统		戊
4	仪表空气及压缩空气系统		戊
5	氮气系统		戊
6	污水处理系统		戊
7	供配电系统		丙

序　　号	项目名称	主要易燃易爆物料	火灾危险类别
三、辅助工程			
1	行政楼		民用建筑
2	控制楼		丙
3	总变电所		丙
4	码头控制及配电室		丙
5	维修间及仓库		丁
6	储油库		丙
7	化学品库		戊
8	废品库		戊
9	消防站及医疗中心		民用建筑
10	食堂		民用建筑
11	门卫		民用建筑

火灾不同的热辐射量对人和物可造成不同程度的损害，如表 8-11 所示，由此可以确定热辐射危害区域图。其中，入射通量为 $4.0kW/m^2$ 的影响范围是人员设备无损失范围，入射通量为 $12.5kW/m^2$ 的影响范围是人员设备开始损失范围，入射通量为 $37.5kW/m^2$ 的影响范围是人员设备完全损失范围。

表 8-11　火灾热辐射的不同入射通量可造成的损害

入射通量/(kW/m^2)	对人的损害	对设备的损害
1.6	长期辐射无不舒服	
4.0	20s 以上感觉痛，未必起泡	
12.5	10s，1 度烧伤；1min，1% 烧伤	有火焰时，木材燃烧、塑料熔化的最小能量
25	10s，重大损伤；1min，100% 死亡	在无火焰、长时间的辐射下木材燃烧的最小能量
37.5	10s，1% 死亡；1min，100% 死亡	操作设备全部破坏

冲击波超压对人员伤亡情况、对建筑物损坏情况见表 8-12，由此可确定冲击波超压危害区域图。其中，超压 0.01MPa 影响范围为人员建筑无损失范围，超压 0.03MPa 影响范围为人员建筑轻微损失范围，超压 0.05MPa 影响范围为人员建筑严重损失范围，超压 0.1MPa 影响范围为人员建筑完全损失范围。

表 8-12　冲击波超压对人员伤亡情况

超压 p/MPa	对人的损害	对建筑的损害
0.01~0.03	人员轻微伤害	玻璃破碎，墙出现裂纹
0.03~0.05	人员严重伤害	墙出现大裂纹，屋瓦掉落
0.05~0.10	内脏严重损伤或死亡	木建筑房柱折断，房架松动，砖墙倒塌
>0.1	人员大部分死亡	小房屋倒塌，大型钢架结构破坏

（三）爆炸危险区域划分

接收站输入的液化天然气，经汽化后将气态天然气通过输气干线向各用户送气。液化天然气为气态爆炸性混合物属于 IIA 级，温度组别为 T3。

根据 GB 50058—2014《爆炸危险环境电力装置设计规范》及 IEC 79 - 10、IP15 的规定，液态和气态天然气在处理、转运和储存过程中产生燃烧、爆炸、窒息的危险，考虑其出现的泄漏频繁程度和持续时间及通风条件下来划分爆炸危险区域。

由于工艺措施、设备制造及自动化水平较高，在日常运行时不可能出现爆炸危险气体混合物，即使出现也仅为短时存在。另外，由于采用露天化布置，通风情况良好。按相关规范的规定 LNG 储罐及容器内为爆炸危险区域 0 区，储存 LNG 的容器及输送 LNG 的泵、管线的周围一定范围内为爆炸危险区域 1 区及 2 区。

（四）主要火灾爆炸危险物料的危害特性（表 8 - 13）

表 8 - 13　主要火灾爆炸危险物料的危害特性

序号	物质名称	自燃点/℃	沸点/℃	相对密度	爆炸极限/%（体积）	最易燃爆浓度/%（体积）	火灾危险分类
1	天然气	—	—		5.3 ~ 15	—	甲类
2	氢气	510	—	0.0899	4.1 ~ 74.2	24	甲类

六、低温及其他危害

（一）低温危害

液化天然气是以 -162℃ 的低温储存，因此在液化天然气的储存、装车及输送过程中可能造成的低温危害包括：

（1）人体接触泄漏的液化天然气可因低温而造成冻伤；

（2）泄漏的低温液化天然气可造成设备或建筑物材料损坏而导致次生灾害；

（3）液化天然气存储设备由于吸热，液态天然气汽化后可能引起设备超压而带来危险。

（二）噪声危害

生产过程中的主要噪声源包括：

（1）压缩机以及泵运转时所产生的机械振动噪声；

（2）电机所产生的电磁噪声；

（3）气体在开停车以及事故放空时所产生的噪声；

（4）高速气流或两相管路所引起的管道振动噪声；

（5）调节阀引起的噪声。

这些噪声若不加以治理，高噪声可能危及操作人员的健康。噪声源一览表见表 8 - 14。

表 8 - 14　噪声源一览表

序号	主要噪声源	数量	噪声级/dB（A）	发生规律	治理措施
1	BOG 压缩机	2	90 ~ 110	连续	隔声、消声
2	高压输送泵	6	80 ~ 95	连续	减震
3	高压海水泵	6	80 ~ 95	连续	隔声、减震
4	生产生活水泵	3	80	连续	隔声、减震
5	高压消防水泵	2	80	间断	隔声、减震
6	仪表空气压缩机	1	90 ~ 110	连续	隔声、消声
7	火炬	1	90 ~ 110	间断	消声

（三）其他危害

1. 机械伤害

码头作业人员（包括工作船码头作业人员）在解、系船舶缆绳，移动卸料臂及检修过程中搬运管道、拆接法兰等，有可能发生手指被绞、拧、压等事故；站场内的作业人员在作业过程中，与许多机械设备，特别是高速转动设备（如泵、机床等）接触机会较多，也易发生绞、拧、压之类的机械伤害事故。

2. 落水淹溺

码头作业人员（尤其是水手）在解、系船舶缆绳，操作卸料臂，通过栈桥，巡视码头作业现场，以及上、下LNG船时，有可能会发生落水淹溺事故，作业环境不良时（如大风、大浪天气及夜间），这种事故发生的可能性会增大。由于码头工作平台离水面较高且水较深，人员一旦落水，后果比较严重。

3. 物体打击事故

物体打击事故主要发生在码头前沿，如水手在解、系船舶缆绳时，缆绳突然断裂，发生物体打击事故，此类事故国内码头曾多次发生；另外，码头工作面上，卸料臂上的大块冰块熔融坠落，如下方正好有作业人员，也会出现物体打击事故。

4. 触电事故

本工程接收站内设有一个110kV总变电所，在码头区设一码头变电所，另外还有很多用电设备。如果设计不当、防护措施不到位或操作失误，有可能引起触电事故，另外，接收站内作业人员如果违章私拉乱设用电设备，也极有可能发生触电事故和火灾爆炸事故。

5. 化验室试剂危害

本工程接收站内设有一化验室，内有相当多的化学药剂，其中有强酸、强碱和有机溶剂等，强酸、强碱在洗涤玻璃器皿时，在使用过程中有可能会溅洒到作业人员手上、眼睛上或身上，烧灼皮肤，造成伤害；另外，一些有机溶剂有毒，如氯仿，对人体有轻度危害。

6. 窒息危害

高浓度的天然气可使人因缺氧而产生窒息。

七、事故后果模拟分析

事故后果分析是通过各种事故数学模型对事故后果进行模拟，获得热辐射、冲击波超压或危险物扩散浓度等随距离变化的规律，并与相应伤害准则比较，得出事故后果的影响范围，对事故后果进行定性或定量评价。

泄漏是LNG工程的重要危险因素，国内外学者对于LNG泄漏扩散危险性分析的理论和试验研究工作已开展多年，并且得到了很多具有实际指导意义的成果。基于CFD理论数值计算是将原来在时间、空间上连续的物理量流场，用有限离散点的值的集合来代替，根据研究对象的控制方程，建立这些值的代数方程组，求解得到物理场的近似值。比较有代表性的用于计算泄漏扩散的CFD软件，如FLUENT、CFX、PHONIECS等。赵会军等基于紊流模式理论，在考虑重力影响的基础上，建立储气罐区气体泄漏扩散数学模型，采用CFD软件PHOENICS对该数学模型进行数值求解，并与实际采集来的实验数据进行比较，发现误差较小。此外，也有以两种或多种模型为基础，开发了用于LNG泄漏扩散定量评价的软件。如张海红等以高斯模型和ILO模型为基础，开发了可视化的LNG泄漏后果分析软件，可以获得火灾危害的定量数据、泄漏后浓度扩散范围和热辐射通量图。苑伟民等研究和比较了几种气体扩散模型，将板模型和高斯模型相结合建立LNG泄漏扩散模型，并使用Microsoft Visual Basic和MATLAB开发了LNG泄漏扩散模拟软件。

目前，许多模型都已实现计算机化，可使用商品化软件进行计算，如挪威船级社（DNV）的PHAST软件、ISC 3 VIEW、荷兰应用技术研究院TNO的DAMAGE和EFFECT软件、英荷壳牌SHELL的FRED软件。这些软件往往基于某种特定的模型，如ISC3VIEW基于高斯模型开发，而PHAST软件基于UDM模型开发，属于扩散模式模拟。其中，DNV的PHAST软件因其模型齐全、数据库可靠等诸多优势，在国内各LNG接收站中得到了广泛的应用。

PHAST软件的泄漏模型考虑了泄漏物质的特性多种多样，受原有条件的强烈影响。但多数物质从容器中泄漏出来后，都可发展成弥散的气团向周围空间扩散。气团扩散一般有液体泄漏后扩散、喷射扩散和绝热扩散三种模型。而泄漏扩散模型PHAST软件运用UDM（Unified Dispersion Model）模型描述气体泄漏扩散的过程以及造成的影响。UDM模型适用于任何泄漏方式，无论是连续泄漏还是瞬时泄漏，泄漏的是重气还是中性气体、浮性气体。UDM模型考虑了气象条件、介质密度、表面粗糙度、湍流扩散等多种因素的影响，对气云扩散分为天然气泄漏、浮力优于动能、气云扩散改变方向、气云和空气充分混合、到达一稳定的混合高度5个阶段进行模拟。

PHAST的热辐射模型可细分为喷射火模型、池火模型、火球模型等。LNG泄漏时形成射流，如果在泄漏裂口处被点燃，则形成喷射火。结合实际情况，对于接收站采用喷射火模型。

爆炸是物质的一种非常急剧的物理、化学变化，也是大量能量在短时间内迅速释放或急剧转化成机械功的现象。PHAST软件把泄漏的物质折算成TNT当量来计算爆炸威力；冲击波产生的超压峰值P_0则采用The Kingery and Bulmash曲线近似计算。

通过分析泄漏气云扩散影响范围、喷射火热辐射影响范围、冲击波超压影响范围，可知闪火、人员设备完全损失、人员建筑完全损失的危害距离，可以作为罐区应急响应救援的参考依据。在美国，LNG是唯一由美国联邦法规（49 CFR，193部分）对其储存设施选址和施工进行详细具体要求的可燃物质。美国NFPA 9A—2009《液化天然气（LNG）生产、储存和装运》标准规定，对于站场内主要危险源及工艺设备的防火间距，除规定最小间距外，推荐采用可靠的事故模型进行计算，确定事故后果的危害范围，评价LNG站场的建筑红线（Property line）、与站场周边公共区域的间距、以及站场设施间距等的安全性。

第三节　安 全 检 测

在有可燃气体、火焰、烟、高温、低温等潜在危险存在的地方，安装一些必要的探测器，对危险状况进行预报，可以使工作人员能及时采取紧急处理措施。按照国标GB 50183的规定，LNG工厂（接收站）应设置火灾自动报警系统，该系统应按现行国家标准《火灾自动报警系统设计规范》（GB 50116）执行。通常设置一套火灾报警及气体探测系统（F&GS），该系统包括以下设施：

设置在主控室的F&GS主控盘和事故打印机，设置在消防站内的F&GS复示盘，设置在码头控制室的F&GS区域控制盘。按照各部位的特点配置可燃气体探测器；泄漏探测器（低温探测器）；火焰探测器；感温探测器；感烟探测器；手动报警按钮；电动警笛；警铃和工业电视系统。每一个检测器都要与自动停机系统相连，在发现危险时能自动起作用。

一、可燃气体检测器

火灾报警及气体探测系统必须对 LNG 的泄漏进行监测。可以通过观察、检测仪器或两者综合使用。白天 LNG 发生溢出，可以通过产生的蒸气云团看见。然而，在晚上及照明不好的情况下就不容易看清楚。如果仅仅依靠人工观察来检测泄漏，显然是不够的。

对于比较大的 LNG 装置，应当安装可燃气体检测装置，对系统进行连续的监测。在最有可能发生泄漏的位置安装传感器。当检测系统探测到空气中可燃气体的含量达到最低可燃范围下限（LEL）的 10%~25% 时，将向控制室发出警报。控制室的人员确定应对措施并发出控制命令。在一些关键的地方，当含量达到燃烧下限（LEL）的 25% 时，会自动切断整个系统。考感到 LNG 装置有限的人员配备和可燃气体的存在，有必要设置实时的监测系统，连续地进行监控，消除人为的疏忽和大意的可能性。对于比较小的装置，由于系统相对简单，产生泄漏的可能性较小，因此没有必要安装过多的自动报警系统。

经验证明，工作人员的误操作，经常引起这些系统误报警，发出一些不必要的警报。应正确分析警报器及传感器的安装位置和可燃气体源的位置，并对报警系统进行有效的定期保养。

每一个可燃气体检测系统发出的警报，控制室或操作台的工作人员都要能听得到和看得见，除此之外，气体泄漏的区域也应能听到警报声。气体检测系统安装后要进行测试，并符合有关的要求。

有 LNG 设备或管道等设施的建筑都应安装可燃气体检测系统，当可燃气体在空气中的含量达到一定的程度就能发出警报。可燃气体传感器的灵敏度要有合适的等级。安装区域和相关的检测器灵敏度等级分类如下：

（1）没有可燃气体设备的区域。主要是办公区。这些区域的检测器应当非常灵敏，当检测到气体后发出警报。

（2）可能含有被检测气体的区域。这里的传感器在较低含量下（最低可燃极限的 10%~20%）发出警报。这种区域主要是在一般操作时，可能含有天然气。

（3）很有可能含有被检测气体的区域。在这些区域中，当气体达到危险程度（最低可燃极限的 20%~50%）时发出警报。该工作区可能有自动切断系统，因此在检测到可燃性气体后有两种选择：每隔 30s 发出一声报警，并切断整个设备运行；或者只是发出警报，警告工作人员。这些区域主要是安装压缩机和气体涡轮机的厂区、LNG 车补给燃料处和汽车发动机等部位。

在一些危险性比较大的区域，应合理地安装监测器，这些区域如下：

（1）靠近 LNG 或天然气的设备。特别是容易发生泄漏的设备周围。

（2）靠近火源或火源的空气入口处，如建筑和锅炉的进风口。

（3）地势较低区域。包括 LNG 蒸气或液体容易聚集的地方，LNG 蒸气在受热上升前，将向地形较低的区域聚集。

（4）地势高的区域。受热的 LNG 蒸气将聚集在这些地方，包括泄漏设备上方的封闭区域的天花板下。主要是靠近有 LNG 或 LNG 蒸气泄漏危险的区域。因此建筑物应没有空气不易流通的死角。

在 LNG 接收站的码头、LNG 储罐罐顶的低压 LNG 输送泵、再凝器、高压输出泵区、开架式汽化器、计量站、尾气排放、BOG 压缩机、火炬分液罐、燃料气分液罐、LNG 收集池和汽车槽车装车站等部位都应设置可燃气体检测器。

二、火焰检测器

火焰检测器有紫外线（UV）火焰检测器和红外线（IR）火焰检测器、检测热辐射产生的热量。火焰产生的辐射能通过紫外线和红外线探测器的波长信号来检测。当辐射达到一定的程度后，会发出警报。应该注意的是某些光源可能导致误报警，如焊接产生的电弧光和太阳光的反射等，也能产生紫外线或红外线。

解决误报警的方法如下：

（1）使用不同类型的检测器。如同时使用紫外线和红外线检测器来检测。检测系统中，信号必须通过两种波长的同时确认。这样可减少误报警。

（2）多点检测。在危险区域内设置的传感器，有可能被一个辐射源激活，但该辐射源不能激发多个传感器。还有一种情况是工作人员接到一个报警信号，但自动切断和消防系统不起作用，只有收到确认信号后才会动作。确认信号是通过多数的检测器的探测结果来确定的。

（3）延迟报警。检测系统在有连续的火焰信号后，才能发出警报。

在 LNG 接收站的码头、LNG 储罐罐顶的低压 LNG 输送泵、再凝器、高压输出泵区、开架式汽化器、计量站、尾气排放、BOG 压缩机、火炬分液罐、燃料气分液罐和汽车槽车装车站等部位都应设置火焰检测器。

三、低温检测器

低温检测器在 LNG 或冷蒸气泄漏时发出警报。这些检测器的传感器主要是热电偶或热电阻。随着温度的变化，其电特性也会变化，因此可以间接的测量温度。低温检测器装在 LNG 设备的底部，以及产生溢流后，可能聚集液体和蒸气的低部位置。

在 LNG 接收站的码头、LNG 储罐罐顶的低压 LNG 输送泵、再凝器、高压输出泵区、开架式汽化器、LNG 收集池、其他有 LNG 法兰的区域和汽车槽车装车站等部位都应设置低温检测器。

四、烟火检测器

烟火检测器主要是用来检测烟雾和火焰。LNG 蒸气燃烧时产生的烟很少。因此，这些检测器主要用来检测电器设备和仪器是否着火。这些设备着火时会产生烟。除了高温检测器外，采用烟火检测器是因为少量的烟火，有可能产生不了足够的热量来触发高温检测器。主要用于防止火焰延伸到 LNG 设备。烟火检测器通常安装在控制室的电器设备和其他有可能产生烟火的设备上面。

五、缺氧检测设备

可采用多通道的气体检测系统，对不同区域是否缺氧进行检测。气体检测器使用一个内置式的取样泵，抽取来自不同区域的气体试样，通过气体成分分析，指示是否缺氧及缺氧的程度。检测系统应具有同时指示可燃气体含量和缺氧状况的功能。

第四节 安 全 防 火

液化天然气工程的安全防火，一方面应从防火设计，包括总图布置确保防火间距、加强危险物料的安全控制、严格控制泄漏源、规范防爆设计、采取有效的防雷防静电措施，从工程建设设计上确保安全防火；另一方面配套完善的消防设施，用于着火时有效的火情控制和灭火。

一、总图布置

（一）总图布置原则

按照有关规范，总平面布置中应考虑以下安全原则：

（1）遵循现有国家及行业标准、规范、法律法规；

（2）满足装置安全施工、操作及维修；保证接收站内人员及设备的安全；

（3）主要工艺设施间考虑足够的安全间距以免一个区域发生事故时而影响其他区域，并考虑消防设施运用的可能性；

（4）满足厂区内的人员及厂外附近的人员在灾难性或重大事故时安全疏散的要求；

（5）提供足够的 LNG 泄漏收集空间；考虑 LNG 池火灾或烃类火灾的热辐射计算结果、降低易燃物料泄漏范围、并考虑蒸气云爆炸或引燃易燃物气云事故后果；

（6）考虑火源与可能的易燃物释放源的安全距离；将任何灾难性的事故限制在一个生产单元内并消除并发事故；

（7）危险物品应分类存放以限制事故扩大；

（8）火灾或爆炸事故时能保护重要设施如消防水系统、主控室、事故电源、消防站以及有人停留的建筑；保证消防人员的紧急撤离及保护紧急停车设施。

对 LNG 工艺装置、LNG 储存、压缩冷凝（BOG 压缩机）及高压输送设备的布置。遵循现有国家及行业标准、规范、法律法规及成功的生产经验。并满足目前国际上有关 LNG 布置的相关规范。

在设备布置时，根据各单元的不同功能进行了分区布置。同时考虑流程的合理走向、管道的合理布置、装置的安全操作、检修和安装的方便。

在考虑装置平面布置时，遵循下列原则：

（1）根据风向条件确定设备、设施与建筑物的相对位置；

（2）根据气候条件、工艺条件或某些设备的特殊要求，决定采用室内或室外布置；保证设备的安全距离，以使当一个设备处于危险状况时，另一个设备仍可以持续运转；

（3）根据地质条件，合理布置重载荷和有震动的设备；LNG 储罐布置避免横跨开方区及填方区；

（4）在满足生产要求和安全防火、防爆的条件下，做到节省用地、降低能耗、节约投资、有利于环境保护。

（二）防火间距

总平面布置中，根据有关规范的要求及热辐射影响计算确定各功能区之间的防火间距，各功能区之间的间距既满足规范的要求，又能有效地减少其热辐射的影响。

1. 热辐射

（1）热辐射限值

室外活动场所、建（构）筑物允许接受的热辐射量，国标 GB 50183—2004 中明确在风速为 0 级、温度 21℃及相对湿度为 50% 条件下，不应大于下述规定值：

热辐射量达 4000W/m² 界线以内，不得有 50 人以上的室外活动场所；

热辐射量达 9000W/m² 界线以内，不得有活动场所、学校、医院、居民区等在用建筑物；

热辐射量达 30000W/m² 界线以内，不得有即使是能耐火且提供热辐射保护的在用构筑物。

（2）热辐射防护距离

围堰区至室外活动场所、建（构）筑物的距离，可按国际公认的液化天然气燃烧的热辐射计算模型确定，可以参考美国标准 NFPA 59A 和 49CFR193 采用美国天然气研究会 GRI 0176 报告中有关"LNG 火灾"所描述的模型："LNG 火灾辐射模型"进行计算。

对于可能产生液池火灾而威胁邻近设施的设备，其布置间距满足池火灾产生的热辐射值不超过表 8 - 15 的规定。

表 8 - 15   液池火灾热辐射限值

钢结构、工艺设备、管道、仪表及电缆	15kW/m²
LNG 储罐罐壁	32kW/m²
任何时间均能安全疏散的区域	5kW/m²

NFPA59A 中规定，围堰为矩形且长宽比不大于 2 时，热辐射防护距离按下式计算：

$$d = F \sqrt{A} \tag{8-5}$$

式中 d——到围堰边缘的距离，m；

A——围堰的面积，m²；

F——热通量校正系数。

对于热辐射量为 5000W/m² 时，$F = 3$，

对于热辐射量为 9000W/m² 时，$F = 2$，

对于热辐射量为 30000W/m² 时，$F = 0.8$。

2. LNG 储罐的间距

LNG 储罐之间需要有适当的通道，便于设备的安装、检查和维护，参照美国消防协会 NF-PA - 59A 的标准。我国"石油天然气工程设计防火规范"（GB 50183—2004），储罐之间的最小间距应符合表 8 - 16 的规定。容量在 0.5m³ 以上的液化天然气储罐不应放置在建筑物内。

表 8 - 16   储罐与边界和储罐之间的最短距离   m

储罐单罐容量/m³	围堰区边沿或储罐排放系统到建筑物或建筑界线的最小距离	储罐之间的最小距离
0.5	0	0
0.5 ~ 1.9	3	1
1.9 ~ 7.6	4.6	1.5
7.6 ~ 56.8	7.6	1.5
56.8 ~ 114	15	1.5
114 ~ 265	23	相邻储罐直径总和的 1/4
>265	储罐直径的 0.70 倍，但>31m	（最小 1.5m）

3. 汽化器等工艺设备的安装距离

汽化器和工艺设备距离控制室、办公室、车间和场地边界也需要离开一定的距离。用于

管道输送的液化天然气装卸码头，离附近的桥梁至少 30m 以上。液化天然气装卸用的连接装置，距工艺区、储罐、控制大楼、办公室、车间和其他重要的装置至少在 15m 以上。

用于处理液化天然气的建筑物和围墙，应采用轻质的、不可燃的非承重墙。有 LNG 流体的工作间、控制室或车间之间墙体至少有 2 层，而且能承受 4.8kPa 的静压，墙体上不能有门和其他连通的通道，墙体还需要有足够的防火能力。有 LNG 流体的建筑物内，应当具有良好的通风，防止可燃气体或蒸气聚集而产生燃爆。

（三）储罐围堰

液化天然气储罐周围需设置围堰，以使储罐发生的事故对周围设施造成的危害降低到最小程度。

储罐的围堰区必须满足最小允许容积。对单个储罐的围堰区其最小允许容积就是充满储罐的液体总容积。对多个储罐：当有相应措施来防止由于单个储罐泄漏造成的低温或火灾引发其他储罐的泄漏时，围堰区最小允许容积为区内最大储罐充满时的液体总容积；当没有相应措施来防止由于单个储罐泄漏造成的低温或火灾引发其他储罐的泄漏时，围堰区最小允许容积为区内全部储罐充满时的液体总容积。

围堰区设有排除雨水的措施，可以采用自动排水泵排水，也可利用地形高差自流排水，但要防止 LNG 通过排水系统溢流。

围堰表面的隔热系统应不易燃烧并可长久使用，且应能承受在事故状态下的热力与机械应力和载荷。

国标 GB 50183 中，对于围堰还规定：

（1）操作压力小于或等于 100kPa 的储罐，当围堰与储罐分开设置时，储罐至围堰最近边缘的距离，应为储罐最高液位高度加上储罐气相空间压力的当量压头之和与围堰高度之差；当罐组内的储罐已采取了防低温或火灾的影响措施时，围堰区内的有效容积应不小于罐组内一个最大储罐的容积；当储罐未采取防低温或火灾的影响措施时，围堰区内的有效容积应为罐组内储罐的总容积。围堰区应配有集液池。

（2）操作压力小于或等于 100kPa 的储罐，当混凝土外罐围堰与储罐布置在一起，组成带预应力混凝土外罐的双层罐时，从储罐罐壁至混凝土外罐围堰的距离由设计确定。

（3）在低温设备和易泄漏部位应设置液化天然气液体收集系统；其容积对于装车设施不应小于最大罐车的罐容量，其他为某单一事故泄漏源在 10min 内最大可能的泄漏量。围堰区应配有集液池。

（4）围堰必须能够承受所包容液化天然气的全部静压头，所圈闭液体引起的快速冷却、火灾的影响、自然力（如地震、风雨等）的影响，且不渗漏。

（5）储罐与工艺设备的支架必须耐火和耐低温。

二、加强危险物料的安全控制

（一）正常工况下危险物料的安全控制

（1）对于大型 LNG 接收站，由于储存规模大，LNG 储罐多选用安全、可靠的全容式混凝土顶储罐（FCCR）。这种储罐具有两层罐壁，内层为钢制罐壁，外层为预应力钢筋混凝土罐壁，顶盖也选用预应力钢筋混凝土。选用全容罐能够有效地防止罐内的液化天然气泄漏，因为内层罐壁破裂以后，外层罐壁能够容纳所有泄漏的液化天然气。相对于其他罐型如单容罐、双容罐或膜式罐等来说，全容罐具有更高的安全性。

（2）LNG 储罐采用绝热保冷设计，储罐中的 LNG 处于沸点状态。由于外界热量（或其他能量）的导入，会导致少量 LNG 蒸发汽化。储罐上装备有安全及报警设施，以保证安全操作，防止出现溢出、翻滚、分层、过压和欠压等事故。

（3）接收站内的压力容器的设计、制造均遵照执行《压力容器安全技术监察规程》的规定，从本质上保证压力容器的安全运行。

（4）压力容器设置各种检测报警设施，如温度、压力、液位检测设施等，以及安全泄压设施，如安全阀、调节阀等。

（5）为防止 LNG 储罐的超压，配备有 BOG 压缩机，连续将 LNG 储罐内的蒸发气（BOG）抽出，经压缩后送往再冷凝器。

（6）生产过程控制应采用先进的 DCS 控制系统，从而保证工艺装置控制系统的可靠性。

（二）非正常工况下危险物料的安全控制

1. 紧急泄压排放

（1）如果液化天然气储罐气相空间的压力超高，利用蒸发气压缩机无法控制时，储罐内多余的蒸发气将通过安全泄放阀排入火炬系统燃烧排放。

（2）为了防止 LNG 储罐在运行中发生欠压（真空）事故，工艺系统中配置了防真空补气系统。当 LNG 储罐产生真空时，从汽化器出口总管处引出的一股高压天然气，经两级减压，补充返回储罐。罐顶尚配备真空阀，必要时与大气相连。

（3）LNG 接收站内设置有火炬，正常生产时泄漏的可燃气体和事故时紧急排放的气体，将通过火炬燃烧后排放。

2. 紧急停车、联锁保护

设置一套紧急事故停车系统（ESD），用于事故时紧急切断一些关键的阀门及设备。紧急停车系统（ESD）与自动防故障系统硬连线以提供增强的可靠性。所有 ESD 按钮都直接与硬连线系统连接以执行紧急停车动作。

（三）严格控制泄漏源

（1）加强设备、管道、阀门的密封措施，防止液化天然气泄漏而引起火灾爆炸事故。

LNG 罐区、工艺区和码头设置事故收集池，泄漏的 LNG 收集到事故收集池内，以防止泄漏的 LNG 四处溢流。收集池设置高倍数泡沫系统，当低温探测器探测到收集池内有泄漏的 LNG 后，即自动向收集池内喷射高倍数泡沫混合液，以减少 LNG 汽化。

（2）为了及时、准确地探测和报告可燃气体的泄漏或火情，以便及时采取相应措施，以保护生产设施和人员的安全，LNG 罐区、工艺区、码头区设有可燃气体检测和火灾检测器，将信号传送至控制室的控制系统，并进行报警，以便由操作人员或由控制仪表采取必要措施（如进行消防喷淋，执行紧急停车程序等）。

配备的现场探测和报警设备有：可燃气体探测器、火焰探测器、低温探测器、火灾报警按钮等。

三、电气防爆

根据规范的要求划分火灾爆炸危险区域。危险区域内电气设备的选型根据《爆炸危险环境电力装置设计规范》（GB 50058—2014）的要求来确定。

爆炸性气体环境电气及仪表设备的选择符合下列规定：

根据爆炸危险区域的分区，电气/仪表设备的种类和防爆结构的要求，选择相应的电气/

仪表设备。选用的防爆电气/仪表设备的级别和组别，不低于该爆炸性气体环境内爆炸性气体混合物的级别和组别。

爆炸危险区域内的电气/仪表设备，符合周围环境内化学的、机械的、热的、霉菌、风沙、盐雾腐蚀等不同环境条件对电气设备的要求。电气设备结构满足电气设备在规定的运行条件下不降低防爆性能的要求。

爆炸危险区域内的电缆全部采用阻燃电缆。应急照明和消防系统采用耐火电缆。

在电缆易受损坏的场所，电缆敷设在电缆托盘内或穿钢管埋在地下。在爆炸危险区域内的电缆不允许有中间接头。敷设电气线路的沟道、电缆或钢管所穿过的不同区域之间墙或楼板处的孔洞处均采用非燃烧性材料严密堵塞。

在危险场所(0区、1区、2区)安装的仪表采用本质安全型。

为了保障仪表检测过程的正常进行，延长仪表使用寿命，户外安装的现场仪表可以选用全天候型(≥IP55)。

火灾和爆炸危险场所根据场所类别选择隔爆型或增安型灯具插座和配电箱等。

安装在危险区域内的仪器仪表、盘、箱、柜等，必须获得相关机构的认证，并在永久性铭牌上标注防护等级，该设备适用的危险区域，气体组别，温度范围，认证标准及认证机构和认证号。

四、供电安全

接收站是地区供气的重要气源之一，其生产过程连续性强，自动化水平要求高，突然中断供电将造成较大的经济损失和社会影响，因此接收站的主要负荷为二级用电负荷。部分工艺生产装置用电设备为一级负荷。部分行政区域用电设备为三级负荷。

一级用电负荷中有部分为特别重要负荷，主要包括应急照明、关键仪表负荷、开关柜的控制电源、消防负荷及部分重要的工艺负荷。

为保证必须的天然气输出，接收站内应设置一台出口电压为6kV的透平发电机组。在失去外部电源的情况下，由该发电机为工艺上的一级负荷提供电源，如罐内泵、高压输送泵、工艺海水泵、蒸发气压缩机等。

同时设置一台出口电压为0.4kV的柴油发电机组，为一级负荷中特别重要负荷提供电源，如透平发电机辅机、消防泵、空气压缩机、UPS、应急照明等。

另外，消防泵应选用电动和柴油两种消防泵，当外部供电全部中断时，柴油消防泵的能力也能够满足消防的需要。

对于事故照明、疏散指示标志等的设置：

(1)重要的操作岗位，如控制室、配电室，以及疏散楼梯、通道处按规范设置事故照明，以利于紧急处理事故及安全疏散。

(2)根据有关消防规范的要求设置事故照明和应急疏散照明。事故照明电源来自事故母线段。还设置一定数量的安全照明。安全照明采用灯具自带应急电源。考虑尽量在各通道口设置，以备人员疏散。

五、防雷、防静电

(一)防雷接地措施

接收站内各建筑物和构筑物根据 GB 50057《建筑物防雷设计规范》设置防雷保护系统。

防雷保护系统由避雷针（带）引下线、接地极测试井、接地端子和接地极组成，防雷保护接地系统电阻不大于10Ω。

各生产装置、变电所等构筑物应根据年雷暴日及构筑物高度进行防雷设计的计算，并根据构筑物的防雷等级进行防雷计算。原则上利用构筑物柱内主钢筋作接地引下线，根据情况也可用采用70mm²裸铜绞线作接地引下线，沿构筑物周围接地干线设接地极。接地引下线在距地面1.5m处留出抽头，并在此作接地断接卡，用以测量接地电阻，并与全厂主接地网相连。各构筑物应自成接地网，接地网距构筑物3~5m，防止因雷电引起高电位对金属物及电气线路的反击，且各接地网应与全厂接地网相连。构筑物屋顶避雷带可采用直径为70mm²铜包钢线形成避雷带网格或在构筑物屋顶设置避雷针。构筑物周围接地干线采用120mm²裸铜绞线。

LNG储罐罐顶为穹形的混凝土结构，采用装设避雷网和避雷针混合组成的接闪器于罐顶，形成不大于5m×5m避雷网覆盖整个罐顶，避雷针装于罐顶周边及有突出罐顶的其他构筑物部位。所有的避雷针和避雷网相互连接。防雷引下线采用70mm²铜包钢线，设置的间隔不应大于12m，并与围绕罐体四周的环行接地装置可靠连接。

火炬利用塔体作为接闪器，并做防雷接地线，与全厂防雷接地网相接。

为防止雷电电磁脉冲对电子设备的损害，对微机系统、通讯系统等电子设备采用屏蔽。电缆连接合理布线并加装电子避雷器等措施，限制侵入电子设备的雷电过电压。设计要符合《建筑物防雷设施安装》99D562国家标准等有关规定。

（二）防静电积聚措施

（1）接收站处理和输送液化天然气及天然气的设备、储罐和管道，均应采取静电接地措施。每组专设的静电接地电阻值小于100Ω。其设计满足《石油天然气工程设计防火规范》（GB 50183—2004）、《石油化工静电接地设计规范》（SH 3097—2000）、《防止静电事故通用导则》（GB 12158—2006）的要求。

（2）为限制静电的产生和积聚，在处理易燃易爆气体、可燃液体等易产生静电的危险物料的工艺设备、管线、储罐等处，选用导电性能好的材料或选用静电起电极性相近的物质或可使正负电荷抵消的组合物质。

（3）根据工艺操作和设备的具体特点，视情况分别采取控制流速、防静电接地、静电消除器、添加防静电剂、设置静电消散区（如在缓冲容器内静置一定时间）、屏蔽、静电涂漆等消除静电产生或积聚措施。

（4）保证设备和管道内、外表面光滑平整、无棱角，容器内避免有细长导电性突出物，防止管道内径的突变。

（5）在输送可燃液（气）体管道的下列部位设置静电接地设施：

① 进出装置或设施处；

② 爆炸危险场所的边界；

③ 管道泵及其过滤器、缓冲器等。

（6）每组专设的静电接地体的接地电阻值宜小于100Ω。

（7）在爆炸危险场所的工作人员禁止穿戴化纤、丝绸衣物和带铁钉鞋掌的鞋，穿戴防静电的工作服、鞋、手套。

（8）LNG槽车等移动设备在工艺操作或运输前，应作好接地工作；工艺操作结束后，应静置一段规定时间才允许拆除接地线。

（9）所有工艺生产装置及其管线，按工艺及管道要求作防静电接地装置，与电气设备和保护接地连接。

（10）在接收站通往 LNG 码头的栈桥入口处和有爆炸危险场所的入口处如 BOG 压缩机厂房等设置消除人体静电的装置。

（三）触电防护

对于电气设备或电气装置的正常情况下不带电的金属部分和金属外壳均采取可靠的保护接地措施，防止操作人员触及因绝缘损坏、漏电而带有危险电压的金属部分而遭到电击，同时也能有效地防止因漏电或对地短路而引起的火灾。

六、建、构筑物防火

根据生产、储存的火灾爆炸危险性确定各建构筑物的结构形式、耐火等级、防火间距、建筑材料等。各建、构筑物的设置位置、抗震设防要求等符合站址的地震安全性评价报告及岩土工程勘察报告的结论以及规范的要求。

对于露天布置的生产设备，有利于通风及防爆泄压，可以避免可燃气体在建筑物内积聚。BOG 压缩机厂房为半开敞式建筑，有利于通风及防爆泄压，可以避免大量天然气在压缩机厂房内积聚。

对于建、构筑物及钢结构的耐火保护可作如下处理：

对工艺装置内承重的钢框架、支架、裙座、钢管架等按规范要求采取覆盖耐火层等耐火保护措施，使涂有耐火层的钢结构的耐火极限满足规范要求。

1. 范围

BOG 压缩机厂房：全部钢柱及钢梁。

汽车槽车装车站：全部钢柱及钢梁。

码头钢结构平台：全部钢柱及钢梁。

主工艺管廊：底层主管带的梁、柱，且不低于 4.5m。

2. 耐火极限

涂有防火涂料的构件，其耐火极限不应低于 1.5h，其中根据建筑的耐火等级的不同，其防火涂料厚度应达到相应的耐火极限，以满足消防、安全的要求。

3. 钢结构的防火涂料

采用超薄膨胀型室内外钢结构防火涂料(经国家防火建材质检中心检测，各项指标均须达到国家有关标准要求)。防火涂料的设计和施工须按《钢结构防火涂料应用技术规范》的规定进行防火涂层设计，喷涂施工和工程验收。施工前须对钢结构表面做喷砂除锈，喷刷环氧富锌底漆做防腐处理。

七、消防设施

（一）总体设计

接收站的码头和库区内同一时间火灾次数按一次考虑。

根据液化天然气的特性，设置包括消防站、消防水系统、高倍数泡沫灭火系统、干粉灭火系统、固定式气体灭火系统、水喷雾系统、水幕系统、灭火器等消防设施，各区域设置的消防设施如下：

1. 码头

（1）高架消防水炮；

（2）室外消火栓；

（3）固定式水喷雾系统；

（4）固定式水幕系统（码头前沿）；

（5）干粉灭火装置；

（6）气体灭火系统（码头控制室及配电室）；

（7）灭火器；

（8）高倍数泡沫灭火系统（LNG 收集池）。

2. LNG 储罐区

（1）室外消火栓；

（2）固定式水喷雾系统（LNG 储罐罐顶钢结构平台等）；

（3）高倍数泡沫灭火系统（LNG 收集池）；

（4）干粉灭火系统（LNG 罐顶释放阀）；

（5）灭火器。

3. 工艺区

（1）固定式消防水炮；

（2）室外消火栓；

（3）高倍数泡沫灭火系统（LNG 收集池）；

（4）固定式水喷雾系统；

（5）灭火器。

4. LNG 槽车装车区

（1）固定式消防水炮；

（2）室外消火栓；

（3）固定式水喷雾系统；

（4）灭火器。

5. 计量区

（1）室外消火栓；

（2）消防水炮；

（3）灭火器。

6. 电力区

（1）室外消火栓；

（2）气体灭火系统（主变配电室、110kV 开关室）；

（3）灭火器。

7. 仓库区

（1）室外消火栓；

（2）灭火器。

8. 厂前区

（1）固定式水喷淋系统（维修车间/仓库）；

（2）室外消火栓；

（3）室内消火栓；

（4）灭火器。

对于接收站附近没有可依托的企业或公安消防站时，应在接收站内设置一座消防站。消防站可设置在厂前区，消防站内一般配备 2 辆水罐消防车、1 辆干粉 - 泡沫联用消防车、1 辆急救车。同时配备一些消防装备，如消防队员个人防护装备、破拆工具、通信工具等。

码头配备两艘消拖两用船，当 LNG 船停泊时作为安全监控。

（二）消防水系统

LNG 接收站应设置一套稳高压消防水系统，消防水系统平时由稳压泵用淡水保压，火灾时启动海水消防泵，用海水消防。

1. 消防水源

大型 LNG 接收站一般都建设在海边，消防水源可利用海水。站内设置 1 个储水罐，包括生活用水、生产用水，该储水罐的淡水仅用于小型火灾的扑救、消防系统的试验及消防管网的清洗。同时可供生活用水、生产用淡水。储水罐的补水由接收站外的城市自来水管网供给。大量的消防用水为海水，设置专门的海水消防泵取水。

2. 消防水量

消防水量主要依照各区域所布置的消防设施的用水量来确定。消防水炮的用水量根据 GB 50160—2008 的要求确定，水喷雾系统的用水量根据 GB 50160—2008 及 GB 50219—1995 的要求确定；水幕系统的用水量根据 GB 50084—2001（2005 版）的要求确定；高倍数泡沫系统的用水量根据 GB 50151—2010 的要求确定；消防水枪的用水量根据 GB 50160—2008 的要求确定；固定式喷淋系统的用水量根据 GB 50084—2001（2005 版）的要求确定，室内消火栓的用水量根据 GB 50016—2006 的要求确定。

3. 消防给水管网

（1）消防给水管网设计流量、压力

接收站的消防给水系统为稳高压制，平时稳压泵运行使管网的压力稳定为 0.7MPa；火灾时消防泵启动，消防水管网压力为 1.25MPa。消防给水管网的设计流量要满足计算所需的消防水量。

（2）消防给水管网形式及管径

消防给水管网可以设置单一的稳高压消防给水系统，也可以同时设置低压消防给水系统。消防给水管网在整个接收站、LNG 罐区、工艺装置区、LNG 汽车槽车装车站、辅助设施区等均成环状布置。接收站至码头平台采用单根消防水管供水。

消防水管网用截止阀分隔成若干段，每段的消火栓及消防炮数量不超过 5 个。

4. 室外消火栓

室外消火栓均沿道路布置，其大口径出水口应面向道路。消火栓距路面边不大于 5m，距建筑物外墙不小于 5m，离被保护的设备距离至少为 15m。2 个消火栓的间距不宜小于 10m。

接收站和码头的消火栓的布置间距不大于 60m。

在有可能受到车辆等机械损坏的消火栓周围设置 2 面（或 4 面）防护栏。

室外消火栓规格应按消防水量选择。消火栓出口设置减压设施，以使消防水枪的出口压力小于 0.5MPa。

每个室外消火栓均配置一个室外消火栓箱，其安装位置距消火栓不大于 5m。每个室外消火栓箱内放置以下设施：消防水带、直流 – 喷雾水枪、消火栓扳手、水泵接口扳手等。

5. 消防水炮

消防水炮有固定式消防水炮和远控消防水炮。

（1）固定式消防水炮的设置

以下区域设置固定式消防水炮：

——工艺区（包括高压输出泵、BOG 压缩机厂房、汽化器等）

——汽车槽车装车区

——计量输出区

消防水炮沿以上区域的道路布置，靠近被保护的工艺设备，但离被保护的设备的间距不应小于 15m。

消防炮为手动操作，其水平回转角度为 360°，俯仰角为 – 15° ~ +75°。

在有可能受到车辆等机械损坏的固定式消防水炮周围设置 2 面（或 4 面）防护栏。

（2）远控消防水炮的设置

在码头前沿设置高架远控消防水炮。远控消防水炮可在码头控制室遥控操作。

6. 固定式水喷雾系统

在高压输出泵、BOG 压缩机及冷凝器、LNG 罐顶的泵平台和码头的火灾逃生通道等设备或区域设置固定式水喷雾系统：

各水喷雾系统的喷雾强度可以参考表 8 – 17。

表 8 – 17　水喷雾系统的喷雾强度

序　号	设　备	喷雾强度/$[L/(min \cdot m^2)]$	所 在 区 域
1	高压输出泵	20.4	工艺区
2	BOG 压缩机	20.4	工艺区
3	BOG 压缩机进口缓冲器	10.2	工艺区
4	BOG 冷凝器	10.2	工艺区
5	LNG 罐顶泵平台钢结构、阀门、管道等	20.4	LNG 罐区
6	码头火灾逃生通道	10.2	码头

所有水喷雾系统均为自动控制，同时具有远程手动和应急操作的功能。设置在各区域的火焰探测器探测到火灾信号后，传输信号至火灾报警控制盘，通过火灾报警控制盘的联锁控制信号启动雨淋阀，从而开启水喷雾系统。

火灾报警控制盘上设置有各水喷雾系统的远程手动控制按钮，可以远程手动开启各水喷雾系统。

各水喷雾系统的状态信号可在火灾报警控制盘上显示。

7. 码头前沿水幕系统

喷射水幕作为液化天然气（LNG）泄漏蒸气云扩散的减缓措施。喷射水幕作为障碍物布置在 LNG 蒸气云扩散的下风向侧，阻挡蒸气云向下风向扩散。常用的喷射水幕类型分为扇形水幕和锥形水幕，中山大学利用计算流体力学（CFD）模型对两种水幕的阻碍性能做了研究，结果表明，水幕的存在，一方面由于其自身的多孔效应，会增加扩散气体的穿透阻力，将扩散气体限制在扩散源与水幕之间，另一方面，水幕也会对下风向的风速场分布产生影响，在下风向水平面与竖直面均会产生涡旋，使得扩散气体向涡旋中心收拢，水幕能够将扩散安全距离减小 50% 以上，危害面积减小 60% 以上。

通过对比相同压力、相同流量下，扇形水幕和矩形水幕对 LNG 蒸气云扩散的阻挡效果的对比，扇形水幕将安全距离减小了 83.9%，矩形水幕将安全距离减小了 61.0%，就体积浓度 2.5% 的影响范围而言，扇形水幕将影响范围减小了 78.4%，而矩形水幕减小了 67.4%，扇形水幕对 LNG 扩散气体的阻挡效果比矩形水幕的效果优良在同样的水幕喷射压力和喷射流量下，扇形水幕的阻碍效果优于锥形水幕。水幕喷射压力升高，增加水幕的高度和宽度，以及增加水幕和泄漏源的间距，有利于降低扩散安全距离。

LNG 场站在设计水幕时，应当考虑的因素包括：水流量和水幕与扩散源的间距等因素，一般情况下，为了降低危害范围，增加水流量，以使水幕高度和宽度增加，减小 LNG 蒸气云扩散的危害范围；适当增加水幕与扩散源的间距，可以减小扩散气体的危害范围。

在码头装卸臂前沿设置一套水幕系统，水幕系统的喷水强度为 2.0L/（s·m²）。水幕喷头的设置范围为 50m。水幕系统采用自动控制，同时具有远程手动和应急操作的功能。设置在码头前沿的火焰探测器探测到火灾信号后，传输信号至火灾报警控制盘，通过火灾报警控制盘的联锁控制信号启动雨淋阀，从而开启水幕系统。

火灾报警控制盘上设置有水幕系统的远程手动控制按钮，可以远程手动开启水幕系统。水幕系统的状态信号可在火灾报警控制盘上显示。

8. 汽车槽车装车站水幕系统

汽车槽车装车站的每一个装车站台均设置一套水幕系统，水幕系统的喷水强度为 2.0L/s·m。水幕系统采用自动控制，同时具有远程手动和应急操作的功能。设置在汽车槽车装车站的火焰探测器探测到火灾信号后，传输信号至火灾报警控制盘，通过火灾报警控制盘的联锁控制信号启动雨淋阀，从而开启水幕系统。

火灾报警控制盘上设置有水幕系统的远程手动控制按钮，可以远程手动开启水幕系统。水幕系统的状态信号可在火灾报警控制盘上显示。

（三）灭火剂

1. 化学干粉灭火

化学干粉灭火是通过干粉与火焰接触时产生的物理化学作用灭火。干粉颗粒以雾状形式喷向火焰，大量吸收火焰中的活性基团，使燃烧反应的活性基团急剧减少，中断燃烧的连锁反应，从而使火焰熄灭。干粉喷向火焰时，像浓云似的罩住火焰，减少热辐射。干粉受高温作用，会放出结晶水或产生分解，不仅可以吸收火焰的部分热量，还可以降低燃烧区内的氧含量。

在封闭和开放的区域，可以用化学干粉灭火剂扑灭 LNG 产生的火灾，但使用需要有一定的技巧。化学干粉灭火剂喷到火焰上后，可以破坏燃烧链。但如果化学干粉灭火剂喷到了不均匀的表面，LNG 液面有可能再次被点燃。操作化学干粉灭火剂时，应站在火焰的上风口，将灭火剂均匀喷洒到火焰上。将整个房间或封闭区域都喷上灭火剂，可以将 LNG 产生的火焰扑灭。但应防止再次点燃残存的 LNG 蒸气。

使用化学干粉灭火剂扑灭 LNG 产生的火灾时，灭火剂应当有足够的量。灭火剂的数量与火焰燃烧时间的长短、火灾区建筑物结构等因素有关。操作人员如果对灭火器的操作比较熟练，一个 30L 化学干粉灭火器能扑灭 2m² 范围内的火焰。化学干粉灭火器也可以用来扑灭其他气体产生的火灾，但这要看火灾的形势和操作人员的能力。化学干粉灭火方法不大适合于规模很大的火灾。

对于 LNG 工程，在以下区域设置固定式干粉灭火系统：

（1）LNG 罐罐顶释放阀

LNG 罐罐顶释放阀干粉灭火系统设置的目的是扑灭释放阀因天然气释放而导致的火灾。干粉灭火系统的控制方式为自动控制/远程手动控制/就地控制。

每套干粉灭火系统由一个干粉罐、氮气钢瓶组、一个干粉炮、两个干粉软管卷盘、喷头及管网及相应的控制阀门和仪表组成。干粉的喷射时间为 60s。

每个干粉罐的灭火剂充装量为 1000kg，干粉软管卷盘的喷射率为 5kg/s，喷头的喷射率为 2kg/s。

（2）码头

码头干粉灭火系统设置的目的是扑灭码头上管道、阀门、法兰等泄漏的天然气导致的火灾。

码头总共设置两套干粉灭火系统，分别布置在码头装卸臂的两侧平台上。

每套干粉灭火系统由一个干粉罐、氮气钢瓶组、一个干粉炮、两个干粉软管卷盘、管网及相应的控制阀门和仪表组成。

每个干粉罐的灭火剂充装量为 2000kg，干粉炮的喷射率为 20kg/s，干粉软管卷盘的喷射率为 5kg/s。

可以移动的 350L 化学干粉灭火器，可扑灭 14m² 范围的大火。然而，操作人员必须受过良好的训练，在操作灭火器时没有障碍或不会将火星喷出火焰区。

由于这些灭火剂喷出后存在时间较短，当灭火剂扩散后，火焰有可能回扑。灭火剂扩散或耗尽后，暴露的设备由于被火焰加热了，因而有足够的热量将可燃蒸气或 LNG 重新点燃。

对于一些重点防火的地方，需要安装固定的灭火系统。固定的灭火系统可以迅速起动灭火，而移动的灭火器则有一定的操作时间。

灭火剂也有可能对人员产生伤害，如降低可视度、造成短暂的呼吸困难。虽然在使用灭火器的时候，这不是一个重要的问题，但对于固定灭火系统，当控制区域内有人员时，就不得不考虑这个问题。一般是先发出警报，灭火系统适当延迟启动，使人员有时间撤离。不利的是损失了灭火的最好时间，因为火灾发生后，灭火越早扑灭越容易。

在考虑 LNG 设备和装置的灭火系统时，必须充分考虑到灭火系统的能力。化学干粉灭火系统可以作为一种辅助的灭火方法。而不是主要的和首选的灭火方法。

2. 高膨胀率泡沫灭火

高膨胀率的泡沫可用来抑制 LNG 产生的火焰扩散，并降低火焰的辐射。该灭火剂最好的膨胀效果是 600∶1。当泡沫喷到液态天然气表面后，LNG 的蒸发率会有所增大。蒸气不断受热并穿过泡沫上升,而不是在地面扩散。在使用高膨胀率泡沫后,LNG蒸气扩散范围可明显减小。

当泡沫喷到已点燃的LNG表面时,它能抑制热量的传递,降低蒸发率和火焰的规模。使火焰变小,辐射热减少,灭火的难度也可以相应降低。

高膨胀率泡沫系统必须应用在特殊的场合。如用来保护LNG储罐围堰、输送管线、泵、液化和汽化用的换热器、LNG输送区等。

高膨胀率泡沫并不是扑灭LNG火灾的最好办法,它只能减少LNG火灾的危害。而且在安装、调试、维修等方面受容量和价格的限制。

对于LNG工程,在以下区域设置高倍数泡沫灭火系统:

(1) LNG罐区LNG事故收集池。

(2) 工艺装置区LNG事故收集池。

(3) 码头LNG事故收集池。

(4) 高压输出泵区、汽化器区、汽车槽车装车区。

高倍数泡沫灭火系统的设置目的是控制泄漏到LNG收集池内的液化天然气的挥发。设计泡沫混合液供给强度为$7L/(\min \cdot m^2)$,泡沫混合液供给时间不小于40min。泡沫原液选用3%的高倍数泡沫原液。选用发泡倍数为300~500倍的高倍数泡沫发生器,其额定流量为$4L/s$。泡沫混合液的储量不小于设计用量的200%。

高倍数泡沫灭火系统采用自动控制方式。每个LNG收集池设置至少3个低温探测器,当有2个低温探测器探测到有LNG泄漏到收集池后,或火焰探测器探测到火灾信号后,由火灾报警控制盘联锁控制启动雨淋阀,从而启动高倍数泡沫灭火系统,向收集池内喷射泡沫混合液。

3. 二氧化碳和水

二氧化碳和水可用来控制LNG产生的大火,但不是灭火。如果将水喷到液态天然气的表面,会使LNG的蒸发率增大,从而使LNG的火势增强。因此,不能用水来直接喷淋到LNG或LNG蒸气上。用水的目的主要是将尚未着火而火焰有可能经过的地方弄湿并冷却,使其不容易着火。

最常用的控制LNG火焰的方法是利用水雾吸收热量。安装喷淋系统,需要像安装灭火系统一样,要涵盖整个所需要的区域。然而,与灭火系统的目的不同的是,水喷淋系统主要用来延长时间、保护财产,整个系统简便、可靠。安装水喷淋系统通常是用于保护设备财产。

水喷淋系统在大型工厂中都有使用,大型的LNG储罐或冷箱可以在外部安装水喷淋系统。专家推荐LNG工厂应该安装供水系统。对于容量大于$266m^3$以上的LNG储罐,要求安装供水和输送系统。

水系统可用于控制火势,除了可以吸热和保护暴露在火焰下的建筑使之不致于很快着火外,还可用来保护个人安全。

人工操作的便携式CO_2灭火器适合于较小的电器发生的火灾,小型的气体火灾。它们在灭小型的A级火灾时并不是很有效。这些灭火器的使用仅限于几平方米的区域或室内,风力不大,不会吹散CO_2的封闭区域。表8-18列出了LNG火灾的灭火方式。

表 8 – 18　LNG 火灾的灭火方式

灭火方式	等级①	使用方法	说明
化学干粉灭火(碳酸钾)	1	应用在火的根源。决不能直接喷到火焰上	利用化学反应来灭火。需要熟练的操作。如果有障碍物的话，灭火是不可能的
化学干粉灭火(碳酸钠)	2	应用在火的根源。决不能直接喷到火焰上	利用化学反应来灭火。需要熟练的操作。如果有障碍物的话，灭火是不可能的
卤化氢(卤代气体化合物)	N/A	仅用于封闭区域。应用在火的根源。决不能直接喷到 LNG 中。在控制室、LNG 车上使用	利用化学反应来灭火或使火焰缺氧熄灭。在扑灭 LNG 产生的火灾时，需要熟练的操作。如果有障碍物的话，灭火是不可能的。周围的环境有可能使灭火剂失效
高膨胀率泡沫(Hi – Ex)	3	直接喷到火和未点燃的 LNG 上面，以减少 LNG 溢流并发生点燃的机会	使 LNG 与火焰隔绝，减小火焰大小，从而使蒸发率减小
二氧化碳(CO_2)	3	在火上方使用，不要直接喷在火焰上	可以控制但不能灭火。直接喷到 LNG 上将增大蒸气和火焰的高度。对于没有气体的火灾比较合适
水	3	仅用来保护邻近的财产设备和在附近的人员。不能喷到 LNG 上面。可以以水雾形式喷到热蒸气中，帮助 LNG 蒸气幕的缩小	控制没有气体源的火焰。也可以用来冷却附近的设备。水雾喷到 LNG 中可以增大蒸发率和火焰高度

①等级：1—灭 LNG 火灾的最好方法；2—可以灭 LNG 火灾；3—不能灭火但可以控制。

(四) 其他

1. 气体灭火系统

在控制室的机柜间、主变配电室、110kV 开关所、码头控制及配电室等区域分别设置气体灭火系统。气体灭火系统可以采用 FM200(七氟丙烷)系统。

控制室机柜间和总变电所设置全淹没式管网系统；码头控制及配电室设置全淹没式无管网灭火装置。

全淹没式管网系统主要包括 FM200 储存系统和施放控制系统两部分组成，关键部件有灭火剂钢瓶组、喷头、管网、就地控制盘、声光报警器、放气指示灯、警示牌和手动启动按钮等。

无管网系统主要包括 FM200 储存系统和施放控制系统两部分组成，关键部件有灭火剂钢瓶组、喷头、就地控制盘、声光报警器、放气指示灯、警示牌和手动启动按钮等。

气体灭火系统包括自动控制、电气手动控制和机械应急手动控制三种方式。系统设计参数：灭火设计浓度，8%；喷放时间，8s；灭火浸渍时间，5min。

2. 室内消火栓系统

LNG 接收站的维修车间及仓库、行政办公楼、消防站和食堂及倒班宿舍等建筑物内应设置室内消火栓。

室内消火栓由高压消防给水管网供给，每个室内消火栓箱内配置以下设施：

——1 个单阀单出口减压稳压室内消火栓；

——1 根带接口的消防水龙带；

——1 支水枪。

3. 移动式泡沫灭火装置

LNG 接收站的柴油罐区、事故柴油发电机房等区域设置移动式低倍数泡沫灭火装置。

柴油罐区和事故柴油发电机房的移动式泡沫灭火装置采用 3% 的低倍数水成膜泡沫原液。

每套移动式泡沫灭火装置包括以下设施：

——1 个容积为 300L 的泡沫液罐；

——1 个泡沫产生器；

——1 支 PQ8 型泡沫枪；

——2 根 65mm×20m 的消防水带。

参 考 文 献

1 GPSA. Engineering Data Book, 12th. edition, 2004.

2 郭天民等. 多元气 – 液平衡和精馏. 北京：石油工业出版社，2002.

3 William C Lyons. Standard Handbook of Petroleum & Natural Gas Engineering, Vol. 2. Gulf Professional Publishing, 1996.

4 A. Rojey C. Jaffret. Natural Gas Production Processing Transport. Paris, 1997.

5 冯叔初，郭揆常. 油气集输与矿场加工. 东营：中国石油大学出版社，2006.

6 Ken Arnold, et al. ,. Surface Production Operations Volume Ⅱ Design of Gas – Handling Systems and Facilities. , Gulf Publishing Company, 1999.

7 F. S. Manning, R. E. Thompson. Oilfield Processing of Petroleum Volume One：Natrral Gas PennWell Books, 1991.

8 郭揆常. 矿场油气集输与处理. 北京：中国石化出版社，2010.

9 蒋毅等. 天然气中汞对处理系统中铝材的腐蚀研究. 天然气工业，2010，30(4)：120 – 122.

10 张林松等. 天然气液化厂站脱汞的探讨. 煤气与热力，2008，28(8).

11 夏静森等. 海南福山油田天然气脱汞技术. 天然气工业，2007，27(7)：127 – 128.

12 顾安忠. 液化天然气技术手册. 北京：机械工业出版社，2010.

13 顾安忠等. 液化天然气技术. 北京：机械工业出版社，2004.

14 郭揆常. 天然气凝液的综合利用. 天然气工业，2003，23(1).

15 付秀勇等. 轻烃装置冷箱的汞腐蚀机理与影响因素研究. 石油与天然气化工，2009，38(6).

16 Wadahl A, Christiansen P. LNG FPSO based on spherical tanks, Journal of Offshore Technology, 2002, 10 (4)：53 – 57.

17 郭揆常. 多气源供气中的 LNG. 液化天然气，2012，(1).

18 徐文渊，蒋长安. 天然气利用手册(第二版). 北京：中国石化出版社，2006.

19 Price J. C. , Welding and construction requirements for X80 offshore pipeline, Offshore Technology Conf. (OTC 7214）, 3 – 6 May 1993.

20 姚光镇. 输气管道设计与管理. 东营：石油大学出版社，1991.

21 L. Woolf, Coating standards for pipeline protection, Corrosion Prevention & Control, June 1993.

22 A Review of Gas Industry Pipeline Coating Practices, NACE 93 Paper No. 242.

23 Internal pipeline corrosion coating case studies and solutions implemented, NACE 93 paper No. 373.

24 郭揆常. 上海天然气发展概况. 上海节能，2012，(3).

25 王海华，张同. 液化天然气冷能发电. 公用科技，1998，(1).

26 铃木淳一. 利用液化天然气冷能发电. 国外油田工程，1996，(5).

27 王坤，顾安忠. LNG 冷能利用技术及经济分析. 天然气工业，2004，(7).

28 王强. 液化天然气冷能分析及收利用. 流体机械，2003，(1).

29 张君瑛等. LNG 蓄冷及其冷能的应用. 低温与特气，2005，23(5).

30 郭揆常. 液化天然气(LNG)应用与安全. 北京：中国石化出版社，2008.

31 P. K. Raj, T. Lemoff, Risk analysis based LNG facility siting standard in NFPA 59A [J], Journal of Loss Prevention in the Process Industries, 2009, 22：820 – 829.

32 National Fire Protection Association. Standard for the production, storage, and handling of liquefied natural gas (LNG)[S]. NFPA 59A – 2009, 2009.

33 苑伟民等. LNG 泄漏扩散模拟研究. 天然气与石油，2011(29)4：1 – 5.

34 张海红等. LNG 储罐泄漏扩散火灾后果分析. 化学工程与装备，2010，2：185 – 187.

35 赵会军等. 罐区气体泄漏 PHOENICS 数值模拟研究. 中国安全科学学报，2007(17)2：39 – 43.